石油化工设备维护检修规程

第七册

仪　　表

2019 版

中国石油化工集团有限公司
中国石油化工股份有限公司　组织编写

中国石化出版社

图书在版编目（CIP）数据

石油化工设备维护检修规程：2019 版．第七册，仪表 / 中国石油化工集团有限公司，中国石油化工股份有限公司组织编写．—北京：中国石化出版社，2022.1（2023.8 重印）
ISBN 978-7-5114-6541-2

Ⅰ.①石…　Ⅱ.①中…②中…　Ⅲ.①石油化工设备－检修－技术操作规程－中国 ②化工仪表－检修－技术操作规程－中国　Ⅳ.① TE960.7-65

中国版本图书馆 CIP 数据核字（2022）第 022614 号

中国石化出版社出版发行
地址：北京市东城区安定门外大街 58 号
邮编：100011　电话：(010)57512500
发行部电话：(010)57512575
http://www.sinopec-press.com
E-mail：press@sinopec.com
北京柏力行彩印有限公司印刷
全国各地新华书店经销
*
787×1092 毫米 16 开本 49 印张 1151 千字
2022 年 1 月第 1 版　2023 年 8 月第 2 次印刷
定价：360.00 元

《石油化工设备维护检修规程》
修编指导委员会

《石油化工设备维护检修规程》修编专家库

（以姓氏笔画为序）

于晓鹏	王建军	王　群	方紫咪	叶国庆	白　桦
邢　勐	吕　伟	吕建成	朱有志	朱　哲	朱晓明
朱瑞松	任　刚	任名晨	刘子英	刘训书	刘国帅
刘　昕	刘　栋	刘振宁	刘海春	刘　骏	安永明
孙新文	麦郁穗	杜博华	李　江	李江平	李志远
李　晖	李海根	吴尚兵	岑奇顺	何承厚	佘东升
邹吉翼	汪剑波	沈顺弟	张可伟	张庆河	张如俊
张继兵	张森林	张锁有	陈立义	陈立群	陈永忠
陈志雄	陈金林	陈董清	邰爱民	金　强	周　卫
周文鹏	郑显伟	赵保成	赵　勇	胡　佳	姜　琳
袁代红	袁红斌	栗雪勇	顾雪冬	钱青松	侯言超
徐文广	徐旺喜	徐继斌	黄绍硕	黄夏林	黄　强
黄勤卫	常培挺	康宝惠	章　文	彭学群	董玉波
董雪林	蒋利军	韩建宇	游碧龙	谢小强	谢道雄
蔡培源	黎德初	潘地培	潘向阳		

仪表专业组

组长单位： 中国石油化工股份有限公司北京燕山分公司

组员单位： 中国石化扬子石化有限公司

中国石油化工股份有限公司镇海炼化分公司

中国石油化工股份有限公司齐鲁分公司

中国石油化工股份有限公司金陵分公司

中国石油化工股份有限公司上海高桥分公司

仪表专业审查专家组

组　长： 孔立新

成　员： 王建军　孙新文　郑显伟　方紫咪　邢　勐

诸爱国　白　云　朱　健　彭学群　张森林

陈海彬　伍锦荣　孙明光　王小三　徐　彬

余文荣　张会国　李　果　陈　乐　汤建华

穆晓红　李红星

《石油化工设备维护检修规程》编辑部

主　任： 白　桦

副主任： 潘向阳

成　员： 李跃进　龚志民　孙立泉　蒋　璐　吕芳蕾

赵子萱

《石油化工设备维护检修规程》(2019)
修订编制说明

《石油化工设备维护检修规程》(以下简称《规程》)，自2004年出版发行以来，作为石化设备完整性管理的支持性文件，在加强石化企业设备完整性管理，提高设备维护检修水平，确保装置安全、稳定、长周期运行等方面发挥了积极作用，受到了广大石油化工设备管理及维护检修人员的欢迎。

随着新装置、新设备的增加，石油化工设备维护检修技术得到了较大的发展，同时，新工艺、新技术、新工具在设备的检维修方面逐步得到应用，装置检修周期已逐步提高到三年、四年或者更长的时间，对设备的正常维护、科学检修提出了更高的要求；随着特种设备、安全环保等方面新的法规、标准颁布，2004版《规程》部分内容已经不能满足石化企业目前设备维护检修工作的需要。

为进一步完善规程，更科学地指导企业石油化工设备的维护检修工作，不断提高设备维护检修质量和设备管理水平，以便适应装置长周期运行的要求，实现企业效益的最大化，中国石化总部决定对2004版《规程》进行修订编制。

为加强对《规程》修编工作的领导，2017年8月中国石化总部组织成立了《规程》修编指导委员会，时任集团公司总经理戴厚良任指导委员会主任，化工事业部牵头，徐钢任副主任，承担了具体领导和组织工作，炼油事业部、资本运营部、生产经营管理部、能源管理与环境保护部和石化出版社的有关领导任副主任，石化企业的设备经理任委员。委员会下设通用设备组、炼油设备组、化工设备组、化纤设备组、碳一化工设备组、电气设备组、仪表组、热电联产设备组、环保设备组、空分设备组、储运设备组等11个专业组，具体负责各专业规程的修编工作。为确保《规程》修编质量，成立了《规程》修编专家库，由国内石化设备相关领域的专家组成；特别邀请了沈鼓集团、陕鼓集团、大橡塑、杭汽集团、杭氧股份、浙江中控、天华院、中密控股、哈博时、吴忠仪表、南防集团、时林公司等优秀石化设备供应商、服务商直接参与规程的修编工作；中国石油、中国海油和中国中化各相关单位及石油石化建安检维修专业协会下属各检维修单位参与了规程审查工作。在石化出版社设立《规程》编辑部，负责规程修编的具体组织以及稿件编辑和出版技术工作。

本次修编工作，新增了48项装置维护检修规程，规定了各装置的主要设备和专用设备的检修周期、检修项目及质量要求、检修过程管理和日常维护等相关内容，同时结合装置的工艺路线，介绍了装置的工艺特性和危害特性，可为编制装置设备检修计划提供指导；新编和调整了部分设备维护检修规程，原部分按照工艺名称命名的设备按照结构进行合并调整；删除了原《规程》中已经淘汰的设备和技术陈旧或经过试行证明不合实际甚至错误的内容，调整后共计286项设备维护检修规程。

2019版《规程》按照GB/T 1.1要求，对规程进行规范，增加了前言、规范性引用文件、附录等内容；对规程中术语进行了统一，力求语言表述规范化；对设备检修周期进行了调整，删除了小修与中修的提法，将小修和中修的部分内容并入大修，日常维护的内容并入了维护章节中，同时将检修项目分解成拆卸程序与要求、回装程序与要求，进一步细化了检修工序，使规程更具可操作性；故障处理章节按照RCM的分析方法重新编制。

在《规程》修编过程中，力图按照信息化、数字化的要求，将维护检修的内容尽量工序化、条目化，为今后石油化工设备维护检修建立统一的信息化管理平台奠定良好的基础。

本次修订编制工作，中国石化各相关企业领导、设备管理人员给予了大力支持，同时得到了中国石油、中国海油、中国中化等兄弟企业以及设备供应商、服务商、检维修单位的大力支持，在此表示衷心感谢。

新编的规程，特别是装置维护检修规程，是新的尝试，还有一个试用的过程；即使是修订的设备规程，由于修订量较大，也难免会有疏漏甚至错误，敬请广大读者提出宝贵意见和建议，以便修订时补充更正。

《石油化工设备维护检修规程》修编指导委员会
2019年11月18日

《石油化工设备维护检修规程》（2004）修订编制说明

由原中国石油化工总公司生产部1992年组织编制完成、中国石化出版社1993年出版印发各石化企业试行的《石油化工设备维护检修规程》（以下简称《规程》），在加强石化企业设备管理、搞好维护和科学检修、提高设备的可靠度、延长装置运行周期、确保“安、稳、长、满、优”生产方面起到了一定的作用，深受石化企业的好评。

该《规程》出版试行以来，迄今已有十个年头。十年来，随着石油化工技术的进步，石油化工设备维护检修技术得到了较大的发展；随着新装置、新设备的不断增加，原《规程》需要扩大它的涵盖面；随着新工艺、新技术的应用，装置检修由原来的“一年一修”提高到目前的两年、三年甚至更长的检修周期，对设备的正常维护、科学检修提出了更高的要求；随着我国有关压力容器、计量管理、劳动安全等方面新法规和条例的颁布，原《规程》部分内容已不适应新的要求。因此，无论在涵盖面还是技术内容上，原《规程》已不能满足石化企业目前设备维护检修工作的需要。

为进一步完善《规程》，更科学地指导企业石油化工设备的维护检修工作、不断提高设备维护检修质量和设备管理水平、适应装置长周期运行的要求，以实现企业效益的最大化，中国石油化工集团公司和股份公司总部决定对原《规程》组织有关企业进行一次修订。

为了加强对《规程》修订工作的领导，石化集团公司及股份公司于2003年6月组成了以股份公司高级副总裁曹湘洪为主任，炼油事业部、化工事业部、炼化企业经营管理部和中国石化出版社有关领导为副主任，总部有关部门和石化企业有关同志参加的《规程》修订编制委员会，负责修订编制工作的领导。委员会下设炼油、化工、系统三个专业委员会，负责具体组织各专业规程的修订编制工作，并在石化出版社设立《规程》修订编辑部，负责具体的文字编辑和出版技术工作。

本次修订编制工作，按专业进行了分工，将原《规程》10个专业（408个单项规程）划分为三大部分，分别由炼油、化工、系统三个专业委员会负责组织修订、编制及审查工作。炼油专业委员会由炼油事业部牵头，负责通用设备、炼油设备、电气设备和仪表4个专业；化工专业委员会由化工事业部牵头，负责化工设备、化纤设备和化肥设备3个专业；系统专业委员会由炼化企业经营管理部牵头，负责电站设备、供排水设备和空分设备3个专业。每个专业成立修订编制专业组，分别由中国石油化工集团公司和股份公司下属有关企业担任专业组组长单位，石化企业上千人参与了修订编制工作。

本次修订编制工作，主要遵循了以下几个基本原则：

（1）应反映出石油化工设备维护检修技术的最新发展，以及对设备维护、检修在工艺、技术上的更高要求。

（2）根据目前新颁布的有关法规、条例，对原《规程》的相关内容进行更新。

（3）删减及修改原《规程》中涉及的已经淘汰的设备和技术陈旧或经过试行证明不切合实际甚至错误的内容。

（4）增补《规程》中未涉及的新装置、新设备，编制增加有关内容，扩大《规程》的涵盖面。

（5）修订和改进原《规程》中的排版、印刷方面的错误等。

本次修订编制工作的范围，主要针对中国石化系统涵盖面广、大多数企业共有的普遍性设备；对数量极少或某个企业独有的设备未列入本次修订的范围，可由设备所在企业根据情况，进行修订编制，作为本企业的规程。

由于中国石化集团公司和股份公司领导的重视，炼油事业部、化工事业部、炼化企业经营管理部、石化出版社和各有关企业的大力支持，以及全体参加修订编制人员的共同努力，整个修订编制工作进行得比较顺利。由2003年6月总部以中国石化社〔2003〕7号文“关于组织修订《石油化工设备维护检修规程》的通知”下达，整个修订编制工作正式开始起动，到2004年6月底全部修订编制工作完成，总共用了1年的时间。修订编制后的《规程》，经过删减和增补，最终共有395个单项规程，分为159个单行本，10个合订本，由中国石化出版社出版发行。

本次修订编制，除了对原《规程》进行修订外，还增补制订了一些新的单项规程。新编的规程，还有一个试行的过程；即使修订的规程，由于修订人的水平不一，也难免会有一些不适应的内容，因而各企业在执行过程中，希望能积极反馈宝贵意见。有问题和不足之处，请及时向总部有关部门提出，总部将汇总研究，于今后适当时刻给予进一步修订，使之更加完善。

本《规程》在修订编制过程中，各石化企业领导、有关设备管理、维护、检修的工程技术人员和广大职工给予了热情的帮助和大力支持，在此谨表衷心的感谢。

《石油化工设备维护检修规程》修订编制委员会

2004年6月1日

《石油化工设备维护检修规程》(1992)
编制说明

随着我国石油化学工业的迅速发展，近年来一大批新装置、新设备陆续投产，并由此推动了设备维护检修技术的不断发展。总公司成立以来，设备维修一直沿用及参照十几年前有关行业部门颁发的维护检修规程进行。这些规程无论在覆盖面上，还是在技术内容上已不能满足目前设备维护检修工作的需要，且部分内容已不符合我国新颁布的有关法规或规定的要求。因此，不少企业多次要求总公司发挥石化集团的整体优势，统一编制出一整套能满足我国现代石油化工生产、指导设备维护检修工作的《石油化工设备维护检修规程》(以下简称《规程》)。

为搞好设备的精心维护和科学检修，不断提高维护检修质量，向设备的可靠度深化，总公司生产部于1990年开始组织有关石化企业着手进行《规程》的编制筹备工作，并于1991年4月正式成立编委会，以大连石油化工公司、抚顺石油化工公司、北京燕山石油化工公司、辽阳石油化纤公司、大庆石油化工总厂、齐鲁石油化工公司、上海石油化工总厂、安庆石油化工总厂、金陵石油化工公司及扬子石油化工公司等10家直属石化企业为专业编制组组长单位，分别负责牵头，全面开展通用、炼油、化工、化纤、化肥、电气、仪表、电站、锅炉、供排水和空分等设备维护检修规程的编制工作。总公司系统有35家生产企业1000余人参加了《规程》的资料收集、调研、编写、修改和审查工作。由于总公司领导的重视，各有关企业的大力支持和全体参编人员的共同努力，整个编制工作进展顺利，至1992年10月全部编制完成。全套《规程》共有500个单项规程，约600万字，分168个单行本，9个合订本，由中国石化出版社负责出版发行。

这套《规程》在参考原有有关规程、标准的基础上，总结并采用石化企业长期实践中积累的成熟经验，吸收国内外石化设备维护检修方面的先进技术，贯彻国家现行的有关法规，力图做到反映先进的维护检修技术，有利于加强设备管理，有利于搞好设备的精心维护和科学检修，对提高设备的维修质量，保证装置“安、稳、长、满、优”生产将起到积极作用。

总公司系统生产企业现有近千套装置、100万台设备，门类品种繁多。由于受调研范围、时间和篇幅的限制，本《规程》只编制了主要的和量大面广的设备。由于水平有限，内容和深度也不尽完善，希望各单位在试行中不断总结、积累经验，提出修改意见，待意见汇总后，再行修订补充，使之更加完善。

在编制本《规程》过程中，得到了有关单位领导、工程技术人员和广大职工的大力支持，在此一并表示衷心感谢。

《石油化工设备维护检修规程》编制委员会

1992年10月20日

关于《石油化工设备维护检修规程》第七册《仪表》修订编制说明

本规程是由各企业近百名专业技术管理人员修订编制；由各企业选派优秀的专业技术人员和维保特聘专家经过两次评审通过。修订编制后的规程更具科学性、实用性和权威性。

根据仪控专业编委会和全体参加编制技术人员的意见，结合近几年仪控设备应用的情况，对《仪表》涵盖面做了适当调整，使修订后的规程更适用于石化系统现阶段仪控设备维护和检修，其内容方面部分也做了较大的修订。

一、规程结构调整

（1）SHS 07001《仪表维护检修通用要求》中调整关于检修周期、环保、检修记录等方面内容。

（2）SHS 07002《检测仪表维护检修规程》调整为：SHS 07002.1~4。

（3）SHS 07003《单元组合仪表维护检修规程》调整为：SHS 07003.1 基地式仪表、SHS 07003.2 显示仪表、SHS 07003.3 辅助单元。

（4）SHS 07005《控制阀维护检修规程》调整为：SHS 07004.1 气动控制阀、SHS 07005.2 长行程执行机构、SHS 07005.3 电动执行机构、SHS 07005.4 偏心旋转阀、SHS 07005.5 气缸执行机构、SHS 07005.6 控制阀附件、SHS 07005.7 蒸汽减温器阀、SHS 07005.8 填料的选用与装填。

（5）SHS 07006《在线分析仪表维护检修规程》调整为：SHS 07006.1 工业气相色谱仪、SHS 07006.2 氧分析仪、SHS 07006.3 氢分析仪、SHS 07006.4 红外分析仪、SHS 07006.5 工业 pH 计、SHS 07006.6 电导仪、SHS 07006.7 工业水分仪、SHS 07006.8 在线熔融指数仪、SHS 07006.9 烟气排放连续监测系统、SHS 07006.10 可燃气体报警器、SHS 07006.11 有毒气体报警器、SHS 07006.12 化学需氧量在线自动监测仪、SHS 07006.13 氨氮在线分析仪、SHS 07006.14 VOCs 在线气相色谱分析仪、SHS 07006.15 在线溶解氧分析仪、SHS 07006.16 激光氧分析仪。

（6）SHS 07007《特殊仪表维护检修规程》调整为：SHS 07007.1~3。

（7）SHS 07008《过程控制系统维护检修规程》调整为：SHS 07008.1 可编程程序控制器（PLC）、SHS 07008.2 集散控制系统（DCS）、SHS 07008.3 可燃气体和有毒气体检测系统（GDS）、SHS 07008.4 面向监控与数据采集系统。

（8）SHS 07009《系统维护检修规程》调整为：SHS 07009.1 防爆仪表及其系统、SHS 07009.2 仪表供电系统、SHS 07009.3 仪表供气系统、SHS 07009.4 仪表系统联校。

（9）新编 SHS 07010《安全仪表逻辑控制器检修规程》，并将 SHS 07008《过程控制系统维护检修规程》中安全控制系统内容及 SHS 07009《系统维护检修规程》中联锁保护系统内容纳入。

二、规程增加了预知维修、状态检测和设备完整性管理理念方面的内容，补充了各类仪控设备采用新方法、新技术进行在线监测、智能仪表单校、联校及组态检查内容、预知维修管理的相关内容。

三、规程中完善各类仪控设备检修前条件确认内容，规程的侧重点加以强化，更加注重实施，优化配置、安装等方面要求。

四、规程的检修周期做了较大的调整，主要根据近几年来国家的有关法律法规、制造水平和石油化工设备长周期运行的实际和经验确定。

目　录

仪表维护检修通用要求

SHS 07001—2019

代替 SHS 07001—2004

目　次

前　言

本规程按照GB/T　1.1—2009《标准化工作导则　第1部分：标准的结构和编写》给出的规则起草。

本规程代替SHS　07001—2004《总纲》。与SHS　07001—2004相比，主要技术变化如下：

——修改了标准名称；

——增加了仪表检修周期的要求。

本规程由中国石油化工集团有限公司、中国石油化工股份有限公司提出。

本规程起草单位：中国石油化工股份有限公司北京燕山分公司。

本规程主要起草人：李果。

本规程所代替规程的历次版本发布情况为：

——SHS　07001—1992、SHS　07001—2004。

仪表维护检修通用要求

1　适用范围

本规程适用于中国石油化工集团有限公司、中国石油化工股份有限公司（以下简称“中国石化”）所属各企业中生产过程检测、控制等自动化仪表设备的日常维护和检修。

2　自动化仪表设备检修标准的划分

仪表的检修分为大修和维修（包括日常维修）。

2.1　大修

仪表所有部件全部解体清洗、除垢，主要的部件检查并测试其性能，更换主要零部件或易损件，总装润滑、恢复外观、整体修复、程序检查、总体（整机）性能试验、用户软件和数据备份，使其主要技术指标达到出厂要求。

2.2　维修

仪表的清洁润滑，整机性能的检查、调整、校验及一般故障处理等。

2.3　检修周期

自动化仪表设备的检修周期原则上不超过本规程规定的固定检修周期，各单位可根据现场实际情况略有缩减（装置检修策略进行调整），国家有强制规定的按有关要求执行。

3　自动化仪表设备更新改造的原则

自动化仪表设备更新改造的原则，应从安全环保、技术先进、可持续供应、淘汰依据和使用时间等几个方面来确定。

3.1　安全环保

自动化仪表设备及系统存在严重的缺陷和隐患、故障率高、可靠性差、对安全生产、环境保护有严重威胁的，必须考虑更新改造。

3.2　技术先进

自动化仪表设备技术性能落后、稳定性和可靠性差、维修工作量大、费用高、不适应生产需要，影响装置质量、效益和生产发展，应考虑更新或改造。

3.3 可持续供应

国内外已停止生产、可维修性差、备品备件无来源或耗资大，经济上明显不合算的自动化仪表设备应考虑更新改造。

3.4 淘汰依据

国家已明文公布淘汰的自动化仪表设备应考虑更新改造。

3.5 使用时间

实际使用时间已达到国家规定的折旧年限或超过设计寿命的自动化仪表设备，可考虑更新或改造。

4 标准仪器的选用原则

4.1 标准仪器必须符合国家计量法的有关规定，经授权的计量检定机构检定合格，并在检定有效期内使用。

4.2 标准仪器的量程与被检仪表量程相当；准确度一般等于或优于被检仪表实际使用准确度的1/3。对于准确度较高的仪表，如国家计量法规没有准确度的明确要求，其实际使用准确度可以定为0.5级。

5 质量验收

5.1 仪表检修质量应符合本维护检修规程或仪表使用说明书规定的技术标准。

5.2 仪表检修实行三级质量验收制度。

5.2.1 需进行质量验收的仪表，首先，由检修人员自行检验合格，并填写检修记录、签字；其次，由相应的技术人员或班组长验收，填写验收意见、签字；最后，重要仪表应由厂或车间技术负责人员验收签字。

5.2.2 对于安全仪表系统，检修后还需会同有关工艺、电气、机械设备人员及专业主管部门共同进行联动试验，并签字确认、验收。

5.3 仪表及控制系统检修资料应包括任务分配单、图纸资料、检修记录及验收记录等，重要仪表设备的检修还应编制检修方案。

仪表检修记录的内容至少包括以下几个方面：

1）检修仪表的位号、装置名称、仪表名称及规格型号；

2）外观检查记录；

3）重要仪表系统检修前的测试记录或状态记录；

4）检修后的测试、校验记录；

5）检修中更换的零部件、调整过的部位；

6）校验时所用的标准仪器名称、量程、精度及仪器编号；

7）检修日期和检修、验收人员的签字。

5.4 经过更改的仪表及系统，应有明确的记录，要及时修改和收集有关资料，并验收存档。

检测仪表维护检修规程
第1部分：压力仪表

SHS 07002.1—2019

部分代替 SHS 07002—2004

目 次

前　言

本规程SHS 07002《检测仪表维护检修规程》分为以下四个部分：

——第1部分：压力仪表；

——第2部分：温度仪表；

——第3部分：流量仪表；

——第4部分：物位仪表。

本部分为SHS 07002的第1部分：压力仪表。本部分按照GB/T 1.1—2009《标准化工作导则　第1部分：标准的结构和编写》给出的规则起草。

本部分代替SHS 07002—2004《检测仪表》第一节“压力仪表”，与SHS 07002—2004相比，除编辑性修改外，主要技术变化如下：

——修改了标准名称；

——修订了常用压力类仪表示例，规范用词；

——增加了智能仪表常用手操器操作说明，方便检修调试。

本部分由中国石油化工集团有限公司、中国石油化工股份有限公司提出。

本部分起草单位：中国石化扬子石油化工有限公司。

本部分主要起草人：刘斌、翟继明。

本部分所代替规程的历次版本发布情况为：

——SHS 07002—1992、SHS 07002—2004。

检测仪表维护检修规程
第 1 部分：压力仪表

1 范围

本部分适用于电接点压力表、压力开关、差压开关、压力变送器、差压变送器、智能压力（差压）变送器等仪表，其他同类仪表可参考使用。

2 规范性引用文件

下列文件对本文件的应用是必不可少的。凡是注日期的引用文件，仅注日期的版本适用于本文件。凡是不注日期的引用文件，其最新版本（包括所有的修改单）适用于本文件。

JJG 52 弹性元件式一般压力表、压力真空表和真空表

SH/T 3005 石油化工自动化仪表选型设计规范

JJG 544 压力控制器检定规程

3 电接点压力表

3.1 概述

3.1.1 电接点压力表是一种带接点开关信号输出的就地压力指示仪表。当被测介质通过导压部分进入测量元件时，在其压力作用下，测量元件自由端产生相应位移，通过连杆带动齿轮传动机构，从而在仪表度盘上指示出被测介质压力值。同时，仪表指针带动上下限活动臂与设定指针（上下限）触点断开或闭合，使控制电路得以通断，以达到自动控制或发信报警的目的。根据电气接头构造的不同，分为直接作用式和磁助作用式，有波登管式压力表、膜片式压力表、膜片式带过压安全保护压力表、膜片式绝压表、膜盒式压力表。防腐型电接点压力表适于测量腐蚀性较强的气体及液体的压力；防腐耐震型电接点压力表通过对表体内充油，利用液体阻尼确保无振动显示，适用于测量介质强烈脉动及环境振动较大的场所；防爆型电接点压力表适用于环境有爆炸性混合物的危险场所；开关形式有常开式和常闭式。

3.1.2 本规程以 PGS232.50.160/831.11 型防爆电接点压力表为例说明，其他同类仪表可参考使用。

3.2 主要技术指标

3.2.1 分度范围：0～100MPa；-0.1～2.4MPa
3.2.2 精确度等级：1.0 级；1.6 级
3.2.3 接点工作电压：24V DC 或 220V AC
3.2.4 触点容量：10W
3.2.5 使用环境：温度 -10～60℃，相对湿度小于 80%
3.2.6 工作条件：爆炸性混合物应符合仪表防爆要求，振动和被测介质如急剧脉动对仪表接点的可靠动作的影响应在允许的范围内
3.2.7 不灵敏度：小于全量程的 0.5%
3.2.8 防爆及防护等级：EEx ia ⅡC T6、IP65
3.2.9 接点数量：1 个或 2 个（最多 4 个）

3.3 检查与校验

3.3.1 检查

3.3.1.1 外观检查

1）检查压力表的各部件装配应牢固，不得有影响测量性能的锈蚀、裂纹、孔洞等缺陷。

2）检查铭牌标志应齐全完好。

3.3.1.2 零位示值检查

1）有零值限止钉的压力表，其指针应紧靠在限止钉上；

2）无零值限止钉的压力表，其指针须在零值分度线上。

3.3.1.3 示值检查

1）压力表指针的移动，在全分度范围内应平稳，不得有跳动或卡住现象；

2）压力表在轻敲表壳后，其指针值变动量不得超过最大允许基本误差的 1/2。

3.3.1.4 绝缘检查

用 500V DC 兆欧表检查传感器接线端子与外壳间的绝缘电阻，该绝缘电阻值应大于 20MΩ。

3.3.2 校验

3.3.2.1 校验要求

1）配置好校验设备，标准器应正确安装与放置；

2）校验过程中在接近校验点时应缓慢施加输入信号，保证在任何校验点不产生过冲现象。

3.3.2.2 校验项目

见表 1。

表 1　电接点压力表校验项目

项目名称	外观
	密封性
	绝缘电阻
	仪表示值误差校验
	接点设定误差校验

3.3.2.3　校验步骤

1）按校验装置示意图（图 1）配接管线；

2）用拨针器将两个接点设定指针分别拨到上限及下限以外，然后进行示值校验。

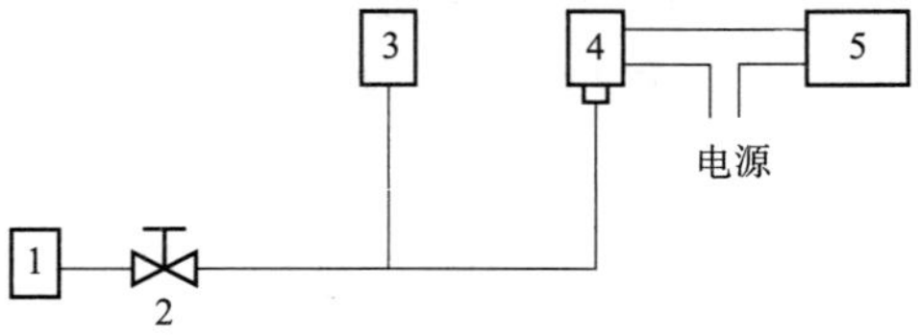

图 1　电接点压力表校验装置示意图

1—压力源；2—截止阀；3—标准器；4—被校表；5—万用表（交流电压挡）

3）示值校验中，在各校验点记录标准压力表与被校压力表的指示刻度值。当压力升至满量程时，停留 5min，观察压力表指示有无下降（即有无渗漏）现象。

4）当被校压力表超过允许误差时，应进行调整，对于线性误差，可重定指针位置，对于非线性误差，可调整扇形齿轮支撑板，并重定指针位置。

5）示值校验，校验点不得少于 5 点。

6）示值校验合格后，进行接点信号误差校验。报警设定值在测量范围的 20%～80%之间。当测量值接近报警设定时，缓慢地升压或降压，直至接点动作发出信号的瞬时为止，标准器的读数与报警信号设定值间的误差不得超过最大允许基本误差绝对值的 1.5 倍。此项调校应进行复现性检查，每次检查的结果均应符合规定指标的要求。调整后应重复检查仪表指针的示值是否仍在允许误差范围内，而不受接点设定的影响。

3.4　使用、维护与故障处理

3.4.1　使用

3.4.1.1　仪表允许使用范围：测量正压，均匀负荷不超过全量程的 3/4，变动负荷不超过全量程的 2/3；仪表在测量稳定压力时，可使用其分度值上限值的 1/3～2/3 的范围内；测量负压，可用全量程。

3.4.1.2　仪表在安装前须先仔细核对型号、规格并检查是否完整无损。如发现型号、规格不符或铅封受损，应查明原因后更换或重新校验。

3.4.1.3　仪表应安装在周围环境（介质）温度为 -10～60℃，相对湿度不大于 80%，无振动或被测介质的急剧脉动对接触和准确发信、读数等无影响的环境下使用。

3.4.1.4 仪表安装应保证测量准确度，否则须相应地计入由液位差所引起的附加误差。

3.4.1.5 仪表的电气线路经设置（敷设）和接妥后应认真加以检查，并进行试动作。

3.4.1.6 仪表在调节给定值时，须借助专用钥匙（拨针器）进行。

3.4.1.7 仪表在使用过程中，应经常保持其干燥和洁净，妥善维护。

3.4.1.8 在正常情况下使用时，不允许开启仪表接线盒或调整给定值范围，如果需要，须在切断电源后进行，以免发生爆炸危险。

3.4.1.9 仪表在正常使用情况下，应定期校验。

3.4.2 维护

3.4.2.1 泄漏检查：检查压力表及导压管是否有泄漏，假如有泄漏应及时处理。

3.4.2.2 密封检查：传感器表盖、接线盒的密封件“O”形圈与密封脂是否老化失效；表盖与接线盒螺纹是否旋紧；“O”形圈与密封脂应依据环境状态与开盖次数多少确定更换周期。

3.4.2.3 接线检查：导线与接线端子压紧可靠，不准直接将导线头绕接，接线螺纹与螺孔要旋动良好，且紧固力要强。

3.4.2.4 清洁检查：由于工艺操作，设备与管道保温材料脱落或聚积在传感器或挠性连接管上的物料、灰尘等杂物应及时清除，使仪表在使用过程中保持洁净。

3.4.3 电接点压力表常见故障与处理

电接点压力表常见故障与处理方法见表2。

表2 电接点压力表常见故障与处理方法

故障现象	故障原因	处理方法
电接点压力表过早或过晚发生信号	设定值位置不对 感应块或指针上金属片松动	将设定值指针拨至正确位置 应设法固定
电接点装置不发生信号	电路不通 感应块故障 测量指针上金属片松动或卡住 常开和开闭输出触点选择不对	应查找断路并予以修理 更换感应块 固定金属片 选择正确的常开和开闭输出触点
表盘封面玻璃破碎或表盘刻度模糊不清	玻璃表盘被破坏	更换表盘封面玻璃
弹簧管泄漏	弹簧管老化、耐压不够	更换电接点压力表
压力表指针松动	安装不牢固 振动大	重新安装牢固 采取减震处理
当压力升高后，压力表指针不动	旋塞未开 旋塞、压力表连管或存水弯管堵塞 指针与中心轴松动或指针卡住	打开旋塞 疏通 指针位置调整

表 2 电接点压力表常见故障与处理方法（续）

故障现象	故障原因	处理方法
指针抖动	游丝损坏 旋塞或存水弯管通道局部被堵塞 中心轴两端弯曲，轴两端转动不同心	游丝更换 疏通 更换电接点压力表
指针在无压时回不到零位	弹簧弯管产生永久变形失去弹性 指针与中心轴松动，或指针卡住 旋塞、压力表连管或存水弯管的通道堵塞	更换电接点压力表 调整 疏通
指示不正确，超过允许误差	弹簧管因高温或过载而产生过量变形 齿轮磨损松动 游丝紊乱 旋塞泄漏	更换电接点压力表 更换电接点压力表 更换电接点压力表 更换旋塞

3.5 检修及质量要求

3.5.1 检修

3.5.1.1 检修前的检查：见 3.3.1。

3.5.1.2 检修前的校验：见 3.3.2。

3.5.1.3 修理：根据检查、校验中查出的故障情况，更换相应的零部件，采用必要的修理、调整参数与校正结构等措施加以修复。

3.5.1.4 检修后校验：检修后的仪表，必须进行校验，使仪表符合技术指标要求。

3.5.1.5 检修记录：检修结束后，对被检修的仪表必须填写检修记录，记载故障情况、更换的零部件、修理技术措施、调校数据及计算结果、检修人员签名，作为仪表检修资料存档。

3.5.2 检修质量要求

设备完好性符合要求，电接点压力表指示准确，各项误（偏）差值恢复到允差范围内，电接点动作可靠、准确。

4 压力开关

4.1 概述

4.1.1 压力开关是一种借助弹性元件受压后产生位移以驱使微动开关工作的压力控制仪表，通常使用在报警或联锁保护系统中。其工作原理是：当被测压力达到设定值时，弹性元件的自由端产生位移，直接或经过比较后推动开关元件，改变开关元件的通断状况，可发出用于报警、联锁的接点信号，达到控制被测压力的目的。开关形式分常开和常闭。

4.1.2　本规程以 J120-191 压力开关为例说明，其他同类仪表可参考使用。

4.2　主要技术指标

4.2.1　设定值控制范围：-0.1～62MPa（根据需要选择）
4.2.2　控制精确度：0.5 级
4.2.3　接点工作电压：24V DC 或 220V AC
4.2.4　控制方式：一位或二位式
4.2.5　触点容量：220V AC 3A
4.2.6　防爆及防护等级：EEx ia ⅡC T6、IP65
4.2.7　使用环境：温度 -25～70℃，相对湿度不大于 85%

4.3　检查与校验

4.3.1　检查

4.3.1.1　外观检查

1）检查压力表的各部件装配应牢固，不得有影响测量性能的锈蚀、裂纹、孔洞等缺陷；

2）检查铭牌标志应齐全完好。

4.3.1.2　绝缘检查

用 500V DC 兆欧表检查传感器接线端子与外壳间的绝缘电阻，该绝缘电阻值应大于 20MΩ。

4.3.2　校验

4.3.2.1　校验要求

1）配置好校验设备，标准器应正确安装与放置；

2）校验过程中在接近校验点时应缓慢施加输入信号，保证在任何校验点不产生过冲现象。

4.3.2.2　校验项目

见表 3。

表 3　压力开关校验项目

项目名称	外观
	绝缘电阻
	密封性
	切换值
	切换差

4.3.2.3 校验步骤

1）按图2配接管线；

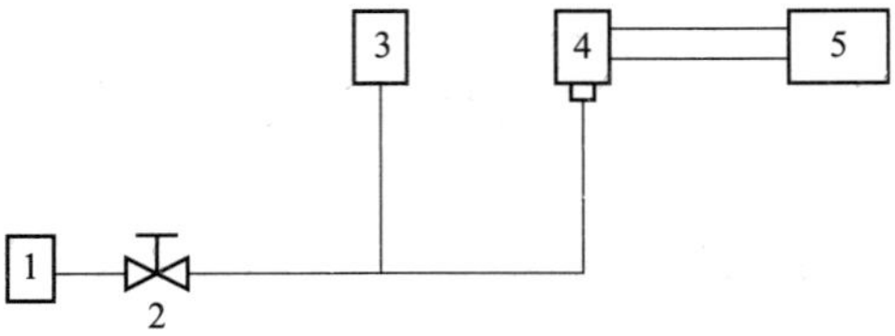

图2 压力开关校验装置示意图

1—压力源；2—截止阀；3—标准器；4—被校表；5—万用表

2）密封性校验：给仪表加压到量程上限后切断压力源，保持5min，要求仪表指示无下降现象；

3）加压至校验点，调节压力开关设定值，使设定值由大变小（上切换值校验）或由小变大（下切换值校验），直至开关触点切换的瞬间，固定切换值设定机构；

4）调节压力，使压力在校验点上下来回变化，校验触点的上切换值或下切换值是否在校验点上，是否符合技术指标要求；

5）上切换和下切换校验应在压力控制范围的20%～80%之间各选3个以上不同的校验点；

6）对固定切换差的压力开关，在切换值校验的同时，还应校验上切换差和下切换差是否符合技术指标要求；

7）对可调切换差的压力开关进行切换差校验，先设定上切换值或下切换值，再设定下切换差或上切换差，固定设定机构后，调节压力值在切换差的范围外来回变化，校验触点动作是否正确，是否符合技术指标要求；

8）进行复现性检查，每次检查结果均应符合技术指标规定的要求，否则应重新进行调整或修理。

4.4 使用、维护与故障处理

4.4.1 使用和拆装

4.4.1.1 对于超过压力开关允许温度的高温介质，应采用引压管经冷却后再进入传感器接口。

4.4.1.2 安装与拆卸时不能使压力开关的开关部件与传感器部件发生相对松动，应用扳手夹持传感器外壳的螺帽与管接头的连接处进行拆卸。

4.4.1.3 电缆通过压紧螺母引入壳体后应拧紧压紧螺母。

4.4.1.4 传感器和压力开关内部的紧固部件不能任意旋紧或旋松。

4.4.1.5 对于上下切换值均有定值要求时应采用切换差可调的产品。

4.4.1.6 对于防爆产品，将电缆与端子板连接或断开时应先断开电源。

4.4.2 维护

4.4.2.1 泄漏检查：检查压力表及导压管是否有泄漏，假如有泄漏应及时处理。
4.4.2.2 接线检查：导线与接线端子压紧可靠，不准直接将导线头绕接，接线螺纹与螺孔要旋动良好，且紧固力要强。
4.4.2.3 清洁检查：由于工艺操作，设备与管道保温材料脱落或聚积在传感器或挠性连接管上的物料、灰尘等杂物应及时清除，使仪表在使用过程中宜保持其干净和清洁。

4.4.3 常见故障与处理

压力开关常见故障与处理方法见表 4。

表 4 压力开关常见故障与处理方法

故障现象	故障原因	处理方法
压力开关无输出信号	微动开关损坏 开关设定值调得过高 与微动开关相接的导线触头未连接好 感压部分装配不良，有卡滞现象 感压元件损坏	更换微动开关 调整到适宜的设定值 重新连接使接触良好 重新装配，使动作灵敏 更换感压元件
压力开关灵敏度差	装配不良 / 传动机构（顶杆或柱塞等）摩擦力过大 微动开关接触行程太长 调整螺钉、顶杆等调节不当 安装不当，如不平和倾斜安装	重新装配，使动作灵敏 合理调整微动开关的接触行程 合理调整螺钉和顶杆位置 改为垂直或水平安装
压力开关发信号过快	进油口阻尼孔大 隔离膜片碎裂 系统冲击压力太大 电气系统设计有误	阻尼孔适当改小，或在控制管路上增设阻尼管 更换隔离膜片 在控制管路上增设阻尼管，以减弱冲击压力 按工艺要求设计电气系统

4.5 检修及质量要求

4.5.1 检修

4.5.1.1 检修前的检查
4.5.1.1.1 外观检查
1）检查压力表的各部件装配应牢固，不得有影响测量性能的锈蚀、裂纹、孔洞等缺陷。
2）检查铭牌标志齐全完好。
4.5.1.1.2 绝缘检查
用 500V DC 兆欧表检查传感器接线端子与外壳间的绝缘电阻，该绝缘电阻值应大于 20MΩ。

4.5.1.2 检修前的校验：见 4.3.2。

4.5.1.3 修理：根据检查、校验中查出的故障情况，更换相应的零部件，采用必要的修理、调整参数与校正结构等措施加以修复。

4.5.1.4 检修后校验：检修后的仪表，必须进行校验，使仪表符合技术指标要求。

4.5.1.5 检修记录：检修结束后，对被检修的仪表必须填写检修记录，记载故障情况、更换的零部件、修理技术措施、调校数据及计算结果、检修人员签名，作为仪表检修资料存档。

4.5.2 检修质量要求

设备完好性符合要求，压力开关各项误（偏）差值在允差范围内，动作可靠、准确、及时。

5 差压开关

5.1 概述

5.1.1 差压开关是差压控制仪表，与压力开关类似。其结构则是组成两个具有高灵敏度的压力元件，如果二者一旦改变，就会引起开关机构动作来控制设备诸如马达驱动阀门。开关机构提供 SPDT 非快速作用（浮动）动作，因此共用的可移动触点，会接触两个固定触点之一，或者停留在二者之间（无接触）。工作原理由两个膜盒腔组成，两个腔体分别由两片密封膜片和一片感差压膜片密封。高压和低压分别进入差压开关的高压腔和低压腔，感受到的差压使感压膜片形变，通过栏杆弹簧等机械结构，最终启动最上端的微动开关，使电信号输出。

5.1.2 本规程以 J120K-457 差压开关为例说明，其他同类仪表可参考使用。

5.2 主要技术指标

5.2.1 调节范围：-0.1～3.45MPa

5.2.2 控制精确度：0.5 级

5.2.3 接点工作电压：24V DC 或 220V AC

5.2.4 触点容量：220V AC 3A

5.2.5 防爆等级：Ex d ⅡC T6、防护等级：IP65

5.2.6 使用环境：温度 -25～70℃，相对湿度不大于 85%

5.3 检查与校验

5.3.1 检查

5.3.1.1 外观检查

1）检查压力表的各部件装配应牢固，不得有影响测量性能的锈蚀、裂纹、孔洞等缺陷；

2）检查铭牌标志应齐全完好。

5.3.1.2　绝缘检查

用 500V DC 兆欧表检查传感器接线端子与外壳间的绝缘电阻，该绝缘电阻值应大于 20MΩ。

5.3.2　校验

5.3.2.1　校验要求

1）配置好校验设备，标准器应正确安装与放置；

2）校验过程中在接近校验点时应缓慢施加输入信号，保证在任何校验点不产生过冲现象。

5.3.2.2　校验项目

见表 5。

表 5　差压开关校验项目

项目名称	外观
	绝缘电阻
	密封性
	切换值
	切换差

5.3.2.3　校验步骤

按图 3 配接管线。先在高压入口端输入压力信号，低压入口端排空，按压力开关同样方法进行校验。

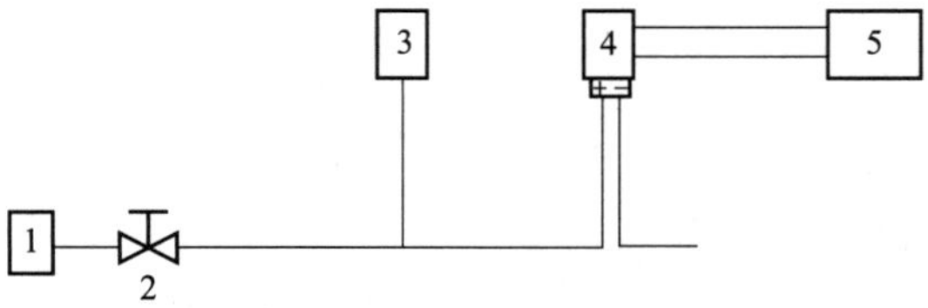

图 3　差压开关校验装置示意图

1—压力源；2—截止阀；3—标准器；4—被校表；5—万用表

1）密封性校验：给仪表加压到量程上限后切断压力源，保持 5min，要求仪表指示无下降现象；

2）加压至校验点，调节压力开关设定值，使设定值由大变小（上切换值校验）或由小变大（下切换值校验），直至开关触点切换的瞬间，固定切换值设定机构；

3）调节压力，使压力在校验点上下来回变化，校验触点的上切换值或下切换值是否在校验点上，是否符合技术指标要求；

4）上切换和下切换校验应在压力控制范围的 20%～80%之间各选 3 个以上不同的

校验点。

5）对固定切换差的压力开关，在切换值校验的同时，还应校验上切换差和下切换差是否符合技术指标要求；

6）对可调切换差的压力开关进行切换差校验，先设定上切换值或下切换值，再设定下切换差或上切换差，固定设定机构后，调节压力值在切换差的范围外来回变化，校验触点动作是否正确，是否符合技术指标要求；

7）进行复现性检查。每次检查结果均应符合技术指标规定的要求，否则应重新进行调整或修理；

8）模拟实际工况，在两输入口同时输入压力信号，复检差压开关接点是否在差压设定值处动作。

5.4 使用、维护与故障处理

5.4.1 使用和拆装

5.4.1.1 对于超过差压开关允许温度的高温介质，应采用引压管经冷却后再进入传感器接口。

5.4.1.2 安装与拆卸时不能使压力开关的开关部件与传感器部件发生相对松动，应用扳手夹持传感器外壳的螺帽与管接头的连接处进行拆卸。

5.4.1.3 电缆通过压紧螺母引入壳体后应拧紧压紧螺母。

5.4.1.4 传感器和压力开关内部的紧固部件不能任意旋紧或旋松。

5.4.1.5 对于上下切换值均有定值要求时应采用切换差可调的产品。

5.4.1.6 对于防爆产品，将电缆与端子板连接或断开时应先断开电源。

5.4.2 维护

5.4.2.1 泄漏检查：检查压力表及导压管是否有泄漏，假如有泄漏应及时处理。

5.4.2.2 接线检查：电线与接线端子压紧可靠，不准直接将导线头绕接，接线螺纹与螺孔要旋动良好，且紧固力要强。

5.4.2.3 清洁检查：由于工艺操作，设备与管道保温材料脱落或聚积在传感器或挠性连接管上的物料、灰尘等杂物应及时清除，使仪表在使用过程中经常保持其干净和清洁。

5.4.3 常见故障与处理

差压开关常见故障与处理方法见 4.4.3。

5.5 检修及质量要求

5.5.1 检修

5.5.1.1 检修前的外观检查：

1）检查压力表的各部件装配是否牢固，不得有影响测量性能的锈蚀、裂纹、孔洞等缺陷；

2）检查铭牌标志及铅封是否齐全完好。

5.5.1.2 绝缘检查：用 500V DC 兆欧表检查传感器接线端子与外壳间的绝缘电阻，该绝缘电阻值应大于 20MΩ。

5.5.1.3 检修前的校验：同 5.3.2。

5.5.1.4 修理：根据检查、校验中查出的故障情况，更换相应的零部件，采用必要的修理、调整参数与校正结构等措施加以修复。

5.5.1.5 检修后校验：检修后的仪表，必须进行校验，使仪表符合技术指标要求。

5.5.1.6 检修记录：检修结束后，对被检修的仪表必须填写检修记录，记载故障情况、更换的零部件、修理技术措施、调校数据及计算结果、检修人员签名，作为仪表检修资料存档。

5.5.2 检修质量要求

设备完好性符合要求，差压开关各项误（偏）差值恢复到允差范围内，动作可靠、准确、及时，并延长其使用寿命。

6 智能压力（差压）变送器

6.1 概述

6.1.1 智能压力（差压）变送器将介质通过引压导管引入变送器测量室，使测量室的膜片产生微小位移，再利用电容式、振弦式、扩散硅式等传感器技术将微小位移转换为标准电流 + 数字脉冲信号远传输出。智能变送器具有优良的工作性能：高精确度、大量程比、自诊断功能、调试检查方便等。可用于差压、流量、表压和绝压、真空度、液位和密度的测量场合。

6.1.2 本规程以 3051C 系列智能压力（差压）变送器为例说明，其他同类型仪表可参照使用。

6.2 主要技术指标

6.2.1 输出：4～20mA DC +HART 协议的数字信号

6.2.2 显示：可选双行 LCD/LOI 显示屏

6.2.3 电源电压：10.5～42.4V DC

6.2.4 精确度等级：±0.10%

6.2.5 量程比：100∶1

6.2.6 接线方式：二线制

6.2.7 负载电阻：0～580Ω/24V

6.2.8 长期稳定性：URL 的 ±0.125% 5a，温度变化为 ±28℃，管道压力最高为 6.9MPa

6.2.9 防爆等级：隔爆型 Ex d ⅡC T5/T6，本安型 Ex ia ⅡC T4/T5

防护等级：IP66

6.3 检查与校验

6.3.1 检查

6.3.1.1 外观检查：外壳应完整无缺陷，无脱漆、破损、裂痕以及被撞击痕迹和紧固件缺损等情况。

6.3.1.2 变送器内部检查：检查元器件、零配件、连接件应完好，无缺损、断裂、变形、腐蚀、密封不良等情况，发现问题，及时解决；更换失效的零部件，恢复变送器性能。

6.3.1.3 变送器与工艺介质连接面检查：检查变送器压力引入接口情况，接线盒内接线板、接线螺丝、螺孔、接线盒盖密封件以及变送器密封件等有无碎裂、缺损、滑牙、烂牙、老化失效等情况，发现问题，及时更换解决。

6.3.1.4 绝缘检查：在停电情况下，拆下接线用 500V DC 兆欧表检查变送器接线端子与外壳间的绝缘电阻，该电阻应大于 20MΩ。

6.3.2 校验

6.3.2.1 校验准备

1）准备压力变送器校验设备：标准压力信号发生器，标准电流表，标准电阻箱，24V DC 电源，HART 编程器以及必需的连接件、导线等。

2）将变送器按图 4 所示连接信号和导线，检查接线正确。

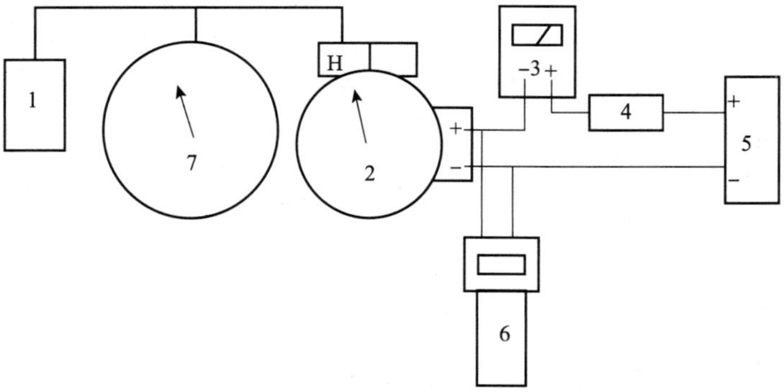

图 4 压力变送器校验连接示意图

1—标准压力信号发生器；2—被校表；3—精密电流表；4—250Ω 电阻；
5—直流稳压电源；6—HART 编程器；7—精密压力表

6.3.2.2 校验前确认

1）稳压电源确定是否为 24V DC。

2）确认电源线及信号线极性是否正确。

3）确认压力管各接口有无泄漏。

4）通电预热 10min。

5）校验时使用的标准仪器量程要尽量接近被校表的实际量程。

6）HART 编程器正确连接到校验回路中。

6.3.2.3 校验步骤

智能压力变送器如果在校验中误差超过允许值时需用手持 HART 编程器或在上位机上进行调整。如果仪表的选型是带有外部零点和量程组态按钮的，可以通过组态按钮重新界定零点和量程。以下以手持 HART475 手操器为例进行说明。

1）将手持 HART 编程器通信端口与变送器正确连线，打开电源，触击“HART”主菜单，直至显示窗口上出现“Online”菜单画面，然后进行校验。

2）零点校验：将变送器在无压力信号源的情况下，按“LRV”键，并在屏幕上设定对应零点的百分数，然后按两次“ENT”键，零点压力校验完毕。

3）量程校验：输入满量程压力信号，按“URV”键，再按“ENT”键，量程校验完毕。然后分别给变送器测量室送入 0、25％、50％、75％、100％ 5 点压力信号，进行线性检查。

4）智能压力变送器的零点、迁移和量程也可以在手持编程器上进行设定和修改，但是远端设置必须确保变送器的测量部分完好，且符合精确度等级的要求，否则仍要通过输入压力信号进行校验。

5）在校验过程中严格按上、下行程实际示值填写，并计算出误差及变差，若超出仪表精确度，必须重新调校直到符合要求为止。

6）校验单填写要求真实，不得涂改，小数点后两位为有效数字；填写好后，校验者及技术人员应签名存入档案。

6.4 使用、维护与故障处理

6.4.1 使用

6.4.1.1 仪表启用前，做好一切检查准备工作，需灌隔离液的仪表，将隔离液灌好，并注意将气泡排除干净。

6.4.1.2 启动压力变送器时，应接通电源，预热 3min，再缓慢打开引压阀，以免压力过猛冲入仪表，损坏测量元件。

6.4.1.3 对于测量液面、需要迁移的差压变送器，应在灌好隔离液的前提下，将三阀组的平衡阀关闭，高低压阀打开，一次阀上的放空阀打开，进行迁移调整，使变送器输出符合要求。

6.4.1.4 在确认差压变送器安装正确，试压无泄漏及三阀组关闭的情况下，可按以下步骤投用：

1）打开一次引压阀；

2）开启平衡阀（灌隔离液测量液位的仪表禁用此步骤）；

3）开启三阀组的高压阀；

4）关闭平衡阀，开启低压阀；

5）对打冲洗油的差压变送器，启用前应将仪表及引压管灌满冲洗油，调好零位，然后再打开冲洗油按上述步骤启用。启用后，应注意调好冲洗油流量，使仪表输出值与停冲洗油前相同。

6.4.2 维护

6.4.2.1 仪表运行时应保持外观清洁无污物，显示清晰。

6.4.2.2 校验和调整零点，进行正负迁移的场合，必须在测量初始压力下进行。

6.4.2.3 测量有冷凝液的气体或有污垢的液体压力变送器，要定期排污，并保持仪表周围的环境清洁。

6.4.2.4 仪表引压管、阀门及接头等不得渗漏。

6.4.2.5 定期对仪表进行校验，仪表检验周期一般为一个装置检修周期。

6.4.2.6 经常检查引压管保温伴热情况，防止隔离液冻、凝、气化等。

6.4.2.7 在仪表管线吹扫时，不得使蒸汽进入仪表，以免过热损坏仪表。

6.4.3 常见故障与处理

智能压力（差压）变送器常见故障与处理方法见表6。

表6 智能压力（差压）变送器常见故障与处理方法

故障现象	故障原因	处理方法
输出指示表读数为零	检查电源线的极性是否反了 检查端子电压是否为10.5～42.4V DC 检查测试端子间的二极管是否开路	纠正接线 恢复供电电源24V DC 更换二极管或输出线路板
变送器不与手操器通讯	检查端子电压是否为10.5～42.4V DC 检查回路电阻最小应为250Ω 检查单元寻址是否正确	恢复供电电源24V DC 增加电阻 重新寻址
变送器毫安读数过低或过高	检查仪表引压管线是否畅通 检查变送器设置是否正确 检查系统设备是否完好 仪表没校准	疏通引压管 检查设置，重新设置 保障系统完好 重新校准
变送器对施加压力的变化无响应	检查导压管或阀组是否被堵 检查变送器设置是否正确 检查输出是否处于报警状态 传感器模块损坏	疏通引压管 检查并重新设置 检查消除报警信息 更换压力变送器
变送器读数不稳定	检查测量压力是否稳定 检查变送器的电源是否有足够的电压和电流 检查是否为应用正确设置了阻尼 检查是否有外部电气干扰	采取措施稳压或等待 恢复变送器正常供电 增加阻尼 消除电气干扰源或完善屏蔽接地

6.5 检修及质量要求

6.5.1 检修

根据检查、校验中查出的故障情况，运用备品配件与修理技术，修复变送器。

6.5.2 检修质量要求

按本节 6.3 条步骤进行检查、校验，各项性能应符合技术指标要求。

检测仪表维护检修规程
第 2 部分：温度仪表

SHS 07002.2—2019

部分代替 SHS 07002—2004

目　次

前　言

本规程 SHS 07002《检测仪表维护检修规程》分为以下四个部分：

——第 1 部分：压力仪表；

——第 2 部分：温度仪表；

——第 3 部分：流量仪表；

——第 4 部分：物位仪表。

本部分为 SHS 07002 的第 2 部分：温度仪表。本部分按照 GB/T 1.1—2009《标准化工作导则　第 1 部分：标准的结构和编写》给出的规则起草。

本规程代替 SHS 07002—2004《检测仪表》，与 SHS 07002—2004 相比，除编辑性修改外，主要技术变化如下：

——修改了标准名称、维护内容；

——增加了规范性引用文件；

——修订了常用温度仪表技术指标。

本部分由中国石油化工集团有限公司、中国石油化工股份有限公司提出。

本部分起草单位：中国石化镇海炼油化工股份有限公司。

本部分主要起草人：王小三、陈乐、顾鹤军、庄朝晖。

本部分所代替规程的历次版本发布情况为：

——SHS 07002—1992、SHS 07002—2004。

检测仪表维护检修规程
第2部分：温度仪表

1 范围

本部分规定了温度仪表（包括热电偶、热电阻、压力式温度计、温度开关、温度变送器、红外线式温度计）的技术标准、检查校验、使用维护与故障处理以及检修内容与质量标准等内容。本部分适用于石化企业中各类温度测量仪表的维护及检修。

2 规范性引用文件

下列文件对本文件的应用是必不可少的。凡是注日期的引用文件，仅注日期的版本适用于本文件。凡是不注日期的引用文件，其最新版本（包括所有的修改单）适用于本文件。

GB/T 30429 工业热电偶

JJG 229 工业铂、铜热电阻检定规程

JJF 1632 温度开关温度参数校准规范

JJG 310 压力式温度计检定规程

JJF 1183 温度变送器校准规范

JJG 141 工作用贵金属热电偶检定规程

JJF 1637 廉金属热电偶校准规范

JJG 684 表面铂热电阻检定规程

3 热电偶

3.1 概述

在温度测量中，热电偶是一种广泛使用的测温元件，具有结构简单、使用方便、测量范围宽、便于远距离传送和集中检测等优点。热电偶是利用两种不同材料相接触而产生的热电势随温差变化的特性来测量温度的。

常用热电偶可分为标准热电偶和非标准热电偶两大类。标准热电偶一般是指国家标准规定了其热电势与温度的关系、允许误差，并有统一的标准分度表的热电偶，它有与其配套的显示仪表可供选用。而非标准化热电偶在使用范围或数量级上均不及标准化热

电偶，一般也没有统一的分度表，主要用于某些特殊场合的测量。

我国从 1988 年 1 月 1 日起，热电偶和热电阻全部按 IEC 国际标准生产，并指定 S、R、B、E、K、J、N、T 8 种标准化热电偶为中国统一设计型热电偶。

3.2 主要技术指标

3.2.1 测温范围及精确度等级见表 1。

表 1 热电偶的测温范围及精确度等级

<table>
<tr><th rowspan="2">名称</th><th rowspan="2">分度号</th><th>1 级</th><th>2 级</th><th>3 级</th></tr>
<tr><th>允许偏差及其适用温度范围</th><th>允许偏差及其适用温度范围</th><th>允许偏差及其适用温度范围</th></tr>
<tr><td>镍铬-镍硅</td><td>K</td><td rowspan="2">(-40～+375) ℃
±1.5℃
(375～1000) ℃
±0.004t</td><td rowspan="2">(-40～+333) ℃
±2.5℃
(333～1200) ℃
±0.075t</td><td rowspan="2"></td></tr>
<tr><td>镍铬硅-镍硅镁</td><td>N</td></tr>
<tr><td>镍铬-铜镍</td><td>E</td><td>(-40～+375) ℃
±1.5℃
(375～800) ℃
±0.004t</td><td>(-40～+333) ℃
±2.5℃
(333～900) ℃
±0.075t</td><td></td></tr>
<tr><td>铁-铜镍</td><td>J</td><td>(-40～+375) ℃
±1.5℃
(375～750) ℃
±0.004t</td><td>(-40～+333) ℃
±2.5℃
(333～750) ℃
±0.075t</td><td></td></tr>
<tr><td>铂铑$_{10}$-铂</td><td>S</td><td rowspan="2">(0～1100) ℃
±1.0℃
(1100～1600) ℃
±[1+0.003(t-1100)]</td><td rowspan="2">(0～600) ℃
±1.5℃
(600～1600) ℃
±0.25% t</td><td></td></tr>
<tr><td>铂铑$_{13}$-铂</td><td>R</td><td></td></tr>
<tr><td>铂铑$_{30}$-铂铑$_{6}$</td><td>B</td><td></td><td>(600～1700) ℃
±0.25% t</td><td>(800～1700) ℃
±0.5% t</td></tr>
</table>

注：1. 表中 t 为测量端温度，℃

2. K、N、E、J 型热偶数据摘自 JJF 1637—2017《廉金属热电偶校准规范》，S、R、B 型热偶数据摘自 JJG 141—2013《工作用贵金属热电偶检定规程》，若规范、规程更新，应以更新后数据为准。

3. T 型热偶（铜-铜镍/康铜）相关参数参照最新发布的 JJG 368《工作用铜-铜镍热电偶检定规程》。

3.2.2 热电偶时间常数根据热惰性级别的不同，分为 90～180s、30～90s、10～30s 和 ＜10s 等几种。

3.2.3 绝缘电阻：在空气温度为 15～35℃和相对湿度＜80%的情况下，热电偶与其保护套管之间的绝缘电阻应不小于 5MΩ（100V）（接地型除外）。

3.3 检查与校验

3.3.1 检查

3.3.1.1 外观检查

1）热电偶的热接点应焊接牢固，表面光滑、无气孔、无明显的缺损及裂纹，焊接的形状应符合图 1 的要求，焊点直径不超过热电偶丝直径的两倍，热电偶的瓷管、绝缘层、保护套管、接线座、垫片及头盖应完好无缺。

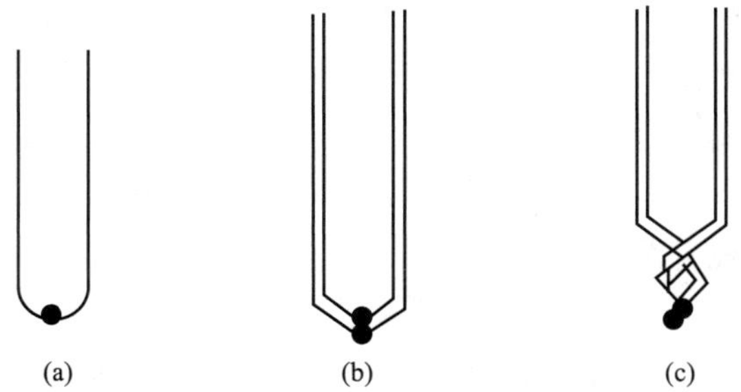

图 1 热电偶接点形式

2）接线盒外壳完好，密封性能好，无明显腐蚀、风化，对装在室外或可能有水汽渗入的接线盒，外部须有防水罩，接线盒盖可灵活拆装无卡涩，若存在无法修复缺陷应根据缺陷部位更换零部件或整支热电偶更换。

3）热偶芯与保护套管连接处、保护套管与管嘴螺纹或配对法兰连接处无泄漏，若有泄漏应进行处理，当无法处理时应更换热电偶。

3.3.1.2 对于安装在强腐蚀及磨损、冲刷严重部位的保护套管，停工检修期间均应拆检，无法拆检时应进入安装部位检查，应注意清除套管表面结焦等附着物。

3.3.1.3 耐磨热电偶保护套管停工检修期间均应拆检，无法拆检时应进入安装部位检查，应注意清除套管表面结焦等附着物，特别注意检查套管端部耐磨合金段磨损情况，若发现明显减薄、冲蚀，应更换套管。

3.3.1.4 当套管无法拆检，也无法进入安装部位检查时，应对热偶芯进行抽芯检查，若热偶芯与套管黏连无法抽芯，应考虑破坏性拆除，整支热电偶更换。

3.3.1.5 对于刀刃热偶等表面热偶应在停工期间检查刀刃热偶与热偶芯连接是否牢固，热偶芯固定是否可靠，有无脱落。若需更换刀刃，应优先选用与安装表面同材质的刀刃及防火罩，并选用合适的焊材进行焊接，当无法选用同材质刀刃时，应由加热炉专业识别是否需进行焊接工艺评定，更换完成后应由加热炉专业识别是否需要对焊接部位进行热处理。

3.3.2 校验

可参照相应的检定规程、校准规范执行，K、N、E、J 热电偶参照 JJF 1637《廉金属热电偶校准规范》执行，B、R、S 型热电偶参照 JJG 141《工作用贵金属热电偶检定规程》执行，T 型热电偶参照 JJG 368《工作用铜－铜镍热电偶检定规程》执行，也可按照各企业自行编制的校验方案执行。

校验范围及校验周期根据国家市场监管总局公布的最新强检计量器具目录及相关法律法规、政策、文件等确定，经检定、校准的热电偶在证书有效期内可以不再校验。

3.3.2.1　校验仪器与设备

1）二等或以上标准铂铑－铂热电偶 1 支；

2）不低于 0.05 级的直流低阻电位差计 1 套；

3）管形电炉 1 台；

4）精密温度控制器 1 台；

5）冷端温度恒温槽 1 台。

3.3.2.2　校验方法

1）热电偶校验接线见图 2。

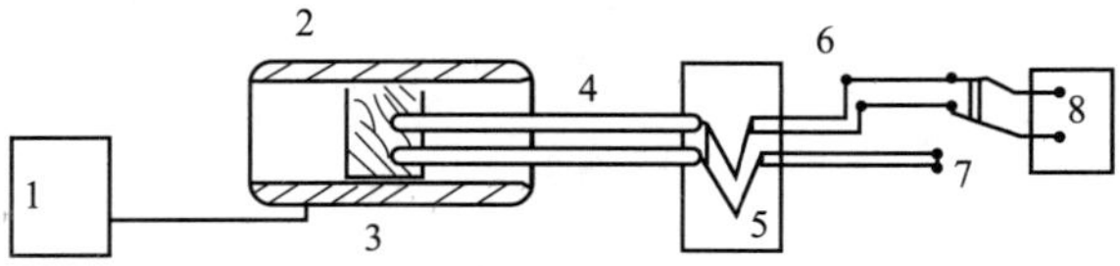

图 2　校验接线图

1—精密温度控制器；2—管形炉；3—不锈钢柱体；4—三等标准铂铑－铂热电偶；
5—冷端温度恒温槽；6—铜导线；7—开关；8—电位差计或标准数字毫伏电压表

2）将标准热电偶置于不锈钢柱的中心孔，而被校热电偶分布在其周围的小孔内，以取得均匀的温度场。不锈钢柱应置于电炉的中心，炉孔的两端用石棉或玻璃棉封住。铂铑－铂热电偶应用一端封闭的石英管或瓷管作保护，以免铂铑－铂热电偶被污染变质而降低精度。

3）冷端恒温槽中应放适量的冰水混合物，各热电偶的冷端集中成束，插入恒温槽中心的玻璃试管中，深入水中部分不小于 100 mm，同时用 0.1 或 0.2 分度的水银温度计观察冷端温度。

4）恒温从 300℃开始校验（以铂铑－铂热电偶为例），直到最高工作温度为止。校验点必须包括常用工作温度，至少校验 3 点，若使用温度在 300℃以下时应增加一个 100℃检定点。

5）当电炉温度达到校验点温度 ±3℃范围中任一稳定值时可以开始测量热电势，先测量标准热电偶，然后测量被校热电偶。需要时再复测，相邻两次测量温度变化值≤0.3℃，记录这两次测量值，再按升温、降温、（上、下行）测定，共为 4 个测量值，取其平均值为最后结果。

6）冷端温度非 0℃值时，同时应读取冷端温度 t_0' ，用以校正。

3.3.2.3 冷端非 0℃值时，应按下式计算：

标准热电偶电势：

$$E^{N}_{t-0}=E^{N}_{t-t_0'}+E^{N}_{t_0'-0} \tag{3-2-1}$$

被校热电偶电势：

$$E^{K}_{t-0}=E^{K}_{t-t_0'}+E^{K}_{t_0'-0} \tag{3-2-2}$$

式中 t——被校点温度；

t_0'——冷端实际温度；

$E^{N}_{t-t_0'}$，$E^{K}_{t-t_0'}$——实测热电偶电势平均值；

$E^{N}_{t_0'-0}$，$E^{K}_{t_0'-0}$——从热电偶分度表中查得的电势。

3.4 使用、维护与故障处理

3.4.1 按照被测介质的特性及操作条件，选用合适材质、厚度及结构的保护套管和垫片。

3.4.2 热电偶安装的地点、深度、方向和接线应符合测量技术的要求，并便于维修检查。

3.4.3 在使用热电偶补偿导线时，必须注意型号相配，极性正确，热电偶与补偿导线接头处的环境温度最高不应超过 100℃。

3.4.4 使用于 0℃以下的热电偶，应在其接线座下灌蜡密封，使其与外界隔绝。

3.4.5 热电偶首次使用前，应校准 / 检定合格后方可使用。

3.4.6 常见故障与处理方法参考表 2。

表 2 热电偶常见故障与处理方法

故障现象	故障原因	处理方法
热电势比实际值小	热电极短路	更换热电偶
	热电偶接线柱处积灰、进水等，造成氧化、短路	清洁、修复接线柱
	补偿导线线间短路	修复故障点或更换补偿导线
	温度指示 100℃附近，不再上升	检查热电偶套管内是否进水
热电偶电势误差大	显示仪表与热电偶分度号不一致	按设计要求整改
	分度号与补偿导线不一致	按设计要求整改
	补偿导线与热电偶极性接反	重新正确连接
	安装位置不当或插入深度不符合要求	按规范重新安装
	冷端温度补偿不符合要求	检查冷端补偿设置
	刀刃式热电偶温度偏高	检查热电偶与管线间焊点是否脱开或外层防火失效

表 2　热电偶常见故障与处理方法（续）

故障现象	故障原因	处理方法
热电势输出不稳定	热电偶接线问题	检查仪表回路接线
	热电偶测量线路绝缘不良	找出故障点，修复绝缘
	热电偶或电缆环境温度高	电缆敷设避开高温点或增加保温隔热
	热电偶安装不牢或外部振动	紧固热电偶，采取减振措施
	热电偶内部电极接触不良	更换热电偶
	外界电磁或交流干扰等	查出干扰源，采用屏蔽措施
	保护管表面积灰	清除积灰
工艺介质泄漏	垫片泄漏	热紧或泄压后更换垫片
	热电偶套管泄漏	加隔漏接头或泄压后更换套管
		切断热电偶芯，取消信号

3.5　检修及质量要求

3.5.1　检修

3.5.1.1　检修内容

1）热电偶的保护套管如有损坏，可按原结构要求进行修理或更换。

2）热电偶热电特性校验。

3）热电偶补偿导线及热电偶绝缘电阻检查。

3.5.1.2　拆装条件确认

拆卸热电偶前，需确认工艺设备或管线已停用，并具备交付检修的条件；落实施工作业人员，进行施工作业风险识别，确认具备安全拆卸的条件。

3.5.1.3　施工作业

1）做好作业区域隔离，拆除信号线，拆下热电偶，并做好相应标记。

2）检查热电偶的管嘴密封螺纹或安装法兰；设备内带防护套管的，须疏通防护套管。

3.5.1.4　安装、测试、联校

1）送检、检定合格后的热电偶，按规范要求安装。

2）耐磨热电偶在安装时，需保护耐磨头不受外力损伤。

3）工艺管线投运后，检查热电偶电势与 DCS 的温度显示是否一致。

3.5.1.5　仪表检维修记录及时闭环登记。

3.5.2　检修质量要求

按 3.3 检查与校验要求执行。

4 热电阻

4.1 概述

热电阻是以铂丝或铜丝制成的测温元件，它是利用金属的电阻值随温度变化而变化的特性来测量温度的。从1988年起，采用IEC标准分度，即用Pt100、Pt10、Cu50、Cu100等。

4.2 主要技术指标

4.2.1 R_0 及 R_{100} 电阻值允差见表3。

表3 R_0 及 R_{100} 电阻值允差（JJF 229—2010）

检定点	Pt100标称值及允差／Ω				Cu100标称值及允差／Ω
	AA	A	B	C	
R_0	100.000 ±0.039	100.000 ±0.059	100.000 ±0.117	100.000 ±0.234	100.000 ±0.129
R_{100}	138.506 ±0.102	100.000 ±0.039	100.000 ±0.039	100.000 ±0.039	100.000 ±0.039

注：1. 标称电阻值不为100Ω的其他热电阻（和感温元件），符合允差要求的 R_0 和 R_{100} 范围只要将上述表格中的数值乘以 $\frac{R_0}{100\,\Omega}$ 即可。

2. 上述的合格判断方法可以作为受检热电阻是否合格的一种判据。

3. 制造商出厂合格的判据和用户拒收的不合格判据，依据IEC 60751（2008）标准的要求必须考虑测量不确定度的因素，即制造商出厂检验的测量结果叠加扩展不确定度后均落在允差带里面方可认定为合格；用户验收的测量结果叠加扩展不确定度后全部落在允差带外面方可认定为不合格。

4.2.2 测量范围及精确度等级见表4。

表4 常用热电阻测量范围及精确度等级

热电阻类型	允差等级	有效温度范围／℃		允差值
		线饶元件	膜式元件	
PRT	AA	-50～+250	0～+150	±（0.100℃ +0.0017|t|）
	A	-100～+450	-30～+300	±（0.150℃ +0.002|t|）
	B	-196～+600	-50～+500	±（0.30℃ +0.005|t|）
	C	-196～+600	-50～+600	±（0.6℃ +0.010|t|）
CRT	—	-50～+150	—	±（0.30℃ +0.006|t|）

注：1. 在600～850℃范围的允差应由制造商在技术条件中确定。

2. \|t\| 为温度的绝对值，单位为℃。

4.2.3 允许通过电流：≤5mA。

4.2.4 热电阻的时间常数根据热惰性级别的不同分为90～180s、30～90s、10～30s、

＜10s 等几种。

4.2.5 绝缘电阻：电阻元件与保护管之间的绝缘电阻，铂电阻≥100MΩ（100V），铜电阻≥20MΩ（100V）。

4.3 检查与校验

4.3.1 检查

4.3.1.1 外观检查

1）热电阻元件和引线应清洁、干燥、完整、无锈；电阻体的导热片应紧贴温度计的保护套管内壁。

2）接线盒外壳完好，密封性能好，无明显腐蚀、风化，对装在室外或可能有水汽渗入的接线盒，外部须有防水罩，接线盒盖可灵活拆装无卡涩，若存在无法修复缺陷应根据缺陷部位更换零部件或整支热电阻更换。

3）热阻芯与保护套管连接处、保护套管与管嘴螺纹或配对法兰连接处无泄漏，若有泄漏应进行处理，当无法处理时应更换热电阻。

4.3.1.2 对于正在使用中的热电阻应定期检查其热阻性能、绝缘电阻，重要的和特殊使用的热电阻，按实际要求定期检查。

4.3.1.3 对于安装在强腐蚀及磨损、冲刷严重部位的保护套管，停工检修期间均应拆检，无法拆检时应进入安装部位检查，应注意清除套管表面结焦等附着物。

4.3.1.4 当套管无法拆检，也无法进入安装部位检查时，应对热阻芯进行抽芯检查，若热偶芯与套管黏连无法抽芯，应考虑破坏性拆除，整支热电阻更换。

4.3.2 校验

可参照相应的检定规程、校准规范执行，非表面安装型热电阻检定参照 JJG 229《工业铂、铜热电阻检定规程》，表面热电阻检定参照 JJG 684《表面铂热电阻检定规程》执行，也可按照各企业自行编制的校验方案执行。

校验范围及校验周期根据市场监管总局公布的最新强检计量器具目录及相关法律法规、政策、文件等确定，经检定、校准的热电阻在证书有效期内可以不再校验。

4.3.2.1 校验仪器与设备

1）不低于 0.05 级的直流电位计	1 套
2）Ⅱ级标准电阻	1 套
3）冰点槽（广口保温瓶）	1 只
4）水沸点槽	1 只
5）分度为 0.1℃的标准水银温度计	1 支
6）标准直流电流表（0～10mA）	1 只
7）旋钮式电阻箱，双刀切换开关，电池	各 1 个

4.3.2.2　检验方法

4.3.2.2.1　R_0（冰点）值测定

将热电阻放入内径合适的玻璃试管或其他绝缘薄壁的套管中，套管长度约 250～300mm，管口用棉絮塞紧以免空气对流。将试管插入有冰水混合物的冰点槽中，插入深度不小于 150mm，距槽底及周边距≥ 20mm，电阻周围的冰层厚度≥ 30mm。用分度为 0.1℃的标准水银温度计，轻轻插入拨好孔的冰点槽中，待冰水混合物温度达到 0±0.1℃并稳定 30min 后，即可测量，在测量过程中必须保持适量的水，R_0 可用电桥或图 3 所示的线路测量。

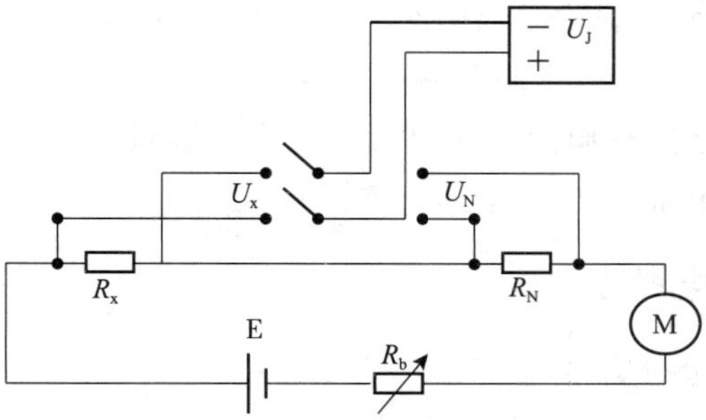

图 3　R_0 的测定

U_J—电位差计；K—双刀切换开关；E—电池；M—直流毫安表；

R_b—电阻箱；R_N—标准电阻；R_x—被标热电阻

按实测的 U_N、U_x 值，计算出 R_x 值：$R_x=R_N\dfrac{U_x}{U_N}$，取其平均值，即为 R_0 值。

4.3.2.2.2　R_{100}（沸点）值测定

将装在套管中的热电阻和标准水银温度计插入沸腾的沸点槽中心，深度≥150mm，不可碰到加热元件，并保持沸腾状态。

校验接线及测量方法同前，当热电阻阻值在 3～5min 内不再变化时即可测量，同时记下标准水银温度计的示值。查表 5，修正 R_{100} 的阻值。

表 5　热电阻温升与阻值对照表

分度号	温度升高 0.1℃，所增加的电阻值 / Ω
Cu50	0.0214
Cu100	0.0428
Pt10	0.00385
Pt100	0.0385

按实测的 U_N、U_x 值计算出 R_x 值，取平均值，加上修正值作为实际 R_{100} 值。

做好校验记录并交审核。

4.4 使用、维护与故障处理

4.4.1 使用与维护

4.4.1.1 根据被测介质的特性及操作条件，选用合适材质、厚度及结构的保护套管和垫片。

4.4.1.2 热电阻安装的地点、深度、方向和接线应符合测量技术的要求，并便于维修检查。

4.4.1.3 热电阻测量电路必须包括热电阻和测量仪表，两者的接线有二线制、三线制和四线制之分。使用二线制时，由于热电阻和测量仪表之间有导线电阻，误差较大，因此所用导线不宜过长过细。使用三线制时因为基本能消除导线电阻的影响，故比两线制测量精度高。在高精度测量的场合，采用四线制，所用的 4 根连接导线阻值相等（即用同材质、同粗细、同长度的导线），这样可以完全消除导线电阻的影响。

4.4.1.4 使用于 0℃以下的热电阻，应在其接线座下灌蜡密封，使其与外界隔绝。

4.4.1.5 热电阻首次使用前，应经检定合格。

4.4.2 热电阻常见故障与处理方法

热电阻常见故障与处理方法见表 6。

表 6 热电阻常见故障与处理方法

故障现象	故障原因	处理方法
仪表指示偏低	热电阻短路	修复或更换热电阻
	热电阻的接线柱处积灰、进水等，造成短路	清洁、修复接线柱
	电缆线间短路	修复电缆绝缘或更换电缆
	温度指示 100℃附近，不再上升	检查热电阻套管内是否进水
仪表指示误差大	显示仪表与热电阻型号不一致	按设计要求整改
	热电阻 A/B/C 接线次序错误	重新正确连接
	热电阻 AB/AC 的电缆阻值偏差	检查热电阻与电缆电阻，必要时更换电缆
	热电阻安装位置不当或插入深度不符合要求	按规范重新安装
仪表指示不稳定	热电阻接线问题	检查仪表回路接线
	热电阻或电缆环境温度高	电缆敷设避开高温点或增加保温隔热
	热电阻测量线路绝缘不良	找出故障点，修复绝缘
	热电阻安装不牢或外部振动	紧固热电阻，消除振动或采取减震措施
	热电阻内部电阻接触不好	修复或更换热电阻
	外界电磁或交流干扰等	查出干扰源，采用屏蔽措施
	保护管表面积灰	清除积灰
工艺介质泄漏	垫片泄漏	热紧或泄压后更换垫片
	热电阻套管泄漏	加隔漏接头或泄压后更换套管
		切断热电阻芯，取消信号

4.5 检修内容及质量要求

4.5.1 检修

4.5.1.1 检修内容

1）热电阻的保护套管如有损坏，可按原结构要求进行修理或更换。

2）热电阻热电特性校验。

3）热电阻绝缘电阻检查，电缆线间电阻及绝缘电阻检查。

4.5.1.2 拆装条件确认

拆卸热电阻前，需确认工艺设备或管线已停用，并具备交付检修的条件；落实施工作业人员，进行施工作业风险识别，确认具备安全拆卸的条件。

4.5.1.3 施工作业

1）办理施工作业票，做好作业区域隔离，拆除信号线，拆下热电阻，并做好相应标记。

2）检查热电阻的管嘴密封螺纹或安装法兰，设备内带防护套管的，须疏通防护套管。

4.5.1.4 检定

拆下后，需外送检定的热电阻，在清除热电阻套管结垢，清洁表面后，运送到相关的检定部门，经检定合格后送回工作现场。

4.5.1.5 安装、测试、联校

1）送检、检定合格后的热电阻，按规范要求安装。

2）工艺管线投运后，检查 DCS 温度指示正常，交工艺生产部门。

4.5.1.6 仪表检维修记录及时闭环登记。

4.5.2 检修质量要求

满足 4.3 检查与校验要求。

5 压力式温度计

5.1 概述

压力式温度计是利用密封容器内工作介质（液体、蒸汽或气体）的压力随温度变化的原理制成的。当密闭容器内的介质受到温度作用后，其压力便发生变化，使弹簧管产生位移，经传动机构放大，在标度盘上指示出温度值。

压力式温度计适用于生产过程中较远距离的非腐蚀性液体、气体和蒸汽的温度测量。

压力式温度计的结构见图 4。

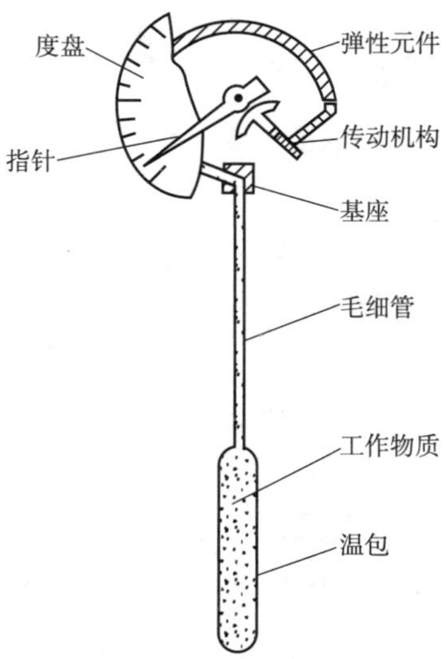

图 4　压力式温度计结构图

5.2　主要技术指标

5.2.1　精确度等级：1.0～2.5 级

5.2.2　测温范围：

WTZ-280 型：-20～60℃，0～50℃，0～100℃，20～120℃，60～160℃；

WTQ-288TW 型：-60～40℃，0～160℃，0～200℃，0～250℃，0～300℃，0～400℃。

5.2.3　温包规格：ϕ15×150（毛细管长 1～12m）紫铜或不锈钢；ϕ15×200（毛细管长 12～20m）或 1Cr18Ni9Ti；ϕ22×300（毛细管长 1～20m）或 1Cr18Ni9Ti。

5.2.4　温包耐压：紫铜 1.6MPa，不锈钢 6.3MPa。

5.3　检查与校验

5.3.1　检查

5.3.1.1　温度计表头用的保护玻璃或其他透明材料应保持透明，不得有妨碍正确读数的缺陷或损伤。

5.3.1.2　温度计的各零部件应装配牢固，不得松动，不得有显著锈蚀和防腐层脱落现象。

5.3.1.3　将温包及毛细管放在水槽中，将弹簧管放在盛有汽油的容器中以检查测温系统的密闭性。

5.3.1.4　温度计度盘上的刻度、数字和其他标志应完整、清晰、准确。指针在标尺最短分度线的 1/4～3/4 内，其指针尖端宽度不应超过标尺最短分度线宽度。

5.3.1.5　温度计的指针与度盘平面间的距离应在 1～3mm 的范围之内。

5.3.1.6　温度计度盘上应标有国际温标摄氏度的符号“℃”、制造厂名（或厂标）、型号及出厂编号、精确度等级、制造年月以及计量器具制造许可证标志和编号。电接点温度计还应在度盘或外壳上标明接点额定功率、接点最高电压、交流或直流最大工作电流，接地端子有接地标志。

5.3.1.7　温度计应有加盖封印位置。

5.3.1.8　温度计在检定过程中指示应平稳移动，不得有显见跳动和停滞现象（蒸汽压力式温度计在跨越室温部分允许指针有轻微的跳动）。

5.3.1.9　在环境温度 15～35℃，相对湿度 45%～75%时，电接点温度计的输出端子之间及输出端子与接地端子之间的绝缘电阻不小于 20MΩ。

5.3.2　校验

参照 JJG 310《压力式温度计检定规程》执行，也可按照企业自行编制的校验方案执行。

5.3.2.1　校验仪器与设备：Ⅱ等标准水银温度计 1 支，各种恒温槽（负温槽、冰点槽、水槽、油槽），可根据各种温度计的测量范围来选用。

5.3.2.2　将被校温度计与标准温度计插入恒温槽中，表头和温包高度差不大于 1m，恒温槽温度应稳定在规定的校验点温度上，每一校验点的温度应恒温 5min，读出标准温度计示值，然后读取被校温度计的示值，被校温度计和标准温度计示值的差值即为温度计在该校验点的基本误差。

5.3.2.3　温度计的校验点应均匀分布在测量范围内的长标度线上（必须包括测量上限），不得少于 4 点，有零点的温度计应包括零点，并沿正、反行程至少各校验 1 次。

5.3.2.4　在进行读数之前，应用手轻敲温度计的外壳，指针的变化不应超出允许基本误差的一半。

5.3.2.5　指针移动平稳性：指针移动平稳性检查与示值检定同时进行，温度上升或下降时指针移动平稳，不得有显见跳动和停滞现象（蒸汽压力式温度计在跨越室温部分允许指针有轻微的跳动）。

5.3.2.6　回差：温度计回差的检定与示值检定同时进行（测量上限和下限除外），在同一检定点上正、反行程误差之差的绝对值，即为温度计回差，应符合温度计的回差应不大于示值最大允许误差的绝对值的规定。

5.3.2.7　重复性：温度计在正或反行程示值检定中，在各检定点上分别重复进行多次（至少 3 次）示值检定，计算出各点同一行程示值之间最大差值的绝对值即为温度计的重复性，应符合温度计的重复性应不大于示值最大允许误差绝对值的 1/2 的规定。

5.3.2.8　设定点误差、切换差和报警设定点误差：

1）首次检定的电接点温度计应在测量范围内（除测量上限和下限）至少 3 个设定点上进行，设定点应基本均布在长标度线上。

2）后续检定和使用中检验的电接点温度计在测量范围内（除测量上限和下限）允许只在一个设定点上进行，设定点应在长标度线上。

3）将被检电接点温度计温包与标准温度计插在恒温槽中，并将被检电接点温度计的端子接到信号电路中。然后缓慢均匀改变恒温槽温度（温度变化速度应不大于 1℃/min），使接点产生闭合和断开的切换动作（信号电路接通或断开）。在动作瞬间，读取的标准温度计示值，即为接点正行程的上切换值或反行程的下切换值。

4）上切换值和下切换值的平均值为切换中值，切换中值与被检电接点温度计设定指针指示温度的差值，即为设定点误差，应符合“电接点温度计其设定点误差应不超过示值最大允许误差的 1.5 倍”的规定；上切换值与下切换值的差值的绝对值，即为切换差，应符合“电接点温度计其切换差应不大于示值最大允许误差绝对值的 1.5 倍”的规定。设定点误差和切换差在同一设定点上就接点闭合和断开各检定一次。

5）电接点完全补偿式液体压力式温度计可根据用户要求只进行报警设定点误差检定，即只进行接点正行程的上切换值或接点反行程的下切换值检定。其上切换值或下切换值与被检电接点温度计设定指针指示温度的差值，即为报警设定点误差，应符合“完全补偿式液体电接点压力式温度计其报警设定点误差应不超过示值最大允许误差的 1.5 倍”的规定。

5.4 使用、维护与故障处理

5.4.1 使用和维护

5.4.1.1 使用前应先检查温度计的有效期限，若已过期则需重新校验，若校验不合格则应修理或更新。

5.4.1.2 温度计应垂直安装在没有振动的安装板上，温包应全部浸入被测介质中（尽可能使温包插入最大深度，以减少安装螺纹散热所引起的误差），被测介质应处于经常流动的状态。

5.4.1.3 安装时，毛细管应引直，毛细管弯曲圆弧半径不得小于 50mm。

5.4.1.4 压力式温度计首次使用前，应经过技术检验（若企业内没有检验设备，可以委托专业厂家或有资质的单位机构技术检验），确认合格方可使用。

5.4.1.5 使用前需确认压力式温度计回路以及指示是否正常。

5.4.2 常见故障与处理

压力式温度计常见故障与处理方法见表 7。

表 7 压力式温度计常见故障与处理方法

故障现象	故障原因	处理方法
不能正确、及时反映温度的变化	机械检测部位异常，温包和测量介质没有较好地接触	处理机械检测部位松动、变形等故障；温包和测量介质密切接触
	工艺介质存在气液两相	调整工艺操作、调整安装位置
指示不变化	弹性元件损坏；传动机构、指针齿轮等卡涩、温包漏液严重等	更换仪表
指示偏差大	弹性元件、传动机构变形；温包微漏液等	更换仪表
指示跑至最大	弹性元件、传动机构故障或损坏	修复或更换仪表

5.5 检修及质量要求

5.5.1 检修

5.5.1.1 检修前做好确认、标记等。
5.5.1.2 维修检查，按照 5.3.1 进行。
5.5.1.3 校验按照 5.3.2 要求进行。
5.5.1.4 不合格的仪表进行修理或更换。
5.5.1.5 检修后进行校验。
5.5.1.6 仪表检维修记录及时闭环登记。

5.5.2 检修质量要求

5.5.2.1 满足 5.3 检查与校验的要求。
5.5.2.2 满足 5.2 主要技术指标的要求。

6 温度变送器

6.1 概述

温度变送器是能将热电阻、热电偶的电阻和毫伏信号通过组态、接线转换成4～20mA 标准电流信号的仪表，其工作原理见图 5。按安装方式，可分为现场型温度变送器和架装温度变送器（又称“温变安全栅”），前者与测温元件一体化安装，一般安装在现场，温度信号转换成 4～20mA 标准电流信号可利用普通导线实现远距离传输，主要以罗斯蒙特 644 系列为代表；架装温度变送器一般安装在室内，也可安装在现场，与现场测温元件之间必须用相应补偿导线或电缆连接，主要以 MTL55 系列为主，需要专用组态软件。

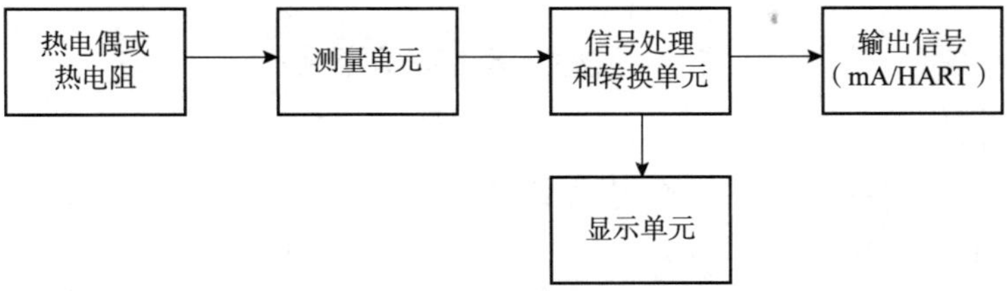

图 5　智能型温度变送器工作原理图

本规程以现场型温度变送器罗斯蒙特644 HART变送器为例，其他温度变送器可参考。

6.2 主要技术指标

6.2.1 输入方式：

热电偶（K、E、S、B、J、T、N、R、DIN L、DIN U、W5Re/W26Re、GOST L）；

热电阻（Cu10、Cu50、Cu100、Pt50、Pt100、Pt200、Ni120）

6.2.2 测温范围：热电阻，-200～850℃；热电偶，-200～2000℃

6.2.3 输出信号：4～20mA/HART

6.2.4 供电电压：12～42.4V DC

6.2.5 负载电阻：18.1V DC供电电压时，负载电阻250Ω。42.4V DC时，负载电阻可达1100Ω

6.2.6 环境温度：-40～85℃

6.2.7 精度等级：以Pt100热电阻为温度检测元件，量程0～100℃时，HART型总精度为±0.18℃

6.3 检查与校验

6.3.1 检查

6.3.1.1 温度变送器应保持清洁、干燥、外观完好；接线柱和调整螺丝无锈蚀。

6.3.1.2 定期检查绝缘电阻，对地绝缘电阻应大于20MΩ。系统应有良好的接地，接地电阻小于10Ω。

6.3.2 校验

参照JJF 1183《温度变送器校准规范》执行，也可按照企业自行编制的校准规范执行。

6.3.2.1 罗斯蒙特644HART温度变送器可用HART手操器进行校验和组态。

6.3.2.2 使用HART手操器进行校验和组态接线如图6所示。

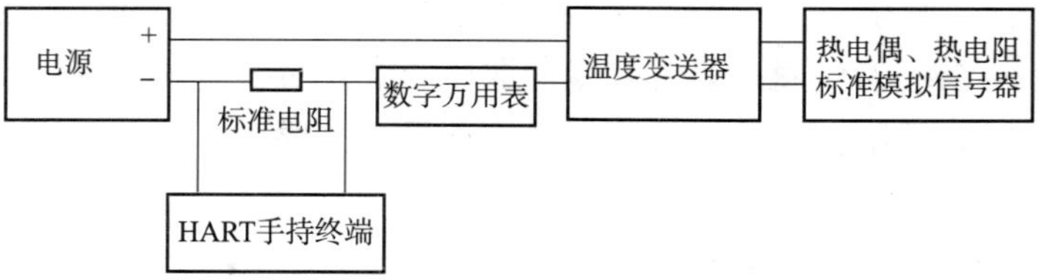

图6 校验组态接线示意图

6.3.2.3 校验方法

1）按图6校验接线图接线，通电稳定15min。

2）以Pt100热电阻为例，测温范围0～200℃。

3）查Pt100热电阻的阻值与温度对照表，0℃时阻值为100Ω。用电阻箱输入100Ω，看变送器输出电流是否4.000mA DC。

4）查Pt100热电阻的阻值与温度对照表，200℃时阻值为177.1Ω。用电阻箱输入177.1Ω，看变送器输出电流是否为20.000mA DC。

5）将变送器测量范围分为4等份，即0℃、50℃、100℃、150℃、200℃，逐点按上行和下行输入相对应的电阻值，记录各点输出值，检查各项技术指标，均应符合技术要求。

6）如非智能型温度变送器，可通过调整“零位”“量程”螺钉，使仪表符合技术要求。

6.4 使用、维护与故障处理

6.4.1 使用

1）一体式温度变送器的安装应保证其周围的环境温度不超过技术标准规定的范围，尽量安装在无振动或振动小的地方，探头插入的深度最好为介质管道直径的1/2～2/3。

2）不同型号的温度变送器应按各自的说明书接线，对于具有安全防爆要求的仪表，接线时特别注意不能短路。

3）在本质安全防爆系统中使用温度变送器时，要特别注意使用配套的安全栅。

6.4.2 维护

1）对于防爆仪表，原则上不允许带电拆卸变送器或仪表接线，需要更换或拆卸时，应按防爆要求停电后进行。

2）定期检查校验各项技术指标是否符合要求。

3）变送器在运行中应保持清洁、零部件完整，制作防雨罩，密封圈老化及时更换，避免进水。

6.4.3 常见故障与处理

智能温度变送器常见故障与处理方法见表 8。

表 8 智能温度变送器常见故障与处理方法

故障现象	故障原因	处理方法
无输出	无电源	检查回路无断或短路
	电源电压低	确保 12V DC 以上电压
	组态错误	正确组态，确认组态与传感器匹配
	变送器坏	更换变送器
	接线错误	按设计要求正确接线
指示跳变	传感器故障	检查或更换传感器
	输出线路接触不良	检测输出回路无虚接、负载稳定
	外部干扰	检查电缆接地，消除干扰源
温度偏差大	热电偶冷端补偿问题	检查仪表补偿设置
		检查是否安装补偿电阻
	传感器型号设置错误	修改仪表型号设置

6.5 检修及质量要求

6.5.1 检修

6.5.1.1 按 6.3.2 校验。

6.5.1.2 一体式智能温度变送器检修要求可参照 3.5。

6.5.1.3 仪表检维修记录及时闭环登记。

6.5.2 检修质量要求

满足 6.2.1 主要技术指标的要求。

7 红外线温度计

7.1 概述

红外线温度仪是一种新型的非接触式测温方式，其结构复杂，技术含量高，因此价格昂贵，主要用于热偶和热阻等常用测温元件不适合的场所，如高温、高腐蚀等场合。具有精度高、反应快的特点。其原理是：所有绝对零度以上的物体都会发射红外线能量，发射能量的数量与物体的温度成正比。红外线温度仪通过一个聚焦光学系统，将物体发射能量聚集到红外线感应检测元件上，通过特制的放大电路把检测到的信号转换成线性的 4～20mA 电流信号。

下面以 E^2T 型号红外线温度计为例进行说明，其他可参照执行。

7.2 主要技术指标

7.2.1 测温范围：单一连续量程范围为 200～1650℃；通过计算机校准最高可测达 3000℃。

7.2.2 精确度等级：1 级。

7.2.3 输出：1mV/℃或 4～20mA。

7.2.4 被测物体的发射率：0.01～0.99。

7.2.5 聚焦范围：20in～无穷大。

7.2.6 目标物体尺寸：$S \geqslant (3+D)/R$

式中 S——目标物体尺寸，in；

D——目标物体与仪表之间的距离，in；

R——分辨率，标准为 150，非标准可为 75、300、400。

7.2.7 供电：115V AC +10%，50/60Hz；

230V AC +10%，50/60Hz；

15W（不包括加热设备）；95W（包括加热设备）。

7.2.8 环境：4～49℃（不带冷却设备）；

-40～93℃（带水冷却设备）；

-40～80℃（带空气冷却设备和电加热设备）。

7.2.9 防爆等级：EEx d ⅡB T4。

7.3 检查与校验

7.3.1 检查

看火通道无任何堵塞物并成一直线，各镜片清洁；冷却介质和吹扫空气流量充足。

7.3.2 校验

7.3.2.1 仪器与设备

1）万用表(4.5位)	1只
2）备用探头（BUP-10）	1支
3）热偶读数器 KTC-1	1台
4）标准K型热偶	1支

7.3.2.2 电气特性校验

1）对红外温度计发射率设定为0.99，通电不小于30min。

2）连接万用表于两个接线端子（MV+和ANA GND）。

3）短接CAL和HI LVL GND两个端子，此时万用表读数应为（1000±1%）mV，若不是，说明仪表有故障。

7.3.2.3 设定点校验

1）应在工艺操作平稳时进行。

2）摇开温度计变送组件。

3）如图7所示，关闭主阀门（G）。

4）切断仪表风（F）。

5）断开仪表风线，确保主阀（G）后无压力。

6）检查燃料气是否从仪表风口漏出。

7）拆下看火口（E）。

8）安装探头连接器（D）。

9）计算好热偶插入深度并在热偶末端做记号，固定探头止推件（L）；防止热偶抽出连接器。

10）推热偶直到碰到主阀（G），再往回拉大约1in，用手拧紧压帽（A）。

11）重新连接仪表风（F），确保仪表风压力大于炉膛压力，打开仪表风阀。

12）打开主阀门（G）。

13）再推热偶进炉膛直到标记处。

14）观察KTC-1热偶读数计，当读数变化小于10℃/min时，计下温度值。

15）抽回热偶，关闭主阀门（G）。

16）关闭仪表风阀，断开仪表风线，确保热偶连接器内压力完全释放。

17）拆下热偶连接器，重新安装看火口。

18）重新连接仪表风（F），打开主阀门（G）。

19）摇回温度计变送组件，观察温度输出值，调整发射率，使仪表输出与热偶读数一致。

7.3.2.4 本仪表校验工作应由生产厂家或专门机构进行。

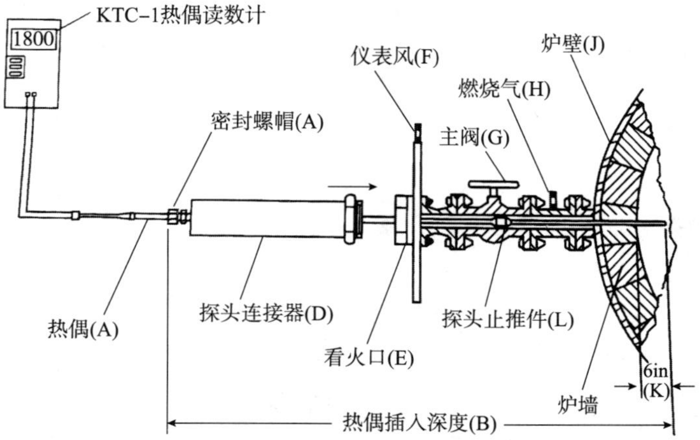

图 7 结构说明图

7.4 使用、维护与故障处理

7.4.1 使用

1）仪表最好安装在炉子的侧面，此处相对温度较低便于仪表维护。

2）被测目标体尽量远离火焰，以免火焰摆动影响仪表测量。

3）目标物体面积应大于（3in+D）/R。

4）在使用前需确认红外线温度计回路以及指示是否正常。

7.4.2 维护

1）检查冷却水流量应大于 0.63L/min。

2）检查吹扫空气流量：阀前大于 1.699m^3/h，阀后大于 16.99m^3/h。

3）检查各连接件是否泄漏。

4）定期用擦镜纸清洁红外温度仪物镜。

5）定期用擦镜纸清洁看火孔镜片 VP-10。

7.4.3 常见故障与处理

红外线温度计常见故障与处理方法见表 9。

表 9 红外线温度计常见故障与处理方法

故障现象	故障原因	处理方法
输出为零	保险丝断	更换保险丝
	电源电压无	检查仪表供电
	仪表电路故障	修理电路
输出温度偏低	镜片脏	擦洗各镜片
	看火通道不畅通	用仪表专用配件 COP-10 在线清障碍物
	电气部件可能有飘移现象	校验电气特性
	目标物未聚焦在物镜中心	调整仪表的看火通道视线调节旋钮
	仪表未聚焦	调整聚焦旋钮（FOCUS）
输出温度有偏差	发射率设置不正确	设定点校验，调整发射率
温度输出在 300℃左右	切光电机不正常运转	更换切光电机

7.5 检修及质量要求

7.5.1 检修

7.5.1.1 检修前做好确认、标记等；下线检修完毕后做好检修记录。

7.5.1.2 将红外温度计各个镜片擦洗干净。

7.5.1.3 对看火孔吹扫，将铁锈等堵塞物吹扫干净，保证看火通道畅通。

7.5.1.4 对冷却水、吹扫空气流量计校验。

7.5.1.5 按 7.3.2.2 对电气特性进行校验。

7.5.1.6 按 7.3.2.3 对设定点进行校验。

7.5.1.7 对不合格的仪表进行修理或更换。

7.5.1.8 仪表检维修记录及时闭环登记。

7.5.2 检修质量要求

7.5.2.1 满足 7.3 检查与校验的要求。

7.5.2.2 满足 7.2 主要技术指标的要求。

8 温度开关

8.1 概述

温度开关是一种借助测温元件（如温包等）受热膨胀而驱动接点动作的温度控制仪表，常用在报警及联锁保护回路中。常用的温度开关有 WTQ/WTZ-288 型电接点压力式温度计等。

8.2 主要技术指标

8.2.1 精确度等级：1.5 级，2.5 级

8.2.2 测温范围：

WTZ-288 型：-20～60℃，0～50℃，0～100℃，20～120℃，0～160℃，
0～120℃，100～200℃

WTQ-288 型：-80～40℃，-60～+40℃，0～160℃，0～200℃，
0～300℃，0～400℃，0～500℃，0～600℃

8.2.3 接点的设置方式：一个作为下限接点，另一个作为上限接点

8.2.4 接点动作误差：（接点动作的实际温度与接点指示针所指示的示值之间偏差）不超过示值基本误差限 1.5 倍

8.2.5 电源：24V DC 或 220V AC，50Hz

8.2.6 接点功率：不大于 10W

8.3 检查与校验

1）温度开关应定期检查其技术性能、绝缘电阻。

2）检定周期可按照厂家提供标准进行，更换周期按照厂家提供标准进行。

3）检查校验项目见表 10。

表 10 温度开关检查校验项目

项目名称	外观
	绝缘电阻
	切换值
	切换差

8.3.1 检查

8.3.1.1 外观检查

1）检查温度开关的各部件装配是否牢固，不得有影响测量性能的锈蚀、裂纹、孔洞等缺陷。

2）检查铭牌标志及铅封是否齐全完好。

3）检查测温元件（温包）及传送部分（毛细管）应完好，不得有变形、腐蚀、泄漏等。

8.3.1.2 绝缘电阻检查

用 500V DC 兆欧表检查温度开关接线端子与外壳间的绝缘电阻，该绝缘电阻值应大于 20MΩ。

8.3.1.3 触点电阻检查

温度开关触点闭合时电阻值应小于 0.05Ω。

8.3.2 校验

参照 JJF 1632《温度开关温度参数校准规范》执行，也可根据企业自行编制的校验方案执行。

8.3.2.1 校验设备与仪器：Ⅱ等标准水银温度计 1 支、各种恒温槽（负温槽、冰点槽、水槽、油槽）、万用表 1 台。

8.3.2.2 将Ⅱ等标准温度计与温度开关插入恒温槽中，液面应完全浸没温包。升温至设定点，观察用万用表连接检查的开关状态，直至开关动作；如动作点的温度不符合设定要求，可调节设定值指针（旋钮），重新升温，直至符合技术指标要求。有切换差设定要求的，应下行检查开关动作点温度是否符合要求，调整切换差调节指针（旋钮）；有温度指示刻度的温度开关还应该校对指示误差应符合产品精度要求，校准后要点漆加封。

8.4 使用、维护与故障处理

8.4.1 使用和维护

8.4.1.1 安装使用时，应将温度开关的温度检测元件（温包）全部浸入被测介质中，其周围介质应保持流动、均温，毛细管弯曲半径应不小于 50mm，任何时候都不准碰撞毛细管及温包。

8.4.1.2 温度开关内部的紧固部件不能任意旋紧或旋松。

8.4.1.3 对于防爆产品，将电缆与端子板连接或断开时应先切断电源。

8.4.2 常见故障与处理

温度开关常见故障与处理方法见表 11。

表 11 温度开关常见故障与处理方法

故障现象	故障原因	处理方法
测量值不准	温包脏	清洗温包
	毛细管漏	更换温度开关
设定值与开关实际动作值有偏差	校验过程不规范引起	在校验时通过温度逐步逼近设定值的方法减少偏差的产生
工艺介质泄漏	密封垫片损坏	更换垫片
开关电阻值大	开关触点氧化	修复或更换开关

8.5 检修及质量要求

8.5.1 检修

8.5.1.1 检修前做好确认、标记等。

8.5.1.2 外观检查，按照 8.3.1 进行。

8.5.1.3　开关动作值校验，按照8.3.2要求校验。

8.5.1.4　对不合格的仪表进行修理或更换。

8.5.1.5　检修后进行校验。

8.5.1.6　仪表检维修记录及时闭环登记。

8.5.2　检修质量要求

8.5.2.1　温度计应垂直安装在没有振动的安装板上，并尽可能和温包安装处保持同一水平位置，以减少由于静压力作用所引起的偏差。

8.5.2.2　温包必须全部浸入被测介质中（并尽可能使温包插入最大深度，以减少由于温包安装螺栓散热而引起的误差），被测介质需经常流动。

8.5.2.3　安装时，毛细管应引直，每相隔不大于300mm的距离用轧头固定起来，毛细管的弯曲半径不应小于50mm。

8.5.2.4　在安装或使用时，温度计应避免振动、碰撞和冲击等。

检测仪表维护检修规程
第 3 部分：流量仪表

SHS 07002.3—2019

部分代替 SHS 07002—2004

目 次

前　言

本规程 SHS 07002《检测仪表维护检修规程》分为以下四个部分：

——第 1 部分：压力仪表；

——第 2 部分：温度仪表；

——第 3 部分：流量仪表；

——第 4 部分：物位仪表。

本部分为 SHS 07002 的第 3 部分：流量仪表。本部分按照 GB/T 1.1—2009《标准化工作导则　第 1 部分：标准的结构和编写》给出的规则起草。

本规程代替 SHS 07002—2004《检测仪表》第三节“流量仪表”，与 SHS 07002—2004 相比，除编辑性修改外，主要技术变化如下：

——修改了标准名称、维护内容；

——增加了规范性引用文件；

——修订了常用流量仪表示例，并规范用词。

本部分由中国石油化工集团有限公司、中国石油化工股份有限公司提出。

本部分起草单位：中国石化镇海炼油化工股份有限公司。

本部分主要起草人：王小三、陈乐、王汉文、王鸿良、王琦、王剑顺、王小强、徐志明、许磊。

本部分所代替规程的历次版本发布情况为：

——SHS 07002—1992、SHS 07002—2004。

检测仪表维护检修规程
第 3 部分：流量仪表

1 范围

本规程规定了流量仪表（包括节流装置、椭圆齿轮流量计、腰轮流量计、刮板流量计、转子流量计、电磁流量计、质量流量计、旋涡流量计、涡轮流量计、靶式流量计、超声波流量计、明渠堰槽流量计、热式流量计、巴类流量计、流量开关）的检修周期、技术标准、检查校验、使用维护与故障处理以及检修内容与质量标准等内容。

本规程适用于石化企业中各类流量仪表的维护及检修，流量计检定范围根据市场监管总局公布的最新强检计量器具目录及相关法律法规、政策、文件等确定，检定周期按相应检定规程执行。流量计校验可参照各类型流量计检定规程执行，也可由各企业自行编制校验方法，除强检规定的流量计以外，其他流量计校验周期各企业自行确定。经检定的流量计在证书有效期内可以不再校验。

2 规范性引用文件

下列文件对本文件的应用是必不可少的。凡是注日期的引用文件，仅注日期的版本适用于本文件。凡是不注日期的引用文件，其最新版本（包括所有的修改单）适用于本文件。

JJG 640 差压式流量计
JJG 1029 涡街流量计检定规程
JJG 1030 超声波流量计检定规程
JJG 1033 电磁流量计检定规程
JJG 1037 涡轮流量计检定规程
JJG 1038 科里奥利质量流量计检定规程
JJG 1132 热式气体质量流量计检定规程
JJG 1121 旋进旋涡流量计
JJG 667 液体容积式流量计检定规程
JJG 461 靶式流量计检定规程
JJG 257 浮子流量计检定规程
JJG 633 气体容积式流量计检定规程

JJG 198　速度式流量计检定规程
SH/T 3521　石油化工仪表工程施工技术规程
GB 50093　自动化仪表工程施工及质量验收规范

3　节流装置

3.1　概述

节流装置是设在管道中能使流体产生局部收缩的节流元件和取压装置的总称，基于伯努利方程和流体连续性原理设计而成。当流体经节流元件时，流通截面减小或突然收缩，流体流速增大，使节流元件前后产生压差。流量越大，压差越大，从而可通过测量压差来测量流量大小。

节流件的形式较多，常用的有孔板、喷嘴、文丘利管等，有些场合也采用变形节流件，如 1/4 圆孔板、圆缺孔板、双重孔板等。节流装置最常用的取压方法有法兰取压和角接取压两种。现以标准孔板为例说明。

流量测量用的节流装置结构简单，使用寿命长，适应性广，几乎能够测量各种工况下的单相流体和高温、高压下的流体的流量。标准节流装置已经不需要单独校验，精确度可达 ±1%，与其配套的差压计系列齐全、品种较多并有标准产品，和其他单元仪表组合可实现流量的指示、调节和通信等。

节流装置的设计、加工和安装要求严格，上、下游需要有足够的直管段长度，其测量范围较窄（一般为 3∶1），压力损失较大，部分仪表需要伴热、冲洗等附属设备，维护工作量较大。

3.2　主要技术指标

3.2.1　圆筒形开孔直径 d：应等角距测量不少于 4 个单测值，任何一个测量值与平均值之差不得超过 0.05%。d 的公差见表 1。

表 1　圆筒形开孔直径 d 公差表　　mm

d	公差
$5\leqslant d\leqslant 6$	±0.008
$6<d\leqslant 10$	±0.010
$10<d\leqslant 25$	±0.013
$d>25$	d 值每增 25，公差增大 ±0.013

3.2.2　孔板开孔圆筒形部分长度 e：其尺寸为 $0.005D\leqslant e\leqslant 0.02D$。

在两点或多点上测得的 e 值之间的最大偏差不得超过 $0.001D$。其表面粗糙度不应高于 Ra=0.80μm，Rz=3.20μm，其中 D 为管道内径。

3.2.3　孔板厚度 E，其尺寸为：$e\leqslant E\leqslant 0.05D$，一般可按表 2 的规格选用。

表 2 孔板厚度 E 规格选用表

mm

管道公称直径 DN	≤150	200～250	300～400	450～500
孔板厚度 E	3	6	6～8	8～10

当 $E>0.02D$ 时，出口处应有一个向下游扩散的光滑锥面，其圆锥角应在 30°～45° 之间，其表面粗糙度为 3.2。各处测得的 E 值之间的最大偏差不得超过 $0.005D$。

3.2.4 孔板上游侧端面上连接任意两点的直线与垂直于中心平面之间的斜率应小于 1%。粗糙度如下：

50mm≤D≤500mm 时，为 Ra=1.6μm，Rz=6.3μm；

500mm≤D≤750mm 时，为 Ra=3.2μm，Rz=6.3μm；

750mm≤D≤1000mm 时，为 Ra=6.3μm，Rz=25μm。

3.3.5 孔板开孔入口边缘和出口边缘，应无毛刺、划痕和可见损伤。

3.3.6 法兰取压孔板的手柄，应刻有表示孔板安装方向的符号即流体由“+”流向“-”、孔板出厂编号、安装位号、管道内径 D 和孔板开孔 d 的实际尺寸值。环室取压孔板，上述各种符号和数据应刻在下游侧端面的边缘上。

3.3.7 孔板应按被测流体的性质和参数采用具有良好的耐腐蚀和耐磨性的材料来制造。

3.3.8 角接取压时，上、下游侧取压孔的轴线与孔板（或喷嘴）上、下侧端面的距离分别等于取压孔径的一半或取压环隙宽度的一半。

3.3.9 法兰取压时，上、下游侧取压孔的轴线分别与孔板上、下游侧端面距离等于（25.4±0.8）mm。钻孔直径应符合表 3 要求。

表 3 钻孔直径表

mm

管道公称通径 DN	25～40	50～80	100
钻孔直径	≤ϕ6	≤ϕ10	≤ϕ12

3.3 检查与校验

3.3.1 检查

3.3.1.1 检查直径、节流装置孔径是否符合设计要求。

3.3.1.2 节流装置加工精度是否符合要求，“+”“-”标记是否正确。

3.3.1.3 节流装置安装时所用垫片的内径，应比管道内径大 2～3mm，可避免紧固时产生突出部分，影响测量精度。

3.3.1.4 节流装置所用法兰焊接后必须与管道垂直，不得歪斜。焊接缝应无突出部分，平整光滑，不产生节流作用。

3.3.1.5 节流装置前后，直管段应符合安装标准。在 1 倍于管道直径的距离内无明显不光滑的突出部分，无电（气）焊的熔渣，无露出的管接头、铆钉等。

3.3.1.6 节流装置安装在管道中应保持节流装置前端面与管道轴线垂直，不垂直度不超过 ±1%。

3.3.1.7 节流装置安装在管道中，其中心线必须与管道同心，其允许的最大不同心度（不同轴度）不得超过公式（1）计算值：

$$e \leqslant 0.015D\left(\frac{1}{\beta}-1\right) \tag{1}$$

式中 e——不同心度；

D——管道内径；

β——直径比（d/D）。

3.3.1.8 环室取压时，环室内径不得小于管道内径，可比管道直径稍大。

3.3.1.9 孔板、环室及法兰安装前，应清洗积垢和油污，并注意保护节流孔锐边不得碰伤。节流装置安装，应在管道吹洗干净后及试压前进行，以免管道内污物将节流装置损坏或将节流孔堵塞。

3.3.2 校验

可参照 JJG 640《差压式流量计》，也可根据企业自行编制校验方案执行。

3.4 使用、维护与故障处理

3.4.1 使用

3.4.1.1 节流装置安装的方向必须使孔板的圆柱形锐孔端面对着流体的流向，不能装反。

3.4.1.2 节流装置取压口一般设置在法兰、环室或夹紧环上。法兰、环室和夹紧环的安装，应考虑被测流体为液体时防止气体进入导压管；被测介质为气体时防止液体和脏污进入导压管。为此，安装时取压孔的方向应符合下列规定：

1）测量液体流量时，取压孔应位于管道下半部与管道水平中心线成 0°～45° 夹角范围内［图 1（a）］；

2）测量蒸汽流量时，取压孔应位于管道上半部与管道水平中心线成 0°～45° 夹角范围内［图 1（b）］；

3）测量气体流量时，取压孔应位于管道上半部与管道垂直中心线成 0°～45° 夹角范围内［图 1（c）］。

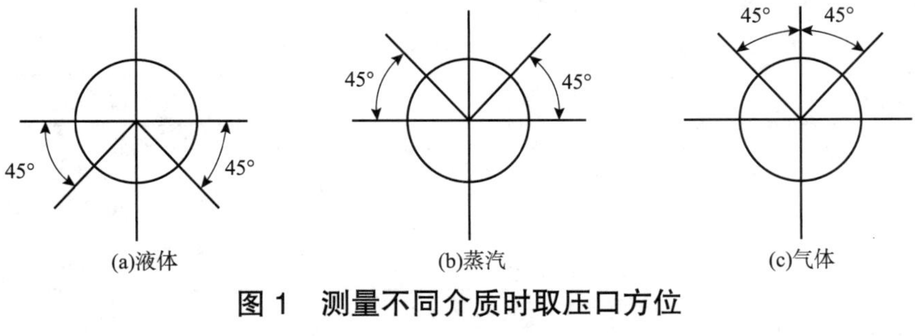

图 1 测量不同介质时取压口方位

在流体由下向上流动的垂直管道上，两个差压取压口可在管道的同一侧或分别位于两侧。

4）仪表测量管道的水平敷设应保持 1/10～1/12 的斜度，测量液体介质进变送器前，不允许出现“∩”形弯，避免出现气阻；测量气体介质进变送器前，不应出现“U”形弯，防止出现液阻。

3.4.1.3 节流装置与垫片的中心必须与管道的中心重合，垫片不得突入管道内。其偏心度不得超过如下规定：

当 $d/D>0.6$ 时，应小于 $0.01D$；

当 $d/D>0.4$ 时，应小于 $0.015D$；

当 $d/D<0.4$ 时，应小于 $0.02D$。

3.4.1.4 当采用夹持环时，应注意对中心，夹持环的任何部位不得突入管道内。节流件的外径与夹持环的配合部分要保留适当的间隙，间隙的大小应保证节流件在最高使用温度条件下的自由膨胀，以避免节流件翘曲。

3.4.2 维护

3.4.2.1 导压管、管阀件确保无泄漏，保温完善，规格化完好。

3.4.2.2 定期排污，排污周期视物料状况而定。带调节的回路，排污时应切手动。

3.4.2.3 伴热状况应符合设计要求。只需冬季伴热或保温的回路，在气温变化之前，对伴热和保温应做一次全面检查。

3.4.3.4 运行中发现指示不正常时，在确认仪表、导压管、阀门等无异常情况后，才能对节流装置进行检查。

3.4.2.5 对有隔离罐或冷凝罐配套安装的流量计，进行零位校对检查时，必须严格按照先关闭高压侧阀，然后打开平衡阀，再关闭低压侧阀的顺序进行。零位校正正确后，则先打开高压侧阀，然后关闭平衡阀，最后打开低侧压阀，仪表开启使用。切不可先打开平衡阀操作，否则会使高压侧的隔离（冷凝）液冲向低压侧，造成两侧隔离（冷凝）液不平衡，给测量带来误差。

3.4.2.6 定期对易产生凝液的气相引压系统及易带水的液相引压系统导压管、隔离罐、冷凝罐进行冲洗，在满足环保要求前提下可以进行排放。

3.4.3 常见故障与处理

节流装置常见故障与处理方法见表 4。

表 4 节流装置常见故障与处理方法

故障现象	故障原因	处理方法
指示偏低或零下	平衡阀未全部关闭或泄漏	关闭平衡阀，修理或换新
	节流装置至差压计“+”压侧的阀门、管路堵塞或管路密封不严	疏通管路、阀门，处理泄漏点
	高低压管路接反	检查并正确连接好
	高压侧管路中空气未排净	排净空气
	变送器内部故障或未正确送电	检查供电、修复仪表

表 4　节流装置常见故障与处理方法（续）

故障现象	故障原因	处理方法
指示偏高或偏差大	节流装置至差压计“-”压侧的阀门、管路堵塞或管路密封不严	疏通管路、阀门，处理泄漏点
	运行工况与设计工况存在偏差	按实际工况参数核算修正，气相介质可考虑增加温压补偿
	节流装置一次阀未打开	打开
	仪表变送器零位不准	检查、调整
	节流装置未按规范要求安装或工艺管线未处理干净	按施工规范安装，并检查清理工艺管线
	节流装置和变送器量程未配套，不符合设计规定	按设计规定更换变送器
	蒸气导压管未完全冷凝	待完全冷凝后使用
	导压管内隔离液缺少	重新灌隔离液
指示波动大	工艺介质流量参数本身波动较大	联系工艺部分解决工况问题
		高低压阀适当关小
	测压元件对参数波动较敏感	适当调整阻尼作用
	仪表的伴热温度过高	调整伴热温度
	介质在引压管线内有冻凝现象	管线冲洗疏通或改善伴热情况
指示不变化	变送器或导压管的防冻设施失效	加强防冻设施的效果
	仪表的各引压阀门未按要求开启	检查各引压阀

3.5　检修及质量标准

3.5.1　检修

3.5.1.1　检查节流元件是否存在污垢，若节流元件上存在污垢应予以清除。

3.5.1.2　对节流元件的几何形状检查，是否满足原设计技术要求。

3.5.1.3　检查节流元件是否存在腐蚀现象。

3.5.1.4　检查节流装置的取压口或环室是否被脏物或胶状物堵塞。

3.5.1.5　检查孔板是否发生弯曲变形。

3.5.1.6　检查孔板的两侧密封垫应与管线法兰等级一致，密封垫内径不得小于工艺法兰内径。

3.5.2　检修质量标准

3.5.2.1　检查清除孔板污垢，在清除时应保护上、下游侧的尖锐边缘不受损伤，因此不得用砂纸、锉刀等工具进行打磨。

3.5.2.2　节流元件几何形状应满足原设计技术要求；当开孔面有毛刺、伤痕或边缘不尖锐等缺陷时，可以经研磨后使用。孔径超差时，应进行核算，必要时应对仪表的示值加以修正。

3.5.2.3 节流元件严重腐蚀时，应该检查使用材质是否恰当；当有严重冲蚀时，应检查、分析介质有无汽化现象，必要时更换节流元件。

3.5.2.4 节流装置的取压口或环室被脏物或胶状物堵塞，疏通取压口，取出环室内脏物，再用煤油或合适的溶剂进行清洗。

3.5.3.5 孔板发生弯曲变形时，仪表的指示将产生明显的误差。应对变形的节流装置进行更换，并查出原因，采取相应措施，防止变形再次发生。

3.5.2.6 节流元件不需校验，但如被测介质的工况有变化时，必须重新计算，进行修正。

3.5.2.7 当设置保温时，应检查确认安装无误后恢复保温，对于高温高压工况应在进料法兰热紧后恢复保温。

4 腰轮流量计

4.1 概述

腰轮流量计是一种直接根据体积进行计量的流量计，也叫罗茨流量计，属于容积式计量仪表，其转子是一对不带齿的腰形轮，在转动过程中两腰轮不直接接触而保持微小的间隙，依靠套在壳体外与腰轮同轴上的啮合齿轮来完成驱动。当被测液体流经流量计时，流体的动压力使出、入口间形成一个压差，推动腰轮旋转，见图 2。腰轮旋转 360° 时，有 4 倍于计量室容积的液体排出流量计。腰轮每转 1 圈排出的液体体积是定值，即排出量与腰轮轴转数成正比，通过传动机构及发信器，实现现场积算与电信号远传。

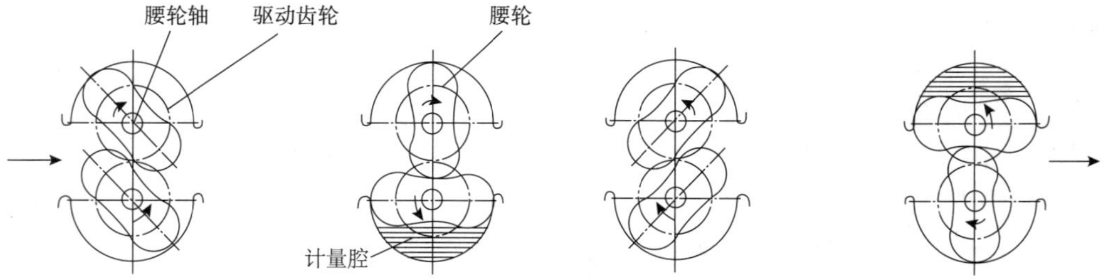

图 2 腰轮流量计工作原理示意图

当腰轮每旋转一周时，流量计月形（测量室）体积的流体。设测量室的容积为 V，则腰轮转子的转数 N 和转速 n，就可知道累积流量 Q 和单位时间内的流量 q_V，即瞬时流量：

$$Q=4NV$$

$$q_V=4nV$$

腰轮流量计具有测量精度高，无接触旋转，重复性好，振动和噪声小，结构可靠，安装方便，测量范围大等特点。测量高黏度和低雷诺数介质，有独特的优点，不能用于测量含有固体颗粒的流体。

4.2 主要技术指标

4.2.1 精确度等级：0.5 级

4.2.2 压力损失：在最小流量时应不大于 0.02MPa（或 0.04MPa）；在最大流量时应小于 0.1MPa（或 0.12MPa）

4.2.3 重复性误差：应不超过基本误差限绝对值的 1/2

4.2.4 液体的黏度：0.5～500mPa・s

4.2.5 仪表规格、流量范围、工作压力、工作温度、防爆标志（当带有发讯器时）按生产的使用条件自行选择

4.3 检查与校验

4.3.1 检查

1）流量计应外观良好，密封面应平整，不得有损伤。

2）各项标记、铭牌应正确、明显、清晰。

3）具有度盘的指示机构的保护玻璃不得有气泡、裂纹、明显擦伤等影响读数和外观的缺陷。

4）具有数字轮的指示机构，数字应清洗，位置正确，字轮运转正常，不得有卡涩现象。

5）带有电气显示的指示机构，其数字和符号应醒目、端正、整齐。

4.3.2 校验

4.3.2.1 校验要求

按照 JJG 667《液体容积式流量计检定规程》执行，也可根据企业自行编制校验方案执行。

对精确度等级不低于 0.5 级的流量计，其校验点一般不少于 5 个，均匀分布，其中含最小流量点和最大流量点。在校验过程中，每个流量点的每次实际校验流量与设定流量的偏差应不超过设定流量的 ±5%。除以上规定的情况外，流量计校验点不少于 3 个，均匀分布，其中含最小流量和最大流量。每个校验点至少校验 3 次。

流量计检定除必须满足规定的检定条件外，还应遵守下列规定：

1）流量计应无应力地安装在管道上，注意使液体流动方向与流量计上箭头指向相同；

2）安装时应使腰轮轴成水平位置；

3）检定用液体应清洁，无颗粒、纤维等物质，一般试验管路系统中，应有过滤装置；

4）检定前应排除流量计及试验管路系统内的气体，一般应在流量计前安装消气器；

5）试验系统及其结合部位不应有漏液现象；

6）试验液体的流量应稳定；

7）一次检定过程中，检定介质的温度变化应不超过 ±0.5℃。

4.3.2.2　校验步骤

1）把流量调到规定的流量点，运行 5min；

2）记录标准器和被检流量计的初始示值；

3）按装置操作要求运行一段时间后，同时停止标准器（或标准器的记录功能）和被检流量计（或被检流量计的输出功能）；

4）记录标准器和被检流量计的最终示值；

5）分别计算流量计和标准器记录的累积流量值。

4.3.2.3　标准值的计算

按各检定点一次检定，分别计算检定时测得的标准器处液体实际体积。各常用标准装置实际体积值 V 计算如下：

1）体积管法

$$V = V_S\left(1+\frac{D}{E_S e}p_S\right)\cdot\left[1+\beta_S\left(t_S-20\right)\right] \tag{2}$$

式中　V_S——标准装置读出容积，L；

p_S——标准装置处的液体表压力平均值，Pa；

D——体积管内径，mm；

e——体积管壁厚，mm；

E_S——体积管材料的弹性模量，Pa；

β_S——标准装置的体膨胀系数，℃$^{-1}$；

t_S——标准装置处液体温度平均值，℃。

2）容积法（量器为开放式结构）

$$V = V_S\left[1+\beta_S\left(t_S-20\right)\right] \tag{3}$$

3）称量法（称量容器为开放式结构）

$$V = \frac{M}{\rho_S}\cdot C_f \tag{4}$$

式中　M——标准秤的示值，kg；

ρ_S——标准器处液体密度，kg/m^3；

C_f——浮力修正因子。

$$C_f = \frac{\rho_S\left(\rho_b-\rho_a\right)}{\rho_b\left(\rho_S-\rho_a\right)} \tag{5}$$

式中　ρ_a——检定时环境大气密度，kg/m^3；

ρ_b——砝码的密度，kg/m^3。

若检定时不使用砝码，则

$$C_f = \frac{\rho_S}{\rho_b\left(\rho_S-\rho_a\right)} \tag{6}$$

4）标准表法

$$V=V_S C \tag{7}$$

式中 C——标准流量计的修正因子，该修正因子按标准流量计的使用要求确定。

4.3.2.4 累计流量的计算

将 V 的值换算到流量计检定条件下的累计流量实际值：

$$Q_S=V[1+\beta(t_m-t_S)][1-k(p_m-p_S)] \tag{8}$$

式中 Q_S——被检表处的累积流量值，L；

β——液体膨胀系数，℃$^{-1}$；

k——液体压缩系数，Pa^{-1}；

t_m，t_S——流量计和标准器处液体温度平均值，℃；

p_m，p_S——流量计和标准器处液体表压力平均值，Pa

4.3.2.5 示值误差的计算

流量计各检定点各次检定的示值误差按式（9）计算：

$$(E_m)_i=\frac{(Q_m)_i-(Q_S)_i}{(Q_S)_i}\times 100\% \tag{9}$$

式中 Q_m——被检流量计示值，L。

4.3.2.6 重复性的计算

1）根据示值误差的检定结果，流量计各检定点的重复性 $(E_r)_i$ 按式（10）计算：

$$(E_r)_i=\frac{[(E_m)_i]_{max}-[(E_m)_i]_{min}}{d_n} \tag{10}$$

式中 $[(E_m)_i]_{max}$——流量计第 i 检定点的最大示值误差；

$[(E_m)_i]_{min}$——流量计第 i 检定点的最小示值误差；

d_n——极差系数，其值见表 5。

表 5 数值表

测量次数 n	3	4	5	6	7	8	9	10
极差系数	1.69	2.06	2.33	2.53	2.70	2.85	2.97	3.08

2）流量计的重复性按式（11）确定：

$$E_r=[(E_r)_i]_{max} \tag{11}$$

式中 $[(E_r)_i]_{max}$——流量计各检定点重复性中最大值。

3）流量计的重复性不得超过相应精确度等级规定的最大允许误差绝对值的 1/3。

4.3.2.7 K 系数

1）流量计在检定条件下每个检定点每次检定的 K 系数 K_{ij} 按式（12）计算：

$$K_{ij}=\frac{N_{ij}}{(Q_S)_{ij}} \tag{12}$$

式中 N_{ij}——第 i 检定点第 j 次检定时测得的脉冲数

2）每个检定点的系数 K_i 按式（13）计算：

$$K_i = \frac{\sum_{j=1}^{n} K_{ij}}{n} \tag{13}$$

3）K 系数按式（14）计算：

$$K = \frac{(K_i)_{\max} + (K_i)_{\min}}{2} \tag{14}$$

4）流量计流量按式（15）进行计算：

$$V_{ij} = \frac{N_{ij}}{K} \tag{15}$$

5）当 K 系数按 2）确定时，其示值误差可按式（16）进行计算：

$$E_{\mathrm{m}} = \frac{(K_i)_{\max} - (K_i)_{\min}}{(K_i)_{\max} + (K_i)_{\min}} \times 100\% \tag{16}$$

6）当 K 系数按 2）确定时，其各检定点的重复性可按式（17）进行计算：

$$(E_{\mathrm{r}})_i = \frac{(K_{ij})_{\max} - (K_{ij})_{\min}}{K_i d_{\mathrm{n}}} \times 100\% \tag{17}$$

式中 $(K_{ij})_{\max}$——第 i 检定点在各次检定中最大的 K 系数；

$(K_{ij})_{\min}$——第 i 检定点在各次检定中最小的 K 系数；

$(E_{\mathrm{r}})_i$——第 i 检定点的重复性。

流量计的重复性按式（10）、式（11）计算。

4.4 使用、维护与故障处理

4.4.1 使用

4.4.1.1 安装注意事项

1）腰轮流量计具有测量精度高、结构可靠、安装方便、测量范围大等优点。用于测量低雷诺数和高黏度介质有独特的优点。但仪表对固体颗粒敏感，不能用于测量含有固体颗粒的流体。

2）安装使用前应核实流量计的规格、测量范围、工作压力、工作温度；当测量腐蚀性介质时，应注意流量计的材质是否符合要求。

3）在连续使用的生产线上安装流量计时，应设置旁路管线和阀门，以便于清扫和检修。

4）安装时流量计和过滤器壳体上箭头方向应与液体流动方向一致，且过滤器应安装于流量计的入口端。

5）安装位置应便于检修与维修，规格尺寸大于 $DN50$ 的表，安装时应有支承，防止产生较大的振动。

6）当被测介质中含有气体时，流量计上游应安装气体分离器（消气器）。

7）在流量计过滤器的两端可装压力表，以便于检查流量计和过滤器的工作情况。

4.4.1.2 投用前检查

1）确认流量计外观、接线等正常。

2）确认流量计安装方向和液体流动方向相同。

3）确认腰轮轴成水平位置。

4）确认流量计管路里的气体已排除。

4.4.1.3 投用步骤

1）开启旁路线阀。

2）打开流量计入口阀（注意刚开启时要缓慢）。

3）缓慢打开出口阀，在打开出口阀的同时一定要密切注视流量计指针的移动速度。

4）工作正常后再关闭旁路线阀。

5）密切注意观察表的运转情况。如出现异常现象，应立即打开旁路线阀，同时关闭流量计的出、入口阀，进行检查处理。

6）用于新安装管路或检修后新开工装置，投用 1d 后，必须打开过滤器清除杂质。正常使用时，应根据油质轻重定期清洗过滤器，避免过滤器堵塞或破损，造成流量计的损坏。

4.4.1.4 其他注意事项

1）严禁使用高温蒸汽吹扫流量计，避免因高温造成腰轮转子及流量计计量室的损坏。

2）不准在汽液两相状态下输送介质进行计量。必要时在流量计前加装稳压装置，保证在液态状态下计量。

3）腰轮流量计的外表应整洁，表面处理良好，不得有毛刺、刻痕、裂纹、锈蚀。壳体和零件的镀层与敷层不应有剥落、起泡和裂痕等缺陷。各连接部件应无泄漏。所有文字与符号应鲜明、清晰。

4）流量计在使用时被测介质的流量过小，会导致仪表的泄漏误差增加，不能再保证足够的测量精度。因此，不同型号规格的腰轮流量计对最小使用流量有一允许值，只有当实际流量大于该下限流量允许值时，测量精度才能得到保证。

5）流量计的使用要注意被测介质的温度不能过高，否则不仅会增加测量误差，而且有使齿轮发生卡死情况。为此，腰轮流量计需在仪表所规定的使用温度范围内使用。

6）长期使用后的流量计，其内部的传动齿轮会被腐蚀和磨损，从而影响精度。因此，要经常注意观察，并定期拆下进行检查，若条件允许最好定期进行校验。

4.4.2 维护

1）定期进行外观检查。

2）定期进行零位检查。

3）定期进行介质清洗。

4）定期进行腰轮齿轮磨损情况检查。

5）定期进行传动机构润滑调整。

4.4.3 常见故障与处理

腰轮流量计常见故障与处理方法见表6。

表6 腰轮流量计常见故障与处理方法

故障现象	故障原因	处理方法
指示卡涩或停顿	传动部分卡涩，有颗粒杂物或黏稠油污	用干净的绸子布擦拭各齿轮等所有可接触到的零件，除去尘埃和油污；或用用干净的煤油或溶剂油洗净各零部件，清除杂物
		按要求处理好后，加注润滑油
	磁场强度不够	检查磁性密封联轴器或机械封联轴器传动和磁性情况，如磁场强度不够，应及时更换新磁钢
	轴承磨损或碎裂	检查石墨轴承，如磨损严重，应更换新品
指示偏差过大	齿轮传动机构	调整齿轮传动机构，直至使误差调整在允许范围内为止
	被测介质的温度或液体黏度和校验介质温度偏差过大	使用修正公式修正误差

4.5 检修及质量要求

1）检查表头传动部件，动作是否灵活，有无卡滞现象，并用干净的绸子布擦拭各齿轮等所有可接触到的零件，除去尘埃和油污。如有问题，应按要求处理好，并加注润滑油。

2）检查磁性密封联轴器或机械封联轴器传动和磁性情况，如磁场强度不够，应及时更换新磁钢。

3）检查转子、传动轴、轴承、上下盖、计量箱内腔、传动齿轮、非圆齿轮等部件有无损坏或磨损。拆卸时，对重要部件应做好标记，以免装错。

4）检查石墨轴承，如磨损严重，应更换新品。更换石墨轴承时，应仔细进行，避免碎裂。*DN*50的流量计，轴和轴承之间的间隙最大不超过0.10mm；*DN*150的流量计，轴和轴承之间的间隙最大不超过0.20mm。其他规格流量计的间隙以此两者为基准类推；另外，还要检查上、下盖与转子的间隙和转子与计量箱内腔的间隙，其最大值应不超过0.15mm。

5）使用干净的煤油或溶剂油全面地清洗和检查流量计和过滤器的各零部件，清除杂物。

6）检修完后的流量计组装，应按先拆后装的顺序，注意腰轮的轴向间隙调整。

7）装配时应使转子转动灵活，间隙均匀，啮合正确；转子之间、转子与内腔、转子与上下盖等不应有摩擦碰撞现象。

8）按制造厂标准检查流量计的发讯器电气技术指标。

5 刮板流量计

5.1 概述

刮板流量计属容积式计量仪表。按结构分有凸轮式刮板流量计和凹线式刮板流量计两种，一般都由壳体、计量体、齿轮减速机构、轴密封机构、精度修正器、计数器等组成。当被计量的液体经过流量计时，推动刮板和转子旋转，与此同时，刮板沿着一种特殊的轨迹成放射状地伸出或缩回。但是，每两个相邻的刮板、转子、壳体内腔，以及上下盖板之间就形成一个容积固定的计量空间。转子每转一圈，就可以排出 4 个（或 6 个）同样体积的流体量。通过传动部分及发讯器，实现现场指示积算与电信号远传，见图 3。

其动作过程如下：当刮板处于图 3（a）所示位置时，刮板 A 和 D 全部伸出转子与计量腔内壁接触，刮板 B 和 C 全部收缩到转子里。当被测液体进入流量计后推动刮板和转子沿顺时针方向旋转。转子和刮板转 1/8 圈，即刮板处于图 3（b）的位置时，刮板 A 仍全部伸出，刮板 D 开始收缩，刮板 C 仍处于全部收缩状态，刮板 B 开始伸出。转子和刮板旋转 1/4 圈，即刮板处于图 3（c）的位置时，刮板 A 和 B 全部伸出，此时被测液体充满由刮板 A、B、转子、壳体内腔以及上下盖板组成的空间，当刮板转动到图 3(d) 所示的位置时，刮板 A、B 之间的液体由于 A 的逐渐缩回开始排出，与此同时，刮板 C 开始伸出，在刮板 B 和 C 之间又开始形成精确计量的液体体积。

刮板流量计具有精度高、重复性好、范围度大的特点，对流量计前后直管段要求不高。适用较高黏度、无腐蚀性的流体，如原油、石油制品等。

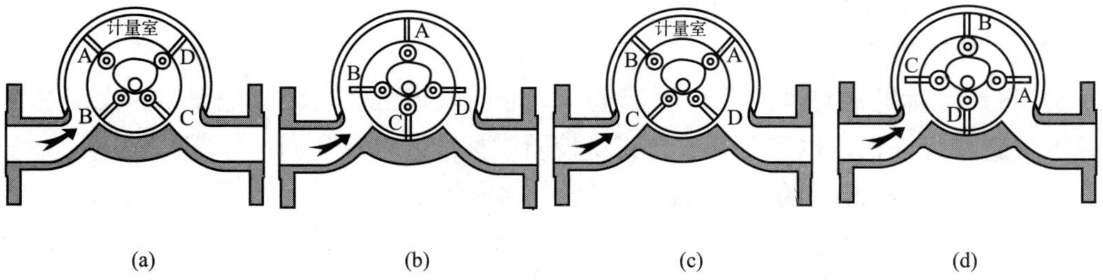

(a) (b) (c) (d)

图 3 刮板流量计工作原理示意

以 Smith XU-1000-STD-00(LK12-S3) 型号仪表为例，其余同类型仪表可参照执行。

5.2 主要技术指标

5.2.1 精确度等级：范围度 5∶1 时，0.2 级；范围度 10∶1 时，0.5 级

5.2.2 介质温度：0～120℃，工作温度：-25～150℃，介质黏度范围：3～500mPa・s

5.2.3 流量计最大压力损失：黏度为 3mPa・s 时，最大压力损失＜0.03MPa

5.2.4 重复性误差：应不超过基本误差限绝对值的 1/2

5.3 检查与校验

5.3.1 检查

5.3.1.1 外观检查

1）流量计的外表应整洁、美观，显示屏清晰。

2）刮板表面处理良好，不得有毛刺、刻痕、裂纹、锈蚀。

3）所有文字与符号应鲜明、清晰。

4）流量计各连接部件应无泄漏，内部无异响。

5.3.1.2 零点检查：计数器回零，指示正常无波动。

5.3.2 校验

5.3.2.1 按照 JJG 667《液体容积式流量计检定规程》进行，也可根据企业自行编制校验方案执行。

5.3.2.2 示值校验包括基本误差和重复性误差的校验。校验时至少在最大流量、最大流量的 40％和最小流量 3 点进行，每点重复测量不少于 3 次，取误差算术平均值为该点的误差。重复性误差校验可与基本误差校验同时进行，在最大流量、最大流量的 40％和最小流量 3 点上，每点重复测量不少于 3 次，其示值的最大差值不应超过流量计元件基本误差限绝对值的 1/2。

5.3.2.3 以油台鹤位刮板流量计为例，其余同类型刮板流量计可参照执行。

5.3.2.3.1 校验前的准备工作

1）确保泵出口压力在 0.2～0.25MPa 范围内变频完好运行；

2）刮板流量计对应的装车鹤管管道充满；

3）将计量标准罐放置在校验的轨道上。

5.3.2.3.2 校验步骤

1）将计量标准罐移动到待校验流量计对应的轨道上，用记号笔在轨道上对标准罐的停放位置进行标识，以确保第二、三次校验时标准罐停放在同一位置；

2）确认计量标准罐的排放口已关闭后，将鹤管插入计量标准罐，直到鹤管不能再插入为止，在鹤管处于计量标准罐口的最高位置处做好标识，以确保第二、三次校验时鹤管的插入深度一致；

3）按规定接好静电控制器，调整控制器最高流速为 1000L/min；

4）启动装车泵；

5）打开对应鹤管的装车阀门开始装油，阀门的开度保持在 1/2。在控制器上设置 1900L 的预付量，当出现流量过快造成泡沫出现时，应适当手动控制装车阀门开度，降低流量。当达到预付量实现自动关闭装车阀门时，通过控制器上设置值（如 50L、30L 等数值）的调整，最后达到 2000L 的装载量。发油结束后，读取流量计指示值和计量标准罐液位值，此时的设定值 A_set 等于预付量与量筒加注量之和；

6）每个发油鹤位应在同样状态下重复校验 3 次，并分别在表 1 中记录每次控制器付油量 A_result 和标准罐读数量 B_result，并计算出该次校验的相对误差；

7）当出现相对误差超过 0.2%时，则应按以下公式计算修正系数：

$$MF=(B\_result/A\_result)\times \text{控制器原有系数}$$

8）根据 3 次校验结果的修正系数值求出系统平均修正系数，同时计算出重复性，如果重复性满足要求，则将此系数置入控制器，校验记录填入表 7。至此，该台流量计校验结束。

表 7　校验记录

序号	流量计付油量 A_result/m^3	标准罐液位 / mm	标准罐容积量 B_resul/m^3	相对误差 / %	修正系数 *MF*	重复性
1						
2						
3						
平均						

5.4　使用、维护与故障处理

5.4.1　使用

5.4.1.1　投用前检查

1）严格按照流量计铭牌上标志的范围使用：最大流量、工作压力、工作温度、流体黏度均不应超过铭牌上的规定范围；

2）刮板流量计安装前，应先将管道内的焊渣、铁屑等杂质清除干净；

3）刮板流量计的连接管道不得有凸出管壁的凸出物，邻近流量计的接管不得有明显的变形，使由于管线的膨胀和收缩对流量计影响减至最小；

4）在新制管道上安装流量计，为了避免管道中的杂物随流体进入流量计造成损坏，可暂用短管替代流量计，经对管道进行清洗或吹扫干净后，再换上流量计，严禁清扫管线的气体通过流量计；

5）在安装前应去除流量计接口法兰上的封盖，如流体内的杂质和气体含量较高，流量计前应加装过滤器、消气器或消气过滤器，过滤器网目应按如下范围选用：*DN*25～50 使用 20 目，*DN*80～150 使用 15 目，*DN*200～300 使用 10 目；

6）流量计应安装于主管道并水平安装，其倾斜度一般不超过 15°，流量计上的箭头方向应与流体的流动方向一致，流量计与两侧的直管应为同轴线，以确保流量计刮板间隙均衡，计量准确；

7）刮板流量计应安装在固定基座或支架上，不能让连接管线支撑流量计的重量，管线不应有不适当的安装应力作用在刮板流量计上；

8）安装一个安全泄放阀，保护流量计和整个计量系统，免受系统内液体受热膨胀力的影响。

5.4.1.2 投用

1）在刮板流量计上盖处卸下放气管接头；

2）在完全关闭流量计出口阀和流量计只承受重力的条件下，慢慢打开流量计进口阀，使液体慢慢流入流量计，打开放气阀直至没有气体排出；

3）关闭流量计进口阀后启泵；

4）慢慢打开流量计出口阀使刮板流量计开始慢慢转动；

5）关闭放气阀，全开流量计出口阀，并慢慢打开流量计进口阀直至全开；

6）流量计在投入使用时，应缓慢开启阀门，逐渐增大流量到所需要的流量，但不能超过流量计铭牌上限定的最大流量。

5.4.2 维护

5.4.2.1 刮板流量计的日常维护参照 5.3.1。

5.4.2.2 检查表头传动部件，用干净的绸子布擦拭齿轮等所有可接触到的零件，除去尘埃和油污。

5.4.2.3 器差调整器内需注轻质润滑油（SAE-10），在首次启动运行 5h 后将油杯中注满轻质润滑油，以后至少每半年加注一次。

5.4.2.4 在首次启动前，使用专用的甘油枪将出轴密封机构内需注入甘油，以后至少每季度加注一次。

5.4.2.5 检查流量计前加装过滤器有无杂质堵塞或过滤器损坏。

5.4.2.6 检查流量计的刮板与转子有无损坏或磨损。

5.4.2.7 检查传动齿轮、轴承等部分有无损坏或磨损。

5.4.3 常见故障与处理

刮板流量计常见故障与处理方法见表 8。

表 8 刮板流量计常见故障与处理方法

故障现象	故障原因	处理方法
仪表无指示	供电电压不正常 接线错误 电源模块故障	检查电源是否正常 正确接线 更换电源模块
流量偏差大	流量计内部机械磨损 过滤器堵塞 仪表安装问题 信号受强电磁干扰	检查刮板、转子、齿轮、轴承等是否有磨损，定期注油 清洗过滤器 仪表安装必须符合规范要求 消除干扰源

5.5 检修及质量要求

5.5.1 检修

出厂的刮板流量计，工厂出厂前已通过了出厂检定，由于用户现场流量计工作条件的不同，流量计安装后必须进行实液校验和维护，用户除在线维护外不建议进行检修作业。

5.5.2 检修质量要求

刮板流量计检修质量要求，等同于流量计出厂检定的技术质量要求。

6 椭圆齿轮流量计

6.1 概述

椭圆齿轮流量计是一种直接根据体积进行流量累计的流量计，属于容积式计量仪表。仪表计量室由转子与盖板构成初月形空腔，该腔作为流量的计量单位。

由于流体在流量计入、出口处的压力 $p_1>p_2$，当 A、B 两轮处于图 4(a) 所示位置时，A 轮与壳体间构成容积固定的半月形测量室（图中阴影部分），此时进、出口差压作用于 B 轮上的合力矩为零，而在 A 轮上的合力矩不为零，产生一个旋转力矩，使得 A 轮做顺时针方向转动，并带动 B 轮逆时针旋转，测量室内的流体排向出口；当两轮旋转处于图 4(b) 位置时，两轮均为主动轮；当两轮旋转 90°，处于图 4(c) 位置时，转子 B 与壳体之间构成测量室，此时，流体作用于 A 轮的合力矩为零，而作用于 B 轮的合力矩不为零，B 轮带动 A 轮转动，将测量室内的流体排向出口。当两轮旋转至 180° 时，A、B 两轮重新回到图 4（a）位置。如此周期地主从更换，两椭圆齿轮做连续的旋转。

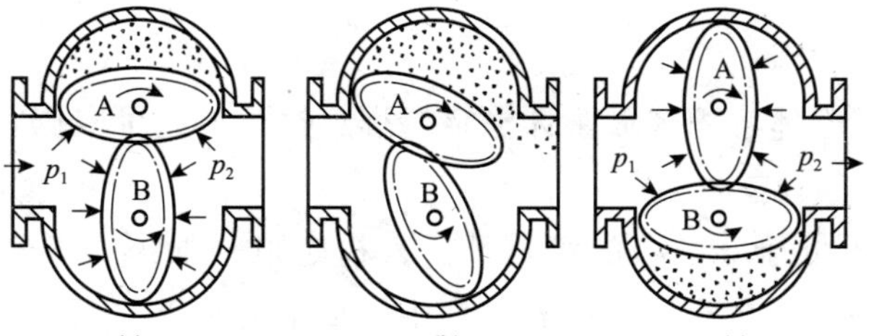

图 4 椭圆齿轮流量计工作示意图

靠流量计进、出口处的压力差作动力，转子不断地把进口处的液体经初月形空腔计量后从出口排出。转子每转一周流过的液体量是初月形空腔的 4 倍，而且流体的速率与齿轮的转速成比例。由密封联轴器将转子的转数传递给计数机构。从指针显示和字轮累积即计量出通过管道中液体的瞬时流量和累积总量，或通过埋在齿轮中的磁钢方向变化，使磁场变化，使发讯器输出代表一个单位体积量的脉冲信号远传。

6.2 主要技术指标

6.2.1 材料有普通铸铁型（A）、铸钢型（E）、不锈钢型（B），其温度范围为 -20～100℃；另有高温条件的铸铁型（TA）、铸钢型（TE）、不锈钢型（TB）等，其温度范围为 100～200℃

6.2.2 精确度等级：0.2 级、0.5 级

6.2.3 重复性误差：应不超过基本误差限绝对值的 1/2

6.2.4 液体的黏度要求：0.5～500mPa·s

6.2.5 压力损失要求：在最小流量时应不大于 0.02MPa（或 0.04MPa）；在最大流量时应小于 0.1MPa（或 0.12MPa）

6.2.6 仪表规格、流量范围、工作压力、工作温度、防爆标志（当带有发讯器时）按生产的使用条件自行选择

6.3 检查与校验

6.3.1 检查

1）流量计应外观良好，密封面应平整，不得有损伤。

2）各项标记、铭牌应正确、明显、清晰。

3）具有度盘的指示机构的保护玻璃不得有气泡、裂纹、明显擦伤等影响读数和外观的缺陷。

4）具有数字轮的指示机构，数字应清晰，位置正确，字轮运转正常，不得有卡涩现象。

5）带有电气显示的指示机构，其数字和符号应醒目、端正、整齐。

6.3.2 校验

6.3.2.1 校验要求

按照 JJG 667《液体容积式流量计检定规程》执行，也可根据企业自行编制校验方案执行。

对精确度等级不低于 0.5 级的流量计，其检定点一般不少于 5 个，均匀分布，其中含最小流量点和最大流量点。在校验过程中，每个流量点的每次实际校验流量与设定流量的偏差应不超过设定流量的 ±5%。除以上规定的情况外，流量计校验点不少于 3 个，均匀分布，其中含最小流量和最大流量，每个校验点至少校验 3 次。流量计校验除必须满足规定的校验条件外，还应遵守下列规定：

1）流量计应无应力地安装在管道上，注意使液体流动方向与流量计上箭头指向相同；

2）安装时应使椭圆齿轮轴成水平位置；

3）检定用液体应清洁，无颗粒、纤维等物质，一般试验管路系统中应有过滤装置；

4）检定前应排除流量计及试验管路系统内的气体，一般应在流量计前安装消气器；

5）试验系统及其结合部位不应有漏液现象；

6）试验液体的流量应稳定；

7）一次校验过程中，校验介质的温度变化应不超过 ±0.5℃。

6.3.2.2　校验步骤

1）把流量调到规定的流量点，运行 5min；

2）记录标准器和被检流量计的初始示值；

3）按装置操作要求运行一段时间后，同时停止标准器（或标准器的记录功能）和被检流量计（或被检流量计的输出功能）；

4）记录标准器和被检流量计的最终示值；

5）分别计算流量计和标准器记录的累积流量值。

6.3.2.3　标准值的计算

按各校验点一次校验，分别计算校验时测得的标准器处液体实际体积。各常用标准装置实际体积值 V 计算如下：

1）体积管法

$$V = V_S\left(1+\frac{D}{E_S e}p_S\right)\cdot\left[1+\beta_S\left(t_S-20\right)\right] \tag{18}$$

式中 V_S——标准装置读出容积，L；

p_S——标准装置处的液体表压力平均值，Pa；

D——体积管内径，mm；

e——体积管壁厚，mm；

E_S——体积管材料的弹性模量，Pa；

β_S——标准装置的体膨胀系数，℃$^{-1}$；

t_S——标准装置处液体温度平均值，℃。

2）容积法（量器为开放式结构）

$$V = V_S\left[1+\beta_S\left(t_S-20\right)\right] \tag{19}$$

3）称量法（称量容器为开放式结构）

$$V = \frac{M}{\rho_S}\cdot C_f \tag{20}$$

式中 M——标准秤的示值，kg；

ρ_S——标准器处液体密度，kg/m^3；

C_f——浮力修正因子

$$C_f = \frac{\rho_S\left(\rho_b-\rho_a\right)}{\rho_b\left(\rho_S-\rho_a\right)} \tag{21}$$

式中 ρ_a——校验时环境大气密度，kg/m^3；

ρ_b——砝码的密度，kg/m^3。

若校验时不使用砝码，则

$$C_f = \frac{\rho_S}{\rho_b(\rho_S - \rho_a)} \tag{22}$$

4）标准表法

$$V=V_S C \tag{23}$$

式中 C——标准流量计的修正因子，该修正因子按标准流量计的使用要求确定。

6.3.2.4 累计流量的计算

将 V 的值换算到流量计校验条件下的累计流量实际值：

$$Q_S=V[1+\beta(t_m-t_S)][1-k(p_m-p_S)] \tag{24}$$

式中 Q_S——被检表处的累积流量值，L；

β——液体膨胀系数，℃$^{-1}$；

k——液体压缩系数，Pa^{-1}；

t_m，t_S——流量计和标准器处液体温度平均值，℃；

p_m，p_S——流量计和标准器处液体表压力平均值，Pa。

6.3.2.5 示值误差的计算

流量计各校验点各次校验的示值误差按式（25）计算：

$$(E_m)_i = \frac{(Q_m)_i - (Q_S)_i}{(Q_S)_i} \times 100\% \tag{25}$$

式中 Q_m——被检流量计示值，L。

6.3.2.6 重复性的计算

1）根据示值误差的校验结果，流量计各校验点的重复性 $(E_r)_i$ 按式（26）计算：

$$(E_r)_i = \frac{[(E_m)_i]_{max} - [(E_m)_i]_{min}}{d_n} \tag{26}$$

式中 $[(E_m)_i]_{max}$——流量计第 i 校验点的最大示值误差；

$[(E_m)_i]_{min}$——流量计第 i 校验点的最小示值误差；

d_n——极差系数，其值见表 9。

表 9 数值表

测量次数 n	3	4	5	6	7	8	9	10
极差系数 d_n	1.69	2.06	2.33	2.53	2.70	2.85	2.97	3.08

2）流量计的重复性按式（27）确定：

$$E_r = [(E_r)_i]_{max} \tag{27}$$

式中 $[(E_r)_i]_{max}$——流量计各校验点重复性中最大值。

3）流量计的重复性不得超过相应精确度等级规定的最大允许误差绝对值的 1/3。

6.3.2.7 K 系数

1）流量计在校验条件下每个校验点每次校验的 K 系数 K_{ij} 按式（28）计算：

$$K_{ij}=\frac{N_{ij}}{(Q_S)_{ij}} \tag{28}$$

式中 N_{ij}——第 i 校验点第 j 次校验时测得的脉冲数

2）每个校验点的系数 K_i 按式（29）计算：

$$K_i=\frac{\sum_{j=1}^{n}K_{ij}}{n} \tag{29}$$

3）K 系数按式（30）计算：

$$K=\frac{(K_i)_{\max}+(K_i)_{\min}}{2} \tag{30}$$

4）流量计流量按式（31）进行计算：

$$V_{ij}=\frac{N_{ij}}{K} \tag{31}$$

5）当 K 系数按 2）确定时，其示值误差可按式（32）进行计算：

$$E_m=\frac{(K_i)_{\max}-(K_i)_{\min}}{(K_i)_{\max}+(K_i)_{\min}}\times100\% \tag{32}$$

6）当 K 系数按 2）确定时，其各校验点的重复性可按式（33）进行计算：

$$(E_r)_i=\frac{(K_{ij})_{\max}-(K_{ij})_{\min}}{K_i d_n}\times100\% \tag{33}$$

式中 $(K_{ij})_{\max}$——第 i 校验点在各次校验中最大的 K 系数；

$(K_{ij})_{\min}$——第 i 校验点在各次校验中最小的 K 系数；

$(E_r)_i$——第 i 校验点的重复性。

流量计的重复性按式（26）、式（27）计算。

6.4 使用、维护与故障处理

6.4.1 使用

6.4.1.1 安装注意事项

1）椭圆齿轮流量计具有测量精度高、结构可靠、安装方便、测量范围大等优点。用于测量低雷诺数和高黏度介质有独特的优点。但仪表对固体颗粒敏感，不能用于测量含有固体颗粒的流体。

2）安装使用前应核实流量计的规格、测量范围、工作压力、工作温度；当测量腐蚀性介质时，应注意流量计的材质是否符合要求。

3）在连续使用的生产线上安装流量计时，应设置旁路管线和阀门，以便于清扫和检修。

4）安装时流量计和过滤器壳体上箭头方向应与液体流动方向一致，且过滤器应安装于流量计的入口端。

5）流量计安装时要保证椭圆齿轮处于水平位置，尽量避免安装于立管上。当流量计安装在水平管道上时，应将流量计安装在主管线上（旁路管线设置在主管线下方）；安装在垂直管道上时，应将流量计安装在旁路管线上，以免杂物堵塞，如图 5 所示。

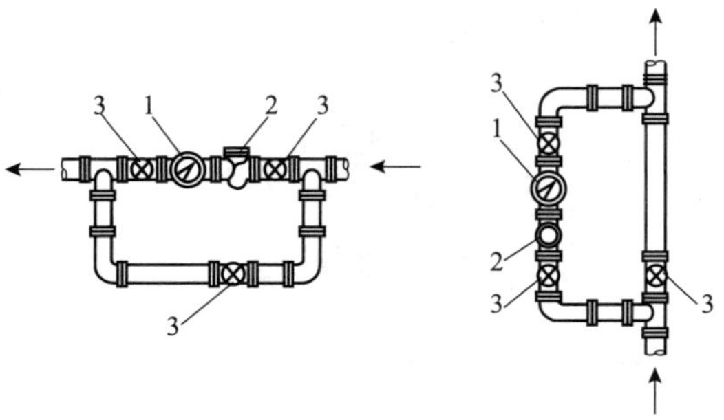

图 5　流量计安装位置

1—流量计；2—过滤器；3—阀门

6）安装位置不同时，为了便于读数，可把表头卸下，旋转 90° 或 180° 安装。

7）安装位置应便于检修与维修，规格尺寸大于 *DN*50 的表，安装时应有支撑，防止产生较大的振动。

8）当被测介质中含有气体时，流量计上游应安装气体分离器（消气器）。

9）在流量计过滤器的两端可装压力表，以便于检查流量计和过滤器的工作情况。

6.4.1.2　投用前检查

1）确认流量计外观、接线等正常。

2）确认流量计安装方向和液体流动方向相同。

3）确认椭圆齿轮轴成水平位置。

4）确认流量计管路里的气体已排除。

6.4.1.3　投用

1）开启旁路线阀。

2）打开流量计入口阀（注意刚开启时要缓慢）。

3）缓慢打开出口阀，在打开出口阀的同时一定要密切注视流量计指针的移动速度。

4）工作正常后再关闭旁路线阀。

5）密切注意观察表的运转情况。如出现异常现象，应立即打开旁路线阀，同时关闭流量计的出、入口阀，进行检查处理。

6）用于新安装管路或检修后新开工装置，投用 1d 后，必须打开过滤器清除杂质。正常使用时，轻质油半年，重油 3 个月必须清洗过滤器 1 次，避免过滤器堵塞或破损，造成流量计的损坏。

6.4.1.4　其他注意事项

1）严禁使用高温蒸汽吹扫流量计，避免因高温造成椭圆齿轮转子及流量计计量室的损坏。

2）不准在汽液两相状态下输送介质进行计量。必要时在流量计前加装稳压装置，保证在液态状态下计量。

3）椭圆齿轮流量计的外表应整洁、表面处理良好，不得有毛刺、刻痕、裂纹、锈蚀。壳体和零件的镀层与敷层不应有剥落、起泡和裂痕等缺陷。各连接部件应无泄漏。所有文字与符号应鲜明、清晰。

4）流量计在使用时被测介质的流量过小，会导致仪表的泄漏误差增加，不能再保证足够的测量精度。因此，不同型号规格的椭圆齿轮流量计对最小使用流量有一允许值，只有当实际流量大于该下限流量允许值时，测量精度才能得到保证。

5）流量计的使用要注意被测介质的温度不能过高，否则不仅会增加测量误差，而且有使齿轮发生卡死情况。为此，椭圆齿轮流量计需在仪表所规定的使用温度范围内使用。

6）长期使用后的流量计，其内部的传动齿轮会被腐蚀和磨损，从而影响精度。因此，要经常注意观察，并定期拆下进行检查，若条件允许最好定期进行校验。

6.4.2 维护

1）定期进行外观检查。

2）定期进行零位检查。

3）定期进行介质清洗。

4）定期进行椭圆齿轮磨损情况检查。

5）定期进行传动机构润滑调整。

6.4.3 常见故障与处理

椭圆齿轮流量计常见故障与处理方法见表 10。

表 10 椭圆齿轮流量计常见故障与处理方法

故障现象	故障原因	处理方法
指示卡涩或停顿	传动部分卡涩，有颗粒杂物或黏稠油污	擦拭各齿轮等所有可接触到的零件，除去尘埃和油污。或用用干净的煤油或溶剂油洗净各零部件，清除杂物 按要求处理好后，加注润滑油
	磁场强度不够 轴承磨损或碎裂	检查磁性密封联轴器或机械封联轴器传动和磁性情况，如磁场强度不够，应及时更换新磁钢 检查石墨轴承，如磨损严重，应更换新品
指示偏差过大	齿轮传动机构 被测介质的温度或液体黏度和校验介质温度偏差过大	调整齿轮传动机构，直至使误差调整在允许范围内为止 使用修正公式修正误差

6.5 检修及质量要求

1）检查表头传动部件，动作是否灵活，有无卡滞现象，并用干净的绸子布擦拭各齿轮等所有可接触到的零件，除去尘埃和油污。如有问题，应按要求处理好，并加注润滑油。

2）检查磁性密封联轴器或机械封联轴器传动和磁性情况，如磁场强度不够，应及时更换新磁钢。

3）检查转子、传动轴、轴承、上下盖、计量箱内腔、传动齿轮、非圆齿轮等部件有无损坏或磨损。拆卸时，对重要部件应做好标记，以免装错。

4）检查石墨轴承，如磨损严重，应更换新品。更换石墨轴承时，应仔细进行，避免碎裂。对于规格 *DN*50 的流量计，轴和轴承之间的间隙最大不超过 0.10mm；对于规格为 *DN*150 的流量计，轴和轴承之间的间隙最大不超过 0.20mm。其他规格流量计的间隙以此两者为基准类推；另外，还要检查上、下盖与转子的间隙和转子与计量箱内腔的间隙，其最大值应不超过 0.15mm。

5）使用干净的煤油或溶剂油全面地清洗和检查流量计和过滤器的各零部件，清除杂物。

6）检修完后的流量计组装，应按先拆后装的顺序，注意椭圆齿轮的轴向间隙调整。

7）装配时应使转子转动灵活，间隙均匀，啮合正确；转子之间、转子与内腔、转子与上下盖等不应有摩擦碰撞现象。

8）按制造厂标准检查流量计的发讯器电气技术指标。

7 转子流量计

7.1 概述

转子流量计是变面积式流量计中的一种，其测量原理是基于定压降可变环形流通面积原理。测量部分主要由向上扩大的锥形管和管内随流体流量大小上下浮动的转子组成。根据转子所处平衡位置的高低，作为流量测量大小的尺度。转子上下部的压力差是固定的，而流量计中流通的截面是变化的。

转子流量计分玻璃管转子流量计和金属管转子流量计，前者一般用于测量低压常温、不带颗粒悬浮物的透明液体或气体，适于就地指示；后者能耐高温高压，与转换器结合在一起，可以输出标准信号。流量计还可以制成夹套或防腐蚀衬里结构，可以用于测量液体、气体、蒸汽及腐蚀性介质的流量。

7.2 主要技术指标

7.2.1 精确度等级：1.5 级，2.5 级

7.2.2 量程比（最大流量与最小流量比值）：5∶1～10∶1

7.2.3 输出信号：4～20mA DC；脉冲信号；开关量信号

7.2.4 通径、流量范围、工作压力和温度、防爆等级按制造厂规定

7.3 检查与校验

7.3.1 检查

7.3.1.1 检查仪表应保持零部件完整无缺，转子及传动部件动作灵活，无卡滞现象。

7.3.1.2　表体整洁，刻度清晰，指针平直。

7.3.1.3　安装前应核实仪表最大允许工作温度和压力，应不低于管道被测流体的最高温度和压力；仪表刻度范围符合被测流体流量变化范围；转子连接部分的材质应符合被测流体的要求。

7.3.1.4　仪表必须安装在没有振动和便于维修的地方，必须留有较大的空间，便于拆卸和清洗。

7.3.1.5　安装前需要清洗管路。

7.3.1.6　仪表可使用在水平或垂直管线上，垂直安装时，用铅锤或其他类似装置校正仪表的垂直程度，中心线与铅垂线的夹角不超过 5°，一般流体方向自下而上通过变送器，当流体方向为水平安装或自上而下安装时，需选用特殊型号，见图 6 和图 7。

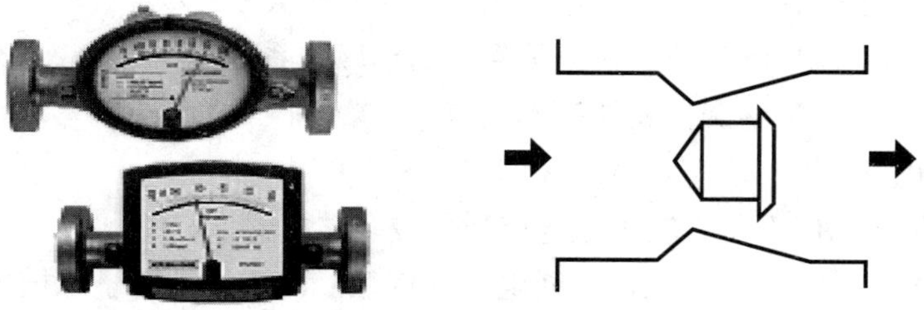

图 6　水平安装方式（参照 KROHNE H250H）

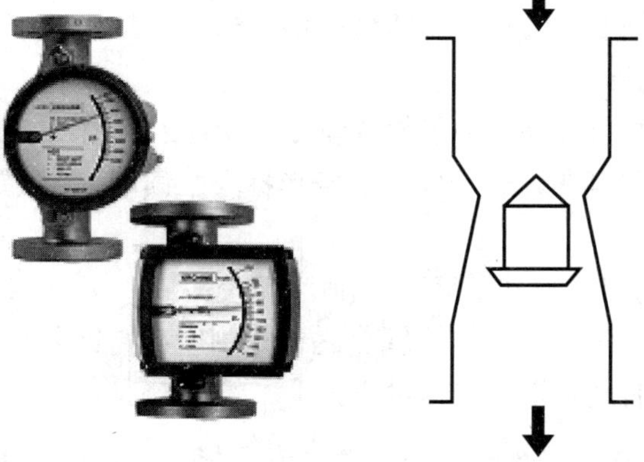

图 7　自上而下安装方式（参照 KROHNE H250U）

7.3.1.7　安装在不能断流的生产线上的仪表，应设置前后切断阀和旁路及排空阀，便于处理故障和吹扫。旁路管线阀和阀门的口径应与主管线一致。

7.3.1.8　用于脏污流体时（特别是口径在 25mm 以下的仪表），应在仪表入口处加装过滤器；当需要经常冲洗时，需设置冲洗配管或采用两台变送器并联安装，以便切换检修；当被测液体中可能混有铁磁杂质时，应在仪表入口处加装磁过滤器，当仪表前装有泵、调节阀等设备而距离又较近会引起流体压力波动时，应在仪表前设置缓冲罐；流体有逆流的情况下，应设置止逆阀；被测液体介质混有较多气体时，应设置消气器。

7.3.1.9　为了使流速平稳，避免流体冲击转子，仪表前应保持 5 倍管径的直管段或加装整流器。

7.3.1.10 当被测流体温度大于70℃时，玻璃转子流量计应加装保护罩，以防玻璃管遇冷炸裂。玻璃转子流量计安装后，应将其上下管道用支架固定牢固，以防管道重力加在转子流量计上或管道产生应力使玻璃管炸裂，或产生剧烈振动。

7.3.2 校验

参照JJG 257《浮子流量计检定规程》执行，也可根据企业自行编制校验方案执行。

7.3.2.1 远传转子流量计校验的目的是使流量与转子位移、指针指示、信号输出构成一一对应的比例关系。因此，检查校验的内容有：

1）校正流量与“转子位移”的对应关系；

2）校正“转子位移”与“刻度盘指示值”的对应关系；

3）校正“刻度盘指示”与“输出信号“的对应关系；

4）整体校验，确定整套仪表的基本误差。

7.3.2.2 校验顺序

1）“刻度盘指示值”与“输出信号值”调校（转换器调校）：

将转子流量计置于校验架上，接通电源或气源，用手推动转子，模拟转子移动，向转换器输入转子位移信号，调整第二套连杆机构（即刻度盘指针与信号转换部分之间的连杆机构），使指针指示值与输出信号值相对应。一般校验可在全刻度范围内选5～6点（包括零点和满刻度）进行。调整至误差在规定范围内。

2）测量转子位移值：

将转子流量计垂直安装在流量校验设备上，通入流量，按流量刻度所示的流量值找转子位移（转子位移可在仪表侧面的长条形标尺上读取），确定转子位移与流量的对应关系。

3）“转子位移值”与“刻度盘指示值”调校：

调整第一套连杆机构（即转子耦合磁钢与刻度盘指针之间的连杆机构），使转子位移值与刻度盘指针的流量指示值相对应。

4）仪表整体校验（确定整套仪表基本误差）：

通入流量（可先对转换器再进行复校，允许调整零位），测出输出信号所对应的真实流量。此值与标准比较，误差应符合规定要求，此即为整套仪表的精度。

7.3.2.3 若检修时没有动过仪表出厂或上次检修校验时的漆封或铅封，即没有改变平衡杆与平衡锤及差动变压器与铁芯等关键部位的相对位置，可不必在流量校验设备上进行“湿校”，只须进行上述7.3.2.2中1）规定的步骤校验，符合出厂校验数据即可。

7.3.2.4 检查校验时，应按照规定的顺序进行。仪表中两套连接机构分别实现将“转子位移值”和“刻度盘示值”以及“刻度盘示值”和“输出信号值“对应起来，必须分别调整，不能混在一起调整，以防调乱。仪表调校完毕，对需要漆封的关键调整部位要重新封好。

7.4 使用、维护与故障处理

7.4.1 使用

7.4.1.1 仪表投运前应检查各部分连接螺钉有无松动，接线是否正确。检查“刻度盘示值”与“输出信号值”对应是否正确。

7.4.1.2 转子流量计投入运行时，应缓缓地开启前、后阀门，以免流体冲击转子，损坏仪表。在无旁路时，应先开启仪表下部（进口）阀门，再缓缓打开上部（出口）阀门；装有旁路时，应先开启旁路，然后开仪表下部阀门和上部阀门，最后逐渐关闭旁路阀门。在使用中，仪表进口阀门应开足，用出口阀门调节流量，特别是测量气体或液体可能产生闪蒸的情况下，更应如此；否则，易引起指示不稳定。

7.4.1.3 测量介质为液体的流量计，要注意把变送器壳体内气体排尽，以免影响测量精度。

7.4.1.4 根据被测量流体的脏污程度，定期冲洗测量部分，以保证测量精度。仪表的冲洗可利用增大被测流体流量的方法，但流量应缓慢地增大。当装有冲洗管时，可采用其他清洁液冲洗。此时阀门的开关顺序为：

首先开启阀 1，关闭阀 2、阀 3，然后打开阀 4、阀 5 进行清洗；冲洗结束后，关闭阀 4、阀 5，开启阀 2、阀 3，最后关闭阀 1，仪表投入正常运行，见图 8。

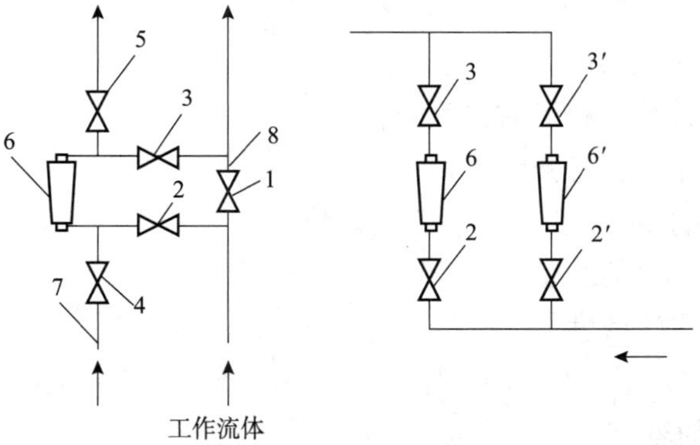

（a）设置冲洗配管　　（b）仪表并联安装

图 8　测量脏污流体时的安装

1—旁路阀；2、2′、3、3′—工作阀；4、5—冲洗阀；6、6′—转子流量计；
7—冲洗配管；8—旁路管道

7.4.1.5 在使用中仪表出现由于流体脉动而引起指示不稳定时，可根据脉动量大小，调整阻尼器阻尼量，或在阻尼器中加入适当的液体（如硅油），以增加阻尼。阻尼量调整的标准是：当被测流体流量突然变化时，指针最多摆动三次后就停在新的位置，若摆动次数过多应增加阻尼量；当接近平衡状态时指示缓慢，则应减小阻尼量。

7.4.2 维护

7.4.2.1 平时日常定期对转子流量计进行检查，查看仪表指示是否正常。

7.4.2.2 查看仪表连接管路、阀门是否有泄漏、损坏、腐蚀。

7.4.2.3 查看测量易结晶介质应检查保温伴热是否正常。

7.4.2.4 定期对转换器的运动部件加润滑油（可用钟表油）。

7.4.2.5 对于比较脏的介质要定期对转子、导向杆及其轴承、锥管进行清洗、除垢工作。

7.4.2.6 玻璃转子流量计有流量刻度和百分比刻度两种。对于流量刻度的仪表，可根据转子的高度直接读出流量值；百分比刻度仪表又分等分和非等分两种，对于等分刻度仪表可由制造厂提供的刻度与流量对照图表，再依据读数求得流量值，对于非等分刻度的仪表，则将读数乘以上限刻度值，即得到实际流量。

7.4.2.7 用于测量液体的转子流量计，校验时一般采用常温常压下的水；测量气体的转子流量计，是用常温常压下的空气。当实际被测介质的种类、工作状态和物理参数与校验介质不同时，必须进行刻度换算，换算公式如下：

1）测量液体时的刻度换算：

当被测介质黏度不大于 10mPa·s 时，按式（34）换算修正：

$$Q_1 = K_\rho \cdot Q_0 = \sqrt{\frac{(\rho_n - \rho_0) \cdot \rho_1}{(\rho_n - \rho_1) \cdot \rho_0}} \cdot Q_0 \tag{34}$$

式中 Q_1——被测介质的实际流量；

Q_0——仪表的读数（校验时的流量值）

K_ρ——容积流量的密度修正系统；

ρ_n——转子部件的密度；

ρ_0——校验液体水的密度；

ρ_1——被测介质的密度。

若被测介质的黏度超过 20mPa·s 时，则还要根据黏度修正曲线进行修正。

2）测量气体时的刻度换算按式（35）：

$$Q_1 = K_\rho K_P K_T \cdot Q_0 = \sqrt{\frac{\rho_0}{\rho_1}} \cdot \sqrt{\frac{p_1}{p_0}} \cdot \sqrt{\frac{T_0}{T_1}} \cdot Q_0 \tag{35}$$

式中 Q_1——被测气体在标准状态下（101.33kPa，20℃）流量值；

Q_0——仪表读数；

K_ρ——密度修正系数；

K_P——压力修正系数

K_T——温度修正系数；

ρ_0——校验用空气 0℃时的密度；

ρ_1——被测气体在 0℃时的密度；

p_1、T_1——工作状态下的绝对压力和绝对温度；

p_0、T_0——标准状态下的绝对压力和绝对温度。

测量饱和蒸汽时，若转子是不锈钢，则按式（36）换算修正：

$$M = 33.82Q_0\sqrt{\rho} \tag{36}$$

式中 M——被测蒸汽的实际流量，kg/h；

Q_0——仪表读数，m^3/h；

ρ——被测饱和蒸汽的密度，kg/m^3。

7.4.2.8 在正常运行时，只允许调整转换器输出零位，其他部位不得随意调整。

7.4.3 常见故障与处理

转子流量计常见故障与处理方法见表 11。

表 11 转子流量计常见故障与处理方法

故障现象	故障原因	处理方法
无电流输出	接线不正确 测量电路板故障	重新检查接线 更换电路板
指针抖动	介质波动引起	可采用适当增加阻尼
指针停到某一位置不动	流量计的转子卡涩	转子被推至最上部卡住，下线流量计，清洗处理卡住转子，若转子受损、形变须更换
测量误差大	安装不符合要求	按规范要求垂直或水平安装
		周围 100mm 空间不得有铁磁性物体
		安装位置要远离阀门变径口、泵出口、工艺管线转弯口等，需保持前直管段为 10D，后直管段为 5D 的要求
	液体介质的密度变化较大	将变化后的介质密度通过公式，换算成误差修正系数，然后将流量计测出的流量乘以系数换成真实的流量
	气体介质因受到温度压力影响较大	建议采用温压补偿的方式来获得真实的流量
	因长期使用及管道振动等多因素引起转子流量计活动部件松动	对流量计进行重新校验或更换

7.5 检修及质量要求

7.5.1 检修

7.5.1.1 检查仪表零部件应完整无缺，转子及传动部件动作灵活，无卡滞现象。

7.5.1.2 转子流量计（特别是大口径）搬动时，应先将转子固定，避免转子碰撞锥管。

7.5.1.3 检修时应对转换器和机械传动部分进行全面清洗，仔细清除锥管壁和转子上的附着物及杂质，注意切勿碰弯转子部件连杆。

7.5.1.4　检查校验时，应按照规定的顺序进行。仪表中两套连接机构分别实现将“转子位移值”和“刻度盘示值”以及“刻度盘示值”和“输出信号值“对应起来，必须分别调整，不能混在一起调整，以防调乱。仪表调校完毕，对需要漆封的关键调整部位要重新封好。

7.5.1.5　检修时应注意有漆封的关键调整部位，不要任意改变其相对位置。

7.5.2　检修质量要求

7.5.2.1　检修完后要确认紧固件不得松动。

7.5.2.2　检修完后要确认可动件应灵活好用。

7.5.2.3　检修完后要确认插接件应接触良好。

7.5.2.4　检修完后要确认可调件应处于可调位置。

7.5.2.5　检修完后要确认密封件应无泄漏。

7.5.2.6　检修完后要确认零部件应完好、齐全并规格化。

7.5.2.7　检修完后要确认所配防护、保温设施应完好无损。

8　电磁流量计

8.1　概述

电磁流量计是基于电磁感应定律而工作的流量测量仪表。当导电的被测介质垂直于磁力线方向流动时，在与介质流动和磁力线都垂直的方向上产生一个感应电动势 E_x，它与被测介质在磁场中运动的速度成正比，其关系式如下：

$$E_x=BDv$$

式中　B——磁感应强度，T；

D——导管直径，即导体垂直切割磁力线的长度，m；

v——被测介质在磁场中运动的速度，m/s。

流体流速 v 与管道截面积 A 相乘，即可得体积流量 Q。电磁流量计是一种速度式流量计，由检测和转换两个单元组成，被测介质流经检测单元变换成感应电势，然后再由转换单元将感应电势放大，转换成 4～20mA DC 的标准电流信号输出、脉冲信号输出或总线信号输出。

电磁流量计适用于导电液体流量的测量，不能测量气体和导电率极低的油类、有机溶剂流量的测量。采用涂层或耐腐蚀衬里，可用于测量各种腐蚀性液体的流量，也可用来测量含有固体颗粒或纤维液体的流量。

电磁流量计测量时不受流体的温度、压力、密度、黏度及流动状态等参数的影响；检测部分无可动部件和突出于管道的部件；几乎没有压力损失；没有测量滞后现象，反应灵敏；输出信号与流量大小呈线性；测量范围宽，可测正反方向流体的流量。

本部分适用于石化企业中在线使用的 OPTIFLUX2000/4000/5000/7000/TIDALFLUX

2300 系列电磁流量计，其他同类型仪表参照使用。

本部分不适用于插入式电磁流量计和用于明渠流量测量的电磁流量计。

8.2 主要技术指标

8.2.1 精确度等级和最大允许误差：见表 12

表 12 精确度等级和最大允许误差

精确度等级	0.2	(0.25)	(0.3)	0.5
最大允许误差	±0.2%	(±0.25%)	(±0.3%)	±0.5%
精确度等级	1.0	1.5	2.5	—
最大允许误差	±1.0%	±1.5%	±2.5%	—

注：优先采用不带括号的等级。

8.2.2 防护等级：传感器和一体型流量计的外壳防护等级应不低于 IP65；
潜水型传感器的外壳防护等级应为 IP68

8.2.3 流速范围：0～12m/s

8.2.4 通径范围：2.5～3000mm

8.2.5 流体电导率：＞1～20μS/cm（标准型）；
＞0.05μS/cm（低导电率型）

8.2.6 输出信号：4～20mA DC、脉冲信号、总线信号

8.2.7 环境温度：-40～+60℃

8.2.8 电源电压：12～24V AC/DC、100～240V AC 50/60Hz

上述技术指标及其他技术指标，如使用温度和压力、电缆线长度、电极和衬里材料、外壳密封类型、防爆等级以及电源电压等，根据不同型号制造厂均有具体规定。

8.3 检查与校验

8.3.1 检查

8.3.1.1 外观检查：流量计应完整良好，各项标记（铭牌、防爆标志及计量器具制造许可证和标志等）正确、齐全、清晰；对外连接的结合面不应有划痕等损伤；紧固件结合牢固；涂、镀层无起皮、脱落等外观缺陷。显示窗的数字应醒目、整齐，表示功能的文字符号和标志应完整、清晰、端正；读数装置的防护玻璃应有良好的透明度，无读数畸变等妨碍读数的缺陷；按键应没有粘连现象。

8.3.1.2 仪表应避免安装在有较强的交、直流磁场或有剧烈振动的场所。环境温度、湿度应符合制造厂的规定。

8.3.1.3 流量计在安装前应先核实其测量范围、耐温、耐压值和防腐性能是否与所测介质相符。

8.3.1.4 流量计最好安装在垂直管道上，流体方向自下而上，以保证流量计导管内充满

被测液体或不致产生气泡，确保测量精度。特别是对于液固两相介质，垂直安装可以使衬里磨损比较均匀和防止被测介质互相分离，不容易使杂质在测量管底部产生沉淀。若需水平安装时必须使电极处于水平方向，以防止沉淀物堆积于电极上而影响测量精度。同时应使流量计安装位置稍低于流体出口管道或使流量计具有一定的背压。

8.3.1.5 对使用在易产生气泡的场合，需在流量计前安装放气孔。

8.3.1.6 整体化流量计水平安装使用在高温、热辐射的场合，转换部分朝下安装，防止转换器的线路板过热。

8.3.1.7 为了检修和校验，流量计的两端应装设阀门和设置旁路及旁通阀。

8.3.1.8 当工艺管道和流量计口径不一致时，流量计两端应安装渐缩管，渐缩管的圆锥角应不大于15°。

8.3.1.9 为避免流速分布及对测量的影响，流量调节阀应设置在流量计的下游。按流量计说明书要求确定上下游直管段长度，若说明书无要明确要求，按前10D（公称通径）后5D考虑。

8.3.1.10 电磁流量计必须有良好的接地，以减少干扰信号引入。接地有两个方面的要求：一是传感器与转换器的接地线必须与被测介质导通；二是要以大地为零电位。

1）传感器外壳与金属管道两端应有良好的接触并接地，转换器外壳亦应接地。在不能保证传感器外壳与金属管道接触良好的情况下，应用金属导线把它们连接起来，再可靠接地。

2）当工艺管道为非金属或其他绝缘管时，应在传感器外壳与工艺管道之间装上接液环（又称接地环），接液环内径略小于传感器口径以保证其内径与液体接触。接液环的柄应接地良好，传感器外壳与接液环之间要用导线接通。

3）接地线应单独设置，不允许与其他电气设备的地线共用，以避免漏电流的影响。接地的位置与电磁流量计的距离愈短愈好，接地电阻应不大于10Ω。

8.3.1.11 对分体型电磁流量计，为了避免干扰信号，传感器与转换器之间的信号线必须采用专用屏蔽导线，严格按要求连接导线和屏蔽线，不允许把信号电线和电源线安装在同一根钢管内。接线后，应将传感器和转换器出线孔的密封橡皮圈用螺纹接头旋转压紧，把盖板盖严，防止潮气、腐蚀性气体及积水进入仪表。

8.3.1.12 当电磁流量传感器需要安装在地下管线上时（如给排水和污水处理系统的地下管线），需要设置仪表井。

8.3.1.13 在流量变化幅度较大的场合，为满足大小流量均能测量，又能在仪表合适的测量范围内（指示值最好在50%以上），以提高测量精度，可选用多量程流量计或两台传感器并联安装的方法。

8.3.2 校验

按照JJG 1033《电磁流量计检定规程》执行，也可根据企业自行编制的校验方案执行。

8.3.2.1 校验用液体一般可采用不夹杂空气，无纤维、导磁性颗粒及其他可见颗粒等物质的清洁水。如用其他液体，则应将其类型（包括商业名称）、黏度、密度和电导率进行说明。校验用液体的电导率应在 50～5000S/cm 的范围内，或根据流量计制造厂给出的技术指标另行确定。校验用液体温度范围应为 4～35℃，在每个流量点的每次校验过程中，液体温度变化应不超过 ±0.5℃。

8.3.2.2　连接、开机、预热，按流量计说明书指定的方法检查流量计参数的设置及零点校准。

流量标准装置（以下简称装置）及其配套仪表均应具有有效的检定证书，装置测量结果的扩展不确定度应不大于被检流量计最大允许误差绝对值的，当检定用液体的蒸气压高于大气压时，装置应是密闭式的，用于检定的电气设备应接地线。若检定被检表的瞬时流量，则装置的流量稳定度满足：检定最大允许误差绝对值等于或小于 0.5% 的流量计，装置流量稳定度应优于 0.2%；对于最大允许误差绝对值大于 0.5% 的流量计，装置流量稳定度应优于 0.5%。

8.3.2.3　流量计校验应包含下列流量点：q_{max}、q_{min}、0.10q_{max}、0.25q_{max}、0.50q_{max} 和 0.75q_{max}，当检定点小于 q_{min} 时，该检定点可取消。在检定过程中，每个流量点的每次实际校验流量与设定流量的偏差应不超过 ±5% 或不超过 ±1% q_{max}。

8.3.2.4　对于使用相对示值误差的流量计，精确度等级等于及优于 0.2 级的每个流量点的重复检定次数应不少于 6 次；精确度等级低于 0.2 级的每个流量点的重复校验次数应不少于 3 次。对于使用引用误差的流量计，每个流量点的重复校验次数应不少于 3 次。

8.4　使用、维护与故障处理

8.4.1　使用

8.4.1.1　仪表投用前检查

1）核实流量计的测量范围，耐温、耐压值是否与被测流体相符；当测量腐蚀性介质时，应注意流量计的材质是否符合要求；对于分体式流量计，检查传感器和转换器型号、编号，确认必须配套。

2）检查流量计安装是否符合规定要求，流量计壳体上的箭头方向是否与流体流向相符；接线是否正确牢靠。

3）仪表的密封点是否有泄漏，上、下游直管段的长度是否符合要求。

4）检查仪表的零位，并按制造厂规定的调整方法进行调零。调零前要注意测量管完全注满液体，并使液体完全处于静止状态。

5）检查传感器接地是否可靠，传感器应有良好的单独接地线，接地电阻小于 10Ω。

6）检查被测介质的电导率是否在规定范围内。对于分体式流量计检查传感器与转换器之间的电缆线是否超过规定长度。

8.4.1.2　仪表的投运

打开流量计的前后阀门，关闭旁路阀门，使仪表投入运行，运行中，仪表各参数不得随意改变。电磁流量计若安装不妥，会明显影响测量精度和其他性能，甚至使仪表不能正常工作。

8.4.2 维护

8.4.2.1 定期进行仪表外观检查：仪表显示正常无报警，密封点无泄漏，电缆密封接头无松动进水受潮痕迹，接地可靠等。

8.4.2.2 测量有附着沉淀物的流体，或由于长期使用后，导管内壁有积垢层，电极表面受到污染，从而引起仪表零位飘移，严重时电极会被积垢层短路，因此必须定期清洗内壁和电极。清洗措施：

1）用增加流体流速的方法（流速控制在 2m/s 以上），除去积垢；

2）在流量计下游端安装清洗口进行清洗；

3）选用带有清洗装置的电极（如机械清洗、超声波或电压清洗），进行定期或连续清洗。

8.4.2.3 对长期工作在酸、碱、盐雾较浓的场所的仪表，必须加强防腐保养，避免仪表、信号插座等被腐蚀，绝缘被破坏，造成仪表故障，缩短使用寿命。

8.4.2.4 应注意不能在流量计内部产生负压。例如在测量较高温度的流体时，应等流体冷却后才能关闭流量计上、下游阀门，以免流量计内介质冷却收缩形成负压，导致衬里变形或剥落。严重时，电极短路，造成仪表损坏。

8.4.3 常见故障与处理

电磁流量计常见故障与处理方法见表 13。

表 13 电磁流量计常见故障与处理方法

故障现象	故障原因	处理方法
流量计无指示	未送电或保险丝熔断 传感器壳体上的箭头与流体流向不一致或流量方向设定不正确 电极损坏或仪表电路故障	仪表送电，检查保险丝 检查传感器安装方向与仪表参数设置 流量计送修
流量计零漂或波动	导管内壁或电极有积垢 流量计接地不良 流量计靠近马达、变压器等其他电器设备 被测介质的电导率过小	清洗积垢 重新安装接地线使接地良好可靠 流量计安装远离干扰源 被测介质的电导率满足要求
流量计指示与实际流量不一致	流量计旁路阀门泄漏 传感器内未充满液体或有气泡 仪表零位或参数设置不正确 电极粘有污物	检查旁路阀处于关闭状态 保证传感器内处于满管状态 重新设置仪表零位及参数 清洗电极去除污物

8.5 检修及质量要求

8.5.1 检修

8.5.1.1 下线条件确认

下线前确认电磁流量计已停止使用，并已具备交付检修的条件；落实施工作业人员，进行施工作业风险识别，确认具备安全拆卸的条件。

8.5.1.2 施工作业

做好作业区域隔离，切断流量计仪表电源；拆除电源线、信号线、接地线等；拆除流量计及安装附件并做好相应标记。

8.5.1.3 下线清洗、外送校验

下线后的流量计传感器初步清洗，去除传感器内壁衬里和探头上的结垢，清洁仪表表面卫生；需要校验的流量计包装合适后，运送到相关的部门。经维修、校验合格后送回工作现场。

8.5.1.4 上线测试联校

检修校验合格后的电磁流量计，按规范要求安装、上电调试，核对设置参数，确认流量计运行正常，无报警信息。

流量计管线投运后，检查仪表的现场指示与 DCS 指示一致。

8.5.2 检修质量要求

8.5.2.1 拆装和检修时，应注意防止传感器衬里层破坏。

8.5.2.2 仪表拆除后的工艺管道，其管道两侧法兰需封堵。仪表安装时，法兰螺栓需涂上二硫化钼等防咬死剂，所有螺母应全部拧入螺栓，高压管、管件、法兰、阀门、紧固件的螺纹部螺栓应露出螺母 2～3 扣。

8.5.2.3 应注意仔细清除传感器内壁衬里和电极上的结垢。

8.5.2.4 当发现传感器电极渗漏、激磁绕组与外壳绝缘不好或衬里损坏，不能修复时，应予以更换。

8.5.2.5 在传感器内部充满液体的情况下，检查电极、各绕组对传感器外壳的绝缘电阻，应符合制造厂规定（一般绝缘电阻大于 500Ω，转换器任一接线端对地电阻应超过 10MΩ）。

9 质量流量计

9.1 概述

科氏力质量流量计是基于科里奥利（Corilis）效应而制成的流量测量仪表。如图 9 所示，两根测量管（也可以是一根或多根）在驱动线圈的作用下，以一定频率振动，被测流体在测量管内流动，其流动方向与振动方向垂直，在科里奥利力的作用下，测量管产生扭转角 θ，且两端受科里奥利力的作用方向相反，因此测量管两管端通过振动中心就产生了时间差，此时间差与质量流量 q_m 成正比，其关系式如下：

$$q_{\mathrm{m}} = \frac{K_{\mathrm{s}}}{8r^2} \times \Delta t$$

式中 K_s——测量管的扭转弹性模量；

r——测量管的半径；

Δt——测量管两管端通过振动中心所需的时间差。

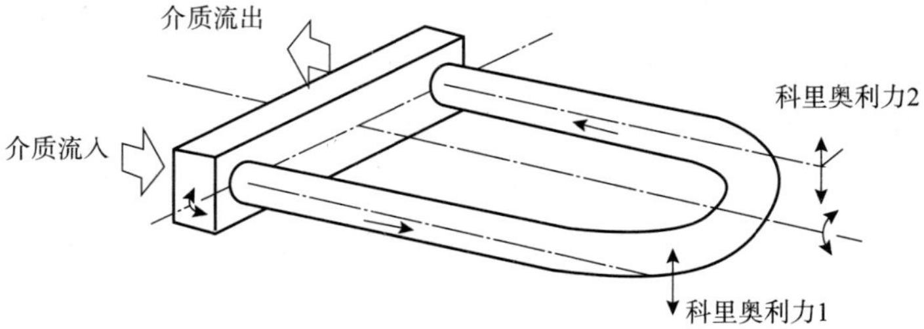

图 9

质量流量计是由传感器及变送器两部分组成。被测介质流经传感器，在其左右两侧检测器产生一个相位差，根据科里奥利效应，该相位差与质量流量成正比，电磁检测器把该相位差转变为相应的电平信号送入变送器，经滤波、积分、放大等电量处理后，转换成与质量流量成正比的 4～20mA 模拟信号和一定范围的频率信号，或总线信号等方式输出。

科氏力质量流量计与温度、压力、密度和黏度等参数的变化无关，并且无可动部件，可靠性较高，维修容易；线性输出；测量精度高，液体测量精度最高可达 ±0.05%，气体测量精度最高可达 ±0.35%；可与 DCS 联用；测量量程比极宽，可达 1∶1000；适用于各种气体和液体的测量，当采用一些额外技术选项时，可对特种工况进行测量，如腐蚀性、脏污介质、气液或液固两相流体等。

本部分适用于石化企业在线适使用的 OPTIMASS1000/2000/3000/6000/7000 系列质量流量计，其他同类型仪表可参照使用。

9.2 主要技术指标

9.2.1 精确度等级及允许误差：见表 14

表 14 精确度等级及允许误差要求

精确度等级	0.15	0.2	0.25	0.3	0.5	1.0	1.5
允许误差 /%	±0.15	±0.2	±0.25	±0.3	±0.5	±1.0	±1.5

9.2.2 防护等级：不低于 IP65

9.2.3 流量范围：0～4600000kg/h

9.2.4 公称通径：1～400mm

9.2.5 介质温度：-200～400℃

9.2.6 压力等级：≤21MPa

9.2.7 密度范围：100～3000kg/m^3

9.2.8 环境温度：-40～65℃

9.2.9 输出信号：模拟信号 0/4～20mA（带 HART 通信）；

脉冲信号 0～10000Hz（频率）；

通信信号 RS485、现场总线

9.2.10 电源电压：85～265V AC/50～60Hz；12～30V DC

以上输出可以分别组态为流量、密度、温度、浓度、累积量等变量。

9.3 检查与校验

9.3.1 检查

9.3.1.1 外观检查：流量计表面色泽应均匀，不得有毛刺、裂纹、锈蚀、霉斑、涂镀层脱落和剥落现象；流量计焊接处应平整光滑；插接件应牢固可靠，有防插错功能，不得因振动而松动或脱落；显示的数字文字及符号应清晰、齐全，各项标识正确；紧固件应无松动，密封面不得有损伤。

9.3.1.2 传感器应安装在与管道同一轴线上，所安装管道应无应力、牢固可靠；密封垫片不应突入管内；并避免与毗邻管道和安装构架发生共振。

9.3.1.3 应在质量流量计传感器附近做支撑或卡子，以降低振动噪声，减少误差，不可用传感器来支撑管道。

9.3.1.4 为方便维修检查，应尽量设置旁路，旁路阀门不应泄漏。

9.3.1.5 流量调节阀应安装在传感器的下游。

9.3.1.6 安装地点应远离大变压器或电机，因为传感器与变送器之间连接的电缆被电磁场覆盖或靠近，会造成干扰，使变送器误读传感器送来的信号而产生误差。

9.3.1.7 质量流量计可以垂直安装，也可以水平安装。但水平安装时，要根据流体不同的性质而选择不同的安装朝向，当测量液体时，传感器朝下安装，当测量气体或蒸汽时，由于密度小，传感器朝上安装，始终保持传感器管子里流体处于充满状态。

9.3.1.8 当测量液体时，对使用在易产生气泡的场合，需在流量计前安装放气孔。

9.3.1.9 如果不能避免过长的下游管道（一般不大于3m），应多装一个流通阀。流量计上、下游设置必要的直管段长度，控制阀、检查观察窗等附加装置都应安装在离传感器至少本身长度1倍以上。

9.3.1.10 与输送泵的距离至少要大于传感器本身长度的4倍，如果引起过度的振动，必须进行隔离。

9.3.1.11 为了防止冷凝水或过多的湿气进入变送器外壳，安装变送器时要将所有的电缆孔完全密封。

9.3.1.12 为避免可能的电子干扰，不要将输出接线安装到与传感器电缆或电源接线所使用的穿线管或电缆槽中。传感器电缆与电源和输出电缆也必须分开。

9.3.1.13 对于传感器和变送器间采用Modbus通信，其变送器和传感器之间的连接电缆总长度不能超过300m。对于传感器和变送器间采用原始信号通信，其变送器和传感器之间的连接电缆总长度不能超过20m。

9.3.1.14 使用压力补偿时应在流量计传感器就近测量压力，取压口宜设置在传感器上游。

9.3.2 校验

参照 JJG 1038《科里奥利质量流量计检定规程》执行，也可参照企业自行编制的校验方案执行。

9.3.2.1 流量计在检定前，应先连接好检定系统及流量计的接线，预热 30min 左右，检查参数设置（流量计因子或 K 系数，最大流量、最小流量对应的频率或电流等），流量计有多种输出信号，应首先选用脉冲输出进行校验。至少在 50％以上的流量下试运行一段时间，一般不少于 10min。检查标准设备各连接处应无渗漏现象，检定介质的温度和压力应稳定，系统运行和显示应正常，然后进行零点调整。

9.3.2.2 应优先选用质量法装置，也可选用容积法装置和标准表法装置，但装置应能提供满足不确定要求的质量流量。

9.3.2.3 标准设备质量流量扩展不确定度应不大于流量计最大允许误差绝对值的 1/3。检定点一般为最大流量 q_{max}、$0.5q_{max}$、$0.2q_{max}$、q_{min}、q_{max}。

9.4 使用、维护与故障处理

9.4.1 使用

9.4.1.1 仪表投用前检查

1）检查流量传感器和变送器型号、编号，确认必须配套；检查流量计的组态（如流量计位号、测量单位、流量方向、阻尼值、团状流量参数以及毫安输出和频率输出的设定）是否正确；流量计的流量系数、密度系数、温度系数是否正确；仪表测量范围、耐温、耐压值是否与被测流体相符；安装是否符合要求；接线应准确牢靠。

2）检查电缆孔是否密封；垫圈和 O 形密封圈是否完整；所有盖子是否拧紧。

3）检查仪表密封点是否有泄漏。

4）检查仪表零位，并按制造厂规定的调整方法进行调零。调零前要注意：

a）给变送器通电，使它预热至少 30min，确保变送器处于允许流量计调整的安全模式；

b）虽然质量流量计测量的是流体的质量流量，实际温度变化对质量没有影响，但会影响仪表零点的稳定性，因此要使得传感器温度示值接近正常的过程运行温度才能调零。

c）保证传感器满管，关闭在流量计下游的截止阀，使流过传感器的流量为零，然后才能调零，调零过程中须保证流过传感器的流体完全不流动；

4）当完成调零后，应进行多次调零以验证零点是否稳定准确，如多次校验的零点有偏移，则说明调零失败。

9.4.1.2 仪表的投运

打开流量计前、后阀门，关闭旁路阀门，使仪表投入运行。仪表投运后，各可调部分不得任意改变。

9.4.2 维护

9.4.2.1 定期仪表外观检查：仪表显示正常无报警，密封点无泄漏，电缆密封接头无松动进水受潮痕迹等。

9.4.2.2 测量易结垢或有附着沉淀物的流体，或由于长期使用后，传感器振动管内壁积垢导致零点偏移，需要清洗振动管并重新调零。

9.4.3 常见故障与处理

质量流量计常见故障与处理方法见表15。

表15 质量流量计常见故障与处理方法

故障现象	故障原因	处理方法
仪表无指示、零漂或波动	仪表接线问题	检查传感器、变送器的接线，仪表接地，使接线正确
	仪表未供电或变送器故障	检查电源及保险丝等
		检查仪表电路板
	出现仪表报警	检查仪表报警信息
	管线振动或有安装应力	消除振动源及应力
	电磁干扰	变送器移位安装或消除干扰源
	传感器零点错误	重新调零
	团状流	减少团状流影响
流量、密度、温度指示不准	流量系数错误	检查确认特性化
	测量管堵塞	检查驱动增益和测量管频率并吹扫疏通测量管
	传感器安装方向不正确	传感器安装方向必须适合于过程流体
	旁路阀门未关或泄漏	检查阀门
	管道偏心	校正管道
	测温电阻故障	检查电阻值
	实际压力与设计压力偏差大	安装压力变送器补偿
		重新核算，修正流量系数
	体积流量不准确	检查密度指示及设定
DCS 指示与现场不一致	仪表量程范围设定错误	检查变送器输出与 DCS 设定
	无通信数据或数值不变	检查 RS485 通信参数

9.5 检修及质量要求

9.5.1 检修

9.5.1.1 下线条件确认

下线前确认质量流量计已停止使用，并已具备交付检修的条件；落实施工作业人员，进行施工作业风险识别，确认具备安全拆卸的条件。

9.5.1.2 施工作业

做好作业区域隔离，切断流量计仪表电源；拆除电源线、信号线、接地线等；拆除流量计及安装附件并做好相应标记。

9.5.1.3 下线清洗、外送检验（检定、校准、校验）

需检验的流量计传感器初步清洗，去除传感器测量管的结垢与污油，清洁仪表表面卫生；流量计包装合适后，送检验。经维修、检验合格后送回工作现场。

9.5.1.4 上线测试联校

检修校验合格后的流量流量计，按规范要求安装、上电调试，核对设置参数，确认流量计运行正常，无报警信息。

流量计管线投运后，检查仪表的现场指示与 DCS 指示一致。

9.5.2 检修质量要求

9.5.2.1 在常温下易凝固的被测介质，需经吹扫净化处理后，才能拆卸流量计，以防流量计测量管堵塞。

9.5.2.2 拆装、搬运、检修时，应注意防止传感器跌落或磕碰等造成损坏。

9.5.2.3 仪表拆除后的工艺管道，其管道两侧法兰需封堵。仪表安装时，法兰螺栓需涂上二硫化钼等防咬死剂，所有螺母应全部拧入螺栓，高压管、管件、法兰、阀门、紧固件的螺纹部螺栓应露出螺母 2～3 扣。

9.5.2.4 应注意仔细清除传感器测量管的结垢或污油等。

9.5.2.5 当发现传感器测量管渗漏、线圈绝缘不好或测温电阻损坏，不可修复时，应予更换，更换后需重新校验。

9.5.2.6 流量计外壳、接线盒盖等检修后，仍应达到防护等级的要求。

10 旋涡流量计

10.1 概述

10.1.1 适用范围

本部分适用于石化企业中在线使用的 OPTISWIRL4200 系列旋涡流量计，其他系列的旋涡流量计亦应参照使用。

10.1.2 工作原理及特点

当流体中插入柱型物体时，会在柱型物体两侧交替地产生有规则的旋涡，该旋涡在柱体的侧后方产生、分开，形成旋涡列，通常称作卡门涡街或卡门涡列，当满足

h/l=0.281（h 为涡街的宽度，l 为同侧两个旋涡之间的距离）时，所产生的卡门旋涡是稳定的而且产生单列的旋涡的频率 f 与柱状物迎流面的宽度 d 和流体的流速 u 有如式（37）所示的关系：

$$f=(St/d)\times u \quad (37)$$

式中 St——斯特罗哈尔系数。

此旋涡的频率与流体的流速成正比，它几乎不受流体的温度、压力、成分、密度及黏度的影响，因此，测出频率的高低就能得知流量的大小，这就是旋涡流量计的工作原理，它是一种速度式流量计。该流量计线性范围宽，仪表无活动部件，使用寿命长，在气体和液体物料的计量及控制中得到广泛的应用。

当被测流体为单一状态时，旋涡流量计可以测量气体、液体和蒸汽。但是在混相流状态时，旋涡流量计是不能作出精确的流量测量的。因此，它不能测量雾状流体、分层流体、气泡流体及夹带固体的流体。

10.2 主要技术指标

10.2.1 精确度等级：1.0 级、1.5 级

10.2.2 测量范围：正常工作范围，雷诺数大于 10000

流速范围：液体，流速≤10m/s

气体，流速≤80m/s

10.2.3 介质温度：-40～300℃

10.2.4 环境温度：-40～+80℃

10.2.5 公称通径：15～300mm

10.2.6 工作压力：≤4.0MPa

10.2.7 输出信号：标准电流信号 4～20mA DC；频率 / 脉冲输出信号；现场总线信号

10.2.8 电源电压：24V DC

上述技术指标，以及电缆长度、材料、防爆等级等，根据不同型号，制造厂均有具体规定。

10.3 检查与校验

10.3.1 检查

10.3.1.1 流量计上游直管段应在 20D 以上；而下游直管段也不得小于 5D（D 为仪表公称直径）。如果在流量计的上游有一截止阀，那么直管段应在 40D 以上。测压点设置在旋涡发生体下游 3.5D～7.5D 的地方，测温点设置在测压点下游 1D～2D 的位置。

10.3.1.2 被测流体的流向，应与壳体上指示流向的箭头一致。

10.3.1.3 管道的内径应与旋涡流量计的内径相同或稍大些，流量计和管道内孔应保持同心。

10.3.1.4 仪表一般要求水平安装，亦可垂直或倾斜安装，但在非水平安装流量计的场

合，流体的流向必须由下而上。

10.3.1.5 新安装或大修后的管道，在运行前先进行清洗，经吹扫、净化处理之后才能安装流量计。

10.3.1.6 流量计本体与管道法兰连接所使用的密封垫片，其内径应略大于本体内径，以免夹紧以后突入管内而造成测量误差。

10.3.1.7 仪表安装前必须核实测量范围、耐温、耐压和防腐性能，均应与设计要求相符。

10.3.1.8 旋涡流量计应避免安装在环境温度变化大的场合，在受到生产设备的热辐射时，必须有隔热式通风措施。组合型流量计水平安装并使用在高温、热辐射的场合，转换部分应朝下安装，防止转换器的线路板过热。

10.3.1.9 避免把流量计安装在含腐蚀性气体的环境中，如果只能安装在这样的环境中，则须提供充分的排风设施。

10.3.1.10 当流量计安装在振动比较大或跨度较长的管道上时，在其两侧均应加装管道支架。

10.3.1.11 当测量液体时，对使用在易产生气泡的场合，需在流量计前安装放气孔。

10.3.1.12 旋涡流量计周围不应有强电磁场干扰。

10.3.1.13 为方便维修检查，应尽量设置旁路，旁路阀门不应泄漏。

10.3.1.14 在对旋涡流量计的转换器进行检修更换元件后必须重新进行量程调整。

10.3.2 校验

参照 JJG 1029《涡街流量计检定规程》执行，也可参照企业自行编制的校验方案执行。

10.3.2.1 旋涡流量计一般采用静态容积法进行校验。在稳定的流量下，试验介质先通过被校仪表，然后进入标准容器，当输出为模拟信号时，测得在一定时间内标准容器的容积数，计算介质流过仪表的实际流量，与被校仪表的指示值进行比较，即可求出仪表的误差。当输出为脉冲信号时，测得一定容积内，被检仪表输出的脉冲数，再计算仪表系数、流量计的基本误差和重复性。

10.3.2.2 校验装置的扩展不确定度应不大于流量计最大允许误差绝对值的 1/3，每次测量时间应不少于装置允许的最短测量时间。

10.3.2.3 流量计应在可达到的最大校验流量的 70%～100%范围内至少运行 5min 后待流体温度、压力、流量温度后方可进行示值误差校验。流量计的校验应包含以下流量点：q_{min}、q_t、$0.4q_{max}$ 和 q_{max}，对于精确度等级优于 0.5%的流量计增加 $0.25q_{max}$、$0.75q_{max}$ 两个流量点。

10.3.2.4 每个流量点的实际校验流量与设定流量的偏差不应超过 ±5%或不超过 ±1% q_{max}。

10.3.2.5 每个流量点的校验次数应不少于 3 次。对于型式评价及精确度等级优于 0.5%的流量计，每个流量点的校验次数应不少于 6 次。

10.4 使用、维护与故障处理

10.4.1 使用

10.4.1.1 投运前检查

1）检查仪表测量范围、耐压、耐温，应与所测流体相符，参数的设定（如：流量计位号、输出信号、口径、流体的类型、*K* 系数及单位、密度及密度单位、温度及温度单位、流量单位、量程、阻尼等）是否正确。安装应与规程要求一致，仪表安装方向应与流体方向相同，接线应正确牢靠。

2）在管道未通入介质时，输出端应无输出信号，否则应找出干扰来源，采取措施予以排除。如果由于管线振动，流量为零时仍有一定的输出信号，则应进行噪声平衡调整和触发器输入电平调整。

3）检查仪表密封点是否有泄漏，试压压力不应超过仪表公称压力的 1.5 倍。

10.4.1.2 投运

1）仪表投运时，首先开启旁路阀门，接着缓慢开启上游阀门，然后再慢慢打开下游阀门，至全开后，慢慢关闭旁路阀门。若无旁路阀时，先慢慢打开上游阀门，再慢慢打开下游阀门，以免因介质流进过快而造成气液冲击，产生水锤现象而损坏仪表。

2）对于安装在蒸汽管道上的仪表，在送汽前应将管道内的冷凝水排放完，然后缓慢送汽。

3）仪表投运后，各可调部分不得任意改变。

10.4.2 维护

10.4.2.1 日常维护

1）了解仪表运行情况。

2）查看仪表指示，累积是否正常。

3）查看仪表供电是否正常。

4）查看表体及其连接件是否损坏和腐蚀。

5）查看仪表外线路有无损坏及腐蚀。

6）查看表体与工艺管道连接有无泄漏。

7）查看仪表电气接线盒及元件盒密封是否良好。

8）发现问题应及时处理，并做好巡回检查记录。

10.4.2.2 定期维护

1）定期对仪表进行清洁，清除污物。

2）由于被测流体中常会夹杂脏污微粒，这些微粒往往会引起管孔堵塞，或黏附在检测元件的表面而影响检测精度，为了保证仪表的正常运行，应根据脏污情况定期进行拆洗。

3）每年对仪表内接插件连接进行检查。

10.4.3　常见故障与处理

旋涡流量计常见故障与处理方法见表16。

表16　旋涡流量计常见故障与处理方法

<table>
<tr><th>故障现象</th><th>故障原因</th><th>处理方法</th></tr>
<tr><td rowspan="3">仪表无指示（流体流动时无输出信号）</td><td>仪表未送电</td><td>按接线图确认正确的接线，检查仪表电源</td></tr>
<tr><td>电源电压和负载电阻是否符合出厂要求</td><td>确认符合仪表技术参数要求</td></tr>
<tr><td>旋涡频率波形应符合要求</td><td>检查旋涡发生体与端子板的接线是否正确；
试用备用的放大器和旋涡体发生件</td></tr>
<tr><td rowspan="3">流体静止时仍有输出信号</td><td>旋涡频率波形不正常</td><td>可进行噪声平衡调整和触发电平调整</td></tr>
<tr><td>波形与电源频率重叠所致</td><td>检查接地是否良好</td></tr>
<tr><td>管道振动过大</td><td>消除管道振动，加支撑</td></tr>
<tr><td rowspan="6">小流量时输出不稳定</td><td rowspan="2">波形上是否有杂波</td><td>完善接地</td></tr>
<tr><td>调整触发输入电平</td></tr>
<tr><td rowspan="4">频率波形不稳定</td><td>核对雷诺数、流量测量范围是否在规定范围内</td></tr>
<tr><td>直管段的长度和安装是否符合规定</td></tr>
<tr><td>旋涡发生体的组件安装螺钉是否松动</td></tr>
<tr><td>旋涡发生体上有无杂物缠绕</td></tr>
<tr><td rowspan="3">误差较大</td><td>被测介质温度较高或较低时，会引起探头尺寸的变化</td><td>对仪表常数进行修正</td></tr>
<tr><td rowspan="2">旋涡频率波形异常</td><td>检查直管段长度、流体条件；旋涡发生体和流路表面有无大量附着物</td></tr>
<tr><td>测蒸汽时有无冷凝水</td></tr>
</table>

10.5　检修及质量要求

10.5.1　检修

10.5.1.1　下线条件确认

下线前确认旋涡流量计已停止使用，并已具备交付检修的条件；落实施工作业人员，进行施工作业风险识别，确认具备安全拆卸的条件。

10.5.1.2　施工作业

办理施工作业票，做好作业区域隔离，切断流量计仪表电源；拆除电源线、信号线、接地线等；拆除流量计及安装附件并做好相应标记。

10.5.1.3　下线清洗、外送检验

需要检验的流量计传感器初步清洗，去除传感器内壁衬里和旋涡体上的结垢，清洁仪表表面卫生；流量计包装合适后，运送到相关的检维修部门或生产厂家。经维修、检验合格后送回工作现场。

10.5.1.4 上线测试联校

检修检验合格后的旋涡流量计，按规范要求安装、上电调试，核对设置参数，确认流量计运行正常，无报警信息。

流量计管线投运后，检查仪表的现场指示与 DCS 指示一致，经稳定运行 1h 后交工艺生产部门。

10.5.1.5 仪表检维修记录及时闭环登记。

10.5.2 检修质量要求

10.5.2.1 拆装和检修时，应注意防止传感器衬里层破坏。

10.5.2.2 仪表拆除后的工艺管道，其管道两侧法兰需封堵。仪表安装时，法兰螺栓需涂上二硫化钼等防咬死剂，所有螺母应全部拧入螺栓，高压管、管件、法兰、阀门、紧固件的螺纹部螺栓应露出螺母 2～3 扣。

10.5.2.3 应注意仔细清除传感器内壁衬里和电极上的结垢。

10.5.2.4 当发现传感器旋涡体损坏，不能可靠地修复时，应予以更换，更换后要重新校验。

11 涡轮流量计

11.1 概述

11.1.1 范围

本部分以在线使用的 LWY 型涡轮流量计型号仪表为例，其余同类型仪表可参照执行。

11.1.2 工作原理

涡轮流量计是一种速度式流量计，由传感器和显示仪表两大部分组成。

当流体流过涡轮叶片时，叶片前后的差压产生的力推动涡轮叶片转动。在一定的流量范围内，管道中流体的容积流量与涡轮的转速成正比。其关系式如下：

$$q_V=N/\xi$$

式中 q_V——流体的体积流量，m^3/s；

N——流量计输出信号的频率，Hz；

ξ——流量计的仪表系数，P/m^3。

涡轮的转速通过磁电转换装置（检测器）转换成对应频率的电脉冲信号，送入显示仪表进行指示和计数。它具有显示瞬时流量、积算和输出标准电流信号的功能。

涡轮流量计具有高精度、重复性好、结构简单、加工零件少、重量轻、维修方便等特点，并且流通能力大，可适应高参数（高温、高压、低温），可输出脉冲频率信号，无零点漂移，抗干扰能力强。

11.2 主要技术标准

11.2.1 精确度等级：0.5 级、1.0 级
11.2.2 公称通径：4～200mm
11.2.3 测量范围：0～800m^3/h
11.2.4 介质温度：-20～+120℃
11.2.5 公称压力：＜20MPa
11.2.6 范围度：10∶1
11.2.7 输出信号：4～20mA DC；频率 / 脉冲信号

上述技术指标及结构材料、防爆等级等根据不同型号制造厂均有具体规定。

11.3 检查与校验

11.3.1 检查

涡轮流量计在前期安装和日常检查维护检查过程中，需要注意的事项如下：

11.3.1.1 涡轮流量计应安装在便于维修并避免管道振动，避免强磁场及热辐射的场所，涡轮流量计安装要求较高，安装环境较苛刻。安装时，特别要安装好涡轮，使涡轮与轴承的阻力为最小，涡轮在轴承上运转自如。

对与口径小于 50mm 的流量计可用嘴吹动叶轮，转动应当灵活，不应有明显的不规则噪声，对于口径 80mm 以上的流量计可用手轻轻拨动叶轮或用嘴对准入口方向一侧的导流件孔吹气，吹气时叶轮应当浮起来，否则应检查内部，排除故障。

11.3.1.2 为了保证测量精度，一般要求水平安装涡轮流量计，避免垂直安装，需要特殊安装方式的流量计作为特殊情况处理。流体的流动方向必须与流量计壳体上所示的流向标志一致，安装流量计和测量管路时，应尽量减小管路安装时产生的应力。

11.3.1.3 涡轮流量计安装在不能断流的生产线上时，应设置前后切断阀和旁路，便于处理故障；为防止涡轮在运行中被卡住和减少轴承的磨损，流量计前面应装设过滤器，网目数按通径大小而定，一般为 20～60 目；在测量混有较多气体或易于汽化的液体时，在流量计前面应装设消气器，消气器应靠近流量计处安装，但不能靠得太近，避免在流量计进口产生旋涡或速度分布不均，另外气体应使用安全方法排放；当可能产生逆流时，流量计后面应装设止逆阀；当需要测量压力和温度时，测压点应装设在下游侧距离流量计中心线（3.5～5.5）D（D 为流量计公称通径）的位置，测温点应设置在下游侧距离流量计中心线（6～8）D 的位置，见图 10；为了监视过滤器的脏污情况，可在过滤器前后安装压力表，根据过滤器前后的压力差，安排对过滤器的清洗。

11.3.1.4 涡轮流量计上游管线的形状、阀门、泵、弯头、不对中接头、凸入的垫片、焊接毛刺或其他障碍物等阻力件产生的流体涡流和断向流速不均匀都会影响流量计的特性，是仪表测量产生误差的重要原因，因此必须设置必要的直管段，前后直管的口径要和涡轮流量计口径一样，流量计要与前后直管同轴安装。

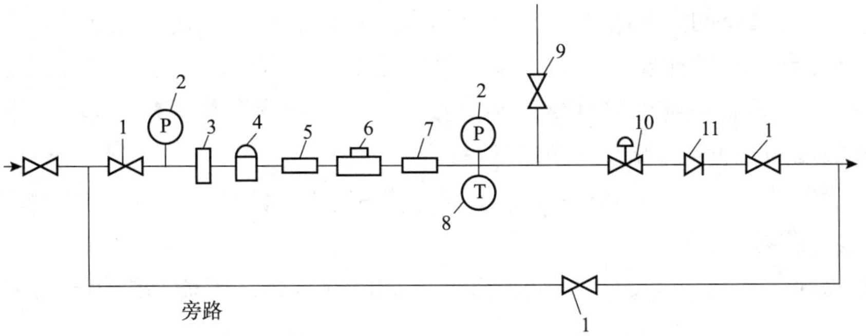

图 10　涡轮流量计的典型安装方式

1—截止阀；2—压力计；3—过滤器；4—消气器；5—整流器；6—变送器；
7—后直管段；8—温度计；9—检验用接管；10—调节阀；11—单向阀

根据传感器上游侧阻流件类型配备必要的直管段长度：单个 90° 弯头，上游直管段长度不少于 20*D*；在同一平面上的两个 90° 弯头，上游直管段长度不少于 25*D*；在不同平面上的两个 90° 弯头，上游直管段长度不少于 40*D*；同心减缩管，上游直管段长度不少于 15*D*；全开阀门，上游直管段长度不少于 20*D*；半开阀门，上游直管段长度不少于 50*D*。若上游侧阻流件情况不明确，一般推荐上游直管段长度不少于 20*D*。

流量计上游产生各种阻力的因素越多，通径越小，为保证流速稳定，在工艺允许的情况下，则要求其直管段长度越长。

若工艺不允许有上述公式计算的直管段长度，可在流量计上游安装整流器。整流器为排列均匀、对称，并平行于轴线的一束管子或直片，起到梳理流速的作用。安装整流器以后，上游直管段长度保持 10*D* 即可。

为保证不产生旋涡，又不失去流动状态调整器的功能，整流器的设计和合理的结构是非常重要的，建议如下：a）横截面近似于均匀，尽可能对称；b）结构应十分坚固，防止在大流量时发生畸变或位移；c）内表面光滑，没有焊接的凸出物和其他障碍物。

流量计下游直管段长度至少为 5*D*。

11.3.1.5　旁路阀使用时间过长，会出现泄漏，造成测量误差，必要时可考虑设置两个旁路阀门，并在两个阀门之间安装一个小阀，以判断流体泄漏情况。流量调节阀应安装在流量计的下游。

11.3.1.6　安装流量计时，应考虑管线的膨胀和收缩，以免使流量计变形或损坏；管线中不应有储集空气或蒸汽的高温点或气袋。

11.3.1.7　焊接流量计入口法兰盘时，应注意使管内无突出部分；连接法兰时，两法兰盘的外周要完全吻合，垫片不能突出在管内；偏心异径的接头会引起流速分布不均匀，故不能使用。

11.3.1.8　流量计安装在新敷设的管路上时，为避免管道中的杂质进入流量计，首先应用同口径的法兰短管代替流量计，同时清除管线内的铁锈、焊渣等杂质，待运行一段时间，确认管线已干净后，再回装流量计。

11.3.1.9　对于低电平信号输出的涡轮流量计，电噪声可能是最大的干扰因素，噪声信号通过3种不同性质的方式叠加到流量计信号上。这三种方式是：电磁感应静电式、电容耦合、电传导。流量计安装时要特别注意电磁干扰，有效地使系统与外部电气隔离。

11.3.1.10 信号传输电缆的屏蔽层须单点接地，一般选择在显示仪表端屏蔽接地。

1）传输线的长度应不超过制造厂的规定。

2）传输线应安装在金属导管内。备用电缆和运行电缆安装在同一根管里时，两者应同在一点屏蔽接地。

3）传输线或导管不能靠近电机、启动器等电气设备，不能与动力线并行或敷设在一个线管内。

11.3.1.11 对整体化流量计使用在高温、热辐射的场合，转换部分应朝下安装，防止转换器的线路板过热。

11.3.2 校验

参照JJG 1037《涡轮流量计检定规程》执行，也可参照企业自行编制的校验规程执行。

11.3.2.1 涡轮流量计一般采用静态容积法进行校验。在稳定的流量下，试验介质先通过被校仪表，然后进入标准容器，当输出模拟信号时，测得在一定时间内标准容器的容积数，计算介质流过仪表的实际流量，与被校仪表的指示值进行比较，即可求出仪表的误差。

当输出频率信号时，须由试验确定仪表系数，计算步骤如下：

1）测得每个检定点一定容积内被测仪表输出的脉冲数，计算每次检定的系数 K_{ij}，即单位体积内的脉冲数，并作温度压力修正；

2）计算每个检定点的平均仪表系数 K_i（算术平均）；

3）选出全量程中最大 K_i 和最小 K_i，并计算流量计的仪表系数 K；

4）计算流量计的基本误差和重复性。

11.3.2.2 校验装置的扩展不确定度应不大于流量计最大允许误差绝对值的1/3，每次测量时间应不少于装置允许的最短测量时间。

11.3.2.3 流量计应在可达到的最大校验流量的70％～100％范围内至少运行5min后待流体温度、压力、流量温度后方可进行正式校验。流量计的校验应包含以下流量点：q_{min}、q_t、$0.4q_{max}$、和 q_{max}，对于精确度等级优于0.5％的流量计增加 $0.25q_{max}$、$0.75q_{max}$ 两个流量点，对于精确度等级优于0.5％且量程比大于20∶1的流量计再增加流量点 $0.1q_{max}$。

11.3.2.4 每个流量点的实际校验流量与设定流量的偏差不应超过±5％。

11.3.2.5 每个流量点的校验次数应不少于3次。对于精确度等级优于0.5％的流量计，每个流量点的校验次数应不少于6次。

11.4 使用、维护与故障处理

11.4.1 使用

11.4.1.1 投用前检查

1）检查仪表测量范围、耐压、耐温，是否与所测流体相符，安装是否与规程要求一致，仪表安装方向是否与流体方向相同，接线是否正确牢靠。电压是否正常，并对显示仪表进行常规检查和确认仪表常数设置是否正确。

2）在管道未通入介质时，输出端应无输出信号，否则应找出干扰来源，采取措施予以排除。

3）检查仪表密封点是否有泄漏，试压压力不应超过仪表公称压力的1.5倍。

11.4.1.2 投用步骤

1）仪表投运时，首先开启旁路阀门，接着缓慢开启上游阀门，然后再慢慢打开下游阀门，至全开后，慢慢关闭旁路阀门。若无旁路阀时，先慢慢打开上游阀门，再慢慢打开下游阀门。操作的要点是避免流体冲击涡轮叶片而损坏仪表。

2）在正常的使用中，仪表上游阀门应该全开，用下游阀门调节流量，以使介质能充满流量计内部腔体。

3）仪表投运后，各可调部分不得任意改变。

11.4.2 维护

11.4.2.1 定期检查

1）定期进行仪表清洁，清除污物。

2）每周清洗一次过滤器，或根据脏污情况定期拆洗。

3）每年对仪表内接插件连接进行检查。

4）定期检查过滤器、滤网、消气器、油水分离器。

5）定期检查脉冲计数器、线圈、前置放大器、信号传输系统、电源和显示仪表。

6）涡轮流量计运动部件及轴承表面。

11.4.2.2 常用的现场检验是目检法检查和旋转时间试验，对运行中的流量计，通过观测其产生的噪声或振动，常可获知流量计的工作情况。

流量计的剧烈振动通常表明涡轮的叶轮已失去平衡，这会导致流量计完全失效，在较低流量时，常能听到涡轮叶轮的摩擦声和轴承工作不良声音。

1）目检法检查

目检法检查时，应检查涡轮叶轮是否缺叶，是否积聚固体物或腐蚀，以及是否有可能影响涡轮叶轮平衡和叶片组的其他损坏，也应检查流量计的内部以确保其中没有积聚的碎屑，流动通道、排气孔、通气孔和润滑系统也应检查，以确保其中没有积聚的碎屑。

2）旋转时间试验

用来确定流量计机械阻力现在和过去比较的相对变化，在流量计区域干净和其内部没有损坏的情况下，如果机械阻力没有重大变化，则流量计精度应不变化。若机械阻力有较大增加则表明流量计精度特性在小流量处已经降级，按用户要求，生产厂家可以提供典型的旋转时间。

旋转时间试验必须在无气流的区域内进行，而测量机构应位于其正常的工作位置，涡轮叶轮以适当的速度旋转，例如最小速度约为最大流量对应额定速度的1/20，时间测量应从旋转开始直到叶轮停止，重复 3 次，取其平均值。

11.4.2.3 流量计必须在制造厂家规定的线性范围内进行测量，否则会因仪表常数不恒定而产生误差。制造厂出厂规定的最大流量，如果没有说明，则可看作是间歇运行时的最大额定流量，连续运行或每天运行时间超过 8h 时，其测量流量应控制在最大线性流量的 70％以下，以保证仪表的安全运行。在流体中若混入如催化剂等微粒，在连续使用时，流量控制在连续性最大流量的 60％以下，以降低涡轮转速，保护轴承，延长使用寿命。

11.4.2.4 在测量低温介质时，为防止涡轮流量计的轴承冻结和叶片损坏，应除去管道和涡轮流量计内的水分和油分。

11.4.2.5 在吹扫工艺管道时，应使吹扫介质通过旁路或者用短管替换涡轮流量计的方法进行吹扫。

11.4.2.6 对于测量液化气等易汽化的介质，在流量计的下游应维持必要的背压，以保证流经流量计的介质全部为液态。背压的大小取最大流量下流量计压降的 2 倍加上最高操作温度下被测介质汽化压力的 1.2 倍。

11.4.2.7 必须重视黏度变化对测量的影响：涡轮流量计的校验是采用一定黏度的流体校验的（一般是在常温下用水校验），因此黏度发生变化时必须重新校验。有条件时，应用实际测量介质进行校验（当测量介质的黏度在 $5\times10^{-4}m^2/s$ 以下不需要重新校验）。

11.4.2.8 被测介质的密度会受温度、压力的影响发生变化。在温度、压力变化较大或需要精确测量的场合，对液体应设置温度补偿；对气体应设置温度、压力补偿。

11.4.3 故障处理

11.4.3.1 涡轮流量计的维修，应依照制造长家的说明书制定维修办法，以便对流量计和辅助设备提供满足要求的维修。长期存放的流量计，应予遮盖。有些内部部件可能要进行清洗和加油，但对于碳化钨轴承表面只能清洗不能加油。

11.4.3.2 由于流量计的尺寸、使用情况、被测介质、流量和压力的不同，很难确立统一的流量计维修时间表，通过保留每台流量计对每种介质（原油）的控制图，可以很好地确立每台流量计的维修（检修）时间。在正常运行中，流量计系数必然有微小的变化，如果这种变化值超出流量计系数控制图记录的标准偏差的 3 倍，则应查找产生变化的原因。使用标准偏差的 3 倍值作为流量计系数允许的正常变化界限，已确定是否检查故障。

11.4.3.3 应定期检查累加计数器、温度和压力测量仪表。当出现故障时，对测量系统进行全面的检查，检查内容为：

1）影响流量计测量的所有管线阀门；

2）过滤器、滤网、消气器、水分离器；

3）脉冲计数器、线圈、前置放大器、信号传输器、电源和所有显示仪表；

4）涡轮流量计的运动部件和轴承表面；

5）流量计其他部件和工艺管段；

6）压力、密度和温度检测仪表；

7）体积管置换器；

8）体积管测量开关、标准量器的附件。

11.4.3.4 涡轮流量计测量系统由涡轮本体、检测器、前置放大器、传输导线和显示仪表等几部分组成。当发生故障时，应准确判断故障部位，予以排除。为了验证整套仪表是否正常工作、在流量计尚未安装到管路上时，可用外界气源代替被测流体吹向流量计，使叶轮转动，此时仪表应有指示和计数。当仪表已经安装在管路上时，可细心地拆下流量计检测头，用金属螺丝刀或其他类似工具在接近检测头处做往复运动，此时仪表应有指示和计数，若显示仪不动作时，可检查检测器和前置放大器输出端及显示仪输入端有无频率信号，显示仪工作是否正常等，即可迅速、准确地判断故障部位。需要特别注意的是：检测器的位置变动会影响测量精度，故在拆下检测器时应仔细做好记号，安装时仍旧恢复到原来的位置。对于口径在 40mm 以下的流量计不要采用拆下检测头进行检查的方法。

11.4.3.5 常见故障与处理方法参考表 17。

表 17 涡轮流量计常见故障与处理方法

故障现象	故障原因	处理方法
显示仪表不指示和不计数	显示仪表之间连接有短路或断开	重新连接
	电磁感应转换线圈断开	更换电磁感应转换线圈
	涡轮被污物卡住	清除污物
显示仪表工作不稳定	有外磁场干扰	仪表进行屏蔽或移位
	轴承磨损过大	更换轴承
	叶片有杂物缠绕	清理杂物
显示仪表不准确	频率过低	检查工艺管道介质状况
	频率转换器不准确	频率转换器进行校验或更换
	仪表常数选择不当	重新校验

11.5 检修及质量标准

11.5.1 检修

11.5.1.1 拆装条件确认

下线前确认涡轮流量计已停止使用，并已具备交付检修的条件；落实施工作业人员，进行施工作业风险识别，确认具备安全拆卸的条件。

仪表停用时，先开启旁路阀门，再关闭上游和下游阀门。

11.5.1.2 施工作业

办理施工作业票，做好作业区域隔离，切断流量计仪表电源；拆除电源线、信号线、接地线等；拆除流量计及安装附件并做好相应标记。

11.5.1.3 下线清洗、外送校验

下线后的流量计传感器初步清洗，清洁仪表表面卫生；流量计包装合适后，运送到相关的检维修部门或生产厂家。经维修、校验合格后送回工作现场。

流量计清洗时，应尽量不动感应线圈，清洗的步骤如下：

1）旋出前导流器压圈，取出前导流器和叶轮；

2）旋出后导流器压圈，取出后导流器；

3）将导流器、叶轮放入苯（四氯化碳）中清洗，用小毛刷将轴承内污物清洗干净；

4）检查轴承磨损情况，轴承和转轴间隙一般为0.02～0.03mm，间隙太大应当更换，清洗时，应注意不要将感应线圈碰上油；

5）清洗后晾干，按照拆卸时相反的步骤装配各个部件；

6）检查涡轮运转情况，应转动自如，若不能达到要求，可将前导流器取出，旋转一个角度后，再装入检查，直至达到满意的要求为止；

7）压紧前导流器，检查涡轮的运转仍能转动自如。

11.5.1.4 上线测试联校

检修校验合格后的涡轮流量计，按规范要求安装、上电调试，核对设置参数，确认流量计运行正常，无报警信息。

流量计管线投运后，检查仪表的现场指示与DCS指示一致，经稳定运行1h后交工艺生产部门。

11.5.1.5 仪表检维修记录及时闭环登记。

11.5.2 检修质量标准

11.5.2.1 仪表拆装和检修时，应把拆下的流量计两端包好，以免污物、铁屑等落入流量计而损坏涡轮。

11.5.2.2 仪表拆除后的工艺管道，其管道两侧法兰需封堵。仪表安装时，法兰螺栓需涂上二硫化钼等防咬死剂，螺栓应露出螺母1扣为宜。

11.5.2.3 应按正确步骤拆装和清洗涡轮。

11.5.2.4 当发现涡轮间隙过大或检测线圈损坏，不可修复时，应予更换，更换后需重新校验。

12 靶式流量计

12.1 概述

12.1.1 范围

适用于石化企业中在线使用的SBL型电动靶式流量计，其他同类型仪表参照使用。

12.1.2 工作原理

在恒定截面的圆筒形直管段的截面中心与流束垂直的方向设置一个称为“靶”的圆板，流体沿靶周围通过时，靶受到推力的作用力大小与流体的动能和靶的圆面积成正比。靶板受力经力转换器转换成电信号，经前置放大、AD 转换及计算机处理后，可得到相应的流量和总量。

靶式流量传感器由测量装置及力转换器两部分组成。测量装置包括靶和测量管。靶式流量传感器与显示仪表配套使用，组成靶式流量计。靶式流量计结构简单，一般流体介质（液、气、蒸汽）、各种工况条件皆可应用。可用于高压、高温流体的测量。由于它的测量原理是把靶的力矩转换成标准电信号，对产生力矩的要求较高，因此要求有一定长度的直管段，以保持正常的流速，但它的维护工作量较小且方便。还可采取干式（挂重法）校验，给用户带来方便。

12.2 主要技术指标

12.2.1 精确度等级：0.2 级～1.5 级

12.2.2 流量范围：0～1028kg/s（水）

12.2.3 温度范围：-40～+80℃；+80～+450℃

12.2.4 公称通径：15～300mm

12.2.5 输出形式：4～20mA DC

以上技术参数及其他的技术参数，如公称压力、流量系数、界限雷诺数、靶径的计算等，制造厂均有具体规定。

12.3 检查与校验

12.3.1 检查

12.3.1.1 仪表显示屏应清晰。

12.3.1.2 仪表接头及密封面应无渗漏。

12.3.1.3 传感器安装的管道上，应并联旁路管道，并设置旁路阀。

12.3.1.4 仪表前后应有直管段，上游直管段长度不小于 10D，下游直管段长度不小于 5D，且直管段直径与测量管直径应相等。

12.3.1.5 直管段与测量管错位不得超过测量管内径 D 的 0.3%。

12.3.1.6 靶与测量管要求同轴安装，其偏心误差不大于测量管直径平均值的 0.3%；靶上游端平面应与测量管的轴线垂直，其偏差应不超过 1°。

12.3.1.7 使用靶式流量计测量流量时，管道的雷诺数 Re_D 应满足 $Re_D > Re_g$（Re_g——界限雷诺数；Re_D——实际使用时最小流量所对应的雷诺数）。

12.3.1.8 靶式流量计需要两次安装，第一次安装是确定它的位置，在管道吹扫前拆下，以防损坏内件。吹扫合格后，重新装上，再次进行调整。

12.3.1.9 流量计若需在户外、腐蚀和潮湿环境安装时，应安装在仪表保护箱内。

12.3.1.10 当流量计使用在高温、热辐射的场合，转换部分应朝下安装，防止转换器的线路板过热。

12.3.1.11 流量计的安装地点振动频率应小于 25Hz，振幅应小于 0.1mm，外磁场应小于 400A/m。

12.3.2 校验

靶式流量计的校验分干式校验和实流校验。

12.3.2.1 干式校验

1）将靶板中心的固定螺钉换成尾部带有小孔的挂重专用螺钉，装好靶板，通过螺钉的小孔挂上砝码盘，使砝码盘重心始终位于靶板的中心轴线上，重力方向垂直于靶平面，见图 11。

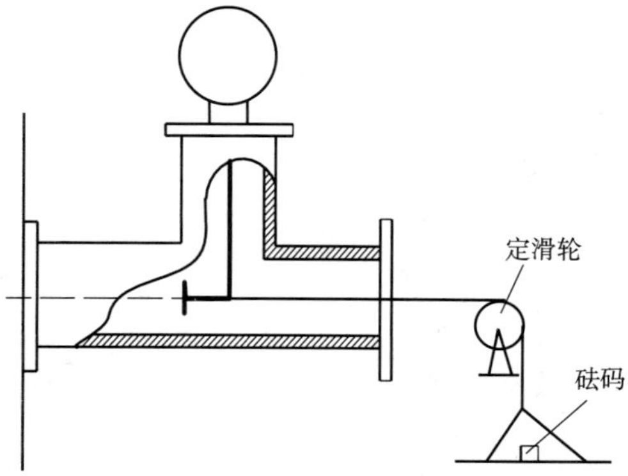

图 11 靶式流量计的干式（挂重法）校验

2）接通电源，预热，调整零位及量程。调整方法如下：在未加法码前，电流表指针指示下限值（4mA），向法码盘加入靶受力的实际上限值（F_{max}）进行量程调整，使电流表指示上限值（20mA），将法码全部取下，此时电流表应恢复到原下限值位置，否则应重新进行调整。

3）按流量计靶受力实际上限值 F_M 分为 5 个校验点 F_n：0.1F_M、0.3F_M、0.5F_M、0.7F_M、F_M，并算出对应的输出信号标称值I_n：5.6mA、8.8mA、12.0mA、15.2mA、20.0mA；

4）向砝码盘依次分别加入各检定点相应力值的砝码，读出输出信号电流的实际值I_n'；

5）正反行程各校验一次；

6）计算靶受力值的准确度 δ_F（δ_F 的值应不超过 ±0.5%）及靶受力的回程误差 ΔF（ΔF 不得大于 0.5%）。

7）计算其流量测量的准确度 δ_P，δ_P 的值应不超过 ±4%。

12.3.2.2 实流校验

1）靶式流量计的实流校验可用称量法、容积法、比较法。

一般采用容积法校验：试验介质流过被校仪表，然后进入标准容器，测量在一定时间内标准容器的容积，计算流过仪表的实际流量与被校仪表的指示值进行比较，即可算出仪表误差。

2）试验前预热 30min；

3）打开装置的控制阀，让介质在系统中循环 30min，同时对系统进行排气。

4）按流量计输出信号取值范围分为 5 个流量检定点，分别为：0.353q_{max}、0.5q_{max}、0.6614q_{max}、0.8292q_{max}、q_{max}，分别对应电流输出 6mA、8mA、11mA、15mA、20mA。

5）零位与量程调整：在装置调节阀关闭的条件下，流量计输出信号应为下限值（即零位）。然后缓慢地打开调节阀调节流量，使输出信号达上限值，此时的流量值应为实际上限值，停留 2min 后，缓慢关闭调节阀，输出信号应恢复到原下限值。否则，应进行调整。

6）依次调节各检定点的流量，在流量计输出信号保持稳定的条件下，测量各点的流量实际值。正反行程各检一遍。

7）计算流量计流量测量准确度 δ_P（δ_P 的值应不超过 ±2.5%）及流量计的回程误差 Δq（Δq 应不大于 2.5%）。

8）装置的误差不应超过被检流量计基本误差限的 1/2。

12.4 使用、维护与故障处理

12.4.1 使用

12.4.1.1 投用前检查

1）核实流量计的规格、流量范围、工作压力、工作温度；当测量腐蚀性介质时，应注意流量计接液部分的材质是否符合要求。

2）流量计壳体上的箭头方向应与液体流动方向一致。

3）仪表的密封点是否有泄漏，上、下游直管段的长度应符合要求。

4）检查流量计的安装是否符合要求，接线是否牢固、无误。

5）检查仪表的零位是否正确。

12.4.1.2 投运步骤

1）首先开启旁路阀，然后缓慢地打开流量计入口阀，再缓慢地打开出口阀，防止靶板和主杠杆受冲击变形，工作正常后再关闭旁路阀。

2）仪表投运后，各可调部分不可任意改变。

3）仪表投运后，注意检查各密封点是否有泄漏。

12.4.2 日常维护

1）不定期进行“外观检查”。

2）每月对仪表表面卫生进行清洁。

3）每 3 月进行一次零位调整。

4）每个检修期对仪表内接插件连接进行检查。

12.4.3 常见故障与处理

靶式流量计常见故障与处理方法见表 18。

表 18 靶式流量计常见故障与处理方法

故障现象	故障原因	处理方法
仪表无输出	供电不正常	检查电源、保险等
	流量计表头内部故障	更换元件或电路板
	流量计输出回路故障	检查仪表回路
仪表指示误差大	靶板是否脱落，导致传感器无力感应	重新安装靶板
	流量计与连接管道不同心	调整并重新安装
	流量计前后直管段不够	加长直管段
	检查管路堵塞	疏通管路
	旁通管道泄漏	消除管道泄漏
仪表输出不稳定	被测介质的脉动流过大	消除脉动流
	仪表安装管线振动过大	消除管道振动
	输出回路接触不良或断续短路	按正确方法接线
	仪表回路受外界干扰	安装位置避开干扰源，检查仪表接地
	内部接插件接触不良	紧固接插件
	仪表内部电子器件故障	更换故障的电子器件

12.5 检修及质量要求

12.5.1.1 拆装条件确认

下线前确认靶式流量计已停止使用，并已具备交付检修的条件；落实施工作业人员，进行施工作业风险识别，确认具备安全拆卸的条件。

12.5.1.2 施工作业

办理施工作业票，做好作业区域隔离，切断流量计仪表电源；拆除电源线、信号线；拆除流量计及安装附件并做好相应标记。

12.5.1.3 下线清洗、外送校验

下线后的流量计初步清洗，去除传感器内壁衬里和靶板上的结垢，清洁仪表表面；流量计包装合适后，运送到相关的检维修部门或生产厂家。经维修、校验合格后送回工作现场。

12.5.1.4 上线测试联校

检修校验合格后的靶式波流量计，按规范要求安装、上电调试，核对设置参数，确认流量计运行正常，无报警信息。

流量计管线投运后，检查仪表的现场指示与 DCS 指示一致，经稳定运行 1h 后交工艺生产部门。

12.5.1.5 仪表检维修记录及时闭环登记。

12.5.2 检修质量要求

12.5.2.1 仪表拆装和检修时，应注意防止传感器靶板碰伤。

12.5.2.2 仪表拆除后的工艺管道，其管道两侧法兰需封堵。仪表安装时，法兰螺栓需涂上二硫化钼等防咬死剂，螺栓应露出螺母1扣为宜。

12.5.2.3 清洗后，应首先检查靶板和主杠杆，如发现靶板和主杠杆有损伤或变形，则必须进行更换。

12.5.2.4 检查测量管是否有损坏和严重变形，如有损坏或严重变形应进行更换。

12.5.2.5 检查流量计的接插件有无接触不良，表面氧化和变形等现象，如有应进行修复或更换。

13 超声波流量计

13.1 概述

13.1.1 适用范围

本部分适用于石化企业在线使用的KROHNE管道式OPTISONIC4400、外夹式OPTISONIC6300系列、插入式OPTISONIC1400系列等时差式超声波流量计，其他同类型仪表可参照使用。

13.1.2 工作原理及特点

超声波在逆流中传输所需时间比顺流传输时间长，因此，只要在相距一定距离处分别放置两组超声波发生器与接收器，同时向顺逆流方向发射超声波，接收器就可测出与流速成正比的时差Δt，由时差便可求出流速和流量，其关系式如下：

$$l_m=-(L^2/2X)\times(1/t_{12}-1/t_{21})$$

$$q_V=(V_m/K)\times(\pi D_n^2/4)$$

式中 L——超声波在转换器之间传播路径的长度，m；

X——传播路径的轴向分量，m；

t_{12}、t_{21}——从转换器1到转换器2和从转换器2到转换器1的传播时间，s；

l_m——流体通过转换器1、2之间声道上平均流速，m/s；

K——流速分布修正系数；

D_n——管道内径，m；

q_V——体积流量，m^3/h。

这就是时差式超声波流量计的测量原理，属于速度式流量计。

时差式超声波流量计的主要特点是：流体中不插入任何元件，无额外的压力损失；适用于纯净的或含少量杂质的液体，能对高黏度、强腐蚀、非导电的液体进行测量，在无阻挠流体测量方面是对电磁流量计的一种补充。但不能测量悬浮颗粒和气泡超过某一范围的液体。时差式超声波流量计的输出与被测流量之间呈线性关系，且测量与介质的导电率、温度、压力无关，量程比较宽。外夹装式流量计适用于大型圆形管道和矩形管道，且原理上不受管径限制，不会因管径大而增加投资；可作移动性测量。

时差式超声波流量计由传感器、转换器两部分组成，传感器检测输出与流速成正比的时差信号 Δt，转换器把此信号转换成 4～20mA DC 模拟输出和频率 / 脉冲输出或现场总线通信信号、HART 通信信号。

13.2 主要技术指标

13.2.1 精确度等级：0.2 级～2.5 级

重复性误差：±0.027%～±0.4%

13.2.2 流速：0～20m/s

13.2.3 输出信号 4～20mA DC；频率 / 脉冲输出；HART，Modbus，Profibus，FF

13.2.4 管径范围：25～4000mm

13.2.5 环境温度：-40～+60℃

13.2.6 介质温度：探头的适用过程温度一般为 -45～+180℃，使用高温或低温型结构，过程温度范围可达到 +600℃或 -200℃

13.2.7 电源电压：100～240V AC；24V DC/AC

上述技术指标及连接电缆长度、材料、防爆等，根据不同型号，各制造厂均有具体规定。

13.3 检查与校验

13.3.1 仪表安装条件检查

13.3.1.1 超声波流量计是一种速度式流量计，在测量中必须保证一定长度的直管段，以形成稳定的速度分布。一般要求前直管段为 20*D* 以上（*D* 为流量计公称通径，下同），后直管段为 5*D* 以上（部分厂家可做到前直管段 5*D*，后直管段 3*D*）。

13.3.1.2 被测管段应远离泵、弯头、阀等流体流动紊乱的地方，泵、弯头应位于被测管段上游侧 50*D* 以上，离流量调节阀应为 30*D* 以上。

13.3.1.3 流量计一般均可安装于水平、倾斜或垂直管道，在垂直管道上安装应使流体流向自下而上，一是可以防止出现非满管流；二是气体可以向上逸出，固体杂质可以沉落。在水平管道上安装应使传感器置于与水平直径成 45° 的范围内，否则在测量液体时，传感器易受气体或固体颗粒的影响，在测量气体时受液滴或固体颗粒的影响。

13.3.1.4 若流量计使用在易产生气泡的场合，需在流量计前安装放气孔。

13.3.1.5 应注意由控制阀高压力降等形成的声学干扰影响流量计的测量，建议仪表与控制阀间至少有 4 个 90° 弯头。

13.3.1.6 当被测介质为气体时，由于固体和气体界面间超声波传播效率非常低，因此只能用直射式传感器，一般不采用外夹装式超声波流量计。

13.3.1.7 若流量计为外夹装式，为确保传感器与管道之间接触良好，首先应剥净安装段内保温层和保护层，并把传感器安装处的壁面打磨干净，避免局部凹陷，凸出物修平，漆锈层磨净。其次两者之间需加入足够的耦合剂，不能有空气和固体颗粒，以保证耦合良好。

13.3.1.8 外夹装式传感器不能用于衬里或结垢太厚的管道，以及不能用于衬里或锈层与管内壁剥离或锈蚀严重的管道。选择合适的、直径均匀的测量管段，注意避开管段的焊缝和局部异常，否则可能无法进行测量。

13.3.1.9 测量液体时要有一定的背压，以保证管道内充满液体，无气泡或气泡较少。

13.3.1.10 标准转换器提供 1～4 个行程，注意每增加一个反射点都会减弱信号强度，为了维护最佳信号质量，在达到足够传输时间差的情况下，应尽可能减少行程数。

13.3.1.11 仪表在安装前必须核实测量范围、温度范围，对管段式还要核实耐压和防腐性能，均应与设计要求相符。

13.3.1.12 超声波流量计探头至仪表之间的信号电缆长度一般不超过 30m。

13.3.1.13 传感器与转换器必须有良好的接地。

13.3.2 校验

参照JJG 1037《涡街流量计检定规程》执行，也可根据企业自行编制的校验方案执行。

13.3.2.1 流量计的仪表系数可从实际测量管道的几何尺寸、流体特性及声道等参数计算求得，因此流量计可以进行干式校验，干式校验的测量误差一般不大于 3%，因此除带测量管段式的流量计外，可不做实流校验。

13.3.2.2 实流校验超声波流量计一般采用静态容积法。在单相、稳定无旋涡的流量下，试验介质（一般为水）通过被校仪表，当输出为模拟信号时，测量一段时间内进入标准容器中流体的容积，计算出流过仪表的实际流量，与被校仪表的指示值进行比较，即可求出仪表的误差。当输出为脉冲信号时，测得一定容积内，被检仪表输出的脉冲数，再计算仪表系数、流量计的基本误差和重复性。

13.3.2.3 实流校验超声波流量计应在其流量上限值 70%～100%范围内，至少运行 5min 后待流体温度、压力、流量稳定后方可进行正式校验。

13.3.2.4 标准装置测量结果的不确定度应不大于被校验流量计最大允许误差绝对值的 1/3。每次测量时间应不少于校验装置允许的最短测量时间。

13.3.2.5 校验一般应包含下列流量点：q_{min}、q_t、$0.40q_{max}$、和 q_{max}；对于精确度等级不低于 0.5%，且量程比不大于 20∶1 的流量计，增加 $0.25q_{max}$ 和 $0.70q_{max}$ 两个流量点；对于精确度等级优于 0.5%，且量程比大于 20∶1 的流量计，再增加一检定点，其流量为 $0.1q_{max}$，当装置最大检定流量不能达到 q_{max} 时，q_{max} 可取装置的最大流量，但检定的最大流量：液体应不小于 $10q_t$；气体应不小于 $4q_t$。

13.3.2.6 在检定过程中，每个流量点的每次实际检定流量与设定流量的偏差应不超过设定流量的 ±5%或不超过 ±1% q_{max}，最小流量点对应的流体流速应不小于流量计铭牌标示的最小流速。

13.3.2.7 每个流量点的检定次数应不少于3次，对于型式评价和精确度等级不低于0.5级的流量计，每个流量点的检定次数应不少于6次。

13.3.2.8 流量计重复性误差不得超过相应精确度等级规定的最大允许误差绝对值绝对值的1/5，双向测量的流量计两个测量放线应分别进行校验。

13.4 使用、维护与故障处理

13.4.1 仪表使用前的检查

13.4.1.1 仪表送电前，需检查仪表供电是否与铭牌一致。

13.4.1.2 对外夹装式流量计，在使用前，应检查流量计输入的管径参数，包括管道外径、管壁厚、管道材质、被测介质的名称和内衬材质是否正确。流量计自动算出的两探头间的轴向安装距离与实际安装距离是否一致。

13.4.1.3 若上述有关参数在流量计预先设定的范围以外，可以用壁厚传感器和声速传感器确定这些参数，然后把这些参数输入流量计，算出两探头间的轴向安装距离。

13.4.1.4 检查仪表测量范围、温度范围是否与被测介质相符；安装是否符合要求；接线是否准确牢靠；仪表的安装方向是否与流体方向一致。

13.4.1.5 对管段式流量计还应检查耐压与衬里材料是否与被测流体相符；仪表密封点是否有泄漏。

13.4.1.6 启动时，传感器会自动调整工作频率，确保最佳的信号强度。

13.4.1.7 检查仪表的零位，并按制造厂规定的方法进行调整。

13.4.2 仪表投运

13.4.2.1 打开流量计前后阀门，使仪表投入运行。

13.4.2.2 仪表投运后，各可调部分及设置参数不得任意改变。

13.4.2.3 检查仪表的显示值应与DCS的显示一致。

13.4.3 超声波流量计投运后的维护

13.4.3.1 日常维护

1）了解仪表运行情况；

2）查看仪表指示，累积是否正常；

3）查看仪表供电是否正常；

4）查看表体及其连接件是否损坏和腐蚀；

5）查看仪表外线路有无损坏及腐蚀；

6）查看表体与工艺管道连接有无泄漏；

7）查看仪表电气接线盒及元件盒密封是否良好；

8）发现问题应及时处理，并做好巡回检查记录。

13.4.3.2　定期维护

1）定期进行仪表本体清洁，清除污物；

2）定期需检查仪表本体防水情况，地井安装的超声波流量计需保证地井无明显积水；

3）定期调零或比对，必要时可增加调零或比对次数；

4）定期拆检、清洗探头，疏通测量口，管道式超声波需拆下清洗；

5）安装在地井中的超声波流量计需定期检查地井是否为干井，每次暴雨天气需增加检查频次。

13.4.3.3　外夹装式超声波流量计，若该测量点下次还用，可在测试完成后，在探头四周的管壁上涂刷防腐漆，取下探头后，在安装探头的位置上涂抹黄油，并覆盖塑料布，用以保护测量点。对于采用金属耦合片等固态耦合方式的流量计在拆卸探头时应检查耦合片是否完好，若不完好应进行更换。

13.4.4　常见故障与处理

超声波流量计常见故障与处理方法见表19。

表19　超声波流量计常见故障与处理方法

故障现象	故障原因	处理方法
仪表无显示	仪表供电不正常	检查电源开关已打开
	保险丝熔断	更换保险丝
显示出错信息	参数设置有误	重新检查仪表设置参数
	仪表安装反向	检查仪表流向
	信号电缆接触不好	检查电缆电阻，清洗连接插头
仪表指示偏差大	输出电流不稳定	检查介质中是否存在空气泡或固体颗粒
		是否为脉动流量或流体未满管，多声道流量计检查流态是否正常
		传感器电缆或传感器振子是否有问题
	与工艺校验值偏差大	检查介质中是否有阻尼或气泡，设定是否正确；介质中声速是否与计算值相同；流量计增益、信噪比是否在正常范围内
		用便携式超声波再次比对
		检查 DCS 设置量程与仪表设置是否一致
	探头结垢或探头前有杂物	拆卸探头，清除污垢，并疏通安装孔
		清理工艺管线（一般禁止用蒸汽吹扫）
仪表指示坏值	地下井安装探头进水	检查探头阻值，判断是否已断路损坏
		更换探头，并重新做探头接线盒密封
	传感器失效	更换传感器
	传感器高温损坏	改变安装位置或更换高温探头

13.5 检修及质量要求

13.5.1 检修

13.5.1.1 下线条件确认

下线前确认超声波流量计已停止使用，并已具备交付检修的条件；落实施工作业人员，进行施工作业风险识别，确认具备安全拆卸的条件。

13.5.1.2 施工作业

做好作业区域隔离，切断流量计仪表电源；拆除电源线、信号线、接地线等；拆除流量计及安装附件并做好相应标记。

13.5.1.3 下线清洗、外送校验

下线后的流量计传感器初步清洗，去除传感器内壁衬里和探头上的结垢，清洁仪表表面；流量计包装合适后，运送到相关的检维修部门或生产厂家。经维修、校验合格后送回工作现场。

13.5.1.4 上线测试联校

检修校验合格后的超声波流量计，按规范要求安装、上电调试，核对设置参数，确认流量计运行正常，无报警信息。

流量计管线投运后，检查仪表的现场指示与 DCS 指示一致，经稳定运行 1h 后交工艺生产部门。

13.5.1.5 仪表检维修记录及时闭环登记。

13.5.2 检修质量要求

13.5.2.1 仪表拆装和检修时，应注意防止传感器衬里层破坏。

13.5.2.2 仪表拆除后的工艺管道，其管道两侧法兰需封堵。仪表安装时，法兰螺栓需涂上二硫化钼等防咬死剂，所有螺母应全部拧入螺栓，高压管、管件、法兰、阀门、紧固件的螺纹部螺栓应露出螺母 2～3 扣。

13.5.2.3 应注意仔细清除传感器内壁衬里和探头上的结垢。

13.5.2.4 当发现传感器探头渗漏、外壳绝缘不好或衬里损坏，不可修复时，应予更换，更换后需重新校验。

14 明渠堰槽流量计

14.1 概述

14.1.1 适用范围

本部分适用于明渠中标准量水堰槽及与堰槽配接的超声波 FMU861 型水位传感器及水位流量变送器构成的明渠流量计，其他同类型的流量仪表可参照使用。

14.1.2 工作原理及特点

在明渠中设置标准量水堰槽，并按规定位置测量水位，则流过堰槽的流量与水位呈单值关系。

明渠堰槽流量计由量水堰槽、水位传感器、水位流量变送器所组成。常用的量水堰槽包括：薄壁堰（三角形缺口堰、矩形缺口堰、等宽堰）、宽顶堰、三角形剖面堰、平坦V形堰、巴歇尔槽、无喉道槽。每一种堰槽的实测水头与流量有不同的对应关系。

超声波水位传感器的测量原理：装在被测介质上方的超声波被电激励后向介质发射一个超声波脉冲，该脉冲穿过空气到达介质表面后被反射回来，部分反射的回波被同一传感器（此时作为接受器）探测到，并转换成电信号，从脉冲发射到接收所用的时间，即脉冲的传输时间与传感器到介质表面的距离 D 成正比。

智能超声波变送器已把各种标准水槽的 Q/h 曲线存入，需要启用哪一条曲线只要输入该曲线的代码即可，如果该量水槽的 Q/h 曲线变送器没有存入，那么可以根据槽或堰生产厂家提供的数据或曲线自行输入，使用时变送器就可把传感器送来的信号转换成为水位值、流量值 Q 和流量值 Q 对应的 4～20mA DC 输出。

14.2 主要技术指标

14.2.1 不确定度：见表 20

表 20 明渠堰槽流量计测量不确定度

名称		新安装	使用中
薄壁堰	三角形缺口薄壁堰	1%～2%	1%～3%
	矩形缺口薄壁堰	1%～4%	1%～5%
	等宽薄壁堰	1%～4%	1%～5%
宽顶堰	矩形宽顶堰	3%～5%	3%～6%
	圆缘宽顶堰	3%～5%	3%～6%
三角形剖面堰		2%～5%	2%～6%
平坦V形堰		2%～5%	2%～6%
巴歇尔槽	自由出流	3%	4%
	淹没出流	4%	5%
无喉道槽	自由出流	4%	5%
	淹没出流	5%	6%

14.2.2 测量范围：0.3～25m

14.2.3 温度范围：-20°～+60°

14.2.4 最大工作压力：0.4MPa

14.2.5 输出信号：4～20mA DC

14.2.6 最大电缆长度：＜300m

上述技术指标及其他技术指标，根据不同型号，制造厂均有具体规定。

14.3 检查与校定

明渠堰槽流量计发生故障时应及时检修，并经检验合格后才能使用。检修周期原则上根据其所在生产装置的检修周期确定。

14.3.1 检查

14.3.1.1 薄壁堰、宽顶堰应垂直安装在顺直的、槽壁光滑的和渠底水平的矩形行近渠槽内。行近渠槽顺直段长度应大于水面宽度的 10 倍。

14.3.1.2 三角形剖面堰应垂直安装在顺直的、槽壁光滑的和渠底水平的矩形行近渠槽内。行近渠槽顺直段长度应大于水面宽度的 5 倍。

14.3.1.3 平坦 V 形堰堰顶线与行近渠槽中轴线成 90° 角。V 形堰口的顶点在行近渠槽的中轴线上，行近渠槽顺直段长度应大于水面宽度的 5 倍。

14.3.1.4 巴歇儿槽中心线应与行近渠槽中心线重合。顺直的行近渠槽长度应不小于 5 倍的行近渠槽宽度。

14.3.1.5 等宽薄壁堰在堰板附近的渠槽两壁应是垂直的光滑表面，沿高度方向渠槽宽度尺寸保持准确一致。等宽薄壁堰水舌底缘与下游水面之间的边墙上应设通气孔，使水舌上下表面始终与大气相通。

14.3.1.6 薄壁堰、宽顶堰、平坦 V 形堰水位观测断面位于堰板上游（3～4）h_{max} 处。三角形剖面堰水位观测断面位于堰板上游 $2h_{max}$ 处（h_{max} 为最大高程）。

14.3.1.7 在堰体附近设水准点，用于测量行近渠槽底面高程、堰顶高程和静水井上仪器安装高程。

14.3.1.8 泄水管设于堰板最低处，用于检修或停水期间泄空堰体上游积水。泄水管直径 50～75mm，出口段安装阀门。流量测量过程中，阀门关闭不得漏水。

14.3.1.9 明渠堰槽流量计的常用流量在流量计量程的 1/5～2/3 之间。

14.3.1.10 流量传感器需用支架牢固地安装在静水井或水位观测断面处。传感器的中心线应与静水井或水位观测断面中心线重合。

14.3.1.11 水准仪测定水位传感器的安装高程，使仪器的零点水位与堰顶零点高程一致。

14.3.2 检定

明渠堰槽流量计根据其使用条件、不确定度要求，可采取两种检定方法：对于可移动的堰槽和准确度要求较高的流量计，可用明渠流量标准装置和标准流量计装置进行检定；大型的、固定的堰槽流量计可在现场检定。

14.3.2.1 用明渠流量标准装置检定：

1）将被检堰槽安装在明渠试验段规定的位置上，用水准仪操平，测量渠底、堰顶和水位测针零点高程；

2）开启水泵，打开流量调节阀，换向器处于导水状态，让过堰水流在整个装置内循环 10～15min；

3）根据被检堰槽的测量范围，确定 5 个流量检定点，即在 20%～100%最大流量范围均匀选取；

4）分别计算 5 个流量检定点的相对偏差 ΔQ，选取最大相对偏差 Δmax 作为该流量计的流量不确定度 XQ。

14.3.2.2 用标准流量计装置检定：标准流量计与被检流量计串联，标准流量计安装在上游。标准流量值直接由标准流量计中读取。检定步骤与计算方法与明渠流量标准装置相同。

14.3.2.3 现场检定：用检定量具检定二次仪表的水位误差，堰槽过流状态，堰槽结构尺寸的不确定度，行近渠槽长度、行近渠槽中心线与堰槽建筑物中心线重合程度，水位零点的不确定度，水位流量转换不确定度，再计算流量不确定度。

14.4 使用、维护与故障处理

14.4.1 使用

14.4.1.1 流量传感器安装时须注意，为了获得最高精度，探头应该放在最高水位加上盲区的正上方，即必须垂直水面并在明渠中心上方安装，避免在盲区内使用，否则会导致仪表故障。

14.4.1.2 当敞口安装时，探头必须有防晒保护罩，变送器也应安装在仪表保护箱内。

14.4.1.3 投运前的检查

1）检查标准量水堰槽的安装是否与规程要求一致。

2）检查超声波变送器的测量范围是否与所测流体相符；检查标准量水堰槽的最大高程是否进入超声波传感器探头的盲区。

3）检查超声波传感器与超声波变送器连接电缆长度是否小于300m，接线是否准确牢靠。

4）检查超声波变送器的设定是否准确，并进行调零。

14.4.1.4 投运

1）打开水泵，使被测流体通过标准量水堰槽，让流量计投入运行。

2）流量计投入运行后，各可调部分不得任意改变。

14.4.2 维护

14.4.2.1 日常维护

1）了解仪表运行情况；

2）查看仪表指示、累积是否正常；

3）查看仪表供电是否正常；

4）查看表体及其连接件是否损坏和腐蚀；
5）查看仪表外线路有无损坏及腐蚀；
6）查看仪表电气接线盒及元件盒密封是否良好；
7）发现问题应及时处理，并做好巡回检查记录。

14.4.2.2 定期维护

1）定期对仪表进行清洁，清除污物；
2）定期进行零位调整；
3）定期对仪表内接插件连接进行检查。

14.4.3 常见故障与处理

明渠堰槽流量计常见故障与处理方法见表21。

表21 明渠堰槽流量计常见故障与处理方法

故障现象	故障原因	处理方法
仪表无显示	仪表供电不正常	检查电源开关已打开
	保险丝熔断	更换保险丝
仪表指示偏差大	参数设置有误	重新检查仪表设置参数
	有故障代码	按照代码查找、处理故障
	输出电流不稳定	检查传感器电缆或传感器是否有问题
	在仪表测量盲区	重新安装，避开测量盲区
	外界信号干扰	检查是否有干扰回波，调整传感器指向
	薄壁堰的堰口锐缘处被磨圆	当其圆弧半径 r 大于 0.25mm 时，应给予更换
	三角形剖面堰的堰顶角磨圆	堰顶角应保持不变，否则应给予更换
	平坦V形堰的堰顶棱角变形	堰顶的棱角变形，应给予更换

14.5 检修及质量要求

检修及质量要求见13.5.1。

15 热式质量流量计

15.1 概述

15.1.1 适用范围

本部分适用于石化企业在线使用的FCI-ST98热式流量计，其他同类型仪表可参照使用。

15.1.2 工作原理及特点

热式流量计是一种直接式质量流量计，可以用来测量质量流量，当流体静止时，管道内加热元件的上、下游温度对称分布，元件指示温度相等。当介质流动时，下游温度比上游的温度高。伴随着流速增加，温差增大，当流速增加到某一界限值之后，两元件的温差将随流速的增加而逐渐减小。为了得到仪表的单值性，一般测小流量用温差增大的特性，测大流量用温差减小的特性。

流量元件使用热扩散的操作原理：一个低功率加热器通过加热一个电阻式温度探测器（RTD），在两个 RTD 间造成一个温差。流体的流动将被加热的 RTD 上的热量带走，造成两个 RTD 间的温度差成比例变化。流量计的流量变送器将 RTD 间的温差转换成一个刻度输出信号和一个可选的显示值。不加热的 RTD 上的信号被用于为可选的数显提供气体温度显示。其结构见图 12。

本部分适用于石化企业中在线使用的插入式热式气体质量流量计。

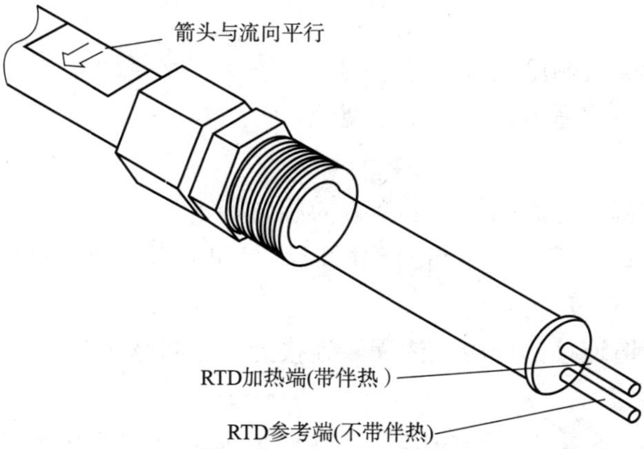

图 12 热式流量计结构示意图

15.2 主要技术指标

15.2.1 精确度等级：流量计在规定的流量范围内，精确度等级及对应的最大允许误差应符合表 22 要求。

表 22 精确度等级和最大允许误差

精确度等级		0.5	1.0	1.5	2.0	2.5
最大允许误差	$q_1 \leqslant q < q_{max}$	±0.5%	±1.0%	±1.5%	±2.0%	±2.5%
	$q_{max} \leqslant q < q_t$	±1.0%	±2.0%	±3.0%	±4.0%	±5.0%

注：分界流量 q_t 对应的流量一般为 $0.2q_{max}$（或者按照产品说明书）。如果量程比大于等于 50∶1，则 q_t 对应的流量为 $0.1q_{max}$。

15.2.2 量程比：（10∶1）～（100∶1），流速范围：0.01～325m/s

15.2.3 通径范围：1～21in（现场可调）

15.2.4 介质温度：-40～177℃，可选 -40～454℃

15.2.5 工作压力：17bar（金属卡环）、10bar（特氟隆卡环）

15.2.6 输出信号：4～20mA DC；RS485、HART、现场总线信号等

15.2.7 供电电源：22～30V DC 或 85～265V AC.

15.2.8 环境温度：-18～60℃

15.3 检查与校验

15.3.1 检查

15.3.1.1 外观检查

1）外壳铭牌清晰，流向标示清晰可见。

2）流量计不得有裂纹、锈蚀、霉斑和涂层剥落现象。

15.3.1.2 示值检查

1）流量计显示屏透明度良好，数字醒目、清晰、完整。

2）流量计按键手感适中，没有粘连现象。

15.3.1.3 安装检查

1）过程介质的流向与流向箭头所指方向相同。

2）安装时，流量计的上、下游直管段应满足说明书要求，插入式流量计应按照说明书要求的插入深度安装。

3）流量计与管道连接部分应无渗漏，连接处的密封垫不应凸入到管道内。

15.3.1.4 密封性检查

管道式热式气体质量流量计应能承受静压力为最大工作压力的密封性试验，历时5min，无泄漏。

15.3.1.5 绝缘检查

流量计的电源端子与接地端子、输出端子与接地端子之间的绝缘电阻，其值应不小于表 23 要求。

表 23 流量计绝缘电阻要求

额定电压或标称电压	直流试验电压	绝缘电阻
交流（130～250）V、50Hz	500V	20MΩ
直流≤60V	100V	7MΩ

15.3.2 校验

参照 JJG 1132《热式气体质量流量计检定规程》执行，也可根据企业自行编制的校验方案执行。

15.3.2.1　校验要求

1）校验用的气体应无游离水或油等杂质存在，且组分或性状与实际测量介质相近。

2）校验过程中在接近校验点时应缓慢施加输入信号，保证在任何校验点不产生过冲现象。

3）标准装置测量结果的不确定度（k=2）应不大于被校验流量计最大允许误差绝对值的 1/3，每次测量时间应不少于校验装置允许的最短测量时间。

15.3.2.2　校验方法

1）正确安装流量计，按流量计说明书方法检查流量计参数设置，将标准装置流量调到 $0.7q_{max}$～q_{max}，至少流通 5min，直至气体温度稳定。

2）校验一般应包含下列流量点：q_{min}、q_t、$0.50q_{max}$、和 q_{max}；对于精确度等级优于 0.5%，且量程比大于 20∶1 的流量计，再增加一检定点，其流量为 $0.15q_{max}$。

3）除 q_{min}、q_{max} 和 q_t 应分别控制在（1～1.1）q_{min}、（1～1.1）q_t 和（0.9～1）q_{max} 外，其他流量点均应在设定流量的 ±5% 内。

4）每个流量点的检定次数应不少于 3 次。

5）流量计重复性误差不得超过相应精确度等级规定的最大允许误差绝对值绝对值的 1/3。

15.4　使用、维护与故障处理

15.4.1　使用

15.4.1.1　仪表使用温度压力需满足仪表说明书要求。

15.4.1.2　仪表安装要求满足直管段要求，前 20D，后 10D。

15.4.1.3　流量计流量元件和电子部分是配套的，系列号应一致，如果系列号不符，将导致读数不精确。

15.4.2　维护

15.4.2.1　确认所有密封都正常，并且没有过程介质泄漏的情况，检查垫圈及环境密封的老化情况。

15.4.2.2　确认导线是否腐蚀，电气连接密封牢固。

15.4.2.3　探头清洁。清洗前先切断电源，然后用软刷蘸酒精或其他清洗剂刷洗探头，注意不要损坏探头。最后用水清洁后自然晾干即可。

15.4.3　故障处理

15.4.3.1　断开设备供电，量取各端子间电阻值，对照厂家说明书，确认检测元件是否存在故障。

15.4.3.2　常见故障分析与处理参考表 24。

表 24 热式流量计常见故障与处理方法

故障现象	故障原因	处理方法
无显示	设备未通电，接线不正确	确认供电，按图纸正确接线
传感器故障	传感器接线有误，导线松脱或短路，被加热的 RTD 或参照 RTD 断路或短路	若接线有误，重新接线；若 RTD 故障则更换备件
传感头温度过高或过低	过程温度超过了流量元件的额定使用温度	确认过程温度，是否使流量元件受到损害，如有损坏则更换备件
加热器断路或短路	流量元件的加热器电阻超出了允许的正常电阻范围	检查接线和传感器电阻
仪表指示偏高	仪表参数设置有误	按实际参数设定
	介质中含氢气等高热值组分	按实际流量修正

15.5 检修及质量要求

15.5.1 检修

15.5.1.1 下线条件确认

1）热式流量计一般为插入式安装，建议在工艺管线切出时拆装维护。

2）如需在线拆装热式流量计，需落实安全措施，如气防、作业平台等；落实施工作业人员，进行施工作业风险识别，确认具备安全拆卸的条件（仅限于低温低压介质的流量计在线拆卸）。

15.5.1.2 施工作业

1）办理施工作业票，做好作业区域隔离，切断流量计仪表电源；拆除电源线、信号线等。

2）拆除流量计及安装附件并做好相应标记。

3）在线拆装传感器时，必须佩戴气防设备。将传感器卡环略松开，将传感器拔高至切断阀位置，关闭切断阀。

15.5.1.3 仪表清洗、外送检定

1）需要检定的流量计传感器初步清洗，去除探头上的结垢，清洁仪表表面卫生；流量计包装合适后，运送到相关的检维修部门或生产厂家。经维修、检定合格后送回工作现场。

2）在线拆装，只做日常维护的传感器，如果未到检定周期，可安装后继续使用。

15.5.1.4 上线测试联校

1）按规范要求安装、上电调试，核对设置参数，确认流量计运行正常，无报警信息。

2）流量计管线投运后，检查仪表与工艺管线的密封口是否有泄漏。

3）检查仪表的现场指示与 DCS 指示一致。

15.5.2 检修质量要求

15.5.2.1 仪表拆装和检修时，应注意防止传感器探头损坏。

15.5.2.2 在线拆装时，需确认切断阀能完全关闭，卡环处无泄漏。

15.5.2.3 应注意仔细清除传感器探头上的结垢。

15.5.2.4 当发现传感器探头渗漏、外壳绝缘不好，不可修复时，应予更换，更换后需重新校验，确保仪表符合技术指标要求。

16 巴类流量计

16.1 概述

巴类（均速管）流量传感器，是20世纪60年代中期由美国迪特里希标准公司（Dieterich Standard Inc）基于伯努利能量守恒原则和皮托管测速原理最先开发的插入差压式流量传感器。

进入20世纪80年中期，随着差压变送器智能化、数字化、小型化的出现，尤其是微差压变送器性能稳定，准确度不断提高，为巴类（均速管）流量传感器应用奠定了坚实基础。随着一些公司对均速管检测技术的深入研究，对检测杆截面形状、表面处理、材质、开孔数量、安装附件不断改进，推出了名称各异的巴类（均速管）流量传感器，有Verabar（威力巴）、美国威里斯（VERIS）、Deltabar（德尔塔巴）、Torbar（托巴）英国托巴流量计公司（TFL）、Itabar（依特巴）、BITOBAR（毕托巴）等。

因该流量计结构简单，没有可动和易损部件，价格便宜，维修方便，稳定性、可靠性高和运行费用低，在工作生产中的监控，特别是大口径气体计量场合得到了推广应用。

毕托巴流量计是其中具有代表性的一种差压式流量测量仪表。毕托巴传感器长度按管道直径定制，由一对取压孔组成，将毕托巴传感器插入管道中心，全压孔对正流体的来流方向取总压 p_1，静压孔对正流体的去流方向取静压 p_2，将 p_1 和 p_2 分别引入差压变送器，测量出差压 $\Delta p=p_1-p_2$，差压 Δp 即为管道中心的实测差压，再由该毕托巴的校验曲线拟合出该点的平均差压，根据平均差压计算出流体的流量。

毕托巴流量计相关计算公式

$$\Delta p=\text{全压}-\text{静压}$$

中心流速 $$v_{\text{中心}}=k\times\sqrt{\frac{2\Delta\rho}{\rho}}$$

体积流量 $$Q_{\text{体}}=v_{\text{平均}}\times s=k\times\sqrt{\frac{2\Delta\rho}{\rho}}\times s$$

质量流量 $$Q_{\text{质}}=Q_{\text{体}}\times\rho$$

式中 v——介质流速；

s——管道内截面；

ρ——介质密度；

k——修正系数（经流量标准装置校验得到）。

16.2 主要技术指标

16.2.1 精确度等级：液体最高可达 0.2 级，蒸汽最高可达 0.5 级，气体最高可达 1 级

16.2.2 可测量管径：ϕ30mm～ϕ9000mm，或相当规格的其他形状的管道

16.2.3 工作压力范围：0～32MPa

16.2.4 介质温度范围：-100～650℃

16.2.5 二次表工作环境温度：-30～50℃

16.2.6 测量介质：适用气体（如空气，煤气，电厂一,二次风，烟气，天然气及各种化工物料气）、液体（水、油、各种溶剂和化工物料液）及蒸汽等

16.2.7 相对湿度：小于 90%

16.3 检查与校验

16.3.1 检查

16.3.1.1 安装注意事项

1）巴类流量计理想安装直管段为前 10*D* 后 5*D*（*D* 为测量管道直径）；

2）选择好位置并开孔，在对应的被测水管道上按照技术参数量好安装前后直管段的距离，找好安装点，进行开孔；

3）优先选择水平管道，测量液体时，安装位于水平管道水平位置或水平以下位置，可防止液体内存在的气泡进入传感器内部，测量气体时，安装位于水平管道正上方或正上方两侧偏斜 45° 角内，对传感器有防堵和防水的效果；

4）确认传感器安装方向，“H”对正来流方向，“L”对正去流方向；

5）如添加导压管到变送器，要求两导压管应位于同一水平面，弯度尽量保持一致，防止因两导压管高度不同引起的测量误差，注意将所有管道接头等连接件应连接密封牢固，以杜绝泄漏，正常运行后，应检查并保证无泄漏；

6）仪表信号线应选用屏蔽线，可防止现场对电信号的干扰。

16.3.1.2 安装后验收

1）引压管及各引压阀安装是否符合规范要求；

2）引压管试压状态及记录是否正常；

3）伴热保温是否规范；

4）仪表导线安装是否规范，并且表头进线处是否达到防水防爆要求；

5）是否有导线绝缘测试记录，是否有单校联校记录；

6）变送器表头安装是否规范 / 牢固。

16.3.1.3 投运前的检查

1）确认变送器的量程 / 零位是否正确；

2）确认各引压阀是否处于关闭状态；

3）确认各固定支架是否牢固；

4）确认各引压活动接头是否拧紧；

5）确认管道内工艺介质流动正常。

16.3.1.4 投运步骤

1）分别打开正负一次阀，进行引压系统排液 / 排气处理；

2）打开正负二次阀，进行表头正负压室排液 / 排气处理；

3）关闭正负二次阀，打开平衡阀，带压回零检查确认；

4）关闭平衡阀，打开正负二次阀，正常启用。

16.3.2 校验

16.3.2.1 变送器校验

1）变送器检查校验，可根据使用情况确定；

2）调校准备：

a）准备差压变送器校验设备：标准压力信号发生器、标准电流表、电阻箱（或250Ω 电阻）、24V DC 电源以及连接件、导线等；

b）将变送器连接信号和导线，检查接线正确；

3）校验步骤：

a）将被校表正、负压室开放通大气，接通电源稳定 3min 后，将阻尼时间置于最小，此时变送器输出应为 4mA，否则调整“Z”零点螺钉，使之输出为 4mA；

b）给变送器正压室输入量程信号，负压室通大气，变送器输出应为 20mA，若有偏差，调整“R”量程螺钉，使之输出为 20mA；

c）重复步骤 a）、b），直到符合要求为止；

d）将变送器测量范围分为 4 等份，按 0%、25%、50%、75%、100%逐点输入信号，变送器的输出信号值应在误差允许范围之内，若超差，反复调整零点、量程螺钉；

e）校验完后填写校验单，校验单的填写要真实，不得涂改，小数点后两位为有效数；校验者、技术人员签名后存入档案。

16.3.2.2 传感器校验

流量计传感器的校验技术和设备是保证流量计计量准确的重要环节，风洞试验就是对差压式流量计流体测量校验的最有效手段，需送计量站使用流量计专用风洞设备，对流量计各项性能指标进行检测。需校验的传感器放入风洞中，设定不同的风速，将流量计的设计流量与风洞的标准流量进行校验对比，根据取得的数据对流量计进行修正，进一步提高流量计质量，保证流量计精准。

16.4 使用、维护与故障处理

16.4.1 使用前安装和检查

参考 16.3.1。

16.4.2 维护

16.4.2.1 导压管、附件、阀门确保无泄漏。

16.4.2.2 定期反吹、冲洗或排污，反吹周期视物料状况而定。带调节的回路，反吹时应切手动控制。

16.4.2.3 伴热状况应符合设计要求。只需冬季伴热或保温的回路，在气温变化之前，对伴热和保温应做一次全面检查。

16.4.2.4 运行中发现指示不正常时，在确认仪表、导压管、阀门等无异常情况后，才能对流量传感器进行检查。

16.4.2.5 定期对导压管、流量计传感器进行反吹、冲洗或排污。

16.4.2.6 巴类流量计传感器应定期检查、清洗。与节流装置配套的差压表每个检修期应进行全面校验，如在使用中对测量精度有异议时，需及时校验、调整。

16.4.3 常见故障与处理

巴类流量计常见故障与处理方法见表25。

表24 巴类流量计常见故障与处理方法

故障现象	故障原因	处理方法
运行时流量指示偏小或无流量显示	总压侧取压孔结垢严重、堵塞	需清理疏通
	总压侧引压管漏气	查漏紧固密封
	三阀组未关严	检查阀门是否开启正常
	安装不符合要求	按照说明书标准安装执行
	流速过低	气体流速≥ 1m/s，水≥ 0.1m/s 蒸汽≥ 5m/s，低于以上提高流速或缩径
	取压孔前存在挡板	更改安装位置
	仪表参数设置有误	与厂家重新确认
	DCS系统编程公式有误	是否与巴类标准公式相符
	零点偏低	对变送器给予零位校准
	密度偏大	检查温压补偿元件是否正常
	变送器故障	校验，不合格则需更换
	管道规格比实际偏大	测量管径确认
	差压变送器高低压装反	更改连接方向
	蒸汽表引压管内冷凝水未充满	待引压管内冷凝水平衡后使用
停运后仍存在流量显示	零点漂移	重新调校差压变送器零位
	液位差	冷凝管应保证两侧水平一致
	振荡流	做流量小信号切除
	管道阀门关不严	确认阀门密闭性是否良好
	仪表量程下限值不为零	确认并调整
运行时流量指示偏大	静压侧取压孔堵塞	可疏通
	静压侧漏气	紧固密封好
	计算密度与实际偏小	需重新计算参数
	管道规格与实际偏小	测量管径确认
	零点偏高	变送器调校零位
	差压变送器输出开方	采用DCS开方，差变输出应为线性

16.5 检修及质量要求

16.5.1 检修

16.5.1.1 下线条件确认

1）无切断阀的巴类流量计传感器在工艺管线切出后，才可拆装维护，带切断阀的巴类流量计在落实风险防范措施后可以在线拆装。

2）变送器部分检修可参考节流装置3.3节。

3）拆装巴类流量计时，需落实安全措施、落实施工作业人员，进行施工作业风险识别，确认具备安全拆卸的条件。

16.5.1.2 施工作业

1）做好作业区域隔离，关闭仪表电源，拆除信号线。

2）拆开巴类流量计测量连接管线，拆下流量计传感器及安装附件并做好相应标记。

16.5.1.3 仪表清洗、检验

需要检定的流量计传感器初步清洗，去除探头上的结垢，清洁仪表表面；流量计包装合适后，送检验。经维修、检验合格后送回工作现场。

16.5.1.4 上线测试联校

1）按规范要求安装、上电调试，核对设置参数，确认流量计运行正常。

2）流量计管线投运后，检查仪表与工艺管线的密封口是否有泄漏。

3）检查仪表的现场指示与DCS指示一致交工艺生产部门。

16.5.2 检修质量要求

16.5.2.1 仪表拆装和检修时，应注意不能损坏节流元件取压孔。

16.5.2.2 节流元件几何形状应满足原设计技术要求。

16.5.2.3 检查节流元件是否存在腐蚀现象。

16.5.2.4 对取压孔进行反吹疏通，清除结垢，确认引压通畅。

16.5.2.5 当发现节流元件变形或腐蚀，应予更换。

16.5.2.6 节流元件安装前应注意流向，防止安装反向。

16.5.2.7 法兰连接的节流元件螺栓需涂上二硫化钼等防咬死剂，所有螺母应全部拧入螺栓，高压管、管件、法兰、阀门、紧固件的螺纹部螺栓应露出螺母2～3扣。

17 流量开关

17.1 概述

流量开关是一种流速监测仪表，主要功能是当流速达到设定流速值时发出开关信号，送控制系统进行报警或启动连锁保护系统。流量开关按工作原理，可分为挡板式、电磁式、热导式等流量开关。现以常用的挡板式流量开关为例说明，当流体沿着规定的

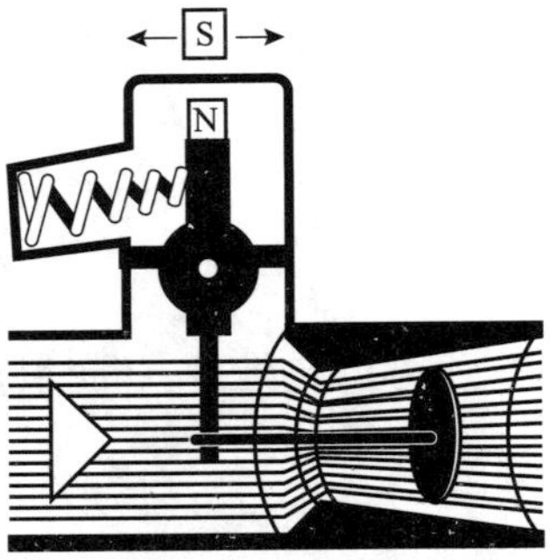

图 13　流量开关工作原理示意图

方向通过流量开关时测量挡板依据流量的大小产生位移，位移与高稳定的弹力处于平衡状态每一个确定的流量对应与一个平衡位置。安装于测量系统隔离环境中的传感器通过磁耦合指示出流量并实现输出控制信号，见图 13。其特点是应用范围广，可测量纯净的或含有微小颗粒的流体。

本部分以电磁式流量开关为例。

17.2　主要技术指标

17.2.1　精确度等级：2.5 级

17.2.2　防护等级：IP65

17.2.3　介质黏度≤30mPa·s

17.2.4　触点功率：开关最大功率 12VA；最高电压 220V/AC；最大电流 0.5A

17.3　检查与校验

17.3.1　日常检查

1）铭牌清晰无误。

2）零部件完好齐全。

3）紧固件不松动。

4）接插件接触良好，端子接线牢靠。

5）可调件处于可调位置。

6）密封件无泄漏。

17.3.2　校验

按照 JJG 198《速度式流量计检定规程》进行，也可根据企业自行编制校验方案执行。

17.4　使用、维护与故障处理

17.4.1　使用

17.4.1.1　投用前检查

1）最大流量、工作压力、工作温度、流体黏度均不能超过铭牌上的规定范围；

2）仪表安装符合要求，接管接线正确，流量开关上的箭头方向应与流体的流动方向一致；

3）仪表各部件完好，仪表供电电源正确无误；

4）安装电磁式流量开关时应垂直并指向管道中心线安装，对水平管道，仪表水平

或与水平线夹角为 ±45°角安装，不能安装在管道顶部（因为有气泡，易造成测量不稳定和不准确），也不能安装在底部（因为有沉淀，易造成脏物黏附电极，使信号变弱）；

5）插入深度：要求为 1/8*D*（*D* 为管道直径）；

6）直管段要求：仪表前要有 10*D* 以上，仪表后要 5*D* 以上；

7）测量介质导电率要求大于或等于 20μS/cm。

17.4.1.2 投用步骤：

1）开启仪表电源；

2）打开工艺阀门；

3）流量正常后确认开关输出是否正常。

17.4.2 维护

1）了解仪表运行情况。

2）查看仪表指示是否正常。

3）查看仪表接地是否正常。

4）查看表体及其连接件是否损坏和腐蚀。

5）查看仪表外线路有无损坏及腐蚀。

6）查看表体与工艺管道连接有无泄漏。

7）查看仪表电气接线盒及元件盒密封是否良好。

8）发现问题应及时处理，并做好巡回检查记录。

17.4.3 常见故障与处理

流量开关常见故障与处理方法见表 26。

表 26 流量开关常见故障与处理方法

故障现象	故障原因	处理方法
电源指示灯不亮	供电电压不正常	检查电源是否正常
	接线错误	正确接线
	电源模块故障	更换电源模块
流量指示灯不亮	流速未达到设定值	提高流速或调低设定值
	探头有污垢	清洗探头
指示灯正常，输出错误	接线错误、线缆故障、继电器故障	检查接线与线缆、更换继电器

17.5 检修及质量要求

17.5.1 检修

17.5.1.1 仪表停电。

17.5.1.2 关闭工艺阀门，泄压后仪表下线。

17.5.1.3 检修时应对流量开关进行全面的清洗。

17.5.1.4 检查挡板或电极，清除杂物。

17.5.1.5 检查流量开关触点电阻，其阻值应符合说明书规定。

17.5.1.6 检查元件及接线端子。

17.5.1.7 流量计表体清洗防腐。

17.5.1.8 需检定的流量计送检定机构检定。

17.5.2 检修质量要求

17.5.2.1 停表时切断仪表电源。

17.5.2.2 拆表前必须将工艺管线中的介质排放冲洗干净。

17.5.2.3 流量计清洗时不得损坏挡板。

检测仪表维护检修规程
第 4 部分：物位仪表

SHS 07002.4—2019

部分代替 SHS 07002.4—2004

目　次

前　言

本规程 SHS 07002《检测仪表维护检修规程》分为以下四个部分：

——第 1 部分：压力仪表；

——第 2 部分：温度仪表；

——第 3 部分：流量仪表；

——第 4 部分：物位仪表。

本部分为 SHS 07002 的第 4 部分：物位仪表。本部分按照 GB/T 1.1—2009《标准化工作导则　第 1 部分：标准的结构和编写》给出的规则起草。

本部分代替 SHS 07002—2004《检测仪表》第四节“物位仪表”，与 SHS 07002—2004 相比，除编辑性修改外，主要技术变化如下：

——修改了标准名称；

——增加了声呐式外侧液位计、外贴式液位开关、伺服马达式液位计的维护校验及检修内容；

——修订了常用物位类仪表示例，规范用词。

本部分由中国石油化工集团有限公司、中国石油化工股份有限公司提出。

本部分起草单位：中国石化扬子石油化工股份有限公司；

本部分主要起草人：主成雷、崔博、陈东昇、朱和平、申勤、史广荣。

本部分所代替规程的历次版本发布情况为：

——SHS 07002—1992、SHS 07002—2004。

检测仪表维护检修规程
第4部分：物位仪表

1 适用范围

本部分规定了石化企业中常用的浮子钢带液位计、电动浮筒液（界）位计、电动浮球液位计、放射性料位计、料位开关、超声波液位计、声呐式外侧液位计、外贴式液位开关、磁致伸缩液（界）位计、雷达液位计、射频导纳液位计、双法兰液位计、伺服液位计等13种物位计的技术标准、检查校验、使用维护以及检修的内容和方法。

本部分适用于石化企业中上述各类物位仪表的维护及检修。

2 规范性引用文件

下列文件对本文件的应用是必不可少的。凡是注日期的引用文件，仅注日期的版本适用于本文件。凡是不注日期的引用文件，其最新版本（包括所有的修改单）适用于本文件。

SH/T 3005 石油化工自动化仪表选型设计规范

SH/T 3104 石油化工仪表安装设计规范

GB 50058 爆炸危险环境电力装置设计规范

SH/T 3081 石油化工仪表接地设计规范

SH/T 3082 石油化工仪表供电设计规范

SH/T 3551 石油化工仪表工程施工质量验收规范

GB 18871 电离辐射防护与辐射源安全基本标准

GB 2125 含密封源仪表的放射卫生防护要求

GB 11806 放射性物质安全运输规程

GB 4075 密封放射源 一般要求和分级

GB/T 13366 工业仪表用铯137γ 辐射源

3 浮子钢带液位计

3.1 概述

浮子钢带液位计是广泛用于测量储罐内各种液体液位的物位仪表。其工作原理是：

如图1所示，液面上升时，浮子随着液面上浮，与浮子连接在一起的钢带靠盘簧的拉力收入表体，以保持浮子重力、浮力、与盘簧拉力相平衡；液面下降时，浮子靠自身重力，随液面一起下降，与浮子连接在一起的钢带拉动盘簧的发条，做相应的反卷，使整个系统达到新的平衡。由于在测量钢带上打有非常均匀孔距的孔，当钢带上下运动时，钢带上的孔正好与链轮上的齿啮合，从而带动齿轮机构转动，并通过指针或计数器指示液位高度。同时输出角位移机械量，经远传变送器转换成4～20mA DC的信号。

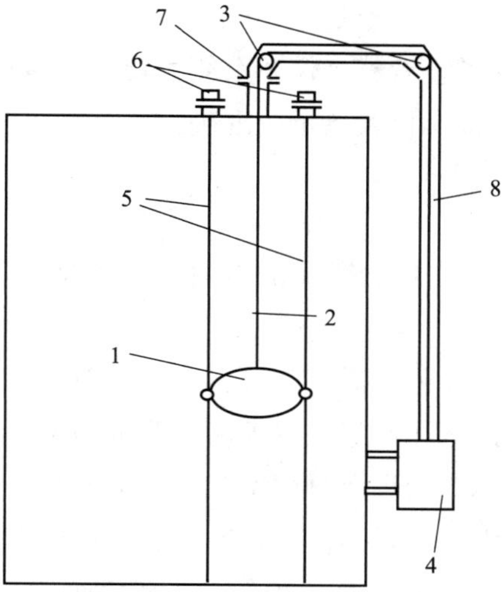

图1　钢带液位计原理图

1—浮子；2—钢带；3—导向滑轮装置；4—指示仪（变送器）；5—浮子导向钢索；6—导向索牵引螺栓；7—钢带引出法兰；8—钢带导向保护管

本规程以FT-1000系列浮子钢带液位计为例编写，其他同类仪表可参照执行。

3.2　主要技术指标

3.2.1　测量范围：5m，10m，15m，20m，25m，30m

3.2.2　工作压力：3.5MPa

3.2.3　灵敏度：±1.5mm

3.2.4　测量准确度：±3mm

3.2.5　被测介质密度：≥ 500kg/m^3

3.2.6　被测介质温度：＜400℃

3.2.7　环境温度：-50～＋85℃

3.2.8　相对湿度：≤95％

3.2.9　输出信号：4～20mA DC和干接点输出

3.2.10　防爆及防护等级：隔爆型Exd ⅡC T6 IP65

3.3 检查与校验

3.3.1 检查

3.3.1.1 检查液位计外观，外观应整洁，铭牌和标识齐全清晰，符合工艺设备的压力、温度、材质、密封等要求。

3.3.1.2 检查仪表内腔、保护管内密封液无渗漏。检查导向轮盒盖板，无被测物料泄漏。

3.3.1.3 用手摇装置提升浮子查看整个仪表系统应转动灵活、无卡死现象。

3.3.1.4 仪表线路无松动，核对仪表指示应准确。

3.3.2 校验

浮子钢带液位计校验方法一般分为实测液面法和空罐计算法。

3.3.2.1 实测液面法

1）确认现场无危险。现场测量需要两人以上，并遵守有关安全规定，以防意外。

2）罐内充入待测液体，液面最好在仪表测量范围的 1/2 左右。

3）待液面稳定后，用标准钢尺反复测量几次，求得平均值。

4）用所求的平均值作为仪表标准值，调整仪表指示值。

5）改变液位高度，待液面稳定后，用钢尺测量液面高度，所得数值与仪表指示应相符，否则应重新进行检查校验。

3.3.2.2 空罐计算法

空罐时调整浮子钢带液位计，需要计算浮子浸入液体的深度 LF(cm)，可用公式（1）计算，然后根据这个数值来调整零位。

$$LF=(W-W_1+W_2)/(\rho A) \tag{1}$$

式中 W——浮子质量，g；

W_1——恒力盘簧拉力，g；

W_2——钢带质量，g；

ρ——被测液体密度，g/cm^3；

A——浮子圆柱截面积，cm^2。

如果是球形罐，由于球罐上安装仪表均将浮子中心与罐体中心拉开一定距离，而罐底是凹形球面，还要考虑浮子的耳环停留在罐底导向钢索固定架上，从罐底到浮子底部的距离 L_x。然后根据 L_F+L_x 这个数值来调整零位。L_x 按公式（2）计算：

$$L_x=\frac{D}{2}-\sqrt{\frac{D^2}{4}+S^2} \tag{2}$$

式中 D——球形罐直径，cm；

S——罐的中心与浮子中心的距离，cm。

3.4 使用、维护与故障处理

3.4.1 安装注意事项

3.4.1.1 考虑便于安装、调试、读数和检修，以在人孔附近或专门的安装板等手能触及的部位最好。

3.4.1.2 浮子中心距离容器侧壁的尺寸应符合在 400 ～ 1500mm 范围内的要求。

3.4.1.3 浮子的工作位置应远离出料口及搅拌器，以防液面波动影响测量准确度和稳定性。无法避免时，要加装分流板，防波罩等装置加以解决。

3.4.2 投用步骤

设备内部检修时，手轮机构切换到 HOISTING 位置，必须把浮球用手轮摇到最高位置，并把手轮机构锁住。

1）逆时针旋开手轮机构解锁手轮。

2）把摇把套在手轮机构四方柱上。

3）手扶摇把并给逆时针方向一定的力，慢慢松开手轮机构上的拨杆，靠浮球的自身重力，把浮球慢慢放到测量液位的位置，直到指针不在变化为止。

4）把手轮机构切换到 MEASURE 位置。

5）仪表投用正常的测量状态。

3.4.3 定期检查

3.4.3.1 检查信号线保护管是否完好。

3.4.3.2 检查变送器外观、密封状况是否良好，信号线接线端子是否有腐蚀或水、汽等。

3.4.3.3 检查仪表内腔

1）卸下表盖紧固螺丝，打开仪表前后盖。

2）检查仪表内腔是否有尘土，锈蚀。

3）检查盘簧轮、钢带导向轮、链轮等磨损情况，是否有污物，润滑是否良好。

4）检查各齿轮轴磨损情况，润滑是否良好。

5）检查盘簧是否有断裂、散卷。

6）检查钢带是否有扭折或破裂。

3.4.3.4 检查导向保护管

1）检查导向保护管挠曲，挠曲不得超过 ±5mm。

2）将导向轮盒盖板紧固螺丝卸下，打开导向轮盒盖板。

3）检查导向管内应无尘土、锈蚀等污物。

4）将测量钢带从导向轮上脱开，检查导向轮运转应平稳灵活。

5）检查导向轮，轮轴磨损状况，润滑应良好。

6）检查测量钢带应无扭折或破裂。

3.4.3.5 清扫仪表卫生。

3.4.3.6 同3.3.1。

3.5 检修及质量要求

3.5.1 检修周期

一般每个生产周期进行1次全面的检修校验。检修前要确认储罐无压和出、入口阀关闭无泄漏，如要进罐作业必须遵守有关安全规定。

3.5.1.1 按“3.4.3定期检查”进行项目检查。

3.5.1.2 检查导向钢丝和浮子。

应确认罐内无压、无液体、无危险气体，罐内氧含量符合作业要求，方可进行此项检查。

1）检查导向钢丝应无弯曲和折叠。

2）检查导向钢丝应垂直拉紧。

3）检查导向钢丝固定件应紧固牢靠。

4）检查浮子与测量钢带连接应牢靠。

5）检查浮子应无变形、破裂、结垢。

3.5.1.3 打开导向轮盒盖板，表体前后盖，清扫灰尘，铁锈等污物。

3.5.1.4 清洗轮轴污物。

3.5.1.5 清洗钢带。

3.5.1.6 各轮轴上润滑油。

3.5.1.7 表体内腔各齿轮上润滑油。

3.5.1.8 回装仪表，按“3.3.2”选择合适方法进行校验。

3.5.2 导向钢丝的更换

3.5.2.1 用力使导向钢丝伸直，不要使导线钢丝弯曲或打结。

3.5.2.2 打开罐顶导向钢丝张紧装置的罩盖，通过中心孔把导向钢丝穿入，临时把导向钢丝的终端固定在张紧装置上。

3.5.2.3 在罐的底部，使钢丝穿过浮子的导耳孔，固定在支柱上。因投用后再修理很困难，所以操作时要精心。

3.5.2.4 在罐顶用力拉紧导向钢丝，并把导向钢丝的末端在轴上绕2～3圈，旋紧螺帽，切断多余部分，完成更换工作。

3.5.3 测量钢带的更换

3.5.3.1 打开仪表输出轴的端盖，取下连接拨轮。

3.5.3.2 松开压紧环再打开表体后盖，把盘簧轮和钢带轮脱开。

3.5.3.3 将测量钢带无孔一端通过链轮。

3.5.3.4 用绳索从罐顶导轮盒穿过保护管，与测量钢带无孔一端系住，把测量钢带拽到罐顶，再送入罐内与浮子挂环连接。

3.5.3.5 安装时，测量钢带不得打结、打卷或受损伤，不得超出导向滑轮的导向槽，而且必须与浮子挂环连接要牢固，以防脱落。

3.5.3.6 更换后应检查测量钢带上的齿孔应与链轮上的齿准确啮合，压紧轮位置正常、钢带在各处的位置正常后再盖回表盖。

3.5.4 恒力盘簧的更换

3.5.4.1 打开仪表后盖，将盘在盘簧轮上的恒力盘簧一端抽出，用螺钉固定在钢带轮的反缠盘轮上。

3.5.4.2 松开钢带轮上的紧固螺钉。

3.5.4.3 用手顺时针将盘簧反缠在反缠轮上，注意不能反缠在盘簧轮外面。

3.5.4.4 根据测量范围确定反缠圈数。

3.5.4.5 反缠后将固定螺钉紧固好。

3.5.4.6 检查测量钢带应无松动或间隙，如有则重新反缠。

3.5.4.7 恒力盘簧反缠在反缠轮上的总长度应大于整个测量范围。

3.5.4.8 恒力盘簧安装完毕后，测量钢带上的齿轮孔应与链轮上的齿准确啮合，钢带在表内各处穿行正常。

3.5.5 变送器检修

检查变送器的指示准确度应符合要求，如果不符合要求则进行调整。拆变送器时注意要先断开仪表电源，方可拆线。

3.5.6 常见故障与处理

浮子钢带液位计常见故障与处理方法见表 1。

表 1 浮子钢带液位计常见故障与处理方法

故障现象	故障原因	处理方法
指示不变化	1. 链轮与显示部分轴松动 2. 显示部分齿轮磨损 3. 转动部件卡死 4. 传动部分被冻住 5. 手摇装置的传动轴没有拔出	1. 重新紧固 2. 更换齿轮组件 3. 处理转动部件使之转动灵活 4. 采取防冻措施 5. 拔出传动轴，并用紧固螺钉固定
读数有误差	1. 变送器电路板故障 2. 钢带打节或扭曲 3. 导向钢丝与浮子有摩擦 4. 钢带与链轮啮合不好 5. 导向保护管弯曲 6. 恒力盘簧或磁偶扭力不足	1. 更换变送器电路板 2. 取下导轮盒盖，拔出钢丝进行检查，若有损坏则予以更换 3. 重新安装 4. 重新安装 5. 保护管矫正或更新 6. 更换恒力盘簧或磁偶扭力连接器
指示最大	钢带断裂	更换钢带

3.5.7 检修质量要求

3.5.7.1 检修后的仪表，必须校验合格，各项性能应符合技术指标要求。

3.5.7.2 检修结束后，对被检修的仪表填写检修记录，记载故障情况、更换的零部件、修理技术措施、调校数据及计算结果、检修人及技术员签名，作为仪表检修资料存档。

4 电动浮筒液（界）位计

4.1 概述

电动浮筒液（界）位计是根据阿基米德原理设计的浮力式液位仪表，主要由带HART通讯协议液晶显示组件、保护盒内传感器及底座、扭力杆带夹套、带链条的金属浮筒4部分组成（图2）。浮筒液位计有两种结构，一种是扭力管式，另一种是弹簧管式，本文以扭力管式为例。浮筒垂直悬挂在杠杆上并浸没在测量室内的液体中，杠杆与扭管机构刚性连接。当浮筒处于“零位”状态时，扭力管的弹力与浮筒的自身重力相平衡，浮筒处于悬空状态。当液位上升时引起浮力变大，扭力管的弹力相应减小，扭力管形成角度的变化，芯轴与扭力管同步旋转，将浮力的变化即液位变化转换成扭力管芯轴的角位移输出。转角输出到表头里的摇架组件上，带动固定在摇架上的磁钢组件发生位移变化，改变了霍尔效应传感器检测到的磁场，霍尔传感器作相应的电压输出，通过电子线路部分转换成标准的电流信号输出。现以244LD型为例说明，其他同类仪表可参照执行。

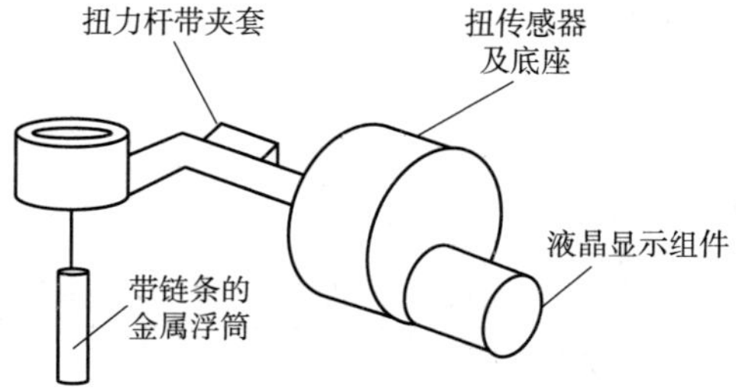

图2 电动浮筒组成

4.2 技术指标

4.2.1 测量准确度：±0.5%；±1.0%；±1.5%

4.2.2 灵敏度：0.05%

4.2.3 供电电压：12～24V DC供电

4.2.4 输出信号：4～20mA DC，叠加符合HART协议的数字信号

4.2.5 接线方式：二线制

4.2.6 负载电阻：250～600Ω

4.2.7 工作压力：1.6～16.0MPa

4.2.8 介质温度：-60～400℃（普通型）；-196～500℃（高、低温型）

4.2.9 介质密度：0.4～2.0g/cm³（液位）；密度差：≥0.15g/cm³（界位）

4.2.10 防爆等级：隔爆型 Ex d ⅡC T4～T6、本安型 Exia ⅡC T4～6

防护等级：IP65

4.2.11 环境条件：温度 -40～85℃，湿度≤85%

4.2.12 连接方式：法兰连接，*DN*50；法兰标准：*PN*1.6、2.5，平面，JB/T 81—94；*PN*4.0～16.0，凸面，JB/T 82.2—94；也可按用户提供的规格及标准制造。

4.2.13 材质：浮筒：1Cr18Ni9Ti；浮筒室及法兰：Q235A 或 1Cr18Ni9Ti，特殊环境可定制。

4.3 检查与校验

4.3.1 检查

4.3.1.1 检查液位计外观无破损、变形，铭牌标识齐全清晰，符合工艺设备的压力、温度、材质、密封等要求；

4.3.1.2 检查变送器电气接口螺纹无滑扣、错扣，紧固螺丝无滑丝现象，电路板表面清洁无水汽现象，引出线无破损或划痕；

4.3.1.3 检查上下法兰连接处无渗漏现象，检查排污阀应完好。如有渗漏立即处置。

4.3.1.4 浮筒外部水平中线要与液（界）位变化范围中点一致。

4.3.1.5 检查仪表显示与实际测量一致。

4.3.1.6 冬季需要伴热保温的液位计，应检查液位计保温伴热情况良好，以免介质冻堵，导致液位检查偏差。

4.3.2 校验

4.3.2.1 校验前准备

校验设备：电动浮筒液（界）位计；标准电流表；250Ω 电阻；24V 直流稳压电源；HART 编程器以及必需的连接件、导线等。将电动浮筒液（界）位计按照图 3 所示连接信号和导线，检查接线正确。

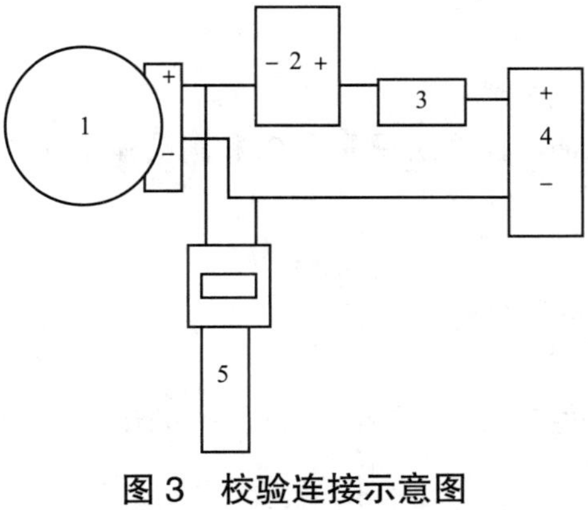

图 3 校验连接示意图

1—电动浮筒液（界）位计；2—精密电流表；3—250Ω 电阻；4—24V 直流稳压电源；5—HART 编程器

4.3.2.2 校验步骤

浮筒液（界）位计的调试、校验方法一般有挂重和灌液两种方法。

4.3.2.2.1 挂重法

4.3.2.2.1.1 液位调试

浮力计算：

浮筒浮力

$$F_1=\frac{\pi}{4}D^2H\rho g$$

浮筒重量 G 与浮力之差

$$F_2=G-F_1$$

式中 D——浮筒外径，cm；

H——浮筒长度（变送器量程），cm；

ρ——介质密度，g/cm^3。

将变送器水平固定在校验架上：

1）零点调试（4mA）

在托盘上放入同浮筒重 G 等重的砝码（含托盘重），用 HART 编程器调整量程，使输出为 4mA。

2）满度调试（20mA）

在托盘上放入同 F_2 等值的砝码（含托盘重），用 HART 编程器调整量程，使输出为 20mA。

按 1）、2）两步，反复调整几次，并按 4 等分检查线性，直到输出信号满足准确度要求为止。

4.3.2.2.1.2 界面调试

根据两种介质密度，分别计算出轻重密度下的浮力 F_Q 和 F_Z。

$$F_Q=\frac{\pi}{4}D^2H\rho_Q g$$

$$F_Z=\frac{\pi}{4}D^2H\rho_Z g$$

式中 D——浮筒外径，cm；

H——浮筒长（量程），cm；

ρ_Q——轻介质密度，g/cm^3；

ρ_Z——重介质密度，g/cm^3。

根据 F_Q 和 F_Z 计算出调零挂重砝码重量 F_0 和满量程挂重砝码重量 F_M。

$$F_0=G-F_Q$$

$$F_M=G-F_Z$$

式中 G——浮筒重量（标牌上标出）。

1）零点调试（4mA）

在托盘上放入同 F_0 等值的砝码（含托盘重），用 HART 编程器调整量程，使输出为 4mA。

2）满度调试

在托盘上放入 F_M 等值的砝码，用 HART 编程器调整量程，使输出为 20mA。

4.3.2.2.2　水校法

4.3.2.2.2.1　液位调试

1）介质密度≤1g/cm^3（水）时

根据被测介质密度和量程，计算满量程所对应的水位高度 h（cm）：

$$h=H \cdot \rho$$

式中　H——浮筒长度（量程），cm；

ρ——被测介质密度，g/cm^3。

a）零点调试

排净浮筒室内的清水，用 HART 编程器调整量程，使输出为 4mA。

b）满度调试

打开进水阀，向浮筒室内注入清水，使水位升高等于 h，立即关闭水阀，用 HART 编程器调整量程，使输出为 20mA。

按 1）、2）两步，反复调整几次，并按 4 等分检查线性，直到输出信号满足准确度要求为止。

2）介质密度＞1g/cm^3（水）时

当被测介质密度大于水的密度时，则取量程内的一点做为满度（上限）调试点。调试前，应先计算出该点所对应的水位高度和该点在量程内所对应的电流值。

例如：量程为 150cm，被测介质密度为 1.1g/cm^3，取 130cm 处为满度（上限）调试点，则：

对应水位高度应为：h=130×1.1=143（cm）

该点对应的电流应为：I=4+（$\rho_{水}/\rho_{介}$）×16×100%

=4+（1/1.1）×16=18.5（mA）

式中　I——输出电流，mA；

$\rho_{水}$——水的密度，g/cm^3；

$\rho_{介}$——被测介质的密度，g/cm^3。

计算结束后，调试方法如下：

a）零点调试

排净浮筒室内的清水，用 HART 编程器调整量程，使输出为 4mA。

b）满度调试

满度调试则在水位为 143cm 处用 HART 编程器调整量程，使输出为 18.5mA，反复几次，并按 4 等分检查线性，直到输出信号满足准确度要求为止。

4.3.2.2.2.2　界面调试

两种介质密度均≤1g/cm^3（水）时：

根据两种不同的介质密度，分别计算出零点对应的水位高度 h_0（cm）和满度时所对应的水位高度 h（cm）

$$h_0=H \cdot \rho_Q$$

$$h_m=H \cdot \rho_Z$$

式中　H——界面量程（浮筒长），cm；

h_0——界面零点时对应水位高度，cm；

h_m——界面满量程对应水位高度，cm；

ρ_Q——轻介质密度，g/cm^3；

ρ_Z——重介质密度，g/cm^3。

计算出 h_0 和 h_m 后，以浮筒底面高度的刻度线为基准，分别画出 h_0 和 h_m 在刻度标尺上的标记。

1）零点调试

向浮筒室内注入清水，使水位高度等于 h_0，关闭进水阀，用 HART 编程器调整量程，使输出为 4mA。

2）满度调试

向浮筒室内注入清水，使水位高度等于 h_m，关闭进水阀，用 HART 编程器调整量程，使输出为 20mA。

按上述 1）、2）两步，反复调整几次，并按 4 等分检查线性，直到输出信号满足准确度要求为止。

重介质密度＞1g/cm^3（水）时，满度的调整，可取高于零点调试水位 h_0 的任意一点作为满量程调试点，参照水校法“介质度＞1g/cm^3（水）”的调试方法执行。

4.5 使用、维护与故障处理

4.5.1 使用

4.5.1.1 投用前仪表要与工艺设备一同试压，并检查仪表使用条件，如工作压力、工作温度，是否满足仪表的要求。

4.5.1.2 检查仪表安装应牢固可靠，浮筒室必须保持垂直，防止浮筒和浮筒室内壁碰撞。要检查各管路阀门是否灵活好用。

4.5.1.3 检查浮筒外部水平中线要与液（界）位变化范围中点一致。

4.5.1.4 仪表投用后应定期进行基本性能检查，并对发现的问题予以消除。

4.5.1.5 按工艺测量介质的脏污情况，定期进行浮筒室的排放和清洗。

4.5.2 维护

4.5.2.1 按 4.3.1 定期检查。

4.5.2.2 检修前必须办理相关工作票证（作业票 / 联锁工作票等），关闭液位计引压阀，打开排污阀，泄去压力，确认浮筒已切除系统方能作业。

4.5.2.3 仪表的保护元件不能轻易更换，如需更换，应按防爆规程要求进行。

4.6 检修内容及质量要求

4.6.1 检修内容

4.6.1.1 一般每个生产周期进行 1 次全面的检修校验。检修前要确认储罐无压和出、入口阀关闭无泄漏，如要进罐作业必须遵守有关安全规定。

4.6.1.2 在线检修时，可对浮筒室内壁及浮筒进行清洗，确保浮筒不会卡在浮筒室内壁。

4.6.1.3 离线检修时，可对浮筒进行解体，对浮筒室内壁和浮筒进行清理，检查浮筒有无沙眼；对扭力杆进行清理，检查扭力杆应无变形并加油润滑。

4.6.1.4 检修回装时，需更换新的密封垫片，投运时观察上、下法兰及排污阀应无渗漏现象。

4.6.1.5 电动浮筒液（界）位计若出现浮筒室渗漏、破裂而导致泄压，浮筒脱落、卡涩或指示失灵等异常、故障现象时应及时检修，并经校验合格后才能使用。

4.6.2 常见故障与处理

电动浮筒液（界）位计常见故障与处理方法见表 2。

表 2 电动浮筒液（界）位计常见故障与处理方法

序号	故障现象	检查项目	处理方法
1	实际液位有变化，但无指示或指示不跟踪	引压阀、管堵或积有脏物 浮筒破裂 浮筒被卡住 变送器损坏 没有电源	疏通，清洗或更换引压阀 更换浮筒 拆开清理筒体内脏物 更换变送器 检查电源、信号线、接线端子、安全栅等
2	实际液位变化，但变送器指示最大	浮筒脱落 变送器故障	重新固定浮子并校验 更换变送器
3	实际液位变化，但变送器指示最小	扭力杆断裂 变送器故障 浮筒室破裂	更换扭力杆，并重新校验 更换变送器 更换浮筒室
4	变送器指示比实际液位低或高	物料密度发生变化 浮筒有沙眼	重新校验变送器 更换浮筒

4.6.2 检修质量要求

4.6.2.1 检修后的仪表必须进行校验，各项性能应符合技术指标要求。

4.6.2.2 检修结束后，对被检修的仪表必须填写检修记录，记载故障情况、更换的零部件、修理技术措施、调校数据及计算结果、检修人及技术员签名，作为仪表检修资料存档。

5 电动浮球液位变送器

5.1 概述

电动浮球液位变送器是一种力矩平衡式仪表，由检测和转换部分组成。检测部分由浮球、杠杆、平衡锤、法兰、中心轴等组成；转换部分由传感器、放大器、电流转换电路及指示表组成。变送器的浮球装在工艺容器内，当液位变化时，浮球受到浮力随之变化，当浮力矩与反馈力矩平衡时，反馈杆角度与液位成正比，其变化量经杠杆、中心轴传动，使传感器产生角位移，通过变送部分产生与液位成线性的 4～20mA DC 的标准信号。该类仪表具有安装方便、观察清晰、可靠性高，以及无须保温、加热、冲洗等特点，特别适用于炼油厂的热重油、沥青，以及其他含蜡，黏、稠、脏、污等介质液位测量。

本规程以 UQD 智能浮球液位计为例说明，其他同类仪表可参考使用。

5.2 主要技术指标

5.2.1 输出信号：4～20mA DC

5.2.2 液位测量范围：见表 3

表 3 浮球液位计测量范围

浮球杠杆长度 /mm	468	718	1218	1885
最大测量范围 /mm	350	500	800	1200

5.2.3 浮球最大运行角：35°（特殊的大转角例外）

5.2.4 工作温度：带散热片 225～450℃

不带散热片 -40～225℃

5.2.5 电源电压：额定电压 24V DC

输入电压范围 9～36V DC

5.2.6 准确度：液位 ±1.0%，界面 ±2.5%

5.2.7 工作压力：≤4MPa

5.2.8 使用环境相对湿度：≤95%

5.2.9 被测介质密度≥ 0.55g/cm^3

5.2.10 环境温度：-40～60℃

5.2.11 法兰连接标准：JB/T 82.2—94 *DN*250；*PN*4.0 或 *PN*6.3MPa 凸面，用户设备按相应标准凹面配用

5.2.12 防爆等级：本安型 Ex ib ⅡC T4；隔爆型 Ex d ⅡC T4

5.3 检查与校验

5.3.1 检查

5.3.1.1 仪表零部件应完好无损，传动机构动作灵活、润滑良好。

5.3.1.2 铭牌及各种数据校验单等齐全准确。

5.3.1.3 仪表使用条件，如工作压力、工作温度要满足仪表的要求。

5.3.1.4 仪表安装位置正确，要考虑便于操作、观察、维护和维修，根据实际情况选择左侧或右侧安装，液位的正常位置应在仪表量程中间。

5.3.1.5 仪表的浮球、杠杆、支点、平衡杆、中小轴和平衡锤应在同一个平面内，且转动自如。

5.3.1.6 调整好四连杆机构的原始位置。

5.3.1.7 检查各部位螺钉有否松动。
5.3.1.8 安装应检查盘根松紧情况和耐高温润滑油使用情况。
5.3.1.9 检查接线应正确。

5.3.2 校验

变送器安装后，一般就地校验。
5.3.2.1 先根据实际测量介质的密度，调整平衡锤在平衡条上的位置。
5.3.2.2 下限（即零点）调试：浮球处于最低位置时（即零点），调下限旋钮，使输出4mA，表头指针指示在0%的位置上。
5.3.2.3 上限（即满度）调试：下压平衡杆，将浮球移至最高位置（即满度），调上限旋钮，使输出20mA，表头指针指在100%位置上。
5.3.2.4 按5.3.2.2和5.3.2.3步骤重复进行调整后，并进行线性度复核，直到符合精确度要求为止。
5.3.2.5 锁紧限位螺丝。

5.4 使用、维护与故障处理

5.4.1 使用

5.4.1.1 根据实际情况选择左侧或右侧安装。
5.4.1.2 当工艺容器内有正常液位时，浮球漂浮在液位上，应调整滑块位置，使反馈力矩与浮力矩相平衡。

5.4.2 维护

5.4.2.1 变送器应每月加1次耐高温润滑油。

5.4.3 常见故障与处理

浮球液位计常见故障与处理方法见表4。

表4 浮球液位计常见故障与处理方法

故障现象	故障原因	处理方法
液位变化，输出不灵敏	1. 密封圈过紧； 2. 浮球变形	1. 调整密封部件； 2. 更换浮球
无液位，但指示为最大	浮球脱落、变形、破裂	重装浮球或更换浮球
指示误差大	1. 连接部件松动； 2. 平衡锤位置不正确	1. 调紧； 2. 调整平衡锤位置
液位变化，但无输出	1. 变送器损坏； 2. 电源故障或信号线接触不良	1. 更换变送器； 2. 处理电源或信号线故障

5.5 检修及质量要求

5.5.1 检修

5.5.1.1 浮球液位变送器一般应与生产装置检修同步进行。

5.5.1.2 进入工艺容器检修时应符合安全规定。

5.5.1.3 进入容器内检查浮球与杠杆、杠杆与中心轴等连接情况，清理杂物。

5.5.1.4 检查浮球应无变形或者有裂纹等瑕疵，如有，更换浮球。

5.5.1.5 需拆装检查的，安装后要随工艺设备一同试压。

5.5.2 检修质量要求

5.5.2.1 零部件齐全，装配关系正确，紧固件不得有松动现象，整体洁净。

5.5.2.2 检修后的仪表，必须进行校验，各项性能应符合技术指标要求。

5.5.2.3 浮球液位计各连接处、填料函等密封处不应有渗漏。

5.5.2.4 检修结束后，对被检修的仪表必须填写检修记录，记载故障情况、更换的零部件、修理技术措施、调校数据及计算结果、检修人及技术员签名，作为仪表检修资料存档。

6 同位素物位计

6.1 概述

同位素物位计是利用放射源产生的射线，穿过被测容器及容器中的介质，射线被不同高度的物料所吸收，通过检测被吸收而衰减的射线强度，从而测得相应的物位，简称同位素物位计。同位素物位计具有非接触式测量的特点，既可以测量液位也能测量料位。具有安装简单、运行可靠、维修方便等特点，常用于其他物位仪表难以应用甚至不能应用的场所，例如：高温、高压、真空、易燃、易爆、易结晶、高黏度、强腐蚀、无定形、极毒、轻质粉末等物质的物位；两相界面或者分层界面测量；也能用于多烟雾、强干扰等恶劣环境。随着生产工艺的发展和自动化检测及控制水平的不断提高，同位素物位计越来越受到广泛重视，而且得到了更加广泛的应用。

本规程仅以 LB4XX 系列同位素物位计为例加以说明。由于放射仪表的特殊性，有关内容会与仪表制造厂的操作说明有不同之处，实际操作应以各仪表的说明书为准。

6.1.1 工作原理

同位素物位计基于 γ 射线强度的衰减随被测物位变化而异的原理工作。

6.1.2 构成及功能

同位素物位计主要由放射源（^{137}Cs 或 ^{60}Co）及其容器、探测器、主机、副机、安装支架及其他附属部件等构成，各部分主要功能如下：

6.1.2.1 放射源（^{137}Cs 或 ^{60}Co）及容器：放射源固定安放在防护容器内，它发射出射线通过测量通道被探测器所接收。防护容器有源闸，可以开启、关闭测量通道，使射线有条件地通过测量通道。

6.1.2.2 探测器：由探测元件、前置线路及其他附属电路构成，固定在机械壳体内。探测元件功能是将所接收的射线信号转变为电信号。仪表探测元件为闪烁体计数器。前置线路的作用是将探测元件传递的电信号转换为能远距离输送的电信号。机械壳体为隔爆结构，可选带水冷套结构。

6.1.2.3 主机：主要由输入隔离、调制解调、放大、线性计数率计、运算、显示、输出隔离、输出等单元组成，它的作用是将来自于探测器的信号经处理后显示相应的测量结果，并将信号转换成标准信号输出。主机内有电源单元，为探测器和其他单元供电。

6.1.2.4 副机：与主机结合使用，它的作用是将来自于探测器的信号经处理后传递给主机进行运算。

6.1.2.5 安装支架：安装探测器或放射源的机械部件。

6.2 主要技术指标

6.2.1 输入电源：115/230V AC±10%，18～32V DC

6.2.2 功耗：22VA，15W

6.2.3 模拟输出：0/4～20mA，最大负载 850Ω

6.2.4 测量准确度：<3%

6.2.5 放射源：^{137}Cs/^{60}Co

6.2.6 300cps 剂量：0.5μSv/h（点探测器）

6.2.7 1000cps/m 剂量：0.09μSv/h（棒探测器）

6.2.8 长期稳定性：±0.1%

6.2.9 辐射防护等级：Ⅰ/Ⅱ级

6.2.10 防爆等级：Eex de ⅡC T6 防护等级 IP65

6.2.11 环境要求：

温度：变送器：-20～50℃

　　　探测器：-20～70℃

湿度：变送器：≤90%

　　　探测器：≤95%

当探测器的环境温度超过70℃时，需要增加外塔壁保温层的厚度，降低热辐射效应。

6.2.12 对仪表维修人员的要求：经仪表和放射源操作专业培训合格

6.3 检查与校验

6.3.1 完好条件

6.3.1.1 整机及零部件完整，符合技术要求，即：

1）仪表零部件、附件齐全完好；

2）仪表铭牌清晰；

3）紧固件无松动，接插件接触良好，可动件灵活自如；

4）探测器外观、防爆标志明显、防爆腔体、隔爆面无任何损伤；

5）放射源防护性能符合 GBZ 125—2009 的要求，放射源开关旋转准确，放射源标志明确无误。

6.3.1.2 运转正常，性能良好，符合使用要求，即：

1）源闸开启仪表显示正确；

2）仪表报警开关状态准确；

3）仪表内部无异常发热现象和不正常的噪声；

4）仪表运行质量达到本规程 6.2 的技术性能指标。

6.3.1.3 设备及环境整齐、清洁、符合安全防护要求，即：

1）放射源、探测器安装现场符合安全防护要求；

2）电缆排列整齐，安放在电缆管道内；

3）主机、副机安装在室内仪表柜内，且符合仪表使用的环境标准。

6.3.1.4 技术资料齐全、准确，符合管理要求，即：

1）仪表说明书、运转资料、部件及巡回检查记录等资料齐全；

2）仪表出厂日期、发货明细表、环评、放射源准购、验收等有关资料保存完好；

3）仪表历年校准、检修、故障处理及零部件更换记录等资料准确、齐全。

6.3.1.5 同位素物位计的检查原则上包括检修、校验和更换，结合仪表校验要求，检修周期一般与装置检修周期同步。

6.3.2 校验

6.3.2.1 校验仪器、器具

万用表、示波器、油标尺、标准源、标准铅板、辐射仪等。

6.3.2.2 校验物料

使用工艺生产过程中实物标定或模拟物料标定。

6.3.2.3 校验步骤

1）零点校准：放射源处于开启状态，标尺丈量或U形管测量，确定料位高度低于测量起始点，操作仪表主机控制键使之自动读入零位脉冲数，完成后保存退出。

2）料位计实物标定量程范围：根据物料质量、堆密度计算物位高度或通过实物丈量的方法，严格按照设计资料确定量程范围内物料高度的料位百分比。每台料位计实物标定时应当在量程范围内选择不少于 10 个校准点，以此为依据对料位计进行组态，确定量程范围。

3）料位开关模拟标定：以设计资料的报警路径为依据，将报警路径的物料厚度换算成相对应的标准铅板厚度，采用空罐时挂模拟铅板的方法，在料位开关主机上建立报警点。亦可以此方法确定料位开关的量程范围。

6.4 使用、维护与故障处理

6.4.1 使用

6.4.1.1 投运前的准备

1）检查各接插件，应接插正确，牢固可靠。

2）检查电源、信号电缆及其接头，应正确可靠。

3）检查仪表电源开关，应在关闭状态。

4）检查放射源开关，应在关闭状态。

6.4.1.2 投运步骤

1）打开射源开关。

2）打开仪表电源开关。

3）按仪表运行键使之投入运行。

4）点探测器运行约 5min，棒探测器运行约 30min 后；测量系统正式投用。

6.4.1.3 停运步骤

1）按仪表运行键使之停止运行。

2）关闭仪表电源开关。

3）关闭放射源开关。

6.4.1.4 验收事项

1）逐条检查检修项目的完成情况。

2）检查检修后的仪表运行质量应达到 6.2、6.3 的要求。

3）检查检修技术资料应齐全。

4）检查放射源应安全。

6.4.2 维护

一般每个生产周期进行 1 次全面的检修校验，出现异常可随时进行。

6.4.2.1 定期检查内容

1）检查射线路径上有无多余的障碍物或黏附物；

2）检查仪表指示应准确、符合工艺要求；

3）检查仪表工作环境是否符合正常工作要求；

4）发现仪表异常应立即解决，一时无法消除应及时报告，危及仪表安全运行时应采取紧急停表措施，并通知相关人员；

5）做好巡检记录。

6.4.2.2 定期维护内容

1）清理探测器和放射源容器外表面的污垢；

2）检查源闸应开启自如；

3）检查电缆线应无断裂、老化现象；

4）清除主机、副机的积尘或其他污垢。

6.4.3 常见故障与处理

同位素物位计 LB4XX 常见故障与处理方法见表 5。

表 5 同位素物位计 LB4XX 常见故障与处理方法

故障现象	故障原因	处理方法
主机单元黑屏	1. 二次表不工作； 2. 副机不工作； 3. 探测器不工作	1. 检查电源和二次表保险丝； 2. 检查连接线和接插端子； 3. 检查探测器功能
探测器不工作	1. 接线问题； 2. 线路问题； 3. 探测器配置错误； 4. 探测器 ID 地址错误	1. 检查接线端子； 2. 使用工器具检测连接电缆； 3. 检查探测器配置型号； 4. 检查探测器 ID 地址
触摸屏没反应	屏幕标定错误	重新标定

6.5 检修及质量要求

6.5.1 检修

6.5.1.1 探测器检修

1）坪特性（针对点探测器）：测绘坪曲线时，可以把探测器从现场取下来。料位至少在报警点的以下 100mm。测试坪曲线期间应保证料位保持不变。否则必须把探测器拆下再测。可以用一个实验室用的试验源代替现场放射源。根据测量结果可以画出一曲线（图 4）。如果坪曲线上的坪大约有 100V，且斜率不超过 5%，坪区位置在高压工作范围内则此探测器工作正常。

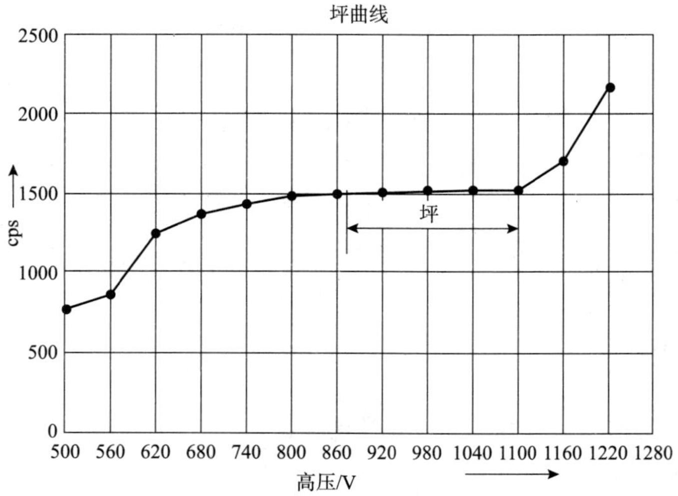

图 4 NaI 探测器坪曲线举例

如果在100V范围内计数率的变化超过5%，那么探测器的工作是不稳定的，必须更换探测器或者晶体光电组件。更换方法详见操作说明书。

2）探测器内部如有腐蚀性情况应清洁处理。

电气元件、电缆接头等如有损坏、断裂等现象应更换，重新焊接；密封性能差，更换密封垫。

6.5.1.2 主机和副机检修

1）清理内、外部积尘；

2）测量各接线有无短路、断路现象；

3）对各工作点参数按说明书要求重新测定调整，对损坏的电器元件应更换。

6.5.1.3 其他检修

1）按GBZ 125—2009要求对放射源进行检查，发现问题立即处理；

2）放射源防护容器按防护要求仔细检查，如有不安全因素及时采取措施并上报有关部门；

3）检修后开表程序与新装仪表程序相同。

6.5.2 检修质量要求

检修后的同位素物位计应达到6.2、6.3的要求。

6.6 安全注意事项

6.6.1 日常维护安全注意事项

6.6.1.1 放射源周围必须设置防护措施，泄漏量应符合环保要求。必须画出危险区域同时配备有醒目的“电离辐射”标志，禁止非工作人员进入。

6.6.1.2 放射源在使用中要定期检查防止丢失，非专职维护人员不得靠近或接触放射源。

6.6.1.3 放射源的防护三要素：屏蔽、时间、距离。原则上讲，防护屏蔽越厚越好，接触时间越短越好，防护距离越长越好。

6.6.2 检修安全注意事项

6.6.2.1 放射性仪表专职维护维修人员持证上岗，必须配备必要的监测仪器，采用专用操作工具作业。并熟悉该类仪表的分布情况和现场放射源安装部位工作条件，避免不必要的照射。

6.6.2.2 防爆现场严禁带电开启探测器和电路的防爆盒、防爆箱。

6.6.2.3 严禁带电插拔电路部件。

6.6.3 投运安全注意事项

6.6.3.1 凡是经过检修后的仪表在投运时必须有两人以上在场，以免发生意外事故。

6.6.3.2 必须按该仪表使用说明书所述要求进行操作，严格执行操作程序，不得随意开启或关闭仪表。

6.6.3.3　工作结束后，操作现场必须用便携式放射线辐射仪进行检查，防止放射源丢失或者发生放射源污染，一旦发生射线污染事故，应及时保护现场，并迅速报告当地公安部门和政府有关主管部门。工作中使用的工具也应进行检查，事后由专人妥善保管。

6.6.4　放射性同位素防护安全注意事项

6.6.4.1　放射源使用遵循：《放射性污染防治法》《放射性同位素与射线装置安全和防护条例》《中华人民共和国核安全法》《电离辐射防护与辐射源安全基本标准》《含密封源仪表的放射卫生防护标准》。

6.6.4.2　应由安全部门指定具备射线防护知识的人员管理放射性防护工作。

6.6.4.3　放射源使用地点应考虑远离工人操作岗位。

6.6.4.4　因装置检修转移、停放的放射源必须办理相关审批手续，走指定路线、存放在指定位置、制定专人保管。严格收发手续，防止出现差错，严防丢失。

6.6.4.5　专职维护人员对每点放射源的使用期下限必须做好统计记录，并在失效前1年办理购置新源和废源处理的手续，并落实好实施放射源倒装的专业单位。

7　料位开关

7.1　概述

料位开关是一种检测物料位置的仪表，其工作原理是：分别安装在料仓顶部或仓壁侧面位置上，由于被测物料的密度与空气不同，当仓内物位发生变化时会引起探头的振动频率发生变化，当该频率变化大于设定值时，料位开关内的继电器动作，输出一个开关量达到控制（或报警）目的。料位开关包括阻旋料位开关、音叉料位开关、电容式料位开关、射频导纳料位开关等，其主要用于容器、储罐的高低料位或者中间料位的测量，通过螺纹或法兰定点安装在料仓的侧面、顶部和底部。

料位开关可对包括涂覆液、气液和浆料在内的大多数液体的料位进行上、下限位报警。功能几乎不受流量、气泡、湍流、泡沫、振动、固体含量、涂覆产品、液体属性和产品变化的影响，适用于高温、高压、强腐蚀、多粉尘的恶劣环境。

料位开关型号很多，下面以V3R型振动棒式料位开关为例加以说明，其他同类仪表可参照执行。

7.2　主要技术指标

7.2.1　工作温度：-40～160℃

7.2.2　工作压力：25bar（1bar=10^5Pa）

7.2.3　电源电压：220V AC±10%，或24V DC

7.2.4　功耗：≤3W

7.2.5 响应时间 3～10s；输出信号：两组继电器转换接点输出（触点容量 220V AC，1A）
7.2.6 探极部分：316L SS 不锈钢探头，长度 25～254cm
7.2.7 防爆等级：粉尘防爆等级 - Ⅰ级，2 类和Ⅱ级

7.3 检查与校验

7.3.1 检查

7.3.1.1 有条件的场合可用被测物质直接观察检查，无条件直接观察时，可用人工模拟方法检查。
7.3.1.2 检查料位开关安装符合产品说明书对测量要求。
7.3.1.3 料位开关内继电器触头不要直接带大电流负载，尤其感性或容性负载。带大电流负载应通过中间继电器，并在负载两端并接浪涌吸收元件。
7.3.1.4 检修周期建议为大修周期，如果有法定检修周期的，按最高标准执行。

7.3.2 校验

7.3.2.1 根据工艺生产过程对仪表准确度要求、计量管理的要求制定校验周期。
7.3.2.2 当被测物料埋没探头时，探头振动频率改变增加。继电器动作并输出一个开关量用于上下限位报警或控制，所以限位开关的标定就是设置正确的“动作频率”。

7.4 使用、维护与故障处理

7.4.1 使用

料位开关有多种产品，安装时应根据探头的不同形式及现场情况采取顶装（从仓顶垂直安装）或侧装（仓壁侧面安装）。顶装时应选择能避开进料时物料冲击的位置安装，距仓壁距离应大于 200mm，侧装时应倾斜 20°～30°，以免探头挂料，另当探头易受到下落物料的击打时，则需要安装挡板，如图 5 所示。

振动棒式料位开关的安装：棒式探极为 G1.5 管螺纹或带螺纹法兰安装，可根据现场情况采取顶装或侧装。

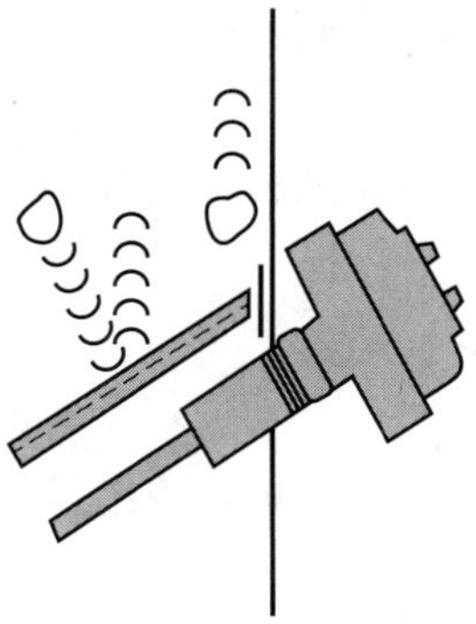

图 5　侧装时应倾斜 20°~30°，或需安装挡板

缆式探极的安装：缆式探头只能顶装。

平面探极的安装：平面探头为法兰安装，只能侧装。

同轴探极的安装：同轴探极为 1.5in NPT 螺纹安装或带螺纹法兰安装，安装方法同棒式探极，应注意使壳体接通大地。

注：拆装料位开关时，注意不要碰撞探头，以免引起检测（振动）系统的损坏。

料位开关投入正常使用后，因无活动部件或缝隙，几乎无需维护。

7.4.2 维护

料位开关使用一段时间后，探极上黏附的物料越积越厚，可能会引起误动作，须在空仓情况下进行清理，在清理完成后可以继续使用。

7.4.3 常见故障与处理

振动棒式料位开关常见故障与处理方法见表 6。

表 6　V3R 型振动棒式料位开关常见故障与处理方法

故障现象	故障原因	处理方法
输出不变化	1. 接地线松动； 2. 线路板锈蚀； 3. 接线螺丝松动	1. 重新紧固； 2. 更换线路板； 3. 紧固螺丝
输出误动作	1. 配线绝缘降低； 2. 探头受到下落物料的击打	1. 检查配线回路绝缘情况或更换配线； 2. 调整角度安装或加装挡板

料位开关发生故障后，一般只要用人工模拟方法（即用手触及探头感知振动）即可初步判断。

7.5 检修及质量要求

7.5.1 检修

7.5.1.1　探头部分要检查振动状态、机械损伤和清除物料的污染。

7.5.1.2　信号线保护管、电缆进线口应完好；变送器外观、密封状况应良好，信号线接线端子应无腐蚀或水、汽等。

7.5.1.3　报警状态触点检查：用模拟方法在料位计输出继电器处于报警或非报警状态，用普通万用表检测。

7.5.2 检修质量要求

7.5.2.1　安装合理，接线紧固，格兰要完好，电缆护线管应正常，多余的电气接口必须封堵等。

7.5.2.2　重新安装后要随工艺设备一同试压。

8 超声波液位计

8.1 概述

超声波液位计是利用声波碰到液面（或料位）时，产生反射波的原理，通过测出发射波和反射波的时间差，从而计算出液面的高度。

超声波液位计分为直接测量式和外贴式（声呐式），外贴式又有外贴式液位计和液位开关。

直接式超声波液位计的工作原理如图6所示。

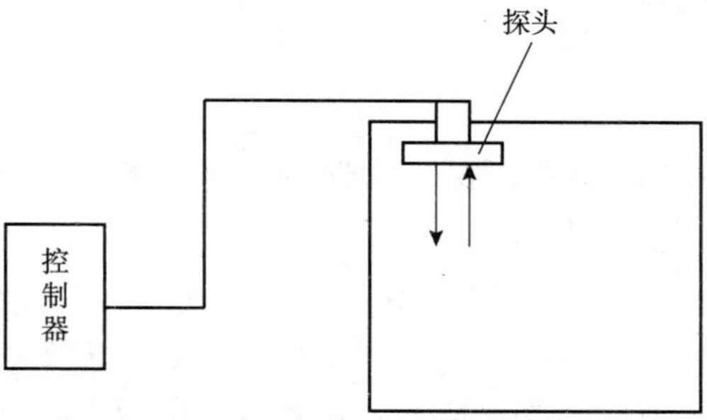

图6 超声波工作原理示意图

直接测量式超声波液位计可以进行不接触测量；无可动部件，不受光线、粉尘、温度等外界条件影响；能测量强腐蚀、高黏度和有毒介质的液位及固体和粉状物料的料位，还可以测量界位、液位差以及测量明渠和堰的流量。

由于空气中声速随温度的变化而变化，在较宽的温度变化条件下，为保证仪表的测量准确度，应使用温度补偿探头，温度修正系数为0.17%/℃。

超声波液位计的类型、品种颇多，要根据被测定的介质条件、测量范围、通讯要求确定选用仪表。一般有2线制或4线制；一体式或分体式；传输信号有：4～20mA DC/HART/RS485/FF/PROFIBUS DP等。

本规程以一体式Prosonic FMU40超声波液位计为例进行说明，其他同类型仪表可参照使用。

8.2 主要技术指标

8.2.1 盲区：0.25m

8.2.2 量程：液体0～8m；固体0～3.5m

8.2.3 工作压力：0.3MPa

8.2.4 环境温度：-40～80℃，自动温度补偿

8.2.5 电源电压：二线制24V DC；四线制110/220V AC或24V DC

8.2.6 输出信号：4～20mA/HART/FF/PROFI BUS PA任选

8.2.7 其他功能：菜单引导式，包络线，在线分析等

8.2.8 防爆等级：Ex d ⅡC T6

8.2.9 防护等级：IP65

8.3 检查与校验

8.3.1 检查

8.3.1.1 外观检查仪表应洁净、完整无破损。

8.3.1.2 检查应符合测量点的技术要求，如：过程温度、压力、环境温度、测量范围等。

8.3.1.3 检查测量值应与实际值一致。

8.3.1.4 检查电缆接线应准确、牢固、电缆密封塞应拧紧、外壳盖应拧紧。

8.3.1.5 若有辅助电源，显示模块应有显示。

8.3.2 校验

观察现场显示器，使用 HART 手操器 DXR275 或在室内的上位机上使用工具软件进入 TOF TOOL 功能组对仪表进行调试。

8.3.2.1 接通电源后仪表先进行程序初始化，显示下列信息约 5s：仪表类型、软件版本、数字通信信号的类型。仪表首次通电需在显示菜单中选择语言种类，接着选择所需的测量单位，显示的测量值与实际液位并不相符，要先完成基本设定，按 E 键进入选项菜单，再按 E 键开始基本设定。

8.3.2.2 基本设定（00）：功能组列出了 prosonic M 调试所需的所有测量功能，当一个功能输入完成后下一个功能会自动出现直至完成参数设定。

1）罐体形状（002）设定 根据所测罐体形状选择：拱顶罐、卧罐、旁通管、导波管（超声波导管）、无顶物料场、露天液位、球罐、平顶罐。

2）介质特性（003）设定 根据介质类型选择：未知（如油脂、奶油、胶状等粉性介质）、液体、固体粒状＜4mm（细料）、固体粒状≥ 4mm（粗料）。

3）工艺条件（004）设定 根据工艺情况选择：标准液面、扰动液面、内置搅拌器、固体粉料、快速变化等。

8.3.2.3 空罐及满罐标定

1）空罐标定（005） 输入从传感器端面到最低液位（0 点）的距离。

2）满罐标定（006） 输入量程，即最小液位到最大液位的距离。

8.3.2.4 干扰回波的抑制。超声波从探头发射出来碰到物体均会产生回波，除正常的液面反射的回波外，还会有其他物体的反射波，会干扰仪表的测量，因而对干扰回波要进行抑制。

1）检查距离（051） 确认测量是否正确，如果正确，选择“距离 =ok”，如果“距离太大”应检查基本设置是否正确，如果“距离太小”则可以通过干扰抑制解决。如果要规定抑制区域则选择“手动”。

2）抑制范围（052） 确定并输入抑制距离。

$$抑制距离 = 被测液面与探头端面距离 -0.5m$$

3）开始抑制（053） 选择：off——不抑制；on——抑制开始。回波抑制后，任何接近探头的干扰波将被抑制。

抑制后显示探头端面到液体表面的距离以及通过液位测量值检查这些值所对应的实际液位和实际距离，将会出现下列情况：

距离正确—液位正确—基本标定结束。

距离不正确—液位不正确—必须完成干扰回波的抑制返回功能。

距离正确—液位不正确—检查功能中的设定值。

干扰回波抑制后基本标定结束，仪表自动地跳回到功能组选择菜单。

8.3.2.5 回波曲线检查。基本标定后应使用回波曲线评估测量信号的质量。检查如下内容：

1）曲线设定（0E1）选择：

a）回波曲线

b）回波曲线及 FAC 回波评估线

c）回波曲线及干扰波的抑制

2）记录曲线（0E2）选择：

a）单独的回波曲线

b）回波曲线循环更新

几秒钟后显示面板会显示回波曲线并从中可获得信息，如图 7 所示。

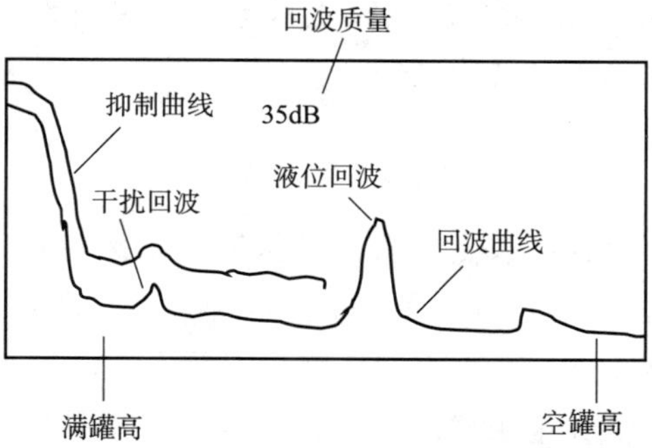

图 7 显示面板的回波曲线图

3）检查下列条件是否满足：

a）测量范围底部的回波质量至少应为 10dB；

b）在液位信号的前面几乎不应有干扰回波；

c）如果干扰回波不可避免其必须低于抑制曲线。

8.4 使用、维护与故障处理

8.4.1 使用

8.4.1.1 使用操作参见 8.3.2 校验。

8.4.1.2 测量液位的场合，宜垂直向下检测安装；测量料位的场合，超声波波束宜指向料仓底部的出料口。

8.4.1.3 超声波的波束中心距容器壁的距离应大于由束射角、测量范围计算出来的最低液（料）位处的波束半径。

8.4.1.4 超声波的波束途径应避开搅拌器及容器进料流束的喷射范围。

8.4.1.5 超声波的波束途径应避开搅拌器及其他障碍物。

8.4.1.6 超声波或微波液（料）位计的安装，还应符合制造厂的要求。

8.4.2 维护

8.4.2.1 电源必须与铭牌上数据一致，在接线前应切断电源。

8.4.2.2 不可安装于罐顶的中心位置，传感器应安装在距罐壁为罐直径的 1/6 距离处；传感器探头必须垂直于物料表面。

8.4.2.3 不可把传感器安装于进料口的上方。

8.4.2.4 使用防护罩以防直接的日照或雨淋。

8.4.2.5 在信号波束角内应避免安装任何装置，如限位开关、温度传感器等；需要注意的是对称装置如加热线圈、挡板等均有可能干扰测量。

8.4.2.6 在一个罐内不能安装两个超声波探头，因为两个信号会互相干扰。

8.4.2.7 如要安装在干扰严重的复杂环境，可加装导波管。

8.4.2.8 安装在有粉尘、污染严重的场合，探头天线要定期清理。

8.4.2.9 检查现场接线应无松动，格兰应压紧电缆，仪表无进水、腐蚀等情况，如异常，分别处理。

8.4.3 故障处理

8.4.3.1 FMU40 超声波液位计面板上设有系统报警指示警告，当系统出现故障时面板上会出现类似“И”的符号警示，通过面板操作可在诊断（0A）功能组里查出当前故障（0A0），仪表会给出错误代码，查说明书找出故障原因，针对错误进行处理。

8.4.3.2 FMU40 超声波液位计采用模块化设计，当判断出是模块故障时可以进行更换模块处理。模块更换后，原仪表参数需要重新设定或通过计算机通信下载。

8.4.4 常见故障与处理

超声波液位计常见故障与处理方法见表 7。

表 7 超声波液位计常见故障与处理方法

故障现象	处理方法	
液位指示异常	检查系统回路，与其他液位计对比	1. 确认系统回路正常（接线，安全栅，系统通道，现场接线等）； 2. 仪表组态检查，应有报警，组态参数应无异常等； 3. 或择机标定处理； 4. 仪表损坏，应更换
无显示	确认供电回路应正常，指示应正常	如在系统指示正常，检查表头应接线或插件松动，如全正常，需更换表头

8.5 检修及质量要求

8.5.1 检修

8.5.1.1 外观检查和清洁。

8.5.1.2 发射天线清洁。

8.5.1.3 回路端子紧固。

8.5.1.4 回路安全栅检查接插件应正常，供电、散热应良好等。

8.5.1.5 系统通道应正常，指示应正常。

8.5.2 检修质量要求

8.5.2.1 校验后，仪表性能符合技术规格要求。

8.5.2.2 安装应合理，接线应紧固，格兰应压紧电缆，电缆护线管应正常，多余的电气接口应封堵等。

9 声呐式外侧液位计

9.1 概述

利用声呐回波测距原理，对容器内液体液位进行隔离式测量的一种液位计。

罐底外测探头发射某频率超声波，穿透罐壁，在罐内液体介质内传播，碰到液面形成反射回波信号，信号返回罐底，穿透罐壁，探头接收，传回变送器，变送器根据下列公式计算液位：

$$H=S \cdot T/2$$

式中 H——液位的测量高度；

S——超声波在液体介质内的传播速度；

T——超声波从发射到返回的时间。

测量、安装、维护时不动火、不清罐、不开孔、不停车。图 8 为测量示意图。

本规程以 ELL 为例。

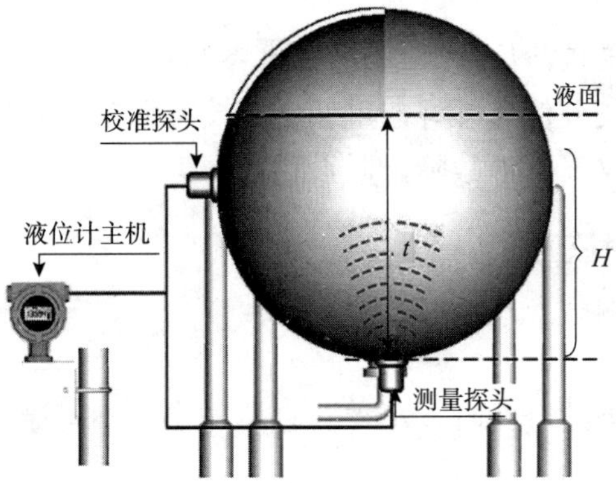

图 8 测量示意图

9.2 主要技术指标

9.2.1 测量介质：动力黏度小于 30cP（1cP=10^{-3}Pa·s）的纯净液体
9.2.2 测量范围：0.1～30m
9.2.3 供电：18～36V DC，10W
9.2.4 输出信号：4～20mA DC、Hart、Modbus
9.2.5 操作温度：探头：-60～220℃；变送器：-40～60℃
9.2.6 工作湿度范围：0%～95%（外壳拧紧条件下）
9.2.7 防爆、防护、防腐等级：Ex d ⅡC T6 Gb、IP67、WF1
9.2.8 测量准确度：0.5% FS，0.2% FS，0.1% FS
9.2.9 显示：LCD
9.2.10 探头安装方式：磁吸、粘接

9.3 检查与校验

9.3.1 检查

9.3.1.1 观察变送器现场显示应正常、准确；检查现场接线应无松动，格兰应压紧电缆，仪表应无进水、腐蚀等情况，如异常，分别处理。如到年限应予以更换处理。
9.3.1.2 从外观上检查仪表应无损坏。
9.3.1.3 检查应符合测量点的技术要求，如：环境温度、测量范围等。
9.3.1.4 检查测量值应与实际值一致。
9.3.1.5 应有遮阳避雨的保护措施。
9.3.1.6 检查接线端子位置应正确、电缆密封塞应拧紧、外壳盖应拧紧。
9.3.1.7 显示模块应有准确显示。
9.3.1.8 检查 DCS/PLC/SIS 等系统，该表指示应正常。

9.3.2 校验（以 ELL 为例）

9.3.2.1 无条件安装低位校准，高位校准条件不具备（液位到达校准探头位置自动校准）
9.3.2.2 比对参考液位零点，修改外部 5#、6# 参数；
9.3.2.3 仪表不校准，校准信号不好，重新安装校准探头，涂抹硅油；
9.3.2.4 校准不成功，仪表硬件故障，联系生产厂家客服人员。

9.4 使用、维护与故障处理

9.4.1 使用

9.4.1.1 拆装检修各防爆结合面时，不得有划痕碰伤。不可涂油漆，可涂少量润滑油和少量防锈油。

9.4.1.2　拆装检修前要切断电源。

9.4.2　维护

9.4.2.1　外观检查和清洁；
9.4.2.2　探头应无脱落或松动；
9.4.2.3　回路端子紧固；
9.4.2.4　回路安全栅检查接插件应正常，供电、散热应良好等；
9.4.2.5　系统通道应正常。

9.4.3　常见故障与处理

声呐式外侧液位计常见故障与处理方法见表 8。

表 8　声呐式外侧液位计常见故障与处理方法

故障现象	处理方法	
1. 液位计最常见的三大故障	仪表显示 LO（故障代码 LO）	1）罐内沉积变大： ①增大仪表盲区系数，　增大仪表盲区参数设置：外部 2# 参数和内部 3# 参数； ②清罐。 2）探头硅油流失：重新安装探头，涂抹硅油、密封。 3）仪表硬件故障：联系生产厂家客服人员。 4）进、出料冲击，液位信号丢失： 更换探头安装位置，尽量远离进出、料口。 5）罐内实际液位到达盲区参数设置值，可以尝试减小盲区设置值
	引起“偏差 XP”的主要原因	1）校准问题： ①无条件安装低位校准，高位校准条件不具备（液位到达校准探头位置自动校准）； ②比对参考液位零点，修改外部 5#、6# 参数； ③仪表不校准，校准信号不好，重新安装校准探头，涂抹硅油； ④校准不成功，仪表硬件故障，联系生产厂家客服人员。 2）显示翻倍液位，尤其是空罐进料和低液位时翻倍严重，并且仪表有时不自动复位： ①液位超过盲区手动复位或者断电、上电； ②更换增强Ⅱ代液位计，CE 型表。 3）球罐偏差普遍： ①探头安装面弧度过大，改变安装位置； ②进液，实现自动校准，记录 6# 参数； ③记录多组液位数值，进行线性回归，修改 7# 参数
	进、出料冲击，有时液位跳变或不变	1）更换探头位置； 2）更换增强Ⅱ代液位计，CE 型表

表 8　声呐式外侧液位计常见故障与处理方法（续）

故障现象	处理方法	
1. 液位计最常见的三大故障	“显示移动 -YD”的主要原因	1）进、出料冲击，液位信号丢失： 当冲击巨大时，属于外测液位仪表的正常现象。 处理方法：①等液位静止后观察； ②更换探头安装位置，远离垂直方向的冲击。 2）硬件损坏，主要是 0# 板和 2# 板： 处理方法：①更换电路板； 3）转向器脱落： 处理方法：清罐，重新安装转向器。 4）CPU 问题： 处理方法：联系客服，升级 CPU 版本。 5）接线不正确或探头损坏： 处理方法：①检查接线； ②检查探头阻值 0.4MΩ 左右，听探头响声，检查测量探头接线； ③联系生产厂家客服人员
2. 液位指示异常	检查系统回路，与其他液位计对比	1）确认系统回路正常（接线，安全栅，系统通道，现场接线等）； 2）仪表组态检查，应无报警，组态参数应无异常等）； 3）或择机标定处理； 4）仪表应无损坏
3. 无显示	确认供电回路应正常，指示应正常	如系统指示正常，检查表头有无接线或插件松动，如全正常，需更换表头

9.5 检修及质量要求

9.5.1 检修

9.5.1.1 外观检查和清洁。

9.5.1.2 发射天线清洁。

9.5.1.3 回路端子紧固。

9.5.1.4 回路安全栅检查接插件应正常，供电，散热应良好等。

9.5.1.5 系统通道应正常指示。

9.5.2 检修质量要求

9.5.2.1 校验后应符合技术要求。

9.5.2.2 安装应合理，接线应紧固，格兰应压紧电缆，电缆护线管应正常，多余的电气接口应封堵等。

9.5.2.3 防水，防晒，固定应正常。

10 外贴式液位开关

10.1 概述

外贴式智能超声液位开关，利用超声技术，通过超声波传感器检测罐内液位是否到达所设定的报警位置。超声波传感器的功能是在把接收到的电信号转换成声频信号的同时又能吸收声频信号将其转换为电信号传送回来；智能型控制器产生高频信号并激励超声波传感器产生一定强度的超声波，传输到罐壁内。这时，如果罐壁内有液位，超声波将透射入液体，反之，超声波就会沿罐壁内传输。利用以上的原理，检测接收到的超声波信号强度，即能准确判定液位是否到达，继电器输出相应的报警信号。图 9 为测量示意图。

本规程以 CTA-AS10 为例。

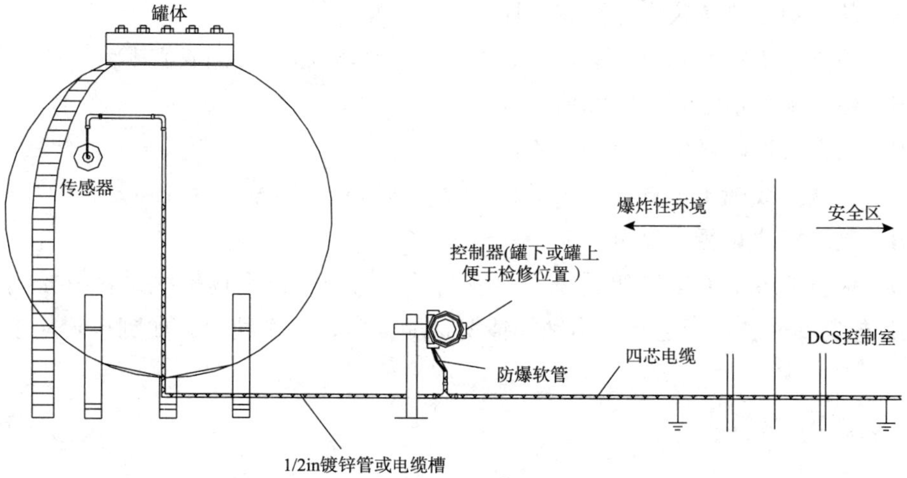

图 9 测量示意图

10.2 主要技术指标（CTA-AS10）

10.2.1 测量重复误差：±2mm

10.2.2 传感器周围环境温度：-40～+80℃

10.2.3 智能控制器周围环境温度：-40～+60℃

10.2.4 罐壁厚度：2～60mm

10.2.5 电源：（控制器）24V DC（线性电源）

10.2.6 功率：1.5W

10.2.7 报警输出方式：继电器型无源接点报警输出接口(常开 250V AC 5A，30V DC 5A；常开常闭可选)

10.2.8 故障输出方式：仪表自诊断报警输出（常开 250V AC 50mA，220V DC 50mA）

10.2.9 传感器外壳防护等级：IP66

10.2.10 传感器防爆等级：ma Ⅱ T6

10.2.11 智能控制器防护等级：IP65

10.2.12 智能控制器隔爆等级：Exd ⅡC T6

10.3 检查与校验

10.3.1 检查

10.3.1.1 仪表正常情况下，每年检查探头耦合剂，在平时做好维护工作，如检查密封和接线是否牢靠情况，以及做好防雨防晒等措施。

10.3.1.2 观察变送器现场显示是否正常、准确；检查现场接线是否有松动，格兰是否压进电缆，仪表有无进水，腐蚀等情况，如异常，分别处理。如到年限应予以更换处理。

10.3.1.3 从外观上检查仪表是否有损坏。

10.3.1.4 检查是否符合测量点的技术要求，如：环境温度、测量范围等。

10.3.1.5 检查测量值是否与实际值一致。

10.3.1.6 是否有遮阳避雨的保护措施。

10.3.1.7 检查接线端子位置是否正确、电缆密封塞是否拧紧、外壳盖是否拧紧。

10.3.1.8 显示模块是否有显示。

10.3.1.9 检查 DCS/PLC/SIS 等系统，该表指示是否正常，现场接线是否有松动，格兰是否压进电缆，仪表有无进水，腐蚀等情况，如异常，分别处理。如到年限应予以更换处理。

10.3.2 校验

10.3.2.1 出厂时均为高报设置，用到低报时只设置低报即可，见图 9。

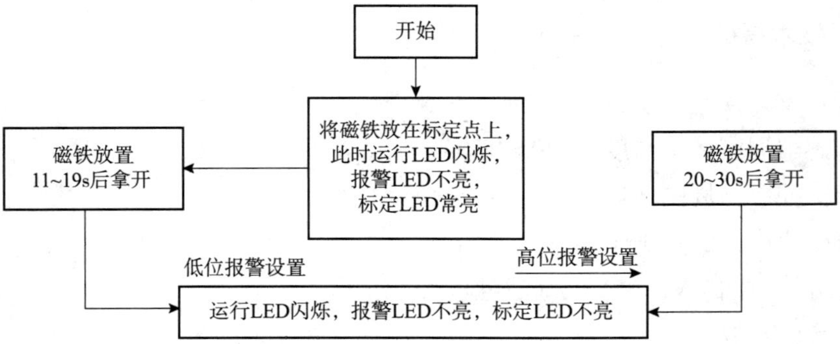

图 9

注：高位报警为液位到时报警；低位报警为无液位时报警。

10.3.2.2 标定流程详见图 10。

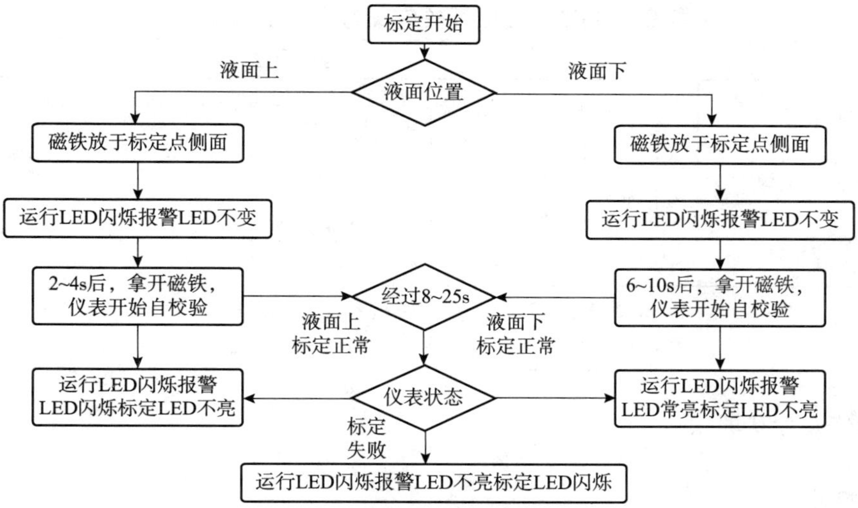

图 10　标定流程图

10.4　使用、维护与故障处理

10.4.1　使用

10.4.1.1　电源必须与铭牌上数据一致，在接线前应切断电源。

10.4.1.2　不可安装于罐顶的中心位置，传感器应安装在距罐壁为罐直径的 1/6 距离处；传感器探头必须垂直于物料表面。

10.4.1.3　使用防护罩以防直接的日照或雨淋。

10.4.2　维护

10.4.2.1　安装在有粉尘、污染严重的场合，探头要定期清理加固。

10.4.3　故障处理

10.4.3.1　排除假液位造成的误报。确认真实的液位高度。

10.4.3.2　检查系统的接线有无断路或短路（标定 LED 与运行 LED 一齐闪烁）。

10.4.3.3　检查传感器部分，看是否由于传感器与罐面的粘接松动或脱落，造成传感器与罐面接触不好，影响了传感器的工作。

10.4.3.4　检查控制器内是否进水，影响设备正常工作。

10.4.3.5　控制器电源采用线性直流 24V 电源。如果采用开关电源，控制器可能工作不正常。

10.4.3.6　请确认罐内是否有夹层、衬层。如果有则液位开关不能正常工作。

如果发现有其他异常现象，请及时与厂方联系。

外贴式液位开关常见故障与处理方法见表 9。

表 9　外贴式液位开关常见故障与处理方法

故障现象	处理方法	
1. 液位开关指示异常	检查系统回路，与其他液位计对比	1. 确认系统回路正常（接线，安全栅，系统通道，现场接线等）； 2. 仪表组态检查，是否有报警，组态参数是否异常等）； 3. 或择机标定处理； 4. 仪表是否损坏
2. 无显示	确认供电回路是否正常，指示是否正常	如在系统指示正常，检查表头是否接线或插件松动，如全正常，需更换表头

10.5　检修及质量要求

10.5.1　检修

10.5.1.1　校验后是否符合技术要求；

10.5.1.2　安装是否合理，接线是否紧固，格兰是否压紧电缆，电缆护线管是否正常，多余的电气接口是否封堵等。

10.5.1.3　是否防雨防晒，固定是否牢靠。

10.5.2　检修质量要求

10.5.2.1　校验后仪表符合技术要求。

10.5.2.2　安装合理牢固，接线紧固，格兰压紧电缆，电缆护线管正常，多余的电气接口被封堵等。仪表密封良好。

11　磁致伸缩液位（界位）计

11.1　概述

磁致伸缩液位变送器是近几年来国内外发展的新一代高科技产品。具有测量准确度极高、安装调校简单方便、使用寿命长等特点，而广泛应用在石油、化工等工业领域过程控制液位（界面）的连续测量。

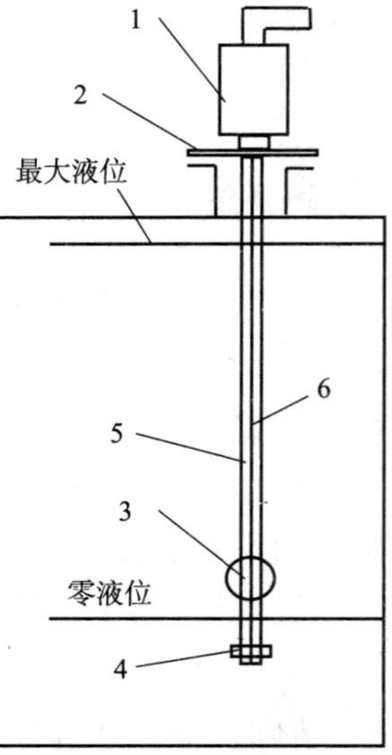

图 11　磁致伸缩式液位计原理图

1—变送器；2—法兰；3—浮球；4—挡环；5—探测杆；6—波导线

磁致伸缩式液位（界位）计主要由不导磁的探测杆磁致伸缩线（波导）、浮球及变送器等组成，见图 11。安装在探测杆内的磁致伸缩线与电路模块相连，电路模块中的脉冲发生器所产生的电流脉冲沿着波导线传播，当浮球随液位上升或下降时，其内的磁钢随之同步变化，磁钢的固有磁场与导波线周围由起始脉冲所产生的磁场矢量叠加，并形成螺旋磁场，产生瞬时扭力，使波导线扭动并产生张力脉冲，这个脉冲以固定的速度沿波导线传回，由线圈转换器转换成感应电动势，并整形为窄脉冲，此脉冲经放大后，由信号处理电路计算出起始脉冲与终止脉冲的时间差，再经过变送器信号处理、放大后转换成与被测液位成正比的 4～20mA 信号输出。

现以 Enhanced Model 2xx 系列为例加以说明，其他同类仪表可参照执行。

11.2 主要技术指标

11.2.1 测量范围：0～22m：

≤10m，选用刚性探测杆

≥ 6m，选用柔性探测杆

11.2.2 工作压力：依赖所选浮子耐压情况：

软管≤1.89MPa

硬管≤6.5MPa

11.2.3 工作温度：-40～125℃

11.2.4 测量准确度：0.5mm

11.2.5 供电：12～28V DC

11.2.6 输出信号：4～20mA DC（其中智能式带 HART 信号）

11.2.7 故障输出：3.6mA 或 22mA（可选）

11.2.8 环境温度：-20～60℃

11.2.9 介质密度（差）：液位≥ 0.45g/cm^3

界位≥ 0.15g/cm^3

11.2.10 介质黏度：＜1sT（10^{-4}m^2/s）

11.2.11 防爆标志：隔爆型 d ⅡC T5

本安型 ib ⅡC T1～T6

11.2.12 本安型敷设电缆分布参数：电感≤2mH

电容≤0.08μF

11.3 检查与校验

11.3.1 检查

11.3.1.1 仪表铭牌各数据、校验单等要齐全。

11.3.1.2 使用条件，如工作压力、介质密度、工作温度等要满足仪表制造厂的要求。

11.3.1.3 检查电源电压是否正常，接线无误，不松动。

11.3.1.4 确认仪表接线盒盖及电缆引出端密封良好，防止仪表内部积水。

11.3.1.5 仪表零部件应完好无损。

11.3.1.6 仪表安装位置应正确，各紧固部件应无松动，密封件应无泄漏。

11.3.1.7 有条件的应检查探测杆是否弯曲，浮子在探测杆上能否滑动自如。

11.3.2 校验

11.3.2.1 将变送器的正、负极与电源正、负极可靠连接。
11.3.2.2 仪表安装前就地校验，用手滑动浮子，使浮子处于探测杆上零点位置，设置零点使输出电流为 4mA（若是智能式，用手操器校对）。
11.3.2.3 然后再滑动浮子，使浮子处于探测杆满量程的位置上，设置满量程使输出电流为 20mA。
11.3.2.4 按 11.3.2.2 和 11.3.2.3 项反复调校几次，直到输出信号满足精确度为止。

11.4 使用、维护与故障处理

11.4.1 使用

11.4.1.1 尽可能安装在远离振动、腐蚀性空气及可能造成机械损坏的场合。
11.4.1.2 保证传感器的浮球与容器壁（或浮筒）互不接触且浮球上下活动灵活，安装螺纹与容器连接牢固，电器接触良好。对于大量程或有搅拌的场合，传感器需要支撑或地锚固定。仪表外壳设有接地端子，安装使用时应可靠接地。

11.4.2 维护

11.4.2.1 每年检查 1 次仪表的绝缘状况及外壳接地状况。
11.4.2.2 每季度检查变送器内部有无腐蚀情况，各紧固件有无松脱。

11.4.3 常见故障与处理

磁致伸缩液位（界位）计常见故障与处理方法见表 10。

表 10 磁致伸缩液位（界位）计常见故障与处理方法

常见故障现象	故障原因	处理方法
变送器的输出不能跟踪到实际的液位（外置式）	探杆内部故障	把仪表从设备上拆下，放在干净的地上，通电用一块磁铁从探杆的底部开始缓慢地移动到探杆的顶部，看在移动的过程中液位指示是否有相应的变化，如果没有，则需更换
变送器的输出不能跟踪到实际的液位（顶装式）	浮子卡住或者探杆发生变形造成浮子不能自如地滑动	1. 处理卡住的浮子，确保浮子可在探杆上自由滑动； 2. 如探杆变形则更换探杆

表 10 磁致伸缩液位（界位）计常见故障与处理方法（续）

常见故障现象	故障原因	处理方法
液位计里面的浮子移动缓慢甚至一点都不动	1. 磁翻板安装的位置垂直度超标（垂直 90° 正负不超过 3°）； 2. 测量过程液体的密度或者浮子的重量改变； 3. 测量过程的液体黏度大，在探杠上挂壁； 4. 浮子由于磁性的原理吸附了液体中细小金属颗粒导致浮子不能正常移动	1. 调整安装垂直度； 2. 重新校验； 3. 定期清洗； 4. 联系工厂，安装磁过滤装置来解决
LEVEL，% out 和回路电流都不正确	参数设置有误	正确设置参数
容器未充满，输出电流 20mA 或更高	1. 信号回路或电源有故障； 2. 标定有误； 3. 电子单元故障； 4. 磁浮子与探测杆有异物卡住	1. 处理信号回路或电源故障； 2. 重新标定； 3. 更换电子单元； 4. 清除异物
容器充满但输出电流达不到 20mA 或输出在量程上部出现非线性	1. 回路中负载电阻过大； 2. 标定有误	1. 减小回路负载电阻； 2. 重新标定

11.5 检修及质量要求

11.5.1 检修

11.5.1.1 磁致伸缩液位变送器一般随生产装置运转周期检修一次。

11.5.1.2 拆装检修前要切断电源。

11.5.1.3 拆装检修防爆结合面时，不得有划痕碰伤，不可涂油漆，可涂少量润滑油和少量防锈油。

11.5.1.4 检查探测杆有无变形或破损，并清除脏物。

11.5.1.5 检查浮球有无变形或破损，并清除附着物。

11.5.1.6 重新安装后要随工艺设备一同试压，并确认接线无误、电源电压正确，然后重新校对变送器。

11.5.1.7 对被检修的仪表必须填写检修记录，记载故障情况、更换的零部件、修理技术措施、调校数据及计算结果、检修人员签名，作为仪表检修资料存档。

11.5.1.8 检修后按就地校验，用手滑动浮子，使浮子处于探测杆上零点位置，设置零点使输出电流为 4mA（若是智能式，用手操器校对），然后再滑动浮子，使浮子处于探测杆满量程的位置上，设置满量程使输出电流为 20mA ，使仪表满足技术指标要求。

11.5.2 检修质量要求

11.5.2.1 检修后的仪表，必须进行校验，各项性能应符合技术指标要求。

11.5.2.2 重新安装后要随工艺设备一同试压。

11.5.2.3 检修结束后，对被检修的仪表必须填写检修记录，记载故障情况、更换的零部件、修理技术措施、调校数据及计算结果、检修人及技术员签名，作为仪表检修资料存档。

12 射频导纳物位计

12.1 概述

射频导纳物位计基本测量原理与电容式液位计相同，由于电容电极在黏稠介质中使用容易结垢挂料，在使用一段时间后就出现一个附加的电容 C_{C0} 和电阻 R_{C0}，它们是由许多 C_{C01}～C_{C0n} 和 R_{C01}～R_{C0n} 组成。使振荡器输出到探头电压降低，导致测量回路误差；同时 C_{C0} 的存在，直接产生测量误差。射频导纳物位计就是在电容式液位计基础上对此缺陷进行补偿，克服挂料所引起的测量误差，而重新得名的。其挂料附加电容和电阻的等效回路见图 12。

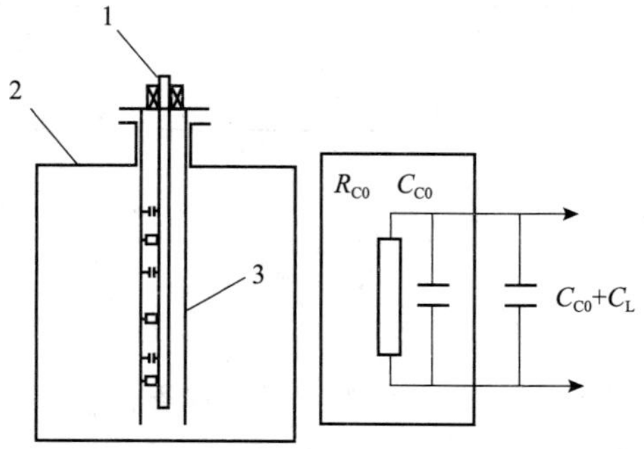

图 12 射频导纳物位计等效电容示意图

1—电极；2—非金属筒体；3—保护电极

采用射频导纳技术，不仅只是射频电容物位计单一的容抗测量，而且还同时测量阻抗，模块的防挂料电路将容抗信息和阻抗信息综合在一起，能可靠地消除传感器和容器壁上挂料或结垢影响，它采用全电子设计，无拆卸或磨损的可动部件。因此，测量范围大、准确度高、安装简单方便、免维护、使用寿命长。它采用多种裸露和绝缘材料型式的探头，几乎用于所有场合物位的黏稠、黏污介质、颗粒状介质、混合介质测量。特别适用于强酸、碱等腐蚀性强介质的测量。

本规程以 IFL 系列液位计为例说明，其他同类仪表可参照执行。

12.2 主要技术指标

12.2.1 测量范围：硬杆型 4m（Max）/ 缆绳型 1000m（理论最大值）

12.2.2 工作压力等级：0～6.3MPa（Max）

12.2.3 工作温度：普通型 -80～150℃，高温型 -40～260℃

12.2.4 精确度：±0.5%

12.2.5 输入电压：额定电压 24V DC
最低输入电压：14V DC
最高输入电压：36V DC

12.2.6 输出信号：4～20mA+HART DC 二线制

12.2.7 负载电阻：额定负载电阻 250Ω
最大负载电阻 600Ω（24 V DC 时）

12.2.8 环境温度：-40～75℃

12.2.9 相对湿度：≤85%

12.2.10 防爆标志：隔爆型 Ex d ⅡC T1～T6
本安型 Ex ia ⅡC T1～T6

本安型敷设电缆的电感、电容量不超过 4.2mH、0.13μF

12.3 检查与校验

12.3.1 检查

12.3.1.1 开箱后检查射频导纳物位计在运输过程中有没有造成外观损坏，有无明显磕碰，各部件是否灵活好用。

12.3.1.2 仪表铭牌各参数、校验单等要齐全准确，符合工艺设备的压力、温度、材质、密封、防爆等要求。

12.3.1.3 投用前仪表要与工艺设备一同试压，并检查仪表使用条件，如工作压力、工作温度是否满足仪表的要求。

12.3.1.4 检查各线缆与管路是否正常。

12.3.1.5 仪表安装完毕后，所有连接管路（如电气接口、过程连接处等）均应检查无误，接线要正确，通电检查仪表显示是否正常，空仓的情况下输出如不是 4mA，应进行零位调整。

12.3.2 校验

12.3.2.1 在容器空仓时将当前电容值设置为低位电容值，该值对应仪表 4mA 零位输出。

12.3.2.2 在容器充满被测介质时，将当前电容值设置为高位电容值，该值对应仪表 20mA 满量程输出；如不具备介质充满容器的条件时，使用当前容器内介质高度对应的电容值减去零位电容值，除以对应的介质高度，计算出单位高度介质的电容值，乘以满量程高度得出满量程的电容值，将该值设置为高位电容值。

12.3.2.3 按照 12.3.2.1 和 12.3.2.2 步骤重复调整直到符合要求为止。

12.4 使用、维护与故障处理

12.4.1 使用

用于测量液位时，探头应垂直于液面；用于液位高低限报警时，探头应平行于液面；如果介质的介电常数随操作条件和环境的变化太大，不宜使用。

12.4.1.1 仪表安装时要保证探头与探头、进料口、容器壁之间大于600mm距离，以保证仪表工作时提高测量稳定性。

12.4.1.2 仪表探头不能安装于物料经过的地方，否则会影响测量的正确性，无法避免时，应加装挡板或护筒；另探头最下端不能进入容器锥体范围内，物料在该处产生的拉力容易损坏探头或损坏仓顶。

12.4.1.3 仪表安装于温度较高的工况可采取分体式安装，方便现场安装调试与维护。

12.4.1.4 工况物位波动较大的情况下，可采用加装护筒与调节阻尼起到屏蔽波动所带来的测量影响。

12.4.1.5 应用于带有绝缘包覆内衬的酸碱容器时，推荐采用带有参考地极形式的探头进行测量，可保证测量结果的准确性，同时该探头配防腐贴面法兰。

12.4.1.6 本安型式的射频导纳物位计只能经过安全栅进行供电。

12.4.2 维护

12.4.2.1 检查仪表接线是否良好，有无腐蚀、进水等情况。

12.4.2.2 检查仪表电源是否正常。

12.4.3 常见故障与处理

射频导纳物位计常见故障与处理方法见表11。

表11 射频导纳物位计常见故障与处理方法

常见故障现象	故障原因	处理方法
实际物位有变化，但无指示或指示不跟踪	1. 电子单元内部输出信号故障； 2. 缆绳断缆； 3. 中控室与仪表连接的信号缆有问题	1. 使用万用表接到电子单元输出信号检测端，打到200mA挡，看是否有信号输出再进行判断； 2. 需取出仪表进行观察； 3. 需现场人员进行线缆的通断检测
容器内无料，但指示为最大	1. 缆绳接地； 2. 变送器故障	1. 重装； 2. 更换变送器
容器内有料，但指示为最小	1. 缆绳断缆； 2. 变送器故障	1. 取出仪表观察后决定更换缆绳； 2. 更换变送器

12.5 检修及质量要求

12.5.1 检修

12.5.1.1 射频导纳物位计检修周期与装置同步。

12.5.1.2 检查探头是否完好，有无变形、腐蚀或其他受损情况；清除探头的附着物。

12.5.1.3 检查信号线绝缘是否良好，电感、电容量是否达到要求，如果达不到要求，要更换。

12.5.1.4 检查接头法兰或螺丝是否连接良好。

12.5.1.5 检修后按 12.3.2.1 和 12.3.2.2 步骤重新校验仪表。

12.5.1.6 对被检修的仪表必须填写检修记录，记载故障情况、更换的零部件、修理技术措施、调校数据及计算结果、检修人员签名，作为仪表检修资料存档。

12.5.2 检修质量要求

12.5.2.1 仪表性能符合出厂要求；

12.5.2.2 安装牢固、信号线绝缘良好、接头法兰或螺丝连接良好。

12.5.2.3 检修、校验记录完整归档。

13 伺服马达式液位计

13.1 概述

伺服马达式液位计是广泛用于测量储罐内各种液体液位、界位的物位仪表，特别是球罐罐区测量。其工作原理，线鼓 C 上缠绕有测量线 B，其末端悬挂有小型浮子 A。线鼓 C 通过磁铁 D、E 与驱动轴 F 连接。驱动轴 F 与蜗轮 J 通过弹簧 I 连接。蜗轮 J 通过蜗杆 K 和皮带 M 与步进电机 N 连接。蜗轮 J 上安装有磁感应传感器 H，驱动轴 F 的一端安装有磁性检测器 G。由此，作用在测量线 B 上的张力，通过磁性检测器 G，获得精确的张力检测值。当张力发生变化时，线鼓 C 受力失衡转动，导致磁性检测器 G 的位置变动，磁感应传感器 H 的输出发生变化，该输出变化输入 MPU 板，通过 MPU 板将该值和内置平衡基准值进行比较，进而控制步进电机 N 动作，再通过皮带 M 带动蜗杆 K、蜗轮 J 转动调整磁感应传感器 H 与磁性检测器 G 的相对位置，使线鼓 C 受力趋于平衡，通过连续控制，浮子就随着液面升、降达到新的平衡。测出步进电机的转动步数，即线鼓 C 的旋转圈数就可以得出液面的变化量，MPU 对电机转动步数进行计算、修正后将液位值输出到显示器，该数值和其他数据（包括液位报警值和平均温度等），都可以通过通信接口远程传输到 DCS 系统中进行显示。伺服马达式液位计原理图如图 13 所示。

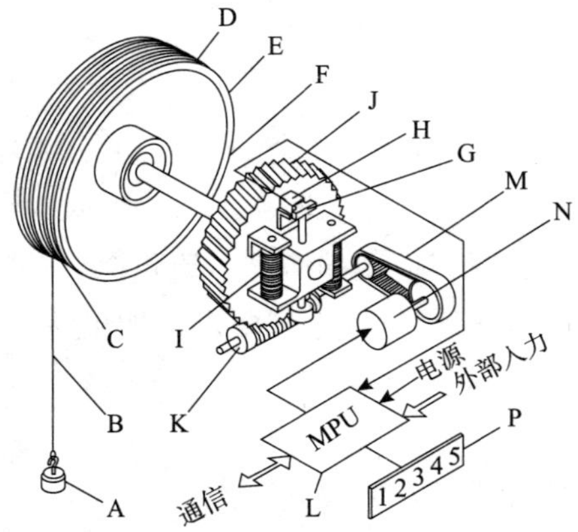

A—小型浮子；
B—测量线；
C—线鼓；
D—磁铁外轮；
E—磁铁内轮；
F—驱动轴；
G—张力检测磁铁；
H—磁感应传感器；
I—平衡弹簧；
J—蜗轮；
K—蜗杆；
L—MPU；
M—同步带；
N—步进电机

图 13　液位计原理图

本规程以 854ATG 系列伺服液位计为例编写，其他同类仪表可参照执行。

13.2　主要技术指标

13.2.1　测量范围：最大 120m

13.2.2　工作压力：最大 4.5MPa

13.2.3　被测量介质温度：-200～300℃

13.2.4　环境温度：-40～55℃

13.2.5　测量准确度：液面 ±1mm，界面 ±3mm

13.2.6　浮子大小：ϕ90，ϕ70、ϕ50、ϕ30

质量：250g（标准）

13.2.7　测量钢丝：SUS316（ϕ0.2）、HASTELLOY（ϕ0.3）

13.2.8　线鼓周长：400mm、800mm

13.2.9　安装法兰规格：3in～6in；标准：ANSI、JIS，等；压力等级：Class300

13.2.10　导波管尺寸：*DN*80 以上

13.2.11　输出方式：厂家协议、RS-485、4～20mA 以及干接点输出

13.2.12　显示：LCD 显示（可显示温度和压力）

13.2.13　罐旁指示器：LED 显示（可选配）

13.2.14　标定腔：配带标准标定腔

13.2.15　防爆及防护等级：隔爆型 Ex d ⅡB T6，Ex ia ⅡB T6 IP65。

13.3　检查与校验

13.3.1　检查

13.3.1.1　检查信号线保护管、电缆进线口是否完好；

13.3.1.2　检查变送器外观、密封状况是否良好，信号线接线端子是否有腐蚀或水、汽等；

13.3.1.3　检查导波管垂直度以及内壁有无毛刺。

13.3.2　校验

参照图 14 伺服马达式液位计结构和产品规格书，在完成仪表线鼓、浮子安装及接线确认后，再进行液位标定及调试。

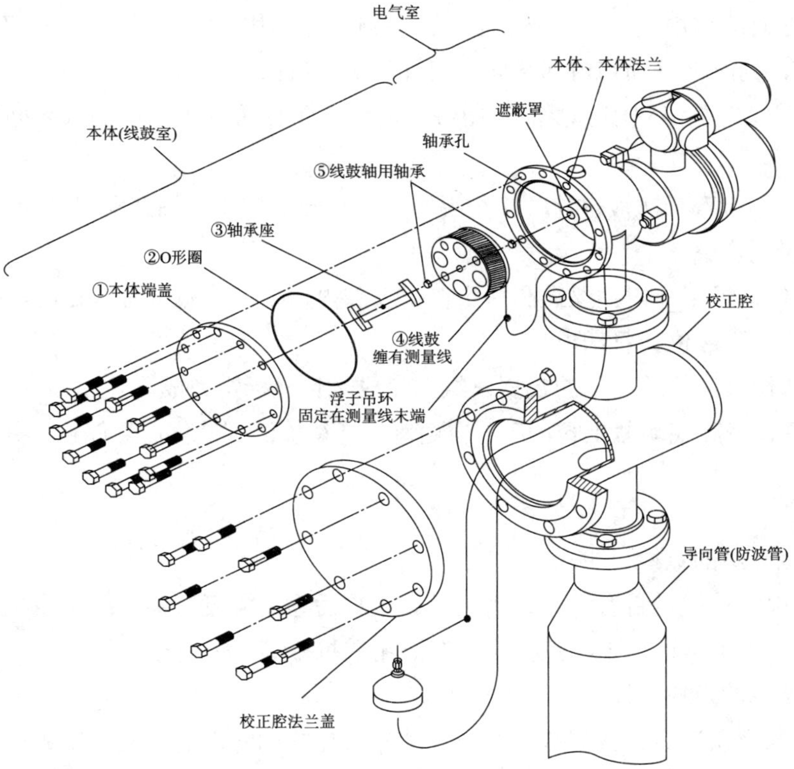

图 14　伺服马达式液位计结构图

强制浮子上升，并将其停止在靠近液位计法兰的下方。在对液位计进行标定前，先设定此停止位置（上限停止位置），再进行液位标定。

一般标定方法如下：

13.3.2.1　当储罐内有液体（包括水试验时的水）时，进行检尺测量，按测量值进行液位标定。另外，做水试验时，浮子浸水深度与实际液体的浸液深度不同，需根据出厂时提供的浸水、浸液深度变化量，在上述检尺测量值的基础上加减此变化量进行液位标定。

13.3.2.2　当储罐内没有液体时，浮子在测量状态接触储罐底板并处于平衡状态后，采用底板相对储罐基准板的高度值加上浮子浸液深度值（出厂时提供）进行液位标定。

13.3.2.3　当高压储罐中有液体时，将浮子提至上限停止位，关闭隔离阀，泄压后，在校正腔中放入校正板，浮子在测量状态下接触校正板并达到平衡，采用校正板相对储罐基准板的高度值加上浮子浸液深度值进行液位标定。

13.4 使用、维护与故障处理

13.4.1 使用

13.4.1.1 在对罐体外进行检修施工时，严禁敲击液位计表头，避免损坏测量钢丝、力传感器、电路板等内部检测元件。

13.4.1.2 在对罐体内进行检修施工前，应将测量浮子用 CA 命令提升到标定观察口，避免损坏浮子，同时严禁损伤内部导向稳液管，防止弯曲、变形。

13.4.1.3 罐体内检修完毕后要清洗稳液导向管，防止污物沉积在稳液导向管内引起测量误差。

13.4.1.4 每年检查一次液位计各接线端子是否牢固，防止电源波动对仪表造成损坏 .

13.4.1.5 投用步骤

伺服液位计投用前，钢丝绳和探头在仪表腔内，仪表腔底端有截止阀，隔绝介质。

1）确认伺服液位计已送电。

2）确认伺服液位计内部的数据已组态完成，且已标定完成。

3）打开仪表腔底端截止阀，浮子自由落下，待检测到液位后，停止，并显示液位。

13.4.2 维护

13.4.2.1 测量线的点检、更换

定期点检测量线是否有污垢、折痕等。根据污垢的程度，需要缩短点检周期。如果液体干净，那么 1 年进行 1 次点检，若有污垢或折痕等，需进行更换。

13.4.2.2 浮子的点检、清扫

浮子上若堆积污垢、铁锈等，会出现动作不良或因吃液变化造成准确度不良。需半年进行 1 次点检、清扫浮子。

13.4.2.3 线鼓的点检、清扫

若线鼓有污垢、线槽里有垃圾等杂质，会造成准确度不良。需 1 年进行 1 次点检，必要时，用铜刷或压缩空气等进行清扫。

13.4.2.4 轴承的点检、更换

线鼓旋转轴两端的轴承如果有污垢，则会发生旋转动作不良。需 1 年进行 1 次点检，出现动作不良时必须进行更换。

13.4.2.5 测量线张力点检

测量线张力按 200g 进行调试。更换零部件时，需确认线鼓平衡。

13.4.2.6 电气部件

伺服液位计电气系统开始工作后，如果发生异常时，需要考虑零部件的老化情况，此时，以每个电路板或部件为单元依次更换，能较快地发现不良单元。

13.4.3 常见故障与处理

伺服液位计常见故障与处理方法见表12。

表12 伺服液位计常见故障与处理方法

显示代码	故障种类	故障原因	主要处理方法
1	电机错误	电机驱动程序输出异常	更换电机、主电路板
2	张力过松	平衡器张力超允许值下限	确认测量线是否折撕、松脱
3	张力过紧	平衡器张力超允许值上限	确认浮子上是否有堆积物或是否卡滞
5	回差错误	实施前后的液位值之差超出允差	确认液位是否有变动。错误自动解除
6	温度计断线	温度计断线错误	确认温度计元件的电阻及端子连接器等是否松动
7	温度计超量程	温度计的电阻值输入超范围	确认温度计元件的电阻及端子连接器等是否松动
8	浮子控制错误	编码器和脉冲计数超范围	进行原点移动或更换电机
9	4～20mA输入超量程	4～20mA输入超（3.7～20.8）mA范围	确认输入电流
A	参数错误	FRAM的保持数据错误	读入参数后，再断电、上电
B	平衡器错误	平衡器电路板和主电路板之间的通讯错误	更换平衡器电路板或无接触信号传输器
C	密度处理异常	密度测量位置超出液位计测量范围，超出液位变化量判断值	确认处理位置，错误自动解除
E	间隙传感器错误	无间隙传感器信号	更换电机、间隙传感器
G	内部错误	内部回路错误	更换主电路板或检查端子和接线

13.5 检修及质量要求

13.5.1 检修

13.5.1.1 储罐容检或清罐时，需将浮子收入标定腔内，关闭根部球阀。

13.5.1.2 检修时需要拆、装变送器时，220V AC电源必须先停电。

13.5.1.3 检修内容详见13.4。

13.5.2 检修质量要求

13.5.2.1 检修后的仪表各项性能应符合技术指标要求。

13.5.2.2 检修结束后，对被检修的仪表必须填写检修记录，记载故障情况、更换的零部件、修理技术措施、调校数据及计算结果、检修人及技术员签名，作为仪表检修资料存档。

14 雷达液位计

14.1 概述

雷达液位计是利用超高频电磁波经天线向被探测容器的液面发射，当电磁波碰到液面后反射回来，仪表检测出发射波和回波的时差，从而计算出液面高度。雷达液位计可用于易燃、易爆、强腐蚀等介质的液位测量，特别适用于大型立罐和球罐等。一般分为工业测量级和计量级。图15为工作原理示意图。

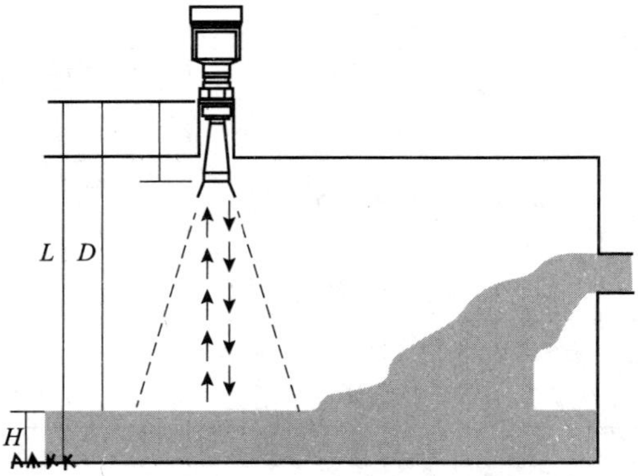

图15 雷达液位计工作原理示意图

APEX雷达液位计采用24GHz的频率和先进的电子线路，天线很小，同时其雷达波的射角也非常窄。体积小重量轻的天线简化了安装过程。同时很窄的雷达波射角减少了由容器内部障碍产生的回波，像搅拌器、热交换器、进料口、挡板、热电阻套管、伴热蒸汽管和其他障碍物。非常窄的雷达波的射角也提高了安装的灵活性，因为雷达可安装在原有的距罐壁很近的法兰上。同时APEX雷达液位计测量距离可达17m。

APEX雷达液计的基本输出为4～20mA DC模拟信号，其上叠加了HART数字信号。APEX也接受一路RTD（热电阻）信号。应用HART手操器，可将输出信号组态为显示液位或标准体积。

本规程以APEX雷达液位计为例说明，其他同类仪表可参照执行。

14.2 主要技术指标

14.2.1 测量介质：液体，悬浊液和浆液

14.2.2 测量范围：0.5～17m

14.2.3 供电：4线制操作，18～36V DC（或90～250V AC，50Hz），功耗9W

14.2.4 输出信号：4～20mA DC（叠加了HART数字信号，可以接收1路RTD信号）

14.2.5 电子部分/外壳温度范围：操作温度：-40～70℃；带一体化表头：-20～55℃

14.2.6 工作压力：0～6.8MPa

14.2.7 工作湿度范围：5%～100%（外壳拧紧条件下）

14.2.8 防爆等级：本安型 Exib ⅡCT 1～T6

14.2.9 防护等级：IP66

14.3 检查和校验

14.3.1 检查

检查 DCS/PLC/SIS 等系统，该表指示是否正常，现场接线是否有松动，格兰是否压进电缆，仪表有无进水，腐蚀等情况，如异常，分别处理。如到年限应予以更换处理。

可通过计算机、二次表或 HART 手操器进行调试。调试时应检查罐高、静空、量程等参数是否设定正确。

14.3.2 校验

14.3.2.1 待测液体液位在零位时，调整仪表零位，使其输出信号为 4mA。

14.3.2.2 罐内充入待测液体，液面升高到满量程时，调整仪表量程，使其输出为 20mA。

14.3.2.3 改变液位高度，待液面稳定后，用钢尺测量液面高度，所得数值与仪表指示应相符，否则继续检查校验。

14.4 使用、维护与故障处理

14.4.1 使用

雷达液位计的日常检查维护主要是查看电源电压和输出电流是否正常。通电后，大约需要 30～60min 仪表才能正常工作。如果投运后仪表没有输出，则应检查电源是否真正接上，并检查保险丝是否烧坏。

雷达液位计使用时是和设备连成一体的，整个系统是密封的，所以平时还应检查各部件连接处的密封情况是否良好。

14.4.2 维护

14.4.2.1 拆装检修各防爆结合面时，不得有划痕碰伤。不可涂油漆，可涂少量润滑油和少量防锈油。

14.4.2.2 拆装检修前要切断电源。

14.4.2.3 清除雷达天线的附着物。

14.4.2.4 检查接线端子是否接触良好，是否有腐蚀或脏物，如有要清除脏物或更换端子，确保接触良好。

14.4.2.5 重新安装后要随工艺设备一同试压，并进行校验工作。

14.4.3 常见故障与处理

雷达液位计常见故障与处理方法见表 13。

表 13 雷达液位计常见故障与处理方法

故障现象	处理方法	
1. 液位指示异常	检查系统回路，与其他液位计对比	1. 确认系统回路正常（接线，安全栅，系统通道，现场接线等）； 2. 仪表组态检查（是否有报警，组态参数是否异常等）； 3. 检查天线是否有结露和其他异物； 4. 择机标定处理； 5. 仪表是否损坏
2. 无显示	确认供电回路是否正常，指示是否正常	如系统指示正常，检查表头是否接线或插件松动，如全正常，需更换表头

14.5 检修及质量要求

14.5.1 检修

14.5.1.1 安装时，测量液位的场合，宜垂直向下检测安装。

14.5.1.2 测量料位的场合，雷达波束宜指向料仓底部的出料口。

14.5.1.3 雷达的波束中心距容器壁的距离应大于由束射角、测量范围计算出来的最低液（料）位处的波束半径。

14.5.1.4 雷达的波束途径应避开搅拌器、其他障碍物及容器进料流束的喷射范围。

14.5.1.5 雷达或微波液（料）位计的安装，还应符合制造厂的要求。

14.5.1.6 如指示异常，需通过 485 连接笔记本电脑，检查回波状态，是否有干扰等。如有进行相关抑制。

14.5.2 检修质量要求

1）仪表检修后按仪表说明书要求正确安装。

2）检修后的仪表校验，各项性能应符合技术指标要求。

3）检修结束后，对被检修的仪表必须填写检修记录，记载故障情况、更换的零部件、修理技术措施、调校数据及计算结果、检修人及技术员签名，作为仪表检修资料存档。

15 双法兰式差压变送器

15.1 概述

双法兰式差压变送器由差压变送器、毛细管和带密封隔膜的双法兰组成。密封隔膜的作用是防止管道中的介质直接进入差压变送器，它与变送器之间是靠注满液体（一般采用硅油）的毛细管连接起来的，当膜片受压后产生微小变形，变形位移或频率通过毛细管的液体传递给变送器，由变送器处理后转换成输出信号。可用于测量液体、气体和蒸汽的流量、液位、密度和压力。

本规程以 3051 系列智能变送器 +1199 远传密封组件（法兰）为例说明，其他同类仪表可参照执行。

15.2 主要技术指标

15.2.1 输出信号：4～20mA DC＋HART信号，二线制。

15.2.2 量程比：100∶1

15.2.3 电源：10.5～42.4V DC，电源波动小于2%

15.2.4 负载电阻：250～600Ω

15.2.5 测量准确度：±0.04%。

15.2.6 环境温度：-40～85℃

15.2.7 相对湿度：≤95%

15.2.8 介质压力：≤25MPa

15.2.9 介质温度：-100～410℃

15.2.10 防爆及防护等级：隔爆型Ex db ⅡC T6/T5

本安型Ex ia ⅡC T5/T4 IP66

15.3 检查与效验

15.3.1 检查

1）远传密封件检查：

检查远传密封件与设备连接部分的密封是否良好，远传密封件与毛细管、毛细管与变送器的连接部分及毛细管本身是否有液体泄漏；远传密封件膜片有无变形、损伤、腐蚀、结垢等不良情况。

2）变送器检查：

a）变送器外观检查：检查变送器外壳有无损伤、腐蚀和其他故障，发现问题及时处理。

b）变送器内部检查：打开变送器外盖，先检查密封圈有无损坏，如果损坏要及时更换；检查电路板及其他元器件是否良好。

c）检查变送器接线情况是否良好。

d）断开电源，卸下接线，进行绝缘电阻检查，用500V兆欧表检查变送器接线端子与外壳间的绝缘电阻，该电阻值应大于20MΩ以上。

15.3.2 校验

为了保证智能双法兰差压变送器的测量准确度，不能拆开毛细管，所以校验变送器时要与远传密封件一起校验。

在安装前，可用气压模拟信号和HART通讯器进行校验，HART通讯器的最低版本为3.0，推荐使用版本为7.0及以上系统。

1）气压法校验步骤（假设变速器的量程范围为-100～-15kPa）：

a）把气压接到变送器的负压室。在回路中串联一个标准电流表。

b）使用HART 475通讯器连接已送电的变送器，通过选择“Rerange”菜单（重新界定量程）执行模拟零点调校。HART 通讯器快捷键菜单序列号 3，4，2。

c）输入零位气压（100kPa），使用 HART 通讯器进入“Rerange”后执行“Set 4mA”命令，使指示为零（输出 4mA）。

d）输入量程气压（15kPa），使用 HART 通讯器进入“Rerange”菜单后执行“Set 20mA”命令，使指示为满量程（输出 20mA）。

e）使用 HART 通讯器退出“Rerange”菜单后完成效验。

2）校验范围的简化计算：

a）负迁移量

$$p_{-}=H\rho_0 g \tag{3}$$

b）量程

$$\Delta p=H\rho g \tag{4}$$

c）范围

$$-H\rho_0 g \sim (H\rho g-H\rho_0 g)$$

式中 p_{-}——负迁移量，kPa；

H——测量高度，mm；

ρ_0——毛细管充灌液密度，g/cm^3；

g——重力加速度；

ρ——被测介质密度，g/cm^3。

3）简例：

液面最大变化 1000mm，介质密度为 1.0g/cm^3，毛细管充灌液密度为 0.95g/cm^3，则

a）负迁移量为：1000×0.95×9.807=9.317kPa；

b）量程为：1000×1.0×9.807=9.807kPa；

c）范围为：-9.317～0.490kPa。

根据计算结果进行零位和量程校验。

智能变送器只有“零位”和“量程”两个参数可调整，其他参数出厂前已经调整好，不用再重新调整。

15.4 使用、维护与故障处理

15.4.1 使用及维护

15.4.1.1 安装注意事项

在现场配管过程中需进行焊接时，应避免焊接电流通过变送器和焊渣溅到膜片、密封面。

15.4.1.2 远传密封组件的安装

1）测量液位时，最低液位（零点）应设定在高于高压侧远传密封件中心 50mm 以上的地方。

2）高、低压两侧远传密封件应正确安装，不能装反。

3）为减小环境温度差的影响，可将高、低压侧的毛细管束在一起，并固定以防止

风以及振动等的影响（超长部分的毛细管应卷在一起固定）。

4）注意不要损伤密封膜片的表面。由于密封膜片面凸起约 1mm，如果将密封膜片面朝下放置则可能弄伤密封膜片表面。

5）不要扭曲，挤压毛细管，也不要对它施加过大的压力。

6）如果密封膜片密封部暴露在空气中的部分表面温度较高，应采取隔热处理措施，使隔爆型变送器的表面温度在 135℃以下，本安型在 110℃以下。

15.4.1.3　变送器本体的安装

使用安装托架，将变送器本体安装在直径为 50mm 管道上。可进行水平配管安装以及垂直配管安装。

1）紧固测量容室的 4 颗螺栓、连接毛细管和容室部分的固定螺钉绝对不可松动，以防止封入液泄漏，造成仪表损坏。

2）变送器本体应安装在高压侧远传密封件安装部下方 600mm 以上的地方，以使毛细管封入液的静压差尽可能地加在变送器本体上。

15.4.1.4　配线时的注意事项

1）配线时应避开大容量的变压器、电动机或动力用电源等干扰源。

2）配线时应拆开电源接口的防尘塞。

3）螺纹部应进行防水处理（防水处理时最好使用不硬化的硅树脂系列密封剂）

4）为防止干扰，信号电缆应避免与其他电源电缆穿入同一根电缆保护管。

5）对于防爆型仪表，为确保防爆性能，必须按有关规定配线。

15.4.2　常见故障与处理

如测量值出现异常，应先确定是过程变量异常还是测量系统出错。如确认是测量系统出错误，再根据故障现象分析故障原因，采取相应措施。本变送器具有自诊断功能，排除故障简单方便。智能双法兰变送器常见故障与处理方法见表 14。

表 14　智能双法兰变送器常见故障与处理方法

故障现象	故障原因	处理方法
无指示	信号线脱落或电源故障	重新接线或处理电源故障
	安全栅坏	更换安全栅
	电路板损坏	更换电路板或变送器
指示为最大（最小）	低压侧（高压侧）膜片、毛细管坏，或封入液泄漏	更换仪表
	低压侧（高压侧）引压阀没打开	打开引压阀
	低压侧（高压侧）引压阀堵	清理杂物或更换引压阀
指示为偏大（偏小）	低压侧（高压侧）放空堵头漏或引压阀没全开	紧固放空堵头，打开引压阀
	仪表未校准	重新校对仪表
指示值无变化	电路板损坏	更换电路板
	高、低压侧密封件或毛细管同时损坏	更换仪表

15.5 检修及质量要求

15.5.1 检修

1）仪表与设备连接部位有排污孔的应拆开堵头进行吹扫。吹扫时注意不要用蒸汽对着远传密封件。

2）仪表与设备连接部位无排污孔的应拆开法兰进行吹扫。

3）检查零部件有无腐蚀磨损、变形和渗漏，情况严重者应更换。

15.5.2 检修质量要求

15.5.2.1 仪表检修后应确保高、低压两侧远传密封件应正确安装，无泄漏。毛细管必须固定。仪表接线、配线必须满足现场防爆要求。

15.5.2.2 检修后的仪表，必须进行校验，各项性能应符合技术指标要求。

15.5.2.3 检修结束后，对被检修的仪表必须填写检修记录，记载故障情况、更换的零部件、修理技术措施、调校数据及计算结果、检修人及技术员签名，作为仪表检修资料存档。

单元组合仪表维护检修规程
第 1 部分：基地式仪表

SHS 07003.1—2019

部分代替 SHS 07003—2004

目　次

前　言

本规程 SHS 07003《单元组合仪表维护检修规程》分为以下三个部分：

——第 1 部分：基地式仪表；

——第 2 部分：显示仪表；

——第 3 部分：辅助单元。

本部分为 SHS 07003 的第 1 部分：基地式仪表。本部分按照 GB/T 1.1—2009《标准化工作导则　第 1 部分：标准的结构和编写》给出的规则起草。

本部分代替 SHS 07003—2004《单元组合仪表》第一节“基地式仪表”，与 SHS 07003—2004 相比，除编辑性修改外，主要技术变化如下：

——修改了标准名称；

——增加了检修内容及质量标准。

本部分由中国石油化工集团有限公司、中国石油化工股份有限公司提出。

本部分起草单位：中国石油化工股份有限公司金陵分公司。

本部分主要起草人：尹荣英、雷金华。

本部分所代替规程的历次版本发布情况为：

——SHS 07003—1992、SHS 07003—2004。

单元组合仪表维护检修规程
第 1 部分：基地式仪表

1 范围

本部分适用于石化企业中常用基地式指示调节器（以 KF 系列和 MC43 型基地式调节器为例），其他同类仪表可参考使用。

2 规范性引用文件

下列文件对本文件的应用是必不可少的。凡是注日期的引用文件，仅注日期的版本适用于本文件。凡是不注日期的引用文件，其最新版本（包括所有的修改单）适用于本文件。

JB/T 8904.1～5　KF 系列气动基地式仪表

3 基地式调节器

3.1 概述

基地式调节器是基于位移平衡原理工作的，具有多种类型的测量单元，可广泛地应用于温度、压力、流量、液位等参数测量调节。

3.2 技术要求

3.2.1 气源压力：140kPa

3.2.2 输出压力：20～100kPa

3.2.3 环境温度：-30～80℃

其他指标如：比例度、积分时间、微分时间、精度、差动间隙等根据不同的型号略有不同，不同品牌型号的基地式调节器以产品说明书为准。

3.3 检修内容及质量标准

调节器的检修周期一般不大于生产装置检修周期。

3.3.1 检修内容

1）检查恒节流孔是否通畅，进行清理。

2）风线管路老化或泄漏检查。

3）过滤器检查、清理。

4）检查O形圈是否有损坏，如有则及时更换。

5）放大器膜片检查，如有老化或泄漏则进行更换。

6）积分针型阀阀芯、阀座检查，如有损坏进行更换。

7）刻度盘固定螺钉紧固检查。

3.3.2 检修质量标准

1）恒节流孔通畅。

2）风线管路无泄漏，固定完好。

3）O形圈无破损。

4）过滤器干燥无明显灰尘。

5）放大器膜片完好无损。

6）刻度盘固定螺钉紧固无松动。

3.4 校准

3.4.1 手动操作时拆卸调节单元的步骤

1）在手操输出压力和自动输出压力一致后，切换到手操。

2）转动给定值旋钮，使在反作用时给定值小于测量值，或正作用时，给定值大于测量值。

3）将调节单元的比例带放到最小。

4）按下手操单元的“检查”按钮，确认自动单元的输出压力为零。

5）在拆卸调节单元（微分、积分、比例）时，手动输出压力将稍稍下降（3%以内）。必要时可将手动输出压力重新调整。

6）在串级场合，脱开行程连杆，通过移动测量指针使自动输出为零，推开调节单元的挡板，使喷嘴背压为零。

3.4.2 停工检修时拆卸调节单元步骤

1）关断气源压力，并拆去差动连杆。

2）松开调节单元的4只固定螺钉。取出调节单元，清洗喷嘴。

3）装配时按拆卸方法相反顺序进行，重新装配后，需要重新调整调节单元。注意将O形圈放置牢固，用4只螺钉将调节单元牢固地拧紧并检查有否漏气。

3.4.3 放大器拆装

从多通路上拆下放大器。将3只螺钉锁紧垫圈和垫在多通路管路的密封片拆下。安装时，应在放大器安装位置上放置座架，用固定螺钉和弹簧垫圈把放大器安装在多通路管路上。拧紧所有螺钉，拧紧力量要均匀。

4 KF系列基地式调节器日常校验、使用维护及故障处理

4.1 概述

KF系列气动指示调节器是基于位移平衡原理工作的，具有多种类型的测量单元，可广泛地应用于温度、压力、流量、液位等参数测量调节。该系列仪表采用空气管路板，消除了气路寿命短的问题。再加上丰富的调节功能和附加功能的自由组合使该仪表获得了和盘装仪表同等的控制功能。

4.2 技术规格

4.2.1 比例度 P：5%～500%（正、反作用）

4.2.2 积分时间 I：0.05～30min

4.2.3 微分时间 D：0.05～30min

4.2.4 差隙幅值：满刻度的1%～100%可变

4.2.5 精度：±1%满刻度

4.2.6 输出压力：20～100kPa

4.2.7 气源压力：140±14kPa

4.3 校验工具及连接图

4.3.1 校验接线

KF校验接线见图1，以测压力为例。

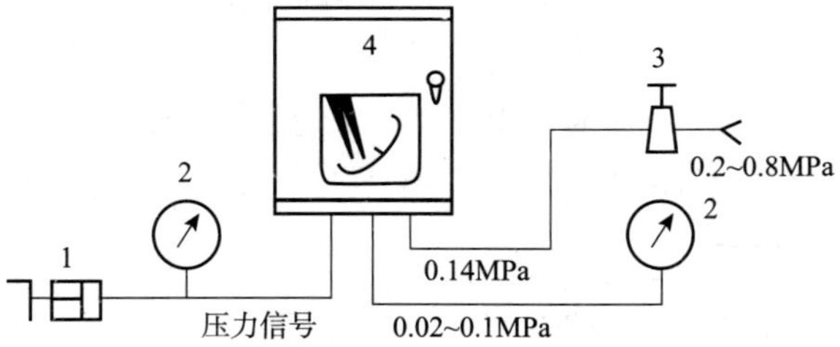

图1 KF校验接线图

1—压力试验表；2—标准压力表；3—精密减压阀；4—KF调节器

4.3.2 校验工具

1）标准压力表0.25级、0～0.16MPa 2台。

2）精密减压阀1台。

3）秒表1只。

4）与测量量程相当的压力试验表1台。

5）接头、三通管、橡皮管等附件。

4.4 校验及调整

4.4.1 校验前的准备工作

做好校验准备工作，正确连接气路，用测漏液体检漏，校验时正确使用校验工具，作好校验记录。

4.4.2 测量指示部分的校验（图2）

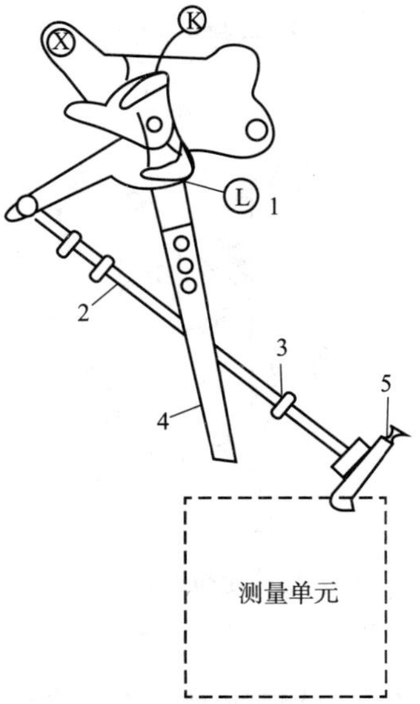

图2 测量指示部分

1—线性调整螺钉；2—行程连杆；3—零点调整螺母；4—测量指针；5—量程调整螺钉

4.4.2.1 输入0%信号，测量指针（红色）如果不指在标尺刻度0%上，调整行程连杆上的零点调整螺帽。

4.4.2.2 输入100%信号，测量指针如果不指在标尺刻度100%上，调整量程调整螺钉。

4.4.2.3 重复进行4.4.2.1和4.4.2.2直至达到要求为止。

4.4.2.4 分别输入25%、50%、75%点的信号，如果线性不好，按4.4.2.5调整。

4.4.2.5 仪表出厂时，指示线性已调在最佳状态，所以，在一般情况下不要随便改变线性（测量范围固定型）。若要调整线性，先松开调整小螺钉L，再改变指针和调整臂之间的角度，调整完成，紧固螺钉L。线性调整后须重新调整零位和量程。

4.4.3 变送部分的校验（图3）

测量范围固定型仪表，先校验测量指示部分，再校验变送部分；测量范围可变型仪表，则先校验变送部分，再校验测量指示部分。如果仪表没有变送部分，就不必做变送部分的校验。

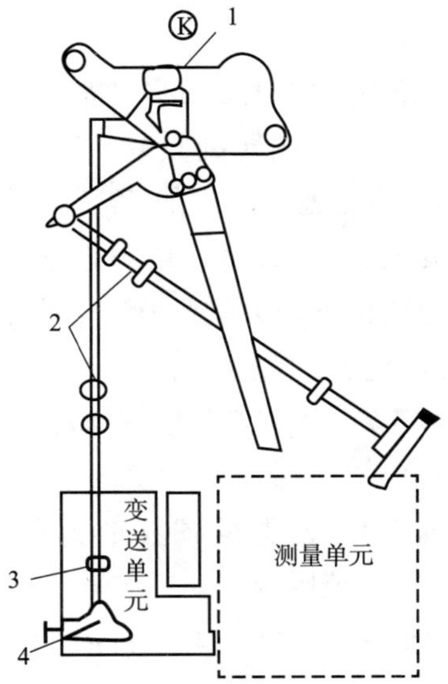

图3 指示变送部分

1—线性调整螺钉；2—行程连杆；3—零点调零螺母；4—量程调整螺钉

4.4.3.1 输入0%信号，如果变送输出信号不为0%（20kPa），调整变送单元行程连杆的调零螺帽。

4.4.3.2 输入100%信号，如果变送输出信号不为100%（100kPa），调整变送单元量程调整螺钉。

4.4.3.3 重复进行4.4.3.1和4.4.3.2，直至符合要求为止。

4.4.3.4 分别输入25%、50%、75%点的信号，如果线性不好，按4.4.3.5调整。

4.4.3.5 仪表出厂时，指示线性已调在最佳状态，所以，在一般情况下不要随便改变线性（测量范围固定型）。若要调整线性，先松开调整小螺钉K，再改变指针和调整臂之间的角度，调整完成，紧固螺钉 K。线性调整后须重新调整零位和量程。

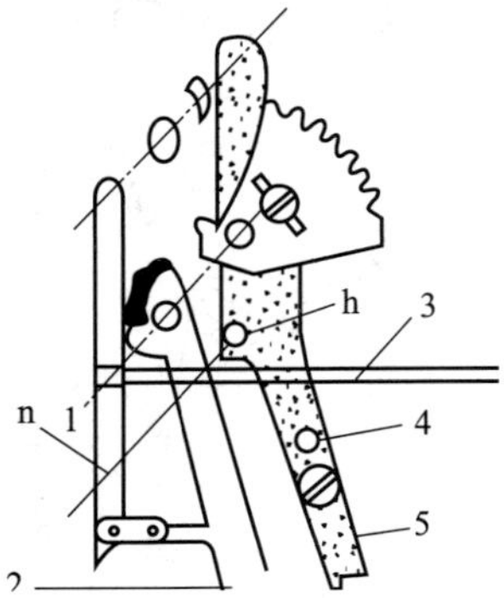

图 4　差动机构

1—差动片定位孔；2—测量指针；3—偏差连杆；4—调整螺丝；5—给定指针

4.4.4　差动机构的定位（图 4）

给定指针调整销钉在生产厂已调到最佳位置，一般不需要变动。

4.4.4.1　将测量指针定在标尺刻度的 50% 位置。

4.4.4.2　操作手动给定旋钮，使差动片的定值孔 n 和给定指针的孔 h 对准（用插入定位销验证）。此时，给定指针也应指在标尺刻度的 50% 位置上。

4.4.4.3　如果错位，调整给定指针的偏心调整销钉，使给定指针在 50% 处。

4.4.5　比例单元的校验（图 5）

4.4.5.1　校验前先放松比例带给定度盘档块的固定螺钉，放下档块（在校验结束后再恢复到合适位置）。

4.4.5.2　将比例带定在正作用的（白色刻度线）500%。

4.4.5.3　把测量指针和给定指针设在 50%，A/M 切换操作开关置于自动（A）位置。

4.4.5.4　把积分时间放在最小（反时针方向转到头）移动给定指针，使输出压力在满刻度的 50%（60kPa）处平衡。

4.4.5.5　输出压力平衡后，将积分时间放到最大位置（顺时针方向转到头），然后，再次使给定指针和测量指针重合在满刻度的 50%。

4.4.5.6　调整偏差连杆的长度，使比例带定在正作用（白色刻度线）的 +20% 和反作用（黄色刻度线）-20% 时，输出压力差值的变化在 ±0.8kPa 范围内。

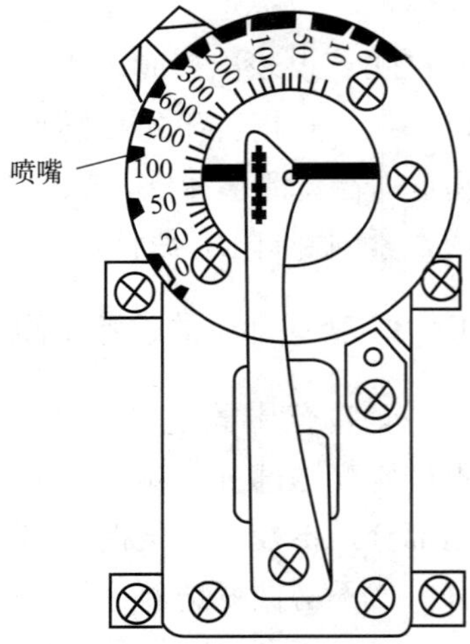

图 5　比例作用单元

4.4.5.7　让比例带以正作用的 20% 变到正作用的 500% 时，调整挡板偏心调整销钉，使输出压力的变化在 ±0.8kPa 范围内。

4.4.5.8　调整反馈杆的偏心调整销钉，使比例带在 500% 时，输出压力在 60kPa±0.3kPa 范围内。

4.4.5.9　重复 4.4.5.6～4.4.5.8，使比例带从正作用的 50%～500% 到反作用（黄色刻度线）的 50% 这个范围内变化时，输出压力的变化在 60kPa±1.2kPa 以内，在其他比例带范围，输出压力的变化在 60±2.4kPa 以内。

注意：由于 4.2.6.4 和 4.2.6.5 的操作，调节器积分室（PF）内封入了 60kPa 的气压，但时间一长往往发生变化，所以要尽可能在短时间内完成上述的操作。

4.4.6 积分单元的校验（图 6）

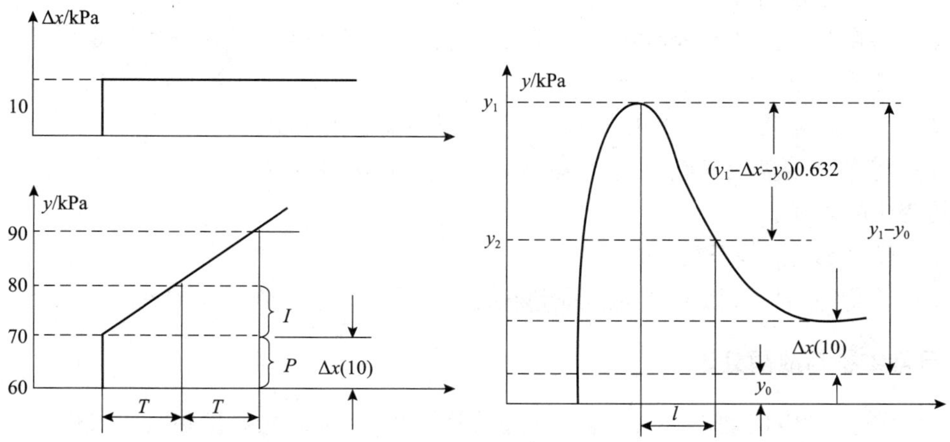

图 6 积分、微分时间测定

测定时，调节器手自动切换开关（A/M）应放在自动位置

4.4.6.1 将测量指针对准在标尺刻度的满刻度 50%，比例带设在正作用（或反作用）的 100%。

4.4.6.2 将积分时间放在最小位置（反时针转到头），操作给定指针，使调节器的输出压力平衡在 50kPa 后，再将积分时间放到最大位置（顺时针方向转到头）。

4.4.6.3 调整测量值（指针）使输出压力（比例作用）变化 10kPa，即变到 60kPa。

4.4.6.4 将积分时间给定在刻度 2min 处，测量输出压力变化 10kPa（从 60kPa 变到 70kPa）所需的时间为 120±60s。

4.4.6.5 如果在 120±60s 时间内，输出压力的变化不是 10kPa，则要放松固定积分度盘的小螺钉，重新调整度盘的位置，以满足上述 4.4.6.4 的要求。

4.4.7 微分单元的校验（图 6）

微分时间包括两部分：微分增益 K_D 和微分时间常数 T，微分时间 $T_D=T\cdot K_D$，所以检查微分时间必须事先求得 T 和 K_D。T 是输出达到 y_1 时开动秒表到输出为 y_2 停表时的运行时间，K_D 是一个常数，可由试验方法求出。

$$K_D=\Delta y/\Delta x$$

式中 Δy——输出增量；

Δx——输入增量。

$$K_D=\Delta y/\Delta x=(y_1-y_0)/\Delta x$$

$$y_2=y_1-(y_1-\Delta x-y_0)\times 0.632$$

4.4.7.1 将积分时间和微分时间都给定在 30min 以上（顺时针方向转到头）。另外，将微分单元的手动微分截止开关关闭（顺时针方向转到头）。

4.4.7.2 将测量指针和给定指针都对准在标尺刻度的50%，比例带给定在正作用的100%。

4.4.7.3 将操作单元 A/M 切换开关放在 M(手动）位置，将输出压力操作到 40kPa 以后，再切换到 A（自动）位置，读出输出压力，确认其为 40kPa。

4.4.7.4 操作给定指针使输出压力稳定在 80kPa。

4.4.7.5 将微分时间放到最小位置（反时针方向转到头），待输出压力稳定后计算其微分增益。微分增益一般在 13 左右。

4.4.7.6 再重复 4.4.7.2～4.4.7.4，使输出压力稳定在 80kPa。

4.4.7.7 将微分度盘快速给定到 2min 处，待输出压力变化到（y_1-y_0）值的 63.2%时，测出其变化的时间 t。

4.4.7.8 验证 $t \times K_D$ 是否在 120±60s 以内。

4.4.7.9 若超差，松开微分度盘的固定小螺钉，重新调整微分度盘位置。

4.5 日常维护与故障处理

4.5.1 为避免输出扰动，仪表从自动切换到手动时，必须先要按住检查按钮，操作手操旋钮使得手操压力等于自动输出压力时，才可以切换到手动位置。手动可以即时无扰动地切换到自动。

4.5.2 经常检查仪表外观和运行状况，发现外壳破损应及时更换，以保证仪表的防尘、防腐性能。若发现表内各功能部件有异常现象应及时确认，并采取相应措施。

4.5.3 经常检查供风情况，保证仪表的气源压力。定期对减压阀排水排污，使仪表空气清洁、干燥，发现堵塞，应及时处理。

4.5.4 在巡检时，定期疏通恒节流孔，以保证气流通畅。

4.5.5 基地式仪表常见故障与处理方法见表 1。

表 1 基地式仪表常见故障与处理方法

故障现象	故障原因	处理方法
没有输出或输出偏低	气源中断或偏低	检查 / 调整气源，达到使用条件
	恒节流孔阻塞或装错	检查 / 疏通节流孔
	过滤器脏	拆清
	喷嘴气路中有漏气	确认 O 形圈是否安装正确，并拧紧调节单元和恒节流孔
	手 / 自动切换气路中有漏气或堵塞	拆下手操单元，检查气路，调整安装
	放大器膜片漏气	检查膜片的安装，必要时更换
输出过高	喷嘴堵塞	拆清
	指示调节部分的恒节流孔螺钉与阀座表面接触不严密，有漏气	检查节流孔，调整安装
	放大器阀座被玷污	拆清
输出不稳定或脉动	漏气	检查泄漏点并调整
	喷嘴挡板装配不当	检查装配是否正确，按说明书要求重新安装
	放大器阀座被玷污	拆清

表 1 基地式仪表常见故障与处理方法（续）

故障现象	故障原因	处理方法
积分时间异常或失效	积分针形阀芯或阀座损坏	检查／更换
	积分刻度盘固定螺钉松脱	检查／调整安装
	空气从垫片处泄漏	检查、必要时更换

5 MC43 型基地式调节器日常校验、使用维护及故障处理

5.1 概述

MC43 型气动指示调节器是基于位移平衡原理工作的，能对压力、温度、流量、液位等参数进行连续检测，测量值与设定值比较而得到的差值被转换成 20～100kPa 的标准信号，驱动执行机构进行调节。仪表根据需要可配置不同功能单元，完成比例积分微分运算。除能实现一般连续调节外，还可实现通断调节、差动间隙作用调节和间歇调节，在间隙调节里设有一间隙开关，可消除积分饱和，防止超调。

5.2 主要技术规格

5.2.1 比例度 P：4%～400%

5.2.2 积分时间 I：0.01～50min

5.2.3 微分时间 D：0.05～50min

5.2.4 差动间隙：2%～100%

5.2.5 精度：±0.5%（满刻度）

5.2.6 气源：140kPa

5.2.7 输出：20～100kPa

5.2.8 耗气量：0.8m^3/h

5.2.9 环境温度：-30～80℃

5.3 校验工具及连接图

5.3.1 检验连接图

MC43 检验连接图见图 7。

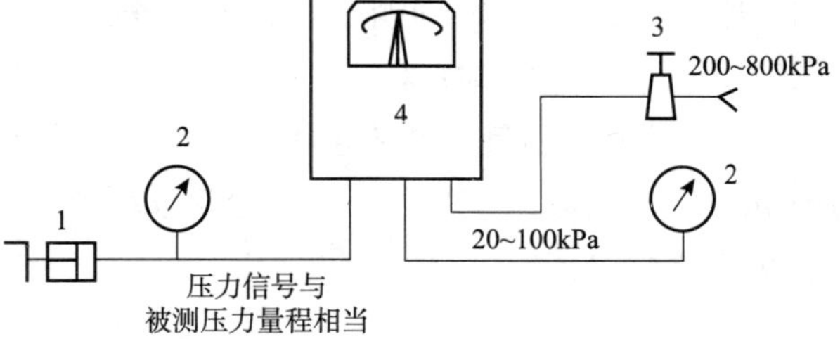

图 7 MC43 校验连接图

1—压力试验泵；2—标准压力表；3—精密减压阀；4—MC43 调节器

5.3.2 校验工具

校验工具与 KF 系列相同。

5.4 校验及调整（图 8）

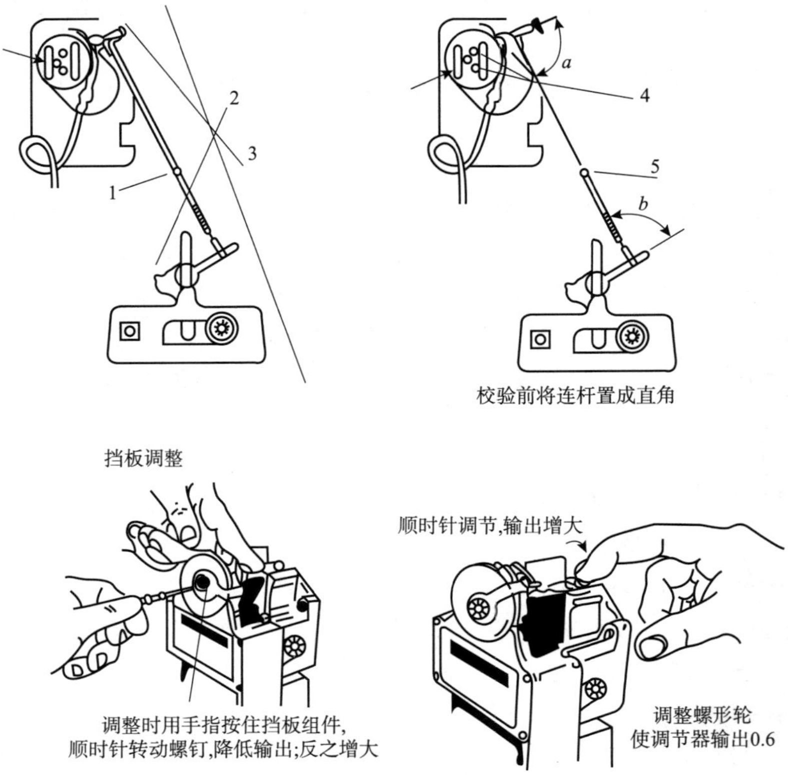

图 8 MC43 调节器效验示意图

5.4.1 校验前的准备工作

仪表基准位置很重要，在仪表调校及使用中应加以重视。

5.4.1.1 检查各部件螺丝以及定位销式卡簧是否松动。

5.4.1.2 把测量指针长连杆脱下，测量指针应能从 0% 以下到 100% 以上来回拨动，若不行，则检查测量传动机构。

5.4.1.3 通过改变给定指针从 0% 以下到 100% 以上，检查给定传动机构。

5.4.1.4 手 / 自切换检查，如有问题需首先解决。

5.4.1.5 输入量程的 50% 信号，调测量指针零位螺钉，使测量指针指示在 50% 处，目测长连杆与量程杆是否成 90° 角。如相差很大，应旋松量程杆紧固螺丝，调整测量长连杆与量程杆成 90° 角，再旋紧螺丝。

5.4.2 测量指示的调校

5.4.2.1 输入量程的0%信号，若测量指针在刻度上不指示0%，则调整调零螺钉。
5.4.2.2 输入量程的100%信号，若测量指针在刻度上不指示100%，则调整量程螺钉。
5.4.2.3 反复进行5.4.2.1和5.4.2.2直到把零位及量程调好为止。
5.4.2.4 输入量程的50%信号，若测量指针在刻度上指示小于或大于50%，则调整连杆螺母，伸长或缩短连杆使它指示在50%。
5.4.2.5 重复进行5.4.2.1～5.4.2.4，直到满足精度为止。

5.4.3 调节机构的平衡调整

把手/自动切换机构切到A（自动），积分阀全开，比例度放正作用10%处，输入测量信号50%（测量针相应指在50%处），调节给定针，观察输出表，当输出值稳定在60kPa时，用血管钳夹紧积分阀到积分波纹管连接橡皮管（使积分波纹管内保存60kPa压力），然后旋比例盘到反作用10%处，输出值应稳定在60kPa±0.8kPa。若超出范围，则需要按以下方法调整：
5.4.3.1 把比例盘放到反作用中间，观察输出是否偏高，若偏高，调节横杆螺母使输出值为60kPa。
5.4.3.2 把比例盘由中间向正作用旋到10%处，记下输出值；再向反作用旋到10%处，记下输出值。然后把这两个输出值进行比较，可得以下4种不同的情况：

1）两个输出绝对值大小一样，方向相反。则在正（或反）作用10%处，调节偏差连杆长度使输出达到60kPa，然后重复5.4.3.1和1），反复调校。

2）两个输出绝对值大小一样，方向相同。在正（或反）作用10%处调喷嘴挡板距离，使输出达60kPa，然后重复5.4.3.1和1）、2），反复调校即可。

3）两个输出绝对值大小不一样，方向相反。在偏差大的作用方向10%处，调节喷嘴挡板距离，调整量为两个输出绝对值之差的2/3左右，然后重复5.4.3.1和3）、1），反复调校即可。

4）两个输出绝对值大小不一样，方向相同。则在偏差大的作用方向10%处，调节喷嘴挡板距离，调节量为最大偏差的2/3左右。重复5.4.3.1和4）、1），反复调校即可。

当以上调整符合后，松开血管钳，在正（或反）10%处，重新找控制点，再夹紧，再旋比例盘，使平衡度误差在60kPa±0.8kPa范围内。上述四种情况随时发生，应根据各种情况采取相应方法来调整。

5.4.4 给定指针调校

5.4.4.1 如果是外给定，则按测量针调校方法进行。
5.4.4.2 对于内设定，把测量针置于50%处（加测量输入50%信号），积分阀全开，微分阀全开，比例度放到10%（反作用亦可），调手动设定，使输出稳定在60kPa。以测量针为准，旋松给定针紧固螺丝，然后旋给定偏心螺丝，使给定针与测量针重合后，再旋紧给定针紧固螺丝，反复调校即可。

5.4.5 控制点调校

把给定针分别放在10%、50%、90%三点，输入测量信号，当输出值都稳定在60kPa时的测量压力指示相应在（10±1）%，（50±1）%，（90±1）%。如果误差较大，应重新调校测量针或给定针。

5.4.6 比例度校验

积分阀全开、微分阀全开、比例度置10%处，给定设在50%，输入测量信号使输出稳定在60kPa，然后关掉积分阀，在正作用情况下：

5.4.6.1 比例盘旋到10%，输入测量值分别为45%、50%、55%相应输出压力为20kPa、60kPa、100kPa，误差为0.8kPa。

5.4.6.2 比例盘旋到100%，输入测量值分别为25%、50%、75%相应输出压力为40kPa、60kPa、80kPa，误差为1.6kPa。

5.4.6.3 比例盘旋到250%，输入测量值分别为0%、50%、100%相应输出压力为44kPa、60kPa、76kPa，误差为2kPa。

5.4.7 积分时间校验（图6）

5.4.7.1 积分时间设定在0.01min，微分时间设定在0.05min，比例度设置在10%处。

5.4.7.2 调节设定指针，使调节器输出稳定在60kPa，迅速关闭积分阀，然后将比例度拨到正作用100%处。

5.4.7.3 再将积分阀拨到所需的位置上，改变设定指示于全刻度的12.5%，此时调节器输出随之上升或下降，记下调节器输出等速变化10kPa所需的时间，该时间为实际积分时间。用同样方法检查0.5min、2min、5min三点。假如积分时间误差很大，则需修正积分阀通气管的截面积，使积分时间与积分阀盘上的刻度相符。

5.4.8 微分时间校验（图6）

5.4.8.1 积分时间定在0.01min，微分时间定在0.05min，比例度定在10%处。

5.4.8.2 调节设定指针，使调节器输出稳定点尽量靠近下限y_0处。迅速关闭积分阀到50min处，然后将比例度调到正作用100%。

5.4.8.3 再将微分时间定在所需的校验点上，改变设定指示，产生10kPa阶跃偏差，让调节器输出变化到最高点y_1时启动秒表，当调节器输出压力下降到y_2时停止秒表；此时秒表上记下的时间为时间常数t，用同样方法检查三点，0.5min，2min，5min，实际微分时间$T_D=t\times K_D$，假如微分时间误差很大，需修正微分阀通气槽的截面积，使微分时间与微分阀盘上的刻度相符。

5.5 日常维护与故障处理

日常维护与故障处理要求与 KF 系列调节器相同。

MC43 型基地式调节器常见故障与处理方法见表 2。

表 2 MC43 型基地式调节器常见故障与处理方法

故障现象	原因	处理
手动输出不能在0～120kPa 范围内灵活变化	气源不足	检查 / 调整气源，达到使用条件
	管路泄漏	检查漏点、重新安装
	手操阀本身故障	检查 / 更换
自动时，调节手动旋钮影响输出	切换阀漏气	检查，必要时更换
自动时，比例度为10%，积分时间为0.5min，调节给定针到50%，在 0～100%范围内来回拨动测量针，输出不在 0～120kPa 变化	气源到喷嘴之间恒节流孔堵塞	拆清
	喷嘴与挡板间距不当	检查、按说明书调整
	喷嘴损坏	检查，必要时更换
	喷嘴到放大器背压气管漏气	检查，消除漏点
	放大器放大倍数不足或已损坏	检查，必要时更换
	放大器到输出表接口处漏或堵	检查，消除漏点或疏通
	比例阀、积分阀不在全开位置	按校验规程重新整定
没有输出或输出值很低	气源不足	检查 / 调整气源，达到使用条件
	输出管路有漏点	检查，消除漏点
	放大器故障	检查，必要时更换
输出始终最大	挡板堵住喷嘴	检查疏通
	喷嘴堵塞	检查疏通
	放大器拆装清洗后，气路有堵塞	检查疏通
	放大器损坏	更换放大器

单元组合仪表维护检修规程
第 2 部分：显示仪表

SHS 07003.2—2019

部分代替 SHS 07003—2004

目　次

前 言

本规程SHS 07003《单元组合仪表维护检修规程》分为以下三个部分：

——第1部分：基地式仪表；

——第2部分：显示仪表；

——第3部分：辅助单元。

本部分为SHS 07003的第2部分：显示仪表。本部分按照GB/T 1.1—2009《标准化工作导则 第1部分：标准的结构和编写》给出的规则起草。

本部分代替SHS 07003—2004《检测仪表》第三节“显示仪表”，与SHS 07003—2004相比，除编辑性修改外，主要技术变化如下：

——修改了标准名称；

——增加了大修检修内容及质量标准。

本部分由中国石油化工集团有限公司、中国石油化工股份有限公司提出。

本部分起草单位：中国石油化工股份有限公司金陵分公司。

本部分主要起草人：雷金华、秦锐。

本部分所代替规程的历次版本发布情况为：

——SHS 07003—1992、SHS 07003—2004。

单元组合仪表维护检修规程
第 2 部分：显示仪表

1 范围

本部分适用于各类电动模拟、数字和智能显示仪表，如显示（报警）仪表、记录仪表和巡检仪。其他同类仪表可参照本规程。

2 规范性引用文件

下列文件对本文件的应用是必不可少的。凡是注日期的引用文件，仅注日期的版本适用于本文件。凡是不注日期的引用文件，其最新版本（包括所有的修改单）适用于本文件。

JB/T 10080.1 光栅数字显示仪表

3 显示（报警）仪

3.1 概述

显示（报警）仪是以指针或数字形式显示被测变量的工业自动化仪表，并可根据报警设定值在测量值越限时输出报警触点信号。

3.2 技术标准

3.2.1 输入信号：1～5V DC、4～20mA 以及基于工业总线的通信数据

3.2.2 输出精度：≤1.0% FS

3.2.3 报警设定：范围 0～100%，精度等级：≤1.0 级

3.2.4 电源电压：24V DC±10%、220V AC±10% /50Hz

3.3 检修内容及质量标准

3.3.1 检修周期

检修周期与装置检修同步，也可根据实际使用情况作适当调整，但不能超过生产装置检修周期。

3.3.2 检修内容

1）检查指示报警仪的铭牌、标志、零部件达到完好标准。

2）按照仪表使用维护说明要求检查、清洁内外部部件。如仪表内部有接插线路板，使用无水酒精擦拭接插件，确保接触良好可靠

3）按 3.3.5 规定的步骤对仪表进行校验，填写校验记录并归档。

4）按照仪表使用维护说明要求检查、更换备件。

3.3.3 检修质量标准

1）仪表外观、铭牌、标识和其他零部件完好，无明显缺陷。

2）仪表内部清洁，接线端子、触点、针脚等电气元件无腐蚀、氧化，绝缘电阻正常，连接牢固无松动。

3）仪表功能正常，校验结果符合仪表的技术指标。

3.3.4 试车与验收

1）检查仪表达到检修质量标准，检修和校验记录齐全并且结论为合格。

2）仪表安装、接线、上电后工作正常，无设备故障报警信息。

3.3.5 校验

3.3.5.1 校验前检查准备工作

1）校验用仪器设备

满足精度要求，并检定合格的信号发生器、万用表，或多功能校验仪。

2）检查

a）仪表内外已经清洁。

b）面板按键、设定开关、设定轮等功能良好。

c）指针无机械卡滞，LED/LCD 数字显示正常。

d）接线螺丝、紧固件、铭牌等完好。

指示报警器校验接线原理图见图 1。

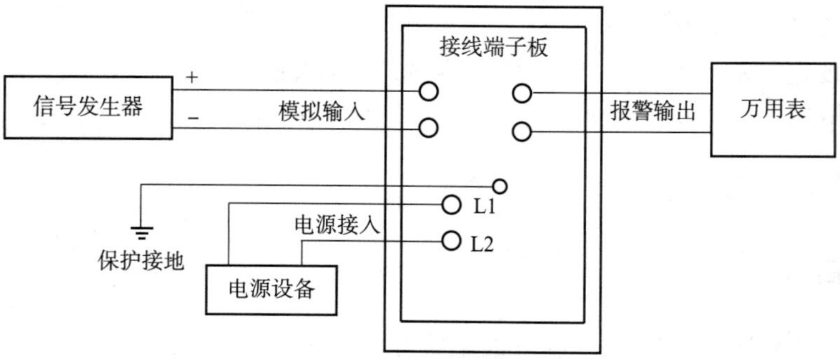

图 1 指示报警器校验接线原理图

3.3.5.2　显示（指示）的校验

根据各型号仪表的使用维护说明书要求进行模拟校验。校验仪表在输入信号的0%、50%、100%处的显示值（指针指示）并记录，误差不应超过其精度要求为合格。

3.3.5.3　显示（指示）报警试验

带有报警功能的显示（指示）报警仪，要进行报警动作试验。模拟指示仪表至少进行报警值设在25%、75%二点位置上的试验，可增加设置仪表位号规定的报警值进行动作试验。通过调整模拟输入信号逐渐从大于和小与两个方向靠近报警值，测量报警触点信号，记录模拟信号输入值并计算报警死区值，符合误差范围的为合格。

3.3.5.4　校验（试验）注意事项

1）校验（试验）前已经阅读仪表使用维护说明书，掌握仪表供电、接地要求，熟悉校验方法。

2）部分类型仪表需要通电预热，按厂家使用维护说明书指示进行通电预热。

3）部分类型仪表需要在校验前对仪表进行校正，并可能设置专门的校正开关或显示界面，按厂家使用维护说明书指示进行操作。仪表校正后应再次进行模拟校验。

4）应注意接线正负极性。

5）具有可设置报警死区的仪表，在报警试验前应设置1%～5%的死区值。仪表报警试验完成后应及时消除报警值、报警死区值设置或者按照仪表位号规定的报警值、死区值完成设置。

6）校验（试验）全部完成后应即时完成记录，做好合格标识。

3.4　使用维护要求

3.4.1　日常维护

1）根据仪表实际应用情况自定巡检周期，巡检内容为设备完好、设备故障报警等。

2）对具有指针位置检查的仪表，每月检查1次指针位置准确情况。

3）根据仪表实际应用情况自定报警有关定值检查周期进行检查。

3.4.2　使用环境要求

环境温度为0～50℃，湿度为5%～99%，避免安装在振动物体上。

4　走纸记录仪

4.1　概述

走纸记录仪可以接收直流电压输入、直流电流输入、热电偶输入和热电阻输入等多种信号，通过伺服平衡单元输出扭力矩或驱动电机，再经过连杆机构带动记录指针和记录笔，用于指示被测变量，并在脉冲驱动的纸上做出记录。

走纸记录仪是可接收1～5V DC信号的条形记录仪。1～5V DC信号通过伺服平衡单元输出扭力矩，再经过连杆机构转变为记录指针的纵向直线位移。为了驱动记录纸，部分还必须与脉冲发生器联用。

走纸记录仪可附加微动开关，实现报警功能。

4.2 技术指标

4.2.1 输入信号：1～5V DC、4～20mA、热电偶（K、J、T、R、S、E型）、热电阻（Pt100、Pt50）

4.2.2 精度等级：0.5级～1.0级

4.2.3 全量程平衡时间：＜5s

4.2.4 不灵敏区：＜量程的0.2%

4.2.5 电源电压：（24±10%）V DC、220V AC 50Hz

4.2.6 报警功能：微动开关，常开或常闭

4.2.7 报警设定范围：5%～95%（上、下限范围）

4.2.8 走纸速度：20～80mm/h

4.3 检修内容及质量标准

记录仪检定周期与装置检修同步，也可根据实际使用情况作适当调整，但不能超过生产装置检修周期。

4.3.1 检修内容

1）按照仪表使用维护说明要求检查，清洁内外部。清除墨水盒、毛细管、记录笔内残余墨汁，去除笔尖内污垢，用洁净水冲洗内壁。擦净表内墨渍。

2）转轴、电机和拉线盘间或平衡单元内部齿轮，记录笔的传动部分、走纸机构的传动齿轮和轴承需进行润滑。

3）检查记录仪的铭牌、标志、零部件，达到完好标准。

4）用无水酒精擦拭电信号接插件，确保接触良好可靠。

5）按4.3.4规定的步骤对仪表进行校验，填写校验记录并归档。

4.3.2 检修质量标准

1）仪表的外观、铭牌、标志和其他零部件完好，无明显缺陷。

2）仪表的指针指示正确无误，电机或传动部件动作顺畅，笔尖记录清晰无误，纸张走动速度符合设置要求。

4.3.3 试车与验收

1）仪表外观检查，达到检修质量标准。

2）仪表检修和校验记录齐全且结论合格。

3）仪表安装、接线、上电后，工作正常。

4.3.4 校验

4.3.4.1 校验前检查准备工作

1）校验用仪器设备：

a）满足精度要求，并检定合格的信号发生器或多功能校验仪 1台

b）标准电位差计（0.1级） 1台

c）水银温度计（指示室温用） 1只

d）标准电阻箱 1台

e）脉冲发生器 1台

f）稳压电源(24V DC） 1台

2）检查：

a）仪表内外已经清洁。

b）记录笔杆、笔尖动作灵活。

c）墨水瓶、毛细管、笔尖、表面、标尺等清洁。

d）接线螺丝、紧固件、铭牌完好。

4.3.4.2 记录仪的校验

根据各型号仪表的使用维护说明书要求进行模拟校验。校验仪表在输入信号的0%、25%、50%、75%、100%处的显示值并记录，误差不超过其精度要求为合格。

4.3.4.3 记录仪校验注意事项

以IRV-4131为例，校验接线图见图2。

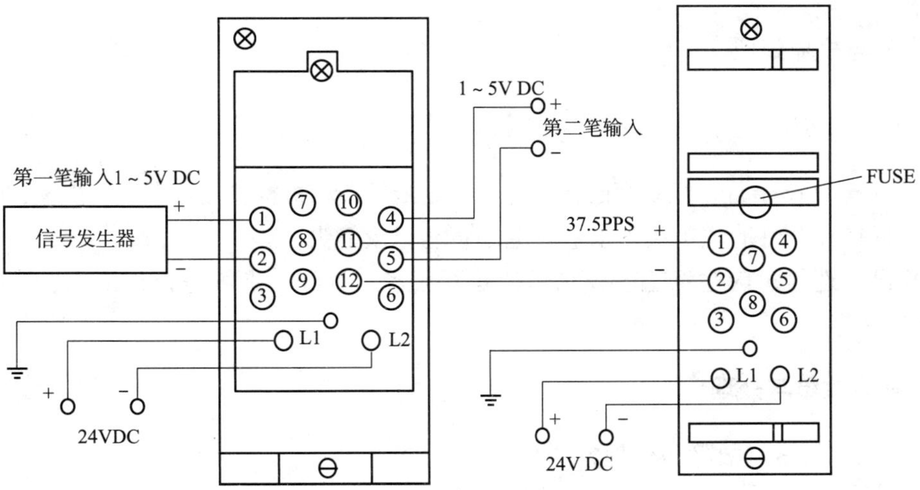

图2 IRV校验接线图

1）校验（试验）前已经阅读仪表使用维护说明书，掌握仪表供电、接地要求，熟悉校验方法。

2）部分类型仪表需要通电预热，按厂家使用维护说明书指示进行通电预热。

3）部分类型仪表需要在校验前对仪表进行校正，按厂家使用维护说明书指示进行操作。校正后再次进行模拟校验。

4）注意接线正负极。

5）上下限限幅器的试验。

6）注意齿轮的上下限越限值时输入电压，按照各类型仪表说明书指标调整。

7）脉冲发生器和记录仪通电，走纸速度应与速度开关开关置匹配，误差应≤±1%。

8）灵敏度调整：将输入信号作阶跃变化，调整灵敏度使指针经过一个周期的过冲后达到稳定。

9）在热电偶输入时，注意输入电势等于基准电势减去冷端温度电势。

10）输入信号上下行程的误差和变差<±0.5%。

4.3.4.4 检查全行程平衡时间：将输入信号由0%阶跃变化到100%，检查全行程平衡时间是否小于标称值。

ER100校验接线见图3。

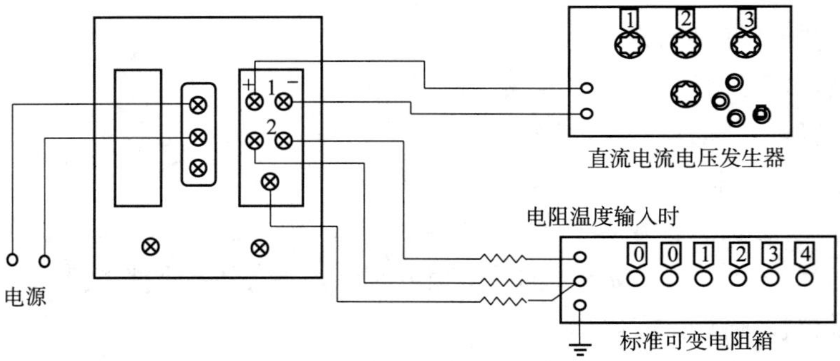

图3 ER100校验接线图

4.4 维护与故障处理

4.4.1 日常维护

1）每隔3～6个月在记录笔的传动部分和走纸的传动机构注油点上注入少量钟表油。

2）每隔6个月清洗1次墨水盒、毛细管和记录笔尖。

3）日常巡检时应注意记录仪指示值是否正确，划线、走纸是否正常，表体和零件是否整洁完好。

4.4.2 常见故障与处理

走纸记录仪常见故障与处理方法见表1。

表1 走纸记录仪常见故障与处理方法

故障现象	故障原因	处理方法
仪表完全不动作	1. 保险丝断； 2. 多线接插件接触不良； 3. 平衡单元不好	1. 更换保险丝； 2. 重新接插一次； 3. 更换平衡单元
指针在刻度上限或者在刻度下限	1. 平衡单元不好或连接器接触不好； 2. 测量回路导线短路或断路	1. 更换平衡单元或检查各连接器； 2. 检查测量回路

表 1 走纸记录仪常见故障与处理方法（续）

故障现象	故障原因	处理方法
指针不动作 不稳 振荡 不灵敏区越差	1. 连杆从笔支架或平衡单元的输入杠杆上脱落下来； 2. 输出杠杆安装螺钉松动； 3. 平衡单元的齿轮部分缺油； 4. 平衡单元不好	1. 检查连杆机构； 2. 把输出杠杆转到最上方，把螺钉重新拧紧； 3. 对平衡单元的齿轮部分的转轴注油； 4. 更换平衡单元
指示误差大	1. 连杆的安装位置不合适； 2. 平衡单元不好； 3. 有干扰信号； 4. 滑轮转动接触不好	1. 当笔的零点和量程调整螺钉调不过来时可改变连杆的安装位置； 2. 更换平衡单元； 3. 消除干扰信号； 4. 检查滑轮转动部分
记录纸不走	1. 记录纸卡纸； 2. 脉冲发生器来的驱动脉冲没有输入进来； 3. 脉冲马达驱动单元三极管损坏； 4. 驱动记录纸用的脉冲马达不走； 5. 驱动记录纸用的脉冲马达处齿轮部分缺油	1. 记录纸安装不正确； 2. 检查测量仪表背面的端子板上有无脉冲信号； 3. 更换其三极管； 4. 更换脉冲马达； 5. 在脉冲马达齿轮部分的转轴上注少量油
记录不良（不出墨水、断线、笔尖浮起）	1. 墨水不足； 2. 笔尖堵塞； 3. 聚乙烯塑料管中有气泡	1. 更换墨水盒或补充墨水； 2. 清洗笔尖； 3. 用加压器把墨水挤出来

4.4.3 使用环境注意事项

可单独或密集安装在室内的垂直控制盘上，要求环境温度为0～50℃，湿度为35%～85%，环境宜机械振荡小、腐蚀性气体少、不直接受到高辐射热、电磁场影响。

5 无纸记录仪

5.1 概述

无纸记录仪是将采集的数据、运算数据以时间为基轴记录在仪器内部的存储载体中的记录设施，无须消耗任何纸张、笔墨。主要有显示、记录、报警、历史数据、PID调节及在线组态等功能。可与上位机通过标准的RS-485、RS-232C串行口或以太网口连接和通讯。记录在仪器内部的存储数据，通过运算、模拟后显示在液晶屏，可采用USB盘、SD卡等直接备份，也可通过网络通讯备份至其他计算机，并可自动实时备份数据。通过上位机管理软件，还可将记录的数据以曲线、图形，列表等多种形式展示和打印。

5.2 技术指标

5.2.1 输入信号类型：0～10mA DC、0～20mA DC、4～20mA DC、0～5V DC、1～5V DC 及脉冲信号

热电偶（K、J、T、B、S、E型）

热电阻（Pt100、Cu50）

5.2.2 采样周期：可选1s（1～8点）、0.5s（1～4点）、0.25s（1～2点）

5.2.3 记录间隔：0.25s、0.5s、1s、2s、4s、8s、40s和1min、2min、4min（不小于采样周期）

5.2.4 存储时间：根据记录的点数和不同的记录间隔可以保存72h～360天的历史数据。

5.2.5 工程量实时显示精度：±0.2%

5.2.6 掉电保护：记录仪掉电时由备用电池供电，保证所有记录数据及组态信息不会因掉电而丢失（最长可达3年）

5.2.7 报警触点容量：220V AC，3A（无感性负载）

5.2.8 通讯：RS-232C串行通讯口，通讯波特率为19.2kbps

RS-485串行通讯口，通讯波特率为57.6kbps

Ethernet标准RJ45接口，10/100Mbps

5.2.9 打印：可通过公用打印附件或外接PC机转储、打印历史数据。

5.2.10 电源电压：(220±10%)V AC 12W 50Hz

(24±10%)V DC 500mA

5.3 检修内容与质量标准

无纸记录仪检定周期与装置检修同步，也可根据实际使用情况作适当调整，但不能超过生产装置检修周期。

5.3.1 检修内容

1）表体内外清扫，保持壳体完好。

2）检查主机的显示状况。

3）检查外接线路。

4）按5.3.4规定的步骤对记录仪各项性能进行校验、填写校验单并归档。

5.3.2 检修质量标准

1）仪表的壳体、铭牌、标志、各零部件完好，LCD、表体内外清洁，无污垢和缺陷。

2）仪表内部清洁，接线端子、触点、针脚等电气元件无腐蚀、氧化，绝缘电阻正常，连接牢固。

3）仪表功能正常，校验结果符合仪表技术指标。

5.3.3 试车与验收

1）检查仪表达到检修质量标准，仪表检修和校验记录齐全且结论合格。

2）仪表安装、接线、上电后，测试0%、50%、100%三点输入信号，LCD 指示正确，其他数据记录、通讯、打印等功能正常。

3）以上均达到要求，即通过验收。

5.3.4 检查校验步骤

以 JL-22B 为例。

5.3.4.1 校验用仪器设备

1）电位差计　1 台

2）标准电阻箱　1 台

3）万用表　1 台

4）水银温度计（指示室温用）　1 只

5）多功能校验仪　1 台

6）调压器　1 台

7）绝缘 / 耐压测试仪　1 台

8）直流稳压源　1 台

9）频率计　1 台

5.3.4.2 目视检查表壳、面框

1）主机表壳无划伤、外型结构完好。

2）主机面框外型结构应完好，标识应完整、清晰。

3）主机表尾铭牌、机号、日期的字迹应清晰。

4）主机表内锁紧体工作正常。

5）键盘外观应无缺陷，按键应灵敏，手感好。

5.3.4.3 LCD 的通电检查

1）主机的 LCD 显示应连续，亮度应均匀，背光、对比度应正常，小数点的位置正确，所有显示画面正常。

2）按功能键切换显示画面，观察每幅画面。具体可参见 JL22B 的安装使用手册。

3）用手按动键盘，记录仪反应灵敏。

5.3.4.4 端子检查

记录仪后面的接线端子都应完好，螺丝、垫片没有缺少。

5.3.4.5 绝缘电阻和绝缘强度检查

1）信号输入端子与地之间：≥ 20MΩ

2）电源端子与地之间：≥ 20MΩ

3）信号输出端子与电源端子之间：≥ 20MΩ

4）将耐压 / 绝缘测试仪的“耐压 / 绝缘”开关切换到“绝缘”状态，量程选择切换到 500V，然后对待测端子进行测试。

5）耐压仪设置：

“耐压 / 绝缘”开关设为“耐压”→量程选择 2.5kV →定时设置为“手动”→漏电流为 10mA。

6）绝缘强度要求：

信号输入端子与地之间：500V/50Hz

电源端子与地之间：1.5kV/50Hz

信号输出端子与电源端子之间：1.5kV/50Hz

5.3.4.6 校验

按图 4 和图 5 接线，将模块插入，上电，预热 15min 后进行通道组态，再进行信号检定。

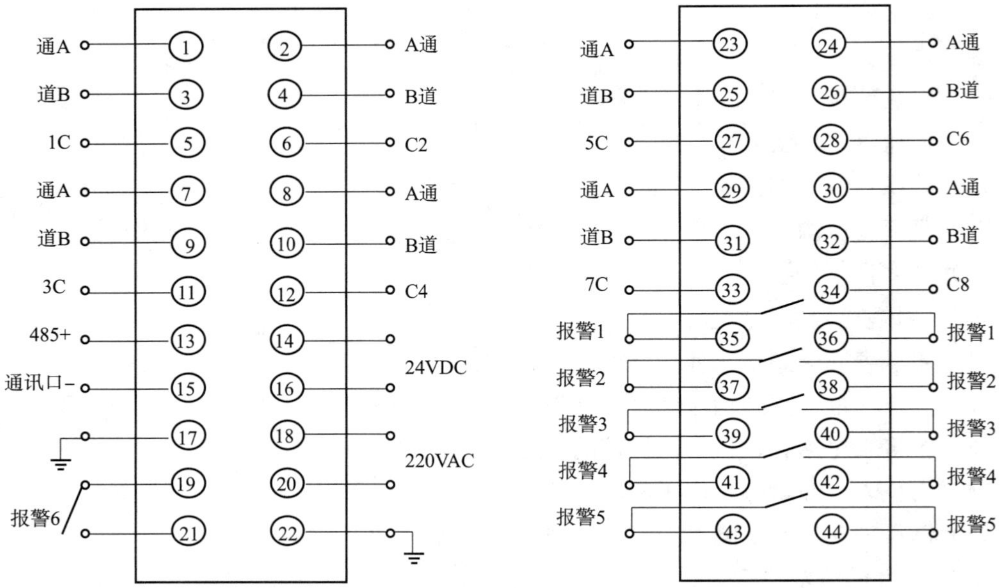

图 4　端子布置图

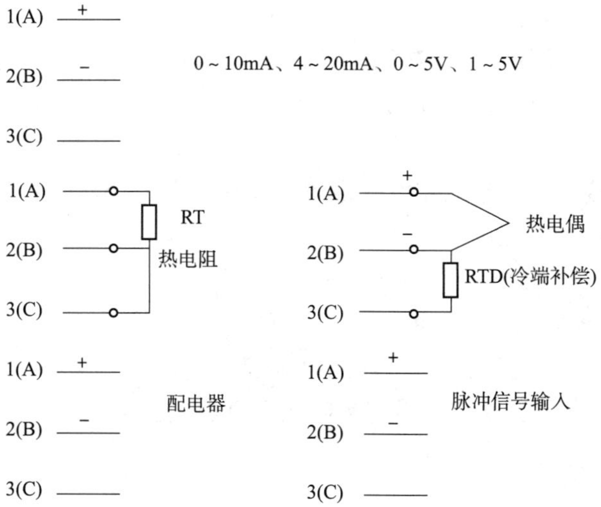

图 5　各种输入信号接线

5.3.4.7　模拟量输入模块

将恒流源的输出端子分别接入模拟量输入模块的接线端子上，如图5所示，输入4～20mA信号（分三点：4mA、12mA、20mA），显示值（应为0％、50％、100％）与输入信号比较，精度应满足±0.2％FS的要求。

5.3.4.8　热电阻模块

将电阻箱的输出端子分别接入热电阻模块的接线端子上，如图5所示，按国际90温标手册，调整电阻值（分三点：0％、50％、100％），显示值（应为：0％、50％、100％）与输入信号比较，精度应满足±0.2％FS的要求。

5.3.4.9　热电偶模块

将直流毫伏信号源的输出端接入热电偶模块的接线端子上，如图5所示，按国际90温标手册，调整毫伏信号（分三点：0％、50％、100％），显示值（应为0％、50％、100％）与输入信号比较，精度应满足±0.2％FS的要求。

5.3.4.10　脉冲量模块

将脉冲发生器的输出端子分别接入脉冲量模块的接线端子上，如图5所示，输入脉冲信号（分三点：0％、50％、100％），显示值（应为0％、50％、100％）与输入信号比较，精度应满足±0.2％FS的要求。

5.3.4.11　报警试验

调整输入信号，当输入值超过设定的报警值时，相应的触点将发生变化。

5.4　维护与故障处理

5.4.1　日常维护

每日巡检时清洁仪表表面灰尘，观察指示是否正确。

5.4.2　常见故障与处理

无纸记录仪常见故障与处理方法见表2。

表2　无纸记录仪常见故障与处理方法

故障现象	原因分析	处理方法
无显示	电源不通	检查电源接线
LCD显示有不亮或亮度淡化、缺笔画的现象	LCD老化	更换LCD

5.4.3　安装注意事项

可单独或多台密集安装，允许在有一定粉尘和较小振动的场合使用，要求环境温度为0～45℃，湿度小于85％，环境中不含腐蚀性、易爆气体。

6 数字显示仪

6.1 概述

数字显示仪与各类传感器、变送器配合使用，可对温度、压力、液位、流量等工业过程参数进行测量、显示、报警控制、信号变送输出、数据采集及通讯。

仪表采用大规模集成电路，以单片微处理器为核心器件，将测量信号经 A/D 采样转换后，进行显示。

6.2 技术标准

6.2.1 输入信号：1～5V DC、4～20mA DC；热电偶：(K、E、T、R、S、J、B、N 型)，冷端自动补偿；热电阻：(Pt1000、Pt100、Cu50)（三线制连接）

6.2.2 模拟变送输出：1～5V DC、4～20mA DC

6.2.3 报警输出：继电器馈电或不馈电输出

6.2.4 报警指示：报警时，LED 灯亮

6.2.5 测量精度：±0.5% FS

6.2.6 变送器外配电：24V DC

6.2.7 供电电源：220V AC±10%，50Hz

6.3 检修内容及质量标准

数字显示表检定周期与装置检修同步，也可根据实际使用情况作适当调整，但不能超过生产装置检修周期。

6.3.1 检修内容

1）用干燥的净化空气来清除表内积灰。

2）用无水酒精擦拭电信号接插件。

3）仔细检查表内继电器触点有无电蚀、氧化，用万用表检查触点接触电阻和绝缘电阻。

4）检查数字显示表的零部件，必须达到完好标准。

5）用 6.3.4 规定的步骤对数字显示表进行校验，填写校验单并归档。

6.3.2 检修质量标准

1）仪表的壳体、铭牌、标志、零部件完好，LCD、表体内外清洁，无污垢和缺陷。

2）按要求校验，能达到标称的各项技术指标。

3）LCD 亮度均匀，符号清晰，指示正确无误。

6.3.3 试车与验收

1）仪表外观检查，达到检修质量标准。

2）仪表检修和校验记录翔实准确。

3）试运行时，测试0%、50%、100%三点输入信号，LCD指示正确。

4）以上均达到要求，即通过验收。

6.3.4 校验

6.3.4.1 校验用仪器设备

1）电压电流发生器 1台

2）标准电位差计（0.1级） 1台

3）水银温度计（指示室温用） 1台

4）可变电阻箱 1台

5）电阻（4Ω±1%） 3只

6.3.4.2 目视检查

1）清除表内积尘，用无水酒精擦拭接插件，确保接触良好可靠。

2）检查按钮是否灵活。

3）接线螺丝、紧固件、铭牌等是否完好。

6.3.4.3 校验

以SXZ型数字显示仪为例，接线布置图见图6。

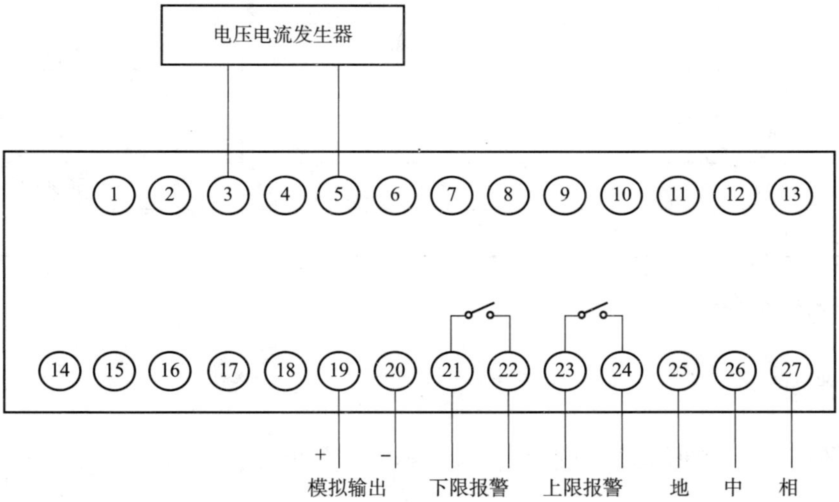

图6 接线布置图

对不同的输入信号，按图6和表3接线。接通电源，预热30min后，分0%、50%、100%三点调整测量信号，显示值与输入误差应小于仪表标称精度。

若显示超差，则进行调整：在自动方式下→进入菜单→选择输入信号校正→将输入信号调至满度（100%）→输入密码→按SET键进入输入信号校正菜单→按表4查出与基准设定（100%）对应的提示符（如E7）→选择提示符→按增加或减少键输入对应的校正参数→显示正常。

再将调整后的仪表进行重新校验。

表 3　信号输入接线端子对照表

端子＼信号	热电偶	热电阻	电压 mV DC	电压 V DC	电流 mA DC	二线制变送器
1	输入＋	输入 C	输入＋			
2		输入 B				
3				输入＋	输入＋（注）	变送器＋（注）
4						
5	输入－	输入 A	输入－	输入－	输入－	
6						变送器－

注：电流信号输入 3 脚与 4 脚短接。

表 4　输入信号校正菜单

提示符	基准设定	校正参数
E0	400Ω 电阻信号	5000
E1	二极管补偿零点	室温值
E3	20mV	5000
E4	70mV	5000
E5	100mV	5000
E6	500mV	5000
E7	5V	5000
E8	10mA	5000
E9	20mA	6250

6.4　维护与故障处理

6.4.1　日常维护

每日清洁仪表表面的灰尘，检查仪表显示屏是否正常显示。

6.4.2　常见故障与处理

数字显示仪常见故障与处理方法见表 5。

表 5　数字显示仪常见故障与处理方法

故障现象	故障原因	处理方法
无显示	电源不通	检查电源接线
显示屏闪烁	输入接线开路或短路	检查输入接线

6.4.3 安装注意事项

可单独或多台密集安装在室内的垂直控制盘上，要求环境温度为5～45℃，湿度为5%～85%，环境中不应含有腐蚀性、易爆气体。

7 数字巡检仪

7.1 概述

数字巡检仪可与各类传感器、变送器配合使用，实现温度、湿度、压力、液位、流量等8路、16路或32路物理量的测量、显示、公共报警控制。

数字巡检仪允许各路选择不同的输入传感器，并且每路有独立的零点、增益修正功能，并有独立的报警限值设定功能。

7.2 技术指标

7.2.1 输入通道数：1～32点

7.2.2 输入信号类型：1～5V DC、4～20mA DC；热电偶：（E、K、S、B、T、J、R型）

7.2.3 报警输出：巡检报警输出触点

7.2.4 输入电源电压：220V AC，50Hz

7.3 检修内容及质量标准

数字巡检仪检定周期与装置检修同步，也可根据实际使用情况作适当调整，但不能超过生产装置检修周期。

7.3.1 检修内容

1）用干燥的净化空气来清除表内积灰。

2）用无水酒精擦拭电信号接插件。

3）检查表内继电器触点有无电蚀、氧化，用万用表检查触点接触电阻和绝缘电阻。

4）检查数字巡检仪的零部件，必须达到完好标准。

5）用7.3.4规定的步骤对数字巡检仪进行校验，填写校验记录并归档。

7.3.2 检修质量标准

1）仪表的壳体、铭牌、标志、零部件完好，LED显示屏、表体内外清洁，无污垢和缺陷。

2）按要求校验，能达到标称的各项技术指标。

3）数字显示屏亮度均匀，符号清晰，指示正确无误。

7.3.3 试车与验收

1）仪表外观检查，达到检修质量标准。

2）仪表检修和校验记录翔实准确。

3）试运行时，各通道测试0%、50%、100%三点输入信号，LED指示正确。

4）以上均达到要求，即通过验收。

7.3.4 校验

7.3.4.1 校验用仪器设备

1）电压电流发生器 1台

2）万用表 1台

3）标准电位差计 1台

4）水银温度计（指示室温用） 1只

7.3.4.2 目视检查

1）清除表内积尘，用无水酒精擦拭接插件，确保接触良好可靠。

2）检查各按键动作是否灵活。

3）接线螺丝、紧固件、铭牌等是否完好。

7.3.4.3 校验

以XMD-16型数字巡检仪为例。

1）按图7接电源线，仪表上电预热15min。

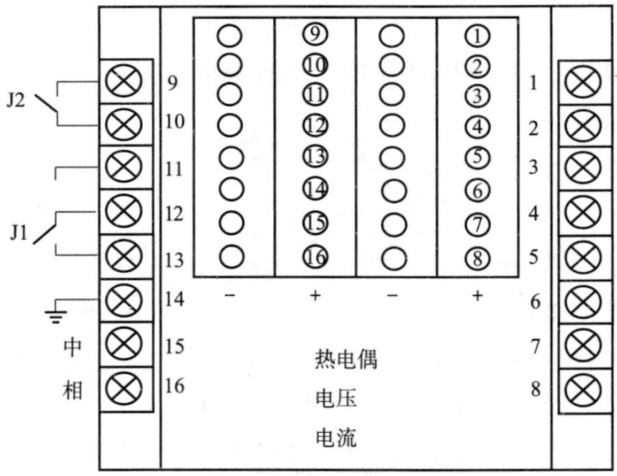

图7 热电偶、电压、电流接线图

2）在主菜单中对各通道组态成同一信号类型，设置要求调校的量程。

3）按图7将信号发生器接至第一通道接线端子上，分0%、50%、100%三点调整信号发生器输出值，显示值与输入误差应在仪表标称精度误差内。

4）对其余各通道均可按上述方式进行校验。

7.4 维护与故障处理

7.4.1 日常维护

每日巡检时清洁仪表表面灰尘，检查各按键是否灵活，观察定点显示和巡检显示是否正确。

7.4.2 常见故障与处理

数字巡检仪常见故障与处理方法见表6。

表6 数字巡检仪常见故障与处理方法

故障现象	处理方法
面板无显示	检查保险丝和电源
按键不灵活	拆下检查按键或更换

7.4.3 安装注意事项

安装在室内垂直控制盘上并要有足够的强度，要求环境温度为0～50℃，湿度小于85%，机械振动小、腐蚀性气体少的场所。

单元组合仪表维护检修规程
第3部分：辅助单元

SHS 07003.3—2019

部分代替 SHS 07003—2004

目　次

前　言

本规程SHS 07003《单元组合仪表维护检修规程》分为以下三个部分：

——第1部分：基地式仪表；

——第2部分：显示仪表；

——第3部分：辅助单元。

本部分为SHS 07003的第3部分：辅助单元。本部分按照GB/T 1.1—2009《标准化工作导则　第1部分：标准的结构和编写》给出的规则起草。

本部分代替SHS 07003—2004《检测仪表》第四节“辅助单元”，与SHS 07003—2004相比，除编辑性修改外，主要技术变化如下：

——修改了标准名称；

——删除了原信号分配器章节内容，其维护维修规程参照SHS 07003—2004；

——增加了检修内容及质量标准。

本部分由中国石油化工集团有限公司、中国石油化工股份有限公司提出。

本部分起草单位：中国石油化工股份有限公司金陵分公司。

本部分主要起草人：徐彬、雷金华。

本部分所代替规程的历次版本发布情况为：

——SHS 07003—1992、SHS 07003—2004。

单元组合仪表维护检修规程
第 3 部分：辅助单元

1 范围

本部分适用于安全场所内的安全栅、稳压电源、闪光报警器、报警设定器等辅助单元仪表，其他同类仪表可参考使用。

2 规范性引用文件

下列文件对本文件的应用是必不可少的。凡是注日期的引用文件，仅注日期的版本适用于本文件。凡是不注日期的引用文件，其最新版本（包括所有的修改单）适用于本文件。

SH/T 3081 石油化工仪表接地设计规范

SH/T 3082 石油化工仪表供电设计规范

3 安全栅

3.1 概述

安全栅是保证过程控制系统具有安全火花防爆性能的关键仪表。它必须安装在安全场所内，作为安全场所仪表及装置与现场的关联设备，一方面起信号转换 / 传输作用，另一方面还用于限制流入危险场所的能量。

3.2 齐纳式安全栅

3.2.1 概述

齐纳栅是一种用于安全保护的防爆产品，其保护性能体现在当电路发生故障时，限制危险电压和电流流入危险区，保证现场设备和人员的安全。

齐纳安全栅是由熔断丝、限流电路、限压电路三部分组成，其工作原理见图 1。

图 1　齐纳安全栅原理方框图

当安全区的电压或电流超过额定值时，快速熔断器将迅速切断通往危险区的通路，防止危险电压电流进入危险区。

限压电路由齐纳二极管或其他限压元件组成，当外界进入的电压超过二极管的齐纳电压时，齐纳二极管反向击穿导通，使外界电压稳压在齐纳电压上。同时，由于齐纳二极管的特性，其电流急剧增大，使快速熔断器快速熔断，切断危险电压进入危险区。

限流电路由线性元件或非线性元件组成，当现场发生故障时，由于限流电路的作用，把故障电流限制在安全值之内。

3.2.2　技术指标

1）齐纳安全栅铭牌、标志应齐全完好，紧固件无松动、损坏现象。

2）最高允许电压：250V DC/AC

3）使用环境条件：连续使用温度 -10～45℃，相对湿度 5%～95%。

4）主要技术参数见各型号的说明书。

3.2.3　检修内容与质量标准

1）需检查输入输出线路是否完好、供电线路是否完好。线路有无断路、短路。接线及端子是否有松动，检修时需对端子进行紧固检查。

2）线路标号是否齐全、清晰。

3）检查冗余供电的电压的数值及偏差是否在指标要求范围内。

4）齐纳栅接地绝缘是否完好。禁止用兆欧表测齐纳安全栅端子之间的绝缘，检查系统线路绝缘时，应首先断开齐纳安全栅的全部外部接线，否则将会引起齐纳安全栅内部熔丝烧断。

3.2.4　校验

3.2.4.1　检查校验所用的标准仪器

1）稳压电源（24V DC）　1 台

2）精密电流表　1 台

3）标准电阻 250Ω 和 100Ω　各 1 只

4）可调电阻箱　1 台

5）数字万用表　1 台

6）毫伏信号发生器　1 台

3.2.4.2　二线制输入齐纳安全栅检查方法（以 LB-830 为例）

1）按图 2 所示接线：

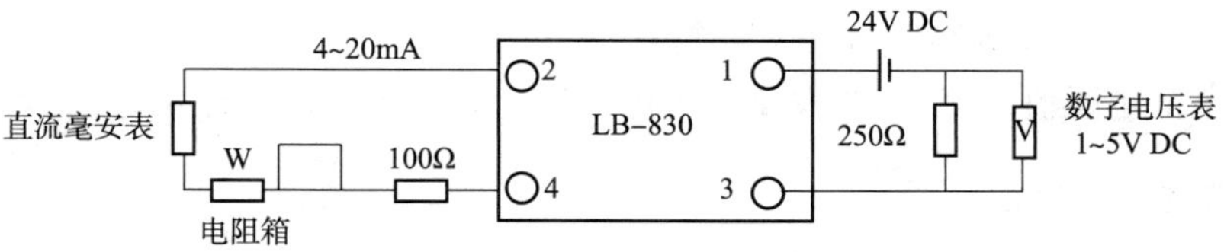

图 2　二线制输入安全栅检查接线示意图

2）调整电阻箱（W），使直流毫安表（A）分别为 4mA、12mA、20mA，其相应的标准电压值应分别为 1V、3V、5V，记录数字电压表（V）的实际数值。

3）将直流毫安表指示 4mA、12mA、20mA，所对应的数字电压表的实际值分别与标准值 1V、3V、5V 进行比较，计算误差应在 ±0.2%以内为合格。

3.2.4.3　输出齐纳安全栅检查方法（以 LB-887 为例）

1）按图 3 所示接线。

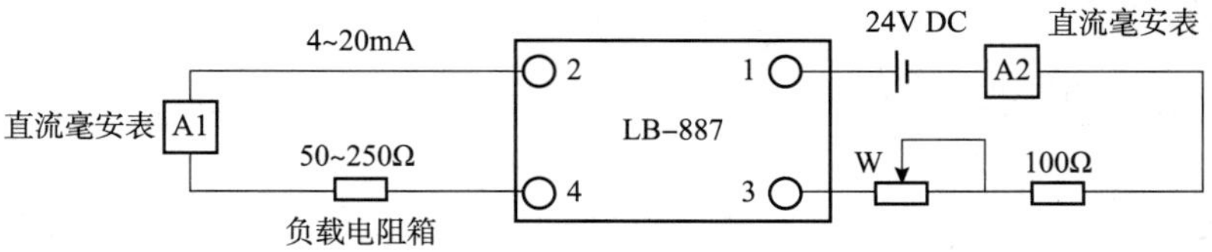

图 3　输出安全栅检查接线示意图

2）调整电阻箱（W），使输入端直流毫安表（A1）分别指示为 4mA、12mA、20mA，其对应的输出标准电流值应分别为 4mA、12mA、20mA，记录输出电流表（A2）的实际读数。

3）将输入端直流毫安表指示 4mA、12mA、20mA，所对应的输出直流毫安表的实际值分别与标准值 4mA、12mA、20mA 进行比较，计算误差应小于 ±0.2%为合格。

3.2.4.4　热电偶输入齐纳安全栅检查方法（以 LB-860ac 为例）

1）按图 4 所示接线。

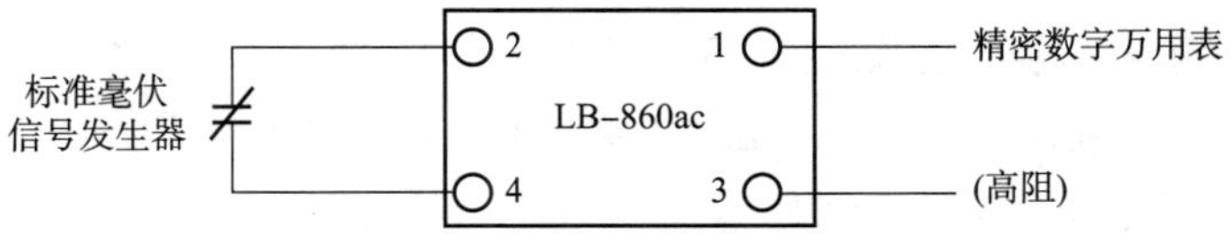

图 4　LB-860ac 接线图

2）调整毫伏信号发生器，给出 0mV、30mV、60mV 信号值，其精密数字万用表应分别指示在 0mV、30mV、60mV 即为合格。

3.2.4.5　热电阻输入齐纳安全栅检查方法（以 LB-855ac 为例）

1）按图 5 所示接线。

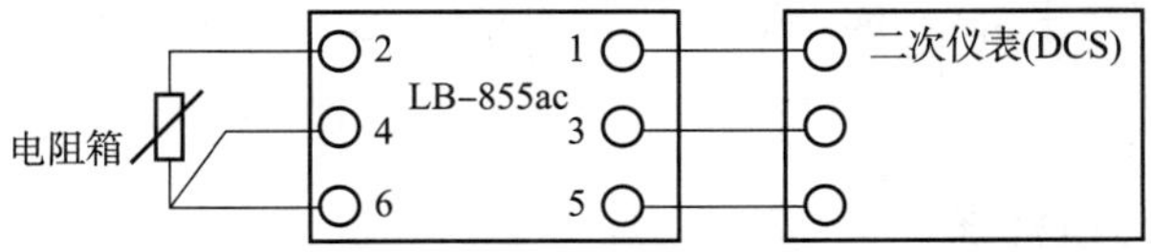

图 5　LB-855ac 接线图

2）将二次仪表或DCS指示值校验合格。

3）改变R_t电阻值，使二次仪表或DCS指示与R_t分度号相对应的温度相符，即为合格。

3.2.5 日常维护与故障处理

安全栅损坏时，应以相同技术指标的齐纳安全栅更换，不得修复后重新使用。

3.2.6 安装注意事项

1）齐纳安全栅安装在安全区域。

2）齐纳安全栅采用汇流条安装方式。

3）对齐纳安全栅进行单独通电调试时，必须注意齐纳安全栅的型号、电源极性、电压等级及外壳接线端子上的标号，防止接线错误。

4）务必注意对本安回路的配线方法和导线的限制条件。

3.3 隔离式安全栅

3.3.1 概述

隔离式安全栅能限制电流和电压，防止危险能量进入危险场所。具有信号转换等附加功能。危险区和安全区电路互相隔离，安装简单。

隔离式安全栅安装在非危险场所，它分为操作端安全栅及检测端安全栅，根据实际需要而选择。

3.3.2 技术指标

3.3.2.1 供电电压：24V DC，允许10%的偏差

3.3.2.2 配电电压：普通型18.5～28.5V DC，HART通过型：12～28.5V DC

3.3.2.3 隔离：输入、输出电源之间250V_{rms}（有效电阻）

3.3.2.4 端子：适合直径不超过2.5mm^2的多束或单股电缆

3.3.2.5 环境温度限制：-20～+60℃运行，-40～80℃储存

3.3.2.6 湿度：5%～95%相对湿度

3.3.2.7 负载阻抗：不小于300Ω

3.3.2.8 响应时间：不大于500ms，不大于6s（温变）

3.3.2.9 电源功耗：每通道不大于2W

3.3.2.10 基本误差：0.1%，0.2%，0.5%，1%（仅温变）

3.3.2.11 隔离式安全栅符合BASEEFA，CSA、FM及TC124 SC2的标准，以及其他一些认证标准

3.3.3 检修内容及质量标准

1）需检查输入输出线路是否完好、供电线路是否完好。线路有无断路、短路。接

线及端子是否松动，需进行紧固检查。

2）线路标号是否齐全、清晰。

3）检查冗余供电的稳压电源输出电压数值及偏差是否在指标要求范围内。

4）仪表接地绝缘是否完好。

3.3.3.1　检查校验所用的标准仪器

1）稳压电源（24V DC）　1 台

2）精密电流表　1 台

3）标准电阻 250Ω 和 100Ω　各 1 只

4）标准可调电阻箱　1 台

5）万用表（4 位半）　1 台

6）毫伏信号发生器　1 台

3.3.3.2　开关量输入式隔离安全栅（以 MTL5011B 为例）检查方法

1）按图 6 接线。

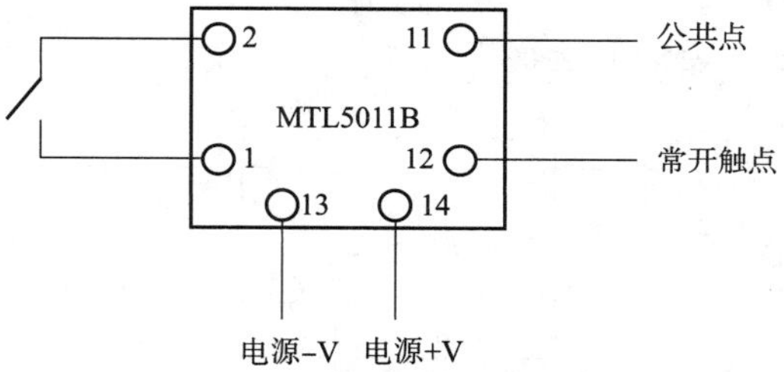

图 6　MTL5011B 隔离栅检查接线示意图

2）将端子 2、1 两端引出接线，当两接线开路时，万用表测量 12、11 端之间应开路；当两接线短路，万用表测量 12、11 端之间电阻应为零。

3.3.3.3　模拟量输入式隔离栅（以 MTL5041 为例）检查方法

1）按图 7 接线。

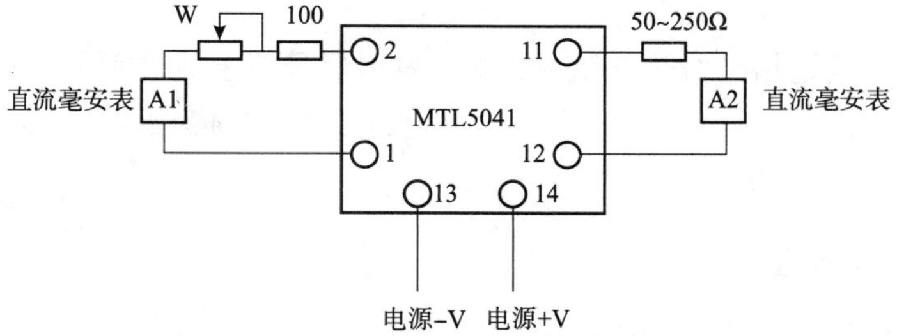

图 7　MTL5041 隔离栅检查接线示意图

2）调整电阻箱（W），使直流毫安表 A1 分别为 4mA、12mA、20mA，其相应的标准电流值输出应分别为 4mA、12mA、20mA，记录直流毫安表 A2（mA）的实际数值。

3）将直流毫安表 A1 指示 4mA、12mA、20mA，所对应的输出直流毫安表 A2 的实际值分别与标准电流值 4mA、12mA、20mA 进行比较，计算误差应小于 ±20μA。

3.3.3.4　模拟量输出式隔离栅（以 MTL5045 为例）检查方法

1）按图 8 接线。

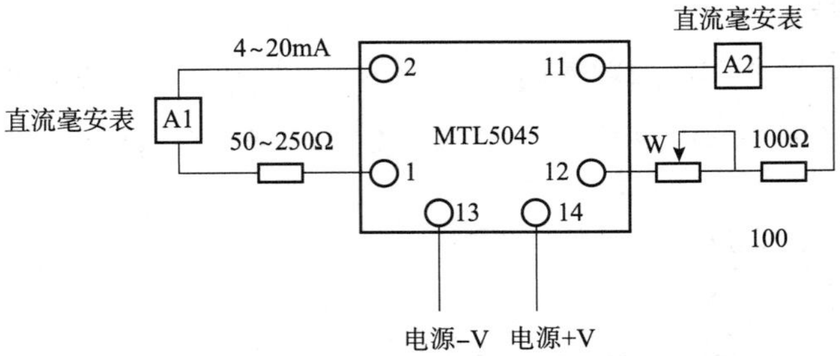

图 8　MTL5045 隔离安全栅检查接线图

2）调整电阻箱（W），使输入端直流毫安表 A2 分别指示为 4mA、12mA、20mA，其对应的输入标准电流值应分别为 4mA、12mA、20mA，记录输出直流毫安表 A1 的实际读数。

3）将输入端直流毫安表 A2 指示 4mA、12mA、20mA，所对应的输出直流毫安表 A1 的实际值分别与标准值 4mA、12mA、20mA 进行比较，计算误差应小于 ±20μA。

3.3.3.5　本安型温度变送器（以 MTL5073 为例）检查方法

1）按图 9 接线并完成对应温度量程组态。

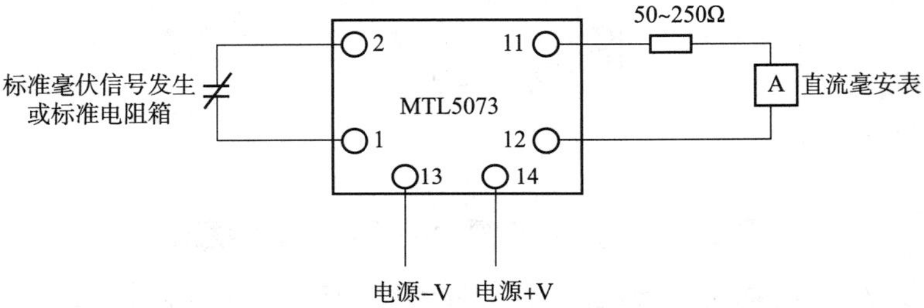

图 9　MTL5073 本安型温度变送器检查接线图

2）调整毫伏信号发生器（对热电偶输入），根据信号范围线性划分五等分输入 mV 信号，其直流毫安表 A 的实际读数分别与标准电流 4mA、8mA、12mA、16mA、20mA 进行比较，计算误差应在 ±0.1%以内。

3）调整可变电阻箱（对热电阻输入），根据信号范围线性划分五等分输入电阻信号，其直流毫安表 A 的实际读数分别与标准电流 4mA、8mA、12mA、16mA、20mA 进行比较，计算误差应小于 ±0.1%。

3.3.4　维护与故障处理

3.3.4.1　日常维护

日常巡检时，要注意各个指示灯的状态是否正常，一旦异常，应给予相应的处理。隔离式安全栅故障后不得维修后使用。

3.3.4.2　注意事项

1）隔离安全栅安装在安全区域。

2）隔离安全栅采用“夹紧式”DIN 导轨安装或底板式安装。

3）对隔离安全栅进行单独通电调试时，必须注意隔离安全栅的型号、电源极性、电压等级及外壳接线端子上的标号，防止接线错误。严禁使用兆欧表直接在含安全栅的回路中测试信号线路，防止击穿。

4）务必注意对本安回路的配线方法和导线的限制条件。

4 稳压电源

4.1 概述

稳压电源是给负载设备提供稳定的直流电的电子装置，当电网电压或负载出现瞬间波动时，稳压电源会以10～30ms的响应速度对电压幅值进行补偿，使其稳定在±2%以内。

4.2 技术指标

4.2.1 交流输入

4.2.1.1 额定：220V AC，50/60Hz

4.2.1.2 功率因数：＞0.99

4.2.2 输出

额定电压：24V DC，范围24～28V DC，连续可调

4.2.3 不少于20ms的输入失电缓冲时间

4.2.3.1 工作温度范围（-25～+70℃），湿度范围：0～95%（RH）

4.2.3.2 超低安全电压标准：SELV符合EN60950，PELV符合EN60204

4.2.3.3 电子机械设备标准：符合EN50178

4.2.3.4 机电设备标准：符合EN60204

4.2.3.5 可并联使用（电源自带输出反向二极管或外接冗余模块），增加输出功率或冗余使用

4.2.3.6 压降补偿，输出电压范围可调节

4.2.3.7 静态功率裕度，可持久提供高达额定电流1.5倍的电流，能可靠地启动大型负载

4.2.3.8 带动态功率裕度SFB（选择性熔断）技术的标准断路器快速触发，能够在12ms内输出6倍的额定电流，可靠触发标准热磁式断路器脱扣

4.2.3.9 具有预诊断监控功能，具有用于故障报警的开关信号输出

4.2.3.10 具有输出短路反馈控制、功率部件的过热保护功能，并且在保护发生前发出临界工作状态报警

4.3 检修内容及质量标准

定期检修与装置停工检修同步。

1）依次断开负载，对稳压电源进行彻底的清灰工作。重新上电需要注意每级断路器要逐级上电，防止对电源输入端冲击而导致故障。

2）仔细检查稳压电源的开关及电路等的完好状况，如有损坏，及时修复。

3）检查稳压电源的交直流接地及线路绝缘：导线对地绝缘电阻及线间绝缘电阻在500V AC 测试电压下均应大于 100MΩ。

4）如果使用在冗余供电场合，需要检测两个电源输出电压电压差是否在0.1V DC之内。

5）检查输入输出和接地连接端子连接牢固。

6）校验：

按稳压电源的接线标识进行接线，用万用表检查输入交流电压值，应在要求的额定电压范围内，合上输入电源开关，预热 15min 后，用万用表测量稳压电源直流输出值，应在直流额定电压范围内，若超出，则可通过调整螺丝或编程等方式对输出电压进行调整。

7）做好检修记录并归档。

4.4 维护与故障处理

4.4.1 日常维护

1）每日检查稳压电源的状态指示灯，若出现故障报警，应及时采取措施进行处理。

2）定期检查稳压电源柜的风扇运行状况，风扇出现故障应及时修复或更换。

3）稳压电源的常见故障与处理（以 PHOENIX QUINT 系列为例）

观察电源表面的指示灯（图 10）是否正常，如 Boost 灯亮起，表示输出电流超过额定电流。DC OK 灯闪烁表示输出电压低于额定电压的 90%（如 24V DC 为额定电压，闪烁表示电压降低到 21.6V DC）。

报警触点：电源表面有报警接点，如果要提高对现场情况的监测，请在连接通用性报警 13-14 常开触点（图 11）的情况下，连接“DC OK”，“I＜In”的触点，分别对电压、电流进行检测。

图 10 稳压电源指示灯

图 11 稳压电源报警

在发生故障时，请观察输入上游的断路器是否有跳开，如果有跳开且DC OK灯正常亮绿色，请在排除上游短路电流或冲击电流故障后，将断路器闭合，如果还是跳开且DC OK灯正常亮绿色，则电源还是正常的。如果不是，DC OK灯不再亮，表示电源发生故障，有可能与电源输入端的保险丝熔断保护有关。

4.4.2 安装注意事项

1）为确保充分冷却，在装置上、下各留出不小于100mm的自由空间，左右方各留出不小于50mm的自由空间。

2）稳压电源应安装在环境良好的室内，无腐蚀性气体。

3）稳压电源的保护接地和信号接地应按标准执行，其接地电阻不大于4Ω，接地牢固可靠。

4）配电线路中的开关，熔断器等的配置方式，数量应按标准执行，合理配置。为维修方便，各开关、熔断器应标注位号，其质量应有可靠保证。

5 闪光报警器

5.1 概述

闪光报警器是采用内蜂鸣器音响和面板指示闪烁及后端子输出无源触点方式，实现三态报警功能的设备。

以XXS系列闪光报警器为例，有8个声光报警回路，每个报警回路输入方式可以是常开式也可以是常闭式，但只可采取一种形式。它能与各种带有源触点的检测仪表配套使用，用于指示生产过程中的报警，以引起操作人员注意。

5.2 技术指标

5.2.1 电源：220V AC，50Hz

5.2.2 环境温度：5～50℃

5.2.3 线路电阻：≤20Ω

5.2.4 闪光频率：1～2Hz/s

5.2.5 输出继电器接点容量：220V AC，3A；24V DC，2A。

5.2.6 功耗：＜3W

5.3 检修内容及质量标准

闪光报警器检修与装置检修同步，也可根据实际使用情况作适当调整，但不能超过生产装置检修周期。

5.3.1 检修内容

1）清扫仪表内外部灰尘和污垢。

2）检查各电路板元件。

3）各插件应接触良好，无锈蚀、松动。

4）检查各继电器触点及动作情况。

5.3.2 检修质量标准

1）报警器及音响部分组件外观完整无损，无氧化锈蚀，紧固件齐全完好，表体无损坏。

2）各电路板元件，应无过热、老化、变色、虚焊（接）现象。印刷线路板应固定可靠。

3）各报警点应有清晰的标识。

4）信号灯必须完好。

5）消除按钮、试验按钮必须完好，各继电器触点及动作情况正确。

6）电源保险丝接触良好。

5.3.3 校验

1）接好报警器的电源线，保证电源接线正确。

2）检查保险丝应良好，插上电源插座，通电 15min 后试验。

3）按下试验按钮，灯应闪光（1～2Hz），电铃应响。

4）按下试验按钮，闪光音响报警正常，再按下消除按钮，灯应亮而不闪，电铃不响。松开按钮，试验结束。

5）根据报警器选择的输入方式的触点形式，对每一个回路进行试验。当模拟一个回路报警发生时，灯应闪光并响铃，这时按消除按钮，铃响停止，闪光变平光，直到报警信号消失，灯才会熄灭。

5.4 维护与故障处理

5.4.1 日常维护

1）仪表在运行中应定期试验检查，发现有蜂鸣器故障或闪光灯泡失效应及时更换。

2）仪表每运行 6 个月应进行清扫检查。

3）运行中不应有强烈振动或强电场出现。

5.4.2 常见故障与处理

闪光报警器常见故障与处理方法见表 1。

表 1 闪光报警器常见故障与处理方法

故障现象	处理方法
报警灯不亮	检查电源供电、灯是否损坏、控制芯片输出是否正常
无报警声音	检查蜂鸣器是否损坏 蜂鸣器线路有无断线 控制芯片输出是否正常
灯常亮不闪	检查串行数据导线的连续性
报警不能复位	依次拔去程序组件直到音响停止，最后拔去的组件是故障的
灯全常亮报警无动作	检查公用单元的保险丝
影响刺耳或不清晰	调整电源

5.4.3 安装注意事项

应装在清洁、干燥、通风、环境无腐蚀性，不宜靠近发热设备及强磁场的场所。各种接线应准确、牢固。

6 可编程报警设定器

6.1 概述

可编程报警设定器是用编程的方式设定检测信号的上下极限，当过程信号超过预先设定的上下极限时，可编程报警设定器便发出一路或多路报警输出，以警告故障或执行紧急停车。

6.2 技术标准

6.2.1 重复性：输入精度的 50％以内

6.2.2 显示精度：±1 数字位

6.2.3 输入精度：±5μA 或 ±1mV

6.2.4 输出精度（对带 -AO/AOZ 选项型）：输出量程的 ±0.03％

6.2.5 回差带宽：线性模式下最大 11.5V 或 57.5mA

6.2.6 隔离能力：1000Vrms

6.2.7 功耗：通常 2～3.5W，最大 8.25W

6.2.8 抗 RFI/EMI 能力：30V/m

6.2.9 操作温度：-25～+65℃

6.3 检修内容及质量标准

可编程报警设定器检定一般与生产装置检修周期同步，可根据实际使用情况适当调整，但不能超过生产检修周期。

6.3.1 检修内容

1）仔细检查接线端子有无氧化，用无水酒精擦拭；端子接触是否松动，若松动，接触不好，更换端子。

2）检查铭牌、标志、螺丝，必须达到完好标准，并用干净的软布擦拭掉灰尘。

3）检查面板指示灯，指示正常；液晶显示屏无断码，显示正确；按键接触良好，动作灵敏。

4）对报警设定器进行重新检查、校验。报警设定器上电初始化正常后，在参数设置主菜单中按报警要求设置好参数：报警值、报警触点的常开或常闭、报警回差、输入/输出信号范围等。

5）万用表置“测电阻”挡，测量报警输出端子。

6）用电压电流发生器发信号（例如电流信号），调整信号发生器，慢慢靠近报警设定值，当万用表检测到触点反转时，记录信号发生器数值，该值与报警设定值应小于±5μA。

7）如有多级报警输出，依次检查信号反转时的数值。

6.3.2 检修质量标准

1）输入输出及供电端子紧固无松动。

2）导轨式报警设定器安装紧固无松动。

3）对于报警值的检查要做记录，上下行程各至少一遍，报警值误差应小于输出量程的 ±0.03%。

4）对于多通道输出的报警设定器，需要校验每一个通道；同时具备模拟量输出的报警设定器，还需比对输入电流信号和输出电流信号的误差。

6.3.3 校验

报警设定器产品品牌多，本节仅以 SPA 为例，检查校验具体作业时按照厂家提供的产品说明书进行。

6.3.3.1 校验用仪器设备

1）电压电流发生器 1 台。

2）数字万用表 1 台。

6.3.3.2 外观检查

该型报警设定器为铝质外壳，外观光亮、无撞击痕迹，封装螺丝未少且螺丝长度匹配；面板上 4 个按键触摸正常，无凹陷；通电后，液晶显示屏显示正常，无断码；LED

双色报警指示灯正常；接线端子接触良好，不晃动；标识清楚，型号标注正确。

6.3.3.3 内部跳线/DIP开关设置：

设置口令跳线，如图12所示。

口令跳线接通——更改或设置参数时，需要作口令检查。

口令跳线断开——更改或设置参数时，不需作口令检查。

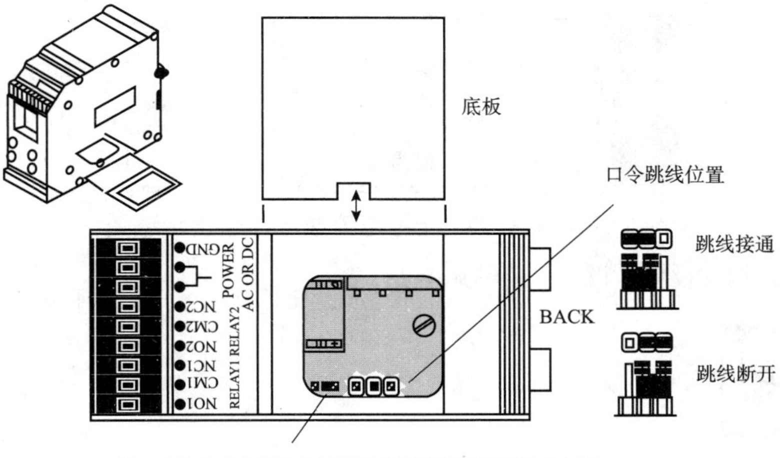

图12 设置口令跳线示意图

6.3.3.4 设置故障安全/非故障安全报警功能，见图13。

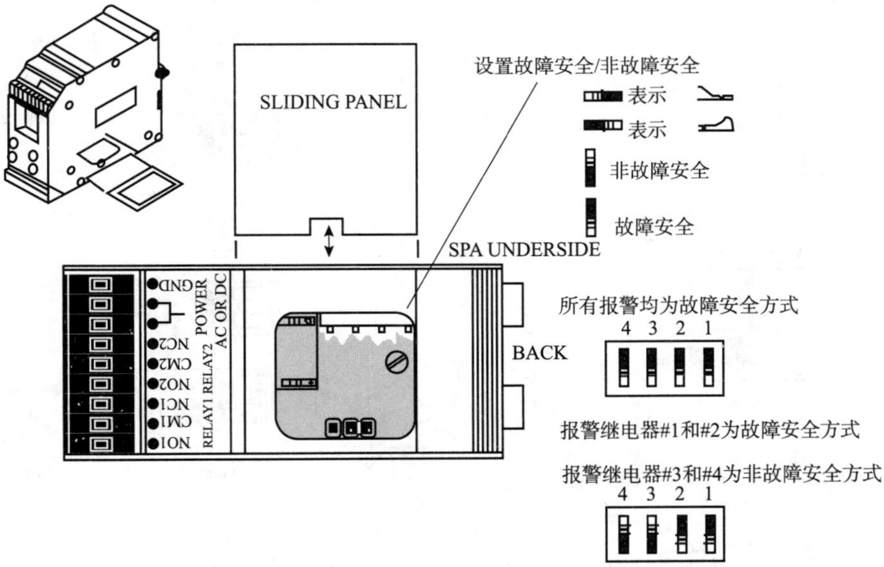

图13 设置故障安全/非故障安全报警功能

6.3.3.5 设置有源/无源电流或电压输出（对带-AO选项型），见图14。

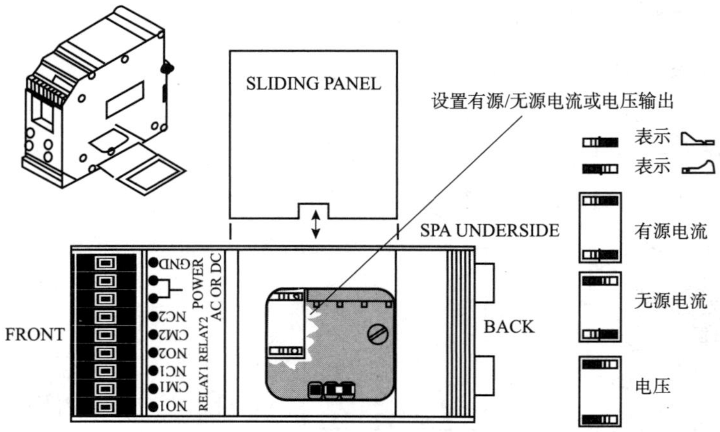

图 14　设置有源 / 无源电流或电压输出示意图

6.3.3.6　参数编程设置，设置主菜单见图 15。

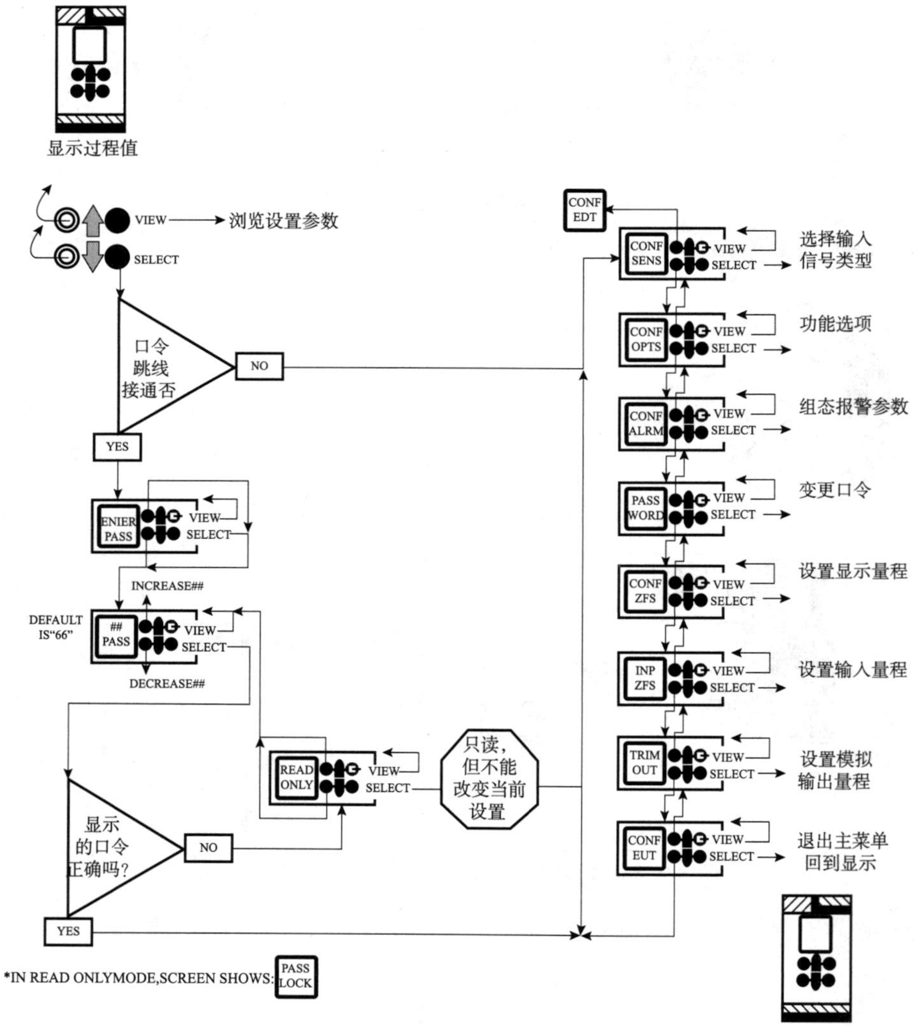

图 15　参数编程设置主菜单示意图

6.3.3.7 口令检查：

如果口令跳线处于断开状态，则当按 SELECT 键时，主菜单跳过此项，屏幕显示“SET V/I”而进入输入信号类型设置菜单；当口令跳线处于接通状态时，则进入口令检查菜单，其操作过程如下：

1）显示过程值屏幕按 SELECT 键，屏幕显示“ENTR PASS”（输入口令）。

2）按上下箭头键或再次按 SELECT 键，屏幕显示默认的“55 PASS”字样。

3）用上下箭头键输入正确的口令，并按 SELECT 键结束。

4）口令正确时，屏幕显示“SET V/I”并进入输入信号类型设置菜单，否则显示“READ ONLY”（只读）。

5）显示“READ ONLY”时，按 SELECT 键可浏览以前设置的各项参数，但不能改动这些参数；按上下箭头键则返回到“55 PASS”屏幕。

6.3.3.8 设置输入信号类型：

电流信号：0～50mA 间任意范围

电压信号：0～10V 间任意范围

从“SET V/I”屏幕按“SELECT”键，用箭头键在“VOLT 0 10”、“mA 0 50”之间选其一，再按 SELECT 键确认。

6.3.3.9 功能选择：

可通过功能选择菜单设置线性功能或用户功能模式，在线性功能模式下，显示量程（对带 -AO 选项型）严格与输入量程成线性关系；在用户功能模式下，用户可组态显示量程或模拟输出量程（对带 -AO 选项型）与输入量程之间的对应关系，显示量程可与输入量程之间成线性关系，也可成非线性关系（建立非线性对应关系的操作步骤见下面），但模拟输出量程（对带 -AO 选项型）严格与显示量程成线性关系，步骤如下：

1）从“CONF OPTS”屏幕按 SELECT 键，屏幕显示“SET FUNC”（功能选择）。

2）用箭头键在“CUST FUNC”（用户模式）或“LINR FUNC”（线性模式）之间选择其一，按 SELECT 键确认。

3）若选为“CUST FUNC”，屏幕显示“SET EGU”（设置显示的工程单位），按 SELECT 键，用箭头键在“DEG C”（摄氏度）、“DEG F”（华氏度）、“PCT”（百分比）、“BLNK”（无单位）、“CSTM”（用户定义）之间选择其一，按 SELECT 键确认；若选为“LINR FUNC”，屏幕显示“SET LIN”（设置线性化），按 SELECT 键，用箭头键在“LIN ON”（线性）、“LIN OFF”（非线性）之间选择其一，按 SELECT 键确认。

4）屏幕显示“EXIT OPT”，按 SELECT 键便返回到主菜单的输入量程设置屏幕“SCLE INPT”。

6.3.3.10 建立输入 / 显示量程非线性对应关系：

假定输入信号 X 的零点、满度分别为 X_m、X_n，对应的显示值 Y（按工程单位）分别为 X_m、Y_n，则 Y 与 X 的线性关系式为：

$$Y=Y_m+(Y_n-Y_m)(X-X_m)/(X_n-X_m)$$

当X、Y不满足上述线性关系而呈非线性对应关系时，SPA可根据用户给定的若干个对应点（最多20个）来建成立输入信号与显示值之间的非线性对应关系。步骤如下：

1）从“ENTR CURV”（输入对应点）屏幕按SELECT键。

2）屏幕显示“NUMB PNTS”（对应点数），按SELECT键，再用箭头键输入点数，最后按SELECT键。

3）屏幕显示“ENTR PNT”，按SELECT键：屏幕显示“PNT##”，用箭头键输入要修改或输入坐标的对应点的序号。

4）按SELECT键，用箭头键输入该点的输入信号值（X坐标值），再按SELECT键，用箭头键输入该点的显示值（Y坐标值），最后按SELECT键以结束该点的输入。

5）屏幕再显示“ENTR PNT”，可按照3）～4）继续输入其他对应点的坐标，最后通过按下箭头键退到“EXIT CURV”屏幕，再按SELECT键退出本菜单。

6.3.3.11 设置输入量程：

1）从“SCLE INPT”屏幕按SELECT键，屏幕显示“SET ZERO”（设置零点），按SELECT键，用箭头键输入零点值，再按SELECT键；

2）屏幕显示“SET FULL”（设置满度），按SELECT键，用箭头键输入满度值，再按SELECT键；屏幕显示“EXIT SCLE”，按SELECT键进入主菜单的其参数设置屏幕。

6.3.3.12 设置用户模式下的显示量程

1）从“SCLE DSPL”（设置显示量程）屏幕，按SELECT键，屏幕显示“SET DP（设置小数点），按SELECT键，用箭头键移动小数点的位置，最后按SELECT键确认。

2）屏幕显示“DSPL ZERO”（设置显示零点），用箭头键输入零点值，按SELECT键确认；屏幕显示“DSPL FULL”（设置显示满度），按SELECT键确认。

3）屏幕显示“EXIT DSPL”，按SELECT键进入主菜单的其参数设置屏幕。

6.3.3.13 设置模拟输出量程：

1）从“SCLE AO”屏幕按SELECT键，屏幕显示“SET ZERO”（设置模拟输出零点），按SELECT键，用箭头键输入零点值，按SELECT键确认。

2）屏幕显示“SET FULL”（设置模拟输出满度），按SELECT键确认，用箭头键输入满度值，按SELECT键确认；屏幕显示“EXIT Z/FS”，按SELECT键进入主菜单的其他参数设置屏幕。

6.3.3.14 组态报警参数：

可设置参数有：报警点、回差带、反应延时、高/低报警方式、锁定或非锁定。

从“CONF ALARM”屏幕按SELECT键，屏幕显示“AL1 CONF”（组态第一个报警输出），按SELECT键。

1）设置报警点：屏幕显示“ENTR TRIP”（输入报警点），按SELECT键，用箭头键输入报警点值，再按SELECT键。

2）设置回差带：屏幕显示“ENTR DB”（输入回差带宽），按SELECT键，用箭头键输入回差带宽值，再按SELECT键。

3）设置反应延时：屏幕显示“ENTR DLY”（输入延时），按 SELECT 键，用箭头键输入延时秒数（0～60），再按 SELECT 键。

4）设置高 / 低报警：屏幕显示“SET HILO”（设置高 / 低报警方式），按 SELECT 键，用箭头键在“HIGH ALRM”（高报警）、“LOW ALRM”（低报警）之间选择其一，再按 SELECT 键。

5）设置锁定 / 非锁定报警功能：屏幕显示“SET LAT”（设置锁定 / 非锁定报警功能），按 SELECT 键，用箭头键在“LAT ON”（锁定）、“LAT OFF”（非锁定）之间选择其一，再按 SELECT 键。（注：锁定：即使过程值回到正常状态，报警仍然继续，直到人工复位；非锁定：一旦过程回到正常状态，报警自动复位。）

屏幕显示“EXIT ALRM”，按SELECT键进入组态下一个报警输出的屏幕，步骤同前。

6.3.4 维护与故障处理

6.3.4.1 日常维护

1）巡检时应注意信号发送单元信号值与报警设定器显示值是否一致，若不一致则必须对回路进行检查。

2）报警指示灯的状态是否正常，是否出现报警等异常状态，及时通知工艺引起注意。

6.3.4.2 常见故障与处理

常见故障一般有因端子接触不良引起误报警，可更换端子。

报警设定器本体故障后不得维修后再度使用。

6.3.4.3 安装注意事项

可编程报警设定器大多采用“夹紧式”DIN 导轨式安装，由于体积较小，容易出现密集型安装，此时必须注意安装柜内的温度，做好散热工作，防止因温度过高而损坏设备。

控制阀维护检修规程
第 1 部分：气动控制阀

SHS 07005.1—2019

部分代替 SHS 07005—2004

目　次

前 言

本规程SHS 07005《控制阀维护检修规程》分为以下八个部分：

——第1部分：气动控制阀；

——第2部分：长行程执行机构；

——第3部分：电动执行机构；

——第4部分：偏心旋转阀；

——第5部分：气缸执行机构；

——第6部分：控制阀附件；

——第7部分：蒸汽减温器阀；

——第8部分：填料的选用与装填。

本部分为SHS 07005的第1部分：气动控制阀。本部分按照GB/T 1.1—2009《标准化工作导则 第1部分：标准的结构和编写》给出的规则起草。

本部分代替SHS 07005—2004《执行器》第一节“气动薄膜调节阀”，与SHS 07005—2004相比，除了编辑性修改外，主要技术变化如下：

——修改了规程名称，本部分原名称为《气动薄膜调节阀》，更改为《气动控制阀》；

——引用标准版本更新，增加了FCI 70-2-2013、API 598-2016两个引用标准；

——增加了气缸执行机构的检验标准，增加了“3.4使用、维护与故障处理”部分；

——提高了泄漏量、行程等检验标准的精度等级要求。

本部分由中国石油化工集团有限公司、中国石油化工股份有限公司提出。

本部分起草单位：吴忠仪表工程技术服务有限公司。

本部分起草人：崔学智、闫中华。

本部分所代替规程的历次版本发布情况为：

——SHS 07005—1992、SHS 07005—2004。

控制阀维护检修规程
第1部分：气动控制阀

1 范围

本部分是气动控制阀的维护、检修通用规定。

本规程适用于炼化企业中用于生产过程自动控制的、由气动薄膜或气缸式执行机构和阀体组件组成的气动控制阀，包括一般的球形单座阀、双座阀、各类套筒阀、三通阀，及各类旋转类阀等，以下简称控制阀。

2 规范性引用文件

下列文件对本文件的应用是必不可少的。凡是注日期的引用文件，仅注日期的版本适用于本文件。凡是不注日期的引用文件，其最新版本（包括所有的修改单）适用于本文件。

GB/T 4213 气动调节阀

ANSI/FCI 70-2-2013 Control Valve Seat Leakage

API 598-2016 Valve Inspection and Testing

3 气动控制阀

3.1 概述

控制阀是自控系统中的终端现场调节仪表，安装在工艺管道上，调节被调介质的流量，按设定要求控制工艺参数。控制阀直接接触高温、高压、深冷、强腐蚀、高黏度、易结焦结晶、有毒等工艺流体介质，因而是最容易被腐蚀、冲蚀、汽蚀、老化、损坏的仪表，往往给生产过程的控制造成困难。因此，在自控系统设计时正确选用之后，必须充分重视控制阀的现场安装、运行维护和检修工作。

3.2 主要技术指标

3.2.1 外观

零部件齐全，装配关系正确，紧固件不得有松动、损伤等现象，整体洁净。

3.2.2 气源压力

最大值为500kPa，额定值为250kPa。

3.2.3 输入信号范围

1）标准压力信号范围为20～100kPa；

2）带有电/气阀门定位器时，标准电信号范围为4～20mA DC；

3）两位式控制时，可在气源压力额定值内任意选取。

3.2.4 执行机构气室的密封性

将设计规定的额定压力的气源通入密封气室中，切断气源，5min内薄膜气室中的压力下降不得超过2.5kPa。

3.2.5 基本误差

基本误差不应超过表1的规定，用控制阀的额定行程的百分数表示。

表1 气动控制阀基本参数

<table>
<tr><th colspan="3">类别
项别</th><th>不带定位器</th><th>带定位器</th></tr>
<tr><td colspan="3">基本误差/%</td><td>±5</td><td>±1.0</td></tr>
<tr><td colspan="3">回差/%</td><td>3</td><td>1.0</td></tr>
<tr><td rowspan="4">始终点偏差/%</td><td rowspan="2">气开</td><td>始点</td><td>±2.5</td><td>±1.0</td></tr>
<tr><td>终点</td><td>±5</td><td>±1.0</td></tr>
<tr><td rowspan="2">气关</td><td>始点</td><td>±5</td><td>±1.0</td></tr>
<tr><td>终点</td><td>±2.5</td><td>±1.0</td></tr>
</table>

3.2.6 回差

回差不应超过表1的规定，用控制阀的额定行程的百分数表示。

3.2.7 始终点偏差

当输入气动薄膜执行机构中的信号为上、下限值时，控制阀的始终点偏差应不超过表1的规定，用控制阀的额定行程的百分数表示。

3.2.8 死区

用控制阀输入信号量程的百分数表示，不应超过3%。

3.2.9 耐压强度

控制阀应以1.5倍公称压力进行不少于3min的耐压试验，不应有肉眼可见的渗漏。

3.2.10 填料函及其他连接处的密封性

应保证在 1.1 倍公称压力下无渗漏现象。

3.2.11 泄漏量

控制阀在规定试验条件下的泄漏量应符合要求：

1）双座阀类允许泄漏量为 $5\times10^{-3}\times$ 阀额定容量；

2）单座阀类允许泄漏量为 $10^{-4}\times$ 阀额定容量。

3.3 检查与校验

3.3.1 检查

3.3.1.1 外观检查

按 3.2.1 条要求，用肉眼观察的方法进行检查。

3.3.1.2 执行机构气室的密封性试验

按 3.2.4 条要求将额定压力（一般为 250kPa）的气源输入薄膜气室中，切断气源。

3.3.1.3 耐压强度试验

按 3.2.9 条要求，用 1.5 倍公称压力的室温水，在控制阀的入口方向输入阀体内，另一端封闭，使所有在运行中受压的阀腔同时承受 5min 的试验压力。试验期间，控制阀应处于全开位置。

3.3.1.4 填料函及其他连接处的密封性试验

按 3.2.10 条要求，用 1.1 倍公称压力的室温水，按规定的入口方向输入控制阀的阀体，另一端封闭，同时使阀杆做 1～3 次往复动作，持续时间不应少于 3min，观察控制阀的填料函及上、下阀盖与阀体的连接处。

3.3.1.5 泄漏量试验

按 3.2.11 条要求，在薄膜气室中按不同作用方式输入一定的操作气压，使控制阀关闭。将温度为室温的相对恒定的水压，按规定的入口方向输入控制阀，另一端放空，用秒表和量杯测量其 1min 的泄漏量。

1）操作气压

①气开式控制阀为 0kPa；

②气关式控制阀

a）弹簧范围为 20～100kPa 的控制阀，其操作气压为 120kPa；

b）弹簧范围为 40～200kPa 的控制阀，其操作气压为 240kPa。

2）试验水压 p

①双座类控制阀为 0.35MPa；

②单座类控制阀：

a）当最大允许压差小于 0.35MPa 时，取最大允许差压；

b）当最大允许压差大于 0.35MPa 时，一般取 0.35MPa；

c）特殊介质、特殊工况时可取控制阀的最大工作压差。

3.3.2 校验

3.3.2.1 基本误差校验

按 3.2.5 条将规定的输入信号平稳地按增大和减小方向输入薄膜气室（或定位器），测量各点所对应的行程值，按式（1）计算实际“信号 - 行程”关系与理论关系之间的各点误差。其最大值即为基本误差。

$$\delta_i = \frac{l_i - L_i}{L} \times 100\% \quad (1)$$

式中 δ_i——第 i 点的误差；

l_i——第 i 点的实际行程；

L_i——第 i 点的理论行程；

L——控制阀的额定行程。

试验点为输入信号范围的 0%、25%、50%、75%、100%五个点。

3.3.2.2 回差校验

按 3.2.6 条要求，校验方法同 4.3 条，在同一输入信号点所测得的正反行程的最大差值即为回差。

3.3.2.3 始终点偏差校验

按 3.2.7 条要求，将输入信号的上、下限值分别加入薄膜气室（或定位器），测量相应的行程值，按式（1）计算始终点偏差。要特别注意到保证气开式控制阀的始点、气关式控制阀的终点在阀关位置上。

3.3.2.4 死区校验

按 3.2.8 条要求，在输入信号量程的 0%、25%、50%、75%、100%五点上进行校验，其方法为缓慢改变（增大和减小）输入信号，直到观察出一个可察觉的行程变化（0.1mm），此点上正、反两方向的输入信号差值即为死区。

3.4 使用、维护与故障处理

3.4.1 使用

3.4.1.1 联调

控制阀在投入运行前应做系统联试。

3.4.1.2 投运

控制阀工作时，前后的切断阀应全开，副线阀应全关。整个管路系统中的其他阀门应尽量开大，通常控制阀应在正常开度范围（20%～80%）内工作。

3.4.1.3 手轮

使用带手轮的控制阀应注意手轮位置指示标记。

1）在侧面安装的，应在中间或“自动”位置；

2）在顶部安装的，应在最高位置；

3）作限位用的，应在预定位置；

4）控制阀在运行中严禁调整阀杆和压缩弹簧的位置；

5）经常检查控制阀及定位器等附属设备；

6）气源及输入、输出信号是否正常；

7）阀杆运动是否平稳，行程与输出信号是否基本对应；

8）连接管路是否严密不漏；

9）填料函及法兰连接处有无介质外漏；检查中发现的问题要及时做技术性处理，以保证控制阀正常运行。

3.4.1.4 定期清扫

保持整洁，特别是阀杆、定位器的反馈杆等活动部位；需加润滑油的填料，一般每星期加油 1 次，并使注油器内有足够的存油，润滑油的品种不得随意变更。

3.4.2 维护

3.4.2.1 定时进行巡查，检查控制阀运行是否正常。

3.4.2.2 检查控制气路的供气是否正常，气路管件处是否有泄漏。

3.4.2.3 检查填料、上阀盖等处是否有泄漏。

3.4.2.4 高温工况控制阀，发现填料处干涩的，应滴加高温润滑油。

3.4.2.5 检查手轮运转是否正常，需要时添加润滑剂。

3.4.2.6 检查阀体、上盖、支架、执行机构等处是否有锈蚀，需要时应去除锈泡并进行防腐处理。

3.4.2.7 检查执行机构运行中是否有异响、振动等，判断执行机构状态。

3.4.2.8 检查阀体组件运行中是否有异响、振动等，并通过阀位反馈、流量反馈等判断阀内件运行状态。

3.4.3 常见故障与处理

气动控制阀常见故障与处理方法见表 2。

表 2 气动控制阀常见故障与处理方法

故障现象	故障原因	处理方法
阀体、内件提前冲刷损坏	1. 介质流速过高； 2. 介质含有颗粒物； 3. 介质发生闪蒸、空化、汽蚀	1. 采取降低流体流速的办法，如增大流通能力； 2. 改变阀内件结构，以降低流速； 3. 改进或优化阀体结构，减小流体冲击； 4. 选择抗汽蚀阀体、内件材料； 5. 避免发生闪蒸和空化作用，或选抗空化阀内件； 6. 对阀体磨蚀点进行补焊修理

表2 气动控制阀常见故障与处理方法（续）

故障现象	故障原因	处理方法
阀芯、阀座间泄漏	1. 阀芯、阀座密封面被冲刷或腐蚀损坏； 2. 执行机构作用力太小； 3. 阀杆与执行机构推杆连接不到位	1. 处理阀芯和阀座密封接合面，研磨或更换新的阀芯、阀座备件； 2. 查证执行机构作用力，或增加预紧力； 3. 重新连接阀杆与执行机构推杆
阀座与阀体间泄漏	1. 阀座未可靠拧紧； 2. 表面不干净或太过粗糙； 3. 密封件损坏	1. 按要求重新紧固； 2. 进行清洗或修复处理； 3. 更换密封件
填料泄漏	1. 填料函、阀杆粗糙度不够； 2. 阀杆弯曲； 3. 填料未压紧或压盖压偏； 4. 填料类型或结构不对； 5. 填料老化、变形或损坏	1. 检查、处理，确保粗糙度； 2. 抛光或更换阀杆； 3. 按要求压紧填料； 4. 改用性能好的密封填料； 5. 适时更换填料组件
上阀盖泄漏	1. 阀盖紧固力矩不够或紧固不均匀； 2. 密封垫片损坏； 3. 密封面有冲刷、腐蚀	1. 按要求力矩重新均匀紧固； 2. 更换新的密封垫片； 3. 修复密封面
阀芯、阀杆连接脱开，或阀杆断裂	1. 推力或扭矩过大； 2. 阀杆与阀芯销连接不好； 3. 强烈振动	1. 调整执行及机构输出推力或扭矩； 2. 重新配钻、铆接； 3. 消除振动因素
执行机构窜气	1. 气缸壁粗糙度不够； 2. 膜片破裂，或活塞密封件损坏、安装错误； 3. 密封环类型不对； 4. 密封环使用温度过高	1. 修复气缸壁，达到应有粗糙度； 2. 更换新的、正确的密封件； 3. 选择适合使用温度的密封件； 4. 降温处理
不动作	1. 没有气源或气源压力不足； 2. 执行机构故障； 3. 阀门定位器无输出； 4. 气动管路损坏故障； 5. 阀杆或转轴卡死； 6. 阀内件损坏或卡死； 7. 阀芯脱落	1. 检查供气并处理； 2. 处理执行机构故障或更换； 3. 检查阀门定位器输入、输出情况，必要时修复或更换； 4. 修理或更换气动管路； 5. 检查损坏情况和分析卡死原因，进行修理或更换； 6. 修理或更换阀内件； 7. 重新安装
达不到额定行程	1. 气源压力不足； 2. 执行机构气密性差； 3. 执行机构推力不够； 4. 阀门定位器未校准	1. 调整供气压力； 2. 查出漏点并处理，或更换新的密封件； 3. 核对弹簧范围，更换弹簧； 4. 调校阀门定位器

表 2　气动控制阀常见故障与处理方法（续）

故障现象	故障原因	处理方法
达不到额定行程	5. 推杆、阀杆连接不当； 6. 阀杆弯曲或转轴扭曲； 7. 阀内件损坏或阀座结垢； 8. 填料摩擦力过大； 9. 手轮位置不对，或机械限位未调	5. 重调阀的行程； 6. 修理或更换阀杆； 7. 修理或更换阀内件； 8. 检查阀杆和填料，更换填料； 9. 重新调整

3.5　检修及质量要求

3.5.1　检修

3.5.1.1　检修前

停工检修时，在控制阀离线前，应将放空阀打开，降温降压。经生产装置有关人员确认可离线检修。

3.5.1.2　检修的一般程序

打标记→（下线）→清洗→解体→零部件检修→研磨→装配→调校与试验→（上线）→动作检查→回路联试→开车保运。

3.5.1.3　打标记

为保证控制阀离线检修后能正确复位，应重视打标记程序。其手段可用与控制阀不同颜色的油漆画出，应能清晰地标明：

1）控制阀阀体法兰与管道法兰的连接方位；

2）阀体与上、下阀盖及其执行机构的连接方位（此项可在检修工场内，在解体前进行）。

3.5.1.4　清洗

滞留在阀体腔内的某些工艺介质是具有腐蚀或放射性的，在进入解体工序前必须以水洗或蒸汽吹扫的方法，将控制阀被工艺介质浸渍的部件清洗干净。

3.5.1.5　解体

1）对各连接部位喷洒松锈剂，使解体工作省力省时；

2）气开式控制阀须往薄膜气室加入适当的气压信号，使阀芯与阀座脱离接触后，方能旋转阀杆，使之与执行机构的推杆分离；

3）波纹管密封阀应首先将阀体与上阀盖分离后，方可进行其他零部件的解体工作，否则将可能使波纹管受扭曲而遭损；

4）必要时，须将执行机构组件完全分解，对薄膜、弹簧等易损件进行检查；

5）每一台控制阀分解后所得的零部件应集中存放，以防散失或碰伤。

3.5.1.6　零部件检修

1）生锈或脏污的零部件要以合适的手段进行去锈和清洗，要注意清洁好机加工面，特别要保护好阀杆、阀芯和阀座的密封面；

2）重点检查部位

①阀体：阀体的内壁和连接阀座的内螺纹处易受流体介质的腐蚀和冲蚀；

②阀座：密封面和与阀体连接的外螺纹处易受到腐蚀和汽蚀；

③阀芯／阀杆组件：阀芯的密封面和调节曲面以及导向圆柱面处均是易受腐蚀和磨损的；阀杆上部与密封填料接触亦是易受腐蚀和磨损的；还应注意检查阀芯与阀杆连接不得松动，阀杆不得弯曲（同心度要求≤0.05mm）；

④上阀盖的填料函处的腐蚀；

⑤阀体、上阀盖、下阀盖各法兰密封面的腐蚀程度；

⑥执行机构中薄膜片和“O”形密封圈老化、裂损程度；

3）根据零部件损伤情况各异，更新或修复处理。

①每一次检修，不论损伤与否，必须更新的零件有密封填料、法兰垫圈、“O”形密封圈；

②经检查发现损伤而又不能保证下一运行周期工作的零件应予更换，如薄膜片、弹簧；

③其余的各式零部件损伤严重时，应予更新；轻度损伤时，方采用焊补、机加工、钳工等各种手段予以修复。

3.5.1.7 研磨

控制阀的阀芯与阀座上各有60°、80°等锥面处，作为控制阀关闭时防止内漏的密封面，检修时常通过车削加工后经研磨而修复。

1）车削密封面时，应保证它与该零件的装配定位面的同心度在0.02mm之内，粗糙度为3.2。一般不宜加工扩大阀座内孔；

2）阀芯与装配于阀体内的阀座需配对研磨，并应在保证二者的同心度条件下方可进行；

3）先粗磨、后细磨，直至阀芯与阀座的密封面为连续线接触，研磨剂应从阀内件上清洗干净。

3.5.1.8 装配

1）在装配的全过程中要特别重视各零件相互间的对中性；

2）阀体与上、下阀盖组装时，应采取对角线“十”字逐次旋紧法。螺栓上应涂抹润滑剂；

3）密封填料装配时需注意几点：

①使用开口填料时，应使相邻两填料的开口相错180°或90°；

②在一般情况下，“V”形填料的开口向下，即为“Λ”，但在真空阀中使用时，应使它的开口向上，即为“V”；

③对需定期向填料加注润滑油的控制阀，应使填料函中的填料套（亦称灯笼环）处于适中位置，与注油口对准；

④按填料的材质选用合适的润滑密封油膏。

4）执行机构与阀两大部件组装时，要注意解体前所做的标记，确保相对方位恢复原位。

3.5.1.9　检查与校验

按第 3.3 进行。

3.5.1.10　动作检查

用便携式信号仪加信号至控制阀的薄膜气室（定位器），控制阀的阀杆动作应平稳、到位。

3.5.1.11　回路联校

由控制室的调节器输出信号至控制阀的薄膜气室（定位器），控制阀的阀杆应正确动作。

3.5.1.12　开车保运

1）清扫管线时，控制阀应为全开位置；对新安装的管线，应在管线清扫以后（以特定短管代控制阀），再安装控制阀；

2）生产装置开工前的加温、试压、消漏、投料试运行的开车全过程中，检修人员应驻守现场，巡回检查，及时发现并解决各种故障；

3）在升温、试压、消漏时，如需对上阀盖法兰螺栓进行“热紧”，控制阀不应处于全关位置。

3.5.2　检修质量要求

维修后的控制阀，应满足 3.2 主要技术指标、3.3 检查与校验中的要求，以及 GB/T 4213《气动调节阀》的各项要求。

控制阀维护检修规程
第 2 部分：长行程执行机构

SHS 07005.2—2019

部分代替 SHS 07005—2004

目 次

前 言

本规程SHS 07005《控制阀维护检修规程》，分为以下八个部分：

——第1部分：气动控制阀；

——第2部分：长行程执行机构；

——第3部分：电动执行机构；

——第4部分：偏心旋转阀；

——第5部分：气缸执行机构；

——第6部分：控制阀附件；

——第7部分：蒸汽减温器阀；

——第8部分：填料的选用与装填。

本部分为SHS 07005的第2部分：长行程执行机构。本部分按照GB/T 1.1—2009《标准化工作导则 第1部分：标准的结构和编写》给出的规则起草。

本部分代替SHS 07005—2004《执行器》第三节“长行程执行机构”，与SHS 07005—2004相比，除编辑性修改外，主要技术变化如下：

——规范性引用文件更新，增加了GB/T 4213—2008、JB/T 5223—2015两个引用标准；

——增加了“3.4 使用、维护与故障处理”部分。

本部分由中国石油化工集团有限公司、中国石油化工股份有限公司提出。

本部分起草单位：吴忠仪表工程技术服务有限公司。

本标准主要起草人：崔学智、闫中华。

本部分所代替规程的历次版本发布情况为：

——SHS 07005—1992、SHS 07005—2004。

控制阀维护检修规程
第2部分：长行程执行机构

1 范围

本部分适用于石油、化工企业自动调节用气动长行程执行机构的维护、检修及调校。

2 规范性引用文件

下列文件对本文件的应用是必不可少的。凡是注日期的引用文件，仅注日期的版本适用于本文件。凡是不注日期的引用文件，其最新版本（包括所有的修改单）适用于本文件。

GB/T 4213 气动调节阀

JB/T 5223—2015 工业过程控制系统用气动长行程执行机构

3 长行程执行机构

3.1 概述

气动长行程执行机构以压缩空气为动力，接收调节单元或人工给定的20～100kPa输入信号，转变成与输入信号相对应的位移（转角或直行程位移），用于调节工艺管道中各种阀门、挡板的开度，从而达到控制各种工艺参数的目的。

3.2 主要技术指标

1）信号压力：20～100kPa（标准）

2）供气压力：700kPa（最大），300kPa（最小）

3）回差：＜1%

4）空载全行程时间：5～10s

5）输出转角：0～90°

6）非线性误差：±1.5%（对转角）

7）使用环境温度：-25～+80℃

8）死区：＜0.6%

3.3 检查与校验

3.3.1 检查

1）输出力或力矩，不应小于规定值；

2）执行机构自锁后，1h 内行程变化不应大于额定行程的 10％ ；

3）耗气量应满足标准要求。

3.3.2 校验

3.3.2.1 一般性调整校验

1）如图 1 所示接好线；

2）调整校验方法：

①正弦机构摇臂的调整：将定位器内凸轮置于中间位置，松开凸轮螺丝。把摇臂调到水平线以上 45° 处，调整摇臂长度使活塞走完全行程时，凸轮转 90° 。进行此项调整时，应手动操作（平衡手把放在手动位置以免活塞动作时手被挤压）；

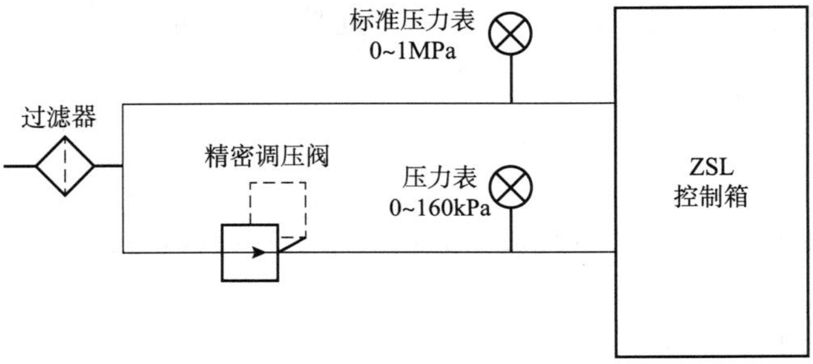

图 1　效验接线法

②活塞位置的调整：用限位螺钉把杠杆固定在中间位置，调整螺钉直至上下缸压力大致相等为止；

③零点调整：移开限位螺钉，用定值器给信号压力 20kPa，调整螺母，使活塞停留在最低位置附近。在调零螺母转过一个孔后不能调到准确位置时，可调节调整螺钉进行精确调整。调整后，须使转轴（小轴）上的定位销插入调零螺母的孔中，精调螺钉须用螺母紧固；

④活塞行程终点调整及行程范围调整：将弹簧挂架沿弧形杠杆移动（在 20～100kPa 校准压力信号时，弹簧挂架约在弧形杠杆中间处）。行程范围不够时，需将挂架沿弧形杠杆向左移动，反之向右移动。当活塞行程终点调整好后，再重复零点调整。反复检查零点和终点，直至合格为止，调整限位螺钉保证在这范围内变化；

⑤活塞运动速度调整：如果在气缸上、下安装有节流针阀，则需进行此项试验。

3.3.2.2 检修后的调整校验

1）接线如图 2 所示；

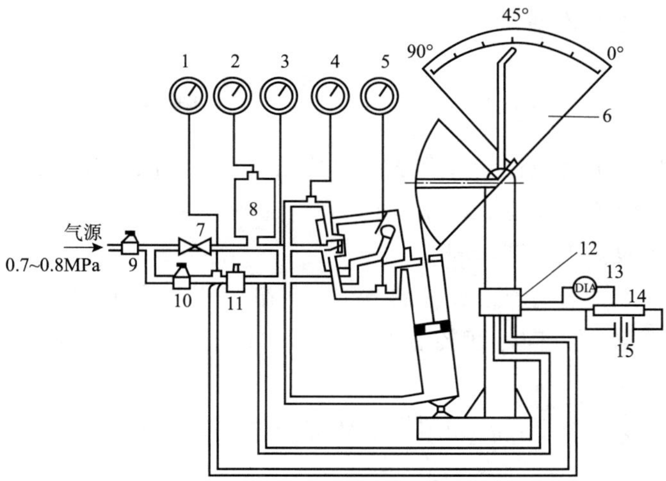

图 2　长行程执行机构连接图

1—压力表，0～250kPa，4 级；2—压力表，0～1000kPa，0.35 级；3—压力表，0～100kPa，0.25 级；
4、5—压力表，0～1600kPa，0.35 级；6—刻度盘，-2°～92°；7—开关；8—容器，V=3～5L；
9—减压阀输出，0～0.8MPa；10—减压阀输出，0～200kPa，调定 140kPa；
11—定值器输出，0～100kPa；12—电气转换器；13—电流表，0～10mA，0.5 级；
14—电位器，200Ω，2W；15—电池 6～8V

2）转角与线性度调整：

①平衡阀放在“自动”位置；

②通入信号风、气源，检查接头、气缸是否泄漏；

③加入 60kPa 的标准压力信号、活塞应在中间位置，力臂转角为 45°，凸轮板与滑轮接触点应在凸轮板分刻度 0.6 位置上，两气缸压力相等。对单套滑阀而言，应调整滑杆上端与信号杠杆相连接的螺丝，以调整滑阀阀杆与阀套的相对位置。如双套滑阀，除按上述调整方法外，必要时需调整二套筒的位置，直至符合要求为止；

④用定位器使信号压力由 20kPa 变化到 100kPa，气缸活塞应走完全行程，执行机构的摇臂应转角≥ 90°，否则应按上述③的要求重新进行调整；

⑤线性试验按范围的 10% 顺序输入压力信号，记录摆臂的转角。每变化 10% 压力信号，转角变化 9°。信号压力与转角间最大非线性误差应＜±1.5%；

3）变差试验：在进行线性试验时，同一输入信号压力摆臂实际正、反转角的变化值，不应超过转角 1%；

4）灵敏度试验：分别将执行机构的信号压力恒定在 40kPa、60kPa、80kPa，然后分别将信号压力缓慢增加直至长行程机构开始移动为止，记下信号压力值。此压力信号变化值不应超过 0.4kPa；

5）空载及满载全行程时间试验：通入信号压力由 20kPa 变化到 100kPa，记录空载上升时间。通入信号压力由 100kPa 变化到 20kPa 时，记录空载下降时间，其空载全行程时间不能超过 10s；

满载试验：将输出摆臂接上阀门的挡板等，然后通入信号压力，满载全行程时间不应超过 30s，否则应进行检查。

3.4 使用、维护与故障处理

3.4.1 使用

3.4.1.1 执行机构用地脚螺栓安装在水泥地基上或其他稳固的基础上，无支架时可用下缸盖的铰链孔直接安装在设备上。

3.4.1.2 执行机构应垂直安装。

3.4.1.3 考虑支架的受力情况，连杆的方位与气缸同侧之垂直方向为最佳。

3.4.1.4 输出摇臂转动方向，在控制箱一侧看，以右旋为正方向。在负荷转角为90°时，应使用平行机构。

3.4.1.5 执行机构安装完毕后，先用扳手转动整个机构，应运动灵活，无卡顿现象，阀门的开关符合要求。

3.4.2 维护

3.4.2.1 执行机构投用前，应对执行机构、定位器进行行程检查，观察有无异常现象。

3.4.2.2 在运行中手动操作时，须先用手锁锁住，然后将平衡阀手柄扳向水平“手操”位置，套上专用扳手，用手承住负荷，松开手锁装置，进行人工操作。

3.4.2.3 对于40kg• m以上的执行机构，手动操作时须用长柄扳手操作或两人同时扳动。

3.4.2.4 在运行中，拆下气缸和其他零部件时，须将手锁机构锁紧在某一位置上。

3.4.2.5 应经常对执行机构进行检查，气源供给应为400～600kPa，最低不能小于300kPa，发现问题及时处理。

3.4.2.6 为了减少执行机构的维护工作量，确保执行机构的长周期安全运行，需随装置运行周期进行检修。长行程执行机构检修周期及内容见表1。

表1 长行程执行机构检修周期及内容

部位	检修周期	检修内容
滑阀	1月	用汽油清洗阀塞及阀套
支架轴承	3个月	清洗后加润滑脂润滑
气缸	一个运行周期	清洗加润滑脂，更换耐油密封圈
整个机构	一个运行周期	检查、修理调整
整个机构	随时	检查气密性及运行情况

3.5 检修及质量要求

3.5.1 检修

3.5.1.1 转阀检修

转阀在长行程执行机构中是保证上下移动的指挥机构，因此在检修中应保证动作灵活，位置正确。当处于中间时，上下气缸压力应相应平衡。检修时应重点检查阀体密封面损坏情况，对损坏严重的部位予以修复或更换，滑阀拆卸检修后，用洗油清洗，清除阀塞及阀套的污垢，然后加入微量的真空润滑脂。

3.5.1.2 气缸检修

气缸不得经常拆卸。当更换“O”形橡胶密封圈时，将气源接头拆下，气缸输出杠杆与摇臂连接处拆开，然后将固定螺丝松开，打开上盖将阀塞抽出，更换“O”形橡胶密封圈。加入气缸油，同时将上、下盖的密封橡胶圈更换，安装好。然后进行试漏，加入额定压力经 5min 压力下降不得大于 5kPa。

3.5.1.3 平衡阀检修

当手动-自动切换有故障时，应拆卸进行检修，检修后涂真空润滑脂。

3.5.1.4 其他部分定期按要求加注润滑脂，检修后按技术要求进行全面校验。

3.5.2 检修质量要求

3.5.2.1 长行程执行机构经 20000h 使用后的自锁性良好，保压 1h 后行程变化不应超过额定行程的 10%。

3.5.2.2 连续冲击试验后的基本误差和回差应符合标准规定。

3.5.2.3 静态耗气量符合标准规定。

控制阀维护检修规程
第 3 部分：电动执行机构

SHS 07005.3—2019

部分代替 SHS 07005—2004

目　次

前　言

本规程 SHS 07005《控制阀维护检修规程》，分为以下八个部分：

——第 1 部分：气动控制阀；

——第 2 部分：长行程执行机构；

——第 3 部分：电动执行机构；

——第 4 部分：偏心旋转阀；

——第 5 部分：气缸执行机构；

——第 6 部分：控制阀附件；

——第 7 部分：蒸汽减温器阀；

——第 8 部分：填料的选用与装填。

本部分为 SHS 07005 的第 3 部分：电动执行机构。本部分按照 GB/T 1.1—2009《标准化工作导则　第 1 部分：标准的结构和编写》给出的规则起草。

本部分代替 SHS 07005—2004《执行器》第二节“电动执行机构”。

本部分由中国石油化工集团有限公司、中国石油化工股份有限公司提出。

本部分起草单位：吴忠仪表工程技术服务有限公司。

本部分主要起草人：崔学智、闫中华。

本部分所代替规程的历次版本发布情况为：

——SHS 07005—1992、SHS 07005—2004。

控制阀维护检修规程
第3部分：电动执行机构

1　范围

本规程规定了电动执行机构的日常维护、检修和调校标准。

本规程适用于角行程、直行程、电子式及智能式电动执行机构的维护、检修及调校。

2　规范性引用文件

下列文件对本文件的应用是必不可少的。凡是注日期的引用文件，仅注日期的版本适用于本文件。凡是不注日期的引用文件，其最新版本（包括所有的修改单）适用于本文件。

GB/T 26155.1—2010　工业过程测量和控制系统用智能电动执行机构　第1部分：通用技术条件

GB/T 26155.2—2012　工业过程测量和控制系统用智能电动执行机构　第2部分：性能评定方法

GB/T 12222—2005　多回转阀门驱动装置的连接

GB/T 12223—2005　部分回转阀门驱动装置的连接

GB/T 24922—2010　隔爆型阀门电动装置技术条件

GB/T 24923—2010　普通型阀门电动装置技术条件

GB/T 28270—2012　智能型阀门电动装置

JB/T 8862—2014　阀门电动装置寿命试验规程

3　电动执行机构

3.1　概述

电动执行机构是根据开、关信号，或4～20mA控制信号，利用电动机、蜗轮蜗杆机构、齿轮机构、丝杠丝母机构等机械结构等，将220V AC、380V AC或其他类型及电压的电源的电能转化为机械行程或转角、一定的推力或转矩，带动控制阀内件进行工作的设备。

3.2 主要技术指标

3.2.1 电动执行机构应能在下列条件下正常工作：

1）海拔不高于 1000m；

2）工作环境温度 -20～60℃；

3）工作环境湿度不大于 90%（在 25℃时）；

4）短时工作制，视载荷特性的不同时间定额为 10min、15min、30min；

5）工作环境中无易燃易爆混合气体和腐蚀性气体。

3.2.2 电动装置与阀门的连接应符合 GB/T 1222 和 GB/T 12223 的规定，也可按合同要求。

3.2.3 电动装置公称转矩和公称推力的数值应符合表1、表2的规定，也可按合同要求。

表 1 多回转电动装置公称转矩和公称推力值

法兰代号	F07	F10	F12	F14	F16		F25		F30		F35		F40	
公称转矩 /(N•m)	40	100	250	400	600	700	900	1200	1800	2500	3500	5000	8000	10000
公称推力 /kN	20	40	70	100	130	150	175	200	260	325	520	700	900	1100

表 2 部分回转电动装置公称转矩值

法兰代号	F03	F04	F05	F07	F10		F12		F14		F16	
公称转矩 /(N•m)	32	63	125	250	350	500	800	1000	1500	2000	3000	4000
法兰代号	F25		F30		F35		F40		F48		F60	
公称转矩 /(N•m)	6000	8000	12000	16000	24000	32000	50000	36000	80000	125000	160000	250000

3.2.4 电动装置外表面涂层应牢固、光滑、色泽均匀、无油污及其他机械损伤。涂层颜色按照 GB/T 3181 选择。涂层种类应按照使用场合合理选择。

3.2.5 电动装置主箱体上应有接地螺栓及标志，允许在接地螺栓上增设接地标志牌。接地螺栓的规格应不小于表 3 的规定。

表 3 接地螺栓的规格

电机功率 P/kW	接地螺栓规格
≤0.25	M6
0.25～5.5	M8
5.5～10	M10
>10	M12

3.2.6 电动装置手轮（柄）转动方向（面向手轮看），输出轴转动方向（沿输出轴轴线面向阀门看），顺时针为关，逆时针为开，且手轮（柄）上应标有方向指示。

3.2.7 电动装置手动切换应灵敏可靠，确保操作者的安全。电动时，手轮不得转动（摩擦力带动除外）。

3.2.8 电动装置工作时位置指示机构、控制器开度表的指示与电动装置输出轴实际位置的偏差皆应在 ±5%范围内。

3.2.9 电动装置在空载下的噪声应不大于声压级 75dB（A）。

3.2.10 电动装置所有通电的部分和外壳间的绝缘电阻应不小于 1MΩ。

3.3 检查与校验

3.3.1 检查

3.3.1.1 外观和装配检查

外观和装配采用目视或测量检查，检查结果应符合 GB/T 24923—2010《普通型阀门电动装置技术条件》4.7、4.8、4.11 和 4.12 的规定。

3.3.1.2 手轮（柄）转动方向和输出轴转动方向检查

将手电动切换机构切换到手动操作位置，顺、逆时针方向分别转动手轮，检查电动装置输出轴的转动方向，检查结果应符合 GB/T 24923—2010《普通型阀门电动装置技术条件》4.9 的规定。

3.3.1.3 位置指示机构检查

将电动装置安装在试验台上，把位置指示机构的指针调至零位（相当于阀门全关位置），空载启动电动装置，当达到规定的转圈数（相当于阀门全开位置）时，测量指针的实际指示刻度与全刻度的差值应符合 GB/T 24923—2010《普通型阀门电动装置技术条件》4.16 的规定。试验次数不少于 3 次。

3.3.1.4 噪声检查

噪声检查按 GB/T 3797—2005 规定的试验方法进行，其结果应符合 GB/T 24923—2010《普通型阀门电动装置技术条件》4.17 的规定。

3.3.1.5 绝缘电阻与耐压试验

按 GB/T 3797—2005 规定的试验方法进行，其结果应符合 GB/T 24923—2010《普通型阀门电动装置技术条件》4.18、4.19 的规定。

3.3.1.6 堵转转矩试验

将电动装置安装在试验台上，使转矩控制机构不起作用，空载启动电动装置并逐渐加载，直至电动机停止转动。此过程中输出的最大转矩值应符合 GB/T 24923—2010《普通型阀门电动装置技术条件》4.20 的规定。

3.3.1.7 公称转矩试验

将电动装置安装在试验台上，分别调整开、关方向控制转矩至公称转矩状态，启动电动装置并逐渐加载，直至转矩控制机构动作。开、关方向各测量 3 次，每次测得的转矩值应不小于 GB/T 24923—2010《普通型阀门电动装置技术条件》4.4 的规定。

3.3.2 校验

根据电动执行机构铭牌及使用说明书等，在相应端子接入正确类型和电压、电流的电源，接入开、关或 4～20mA 的控制信号，按照信号对执行机构的输出位置（直行程或转角）、输出推力或扭矩等进行校验，确保阀位、推力（扭矩）符合要求，并确保阀位、推力（扭矩）的安全保护。

3.4 使用、维护与故障处理

3.4.1 使用

3.4.1.1 执行机构应可靠与阀体组件定位、连接，不得有间隙及松动现象。

3.4.1.2 执行机构的输出推杆与阀体组件的阀杆或转轴应可靠连接。

3.4.1.3 执行机构在使用前应检查各个部位的润滑油脂是否满足要求。

3.4.1.4 电动执行机构及阀周围应有足够的空间，便于检查、维修，在露天或高温环境安装时，应适当采取降温和防雨、防水措施。

3.4.1.5 电动执行机构的电气安装应根据电气安装的有关施工要求进行，隔爆型产品按“爆炸危险场所电气设备安装规范”要求进行。

3.4.2 维护

3.4.2.1 电动执行机构应定期进行维护，对于振动较大的场所应经常检查紧固件是否松动，接插件接触是否良好，锁紧是否可靠。

3.4.2.2 检查输出轴及连接机构是否灵活可靠，机械或电子限位件是否牢固。

3.4.2.3 检查减速器是否漏油，油位是否在油窗中心线以上，如有漏油，是否密封件损坏或者螺丝没拧紧。

3.4.2.4 检查电机的温升情况是否正常，当电机温度过高时，要检查电机过热原因。

3.4.2.5 检查执电机转动时声音是否正常，制动机构动作是否正常，手轮是否脱出。

3.4.2.6 如果在灰尘较多的环境中运行，执行机构要定期清扫，保持表面清洁。

3.4.2.7 查执行机构防灰尘、防日晒雨淋设施是否良好，防止雨水从位置发送器及穿线孔进入到执行机构内部，造成线路板短路或模块烧坏。

3.4.2.8 在易燃易爆场所严禁通电开盖维修，严禁对隔爆面进行敲打，也不得磕伤和划伤隔爆面，维修后仍应符合产品的隔爆要求。

3.4.3 常见故障与处理

电动执行机构常见故障与处理方法见表 4。

表 4 电动执行机构常见故障与处理方法

故障现象	故障原因	处理方法
电源、信号指示灯正常，但执行机构不动作	信号缺失	检查开、关，或 4～20mA 控制信号是否正常
	电源不正常	检查电源是否缺相，电源电压是否正常
	电机断线	检查电机电源线、控制线
	反馈电位器故障	检查位置反馈系统及电位器等是否正常
	机械传动系统故障	检查机械传动系统
震荡	信号震荡	检查测量控制信号是否正常
	控制参数不当	检查比例、微分、积分，以及死区设置等控制参数是否正常
	干扰信号	检查、消除控制回路中的干扰信号
	控制阀卡涩、阻尼过大	检查、消除控制阀填料、导向等部位的卡涩问题
	控制阀中介质变化过大	检查、确认、消除控制阀中介质运行不稳定因素

3.5 检修及质量要求

3.5.1 检修

动作频繁的执行机构每运行一年半应大修一次，或与生产装置大修同步进行。

3.5.1.1 电机部分

1）外观检查及清洁；

2）检查电机各线圈导线间及其与机壳的绝缘电阻；

3）测量线圈直流电阻；

4）清洗检修电机轴承，加优质润滑油；

5）检查转子、定子及线圈。

3.5.1.2 机械传动部分

1）外观检查；

2）在拆卸位置检测和反馈部件和减速器以前，应先将减速器内的润滑油排净；

3）除掉所有的润滑脂，检修后重新填装新的润滑脂；

4）仔细清洗零部件，修复、更换磨损的零部件；

5）更换、添加新的润滑油脂。

3.5.1.3 位置检测、反馈

1）外观检查及清洁；

2）更换损坏的元件及老化的导线；

3）检查精密导电塑料电位器并测量直流电阻；

4）检查限位开关接触是否良好。

3.5.2 检修质量要求

3.5.2.1 维修后的电动执行机构，按照GB/T 24922《隔爆型阀门电动装置技术条件》、GB/T 24923《普通型阀门电动装置技术条件》、GB/T 28270—2012《智能型阀门电动装置》中规定的项目全部检验合格后方可使用。

3.5.2.2 对电动执行机构重要零部件进行结构改造、材质更换的，应按照GB/T 24922《隔爆型阀门电动装置技术条件》、GB/T 24923《普通型阀门电动装置技术条件》、GB/T 28270—2012《智能型阀门电动装置》中规定的项目全部检验合格后方可使用。

3.5.2.3 维修后的电动执行机构，其执行速度、输出行程、输出推力（扭矩）、定位精度、使用寿命，不低于原执行机构出厂标准。

控制阀维护检修规程
第 4 部分：偏心旋转阀

SHS 07005.4—2019

部分代替 SHS 07005—2004

目 次

前　言

本规程 SHS 07005《控制阀维护检修规程》，分为以下八个部分：

——第 1 部分：气动控制阀；

——第 2 部分：长行程执行机构；

——第 3 部分：电动执行机构；

——第 4 部分：偏心旋转阀；

——第 5 部分：气缸执行机构；

——第 6 部分：控制阀附件；

——第 7 部分：蒸汽减温器阀；

——第 8 部分：填料的选用与装填。

本部分按照 GB/T 1.1—2009《标准化工作导则　第 1 部分：标准的结构和编写》给出的规则起草。

本部分代替 SHS 07005—2004《执行器》第四节“凸轮挠曲阀”，与 SHS 07005—2004 相比，除了编辑性修改外，主要技术变化如下：

——修改了规程名称，本部分原名称为《凸轮挠曲阀》，更改为《偏心旋转阀》；

——引用标准版本更新，增加了 GB/T 12224—2005、GB/T 27123.4—2005 两个引用标准；

——增加了 3.4 节“使用、维护与故障处理”。

本部分由中国油化工集团有限公司、中国石油化工股份有限公司提出。

本部分起草单位：吴忠仪表工程技术服务有限公司。

本部分起草人：崔学智、闫中华。

本部分所代替规程的历次版本发布情况为：

——SHS 07005—1992、SHS 07005—2004。

控制阀维护检修规程
第 4 部分：偏心旋转阀

1 范围

本规程规定了偏心旋转阀（带阀门定位器）的日常维护和检修标准。

本规程适用于石油、化工企业中常见和通用的气动偏心旋转阀（带阀门定位器）的维护和检修。

2 规范性引用文件

下列文件对本文件的应用是必不可少的。凡是注日期的引用文件，仅注日期的版本适用于本文件。凡是不注日期的引用文件，其最新版本（包括所有的修改单）适用于本文件。

GB/T 12224—2005 钢制阀门 一般要求

GB/T 4213—2008 气动调节阀

GB/T 17213.4—2005 工业过程控制阀 第 4 部分：检验和例行试验

3 偏心旋转阀

3.1 概述

偏心旋转阀，也称“凸轮挠曲阀”。阀体为近似管道的直通阀体，阀芯为转动中心在两个方向都偏离圆心的不完整球面（球冠）；当转轴带动阀芯旋转时，因偏心距的原因，球面快速离开阀座运动到阀体内壁，避免了开关过程中球面与阀座间的摩擦，并避免了介质流动过程中对球面的冲刷损坏；当转轴带动阀芯做关闭运动时，直到达到关位时球面才与阀座接触，并在执行机构不间断的作用力下实现球面与阀座间的可靠密封。

3.2 主要技术指标

1）信号压力：20～100kPa，4～20mA（带电 / 气阀门定位器时）

2）气源压力：140～500kPa

3）基本误差：±2%

4）回差：带定位器 ±1.5%

5）死区：±1%

6）气源变化影响：±1.5%

7）角行程范围：0～60°、0～90°

3.3 检查与校验

3.3.1 检查

3.3.1.1 外观检查项目

表面清洁，零部件齐全，无锈迹。装配关系正确，无明显泄漏，法兰密封无划伤等缺陷，反馈杆和连接件的紧固件不松动。

3.3.1.2 校验项目

（1）阀芯零位检查

处于全关位置时，阀座中心应基本与球面轴线基本重合、关闭可靠。

（2）零位调整

输入压力起始信号，通过调整气缸执行机构限位件，或气动薄膜执行机构行程调整件，调整至阀芯球面与阀座中心基本重合，且球面与阀座可靠接触。

3.3.2 校验

3.3.2.1 全关位

与其他类型控制阀一样，偏心旋转阀行程调校需要先对全关位进行调校。故障开（气关）型偏心旋转阀对执行机构通入给定压力的气源，确保可靠关闭的最大行程点设定为全关位；故障关型偏心旋转阀，在执行机构无气源、仅靠弹簧力的作用下确保可靠关闭的位置即为全关位。

3.3.2.2 行程调校

找到可靠的全关位后，输入满量程压力信号，确保标尺、铭牌或随机资料给定的行程，并满足控制行程误差范围。

3.3.2.3 气缸平衡压力的调整

在双气缸中，若存在死区，则需要调整控制阀压力来平衡。为了使气缸活塞在任意位置达到平衡，应对输入信号压力适当增加。一般平衡压力为气源压力的50%～90%最为合适。平衡压力低时，松动止动螺丝，调节平衡压力调整螺丝，平衡点如图1所示。

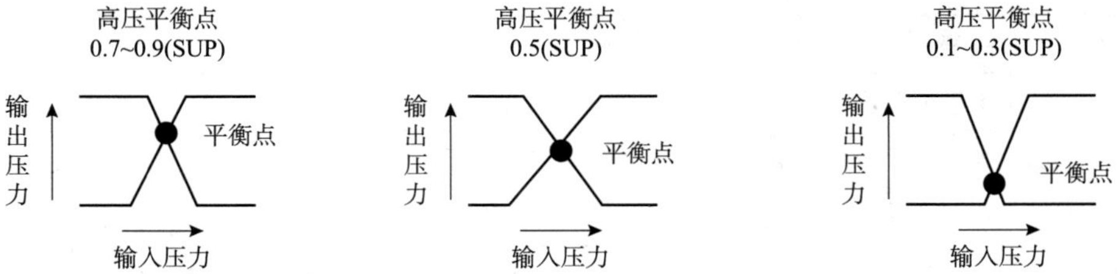

图1 平衡点

在执行机构输出力有余的场合，可以选择低压平衡点或中压平衡点，这样可以减少空气耗量。

调完平衡之后，必须固定止动螺丝。

3.3.2.4 克服执行机构振荡现象

在生产调节过程中如果存在振荡现象，可调整放大倍数加以克服。

把连接件固定于离喷嘴较远的连接孔内，这样可以降低放大倍数。

如果执行机构仍然振荡，再调整平衡螺丝，使平衡点降低。

注：排除定位器故障，原则上脱开定位器。

排除执行机构故障，原则上控制阀离线。

3.4 使用、维护与故障处理

3.4.1 使用

投用前检查投用步骤、注意事项等内容。

3.4.2 维护

（1）定期点检，清扫表面灰尘，检查气源压力，输入输出信号和行程是否正常，仪表风是否带水，做好详细记录，做适当调整和过滤器排污。

（2）定期巡检，重点检查法兰、阀盖、填料函的密封情况和传动部件的松动和润滑情况。泄漏故障立刻协调处理，润滑部位每月加油 1 次。

（3）定期清洗放大器恒节流孔，同时用干净绸布擦拭挡板，但作业前需将定位器置于旁通位置。

（4）每月对凸轮轴、轴承、行程滚轮加润滑油 1 次。

（5）应定期检查并保证控制阀前后的切断阀完全打开，副线阀完全关闭，管路中的其他工艺阀门尽量开大，以保证控制阀在正常的开度范围内工作。

3.4.3 常见故障与处理

偏心旋转阀常见故障与处理方法见表 1。

表 1 偏心旋转阀常见故障与处理方法

故障现象	故障原因	处理方法
内漏	阀座密封面冲刷损坏	修复或更换
	球芯密封面冲刷损坏	修复或更换
	阀座与阀体间配合密封面冲刷损坏	修复
	执行机构推力不足	修复
	执行机构与阀杆连接失效	重新连接，修复或更换损坏件
	阀芯关位调校不准，预紧量不足	重新连接

表 1 偏心旋转阀常见故障与处理方法（续）

故障现象	故障原因	处理方法
外漏	填料外漏	1. 紧填料压紧螺母 2. 安全情况下更换填料
爬行、卡涩	执行机构推力不足	1. 膜片或活塞密封环损坏，串气，更换 2. 执行机构供气压力不足，调整 3. 推杆密封环损坏，仪表风外漏，更换
	转轴部位	1. 粉末、介质结晶等在转轴部位堆积，清除 2. 轴套与转轴配合间隙过小，热膨胀导致卡涩，重新调整配合间隙 3. 填料过紧，调整或更换
	阀腔内粉料堆积、介质结晶等，造成阀芯运动困难	清除阀腔内固体物堆积

3.5 检修及质量要求

3.5.1 检修

3.5.1.1 拆卸

1）工艺人员断流，清理排放，清洗或吹扫干净；化验人员取样分析；监护人员确认无毒无害时方可拆卸。

2）控制阀拆卸以前，仪表工先行拆卸阀门定位器和信号、气源配管。有信号电缆线时，应绝缘包扎完好。

3）清除阀体的隔热保温层时，尽可能保持金属外壳完整。

4）做好全方位外形标记，整机下线。

5）下线后，做到工完、料尽、场地清。

3.5.1.2 解体清洗

解体清洗（以 Masoneilan 的 35002 凸轮挠曲阀为例）如图 2～图 4 所示。

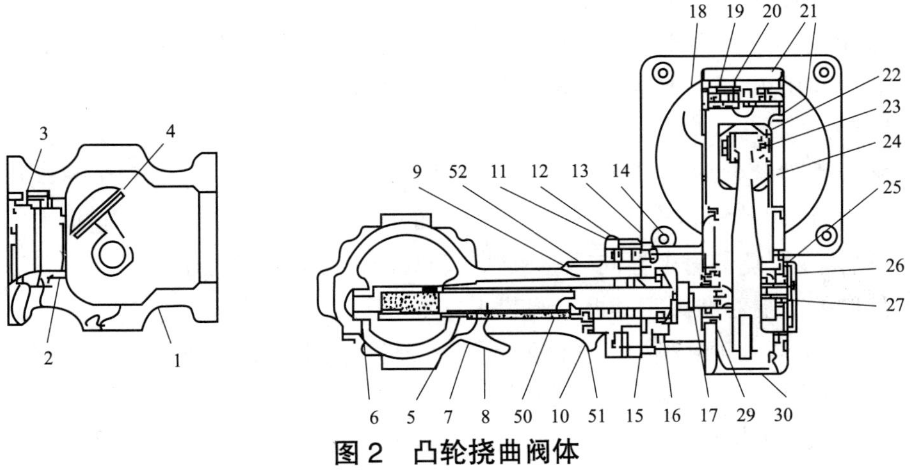

图 2 凸轮挠曲阀体

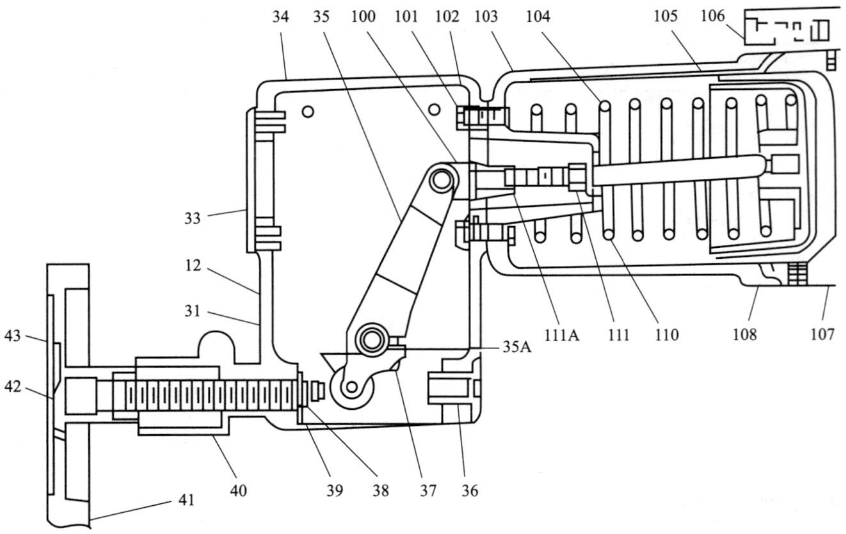

图 3　挠曲阀体

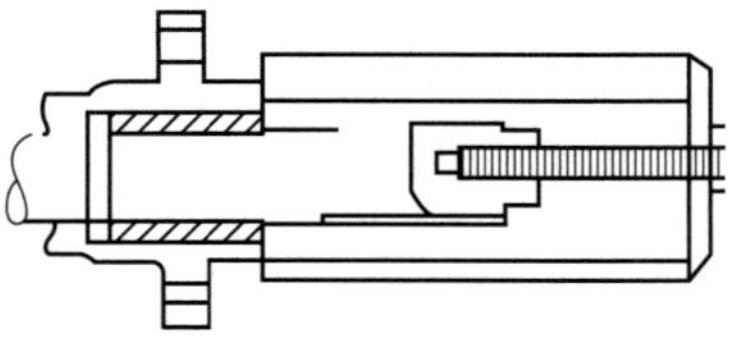

图 4　取出的阀芯轴

1）用风压信号驱动执行机构，使其连杆移至中间位置。

2）拆下盖子的螺丝 19 和正面盖 21，反面盖 18。

3）拆下销卡 22 和叉杆卡箍 24。

4）若定位器装在执行机构上，则从芯轴 8 上卸开凸轮，然后拆下有关螺丝 101 和垫片 102，从轭 34 上拆下执行机构。

5）拔出安全销 51。

6）从法兰螺栓 17 和阀体螺栓 14 上拧下螺栓螺母 13，用手锤把支架从安装法兰的阀体上轻轻敲出，并拆下轻组件、连杆和阀芯轴。

7）如果阀芯轴拆卸不方便，则松开连杆定位螺钉 37，取出轭 34、连杆 35、填料法兰 16 和填料压盖 15，把连杆从轴上向后滑出，并拧紧定位螺丝 37，用手锤轻轻敲出轴和其他部件。

8）如果整件部件敲不出来，就拆下几圈填料，然后用一根装着有头螺丝且尺寸合适的管接头推出阀芯轴和整体部件，3～12in 的阀门，所有部件与轴一起推出，小尺寸的阀门，阀体内可能留有上导向轴套和衬垫套管，也必须一起推出。

9）使阀的末端对准阀座，拆下阀芯 4。

10）用起子插入轴套槽内（先注润滑油），轻轻敲出下导向轴套 6。

11）从阀芯轴上拆下卡环 50、填料 11 和其他部件。

12）从轭 34 上推出滚珠轴承 35，拆下金属密封环 39。

13）拆下座环紧固件，取出座环。

14）检查所有部件是否损坏、磨损或腐蚀。在重新组装之前，必须更换所有有毛病的部件和所有填料。

15）根据材质不同，选择适当的清洗剂，切底清洗所有部件。

3.5.1.3　组装注意事项

1）组装之前，阀芯座环必须研磨。

2）上、下导向轴套、轴、衬垫套管等必须涂上二硫化钼润滑剂。

3）衬套的轴心与下导向轴套的轴心必须对中。

4）每个填料环的切口与相邻填料环的切口都必须相差 120°。

3.5.1.4　阀芯和座环的研磨方法和润滑

1）拆下阀芯、座环，用手把阀芯和座环叠放在垫底上。座环水平放置，座面朝上，撒上少量相应型号研磨砂，将阀芯向各种方向转动，轻轻的使阀芯贴着座环研磨。这一操作完成之后，清洗干净这两个部件。为了使座环的台肩与阀体上的配合面彻底重叠，将少量研磨砂撒在座上，用转动座环的方法轻轻地研磨，安装之前再彻底清洗干净所有部件。

2）研磨完之后，座环台肩上涂上密封胶。

3）座环挡圈的螺纹上，通常用二硫化钼润滑剂润滑。

3.5.1.5　密封试验和泄漏量试验

试验装置如图 5 所示。

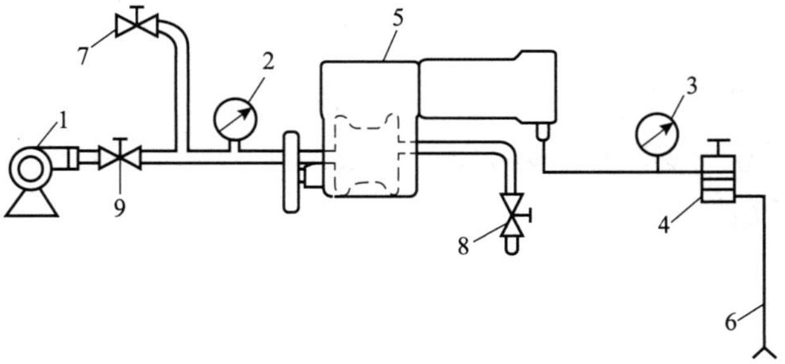

图 5　试验装置

1—高低压泵（压力分别为 10MPa 和 20MPa）；2—压力表（精度 1.5 级）；
3—标准压力表（精度 0.2 级）；4—定位器；5—凸轮挠曲阀；6—风源；7、8、9—闸阀

1）密封试验

①在实验装置上，将额定气源压力输入薄膜执行机构或者双向作用气缸中，切断气源 5min，气室内气压降低值不得超过 5kPa。

②用风压信号，手动或者复位弹簧开启阀门，将泵压调到控制阀 1.5 倍的公称压力，填料函和连接处不应有渗漏现象。

③利用试验装置将泵压调到控制阀 2 倍的公称压力进行 5min 的耐压强度试验，阀体、填料函和连接处，同样不应有明显的外漏现象。

2）泄漏量试验

①根据阀座（金属、软阀座）类型不同，对允许泄漏的要求也不同。

②允许泄漏量的计算公式见式（1）：

$$Q_{允}=A\cdot\frac{0.1}{1.17}\cdot C_V\sqrt{\Delta p}\cdot\frac{10^3}{60} \tag{1}$$

式中 $Q_{允}$——允许泄漏量，L/min；

C_V——额定流量系数；

Δp——工作压差，kPa（最大为额定压差）；

A——允许泄漏率（金属座：A=0.01，软阀座：A=0.0001）。

③利用试验装置，向薄膜执行机构或气缸输入额定风压，使阀门关闭。温度为室温，压力为额定压差的水，按打开阀芯的流向注入控制阀内。泄漏量应满足上式要求。

3.5.1.6　检修后的单机调试

1）气源压力和信号范围，按照控制阀的铭牌规定。

2）始终点偏差调整

当信号压力由下限改变到上限值时，执行机构应做全行程 50° 的移动。

3）全行程偏差调整

当信号压力由下限改变到上限值时，其全行程的允许偏差为：单动作：±1.0%，双动作：±1.5%。

4）正反行程回差调整

当信号压力由下限改变到上限，再由上限到下限反复改变时，同一风压值下的正反行程值的最大差值不应超过允许值：单动作：1.0%，双动作：1.5%。

5）灵敏限

分别在信号压力为量程的 20%、50%、80%的行程处，增加和降低气压，测试执行机构微动时所需的信号压力变化值，其最大允许死区值：单动作：0.4%，双动作：0.6%。

3.5.1.7　复位后的联校

1）工艺管线中无焊渣、无污物。

2）拆装、解体的标记清晰可见。

3）安装流向正确。

4）开、关形式既满足工艺事故下的安全要求，又满足工艺调节中的负反馈特性要求。

5）利用调节器的手操信号正反向开关阀门，联校 0%、25%、50%、75%、100% 五点，控制阀无卡滞、不振荡、开关自如。无论是全开还是全关，必须符合下列三点：

①手感执行机构不再移动。

②反馈杆不再移动。

③定位器输出压力示值接近气源压力或者零点位置。

3.5.2　检修质量要求

1）维修后的控制阀，应满足 3.2 主要技术指标、3.3 检查与校验中的要求。

2）符合国家标准 GB/T 4213《气动调节阀》的各项要求。

控制阀维护检修规程
第 5 部分：气缸执行机构

SHS 07005.5—2019

部分代替 SHS 07005—2004

目 次

前 言

本规程SHS 07005《控制阀维护检修规程》，分为以下八个部分：

——第1部分：气动控制阀；

——第2部分：长行程执行机构；

——第3部分：电动执行机构；

——第4部分：偏心旋转阀；

——第5部分：气缸执行机构；

——第6部分：控制阀附件；

——第7部分：蒸汽减温器阀；

——第8部分：填料的选用与装填。

本部分为SHS 07005的第5部分：气缸执行机构。本部分按照GB/T 1.1—2009《标准化工作导则 第1部分：标准的结构和编写》给出的规则起草。

本部分代替SHS 07005—2004《执行器》第五节“气缸式执行机构”，与SHS 07005—2004相比，除了编辑性修改外，主要技术变化如下：

——修改了规程名称，本部分原名称为《气缸式执行机构》，更改为《气缸执行机构》；

——增加了GB/T 26815—2011等9个引用标准；

——修订了3.2主要技术指标及3.3检查与校验；

——增加了3.4使用、维护与故障处理；

——增加了3.5检修及质量要求。

本部分由中国石油化工集团有限公司、中国石油化工股份有限公司提出。

本部分起草单位：吴忠仪表工程技术服务有限公司。

本部分起草人：崔学智、闫中华。

本部分所代替规程的历次版本发布情况为：

——SHS 07005—1992、SHS 07005—2004。

控制阀维护检修规程
第5部分：气缸执行机构

1 范围

本部分适用于旋转式、直动式控制阀用气缸活塞式执行机构的日常维护检修。

2 规范性引用文件

下列文件对本文件的应用是必不可少的。凡是注日期的引用文件，仅注日期的版本适用于本文件。凡是不注日期的引用文件，其最新版本（包括所有的修改单）适用于本文件。

GB/T 26815—2011 工业自动化仪表 执行器术语

JB/T 8218—1999 执行器 术语

GB/T 3452.1—2005 液压气动用O形橡胶密封圈 第1部分：尺寸系列及公差

GB/T 3452.3—2005 液压气动用O形橡胶密封圈 沟槽尺寸

GB 1235—76 O形橡胶密封圈尺寸系列

GB/T 10708.1—2000 往复运动橡胶密封圈结构尺寸系列 第1部分：单向密封橡胶密封圈型密封圈

GB/T 10708.2—2000 往复运动橡胶密封圈结构尺寸系列 第2部分：双向密封橡胶密封圈型密封圈

GB/T 10708.3—2000 往复运动橡胶密封圈结构尺寸系列 第3部分：橡胶防尘密封圈

HG 4-335—1966 Y形橡胶密封圈

GB/T 4213—2008 气动调节阀

3 气缸执行机构

3.1 概述

气缸执行机构是以压缩净化空气为动力，在开关信号或4～20mA信号作用下，经控制附件及气路转换，输入一定压力的压缩空气，输出相应的直线行程或转角行程及推力或扭矩，带动控制阀的内件改变阀内介质流通参数的机械装置。

3.2 主要技术指标

1）输入气压：≤0.7MPa

2）始动气压：≤0.1MPa

3）回差：≤1.5

4）动作灵活，无卡滞、无爬行

3.3 检查与校验

3.3.1 检查

3.3.1.1 外观检查

1）铭牌应清晰无误。

2）零部件应完好齐全。

3）紧固件不得松动。

4）可动件应灵活。

5）可调件应处于可调位置。

6）整机应清洁、无锈蚀，漆层应平整、光亮、无脱落。

7）管路、线路敷设整齐。

3.3.1.2 动作

1）动作灵活，无论何种结构与形式，始动气压应≤0.1MPa。

2）全行程范围内不应有卡滞、爬行现象。

3）全行程范围内无异响。

3.3.1.3 质量

1）满足铭牌或随机资料中工作范围规定。

2）规定信号或气压作用下输出推力或扭矩符合铭牌或随机资料中的给定值。

3）活塞密封无窜气现象、气缸盖处无外漏，满足GB/T 4213—2008《气动调节阀》5.8“气室的密封性”的要求。

3.3.2 校验

1）开关控制用气缸执行机构，始动气压应≤0.1MPa。

2）带定位器、调节用阀的气缸执行机构，在4～20mA信号作用下应有动作并走完全行程。

3）基本误差、回差、死区应符合标准规定。

4）标准规定的其他内容。

3.4 使用、维护与故障处理

3.4.1 使用

1）气缸执行机构投用前应符合3.2、3.3中的各项要求。

2）带手轮执行机构的，应置于“自动”状态。

3.4.2 维护

3.4.3 常见故障与处理

气缸执行机构常见故障与处理方法见表1。

表1 气缸执行机构常见故障与处理方法

故障状态	原因	措施
没有动作或动作迟缓	供气压力低	供给规定的气压
	压缩空气配管堵塞或泄漏	清扫、加固连接部分、再配管
	气缸盖紧固部分压缩空气泄漏	加固、拆卸、整修
	输出轴部分压缩空气泄漏	拆卸、更换O形圈
	附件异常 定位器、增速器、电磁阀、液控单向阀等	在不接通附件的情况下，给执行机构的风管接口施加规定的气压，若无异常则对加速器、定位器等附件再作检查、调整、更换
	执行机构异常	对执行机构进行拆卸、维修
	手动操作机构在手动操作位置	切换至自动位置
	定位器的灵敏度不合适	更换负载弹簧或调整灵敏度螺钉
行程不足	与阀体组件连接、调校不准	重新连接、调校
	供气压力不足	供给规定的气压
在中间开度不停止	气路故障	检查气路连接
	定位器调校故障	重新调校，必要时更换定位器
	定位器反馈系统连接故障	恢复正常的连接
线性不良	在50%开度时，反馈杆与装配面不呈直角	重新安装调整定位器
	供气压力不足（单气缸型）	供给规定的气压
振荡	因控制流体引起负载波动	在规定范围内增大供气压力，或经计算后增加弹簧，必要时加大执行机构规格
	控制信号波动	检查中控室至定位器间的控制信号质量
	减压阀发生故障，或供气压力波动	更换、修理
	气动薄膜执行机构膜片破裂，或气缸执行机构活塞密封环、推杆密封环等损坏，导致气源泄漏	更换密封件

表 1　气缸执行机构常见故障与处理方法（续）

故障状态	原因	措施
振荡	执行机构动作速度超过定位器反应速度	检修定位器或气动加速器输出流量，降低动作速度
	填料过紧，或推杆、阀杆弯曲等导致的其他运动部位阻尼过大	调整、维修、更换
	喷嘴挡板式定位器喷嘴堵塞、放大器故障等	维修或更换定位器
	智能式定位器死区定义过小，或 PID 系数定义不当	更改
	阀内件卡涩	维修阀体组件

3.5　检修及质量要求

3.5.1　检修

3.5.1.1　检修周期

气缸式执行机构检修周期一般为一年或与生产装置大修同步进行，高频控制阀的执行机构根据实际工况可相应缩短检查、维修周期。

3.5.1.2　拆卸

1）拆卸前的注意事项

①气缸内的气压必须降至大气压、确保安全方可开始拆解作业。

②单作用气缸执行机构拆解必须按拆卸顺序进行，防止弹簧突然释放导致安全事故。

③在拆卸作业中，应避免损伤气缸内壁、输出轴、齿轮及齿条等零部件。

2）附件拆卸

装有附件的执行机构在拆卸前，应先拆除压缩空气及电源等，确保安全。

3）手动操作机构拆卸

松开内六角螺栓，拆下刻度板，松开紧固手动操作机构箱盖的六角螺栓与弹簧垫圈，拆下箱盖，将内六角螺栓松开后拆下；对于隐藏在蜗轮后面的内六角螺栓，转动手轮，将其拆下；将手动操作机构从气缸拆下，对蜗杆与蜗轮的啮合面进行检查，若无异常，注油后复原，否则更换相应部件。

4）气缸盖拆卸

①双气缸型执行机构

将内六角螺栓松开后与弹簧垫圈一起拆下，然后拆下气缸盖与 O 形圈。

②单气缸型执行机构

将内六角螺栓转动 4～5 圈仍不能轻松旋下的情况下，则弹簧盒可能已受到损坏，此时将处于对角线的两个内六角螺栓旋紧，拆下其他的内六角螺栓，然后换上两个长度约为内六角螺栓螺纹长度两倍的长螺栓，用六角螺母拧紧后，拆下剩余的两个内六角螺栓，再将两个长螺栓上的六角螺母均衡松开，直至弹簧松弛时拆下两个长螺栓，然后拆下气缸盖与O形圈。

5）活塞拆卸

对于小尺寸执行机构，用垫片垫好执行机构气缸后，固定在台钳上；对于较大尺寸执行机构，将其平稳地放置在木板或较厚的胶合板上。用扳手卡住出力轴方头部逆时针转动（从执行机构上部看），使活塞上的齿条和输出轴相连的齿轮分离后，将两个活塞分别从气缸两侧拆下；对滑动块、滑动环、O形圈、活塞导向键表面进行检查，若有磨损及时更换新的零件。

6）输出轴拆卸

松开内六角紧固螺栓，拆下刻度牌，用专用工具拆下弹性挡圈和垫圈，用铜棒击打输出轴端面，从相反侧取出输出轴，依次拆下齿轮、平键、轴套、轴承、O形圈。

7）限位件拆卸

拆下装在气缸盖上的外限位螺钉和装在活塞上的内限位螺钉，同时拆下锁紧垫圈、O形圈。

8）零部件检查

拆卸完成后，清洁各零部件；仔细检查各零件是否完好，特别是气缸内壁、齿条与齿轮啮合面、活塞及输出轴的轴承上是否有损伤，否则更换损伤部件。

3.5.1.3 装配

装配执行机构时，按执行机构拆卸的相反顺序进行，并向气缸的内壁、齿条，及小齿轮的啮合面、轴的导向部位、手动操作机构等部位加注润滑油脂。活塞装配结束后，顺时针旋转输出轴，确认输出轴方头部的V形槽与气缸近似成直角，如偏差较小，可用设在活塞中心部位的内限位螺钉进行调整，如偏差较大，则须重新进行装配。

3.5.1.4 调整

装配后进行下述调整，若不合格则再次拆卸，检查出原因再进行装配。

1）确认阀开及阀关位置

①调整与确认内限位螺钉

a. 单气缸正作用型：阀开状态的调整与确认。

以输出轴方头部的V形槽为基准，确认从阀开到阀关是否转到规定的角度，否则重新调整内限位螺钉。

b. 双气缸及单气缸反作用型：阀关状态的调整与确认。

确认阀板处于关闭位置，否则重新调整内限位螺钉。

②调整与确认外限位螺钉

a. 单气缸正作用型：阀关状态的调整与确认。

确认阀板处于关闭位置，否则重新调整外限位螺钉。

b. 双气缸及单气缸反作用型：阀开状态的调整与确认。

确认阀板达到规定的开度，否则重新调整外限位螺钉。

2）性能确认与调整

在带有定位器的情况下，回差、非线性误差、气缸气密性等指标必须符合3.2的要求，否则按3.2进行调试。

3.5.2 检修质量要求

3.5.2.1 零部件完整，符合技术要求：

1）铭牌应清晰无误。

2）零部件应完好齐全。

3）紧固件不得松动。

4）可动件应灵活。

5）可调件应处于可调位置。

6）密封件应无泄漏。

3.5.2.2 运行正常，符合使用要求：

1）运行时，执行机构应达到规定的性能指标。

2）正常工况下，输出行程范围应在全量程的10%～90%之间。

3）手自动无扰动切换正常，手轮全行程操作正常。

3.5.2.3 设备及环境整齐、清洁、符合要求：

1）整机应清洁、无锈蚀，漆层应平整、光亮、无脱落。

2）刻度及字迹应清晰。

3）管路、线路敷设整齐。

控制阀维护检修规程
第 6 部分：控制阀附件

SHS 07005.6—2019

部分代替 SHS 07005—2004

目　次

前　言

本规程 SHS 07005《控制阀维护检修规程》分以下八部分：

——第 1 部分：气动控制阀；

——第 2 部分：长行程执行机构；

——第 3 部分：电动执行机构；

——第 4 部分：偏心旋转阀；

——第 5 部分：气缸执行机构；

——第 6 部分：控制阀附件；

——第 7 部分：蒸汽减温器阀；

——第 8 部分：填料的选用与装填。

本部分为 SHS 07005 的第 6 部分：控制阀附件。本部分按照 GB/T 1.1—2009《标准化工作导则　第 1 部分：标准的结构和编写》给出的规则起草。

本部分代替 SHS 07005—2004《执行器》第七节“附件”，与 SHS 07005—2004 相比，除了编辑性修改外，主要技术变化如下：

——修改了规程名称，本部分原名称为《附件》，更改为《控制阀附件》；

——引用标准版本更新，增加了 GB/T 18271.1—2017 等 9 个引用标准。

本部分由中国石油化工集团有限公司、中国石油化工股份有限公司提出。

本部分起草单位：吴忠仪表工程技术服务有限公司。

本部分起草人：崔学智、闫中华。

本部分所代替规程的历次版本发布情况为：

——SHS 07005—1992、SHS 07005—2004。

控制阀维护检修规程
第6部分：控制阀附件

1 范围

本部分规定了气动控制阀用控制附件及气路的技术标准、检查校验、使用维护，以及检修的内容和方法。

本部分适用于阀门定位器（机械式、电子式、智能式）、电磁阀（二位三通、二位五通）、电/气转换器的维护和检修，其余控制器件可参照本规程进行。

2 规范性引用文件

下列文件对本文件的应用是必不可少的。凡是注日期的引用文件，仅注日期的版本适用于本文件。凡是不注日期的引用文件，其最新版本（包括所有的修改单）适用于本文件。

GB/T 18271.1—2017 过程测量和控制装置 通用性能评定方法和程序 第1部分：总则

GB/T 22137.1—2008 工业过程系统用阀门定位器 第1部分：气动输出阀门定位器性能评定方法

GB/T 22137.2—2018 工业过程系统用阀门定位器 第2部分：气动输出智能阀门定位器性能评定方法

JB/T 7368—2015 工业过程控制系统用阀门定位器

JB/T 7352—2010 工业过程控制系统用电磁阀

JB/T 57209—1994 电磁阀可靠性要求与考核方法

GB/T 32215—2015 气动控制阀和其他元件的气口和控制机构的标识

GB/T 786.1—2009 流体传动系统及元件图形符号和回路图 第1部分：用于常规用途和数据处理的图形符号

GB/T 786.2—2018 流体传动系统及元件 图形符号和回路图 第2部分：回路图

3 控制附件及气路

3.1 概述

阀门定位器接受控制信号，并将其转换为向气动执行机构输出的不同气压，执行机构输出不同的位移（或角位移）及推力（扭矩），带动控制阀的内件改变流体流通参数，因此是控制阀中的重要的控制元件。当前市场常见的阀门定位器可分机械式电－气阀门定位器和智能式阀门定位器，机械式电－气阀门定位器由力矩马达、喷嘴挡板、放大器等组成，结构简单、可靠；智能阀门定位器由控制单元、压电阀或喷嘴挡板、放大器等组成，有自校准、自诊断及通信功能，使用、维护过程更为简单。

电磁阀接收开关信号，对气动执行机构的气源进行通断控制、气路切换等，实现联锁、换向等功能，是控制阀中重要的逻辑控制元件。在大规格的控制气路中，用电磁阀＋气控阀代替一般电磁阀，以加大气路中压缩空气的流通能力。

3.2 主要技术指标

1）输入信号：4～20mA DC（定位器）
24V DC，或 220V AC（电磁阀，根据使用要求）

2）环境温度：-25～60℃或 -40～60℃

3）相对湿度：5%～100%

4）气源压力：0.14～0.4MPa，或 0.25～0.7MPa

5）误差：见表 1

表 1 阀门定位器误差 %

项目	精确度等级				
	0.5 级	1.0 级	1.5 级	2.0 级	2.5 级
基本误差限	±0.5	±1.0	±1.5	±2.0	±2.5
回差	0.5	1.0	1.5	2.0	2.5
死区	0.2	0.4	0.6	0.8	1.0

注 1：0.5 级、1.0 级、1.5 级适用于直行程大于 10mm 的定位器；2.0 级既适用于直行程大于 10mm 的定位器，也适用于角行程定位器及直行程小于和等于 10mm 的定位器；2.5 级适用于角行程定位器及直行程小于和等于 10mm 的定位器。

注 2：具有分程范围和等百分比、快开等特性的定位器，性能指标可由制造商按用户要求另行规定。

6）动作时间：根据客户要求，≤10s

3.3 检查与校验

3.3.1 检查

3.3.1.1 定位器的检查

以下检查应在校验台，或仅执行机构、无控制阀阀体组件状态下进行：

1）信号发生器给定 4mA 信号，观察定位器有无动作；

2）从 4mA 信号以 0.1mA 步距减小电流，检测定位器始动电流，并记录；

3）回到 4mA，以 0.1mA 步距逐渐增大电流，记录行程，直到走完全行程，随意抽 10 组数据，建立直角坐标系，以横轴为电流（mA）、纵轴为行程描点，观察各点连线的线性；

4）反向行程重新进行、重新记录并任意抽取10组数据，观察两组数据间的关系，记录最大回差值；

5）死区检测：分别在4mA、8mA、12mA、16mA、20mA处向上、向下调整电流值，检测死区并记录。

以上各值与表1进行比较，得出定位器是否合格，如果经连接方式调整后还不合格，可以判定定位器不合格。

3.3.1.2 电磁阀的检查

1）根据电磁阀铭牌显示的操作电源类型和电压，输入相应的操作电源，如220V AC、24V DC等，通过听声音、目测等方式观察电磁阀是否动作；

2）观察动作效果：如通断控制、气路切换功能的电磁阀，需要判定其动作效果，是否能可靠实现通断控制、气路切换功能；

3）内漏检测：对电磁阀进行内漏检测，判定其切断气路是否有内漏现象。

3.3.1.3 其他元器件的检查

气路里的其他元器件，如减压阀、气动加速器、闭锁阀等等，参照上述过程和对应标准进行检测。

3.3.1.4 控制气路的检查

1）外漏检测：利用肥皂水等方式，检测控制气路中的管接头、气源管等处是否有外漏并消除；

2）功能检测：根据气路设定功能，观察气路是否可在规定的动作时间内实现调节、气路切换、三断保护等功能，三断保护的并测试可保持时间；

3）保位阀、闭锁阀等有动作气压设定功能的控制器件，应单独检测动作值是否在设定范围。

3.3.2 校验

3.3.2.1 校验仪器

1）电流信号发生器：可产生稳定、持续、可调的0～24mA DC电流信号，精度高于0.05mA；

2）24V DC电源：可稳定输出24V DC的稳压电源，用于电磁阀等的控制；

3）Hart手操器：需要通讯的智能式定位器、检测仪表等需要的通信仪表；

4）气动定值器：可在0.8MPa范围内进行精确气压调整；

5）校准压力表：读数精度高于0.01MPa的气压表；

6）百分表：行程100mm以内的百分表，精度等级高于0.02mm；

7）万用表：可测量直流电流、电压及电阻等。

3.3.2.2 定位器的检查校验一般应在控制阀（或执行机构）检查校验合格、定位器与控制阀装配好后进行，有条件的应制作更为专业的定位器校验台及控制气路试验台。

3.3.2.3 检查定位器是否完好、整洁及各零部件是否紧固。

3.3.2.4 改变电流输入信号，观察各机构动作是否正常。

3.3.2.5 输入50%信号，此时阀的行程应处于50%的位置，且反馈杆应处于反馈全行程的中间位置。否则，进行调整（非线性特性定位器参照说明书调整）。
3.3.2.6 输入零位信号和满量程信号，阀门行程应与之对应。否则，要分别调整调零旋钮、行程调节旋钮。
3.3.2.7 进行线性（或区间点）校验，一般不少于5点，且要分别进行正、反行程校验，各指标应符合要求。
3.3.2.8 在上述校验中均应及时做好校验记录，最后出具合格的校验单。

3.4 使用、维护与故障处理

3.4.1 使用

控制器件及整个控制气路，在投用前按照3.3的要求进行检查和校验，确保各器件、整个气路可正常工作，动作准确，动作时间满足要求。

3.4.2 维护

3.4.2.1 安装时，应保证各元件、管件疏密有致、整齐美观，不影响正常使用及维护。
3.4.2.2 管件连接处应无外漏，反馈杆和连接部件牢固可靠，电气接线或气路配管不松动，能正常运行。
3.4.2.3 经常检查气源压力是否符合要求，电气或气动阀门定位器与气动阀门动作是否满足要求。
3.4.2.4 根据实际情况每6个月左右向定位器反馈传动轴加注相应的润滑油。
3.4.2.5 电气阀门定位器要整洁、完好。
3.4.2.6 进行定期校准，校准周期一般为一年。

3.4.3 常见故障与处理

阀门定位器等控制器件常见故障与处理方法见表2。

表2 阀门定位器等控制器件常见故障与处理方法

现象	原因	处理方法
气源压力波动	减压阀或供气管网有污物	消除污物
	反馈通道堵塞，反馈气量小	消除堵塞
	磁电转换部分有摩擦（专指电气阀门定位器）	消除摩擦
有输入信号时，输出信号小或没有输出	放大器有故障	检修放大器
	气阻堵塞	疏通节流孔
	喷嘴挡板位置不正	重调平衡度
	信号线接反或接触不良（专指电气阀门定位器）	正确接线
	线圈断开或短路（专指电气阀门定位器）	更换线圈
	背压或输出漏气	消除漏气

表 2　阀门定位器等控制器件常见故障与处理方法（续）

现象	原因	处理方法
输出不稳定	放大器、气阻或背压管路有污物	消除污物
	调节阀杆摩擦力过大	消除摩擦
	膜头阀杆与膜片有轴向松动	消除松动
	放大倍数太高	重新调整
	输入信号交流分量过大（专指电气阀门定位器）	消除交流分量
	喷嘴挡板组装不良	调整挡板对准喷嘴的中心线
无输入时输出压力不下降	背压气路堵塞	消除堵塞
	切换阀位置不正确	恢复“自动”位置
	放大器有污物	清洗放大器
线性度不好	背压漏气	消除漏气
	喷嘴挡板平行度不好	重新调整喷嘴挡板位置
	膜头径向位移大	重新检修
	可动部件有卡碰现象	重新调整、消除卡碰
	放大器有污物	消除污物
	调节阀本身线性差	重新调整
	紧固件松动	消除松动
	安装调整不当	按本规程 3.3 重新调校
回程误差大	应紧固部件有松动	紧固各部件，重新调校
	滑动件摩擦力大	消除摩擦
	力矩转换线圈支点错动	更换力矩转换组件

电磁阀常见故障与处理方法见表 3。

表 3　电磁阀常见故障与处理方法

现象	原因	处理方法
不动作（常不带电）	电磁阀接线头松动或脱落	接好接线头
	线圈断	更换线圈或电磁阀
	电磁阀阀芯卡、阻塞	检修阀芯、阀芯套
	电源中断或电压过低	确保电压达到额定电压的 85%以上
误动作（常带电）	电磁阀接线头松动或脱落	接好接线头
	线圈断	更换线圈或电磁阀
	电源中断或电压过低	确保电压达到额定电压的 85%以上
	气源中断	确保气源供给正常
	电磁阀内部弹性元件失效	更换弹性元件或更换电磁阀

表 3 电磁阀常见故障与处理方法（续）

现象	原因	处理方法
泄漏	内部装配密封垫坏	更换密封垫
	电磁阀阀芯卡塞不到位	检修阀芯、阀芯套
线圈温度异常	电磁阀负载发生异常变化或线圈出现问题	更换电磁阀

3.5 检修及质量要求

3.5.1 检修

3.5.1.1 检修周期

各类控制器件应每年进行一次检查、维护、维修，或与生产装置大修同步进行。

3.5.1.2 消除控制器件内外的灰尘、油污。

3.5.1.3 对传动、转动部件清洗并加注相应的润滑油。

3.5.1.4 对各类控制器件进行检查，对故障部件进行更换或修理。

3.5.1.5 检查并拧紧各紧固件。

3.5.1.6 与调节阀联动校验，并做好检修记录。

3.5.1.7 对定位器配线导管整理排列，横平竖直，接头紧固无泄漏。

3.5.1.8 按本规程 3.3 对电气或气动阀门定位器进行校准。

3.5.2 检修质量要求

3.5.2.1 连接疏密有致、整齐美观。

3.5.2.2 各器件工作正常、无内漏，与管件连接处无外漏。

3.5.2.3 动作正常、无滞后，动作时间准确。

3.5.2.4 整个控制气路工作正常，能准确实现设定的控制要求。

控制阀维护检修规程
第 7 部分：蒸汽减温器阀

SHS 07005.7—2019

目　次

前　言

本规程 SHS 07005《控制阀维护检修规程》，分为以下八个部分：

——第 1 部分：气动控制阀；

——第 2 部分：长行程执行机构；

——第 3 部分：电动执行机构；

——第 4 部分：偏心旋转阀；

——第 5 部分：气缸执行机构；

——第 6 部分：控制阀附件；

——第 7 部分：蒸汽减温器阀；

——第 8 部分：填料的选用与装填。

本部分为 SHS 07005 的第 7 部分：蒸汽减温器阀。本部分按照 GB/T 1.1—2009《标准化工作导则　第 1 部分：标准的结构和编写》给出的规则起草。

本部分由中国石油化工集团有限公司、中国石油化工股份有限公司提出。

本部分起草单位：吴忠仪表工程技术服务有限公司。

本部分主要起草人：崔学智、闫中华。

本部分 2019 年首次发布。

控制阀维护检修规程
第7部分：蒸汽减温器阀

1 范围

本部分主要规定了带蒸汽调节、减温水喷嘴的蒸汽减温减压阀的维护和检修。

本部分适用于带蒸汽调节或减温水调节的蒸汽减温减压控制阀的离线、在线维修与改造等，可适用于高、中、低压蒸汽减温器的维修。

2 规范性引用文件

下列文件对本文件的应用是必不可少的。凡是注日期的引用文件，仅注日期的版本适用于本文件。凡是不注日期的引用文件，其最新版本（包括所有的修改单）适用于本文件。

GB/T 4213—2008 气动调节阀

GB/T 10868—2005 电站减温减压阀

GB/T 12244—2006 减压阀 一般要求

GB/T 12245—2006 减压阀 性能试验方法

GB/T 12246—2006 先导式减压阀

GB/T 13927—2008 工业阀门 压力试验

3 蒸汽减温器阀

3.1 概述

蒸汽减温减压阀是电厂、炼化企业动力等装置，将高温高压蒸汽温度、压力降低，用于后续工序使用的控制阀。蒸汽减温装置一般由蒸汽调节、减温水调节、减温水喷嘴3个部分组成。大多数减温减压阀都合并了2项，如蒸汽调节带减温水喷嘴，或减温水调节带喷嘴，也有些将蒸汽调节、减温水调节、减温水喷嘴3项功能合并到一台控制阀上，大大地节约了现场安装空间。

蒸汽减温减压阀常见的故障是蒸汽调节部分阀芯、阀座冲刷，导致内漏严重、无法进行蒸汽调节进而无法控制输出流量、温度、压力；减温水喷嘴冲刷损坏；在阀体温度较高时通入了温度较低的减温水，导致阀体裂纹；在较高温度影响下，执行机构密封件老化导致执行机构内漏、外漏，推力下降，造成控制阀爬行、关闭推力不足等现象，严重影响了装置的运行。

3.2 主要技术指标

3.2.1 高温高压减温减压装置

3.2.1.1 一次蒸汽参数（进口蒸汽参数）：压力 p_1≥10MPa；温度 T_1=540℃

3.2.1.2 二次蒸汽参数（出口蒸汽参数）：压力 p_2 由用户要求确定；温度 T_2= 饱和温度

3.2.1.3 流量：Q=30～240t/h

3.2.2 次高压减温减压装置

3.2.2.1 一次蒸汽参数（进口蒸汽参数）：压力 p_1=5.4MPa；温度 T_1=485℃

3.2.2.2 二次蒸汽参数（出口蒸汽参数）：压力 p_2 根据使用要求确定；温度 T_2= 饱和温度

3.2.2.3 流量：Q=20～200t/h（吨 / 小时）

3.2.3 中温中压减温减压装置

3.2.3.1 一次蒸汽参数（进口蒸汽参数）：压力 p_1 ≥ 3.9MPa；温度 T_1 ≥ 450℃

3.2.3.2 二次蒸汽参数（出口蒸汽参数）：压力 p_2 由用户要求确定；温度 T_2= 饱和温度

3.2.3.3 流量：Q=2～360t/h（吨 / 小时）

3.3 检查与校验

3.3.1 检查

蒸汽减温减压阀在设计参数工况下运行，其进出口压力和温度的变化范围、出口蒸汽流量变化范围、出口参数的偏差值、噪声水平、泄漏等级等性能指标应分别符合本规程 3.5.2.1 规定的要求。

3.3.1.1 外观

零部件齐全，装配关系正确，紧固件不得有松动、损伤等现象，整体洁净；控制附件、气源管线排列整齐、美观、无泄漏；外观防腐、喷涂有效，防止腐蚀的发生。

3.3.1.2 流量及变化范围

流量计算应符合 GB/T 10868—2005《电站减温减压阀》表 9 的规定，流量变化范围为 0.3Q～1.0Q，对流量变化范围流量特性有特殊要求时，可委托维修方进行改造。

3.3.1.3 调压性能

蒸汽减温减压阀减压比范围内，出口压力应能在最大与最小值之间连续可调，不得有卡阻、异常振动现象。

3.3.1.4 调温性能

蒸汽减温减压阀出口温度在饱和温度以上应任意可调，偏差值 ±2.5℃，饱和温度时负偏差为 0。

3.3.1.5 噪声

蒸汽减温减压阀正常运行时，在控制阀出口中心线同一水平面下游 1m 并距离管壁 1m 处测量噪声水平，总体噪声水平应符合表 1 规定。

表 1 总体噪声水平

操作人员与阀门距离 /m	1	2	3	6	15	30	100
噪声水平 /dB	85	88	90	93	97	100	105

3.3.2 校验

3.3.2.1 按照 GB/T 4213—2008《气动调节阀》规定的项目进行校验、检测。

3.3.2.2 基本误差校验

将规定的输入信号平稳地按增大和减小方向输入薄膜气室（或定位器），测量各点所对应的行程值，按式（1）计算实际“信号 - 行程”关系与理论关系之间的各点误差。其最大值即为基本误差。

$$\delta_i = \frac{l_i - L_i}{L} \times 100\% \tag{1}$$

式中 δ_i——第 i 点的误差；

l_i——第 i 点的实际行程；

L_i——第 i 点的理论行程；

L——控制阀的额定行程。

试验点为输入信号范围的 0%、25%、50%、75%、100%五个点。

3.3.2.3 回差校验

校验方法同 3.3.2.2，在同一输入信号点所测得的正反行程的最大差值即为回差。

3.3.2.4 始终点偏差校验

将输入信号的上、下限值分别加入薄膜气室（或定位器），测量相应的行程值，按式（1）计算始终点偏差。要特别注意到保证气开式控制阀的始点、气关式控制阀的终点在阀关位置上。

3.3.2.5 死区校验

在输入信号量程的 0%、25%、50%、75%、100%五点上进行校验，其方法为缓慢改变（增大和减小）输入信号，直到观察出一个可察觉的行程变化（0.1mm），此点上正、反两方向的输入信号差值即为死区。

3.4 使用、维护与故障处理

3.4.1 使用

1）维修完成的蒸汽减温减压阀在投入运行前应做单调、系统联调；

2）维修完成的蒸汽减温减压阀工作时，前后的切断阀应全开，副线阀应全关。整个管路系统中的其他阀门应尽量开大，通常调节阀应在正常开度范围（20%～80%）内工作；

3）维修完成的蒸汽减温减压阀，应注意手轮位置指示标记。

①在侧面安装的，应在中间或“自动”位置；

②在顶部安装的，应在最高位置；

③作限位用的，应在预定位置。

3.4.2 维护

1）蒸汽减温减压阀在运行中严禁调整阀杆和压缩弹簧的位置；

2）经常检查蒸汽减温减压阀、执行机构及定位器等控制器件、整体气路设备。

①气源及输入、输出信号是否正常；

②阀杆运动是否平稳，行程与输出信号是否基本对应；

③连接管路是否有泄漏；

④填料函及法兰连接处有无介质外漏；检查中发现的问题要及时作技术性处理，以保证控制阀正常运行；

3）定期清扫，保持整洁，特别是阀杆、定位器的反馈杆等活动部位；需加润滑油的填料，一般每星期加油1次，并使注油器内有足够的存油，润滑油的品种不得随意变更；

4）需在生产现场对蒸汽减温减压阀进行解体检查时，必须先将蒸汽减温减压阀两边的截止阀关闭，导零阀打开，待温度、压力下降到安全值时方可进行；如截止阀有泄漏，应加装盲板；

5）通过后续测量仪表，判定减温器的输出，如流量、温度等，是否与预期基本相同，判断阀内零部件是否正常。

3.5 检修及质量要求

3.5.1 检修

3.5.1.1 维修前的准备

蒸汽减温减压阀维修前应做好技术、材料、工器具的准备。

1）技术准备：准备好控制阀规格书、结构图、维修操作说明等技术资料，以便随时查阅；

2）准备好维修所用的密封件，例如执行机构活塞、推杆等密封件，以及阀体组件维修所需填料、阀内垫片等维修包，以及可能损坏的阀内件，如阀芯、阀座等；

3）准备好所需的扳手等工器具。

3.5.1.2 做标记

1）做好执行机构与支架或上盖的连接方向标记；

2）做好上盖与阀体连接的方向标记；

3）对于规格较大的蒸汽减温减压阀，应对螺母进行编号，防止因长期使用变形，维修后无法重新拧紧。

3.5.1.3 检查

1）检查控制附件、气源管线等是否有外观损坏、缺失等；

2）检查执行机构外观是否有变形、损伤、防腐漆是否有缺失等；

3）给定信号，观察全行程内推杆、阀杆开关动作是否流畅、顺利，推杆、阀杆是否有弯曲等。

3.5.1.4 执行机构与阀体组件分离

松开执行机构与支架或上盖的连接螺栓（母），缓慢将执行机构与阀体组件分离，注意保护执行机构及阀体组件不受损伤。

3.5.1.5 阀体组件拆解、检查

1）松开填料压紧螺栓（母），取出填料压板、填料压盖，并放置于零件盒内，防止二次损坏、丢失等；

2）松开上盖螺栓，取下上盖，如果是自密封方式的，注意按顺序拆下上盖，保存好上盖自密封环，以便核对尺寸；

3）取出阀芯。如果阀杆较长、需要与上盖一起拆除阀芯的，应注意防止阀芯的磕碰划伤，拆下上盖后再从上盖中取出阀芯；

4）取出套筒、阀座等阀内件；

5）检查阀杆是否有弯曲变形、划伤等损坏，尤其填料密封部位是否有划伤、腐蚀等影响密封的损坏；

6）检查阀芯、阀杆连接是否可靠；

7）检查阀芯导向及密封面处是否有挤伤、划伤、冲刷、腐蚀等损坏；

8）检查上盖或套筒导向面是否有变形、划伤、腐蚀等损坏；

9）检查阀座密封是否有挤伤、划伤、冲刷、腐蚀等损坏；

10）取出填料；

11）检查填料函是否有腐蚀、划伤等影响填料密封的损坏。

3.5.1.6 维修

1）标准件的养护：将拆卸下来的标准件、其余非配合件等用煤油浸泡、养护，防止生锈；

2）填料函检查、修复：检查填料函是否有腐蚀、拉伤等损坏，粗糙度应小于 $Ra1.6\mu m$；

如果填料函腐蚀、拉伤轻微，或粗糙度达不到要求的，砂纸砂光、清洗后，加工制作挤压头重新挤压，使其达到应有的粗糙度；

对于划伤、腐蚀严重的，应采用车床、镗床等方式，找正、压紧后镗削填料函，然后再测量、设计、加工挤压头，对填料函进行挤压处理，使其达到应有的粗糙度；加工、修复后填料函尺寸变化的，应相应调整填料的尺寸、规格；

3）上盖导向圆修复：如果上盖上用于阀芯导向的内圆有腐蚀、划伤、冲刷等损坏，应在车床上找正、夹紧（防止二次变形）后镗、磨至不影响阀芯运行及平衡密封环密封的尺寸、粗糙度；

4）阀杆修复：在跳动度仪上检查阀杆是否有弯曲，填料密封部位是否拉伤、腐蚀等损坏情况。

如阀杆没有弯曲变形，但填料部位有腐蚀、拉伤等损坏的，或阀杆弯曲跳动小于0.3mm的，可采用磨床的方式进行修复；对于弯曲跳动大于0.3mm的，必须加工新的阀杆并更换；

5）套筒修复：如果有套筒，且用于阀芯导向的内圆有腐蚀、划伤、冲刷等损坏，应在车床上找正、夹紧（防止二次变形）后镗、磨至不影响阀芯运行及平衡密封环密封的尺寸、粗糙度；

6）阀座修复：如果阀座密封面损坏，且阀座可取下，则拆下阀座后采用机械加工的方式进行修复，密封面硬化层消失的应重新硬化处理、加工。如果阀座密封面损坏，且阀座不可取下，可采用在线机械加工修复，或应考虑阀体下线修复。

螺纹压紧式阀座，应检查阀座螺纹、阀体螺纹是否完整，如有损坏，应进行修复，防止阀座松动造成内漏，甚至冲刷损坏阀体；

7）阀芯修复：阀芯密封面轻微损坏的，可直接在车床上车削处理；如阀芯密封面损坏严重、且硬化层消失的，必须重新硬化处理后加工修复；如果损坏面较大、无法补焊修复的，应考虑更换新的阀芯备件。

密封面、流量控制型面或孔冲刷损坏超过1/3，应更换新备件；

8）阀内密封件的更换。拆解后，测量填料规格、阀内其他密封件规格，加工或购买新的密封件予以更换。

3.5.1.7 装配

1）试配：经加工修复，或新加工的零部件，其相互配合部位应进行试装、试配，检查配合是否适当，不满足要求的，应重新进行调整；

2）清洗、去毛刺：修复，或新加工的备件，装配前需要清洗、去除机械加工产生的毛刺、锐棱，便于装配，并减少运行中的划伤；

3）配研：阀芯、阀座密封面配研，提高密封面粗糙度、提高密封可靠性；

4）阀座装配：按照结构装入阀座。有阀座密封垫片的应更换新的密封垫片，并注意阀座密封垫片的厚度，防止阀座装配后歪、斜；螺纹连接的，应注意打紧，防止阀座松动造成内漏及冲刷损坏；

5）套筒装配：有套筒的，装入套筒。阀座依靠套筒压紧的，应查看套筒是否能与阀座接触、是否有压缩量，确保阀座可靠压紧；

6）阀芯平衡密封环装配：蒸汽减温减压阀一般使用金属平衡密封环或减震环，因此装入时应小心，防止平衡密封环断裂。装入前应检查平衡环与阀芯槽、套筒或上盖导向圆的配合情况，确保可靠接触、实现密封；

7）装入阀芯：将阀芯放入阀体、套筒。如果阀杆较长、阀芯较重，而且阀体横装的，应先将阀芯装入上盖，连同上盖一起装入阀体；

8）套筒、上盖密封环装配：更换新的密封环，确保类型、材质、尺寸合适，放入相应位置；

9）上盖装配：将上盖装入阀体，确保阀盖与阀体的配合，如同轴度等形位公差；

10）拧紧上盖螺栓：按顺序、逐步紧固上盖螺栓。紧固上盖螺栓应使用液压扳手、力矩扳手等，且力矩应逐步增大到给定值或经验值；边紧边观察上盖与阀体的位置变化，确保密封垫片压缩量均匀、合适；

11）填料装配：按照相关标准，选择合适类型、材质的填料，按照规定方法装入填料、填料压盖、填料压板，并可靠紧固。

3.5.1.8　执行机构与阀体组件连接

1）将维修、测试好的执行机构与阀体重新连接，注意执行机构推杆与阀杆的同轴度，紧固好连接螺栓或圆螺母，确保连接可靠；

2）控制好预紧量、行程，用连接件将推杆与阀杆连接，注意推杆与阀杆螺纹的均匀，含入连接件的螺纹数不少于 10 个完整螺纹，锁紧连接件与阀杆、推杆，防止运行中松动、脱落；

3）控制附件装配、连接：按原来样子装配控制附件、连接气源管线，确保管线无气体泄漏；

4）调校：接入压缩空气、接入信号源，调校定位器等控制系统，并确保关位、行程正确。

3.5.1.9　动作试验

给定控制信号，观察运行情况。观察运行中是否有卡涩、异响、爬行现象，观测阀芯是否可靠关闭、行程是否适当。

3.5.2　检修质量要求

3.5.2.1　测试项目及标准

1）行程误差

维修完成的蒸汽减温减压阀行程测试，采用全关、25%、50%、75%、全开 5 点测试法，行程误差不应超过 GB/T 4213—2008《气动调节阀》表 1 的规定；

2）回差

维修完成的蒸汽减温减压阀，回差不应超过 GB/T 4213—2008《气动调节阀》表 1 的规定；

3）死区

维修完成的蒸汽减温减压阀，死区不应超过 GB/T 4213—2008《气动调节阀》表 1 的规定；

4）始终点偏差

维修完成的蒸汽减温减压阀，气开式阀的始点、气关式阀的终点，偏差不应超过 GB/T 4213—2008《气动调节阀》表 1 的规定；

5）额定行程偏差

维修完成的蒸汽减温减压阀，额定行程不应超过 GB/T 4213—2008《气动调节阀》表 1 的规定；

6）泄漏量

如果是下线检维修的蒸汽减温减压阀，应进行泄漏量测试；如果是在线检修的蒸汽减温器，应采取相应措施间接测试或估测泄漏量。

维修完成的蒸汽减温减压阀，其泄漏量应符合 GB/T 4213—2008《气动调节阀》表 2 的规定。

泄漏量等级应根据原设计《控制阀规格书》的规定，因各种原因达不到要求的应向使用方书面说明原因和现状；

7）外漏

维修完成的蒸汽减温减压阀，其填料、上盖等连接处，应在 1.1 倍公称压力下无渗漏现象。

3.5.2.2 记录

上述测试如果有不合格项，需重新进行维修。

维修后经测试合格的蒸汽减温减压阀，应填写性能测试报告单，记录测试情况，便于以后的检查、使用。

3.5.2.3 质量报告

经维修合格的蒸汽减温减压阀，应出具质量报告，质量报告至少应包含下列记录内容：

1）蒸汽减温减压阀阀体、上盖材质；

2）加工备件时所采用的材质；

3）阀体开裂后补焊所采用的焊材证明；

4）如果阀体出现从内到外，或者严重影响控制阀使用安全的缺陷，补焊、加工后应进行射线探伤，并提供探伤合格证明；

5）泄漏量试验报告；

6）行程、回差、死区等 3.5.2.1 中规定项目的测试结果。

控制阀维护检修规程
第 8 部分：填料的选用与装填

SHS 07005.8—2019

目　次

前 言

本规程 SHS 07005《控制阀维护检修规程》分以下八部分：

——第 1 部分：气动控制阀；

——第 2 部分：长行程执行机构；

——第 3 部分：电动执行机构；

——第 4 部分：偏心旋转阀；

——第 5 部分：气缸执行机构；

——第 6 部分：控制阀附件；

——第 7 部分：蒸汽减温器阀；

——第 8 部分：填料的选用与装填。

本部分为 SHS 07005 的第 8 部分：填料的选用与装填。本部分按照 GB/T 1.1—2009《标准化工作导则 第 1 部分：标准的结构和编号》给出的规则起草。

本部分由中国石油化工集团有限公司、中国石油化工股份有限公司提出。

本部分起草单位：吴忠仪表工程技术服务有限公司。

本部分主要起草人：崔学智、闫中华。

本部分 2019 年首次发布。

控制阀维护检修规程
第 8 部分：填料的选用与装填

1 范围

本部分适用于控制阀检维修中填料的选用、质量检测、装填及装填质量的控制，是电动、气动等各类控制阀填料相关生产活动的通用规定。

2 规范性引用文件

下列文件对本文件的应用是必不可少的。凡是注日期的引用文件，仅注日期的版本适用于本文件。凡是不注日期的引用文件，其最新版本（包括所有的修改单）适用于本文件。

GB/T 17213.1—2015 工业过程控制阀 第 1 部分：控制阀术语和总则

GB/T 17213.4—2015 工业过程控制阀 第 4 部分：检验和例行试验

GB/T 4213—2008 气动调节阀

ANSI/FCI 70-2—2013 Control Valve Seat Leakage

API 598—2016 Valve Inspection and Testing

GB/T 10698—1989 可膨胀石墨

GB 7136—1986 通用型模压用聚四氟乙烯树脂

JB/T 1712—2008 阀门零部件 填料和填料垫

JB/T 8560—2013 碳化纤维 / 聚四氟乙烯编织填料

JB/T 10688—2006 聚四氟乙烯垫片 技术条件

JB/T 6617—2016 柔性石墨填料环技术条件

JB/T 6620 柔性石墨编织填料 试验方法

JB/T 6626—2011 聚四氟乙烯编制盘根

JB/T 7370—2014 柔性石墨编制填料

3 填料

3.1 概述

填料是装填于阀盖上的填料函内，与阀盖、阀杆同时接触，阻断阀盖与阀杆之间因阀杆（或转轴）动作所引起的介质泄漏的零部件。

一般情况下，在控制阀检维修中，应尽量购买使用与原有填料的型式、结构、材质相同的新填料，但如果没有现成可用填料，或原控制阀出现填料质量无法满足现场需求时，经过使用方同意方可进行改造，改造后的填料使用质量应高于改造前填料的要求。

控制阀检维修中，如果没有相同型式、结构、材质的填料，或需要进行改造时，应选择购买有填料生产相关资质、能力，并取得一定技术专利的生产厂家所生产的填料，确保维修后控制阀的安全、可靠、长期使用。

3.2 V形聚四氟乙烯填料

3.2.1 材料

应使用填充聚四氟乙烯树脂加工。

3.2.2 适用工况

有自润滑作用，密封性好，常用于200℃以下的任何介质工况，尤其是介质为强碱性或弱酸强碱类盐溶液，以及200℃以下的氟、氯、氟化氢、氯化氢等的控制阀。

一般情况下，V形聚四氟乙烯填料应在4.0MPa以下压力工况使用，包括上、下衬垫，填料应为4～6粒；4.0～6.5MPa压力工况使用时，应使用金属上、下衬垫，并加装机械碳衬垫，除衬垫外填料不少于6粒。

3.2.3 加工工艺

V形聚四氟乙烯填料应采用模具成型的方法加工；避免采用车削的工艺方法生产，不得已采用车削工艺时，应使用成型车刀精确加工制成。

3.2.4 结构

V形聚四氟乙烯填料的整体结构，应包括上衬垫、填料、隔套（如果需要）、下衬垫、弹簧。

弹簧是V形聚四氟乙烯填料不可缺少的部件，用于填料的自紧、自补偿等。

图1所示为V形聚四氟乙烯填料结构示意图，其中取 b=0.2～0.5，一般 $H \leqslant 0.7 \times (D-d)/2$，$h$ 约为 $0.5H$，H、h 一般为0.5的倍数的数；d 为阀杆直径、D 为填料函内径；$60° \leqslant A \leqslant 120°$，填料函较浅时取较大的角度以便增加填料数量，填料函较深时取

较小的角度可以增加填料强度。

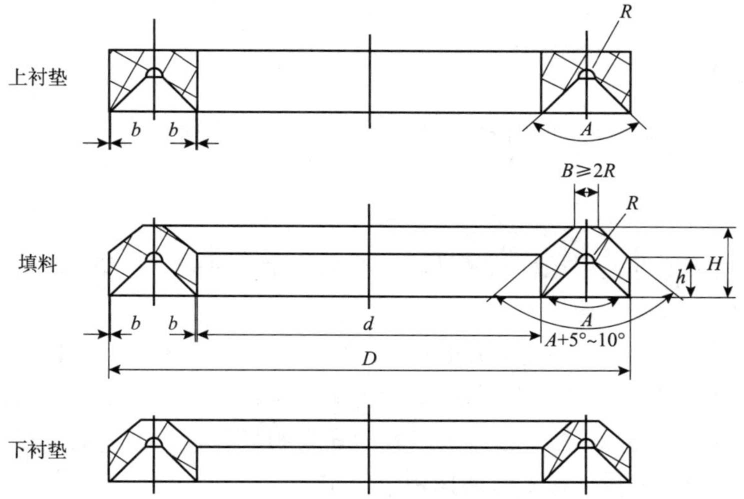

图 1　V 形聚四氟乙烯填料结构

3.2.5　质量

除材料、工艺、尺寸符合要求外，填料内、外径及边缘处不得有任何划痕、缺失，及不可恢复的变形，否则应报废处理。

3.2.6　包装与储存

V 形聚四氟乙烯填料应使用不易变形、有一定硬度与刚度的包装盒包装，避免因外部压力引起变形、损坏。

V 形聚四氟乙烯填料应在 -20～40℃温度范围、30%～80%的湿度条件下储存，储存时间不得超过半年，最长不得超过一年。

3.3　柔性石墨填料

3.3.1　材料

柔性石墨填料应采用膨胀石墨材料，使用合适推力的压力机，经模具压制而成。

3.3.2　适用工况

适用于耐高低温、耐腐蚀工况的控制阀，其工作温度范围为 -200～550℃，上阀盖无需带散热片，可减小外形尺寸。

在金属或机械碳材质的下衬垫，及合适填料压紧结构的配合下，柔性石墨填料可用于 10.0MPa 以下压差工况的控制阀。

注 1：虽然石墨材料有自润滑性，但用于高压差工况，装填时必须用较大的压紧力压紧，因此对阀杆摩擦力依然很大。

注 2：因柔性石墨材料不耐冲刷，因此采用柔性石墨填料的控制阀，一旦发生填料泄漏，应立即进行维修、更换，尽快消除泄漏。

3.3.3 加工工艺

柔性石墨填料，应在合适吨位压力机下，使用模具压制而成。

3.3.4 结构

1）350℃以下工况使用柔性石墨填料，必须使用机械碳下衬垫，内径与阀杆、外径与填料函为较松的过盈配合；

2）温度高于 350℃时，使用金属下衬垫，内径与阀杆、外径与填料函内径间的间隙，直径 1mm 以上，厚度为填料的一半，并不小于 3mm，两端倒角或导圆大于 0.5mm、无毛刺；

3）柔性石墨填料结构如图 2 所示，其中 d 为阀杆直径，D 为填料函内径，下衬垫为机械碳材质，金属下衬垫按上条所述规定加工。

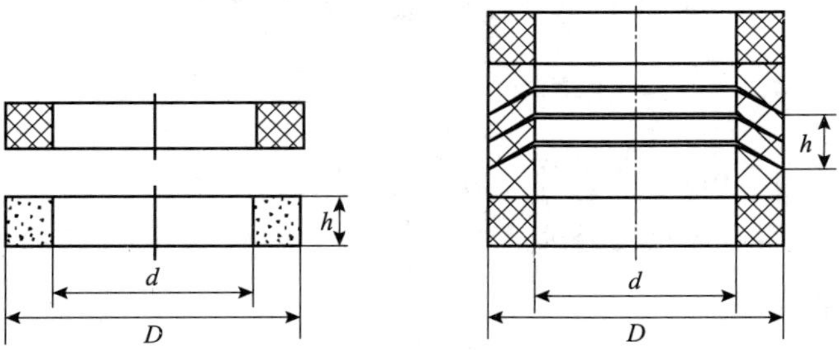

图 2 柔性石墨填料结构

3.3.5 质量

1）柔性石墨填料的质量要求见表 1；

表 1 柔性石墨填料的质量要求

项目		单位	性能指标	备注
密度		g/cm^3	1.4～1.7	控制在 1.4～1.5
压缩率		%	10～25	
回弹率		%	≥ 35	
热失重	450℃	%	≤0.8	
	600℃	%	≤8.0	
摩擦系数		—	≤0.14	

2）表 1 中的密度、尺寸为必检项目，其余项目可定期抽检，更换设备、工艺等后必须进行所有项目的形式试验；

3）内径、外径无肉眼可见的划伤等缺陷。

3.3.6 包装与储存

1）柔性石墨填料必须采用金属或较厚的塑料包装盒进行包装，包装应能避免储存、运输过程中的磕碰划伤、挤压等型式的损坏；

2）包装时应每个规格，或每一套单独包装，不同规格的产品不可混装；

3）包装盒内应有合格证，注明产品名称、制造商名称、规格、数量、生产日期、材质等内容；

4）包装盒外应有产品型号、规格、制造商、材质等内容。

3.4 聚四氟乙烯盘根填料

3.4.1 材料

聚四氟乙烯盘根（以下简称四氟盘根）品种繁多，一般用来加工填料的为（含油）四氟割裂丝盘根（F_4GS），由经烧结且充分拉伸的多股四氟线编织而成，并在四氟中进行了完全的浸渍，在编织过程中再次浸渍。

3.4.2 适用工况

四氟割裂丝盘根耐腐蚀性极强，抗压缩、防挤压、高结构强度和密度，适用于180℃、20MPa 以下各类介质工况。

3.4.3 加工工艺

控制阀内使用的四氟盘根填料，是采用合格的（含油）割裂丝四氟盘根剪取合适长度，在合适吨位压力机上经模具压制而成的成型填料。

3.4.4 结构

四氟盘根的结构型式与柔性石墨填料结构相同。下衬垫可采用机械碳或聚四氟乙烯，加工成与填料尺寸相同。

3.4.5 质量

盘根材料的密度应 1.5～1.8g/cm^3，摩擦系数应小于 0.2，压缩率应在 10%～35%之间，回弹率大于 10%。

压制成的成型填料，外圆及内径处不得有明细的划痕等缺陷。

应检验外观、尺寸偏差，及密度，抽检摩擦系数、压缩率、回弹率；在设备、工艺发生变化时应全部检测。

3.4.6 包装与储存

四氟盘根填料的包装、储存，参照柔性石墨填料的包装与储存条件。

3.5 石墨盘根填料

采用耐高温的高强纤维及镍丝与膨胀石墨复合而成的编制结构，因此除具有柔性石墨填料的特点外，还可耐更高的工作压差。在高压工况使用时同样需要用力压紧、压实，因此对阀杆的摩擦力较大。

3.5.1 材料

控制阀使用的石墨盘根填料，必须采用金属纤维增强、高强纤维编织的浸石墨或填充石墨盘根加工，其中的金属丝不少于 1 根 /mm^2，且金属丝直径不小于 0.15mm。

3.5.2 适用工况

石墨盘根填料适用于除介质外的所有 -200～600℃、20MPa 以下工况；用于高温氧阀时必须为无油石墨盘根。

3.5.3 加工工艺

盘根填料，是采用合格的盘根剪取合适长度，在合适吨位压力机上经模具压制而成的成型填料。

3.5.4 结构

石墨盘根的结构型式与柔性石墨填料结构相同。下衬垫可采用金属或机械碳加工成与填料尺寸相同。

3.5.5 质量

石墨盘根材料的密度应介于 1.3～1.8g/cm^3 之间，压缩率≥10％，回弹率大于 20％。

压制成的成型填料，外圆及内径处不得有明细的划痕等缺陷。

应检验外观、尺寸偏差，及密度，抽检摩擦系数、压缩率、回弹率；在设备、工艺发生变化时应全部检测。

3.5.6 包装与储存

盘根填料的包装、储存，参照柔性石墨填料的包装与储存条件。

3.6 机械碳填料

利用机械碳材料模具压制，或棒料经机械加工而成，需要内外径尺寸加工得很精确、表面粗糙度足够才能起到密封作用；机械碳比柔性石墨、石墨盘根材料耐冲刷，因此在出现泄漏时可维持更长时间，如果能做到配合尺寸精确，可防止高温、高压介质的喷发；机械碳性脆，因此不宜用于振动较大的控制阀。

综合以上特点，机械碳填料可以与柔性石墨填料或石墨盘根填料组合使用，一方面利用柔性石墨或石墨盘根填料较软的特点，可防止在振动时机械碳填料的碎裂；另一方面，即使因阀杆运动对机械碳填料有磨损，但毕竟间隙很小，可防止填料泄漏时柔性石墨、石墨填料冲刷损坏后造成的介质喷出。

4 填料的装填

4.1 V形聚四氟乙烯填料的装填

V形聚四氟乙烯填料，不可采用压力机、锤击等方式装填，应在装入弹簧、下衬垫、填料、上衬垫，并逐个压实后，采用填料螺栓、填料压板、填料压盖压紧，且不得将弹簧全部压缩，应在弹簧工作行程范围内使用。

4.2 机械碳填料的装填

机械碳填料内径与阀杆、外径与填料函为不太紧的过盈配合；装填时无需压力机、填料棒等工具，逐个用工具轻轻推入即可，填料压盖只需要防止填料振动即可，不得强力压紧。

4.3 柔性石墨填料、盘根类填料的装填

4.3.1 柔性石墨填料、盘根类填料的装填，不能使用填料压盖作为填料装填的工具，容易使填料无法可靠压紧、互相之间有间隙，经阀杆上下运动的影响，填料会很快松动、造成外漏，如图3（a）所示。

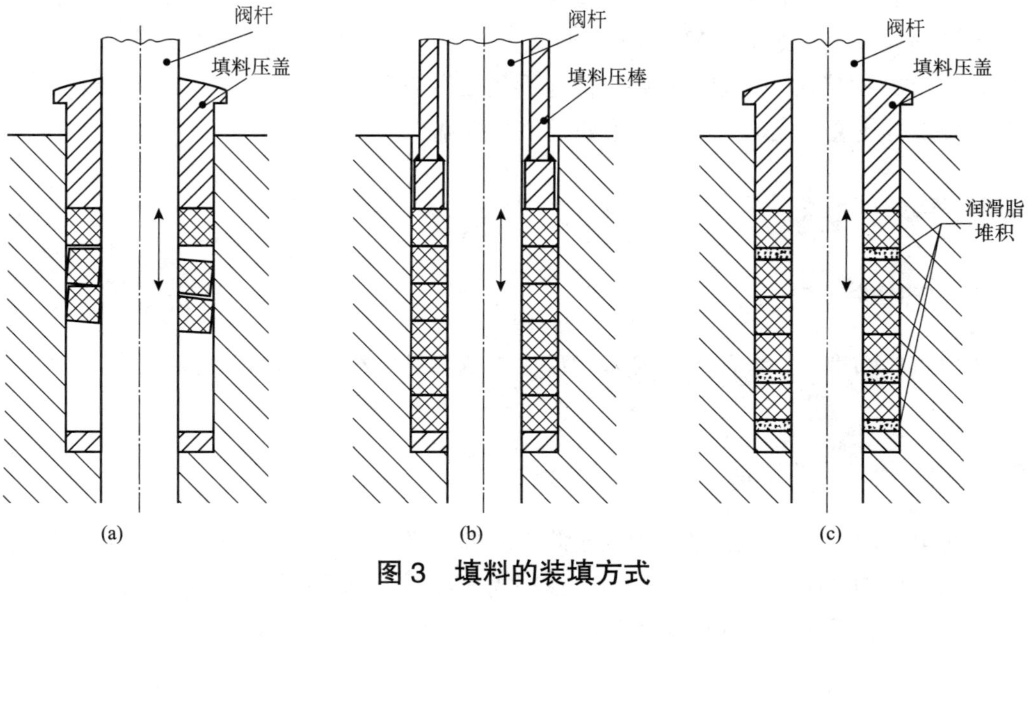

图3 填料的装填方式

4.3.2　工具与设备

正确的装填方法是采用填料压棒作为工具，压力机或输出推力足够的气动执行机构作为压紧动力设备，逐个装填，逐个压紧，可保证每一颗填料之间都能压紧，如图3（b）所示。

4.3.3　不应使用榔头猛砸填料压棒的方式装填料，因榔头敲击时振动较强，装填后填料虽能完全变形、但会略有松散，冲击力大时会损坏填料纤维结构，造成填料强度下降。

4.3.4　装填料时需要加少量的润滑脂，但又不能过多，只在与阀杆接触的内圆上少量涂抹，不能形成堆积。否则常温时润滑油是固态，会占用一定的空间，等温度上升后润滑脂融化、甚至气化，固态润滑脂占据的空间成为空隙，在阀杆上下运动的作用下填料松动，造成外漏，如图3（c）所示。

4.4　高频控制阀的填料

动作频繁的控制阀，在填料螺栓或填料压盖上增加刚性较大的碟形弹簧（或称碟形垫片），可以在填料磨损后起一定的自动补偿作用，可有效延长填料的使用寿命。

4.5　高温、高压控制阀的填料

应采用特殊材质、特殊结构的填料，并采用特殊方法、采用压力机逐个压紧的方式装填。

4.6　填料的数量

根据控制阀工作压差的不同，及填料种类的不同，填料装填的数量也应不同。除上、下衬垫外，填料数量一般在3～6颗之间较为合理，高温、高压状态下分组装填也应为6～8颗、不超过10颗，否则不但起不到应有的密封作用，还会增大阀杆运行时的阻力，严重时还会造成动作时定位不稳定的喘振现象。

5　质量要求

5.1　填料的检验

各类填料的检验，参照图纸及本规程第3章各类填料的质量要求部分加工、检验、选用。

5.2　填料装填效果的检查

除对单独的填料产品质量要求及检测要求外，必须对装填好的控制阀进行填料耐压试验，以便检测其装填效果；装填后的控制阀在实际工况下使用一段时间后，也应进行摸底，了解填料及装填方法的实际使用效果。

5.2.1 耐压强度试验

5.2.1.1 维修的控制阀按照GB/T 4213—2008《气动调节阀》中5.7、6.2进行填料耐压试验。

5.2.1.2 维修的关键、特殊控制阀，应参照GB/T 4213—2008《气动调节阀》5.13进行动作寿命试验，规定次数的动作后重新检验填料（函）是否泄漏。

5.2.1.3 根据客户要求，可参照API 598进行填料耐压试验。

5.2.2 弹簧范围的测量

5.2.2.1 使用单作用执行机构的控制阀，应按照GB/T 17213进行弹簧范围的测定，测定结果应符合执行机构铭牌或控制阀数据表中的规定。

5.2.2.2 使用双作用执行机构的控制阀，应测定始动压力，检测结果不得大于0.2MPa。

5.2.2.3 带定位器的控制阀，单作用执行机构的全弹簧范围内、双作用执行机构的0.2MPa以下，不得有爬行现象。

以上各项不符合时，在排除内件卡涩等原因外，表明填料类型、数量、装填方式有误，应进行修正。

5.2.3 死区、回差的测量

除上条的弹簧范围、始动压力的测定外，调节类控制阀还应进行死区、回差的测定，超出范围的应检查填料类型、数量、装填方式等是否有误。

6 故障处理

6.1 在控制阀维修、装配过程，或虽已上线但还未通入介质前，填料出现问题时可继续紧固处理，或拆除原填料后更换新的填料，按照正确的方法重新装填。

6.2 控制阀上线、输入介质后，可以继续紧固，但不得直接对填料进行拆除、更换等操作；不得已需要进行拆除、更换等处理时，须按照相关程序卸压、降温合格，确保安全后进行。

在线分析仪表维护检修规程
第 1 部分：工业气相色谱仪

SHS 07006.1—2019

部分代替 SHS 07006—2004

目 次

前 言

本规程SHS 07006《在线分析仪表维护检修规程》分为以下十六个部分：

——第1部分：工业气相色谱仪；

——第2部分：氧分析仪；

——第3部分：氢分析仪；

——第4部分：红外线分析仪；

——第5部分：工业pH计；

——第6部分：电导仪；

——第7部分：工业水分仪；

——第8部分：在线熔融指数仪；

——第9部分：烟气排放连续监测系统；

——第10部分：可燃气体报警器；

——第11部分：有毒气体报警器；

——第12部分：化学需氧量在线自动监测仪；

——第13部分：氨氮在线分析仪；

——第14部分：VOCs在线气相色谱分析仪；

——第15部分：在线溶解氧分析仪；

——第16部分：激光氧分析仪。

本部分为SHS 07006的第1部分：工业气相色谱仪。本部分按照GB/T 1.1—2009《标准化工作导则 第1部分：标准的结构和编写》给出的规则起草。

本部分代替SHS 07006—2004《在线分析仪表》第一节“工业气相色谱仪”，与SHS 07006—2004相比，除了编辑性修改外，主要技术变化如下：

——增加了ABB PGC 5000型和YOKOGAWA（日本横河）GC8000型在线色谱分析仪；

——增加了检修及质量要求。

本部分由中国石油化工集团有限公司、中国石油化工股份有限公司提出。

本部分起草单位：中国石油化工股份有限公司北京燕山分公司。

本部分主要起草人：田江南、张杰、何喜、吴超、王晨。

本部分所代替规程的历次版本发布情况为：

——SHS 07006—1992、SHS 07006—2004。

在线分析仪表维护检修规程
第1部分：工业气相色谱仪

1 范围

本部分适用于Siemens AA公司的Advance Maxum Ⅱ型工业色谱仪和ABB公司的PGC 2000、PGC 5000型色谱仪、YOKOGAWA（日本横河）GC8000在线色谱分析仪，其他同类仪器可参考。

2 规范性引用文件

下列文件对本文件的应用是必不可少的。凡是注日期的引用文件，仅注日期的版本适用于本文件。凡是不注日期的引用文件，其最新版本（包括所有的修改单）适用于本文件。

GB/T 30431 实验室气相色谱仪

HG/T 4095 化工用在线气相色谱仪

3 工业气相色谱仪

3.1 概述

工业气相色谱仪是目前应用广泛的在线分析仪之一，它是一种大型、复杂、涉及多门学科、技术难度较大的分析仪器，但因其选择性好、灵敏度高、分析速度快和多组分分析等优点而被广泛应用。

工业色谱分析系统主要由样品预处理系统、分析器、控制器组成，如图1所示。

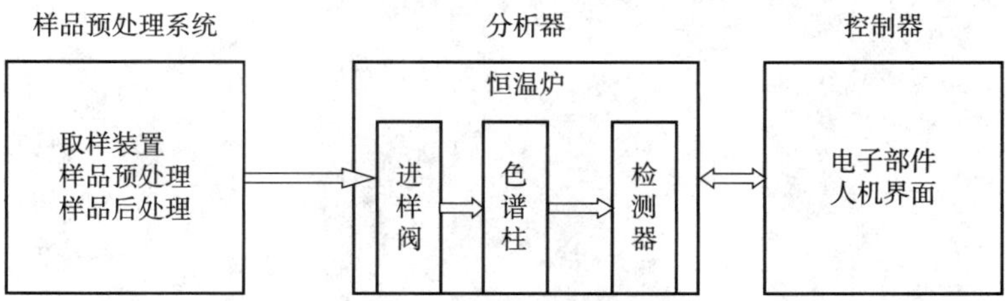

图1 色谱仪的基本组成

3.1.1 样品预处理系统

1）取样装置：快速从工艺流程中取出具有代表性的样品，不使样品失真。

2）样品预处理系统：使样品符合色谱仪分析和检测要求，包括：降压、稳压、稳流、保温、降温、除尘、除水干燥、清除对仪器有害的非待测物质等。

3）样品后处理系统：对快速回路、旁通回路等排出的样品进行回收、放大气、放火炬等处理。

3.1.2 分析器

1）恒温炉：给分析器提供恒定的温度（如：空气浴加热、PID 控制）。

2）进样阀：周期性向色谱柱送入定量样品，且要求进样期间不改变样品的相态。

3）色谱柱系统：利用各种物理和化学方法将混合组分分离。色谱柱有：填充柱、微填充柱、毛细管柱等。

4）检测器：根据某种物理和化学原理将分离后的组分浓度信号转换成相应的电信号。常用的检测器有：TCD（热导检测器）、FID（氢火焰检测器）等。

3.1.3 控制器

控制器主要有以下作用：

1）控制采样阀及柱切阀的动作。

2）控制恒温炉或程序炉的温度。

3）处理检测器信号。

4）压力控制、电源系统与 DCS 和 PC 机通信等。

3.2 Siemens AA 公司 Advance Maxum Ⅱ型工业色谱分析仪

Advance Maxum Ⅱ型色谱仪是Siemens AA公司1998年推出的新型工业色谱分析仪，由分析器和控制器组成，一般均配有样品预处理系统，其基本组成如图 2 所示。

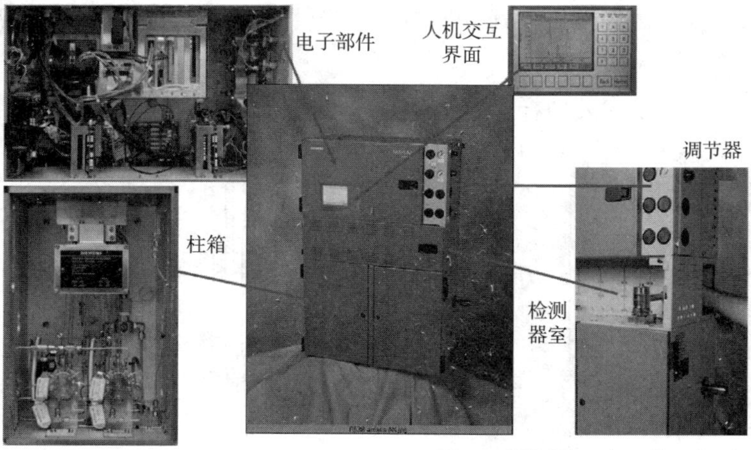

图 2　Advance Maxum Ⅱ型工业色谱分析仪

当 Maxum Ⅱ包含一个空气浴柱箱时，将通过柱箱排气出口排出加热过的空气，流速大于 3SCFM（85L/min）。

空气浴柱箱：单个空气浴恒温柱箱，或者带有两个独立恒温区域或者一个是恒温区域，另一个是 PTGC 的分离空气浴柱箱。

电加热柱箱：单个柱箱或者两个相互独立的双电加热柱箱。在实际操作过程中，对于双电加热室型柱箱，为了让两边柱箱室可在最大温差 100℃情况下独立工作，它所带有的两个柱箱室是截然不同。

检测器模块：热导式，火焰离子，火焰光度。

检测器模块的数量：对于空气浴柱箱，有 1、2 或者 3 个，可为任意检测器模块类型的组合。对于电加热柱箱，有 1 个或者 2 个，可为任意检测器模块类型的组合。

样品阀和柱切阀：膜片阀，膜片活塞阀，转阀和滑阀，无阀切换和带加热的液体进样阀。

无阀选项：无阀切换

色谱柱：填充柱，微填充柱或毛细管柱。

气体供给调节：最多 8 个电子压力控制和最多 6 个机械压力控制。

电磁阀：每个电磁阀的功率是 2W，并且在连续供电情况下，电磁阀控制模块的总功率不能超过 17W。

3.2.1 主要技术指标

3.2.1.1 最小量程(通常情况）*：热导式：0～500ppm

火焰离子：0～1ppm

3.2.1.2 循环时间：30s～3h（由应用决定）

3.2.1.3 灵敏度*：满量程值的 ±0.5%

3.2.1.4 线性度*：满量程值的 ±2%

3.2.1.5 柱箱温度范围：空气浴：40～440 ℉(5～225℃）

3.2.1.6 温度控制精度：电加热：40～500 ℉(5～260℃）

3.2.1.7 环境温度影响：±0.05 ℉(±0.02℃）电子压力控制时，没有影响；机械压力控制时，有不同程度的影响

3.2.1.8 振动影响：可忽略

3.2.1.9 平均维修时间：1h

3.2.1.10 平均无故障时间*：3 年，不包括消耗品

注： * 取决于实际应用。

3.2.1.11 通讯选项：

1）串行输出：RS232，RS485；

2）以太网：标准的 10BaseT 以太网，带有 RJ45 接头；

3）数据网（DataNET）：专用的高速 TCP/IP 通信网络(冗余双绞线）高级数据总线

（Data Hiway）专用的串行通信网络(冗余双绞线)；

3.2.1.12 I/O（输入 / 输出）选项：

1）标准 I/O：2 个模拟量输出；4 个数字量输出(1 个用于指示系统错误，另外 3 个可由用户自由配置)；4 个数字量输入；1 个串行输出

可选 I/O 的板插槽：2 个

I/O 板：AO 8：8 个电气隔离的模拟量输出通道

DI/O：4 个数字量输入和 4 个数字量输出

AI/O：2 个数字量输入和 2 个数字量输出，

2 个模拟量输入和 2 个模拟量输出

2）数字量输入：光耦合器，自身带有 12～24V 直流电电源，带有浮空触点，可切换；可选项：可切换到外部 12～24V 直流电电源上（只有浮空继电器触点才可以），如果使用了特殊的数字量输入，则外部电源的负端接到公共端上；

3）数字量输出：浮空双掷触点，30V 时，最大的触点负载额定值为 1A。对于感应负载，必须要使用二极管分流抑制。干燥触点数字量输出（I/O 板和系统控制器）不能和线电压一起使用。对于特殊应用，可使用 PECM（电源输入控制模块）上的 SSR 来控制线电压；

4）模拟量输入：50Ω 时，-20～+20mA，或者 -10～+10V，R_{in}=1MΩ，相互隔离至 10V；

5）模拟量输出：0/4～20mA，最大负载 750Ω，负端接公共端，与地断开，可自由接地终端编织电缆或者固态电缆的螺丝压线端子板，最大横截面积为 16AWG 或 1.5mm^2；

3.2.1.13 气态样品的要求（由应用决定）：

1）样品流量：50～200mL/min；

2）样品过滤：5μm；

3）最小样品压力：5psig(35kPa)，可选更低压力；

4）最大样品压力：标准 75psig(515kPa)，可选更高压力；

5）最高样品温度：标准 250 ℉(121℃)，可选更高温度；

6）与样品接触部件的材质：不锈钢，特弗龙以及聚酰亚胺；可选其他材质。

3.2.2 检查与校验

3.2.2.1 Siemens AA 公司 Advance Maxum Ⅱ型工业色谱分析仪检查

1）屏幕特征

背光图形显示屏幕为 320 像素 ×240 像素。

2）显示区域

屏幕分为三个区域：状态栏、内容区、软功能键定义栏，见图 3。虽然模拟器不会执行门面板上可以执行的一些功能，但 MMI（门面板）和 MMI 模拟器（工作站）有相似的功能。

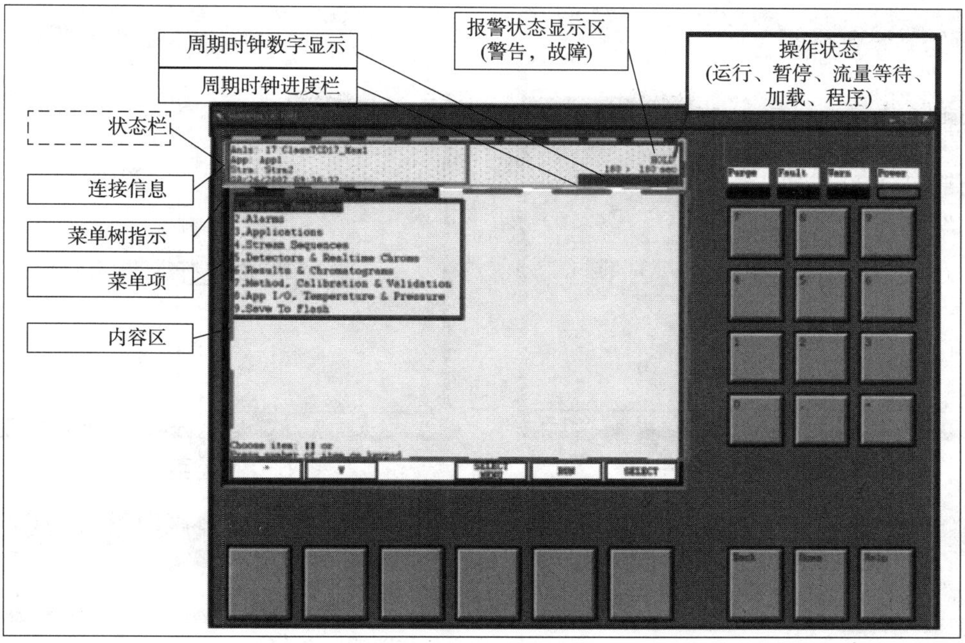

图 3　MMI 显示区域

3）操作模式

a）RUN（运行）

仪表的周期时钟正常计数，分析仪正在运行。将自动进行下一个色谱周期，除非用户以某种方式干预。

b）HOLD（暂停）

仪表的周期时钟可能正常计数，但是下一个周期计数器不会自动开始计数。

c）FLOW（吹扫）

仪表正等待流路吹扫的倒计时。

d）WAIT（等待）

仪表正等待达到所需的压力或温度。

e）LOAD（加载）

仪表正在发送一个方法给 SNECON。

f）PROGRAM（程序）

4）简单操作

监控菜单如图 4～图 12 所示。

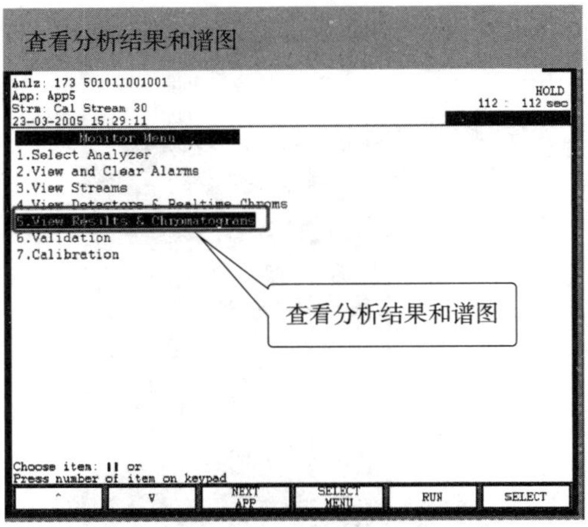

图 4　监控菜单（一）

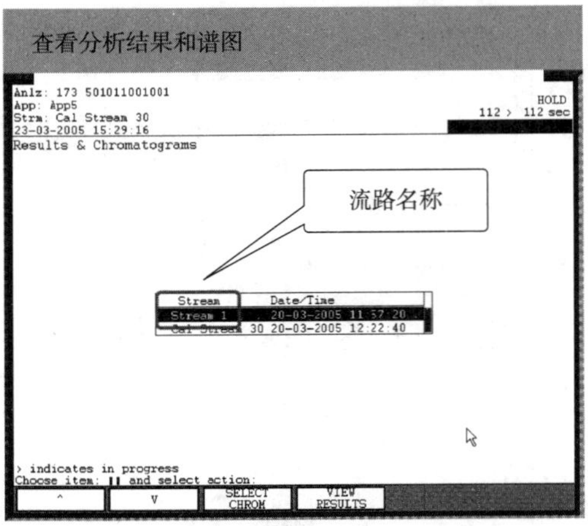

图 5　监控菜单（二）

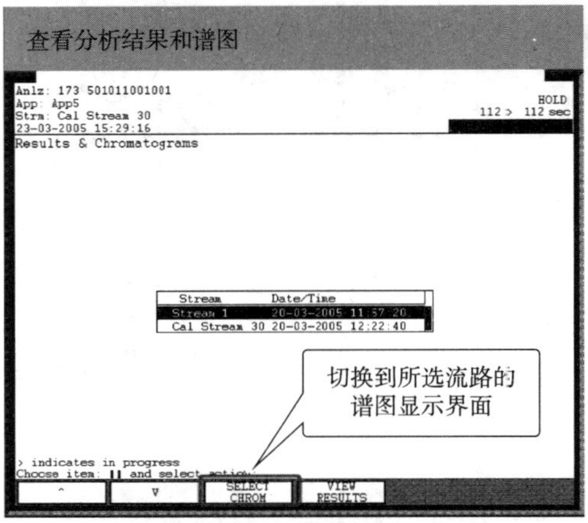

图 6　监控菜单（三）

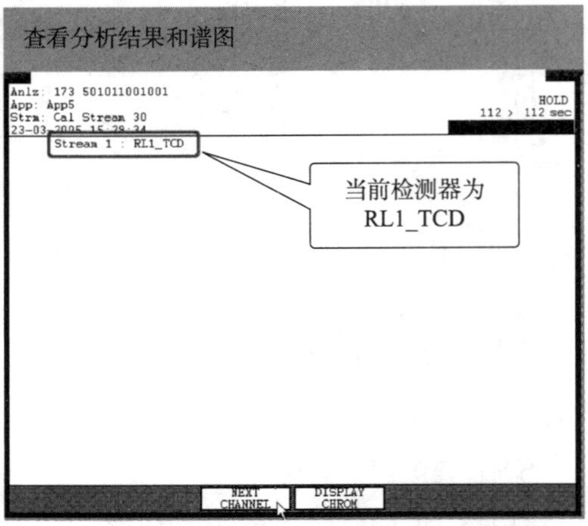

图 7　监控菜单（四）

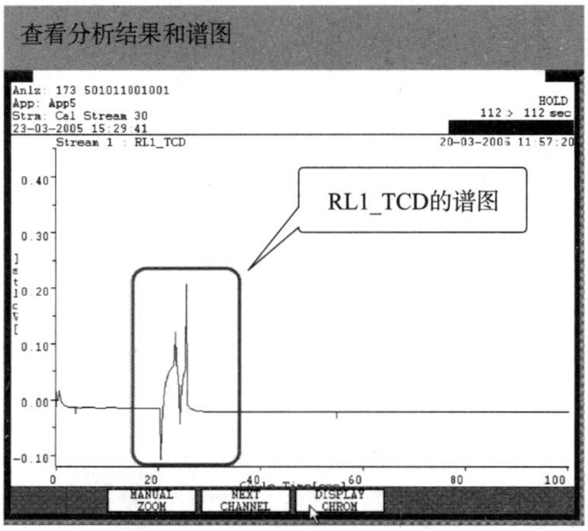

图 8　监控菜单（五）

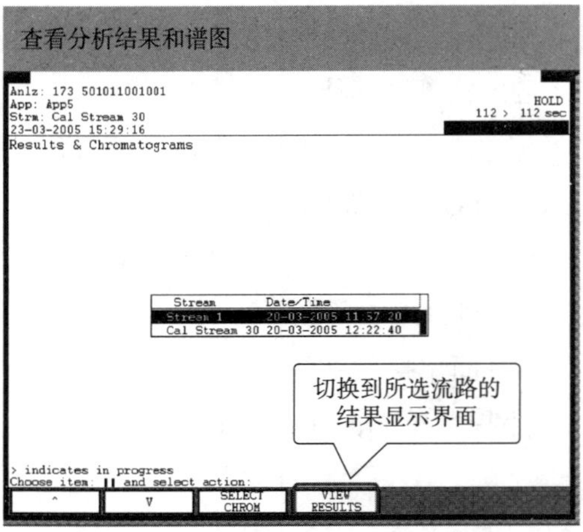

图 9　监控菜单（六）

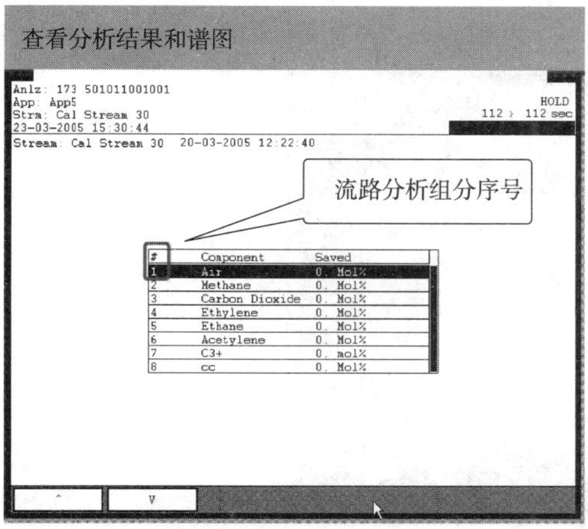

图 10 监控菜单（七）

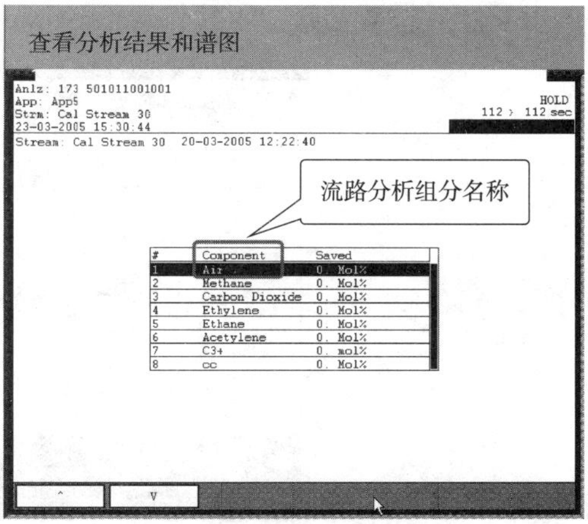

图 11 监控菜单（八）

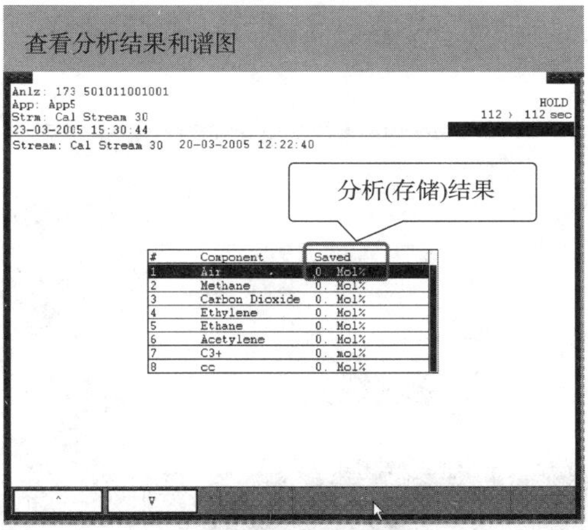

图 12 监控菜单（九）

3.2.2.2 Siemens AA 公司 Advance Maxum Ⅱ型工业气相色谱仪标定

按下控制面板上的 HOLD 键，等待周期末时钟停止后再进行下面的步骤。

1）将标准气连接到色谱分析仪标定接口，打开气瓶总阀，调整减压阀使输出压力约为 0.05MPa，流量调节为 100～250mL/min。检查连接气密性。

2）开始标定：运行仪器开始分析标气，当分析数据与标气数据有差距时进入参数菜单对参数进行修正，按分析仪“SELECT MENU”键（图 13）。

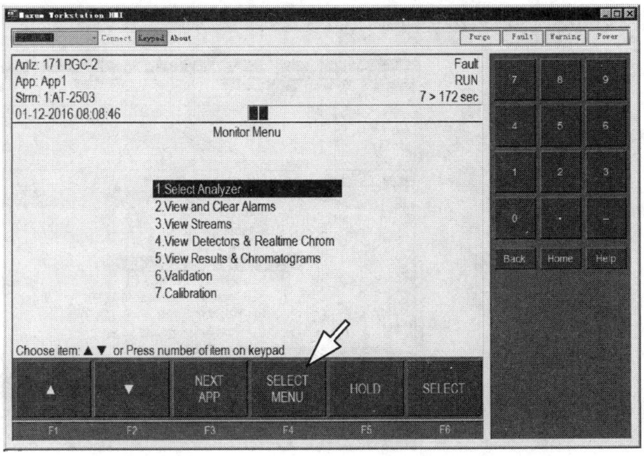

图 13

3）然后按数字键“2”“Maintenance MENU”选项（图 14）。

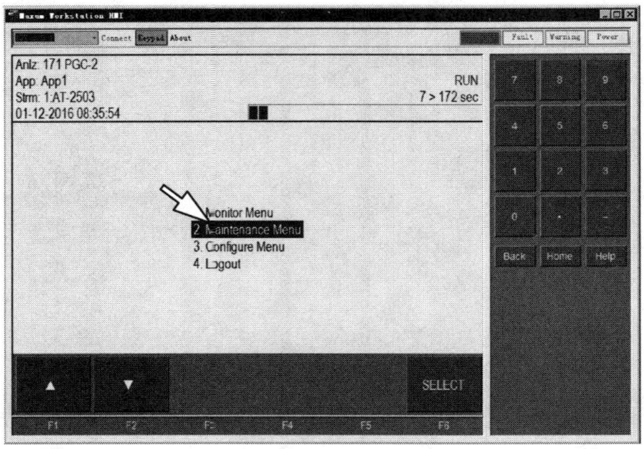

图 14

4）进入“Maintenance MENU”菜单，按 7 选择“Method Calibrate & Validation”标定选项（图 15）。

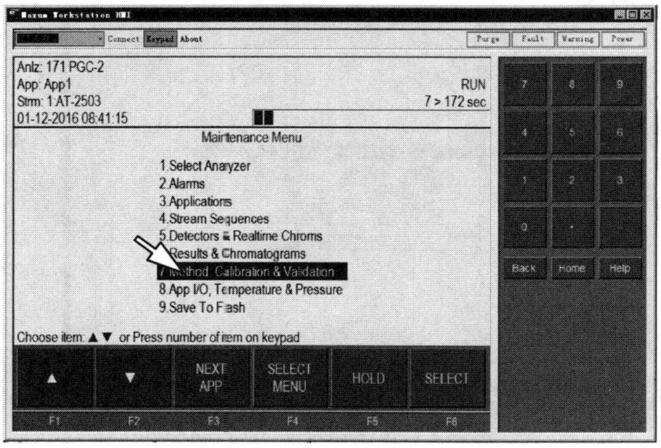

图 15

5）然后在标定菜单选择“3”项进入 Adjust Peaks, Blends & Factors（图 16），按“3”进入 Factors 表（图 17）。

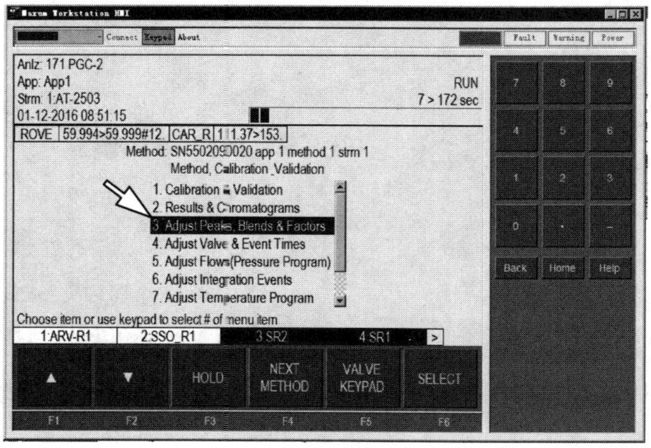

图 16

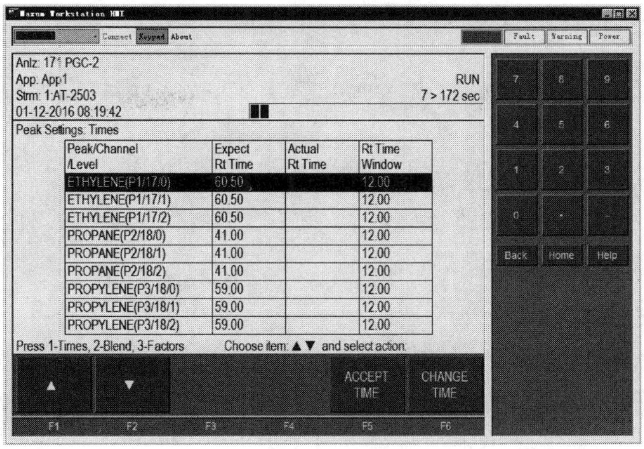

图 17

6）按▲▼选择相应组分参数，再按 MANUAL　R F 对相应组分参数进行修改（图 18）。

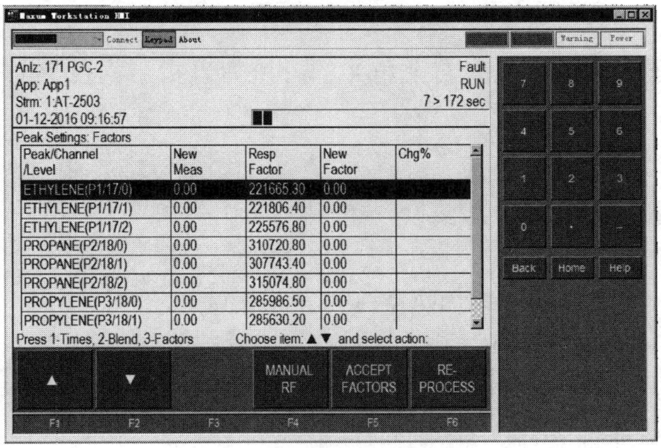

图 18

7）用（实际分析值 / 标气值）× 旧参数值 Factors= 新参数值 Factors，将新参数值 Factors 输入到 MANUAL　R F 内，按 ACCEPT　CHANGE 接受，参数修改完后关闭标气，通入样气进行正常分析。此方法适用个别分析含量进行调整。

8）自动标定：

a）按下 Maxum Ⅱ控制面板 M-2-7-1 键进入标定页面。先按下 START　MANUAL 键，再按下 RUN 键，进行手动标定，此时周期时钟将开始计时。请保持此状态至少 5 个循环周期。

b）运行若干个循环周期后，进入 M-2-7-3-3 页面，按下 ACCEPT　FACTORS 键，进行校正因子更新。

c）校正因子更新完成后再进入 M-2-7-1 标定页面，先按 HOLD 键，再按 STOP　CALIB 键来结束标定。

d）关闭标定气，打开工艺气。

e）按 Home 键后返回主页面，按 RUN 即可投用色谱并进入工艺介质测量状态。

3.2.3 使用、维护与故障处理

3.2.3.1 Siemens AA 公司 Advance Maxum Ⅱ型工业气相色谱仪的使用、维护

1）开机准备

a）确认检查色谱本身的硬件系统是否完整。

b）检查色谱的辅助气体管路（氢气、氮气、空气、标准气、工艺样品、样品伴热等）配置是否完成。

c）检查色谱电气连接是否完成。

d）充分吹扫辅助气体管路通常是载气（H_2 或 N_2）、仪表风、工艺样品、标准气等管路，保证管道内部干净、无杂质。

e）打开仪表风总管线截止阀，供给色谱仪表风。调节入口减压阀，压力按照技术资料的要求设定。

f）打开色谱载气的钢瓶阀，供给色谱载气。调节钢瓶减压阀，压力按照技术资料的要求设定。

g）查看色谱压力调节面板（右上角）的各压力表指示。自上而下依次将压力读数调节为：

OVEN AIR：0.1MPa；

REGULATED AIR：0.4MPa；

VALVE GAS：0.6～0.8MPa。

h）打开柱箱，检查色谱柱箱加热空气是否正常喷出。

i）检查仪表的供电电压是否正常，依据色谱出厂文件AC 110V 50Hz或AC 220V 50Hz。

j）检查仪表安装环境是否安全，或分析小屋环境是否存在爆炸隐患。

k）检查样品预处理系统，样品压力调节为0.05～0.1MPa，样品流量调为100～250mL/min。

2）上电预热

a）打开色谱电源开关，观察色谱Maxum Ⅱ控制面板的启动情况，大约等待3～5min后色谱正常启动。

b）利用 Maxum Ⅱ控制面板检查色谱内部硬件是否通信正常。

c）M-3-7-5 查看 Stat 为 OK，表明 SNE 硬件启动正常。

M-3-7-6 查看全部 Stat 为 OK，表明 I2C 硬件通信都正常。

M-2-8-5 查看设定项的左侧无 *（星号）且 Temp 的读数应不断递增。

M-2-8-6 查看设定项的左侧无 *（星号）且 Pres 的读数约等于 Cur Setpt 的读数。

d）进入M-2-8-5 页面，等待 Temp 的读数约等于 Cur Setpt 的读数，误差＜0.5℃。

e）进入 M-2-2 页面，按 CLEAR ALL 键清除全部报警，观察是否有新的报警出现。

f）若报警不再出现表明色谱预热已经完成，进入待机状态，随时可以运行分析。

注：操作页面详见 Maxum Ⅱ 中英文对照图解手册的描述。按键顺序的含义例如：M-3-7-5 M=SELECT MENU 3-7-3= 依次按下的数字键。不同页面之间的切换，请先按 Home 键返回

主页面后进行操作。对于项目前面的 *（星号）处理，请按 ENABLE 键来取消。若 Stat 的显示非 OK，请与西门子过程分析服务部联系。

等待炉温达到设定点。在炉温到达设定点后，即可对色谱仪进行校验和通入工艺气投入运行（若为氢火焰离子化检测器则首先要点火）。

3）色谱仪 FID 氢火焰离子化检测器、FPD 火焰光度检测器点火步骤

a）在色谱仪的维护面板的屏幕上（维护面板如图 19 所示），按 NEXT APP 键，选择相应 FID 分析流路（如 AT-3007）。

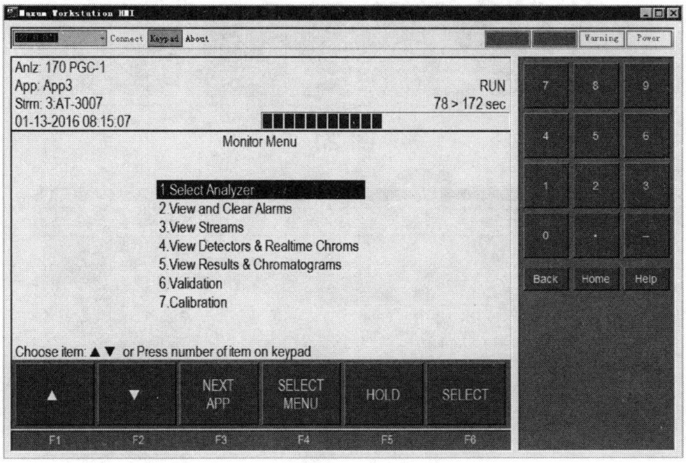

图 19

b）按分析仪“SELECT MENU”键，然后按数字键“2”“Maintenance MENU”选项（图 20）。

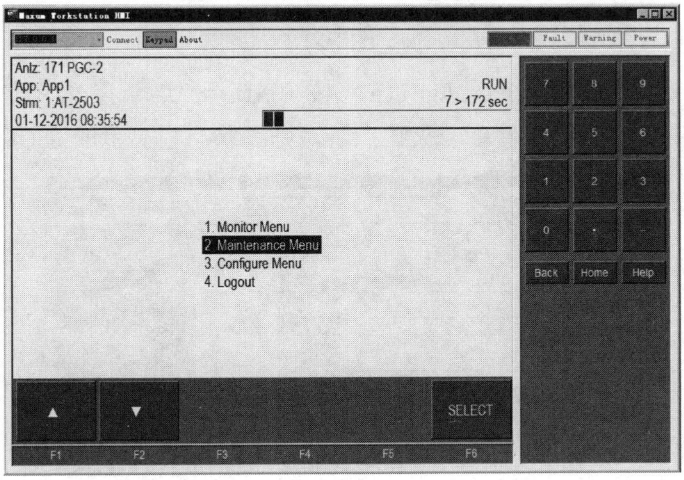

图 20

c）再按“8”进入 App I/O Temperature & Pressure 菜单后（图 21），按“4”进入 Digital Output 菜单（图 22）。

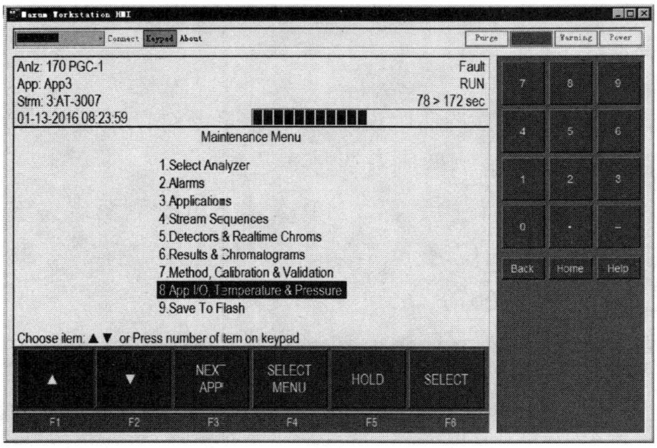

图 21

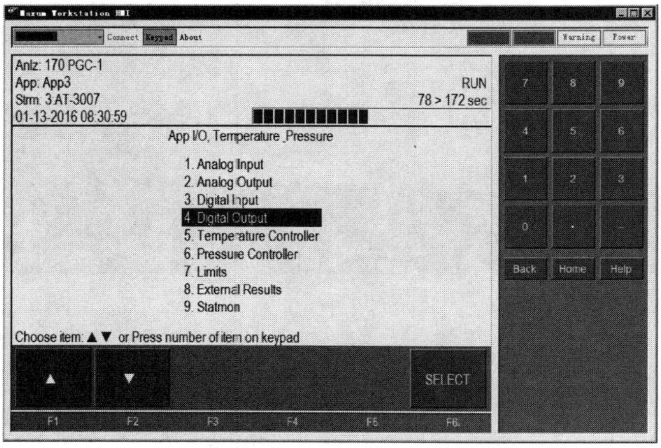

图 22

d）按▲▼选择L_FID Man Lgnite，按IGNTE可实现点火（图23），可以按DETAILS软键来查看火焰的条件。若火焰点着，则在状态栏显示的为OK。

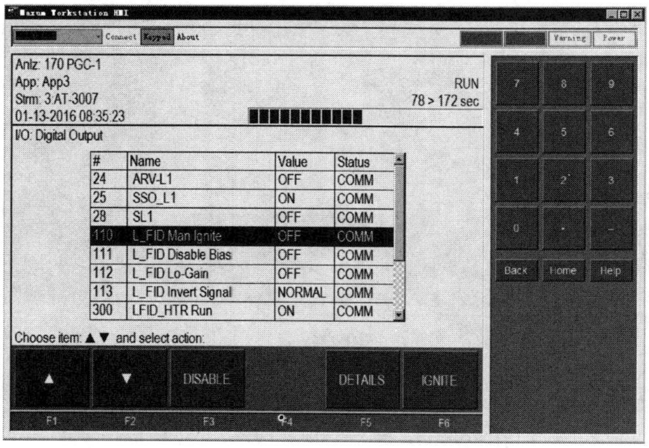

图 23

e）在正常运行过程中，若火焰熄灭，则色谱仪将尝试点火，若不成功，将发出一个报警，色谱仪停止运行。在进行点火前，应检查氢气、空气和载气是否正常，然后再点火，即重复步骤 a）～d）。

f）点火正常后，即可投用色谱仪。

4）色谱投用与连续运行

在色谱无故障的状态下，确认工艺介质的流量是否处于正常供给，在确认无误后操作 Maxum Ⅱ控制面板，按下 RUN 键即可投用色谱分析仪。运行过程中若无人为干扰，色谱将始终保持连续运行状态。

5）停机

a）短期停机步骤

①在色谱仪的维护面板的屏幕上，若显示的是测量屏幕（若不是则按维护面板右下角的 Meas 测量键），按 MENU（菜单）软键，进入主菜单屏幕。

②在主菜单屏幕（图 3）上，运用光标键和 ENTER（进入）软键或直接用维护面板上的数字键 8 来选择主菜单中的：8. Operation Mode（操作模式）。

③进入到操作模式屏幕后，就可将色谱仪设置为 RUN(运行）或 HOLD(保持）方式。

④按一下 HOLD 软键，色谱仪就处于保持状态。

⑤关闭色谱仪的样品入口阀。使用仪表风或氮气吹扫样品预处理系统和样品管线。

⑥所有的载气、燃烧气、空气等保持正常状态。

⑦色谱仪系统要一直处于受电状态，即可。

b）长期停机

①在色谱仪的维护面板的屏幕上，若显示的是测量屏幕（若不是则按维护面板右下角的 Meas 测量键），按 MENU（菜单）软键，进入主菜单屏幕。

②在主菜单屏幕上，运用光标键和 ENTER（进入）软键或直接用维护面板上的数字键 8 来选择主菜单中的：8. Operation Mode（操作模式）。

③进入到操作模式屏幕后，就可将色谱仪设置为 RUN(运行）或 HOLD(保持）方式。

④按一下 HOLD 软键，色谱仪就处于保持状态了。

⑤当色谱仪处于保持状态时，周期时间停止，关闭工艺样品总阀和样品入口阀，使用仪表风或氮气吹扫样品预处理系统和样品管线。

⑥关闭燃烧气。

⑦关闭色谱仪系统的所有电源开关。

⑧关闭载气、仪表风等。

3.2.3.2 Siemens AA 公司 Advance Maxum Ⅱ型工业气相色谱仪常见故障与处理

Siemens AA 公司 Advance Maxum Ⅱ型工业气相色谱仪常见故障与处理方法见表 1。

表 1　Siemens AA 公司 Advance Maxum Ⅱ型工业气相色谱仪常见故障与处理方法

故障现象	故障原因		处理方法
当色谱出现热导池不能平衡报警	1	检测器问题	查看 maintenance menu 菜单 5，Detectors & Realtime Chroms 里 Balance 是否过大，当参数为 99.65 超出热导丝正常范围。需要更换热导丝
	2	载气供给问题	检查供给载气是否有堵，如有清理或更换管线
	3	检查器有泄漏	检查检测器接口
流量计流量出现反指示，大气平衡时有流量，正常取样时无流量	4	定量管或 50 阀有堵死的问题	查看分析保留时间是否有明显托后。流量计是否过低或反向指示。 更换 50 阀，清理定量管
分析无数值	5	载气流量过低	调整载气压力
	6	色谱预分柱堵	更换预分柱
	7	EPC 故障	更换 EPC
恒温箱不升温	8	空气开关启动	压缩空气压力低，调整压力
	9	电源板故障	更换电源板
温度偏移超出范围	10	高级适配器温度控制器 PIC：测量的温度偏移（温度_偏移）超出了相应的最大_偏移值。PID 控制没能以所需要的精度成功地控制加热	分析仪在上电时，一个大的偏移是正常的；在对温度设定点进行一个更改之后，立即出现一个大的偏移也是正常的。导致温度不稳定的起因可能是： • 环境温度、空气流量或者线电压发生了巨变 • 空气流量不够 • 对于允许的额定温度，温度设定点太高了 • 一个有故障的检测器专用模块 • 一个有故障的固态继电器
过温关闭	11	高级适配器温度控制器 PIC：过温关闭功能被激活，加热器不能被开启	过温关闭情形预示着温度达到了绝对极限值。造成这个的起因可能是： • 对于允许的额定温度，温度设定点太高了 • 一个有故障的温度探头 • 一个有故障的高级适配器 • 一个有故障（短路）的 SSR
TFTP 不能加载激活的方法	12	SNECON PIC：PIC 丢失一个从动装置读数仲裁。它表明至少有另外一个模块对同样的信息请求有响应	将方法置于 HOLD 状态，并在加载电子传感器软件之前等待方法完成

3.3 ABB 公司 PGC 2000 型工业气相色谱分析仪

3.3.1 技术指标

3.3.1.1 环境温度范围：0～50℃

3.3.1.2 湿度：湿度≤ 95%相对湿度，（没有冷凝现象）

3.3.1.3 电源：100V AC/110V AC/220V AC；50/60Hz±10%

3.3.1.4 测量范围：TCD 检测器：0.1%～100%

FID 检测器：几个 ppm～100%

3.3.1.5 取样条件：温度 150℃以下

压力 0.005～5MPa

流量 50mL/min（气体样品）10mL/min（液体样品）

3.3.2 分析器

3.3.2.1 分析器用空气

1）供给管线最小尺寸：3/8in

2）供给最小压力：414kPa（60psig）

3）空气质量要求：仪表用等级，干燥（露点在 -34℃以下）、无油等杂质

4）流速：开始吹扫时为 214～242L/min；稳定值为 127～147L/min（温度均为 20℃）

3.3.2.2 恒温炉

1）加热方式：空气浴

2）温度控制方式：闭环 PID

3）恒温炉温度：30～180℃（设定和显示均用℃表示）

4）温度精确度：±1℃

5）温度稳定：稳定恒温为 ±0.1℃；恒温范围为 ±1.0℃

3.3.2.3 气体控制（模拟方式）

1）入口压力：最小压力为设定压力 130kPa（20psig）

最大压力为 1380kPa（200psig）

2）压力调节范围：14～102kPa（ 2～15psig）

35～200kPa(5～30psig）

140～700kPa（20～100psig）

3）压力表（对应不同的压力调节范围）

0～102kPa	0～200kPa	0～700kPa
（0～15psig）	（0～30psig）	（0～100psig）

4）可用气体：H_2、He、N_2、空气、Ar

3.3.3 检查与校验

3.3.3.1 ABB 公司 PGC 2000 型工业气相色谱分析仪的流路检查

1）在屏幕的背景画面下，按 F1 键进入命令画面。

2）在命令画面下，将光标移至 ANALYSIS CONTROL 一栏后按 F3 键进入流路状态设定表（Streams）。

3）在流路设定画面中，检查哪一流路处于激活状态，然后按 F1 键返回命令画面。

4）在命令画面下按 F2 键进入分析请求画面，选择所要分析的流路序号，然后将光标移至“Streams”处，按 F2 键接受分析请求。

5）按 F1 键返回命令画面。

6）在命令画面下，按 F4 键启动分析器。

7）在启动分析画面中，按 F2 键，则分析器开始对这个流路的样品进行分析；如果必要的话，按 F1 键返回背景画面。

8）通过背景画面观察分析器对所选择流路的吹扫及分析情况。

9）按 F3 键进入分析结果显示画面：在分析结果显示画面中，将光标移至 CURRENT REPORT（当前报告）处，按 F2 键，就可以在分析结束时查看分析结果。

10）采用同样的方法可以对其他流路进行检查。

11）当所有流路都检查完后，按 F1 键返回背景画面。

3.3.3.2 ABB 公司 PGC 2000 型工业气相色谱分析仪检查标定

分析仪指定一个标定进程，请执行下列步骤：

1）在背景屏幕上，按下 F1（退出至命令）软键。

2）在命令屏幕上，光标指向分析控制，如必要，按下 F2（请求分析）软键。

3）在请求分析屏幕（图 24）选择标定方法号。

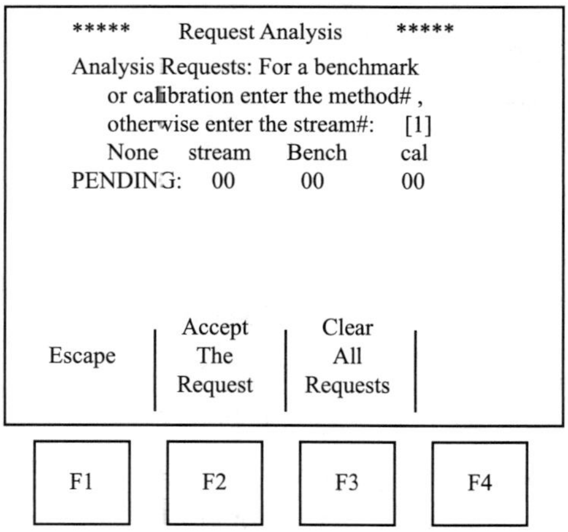

图 24 请求分析界面

4）移动光标在“Cal”（标定），并按下 F2(Accept The Request）接受请求软键。

5）按下 F1（放弃）软键，返回命令屏幕。

6）在命令屏幕上，按下 F4（开始 / 停止分析）软键。

7）在开始 / 停止分析屏幕上，按下 F2（启动分析仪）软键，当所有其他要求已完成时，控制器开始运行标定。

8）当标定运行完成，确认命令屏幕显示，并按下 F4（开始 / 停止分析）软键。

9）在开始 / 停止分析屏幕上，光标指向“分析结束”，然后按下 F2(停止分析仪)软键。

10）必要时，按下 F1 软键，返回背景屏幕。

11）在背景屏幕上，按下 F3（当前报告，Basic 输入 / 输出和选择）软键，屏幕将显示当前报告。

12）当完成标定测试，按下 F1 软键，返回背景屏幕。

3.3.4 使用、维护与故障处理

3.3.4.1 ABB 公司 PGC 2000 型工业气相色谱分析仪的使用、维护

3.3.4.1.1 开机准备

1）按说明书所供配线图检查各部件间的连线无误。

2）确认 PGC 2000 的接地良好。

3）通入驱动空气并调整到规定的压力。

4）确保电子线路板部分（色谱仪上部）前面板门关严，以保证可以正压防爆。

5）确保恒温炉气路部分面板门关严，防止载气泄漏并保证升温正常。

6）通入载气将其压力和分析器上的载气压力流速调整到操作条件所规定的值（分析器随机说明书上有具体规定）。

7）进行气密性检查。用试漏液检查气路系统是否泄漏。特别是载气系统使用 H_2 作载气时应特别注意。若有漏处，应及时处理，直至合格为止。

8）给分析器供电，在显示屏上观察恒温炉的升温情况，恒温正常后即可进行以下操作。

3.3.4.1.2 启动分析器

1）在背景画面下按 F1 键进入命令画面。

2）在命令画面下，将光标移至 ANALYSIS CONTROL 处，按 F4 键进入启动 / 停止分析器画面。

3）在接下来的画面下，按 F2 键启动分析器。

3.3.4.1.3 停止分析器

1）在背景画面下，按 F1 键进入命令画面。

2）将光标移至 ANALYSIS CONTROL 处，按 F4 键进入启动 / 停止分析器画面。

3）在接下来的画面中，将光标移至“At End of Analysis”处，按 F2 键就可以在该分析周期结束时停止分析器。

3.3.4.1.4 显示谱图

1）在背景画面下，按 F2 键进入手动控制画面（Manual Control）。

2）在手动控制画面中，按F2键进入检测器和谱图画面（Dector and Graphics）。

3）在谱图画面中，按F2键进入谱图画面（Graphics）。

4）在接下来的谱图模式设置画面下，设置屏幕显示偏移量，然后按F2键（显示谱图），这样就可以通过屏幕观察出峰情况。

5）用GCC上的左右光标键可以改变衰减比，从而调整屏幕上的峰的大小，衰减比的大小显示在屏幕下方字母“R”后面，值越大表示衰减越大（此改变只影响屏幕上谱图的大小）。

6）GCC上的上下光标可以改变谱图的显示速度，按向上的光标键可以加快显示速度，按向下的光标键可以降低显示速度，显示速度的大小由屏幕下方字母“S”后的数字表示，数字越大表示显示速度越快。

7）在手动控制画面下，将光标移至衰减比（Attn：）一栏可以改变衰减比，从而获得所希望的谱图（同时也能改变记录仪中谱图的大小），衰减比的范围是0～12（值越小灵敏度越高）。

8）衰减比值设定完后，可以重新进入谱图显示画面显示出峰情况。

3.3.4.1.5 停机注意事项

1）短期停用

a）关闭分析器样品入口阀。

b）所有载气、驱动气、吹扫气等保持正常状态，对于FID检测器，最好不要熄火，这样可以缩短仪器即时投运的准备时间。

c）按照3.3.4.1.3中所述方法停止分析器。

d）如果只是临时停电维护，则将电源断开即可进行维护。

2）长期停用

a）关闭工艺样品总阀和分析器样品入口阀（包括取样装置和样品预处理装置）。

b）用堵头将分析器的各个入口和排放口堵住。

3.3.4.2 ABB公司PGC 2000型工业气相色谱仪常见故障与处理

ABB公司PGC 2000型工业气相色谱仪常见故障与处理方法见表2。

表2 ABB公司PGC 2000型工业气相色谱仪常见故障与处理方法

故障现象	故障原因		处理方法
基线或信号的偏置（TCD）	1	温度不正常	确认或改变温度设置
	2	没有载气供给分析仪	供给载气
	3	在参比气和测量柱中的载气流量存在大的差异	载气、补充气流量调节
	4	色谱柱断裂	更换色谱柱
	5	色谱柱接头断开、节流或泄漏	重新配接接头、调整流量或封堵泄漏点

表 2　ABB 公司 PGC 2000 型工业气相色谱仪常见故障与处理方法（续）

故障现象	故障原因		处理方法
基线或信号的偏置（TCD）	6	载气调节器故障	修复或更换载气调节器
	7	检测器读数未平衡	调节 TCD 调节电位器，直到检测器读数等于软件零和硬件零总和
	8	取样阀泄漏	修复或更换取样阀
	9	热丝故障	1. 在当前分析结束时停止分析； 2. 关闭分析仪电源； 3. 关闭分析仪载气； 4. 打开控制器前门和控制器的左壁查找检测器放大器； 5. 从检测放大器上移走 6 个螺母、盖子，塑料保护罩，然后查找端子 TB16； 6. 拆下 TB16 端子 2（红）和 8（白）的连线； 7. 在 TB16 端子 7 和从端子 8 拆下的导线之间连接电阻表，测量热导丝的电阻值； 8. 在 TB16 端子 1 和从端子 2 拆下导线之间连接电阻表，测量参比热导丝的电阻值。两根热导丝的测量值相差不超过 1Ω； 9. 如果热导丝阻值相差大于 1Ω，更换热导丝； 10. 用电阻表检查热导丝对地电阻。它应指示开路状态； 11. 如果热丝电阻在规定范围内，则检查 TCD 电子器件运行状态
基线连续正向或负向偏置（FID），无短期上下漂移	10	不正常的温度	调整恒温箱温度到设定值
	11	样品阀泄漏、柱被冲刷或污染	按故障 22 处理
	12	载气受污染	更换满足仪表需求的载气
	13	补给气受污染	更换满足仪表要求的补给气
	14	燃料气受污染	更换满足仪表要求的燃料气
	15	管路受污染	清洁管路
	16	调节器受污染	清洁或更换调节器
	17	FID 放大器组件故障	更换 FID 放大器组件
基线（检测器信号）时短时间的周期性漂移	18	载气不纯	更换满足测量条件的载气
	19	流量控制器存在问题	修复或更换流量控制器
	20	检测器放空压力变化	1. 确保检测器排放气体排放到大气； 2. 清理排放管线，保持管线畅通； 3. 更换故障阻火器

表2　ABB公司PGC 2000型工业气相色谱仪常见故障与处理方法（续）

故障现象	故障原因		处理方法
基线连续向上或向下漂移	21	温度区域温度漂移	色谱仪开机，恒温箱温度稳定后运行色谱仪
	22	样品阀泄漏、柱被冲刷或污染	1. 停止分析； 2. 关闭样品； 3. 采取相应环境和人身安全防范，慢慢拧松采样阀的入口和出口接头，释放样品压力； 4. 用不锈钢管把25psig的氮气直接连接到采样阀的肉蔻过滤器（末端）。将采样阀中的样品吹到废液收集器中（约30s），关闭氮气； 5. 把炉温最终设定点提高20%； 6. 观察两个分析周期基线。如果基线偏移减小，采样阀多数情况下是泄漏的； 7. 如果基线的变化很小或不改变，则替换色谱柱。如果没有替换的，暂且保持这种状态一个晚上。如果是由于轻微污染问题造成的基线偏移，在第二天早上会有明显改进或消除。如果严重污染，维修采样阀
	23	检测器热丝老化	更换热丝
基线连续噪声（TCD）	24	载气受污染	更换满足仪表需求的载气
	25	补给气受污染	更换满足仪表要求的补给气
	26	管路受污染	清洁管路
	27	调节器受污染	清洁或更换调节器
	28	热丝故障	更换热丝或检测器
	29	TCD电路板故障	更换电路板
随机的基线噪声/毛刺（FID）	30	电气噪声通常只产生于有缺陷的FID放大器、有缺陷的同轴电缆或有缺陷的电气连接	1. 来自FID放大器的电气噪声可能来源于供电噪声或印刷电路板故障元件的噪声； 2. 变松的电气连接也会造成电气信号不稳定； 3. 更换损害的同轴电缆； 4. 电气连接充分
	31	载气受污染	更换满足仪表需求的载气
	32	补给气受污染	更换满足仪表要求的补给气
	33	燃料气受污染	更换满足仪表要求的燃料气
	34	管路受污染	清洁管路
	35	调节器受污染	清洁或更换调节器

表 2　ABB 公司 PGC 2000 型工业气相色谱仪常见故障与处理方法（续）

故障现象	故障原因		处理方法
色谱仪谱图不出峰	36	无样品	检查样品是否流到样品阀
	37	无载气供给	提供满足仪表要求的载气，并按设定值设定载气压力
	38	无空气驱动样品阀	恢复驱动空气
	39	基线偏置严重	依照故障 1～17 检查处理
	40	柱子断了或柱连接断开	依照故障 4～5 检查处理
	41	TCD 检测器故障	依照故障 7、9 检查处理
	42	FID 检测器未点火	点火
	43	FID 故障	1. 在当前分析结束时停止分析，直到执行过程完成时才允许样品进入； 2. 在手动控制模式，检查分析仪衰减。执行“测试步骤 31”（检查温度表的值），步骤 1 和 2； 3. 确保有足够的样品流到采样系统； 4. 确保取样阀工作正常； 5. 检查确保正确的载气类型：氢，氮等； 6. 在方法表中确保采样阀开和关闭序列。（检查方法表的配置）； 7. 参照色谱应用数据表，检查载气，补充气分配流量，做一些必要的调整； 8. 如果在步骤 2～7 中做了修正，执行一个分析周期检查灵敏度是否提高。如果灵敏度达到，则测试完成，如灵敏度还是较低，继续执行步骤 9； 9. 检查检测器增益的跳线安装恰当； 10. 执行 FID 极化电压测试。如果灵敏度正常，则测试完成，如灵敏度还是较低，继续执行步骤 11； 11. 清洁 FID； 12. 打开到分析仪的电源和气源。在温度稳定后，检查灵敏度。如果合适，则测试完成。反之，执行步骤 13 和 15； 13. 更换静电放大器并重复步骤 12； 14. 更换同轴电缆并重复执行步骤 12； 15. 更换 FID 并重复执行步骤 12
	44	驱动电磁阀放空口被堵塞	检查移走任何障碍物
	45	电磁阀动作不到位	更换电磁阀、驱动板或色谱 I/O 板

表2 ABB公司PGC 2000型工业气相色谱仪常见故障与处理方法（续）

故障现象	故障原因		处理方法
色谱峰出现两个顶点	46	双采样	1. 在流路10（标定）运行一次分析； 2. 通过分析标定过的谱图，确定、核查双顶峰； 3. 当分析开始时，执行“周期结束时停止分析”； 4. 在分析周期时间内采样阀关时间进度增加20s； 5. 运行一次“第二个分析”。当第二个分析开始时，执行“周期结束时停止分析”。如果阀为双采样，在大多数情况，峰的形状现在会正常； 6. 恢复阀在周期内的正常关闭时间； 7. 手动操作采样阀关闭，观察色谱图。第二次动作的峰如果出现，证明取样阀泄漏，存在双采样情况； 8. 关闭分析仪电源，载气和样品； 9. 更换采样阀密封圈和阀杆； 10. 恢复载气、样品和电源； 11. 请求标定分析，确认问题已解决
谱峰的面积或峰高随着每次进样之后出现变化	47	液体进样容积在每次进样中不恒定	检查液体进样阀密封和阀杆，如有损坏，进行修复或更换
在每个连续的周期，标准气和个别的被处理组分保留时间变化	48	变化的载气流速	载气、补充气流量调节
	49	变化的恒温炉温度	检查恒温箱温度，并调整至设定值
	50	故障的流量控制器	修复或更换流量控制器
	51	柱连接有泄漏	紧固、密封柱连接，或更换故障的接头
	52	检测器放空口背压变化	依照故障20处理
	53	取样阀故障	维修或更换取样阀
	54	载气受污染	更换满足仪表需求的载气
	55	补给气受污染	更换满足仪表要求的补给气
色谱峰过大或超量程	56	衰减太低	调整色谱仪衰减值
	57	错误的载气	更换满足仪表正常运行要求的载气
	58	液体进样阀容积过大	修复／更换变形／刮伤的采样阀阀杆
温控区温度大于500℃	59	传感器或探头开路	1. 关闭分析仪电源和吹扫空气； 2. 让所有温度区域冷却到环境温度； 3. 打开控制器侧门； 4. 断开传感器并测量它的阻值。温度探头在24℃时阻值应接近440Ω，如果开路或阻值很高，更换探头

表 2　ABB 公司 PGC 2000 型工业气相色谱仪常见故障与处理方法（续）

故障现象	故障原因		处理方法
温度控制区域显示低于 -200℃	60	传感器或探头短路	1. 关闭分析仪电源和吹扫空气； 2. 让所有温度区域冷却到环境温度； 3. 打开控制器侧门； 4. 断开传感器并测量它的阻值。温度探头在 24℃时阻值应接近 440Ω，如果短路或阻值很低，更换探头
区域实际温度指示低于设定点，报警指示三端双向可控硅故障（Triac Failure）	61	加热器开路或短路	1. 关闭分析仪电源； 2. 打开控制器侧门； 3. 查找加热器端子，断开连接； 4. 检查和拆下特定温度控制电路的连接； 5. 测量加热器线路之间电阻，如果阻值很高，则加热器开路；同时检查加热器对地短路情况，如果加热器短路，对应的加热保险丝可能开路。典型的阻值时 10～120Ω； 6. 如果阻值表明加热器开路或短路，更换故障加热器
	62	输出板上监测三端双向可控硅的光隔离器故障	更换加热器输出板
熄火二极管点亮（FID、FPD）	63	燃料气不足	补充燃料气
	64	空气不足	补充空气
	65	柱压波动	调节载气
	66	喷嘴堵塞	清理疏通喷嘴
	67	放空管线堵塞	依照故障 20 处理
	68	热电偶或相关火焰检测电路故障	补充热电偶
LCD 显示亮度不足	69	屏幕对比度不足	1. 打开控制器箱门； 2. 前面板印刷电路板安装在箱门上，找到对比度调节位置（在板的前面，位于底部的中央）； 3. 顺时针调整对比度调节变位器 1/4 圈增加对比度； 4. 观察 LCD 显示来确认对比度的改变； 5. 重复步骤 3 和 4 获得最佳的对比度

3.4　ABB 公司 PGC5000 型工业气相色谱分析仪

3.4.1　技术指标

3.4.1.1　环境温度范围：0～50℃

3.4.1.2　湿度：湿度≤ 95%相对湿度，（没有冷凝现象）
3.4.1.3　电源：100V AC/110V AC/220V AC；50/60Hz±10%
3.4.1.4　测量范围：TCD 检测器：0.1%～100%；
FID 检测器：几个 ppm～100%
3.4.1.5　取样条件：温度 150℃以下
压力 0.005～5MPa
流量 50mL/min（气体样品）10mL/min（液体样品）

3.4.2　分析器

3.4.2.1　分析器用空气

1）供给管线最小尺寸：3/8in；

2）供给最小压力：414kPa（60psig）；

3）空气质量要求：仪表用等级，干燥（露点在 -34℃以下）、无油等杂质；

4）流速：开始吹扫时为 214～242L/min；稳定值为 127～147L/min（温度均为 20℃）。

3.4.2.2　恒温炉

1）加热方式：空气浴；

2）温度控制方式：闭环 PID；

3）恒温炉温度：30～180℃（设定和显示均用℃表示）；

4）温度精确度：±1℃；

5）温度稳定：稳定恒温为 ±0.1℃；恒温范围为 ±1.0℃。

3.4.2.3　气体控制（模拟方式）

1）入口压力：最小压力为设定压力 130kPa（20psig）；
最大压力为 1380kPa（200psig）；

2）压力调节范围：14～102kPa（2～15psig）；
35～200kPa(5～30psig)；
140～700kPa（20～100psig）；

3）压力表（对应不同的压力调节范围）：

0～102kPa	0～200kPa	0～700kPa
（0～15psig）	（0～30psig）	（0～100psig）

4）可用气体：H_2、He、N_2、空气、Ar。

3.4.3　检查与校验

3.4.3.1　ABB 公司 PGC 5000 型工业气相色谱分析仪的检查

1）目检分析仪是否存在不能运行或损坏的显示表、松动或损坏的接头以及总体情况。

2）打开仪表气源。

3）打开载气源。

4）打开电源。

5）查看 Setup（设置）界面，确认载气压力是否与“随机文档”中的规定一致。如果不一致，调整各个设定点（SP），使载气流速与“随机文档”中规定的数据相同。

6）检查是否漏气（如果启动时出现漏气，根据《场地准备和安装手册》中“漏气检查”部分介绍的方法进行漏气检查）。

7）充分预热柱箱（预热温度在安装期间已设定）柱箱应维持在“随机文档”中规定的温度上。如果需要调整，按照 Setup Tab>DTC“Digital Temperature Controller（设置选项卡>DTC“数字温控器”）”中介绍的方法调整数字温控器。

8）打开载气源，吹扫色谱柱。载气源应在柱箱被预热之前打开，这样可防止色谱柱被损坏。

9）只针对火焰离子化检测器（FID）；进行下一步前，务必将柱箱和甲烷转化器\空气净化系统充分预热至适当的工作温度。如果甲烷转化器\空气净化系统在柱箱气体进入前未达到工作温度，它们可能会受到气体冷凝的损害。

10）在“Setup”界面上检查柱箱温度（图 25）。

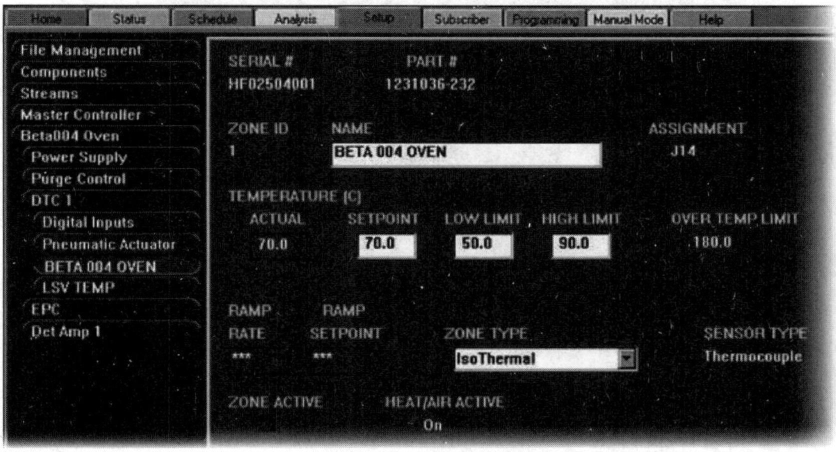

图 25　柱箱温度

11）等温度稳定后，再次通过安装在吹扫空气面板上的显示表检查所有吹扫空气的压力。如果需要，根据“随机文档”中的规定调节相应的调节器。

12）通过查看 Setup（设置）子选项卡界面上显示的 Carrier #1（载气 #1）和 Carrier#2（载气 #2）的实际压力值检查柱压。将界面上显示的压力值与“随机文档”中的规定值进行核对。根据需要，可调整 Carrier #1（载气 #1）和 Carrier #2（载气 #2）的设定点，获得规定的载气流速。

3.4.3.2 ABB 公司 PGC 5000 型工业气相色谱分析仪检查标定

选中 Setup（设置）选项卡，输入所有待校准组分的校准浓度（图 26）。按照下列步骤通过 LUI 或 RUI 完成校准：

1）导航至 Setup（设置）选项卡，选中界面左上方的 Component（组分）按钮。并选中 Config（配置）子选项卡。

2）从 Component Name（组分名称）下拉菜单中选中要校准的组分。

3）在 Concentration Calibration（浓度校准）和 Units（单位）输入栏中输入浓度和单位。示例：20%分别被填写为 20 和%（此外还有 ppm 和 ppb 两个单位）。

4）通入校准样品。

5）通过 Schedule>Demand（进程>需要）子选项卡启动 Calibration（校准）。

6）完成后，返回 Setup（设置）选项卡，选中 Components（组分）按钮。

7）确认组分名称选择正确后，会出现 Pending Response Factor（待定响应值）。

8）选中 ■ 插入待定响应值作为当前响应值。

9）为能自动更新响应值，选中 Calibration Auto Update（校准自动更新）复选框。

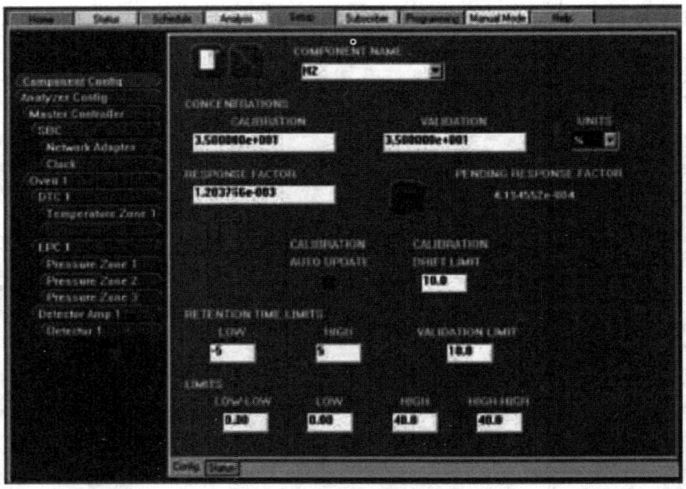

图 26 浓度校准

3.4.4 使用、维护与故障处理

3.4.4.1 ABB 公司 PGC 5000 型工业气相色谱分析仪的使用

3.4.4.1.1 启动分析仪（进程选项卡）

1）选中 Schedule（进程）选项卡。

2）选中 Schedule（进程）按钮开始启动。

3）按下 ▶ 启动进程 / 分析（图 27）。

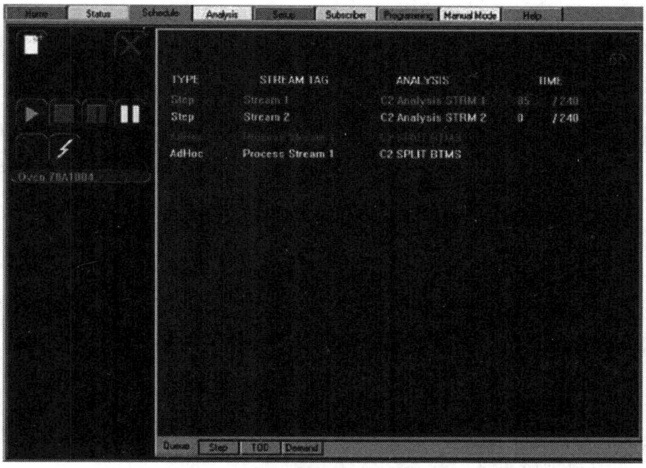

图 27 启动分析仪示例

3.4.4.1.2 分析仪关机

分析仪可能需要关机的原因有很多，包括阀门更换、预防性维护等。分析仪关机步骤建议如下：

1）导航至 Schedule（进程）选项卡，停止所有的进程。（请参阅 Operations＞Schedule（操作＞进程）选项卡界面上的说明）；

2）停止向柱箱供应样气；

3）根据需要对柱箱样气进行吹扫；

4）将柱箱温度降至室温（参阅 Setup（设置）选项卡界面上的说明），使色谱柱冷却；

5）根据需要，关闭／断开载气、助燃空气和燃料气供应；

6）关闭／切断柱箱的电源；

7）关闭／断开仪表气源；

8）按照规定的安全要求关闭／切断分析仪电源。

3.4.4.2 ABB 公司 PGC 5000 型工业气相色谱仪常见故障与处理

ABB 公司 PGC 5000 型工业气相色谱仪常见故障与处理方法见表 3。

表 3 ABB 公司 PGC 5000 型工业气相色谱仪常见故障与处理方法

指示器	问题	解决方案（检查和校正）	重设	起源
断电	MC 因断电重新启动	在 Status（状态）选项卡中重设指示器	手动	MC
POST 故障	上电自检失败 在 MC 屏幕上显示红色文本	关闭电源，然后再打开。如果 POST 错误仍然存在，记录错误信息，并联系 ABB 支持人员	AOC	MC
网络通信失败	与一个激活用户的通信失败	用户通信路径不完整 IP 地址校正 用户关机 路由表（如果适用）	AOC	MC

表3 ABB公司PGC 5000型工业气相色谱仪常见故障与处理方法（续）

指示器	问题	解决方案（检查和校正）	重设	起源
吹扫MC失败	吹扫失败	校正吹扫问题（如果已安装）	AOC	MC
柱箱通信失败（1～4）	OCB与柱箱之间的柱箱控制器（OC）编号CANBus通信失败或者SBC未能对OC进行初始化	向电路板供电 进行柱箱CAN连接 进行柱箱光纤连接 柱箱控制器板 OCB端接 切断主控制器电源和重设OC。OC可能损坏	AOC	MC中的OC
软件错误	在OC汇总中出现软件故障	检查柱箱组指示器改善搜索	AOC	柱箱编号
DTC故障	所有DTC指示器汇总	检查柱箱、DTC组指示器了解更多信息	AOC	柱箱编号
EPC故障	所有EPC指示器汇总	向电路板供电 连接CANBus 检查柱箱EPC指示器了解更多信息	AOC	柱箱编号
DET故障	所有探测指示器汇总	检查柱箱DET指示器了解更多信息	AOC	柱箱编号
吹扫故障（柱箱）	该区域发生吹扫故障	校正吹扫问题（如果已安装）	AOC	柱箱编号
CAN通信失败	OCB与柱箱之间的柱箱控制器（OC）编号CANBus通信失败	向电路板供电 进行柱箱CAN连接 进行柱箱光纤连接	AOC	柱箱编号
扩展I/O故障	在外部I/O控制器上探测到错误情况	请参考外部I/O和OC文件	AOC	柱箱编号
软件错误	DTC上软件故障汇总	检查DTC和DTC区域指示器	AOC	柱箱。DTC1
硬件错误	DTC上硬件诊断信息汇总	检查DTC和DTC区域指示器	AOC	柱箱。DTC1
温度级冲突	DTC温度级与规定的温度级不匹配	可能是配置错误，联系ABB了解更多信息	AOC	柱箱。DTC1
DTC区域（1～3）	温度区故障	检查柱箱DTC编号、Tz编号指示器了解更多信息	AOC	柱箱。DTC1
温度传感器故障	RTD或热电偶读数超出范围	断开一条导线，测量RTD的电阻，在室温下约为425Ω。如需要进行更换。使TC断开连接，和使用一个经过测试的TC检查TC是否正常运行。如果需要进行更换。请参考柱箱接线图，检查RTC和TC的连接情况	AOC	柱箱。DTC编号。Tz编号

表 3　ABB 公司 PGC 5000 型工业气相色谱仪常见故障与处理方法（续）

指示器	问题	解决方案（检查和校正）	重设	起源
过温	区域温度超过柱箱温度级	温度传感器有缺陷。 按照本部分过温解决方案部分的描述检查温度传感器。联系 ABB 了解更多信息	必须关闭系统然后再开启，以清除故障	柱箱。DTC 编号。Tz 编号
低温	温度超出范围（低）	在 Setup Tab（设置选项卡）＞Oven（柱箱）＞DTC# Button（DTC 编号按钮）下检查设置。如果需要进行调节	AOC	柱箱。DTC 编号。Tz 编号
高温	温度超出范围（高）	在 Setup Tab（设置选项卡）＞Oven（柱箱）＞DTC# Button（DTC 编号按钮）下检查设置。如果需要进行调节	AOC	柱箱。DTC 编号。Tz 编号
DTC 数字输入 15	电子部件吹扫报警输入	在柱箱前面板测量计上检查吹扫压力设置。如果需要进行调节。检查仪器供气压力。检查柱箱吹扫压力开关。确保所有柱箱门紧紧关闭	AOC	柱箱编号 DTC 编号 1
DTC 数字输入 16	吹扫报警超驰	检查输入设备功能是否良好	AOC	柱箱编号 DTC 编号 1
报警继电器超驰	开放输入超驰普通报警输出	检查普通报警超驰开关是否正常运行	AOC	柱箱编号 DTC 编号 1
软件错误	EPC 上软件故障汇总	检查 EPC 和 EPC 组区域指示器	AOC	柱箱编号 EPC
硬件错误	EPC 硬件诊断信息汇总	检查 EPC 和 EPC 组区域指示器	AOC	柱箱编号 EPC
EPC 区域（1～10）	区域（1～10）指示器汇总	检查 EPC 区域指示器，如果需要进行校正	AOC	柱箱编号 EPC（1～10）
压力传感器故障	压力传感器存在缺陷	如果需要更换压力传感器	AOC	柱箱编号 EPC。PZ 编号
低压力	压力超出范围（低）	在 Setup（设置）选项卡中调节压力区域的低限值。检查该区域的供气压力。如果需要进行校正。如果需要，更换 EPC 传感器或电磁阀。如果需要进行更换。泄漏。泄漏检查分析仪和供气管	AOC	柱箱编号。EPC。PZ 编号
高压力	压力超出范围（高）	在 Setup（设置）选项卡中调节压力区域的高限值。如果需要更换 EPC 传感器或电磁阀	AOC	柱箱编号。EPC。PZ 编号

表 3 ABB 公司 PGC 5000 型工业气相色谱仪常见故障与处理方法（续）

指示器	问题	解决方案（检查和校正）	重设	起源
失控	与设置点低压力偏差 > +/-2psi 可能发生泄漏	检查分析压力控制 TCF 设置。检查区域指示器和诊断显示。 泄漏检查分析仪	AOC	柱箱编号。EPC。PZ 编号
升压失控	在升压期间与设置点的压力偏差> ±xpsi	检查分析压力控制 TCF 设置。检查区域指示器和诊断显示。	AOC	柱箱编号。EPC。PZ 编号
软件错误	探测放大器（Det Amp）的软件故障汇总	检查探测放大器上的指示器和诊断显示	AOC	柱箱编号。DTM 编号
硬件错误	探测指示器汇总	检查探测指示器了解更多信息和检查探测放大器上的诊断显示	AOC	柱箱编号。DTM 编号
高浓度	浓度超过高设置点，但是低于高 - 高设置点	只提供信息	报告后	组分
高 - 高浓度	浓度超过高 - 高设置点	只提供信息。如查需要在 Setup（设置）选项卡中调节限值	报告后	组分
响应因子（RF）下限	计算的响应因子超出范围（低）（偏离于以前的 RF%）	只提供信息。如查需要在 Setup（设置）选项卡中调节限值	重新校准后	成分
RF 上限	计算的响应因子超出范围（高）（偏离于以前的 RF%）	只提供信息。如查需要在 Setup（设置）选项卡中调节限值	重新校准后	组分
保持时间（高）	保持时间超过高设置点	只提供信息。如查需要在 Setup（设置）选项卡中调节限值。 可能发生泄漏。可能是 EPC 压力传感器有缺陷。可能是入口过滤器堵塞	报告后	成分
验证	测量值超出范围（偏离已知标准值%）	只提供信息。如查需要在 Setup（设置）选项卡中调节限值。 流速设置错误。EPC 传感器有缺陷	重新校准后	组分
缺失组分	没有发现与该分析中规定的组分相对应的峰值	信息。如果需要编辑分析值	报告后	分析
未知组分	在分析中检测到该方法中没有规定的峰值	检查流速。检查所有分析阀是否正常运行。检查进入柱箱的样品流速	报告后	分析
样气流丢失	未来功能：样气流丢失	恢复样气流。如果需要更换样气流开关	AOC	分析
数字输入检查 TCF	可编程的输入检查	请见操作指南中的数字输入 TCF	AOC	分析

表 3　ABB 公司 PGC 5000 型工业气相色谱仪常见故障与处理方法（续）

指示器	问题	解决方案（检查和校正）	重设	起源
压力传感器检查 TCF	压力检查失败	详见操作指南中的压力检查 TCF	AOC	分析
无效分析	分析未通验证	1. 为了满足要求，从 Analysis（分析）选项卡编辑分析值 2. 用户控制	AOC	分析
失控	与设置点的温度偏差 ＞ ±10°	检查分析温度控制 TCF 设置。检查区域指示器和诊断显示	AOC	柱箱。DTC 编号。Tz 编号
升温失控	升温期间与设置点的温度偏差＞ ±10°	检查分析温度控制 TCF 设置。检查区域指示器和诊断显示	AOC	柱箱。DTC 编号。Tz 编号
DTC 数字输入 1	柱箱吹扫气压低。开通报警	在柱箱前面板测量计上检查吹扫压力。如果需要进行调节。检查仪器供气压力。检查柱箱吹扫压力开关	AOC	柱箱编号 DTC 编号 1
DTC 数字输入 2	压差传感器	在柱箱前面板测量计上检查吹扫压力设置。如果需要进行调节。检查仪器供气压力。检查柱箱吹扫压力开关。确保所有柱箱门已紧紧关闭	AOC	柱箱编号 DTC 编号 1
DTC 数字输入 3	温度 程序控制的柱箱吹扫气压	在柱箱前面板测量仪上检查吹扫压力设置。如果需要进行调节。检查仪器供气压力。检查柱箱吹扫压力开关	AOC	柱箱编号 DTC 编号 1
DTC 数字输入 4～14	可选的硬件输入。开通报警或者行动请求输入	检查可选输入设备功能是否良好	AOC	柱箱编号 DTC 编号 2～15

3.5　横河 GC8000 型工业气相色谱分析仪

3.5.1　技术指标

3.5.1.1　测量对象：气体或挥发性液体（沸点为 400℃或以下）

3.5.1.2　分析方法：气相色谱法

3.5.1.3　测量范围：取决于分析条件：

TCD：1ppm～100%

FID：1ppm～100%

FID（带甲烷转化器）：1ppm～0.1%

FPD：1ppm～0.1%

3.5.1.4　测量组分数：最多 999（包括标定流路的所有流路的组分总数）

3.5.1.5　分析周期：最大 21600.0s（6h）

3.5.1.6　测量流路数：最多 31 路（包括标定流路）

3.5.1.7　接触材料：RV；316SS、哈氏合金 C、Rulon、PTFE（特氟龙、Bearee）
LSV，316SS、哈氏合金 C、Rulon、玻璃、PTFE（特氟龙、Bearee）、
氟橡胶（Viton）、全氟化橡胶（Kalrez）

3.5.1.8　重复性：取决于分析条件
气体样本：满量程的 ±1%（2σ）
液体样本：满量程的 ±2%（2σ）

3.5.2　分析仪规格

3.5.2.1　防护类型：正压及隔爆构造，或非防爆结构

3.5.2.2　防爆等级：FM 和 CSA:
Type X Pressurization and Explosionproof for Class I,
Division 1，Groups B，C and D. T1～T4
Type X and Y Pressurization for Class I,
Division 1，Groups B，C and D. T1～T4
ATEX：II2G Ex d px ⅡB+H2 T4...T1 Gb
IECEx：Ex d px ⅡB+H2 T1...T4 Gb
TIIS：Ex pd ⅡB+H2 T1～T4

3.5.2.3　构造：NEMA3R，相当于 IP54（防尘防滴结构）

3.5.2.4　运行环境条件：-10～50℃，95% RH 或以下（无结露）

3.5.2.5　质量：

	壁装型	独立型
1 型	约 100kg	约 140kg
2 型	约 155kg	约 190kg
3 型	约 200kg	约 220kg

3.5.2.6　恒温炉

1）容积：大型恒温炉：约 45L
标准恒温炉：约 31L

2）温度设定范围：55～225℃（以 1℃为单位进行设定）

3）温度控制精度：±0.03℃

4）温度控制方式：PID 控制

3.5.2.7　输入 / 输出

模拟输入 / 输出　最多 16/32 点

触点输入 / 输出　最大 32/20 点

3.5.2.8　PC 通信：以太网通信
协议：TCP/IP、FTP、Modbus CP/IP

3.5.2.9 DCS 通信：RS-422

协议：MODBUS、Y-Protocol

3.5.2.10 公用部分

3.5.2.11 电源：100/110/115/120/200/220/230/240V AC±10%，50/60Hz±5%

3.5.2.12 功耗：1 型：1.2～1.6kVA

2 型：2.0～2.5kVA

3 型：3.0～3.7kVA

3.5.2.13 仪表空气：压力：350～900kPa

流量：1 型：100～140L/min

1 型带 FPD：130～200L/min

2 型：150～210L/min

2 型带 FPD：180～270L/min

3 型：200～280L/min

3.5.2.14 载气：类型：H_2、N_2、He 或 Ar

纯度：测量范围 0～50ppm 或更高：

最低 99.99%

（水：10ppm 或更低；有机成分：5ppm 或更低）

测量范围 0～低于 50ppm：

最低 99.99%

（水：5ppm 或更低；有机成分：0.1ppm 或更低）

压力：H_2：500kPa(72.5psi)

其他气体：400～700kPa

耗量：每个恒温炉 60～300mL/min

3.5.3 检查与校验

3.5.3.1 YOKOGAWA（日本横河）公司 GC8000 型工业气相色谱分析仪的检查

1）检查正压容器内的压力。

2）保护系统状态显示的确认方法：

当电气室的压力处于正常状态时，“POWER”LED 灯（绿色）亮，“ALARM”LED 灯（红色）灭。

3）正压容器分为“电气室”、“恒温箱”和“升温箱”三种类型。

4）各 LED 的含义标注在状态显示画面上（图 28）。

a）POWER：保护系统通电时亮。

b）PRESSURE：指定内压施加于电气室时亮。该 LED 在正常状态下为亮。如果内压下降，LED 则熄灭。

c）PURGING：吹扫电气室时亮。吹扫后 LED 熄灭。

d）当电源供电且“PRESSURE”LED 灯亮时，吹扫开始。电气室吹扫 21min±3min 后，该 LED 灯熄灭，恢复对电气室供电。吹扫后，该 LED 在正常状态下熄灭。如果吹扫未完成，吹扫状态将重置，并重新开始吹扫。

e）OVERRIDE：超驰功能激活时亮。

5)〈恒温箱〉、〈升温箱〉内压下降时，操作面板上将显示下述报警：

a）顶部恒温箱：内压低报警 No. 112“OVEN1 PRESS DOWN”。

b）中部恒温箱或升温箱：内压低报警 No. 113“OVEN2 PRESS DOWN”。

c）底部恒温箱：内压低报警 No. 114“OVEN3 PRESS DOWN”。

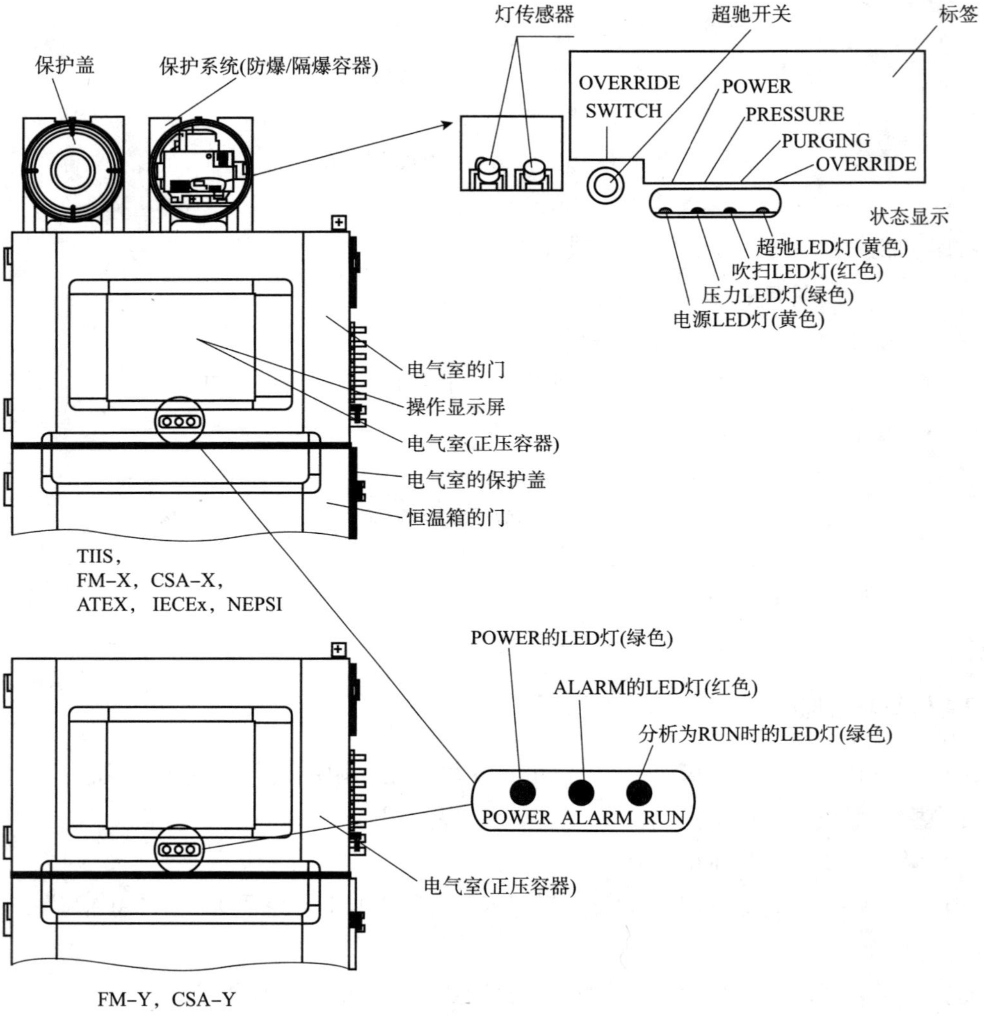

图 28　状态显示画面

3.5.3.2 YOKOGAWA（日本横河）公司 GC8000 型工业气相色谱分析仪检查标定

处理规格设为“External Third”（外部标准）时，用标准样品进行标定。外部标准的浓度计算公式如式（1）所示。

$$C=RK(\alpha S_i/S_b)\left[A(\alpha S_i/S_b)^2+B(\alpha S_i/S_b)+1\right] \qquad (1)$$

式中 C——浓度；

α——标定系数；

S_b——标准面积或高度；

S_i——已测面积或高度；

R——测量范围；

K——系数；

A——系数；

B——系数。

如果峰面积或峰高与浓度成比例，则使用式（2）。

$$K=1、A=0、B=0$$

$$C=R\alpha S_i/S_b \qquad (2)$$

如果用户想自己计算浓度和输入标定值，首先要使用测量标准样品得出的面积（高度）和上述公式来获得标定系数或标准面积（高度），然后将该值输入标定峰设定画面进行标定。用户也可以在单个峰设定画面中输入该值。

3.5.4 使用、维护与故障处理

3.5.4.1 YOKOGAWA（日本横河）公司 GC8000 型工业气相色谱分析仪的使用

3.5.4.1.1 安装状态的检查

请确认本体和外部采样单元符合“安装、配管和接线”的要求。

3.5.4.1.2 附件设备的准备和检查

检查运行所需的附件设备，如气瓶（载气、燃烧气和标准气体）、空气和蒸汽。确认所用气体和保护气体（仪表气）等符合要求。

3.5.4.1.3 外部配管的检查

1）使空气在管道内部流通（空气吹扫），确认管道内部无污渍后再连接管道。

2）确认管道的材质和口径与安装手册所述内容相同。

3）确认所有配管与运行资料中所述内容相同。

4）使用检漏液来确认配管后接头处无漏液。

5）用蒸汽加热样品之前，请确认蒸汽配管和热绝缘已正确连接到样品管道上。

3.5.4.2 维护

3.5.4.2.1 正常运转时的检查项目与周期

1）分析器稳压调节部分

载气压力：1 次 / 日；

样品压力：1 次 / 日；

空气压力：1 次 / 日；

取样流量：1 次 / 日。

2）控制器电路部分

软件 / 硬件报警灯状态：1 次 / 日；

火焰熄灭灯状态（FID）：1 次 / 日。

3）公用系统

载气钢瓶压力：1 次 / 日；

氢气钢瓶压力：1 次 / 日；

驱动用空气压力：1 次 / 月；

吹扫空气压力：1 次 / 月。

3.5.4.2.2　分析器的检查项目

1）各切换阀的检查和清洗

a）色谱仪恒温箱内气路流量检查，对阀进行检查。

b）当发现阀有堵的现象时，应及时对阀进行清理和膜片的更换。

c）上述操作要在清洁的场所进行，以防止阀面和膜片受到污染。

2）样品过滤器的检查和清洗

a）取出滤芯，如有脏物，可用压缩空气吹扫清理。如果发现有油污等沾附物时，可以用无水乙醇等溶剂清洗，清洁干燥后方可装入。

b）如果滤芯老化，则须更换。

c）过滤芯在拆装过程中，应小心谨防密封垫片损坏。

3）流量计清洗

a）将各个拆下的流量计浸入盛有无水乙醇等溶剂（根据流量计各部件材质或杂质成分选用相应溶剂）的容器中。

b）待杂质松动脱落或便于清洁后，用压缩空气或软质棉签等进行清理。

c）若流量计污痕严重，以上过程可以重复多次。

4）泄漏检查

a）清洗过的各部件装入分析器后通入载气和驱动空气。

b）用试漏液对各个气路管线做全面的泄漏检查，对于流量计等的泄漏检查可以在进样时进行。同时载气系统也要进行严格的检漏。

5）其他

a）检查硬件、旋钮、接地、电缆等有无松动或损坏。

b）确保色谱仪的环境条件符合要求，保持色谱仪的内部和外部的整洁。

c）使用色谱仪提供的技术资料，检查样品系统是否符合要求，特别是流量和压力，确保所有的流量和压力设定值符合设计要求。

d）检查和确保载气钢瓶气体压力在 2MPa 以上，否则进行更换。

e）在打开和关闭色谱仪的控制室门时，应检查各部件的连接电缆是否弯折或处于被拉紧状态。

f）通过操作面板检查电子压力控制器和炉温的设定和状态是否符合要求，色谱仪运行的时序和流路是否正确。

g）检查各取样点、预处理单元及采样管线的保温伴热情况。

3.5.4.2.3 YOKOGAWA（日本横河）公司 GC8000 型工业气相色谱仪常见故障与处理

1 级报警故障与处理方法见表 4。

表 4　1 级报警故障与处理方法

编号	信息	报警概述	相关数据 1	相关数据 2	警报状态	原因	处理方法
1	SYS ERR	系统错误	报警类型	错误编号		软件错误或 CPU 卡故障	切断电源后再接通，若问题仍然存在，更换 CUP 卡
2	DATA CS ERR	数据校验错误	错误表号			软件错误或 CPU 卡故障	切断电源后再接通，若问题仍然存在，更换 CUP 卡
3	DRAM ERR	DRAM 错误				软件错误或 CPU 卡故障	切断电源后再接通，若问题仍然存在，更换 CUP 卡
4	EXCP ERR	异常中断错误	任务号			软件错误或 CPU 卡故障	切断电源后再接通，若问题仍然存在，更换 CUP 卡
5	BUS ERR	总线错误	任务号			软件错误或 CPU 卡故障	切断电源后再接通，若问题仍然存在，更换 CUP 卡
6	CARD ID ERR	卡号错误	任务号		系统设置与所提供卡型不匹配	卡型系统设置不当或卡安装错误	重新设置系统或重新安装卡
7	WDOG TIMER ERR	监视计时器				软件错误或 CPU 卡故障	切断电源后再接通，若问题仍然存在，更换 CUP 卡
8	FPGA ERR	FPGA 错误	卡型		卡的 FPGA 操作不当	FPGA 错误或卡故障	切断电源后再接通，若问题仍然存在，更换 CUP 卡
9	A/D ERR	各种卡的 A/D 校对错误	卡型		卡的 A/D 转换线路校对错误	A/D 转换错误或故障	切断电源后再接通，若问题仍然存在，更换 CUP 卡
11	START BUFF ERR	存储色谱图启动错误			存储色谱图启动失败	软件错误或 CPU 卡故障	切断电源后再接通，若问题仍然存在，更换 CUP 卡
12	BUFF FULL ERR	色谱图存储区域已满	1. 正常缓冲 2. 储存缓冲		色谱存储区已满	分析间隔及采样速度设置不正确	重设分析间隔和/或采样速度

表4　1级报警故障与处理方法（续）

编号	信息	报警概述	相关数据1	相关数据2	警报状态	原因	处理方法
13	WRITE DATA ERR	EEPROM 写入错误	待设置数据		EEPROM 数据写入失败	软件错误或 CPU 卡故障	切断电源后再接通，若问题仍然存在，更换 CUP 卡
21	TMP CTL ERR	恒温箱或程序控温箱无法控制温度			启动分析仪时，恒温箱或程序控温箱的温度变化幅度超限（1℃）	温度控制线路，SSR 或温度传感器故障，或电缆断开或准备设置不正确	查明并更换故障部件，或重新设置准备时间
22	C-OVEN COM ERR	编程控温箱温度控制器通信错误			连续出现 5 次 CPU 卡和温度控制器 IF 板之间通错误	CPU 卡、控温器卡或温度控制器 IF 板可能有缺陷。电缆已断开或连接有误	查明并更换故障部件，查检电缆连接状况
23	C-OVEN TMP OVER	编程控温箱温度控制器通信错误			程序控温箱温度超出设定的温度上限值	温度控制器 IF 板或 SSR 可能有缺陷	查明并更换故障部件
24	I-OVEN TMP OVER	恒温箱温度错误			恒温箱温度超出设定的温度上限值	CPU 卡、编组板或 SSR 可能有缺陷	查明并更换故障部件
25	LSV1 TMP OVER	LSV1 高温错误			LSV1 温度超出设定的温度上限值	CPU 卡、控温器卡、温度控制器 IF 板或 SSR 可能有缺陷	查明并更换故障部件
26	LSV2 TMP OVER	LSV1 高温错误			LSV2 温度超出设定的温度上限值	CPU 卡、控温器卡、温度控制器 IF 板或 SSR 可能有缺陷	查明并更换故障部件

2级报警故障与处理方法见表5。

表5　2级报警故障与处理方法

编号	信息	报警概述	相关数据1	相关数据2	警报状态	原因	处理方法
151	C-OVEN TMP VAR ERR	程序控温箱温度偏差错误			温度偏差超出许可限制（60s）	用于控制温度的相关电路，SSR 或温度传感器故障。电缆断开或过热	查明并更换部件，或关闭加热器
152	I-OVEN TMP VAR ERR	程序控温箱温度偏差错误			温度偏差超过许可限制（60s）		查明并更换部件，或关闭加热器
153	LSV1 TMP VAR ERR	LSV1 温度偏差错误			温度偏差超过许可限制（60s）		查明并更换部件，或关闭加热器
154	LSV2 TMP VAR ERR	LSV2 温度偏差错误			温度偏差超过许可限制（60s）		查明并更换部件，或关闭加热器

表5　2级报警故障与处理方法（续）

编号	信息	报警概述	相关数据1	相关数据2	警报状态	原因	处理方法
155	DET1 TMP VAR ERR	检测器1（FID、FPD）温度偏差错误			温度偏差超过许可限制（60s）		查明并更换部件，或关闭加热器
156	DET2 TMP VAR ERR	检测器2（FID）温度偏差错误			温度偏差超过许可限制（60s）		查明并更换部件，或关闭加热器
158	OVERRIDE	覆载中			当前处于覆载状态	覆载状态	解除覆载状态
161	C-OVER	校验超限			校验期间组分浓度严重超标	标准样本流不足。管柱系统、程序控温箱或恒温箱可能出现故障	调整标准样本流或检查色谱仪的故障部件。更换故障部件
162	C-REPT	重复校验失败			校验期间组分浓度超限	标准样本流不足。管柱系统、程序控温箱或恒温箱可能出现故障	调整标准样本流或检查色谱仪的故障部件。更换故障部件
163	C-COEF	校验系数无效			校验期间组分浓度超限	标准样本流不足。管柱系统、程序控温箱或恒温箱可能出现故障	调整标准样本流或检查色谱仪的故障部件。更换故障部件
166	CONC OUT	浓度异常			组份浓度设置超限		
167	RT OUT	停留时间超限			停留时间设置超限		
168	DEV OUT	变动系数无效			变动系数设置超限		

4　检修内容及质量要求

4.1　检修内容

4.1.1　色谱仪

1）压力调压器检查；

2）载气、燃烧气、助燃气压力检查；

3）恒温箱温度检查；

4）电磁阀检查；

5）谱图检查；

6）仪表校验；

7）检测器检查。

4.1.2　样品处理系统

1）流路切换阀清洁；

2）流量计清洁；

3）调压器清洁；

4）过滤器清洁。

4.1.3　其他

1）管路检查；

2）电源检查；

3）仪表清洁。

4.2　检修质量要求

检修质量要求见表 6。

表 6　检修质量要求

检修内容		质量要求
色谱仪	压力调压器检查	压力指示正常且能正常调节
	载气、燃烧气、助燃气压力检查	与设备手册中设定压力相同（随柱分离性能下降，可能与出厂设置存在差别，根据实际应用情况进行设定）
	恒温箱温度检查	与设备手册中设定温度相同
	电磁阀检查	电磁阀内部无堵塞、锈蚀、泄漏等情况，且动作到位
	谱图检查	谱图正常，基线无毛刺、偏置等现象，峰型完整
	仪表校验	依据标准气合格证上参数对仪表数据进行校准
	FID 检测器检查	检测器能够正常点火
	TCD 检测器检查	手动基线调零，检测器读数应该为 2mV±0.05mV，且等于硬件零和软件零的总和
样品处理系统	流路切换阀清洁	阀体及内部气路洁净，无油污、杂质等，密封件完好，无泄漏
	流量计清洁	无油污、杂质等，旋钮可正常动作，匀速调节旋钮，浮子动作无明显跳动或迟滞
	调压器清洁	压力表指示正常，无油污、杂质等
	排污阀清洁	排污阀通畅，无油污、杂质等

表 6　检修质量要求（续）

检修内容		质量要求
其他	疏水器检查	排水正常，且蒸汽无直排，疏水器无泄漏点
	管路检查	1. 管路接头无泄漏 2. 管线内无油污、杂质 3. 阀门开 / 关动作完全，无泄漏
	电源检查	设备供电正常，无短路、开路，设备已接地
	电缆检查	无松动或脱落现象，外观完好，无老化、磨损
	仪表清洁	1. 依据现场环境条件，使用仪表风、软布、刷子，清理设备外观尘土、油污等 2. 分析仪内部，用干燥的仪表风低速吹掉浮尘，然后用小刷子和吸尘器清扫剩余尘土

在线分析仪表维护检修规程
第 2 部分：氧分析仪

SHS 07006.2—2019

部分代替 SHS 07006—2004

目　次

前　言

本规程SHS 07006《在线分析仪表维护检修规程》分为以下十六个部分：

——第1部分：工业气相色谱仪；

——第2部分：氧分析仪；

——第3部分：氢分析仪；

——第4部分：红外线分析仪；

——第5部分：工业pH计；

——第6部分：电导仪；

——第7部分：工业水分仪；

——第8部分：在线熔融指数仪；

——第9部分：烟气排放连续监测系统；

——第10部分：可燃气体报警器；

——第11部分：有毒气体报警器；

——第12部分：化学需氧量在线自动监测仪；

——第13部分：氨氮在线分析仪；

——第14部分：VOCs在线气相色谱分析仪；

——第15部分：在线溶解氧分析仪；

——第16部分：激光氧分析仪。

本部分为SHS 07006的第2部分：氧分析仪表。本部分按照GB/T 1.1—2009《标准化工作导则　第1部分：标准的结构和编写》给出的规则起草。

本部分代替SHS 07006—2004《在线分析仪表》第二节“氧分析仪”，与SHS 07006—2004相比，除编辑性修改外，主要技术变化如下：

——新增仕富梅公司（SERVOMEX）2200型磁氧分析仪，替代原规程中仕富梅公司（SERVOMEX）1100型磁氧分析仪。

——增加检修及质量要求。

本部分由中国石油化工集团有限公司、中国石油化工股份有限公司提出。

本部分起草单位：中国石油化工股份有限公司北京燕山分公司。

本部分主要起草人：田江南、张杰、周彬。

本部分所代替规程的历次版本发布情况为：

——SHS 07006—1992、SHS 07006—2004。

在线分析仪表维护检修规程
第2部分：氧分析仪

1 范围

本部分适用于巴纳公司（PANA）FGA300H（X）型氧化锆氧分析仪、仕富梅公司（SERVOMEX）2200型磁氧分析仪和Teledyne Analytical Instruments 的3020T型微量氧分析仪。其他同类仪表可参考使用。

2 规范性引用文件

下列文件对本文件的应用是必不可少的。凡是注日期的引用文件，仅注日期的版本适用于本文件。凡是不注日期的引用文件，其最新版本（包括所有的修改单）适用于本文件。

HG/T 4094 化工用在线电化学式氯分析仪

JJG 945 衡量氧分析仪检定规程

3 PANA FGA300H（X）氧化锆氧分析仪

3.1 概述

氧化锆（金属化合物）是一种固态电解质。在掺入一定量的氧化钇等杂质后，在高温条件（$T>600℃$）下，就会成为良好的氧离子导体。氧化锆传感器（又称探头）就是依据这一原理制作的，其结构如图1所示。

氧化锆传感器为直插式管形结构，锆管的端部是白金内电极和外电极组成的传感器。当锆管内外氧浓度不同时，探头上便产生电势差。采用测量电势的方法就可知道被测气体中的氧的含量。

FGA300H（X）氧分析仪传感器的结构如图2所示。

图1 氧化锆传感器结构示意图

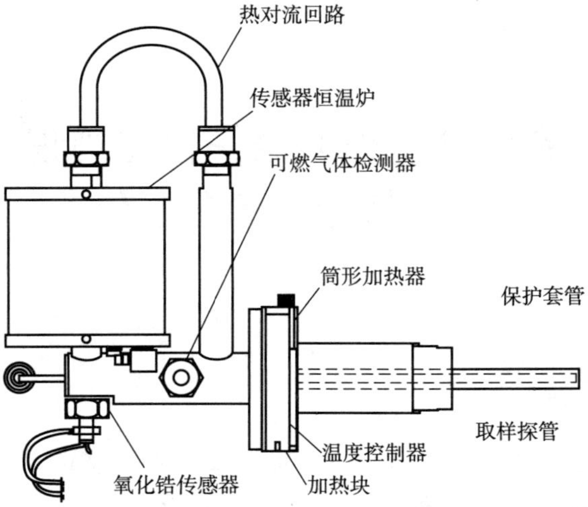

图 2　FGA300H（X）氧分析检测器

采用热对流式的取样方式，样品气通过取样探管经热对流回路进入检测系统中，再由取样探管与保护套管间的环形空隙排回原设备当中。

筒形加热器使样品气的温度保持在 200℃以上。该温度能保证样品气中的可燃气在可燃气检测器的测量侧燃烧，使检测器测量侧与参考侧的温度产生差异，从而测量出样品气中的可燃气浓度。然后样品进入传感器恒温炉，温度被加热至 700℃（氧化锆传感器正常工作时温度要大于 650℃），恒温炉内的氧化锆传感器外层涂抹了一层铂催化剂，使样品气中残留的可燃气完全燃烧，保证分析仪能够准确测量出样品气中的过量氧。

3.2　主要技术指标

3.2.1　响应时间：90％阶跃变化时，响应时间≤20s

3.2.2　取样探管：0.6m/0.9m/1.4m/ 自选

3.2.3　样品露点：≤180℃

3.2.4　环境温度：分析器　-25～70℃

二次表　-10～50℃

3.2.5　电源：100/110/220/240V AC±10％，50/60Hz

3.2.6　预热时间：≤1h

3.2.7　模拟输出：0～20mA/4～20mA（负载电阻＜600Ω）或 0～10V DC

3.2.8　接点输出：2 点报警输出

3.2.9　氧检测器

精度：线性输出　±1％ FS

重复性：线性输出　±0.5％ FS

零点漂移：≤0.1％ / 月

3.2.10　样品气温度：≤950℃，高温样品可采用陶瓷取样探管

3.2.11　测量范围：0～5％ O_2/0～10％ O_2/0～20％ O_2/0～25％ O_2

3.2.12 功率：启动时最大功率480W，正常运行时250～300W

3.3 检查与校验

3.3.1 开机前检查及准备工作

1）检查电源线、信号电缆连接是否正确。确认供电电源是否正确，注意FGA300H（X）本身没有电源开关，一旦外部开关合上，即表示分析仪送电。

2）分析仪一旦安装、配线完毕并检查无误后，在条件具备的情况下尽可能送电，以防酸性介质腐蚀元器件。

3）取样探管的安装方向最好与样气流向垂直。

4）FGA300HX防爆型氧化锆分析仪需要从参比气口吹入恒定的空气流量，调整仪表风使其流量保持在50mL/min。

5）分析仪送电后要预热1h（最好是3h）后方能达到其测量精度。

6）如果分析仪断电超过30min，最好从校验口向分析仪内吹入仪表风，仪表风流量设定为150mL/min。

3.3.2 校验

3.3.2.1 推荐的校验气

为保证氧含量测量的准确性，PANA公司推荐使用以下标准气：

$$5\%\ O_2+95\%\ N_2$$

该标准气适用于所有测量范围。当炉膛温度为700℃时通入该标准气，分析仪的读数应为30.0mV。

3.3.2.2 氧化锆传感器校验

将已知O_2含量的标准气通入分析仪中，并将其流量调到其设定值。

注意：校验时要先对标准气流量进行调整。若标准气流量过大，会造成探头温度降低，因此必须将标准气流量调至规定值时，才能进行校验。该流量值已在分析仪的铭牌中标出，通常情况下为220~240mL/min。若标准气为（5% O_2+95% N_2），则氧化锆传感器产生的电压为（29.99±0.02mV）。可根据测量范围选择合适的标准气。

3.3.2.3 校验时注意事项

1）校正过程中，一定要按步骤进行，否则会造成分析仪无法正常工作。

2）在校验之前，一定要对标准气的流速进行调整，使其稳定在设定值上。若标准气流量大于500mL/min，会造成探头的工作温度降低，从而使测量的准确性降低甚至损坏探头。

3）对氧化锆探头进行校验时，调整电位器R4会改变炉温。由于炉温的改变比较缓慢，因此一定要等分析仪读数稳定后再进行下一步调整。

3.4 使用、维护与故障处理

3.4.1 使用

1）利用以下三种方式检查氧化锆传感器产生的电势差：

a）按住显示面板上的“mV”键。

b）利用万用表测量 FTC 板中 TB1 的 1、2 端，如图 3 所示。

c）利用万用表测量附件箱中 TB1 的 1、2 端，如图 4 所示。

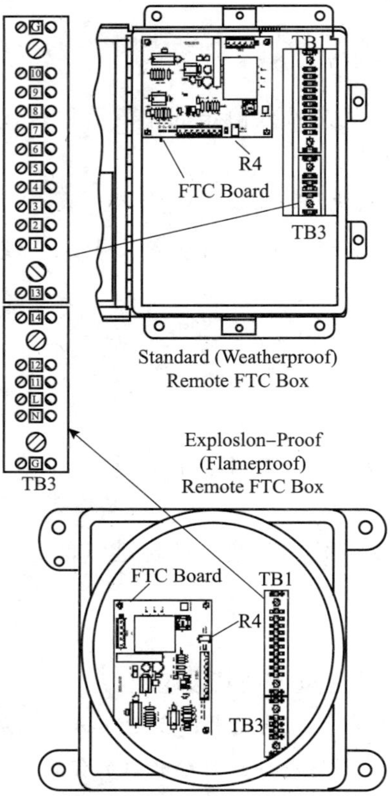

图 3　FTC 板示意图

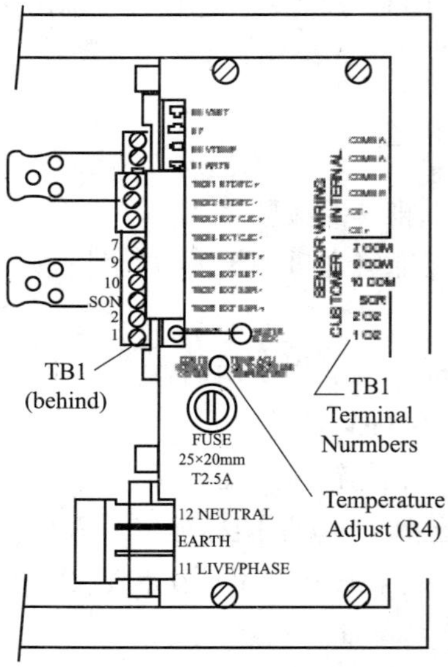

图 4　附件箱示意图

2）当炉膛温度为 700℃时，氧化锆探头产生的电压可按式（1）进行计算：

$$E_{700}(\text{mV}) = 48.273 \times \ln\left\{\frac{0.21}{\text{氧在氧化锆管外的气压值}}\right\} \tag{1}$$

3）如果分析仪读数出现误差，利用 FTC 板上的电位器 R4 调整炉膛温度进行氧分析仪示值调整。调整方法如下：

a）顺时针转动 R4：增加炉温，降低氧含量分析值。

b）逆时针转动 R4：降低炉温，增加氧含量分析值。

注意：R4 调整后，炉温不会立刻变化，分析仪的读数也不会马上改变，因此要等读数稳定之后再进行进一步调整。

3.4.2 日常维护

1）检查各接头有无漏气现象。

2）检查显示面板参数读数是否正常。

3）按期进行校验：1次/3个月。

3.4.3 常见故障与处理

FGA300H（X）型氧化锆氧分析仪常见故障与处理方法见表1。

表1 FGA300H（X）型氧化锆氧分析仪常见故障与处理方法

序号	故障现象	故障原因	处理方法
1	显示面板上出现“--.--”闪烁	检测器产生的信号超过1000mV； 分析仪开路； 分析仪内的恒温炉为常温	检查电缆连接是否正确，接线端子有无松动； 检查RTD/TC检测器； 检查氧化锆探头； 检查恒温炉加热丝
2	“PP.PP”与正常指示值交错显示	检测器信号15min内的变化小于0.2mV，有可能是取样探管堵塞	利用反吹系统对取样探管进行反吹
3	指示值不停地闪烁	锆管使用期限已到； 检测器恒温炉温度不正常	更换锆管； 检查恒温炉
4	氧含量指示值始终保持“20.9%”	锆管或其连线开路； 样品管线出现泄漏	进行相应的检查处理
5	氧含量指示值大于“20.9%”	锆管连线接反	进行相应的检查处理
6	氧含量指示偏低	样品气中含有可燃气体； 锆管应重新标定	进行相应的检查处理
7	氧含量指示偏高	样品气管线泄漏； 恒温炉温度不够； 样品气压力过高	进行相应的检查处理
8	投用初期氧含量指示值上下波动	取样探管和保护套管接头处的密封剂燃烧所致	投用一段时间后即可恢复正常

3.5 检修及质量要求

1）检修时用的标准气应在有效使用期限内，以确保分析仪的测量精度。分析仪检测点附近不应有强磁场干扰源。对于炉壁上的检测点选择定位应反映燃烧时的真正氧含量。

2）在拆卸检测器的过程中，若具备条件应先将炉膛内的取样探管和保护套管取出后再拆卸检测器。

3）为防止检测器损坏，分析仪安装时间应选择在炉子的检修后、点火前。

4）为防腐蚀性介质对检测部件的腐蚀，除非不得已，分析仪最好不要断电。

5）取样探管安装接头处不要使用聚四氟乙烯密封带。在正常工作温度下，聚四氟乙烯密封带将会熔化。

6）取样探管的插入深度不要小于 30cm。

7）不要将冷的取样探管或保护套管直接装在高温的接头处。

8）如果分析仪带有可燃气体检测器，不要使用含硅的密封件和润滑剂。硅元素的存在会造成可燃气体检测器的损坏。

9）不要用手直接接触探头部分，以保护探头表面的铂层。

4 2200 型磁氧分析仪

4.1 概述

SERVOMEX 公司的 2200 型氧分析仪是基于氧气顺磁敏感性远远地大于其他气体的顺磁敏感性来进行氧含量测量的。2200 型氧分析仪是顺磁动态氧分析仪，是以 Faraday（法拉第）方法为依据的，这种 Faraday 方法可以通过测量样品气体里的悬浮抗磁性测试体的强非均匀磁场所产生的力来确定气体的磁敏感性。

4.2 2200 型氧分析仪组成

SERVOMEX 公司的 2200 型氧分析仪由传感部分和控制部分组成：

4.2.1 传感部分

1）包括：测量元件、加热器和温度传感器、压力补偿器（选用件）；

2）SERVOMEX 顺磁氧分析仪所有的测量元件的测试体由配置在哑铃形状里两个注入氮气的硼酸玻璃球组成，如图 5 所示。

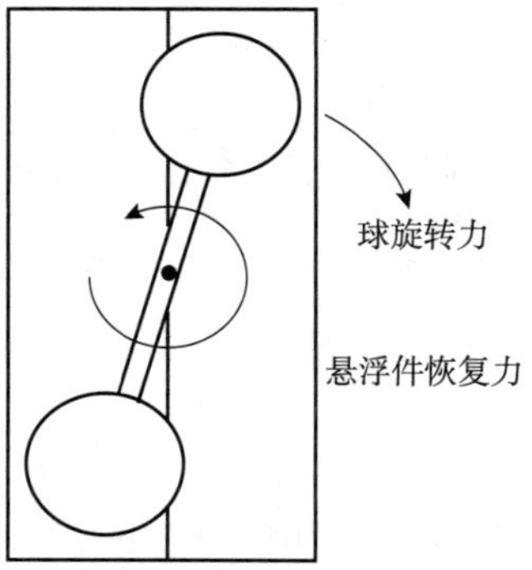

图 5 哑铃式系统

3）单股铂导线（反馈线圈）固定在哑铃周围的位置上。固定在哑铃中间点的有波纹的和被绷紧的铂带悬挂件可以使哑铃在强不均匀磁场上定位，这种强不均匀磁场在永磁结构的特殊形状的极件之间存在，如图 6 所示。测量元件有适合于普通的应用场合 325 型标准测量元件及适用于溶剂或腐蚀剂场合的 357 型测量元件。

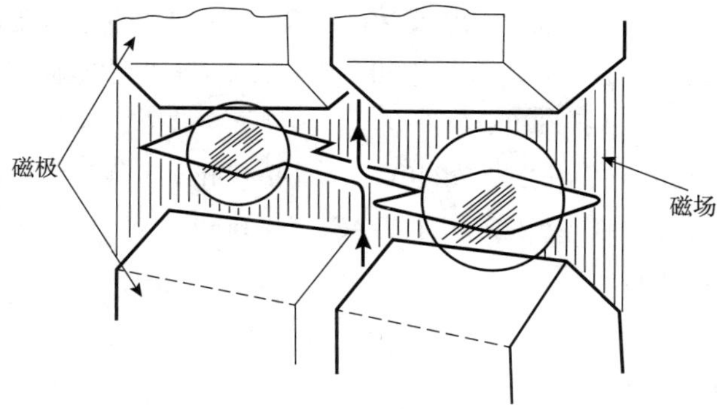

图 6　测量元件

4）哑铃的角位置通过安装在哑铃上的将光束反射到光电管上的镜进行检测，如图 7 所示。这些光电管的不同输出被反馈给放大器，当哑铃周围出现氧气时，氧分子就附着在磁场最强的地方，因此在哑铃周围增加了磁场，这种磁场可以改变作用在哑铃上的作用力，使光电管上的光束产生位移，结果放大器检测到不同的信号，放大器的输出是与哑铃周围的氧气的氧含量成比例的电流，该电流反馈到测量元件的反馈线圈，使哑铃保持在平衡位置。

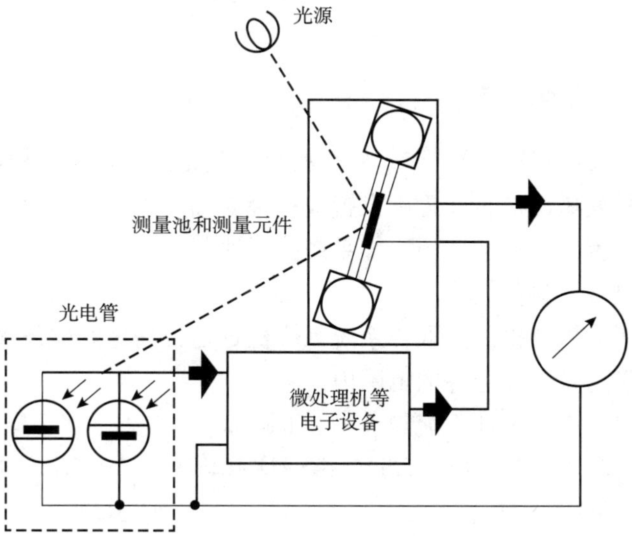

图 7　分析仪示意图

4.2.2　控制部分

由接口板、微处理器电路板、电源板、电流输出板（选件）、报警输出板（选件）等组成。

4.3　主要技术指标

4.3.1　量程：0～100% O_2 可调，最小 0～0.5% O_2

4.3.2 模拟输出：隔离 0/4～20mA DC 或 20～4/0mA DC（控制器输出）
本安 0/4～20mA DC 或 20～4/0mA DC（变送器输出）
最大的阻抗 600Ω

4.3.3 电源：100～120V AC 或 220～240V AC，50/60Hz，40VA（控制器）
100～120V AC 或 220～240V AC，50/60Hz，100VA（变送器）

4.3.4 重复性：0.02% O_2

4.3.5 本质误差（精度）：小于 0.02% O_2

4.3.6 工作环境温度：-10～+50℃

4.3.7 测量元件流量：最大值为 250mL/min

4.3.8 显示器：数字式 LED 显示，读数 0～100%

4.3.9 样品入口压力：高出分析仪出口压力 0.3kPa 即可

4.3.10 响应时间：样品流量 200mL/min 时，可在 4s 内得到对分析仪输入阶跃变化的 90%响应

4.3.11 所有的装置的外壳保护等级：IP66（NEMA4X）

4.3.12 外壳构造：铝合金铸件，表面涂敷耐腐蚀的环氧树脂粉末涂料

4.4 检查与校验

4.4.1 开机前检查及准备工作

在通电或引入取样气体之前，应确保分析仪安装正确，检查过程如下：

1）检查变压器变压比是否被正确设置成符合电源电压；

2）对传感器装置和任何配备的取样系统执行泄漏试验；

3）取出全部包装材料；

4）如果未配随分析仪提供的取样系统，应检查是否满足取样条件要求；

5）检查取样压力是否在允许的范围内；

6）调整分析仪入口流量计，流量设为 200mL/min。

注意： 通过测量元件的气体流量太高可能会永久性地损坏测量元件，必须以较低的值设置这些气体流量，且保持流量的稳定。

4.4.2 校验

标定 2200 型氧分析仪时采用两点标定法，低点标定以及高点标定，即标定零点的同时也要标定满量程，零点气通常采用高纯氮气。

4.4.2.1 输入密码

密码共分四级，第四级可包括全部功能操作，所以一般都输入第四级。

操作：Password → Enter Password → User Level（4）→ Enter Password（444444）→ OK

4.4.2.2 低点标定

用户最低等级为 1。

1）从 Paramagnetic Calibration 菜单中选择 Manual Calibration 项，并按回车键，即显示 Manual Calibration 菜单；

2）选择 Low Calibration 项，并按回车键，即显示 Low Calibration 表单，进入表单会引起：

a）产生 Service in Progress 状态；

b）如果自动标定已设置，则打开低点气体阀；

3）如果自动标定没有设置，则相应的标定气体应该在此刻被引入；

4）等待 Current Concentration 读数至稳定；

5）选择 Check 执行检查或 Calibrate 重新标定变送器；

6）如果自动标定没有设置，此时标气可以去除；

7）按 OK 项退出表单。

4.4.2.3　高点标定

最低用户等级：1

1）从 Manual Calibrate 菜单中选择 High Calibrate 项，并按回车键，即显示 High Calibrate 表单，进入表单会引起：

a）产生 Service in Progress 状态；

b）如果自动标定已设置，则打开高点气体阀；

2）如果自动标定没有设置，则相应的标定气体应该在此刻被引入；

3）等待 Current Concentration 读数至稳定；

4）选择 Check 执行检查或 Calibrate 重新标定变送器；

5）如果选择自动标定没有设置，此时标气可以去除；

6）按 OK 项退出表单。

4.5　使用、维护与故障处理

4.5.1　使用

1）检查仪器配线连接无误后，接通分析仪电源。在校准和进行准确的测量之前，至少使分析仪预热 12h。每次接通分析仪电源时都将启动一个自检例行程序，一旦自检例行程序完成，分析仪将进入测量状态。

2）如果被测样品含有腐蚀性气体或溶剂时，在关闭分析仪之前，应用氮气或用洁净的空气吹扫分析仪的样品管线 12h。这样做可以防止测量元件里产生冷凝或继续腐蚀测量元件的可能性。若短期停运，将分析仪通入零点气体或氮气，不用关闭分析仪电源。长期停用则关闭分析仪电源。

4.5.2　日常维护

1）磁力机械式氧分析仪基于对磁化率的直接测量，像氧化氮等一些强顺磁性气体会对测量带来严重干扰，所以应将这些干扰组分除掉。此外一些较强逆磁性气体也会引起不容忽视的测量误差，若样品气中有含量较多的这类气体时，也应予以清除。

2）氧气的体积磁化率是压力、温度的函数，气样压力、温度的变化以及环境温度的变化，都会对测量结果带来影响，因此必须稳定气样的压力，使其符合调校仪表时的压力值，环境温度及整个检测部件均应工作在设计的温度范围内。

3）无论是短时间的剧烈振动，还是轻微的持续振动，都会削弱磁性材料的磁场强度，因此氧分析仪的安装位置也应避开振源并采取适当的防振措施。

4）每天检查样品压力、流量和温度，使之符合要求。

5）每 3 个月对仪表校验 1 次。

6）冬季时注意样品的保温伴热。

7）对测量池进行清洗时，注意拆卸方法，小心切勿碰撞。

4.5.3 常见故障与处理

SERVOMEX 公司的 2200 型氧分析仪常见故障与处理方法见表 2。

表 2　SERVOMEX 公司的 2200 型氧分析仪常见故障与处理方法

序号	故障现象	故障原因	处理方法
1	示值无规则漂移	样气压力，流量不稳所致	在样品气回路设置稳压、稳流阀，确保进入分析仪的样气压力、流量保持恒定
2	示值反应缓慢、迟钝	样气流量太小，检测器气室内气体的转换速度太慢	检查样气管路及取样探头有无堵塞，调节流量的大小
3	校准后示值仍偏差	氧分仪校准时未待示值稳定就进行零位和量程调整	通入标气后一定要待示值充分稳定才行
4	显示屏显示 No display	仪器电源故障	检查控制器供电，检查 PSU 电源板
5	显示屏显示 Transmiter not	传感器没有相应的信号	检查传感器，检查氧分析仪检测器组件
6	显示屏显示 Responding	仪器通讯处于断开状态，或者是供电异常	检查电缆连接情况，检查保险丝，检查电源板
7	显示屏显示 No transmitter Rigistered	未注册传感器	参照说明书，至少注册一个传感器
8	显示屏显示 ****** % O_2	传感器可能被禁用	传感器已注册，将其设置改为 Enabled

4.6 检修及质量要求

4.6.1 样品气预处理系统的检修

1）将过滤器解体取出滤芯，根据滤孔堵塞物的不同而采取相应的处理方法，如果是积尘，可用清洁、干燥的仪表空气反向吹除，表面沉积污垢可用稀盐酸浸泡溶解，用清水冲洗，再用仪表空气反向吹干，表面附着有机污物，用有机溶剂浸泡溶解，然后用仪表空气反向吹干，滤筒及连接管路也采取同样方法处理，重装时要更换老化的膜片，O 形圈及密封垫，无法疏通的滤芯要换新滤芯。

2）指示部件的检修：指示部件包括转子流量计等，转子流量计内的结垢，有机沉积物，玻璃表面污物清洗后再用仪表空气吹干，复原后进行性能检查。

4.6.2 检测器的检修

1）检测器有污染迹象可用清洁、干燥的仪表空气吹干，检查校准检测器的水平度，如有偏移，则调节水平调节螺丝，使检测器组件处于水平位置。

2）电路系统的检修，检查电路元件有无过热损坏或接触不良等异常现象，检查电路接插口有无污染，氧化锈蚀等情况，用软毛刷或洗耳球清除电路板及接插件上的灰尘，处理后要确认各电路板、接插件准确就位，接触良好。

4.6.3 检修质量要求

1）正确连接管路和仪表接线，组成正常运行的测量系统，确认管路无堵塞、无泄漏，电源线及屏蔽线的连接符合抗干扰要求。

2）仪表接通电源，约 1h 处于恒温状态，2～4h 进入稳定工作状态。

3）确认取样装置及样品气预处理系统、氧分析仪工作正常，仪表示值与工况相符，仪器即投入正常运行。

5 Teledyne 3020T 型微量氧分析仪

5.1 概述

3020T 型氧分析仪包括三个子系统：微燃料电池传感器、样品系统及电子信号处理、显示和控制单元。此型号氧分析仪是采用微燃料电池来检测样品气中的氧含量。

5.2 主要技术指标

5.2.1 外壳：防爆和防水

5.2.2 传感器：L-2C 微量分析型微燃料电池

5.2.3 测量池：316 不锈钢

5.2.4 测量范围：三个可定义的测量范围，从 0～10ppm 到 0～250000ppm

5.2.5 报警：一个系统故障报警，两个可调浓度报警

5.2.6 诊断：启动或在需要时，进行全面的自诊断功能

5.2.7 显示：两行 20 个字母数字，VFD 屏幕，一个 5 位数的 LED 显示

5.2.8 通信方式：RS232

5.2.9 电源：115 或 230V AC，50/60Hz

5.2.10 操作温度：0～50℃

5.2.11 精确度：±2% FS

5.2.12 模拟输出：0～1V 或 4～20mA DC

5.2.13 密码进入：能被使用者构造密码保护

5.3 检查与校验

5.3.1 开机前检查及准备工作

1）在开机前特别是在测量易燃易爆气体的氧含量时，应该首先检查所有的配管是否有泄漏，不能有丝毫的疏忽大意。

2）采样管线应经过充分的吹扫，以免污染微燃料电池。

3）所有的保险丝规格应符合仪器的使用要求。

4）仪器的所有配线连接应确认无误。

5.3.2 校验

5.3.2.1 零点校验

注意：必须采取可靠措施保证零点标准气的准确性。

1）将零点标准气通入样品系统，使仪器指示趋于零点，等待指示值稳定。

2）进入到 MAIN MENU（主菜单）中的 ZERO（零点）功能。

3）零点校验分为自动和手动模式两种。一般使用手动校验。

4）进入到零点功能后，使用 DOWN/UP 键来选择 MAN（手动）零点校验。当 MAN 出现在屏幕时，使用 ENTER 键开始零点校验。

5）经过大约 5s 后，零点屏幕显示。

6）在通常情况下，Slope 的值一般小于 0.05ppm/s 并有大约 30s 的稳定时间，按 ENTER 键，经过几秒钟，零点设定完成，这些信息自动被存储，仪器自动返回到 ANALYZE（分析）屏幕。

7）零点校验完成。

5.3.2.2 量程校验

1）将量程标准气通入样品系统，等待指示值稳定。

2）进入到主菜单中的 SPAN（量程）功能。

3）进入到量程功能后，使用 DOWN/UP 键选择手动量程校验。

4）按 ENTER 键，使用 UP 键来设定量程值：使用 ESCAPE/ENTER 键来选择数位，使用 DOWN/UP 键来改变数位上的值的大小。

5）当完成量程值设定后，按两次 ENTER 键开始量程校验。

6）在量程校验屏幕，当量程值达到充分稳定后，按 ENTER 键，仪器自动返回到分析屏幕。量程校验完成。

5.4 使用、维护与故障处理

5.4.1 仪器投用

3020T 型分析仪被设计成每日连续 24h 运行，并且通常不应关断，被分析的气体样品必须连续地通过分析仪的采样单元。

1）检查样品和标准气管线，确保连接正确、完整和无泄漏。

2）检查电气系统，确保连接正确、完整和无暴露的线头。

3）检查样品系统的压力是否在规定的值。

4）检查控制板上的电压选择开关的位置与电压值是否相符。

5）使用氮气彻底吹扫样品管线，清除有害气体和杂质。

6）将蒸汽加到任何已配备的蒸汽加热单元上。

7）将微燃料电池安装就位，向 3020T 型分析仪加电。

8）3020T 型分析仪在加电后，可以运行一个 SELF-TEST（自诊断），以检查分析仪的电源、输出板和放大器，若正常则显示：OK。自诊断故障代码表如表 3 所示。

表 3　自诊断故障代码表

诊断内容	故障代码	故障描述
电源系统	0	OK，正常
	1	5V 故障
	2	15V 故障
	3	5V 和 15V 故障
输出板系统	0	OK，正常
	1	浓度输出故障
	2	测量范围指示故障
	3	浓度输出和测量范围指示故障
放大器系统	0	OK，正常
	1	零点太高
	2	放大器输出和检测输入不匹配
	3	零点太高和放大器输出和检测输入不匹配

9）3020T 型分析仪可以进行配置设定，如设定输出、报警和测量范围等。在仪器经校验后，就可投入运行。

5.4.2 仪器停用

在仪器停用前，应使用零点气或 N_2 对仪器进行彻底吹扫，将管道内的样品气体完全排空。然后关闭仪器的入口取样阀和出口阀，切断总电源即可。

注意：在仪器停用时要确保有微燃料电池备件。

5.4.3 短期停用

不要切断电源，让其正常工作，将零点气或 N_2 通入仪器即可。

5.4.4 故障查找

3020T 型氧分析仪的主要故障为微燃料电池故障。

当微燃料电池达到它的使用寿命或被严重污染时，表现为输出一个常量，灵敏性严重衰退，且屏幕显示故障信息：

#.#　　　PPm ANLZ

CELL FAIL/ZERO HIGH

在显示屏上出现此信息后首先须做两个检查：

1）检查量程气是否正确。

2）检查空气（尤其是高浓度的氧气）是否泄漏到系统中，特别是微燃料电池室中。若无泄漏和量程气正确，则更换微燃料电池。

5.5 检修及质量要求

5.5.1 样品气预处理系统的检修

1）将过滤器解体取出滤芯，根据滤孔堵塞物的不同而采取相应的处理方法：如果是积尘，可用清洁，干燥的仪表空气反向吹除；表面沉积污垢可用稀盐酸浸泡溶解，用清水冲洗，再用仪表空气反向吹干；表面附着有机污物，用有机溶剂浸泡溶解，然后用仪表空气反向吹干；滤筒及连接管路也采取同样方法处理；重装时要更换老化的膜片、O 形圈及密封垫，无法疏通的滤芯要换新滤芯。

2）指示部件的检修，指示部件包括转子流量计等，转子流量计内的结垢、有机沉积物、玻璃表面污物清洗后再用仪表空气吹干，复原后进行性能检查。

5.5.2 检测池的检修

即更换氧电池，微燃料电池更换步骤如图 8 所示。

1）断开氧分析仪的电源。

2）打开前部面板门。

3）将旧微燃料电池从电池室中取出。

4）用大约 500mL/min 流速 N_2 进行吹扫。

5）将新微燃料电池从密封的袋中取出，去掉短路帽，将新微燃料电池装入电池室。

6）将前部面板门关好。

7）用样品气或零点气吹扫系统。

8）送电，预热一段时间。

9）当显示的指示值趋于稳定不再变化时，通标准气校验。

10）校验后通样品气投入运行。

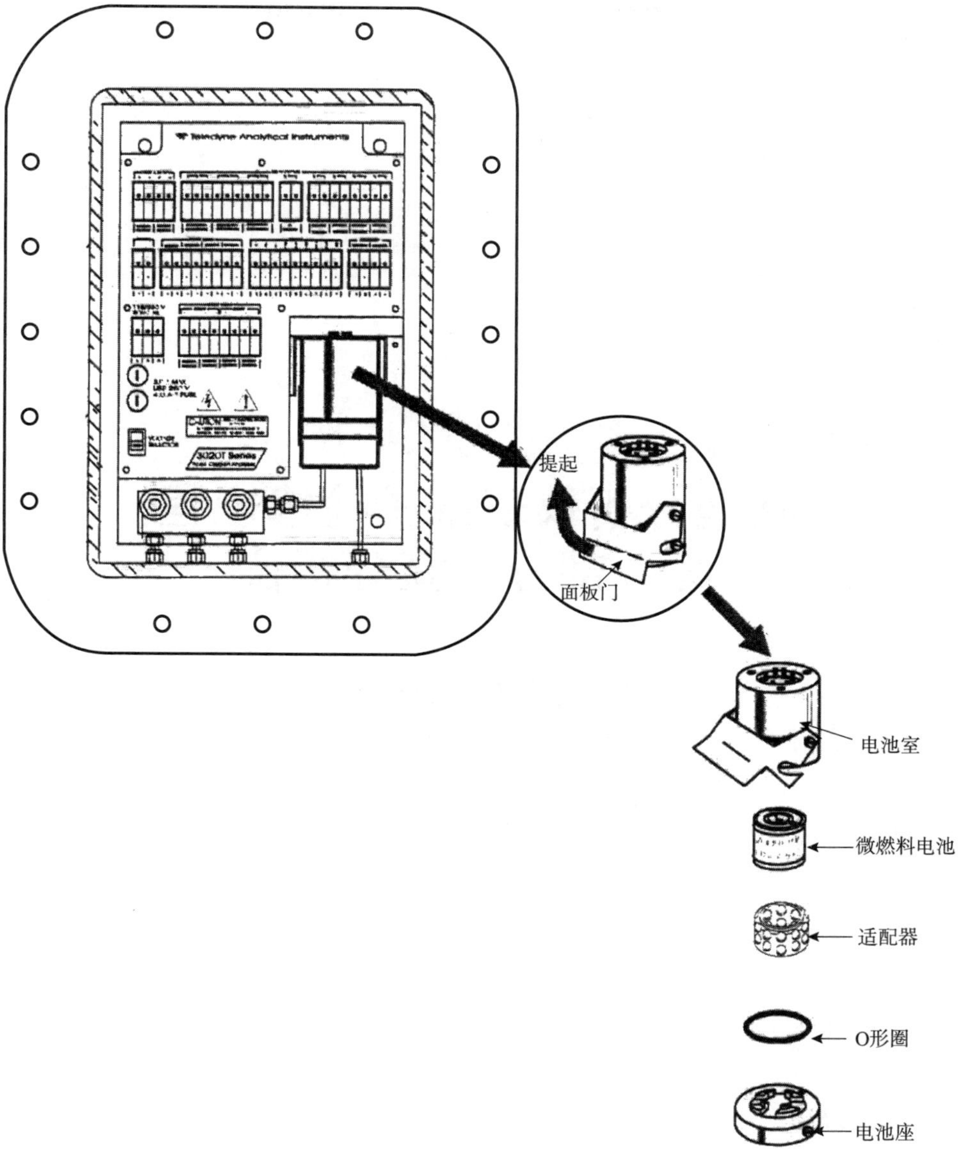

图 8　微燃料电池更换

在线分析仪表维护检修规程
第 3 部分：氢分析仪

SHS 07006.3—2019

部分代替 SHS 07006—2004

目　次

前 言

本规程SHS 07006《在线分析仪表维护检修规程》分为以下十六个部分：

——第1部分：工业气相色谱仪；

——第2部分：氧分析仪；

——第3部分：氢分析仪；

——第4部分：红外线分析仪；

——第5部分：工业pH计；

——第6部分：电导仪；

——第7部分：工业水分仪；

——第8部分：在线熔融指数仪；

——第9部分：烟气排放连续监测系统；

——第10部分：可燃气体报警器；

——第11部分：有毒气体报警器；

——第12部分：化学需氧量在线自动监测仪；

——第13部分：氨氮在线分析仪；

——第14部分：VOCs在线气相色谱分析仪；

——第15部分：在线溶解氧分析仪；

——第16部分：激光氧分析仪。

本部分为SHS 07006的第3部分：氢分析仪。本部分按照GB/T 1.1—2009《标准化工作导则 第1部分：标准的结构和编写》给出的规则起草。

本规程代替SHS 07006—2004《在线分析仪表》第三节“氢分析仪”，与SHS 07006—2004相比，除编辑性修改外，主要技术变化如下：

——新增EMERSON X-Stream-FD H_2分析仪，替代原规程中ROSEMOUNT MODEL 7D型热导式氢分析仪。

——增加了检修及质量要求。

本部分由中国石油化工集团有限公司、中国石油化工股份有限公司提出。

本部分起草单位：中国石油化工股份有限公司北京燕山分公司。

本部分主要起草人：田江南、张杰。

本部分所代替规程的历次版本发布情况为：

——SHS 07006—1992、SHS 07006—2004。

在线分析仪表维护检修规程
第3部分：氢分析仪

1 范围

本部分适用于EMERSON X-Stream-FD H_2分析仪，其他同类仪表可参考使用。

2 规范性引用文件

下列文件对本文件的应用是必不可少的。凡是注日期的引用文件，仅注日期的版本适用于本文件。凡是不注日期的引用文件，其最新版本（包括所有的修改单）适用于本文件。

JB/T 13874 在线衡量溶解氢分析仪

3 氢分析仪

3.1 概述

EMERSON X-Stream系列气体分析仪主要用于工业过程分析。X-Stream-FD H_2分析仪基于不同组分气体的导热性不同的性质来连续测量气体中的某一组分的含量。分析系统主要由样品处理单元、电源、检测器和显示处理单元组成。

X-Stream-FD H_2分析仪采用专利双臂等耦密封纯金喷涂抗腐蚀性热导池，热导为铂金加铼钨、长寿命、高可靠性UOP校准电路对背景组分进行自动校准。分析仪软件可实现高、低量程自动切换。

3.1.1 信号电缆

为了防止电磁干扰，只能使用屏蔽电缆，Emerson Process Management可以提供该电缆。

3.1.2 样品处理

对样品气进行处理，保证样品干燥、无油、无腐蚀性物质。如果样品气中的水分不能消除，则要求确保样品气的露点温度至少比环境温度低10℃。分析仪可选配电加热组件，使样品气的露点温度最高达到25℃。

3.2 主要技术指标

3.2.1 总貌

1）精度：＜±1%满量程
2）重复性：±1% FS
3）零点漂移：0.5% FS/ 周
4）防护等级：IP66
5）相对湿度：5%～100%

3.2.2 输出

信号输出：4～20mA 隔离输出，接口尺寸为 3/4in NPT

3.2.3 响应时间

1）响应时间：样品流量为 250mL/min 时，95%阶跃变化响应时间为 30s；
2）样品气 / 标准气流量：正常情况下 50～350mL/min，推荐 250mL/min；
3）参比气流量（如果需要）：5～50mL/min。

3.2.4 显示方式

模拟显示。

3.2.5 电源

（115±10%）V AC，50/60Hz，250W
（230±10%）V AC，50/60Hz，250W

3.3 检查与校验

3.3.1 模拟量输出设置

按上下左右键的任意一个键，进入 Setup，按“确认”键，选中 IN/Outputs，按“确认”键，进入 Analog Outputs，按“确认”键，进入 Signal Rang ，按上下键将其设置为 4～20mA，按“确认”键保存设置，连续按“向下”键，选中 Output，按“确认”键，按“向下”键，设置 Low Scale 的值，按“确认”键，按“向下”键，设置 High Scale 的值，按“确认”键保存设置。

3.3.2 标定参数设置

按上下左右键的任意一个键，进入 Setup，按“确认”键，选中 Calibration，按“确认”键，选中 Calibration Gases，按“确认”键，进入 ZERO Gas，设置零点气浓度，按“确认”键保存设置，连续按“向下”键，选中 Span Gas，按“确认”键，设置量程气浓度，按“确认”键保存设置。

3.3.3 标定

1）准备标定，如图1所示。

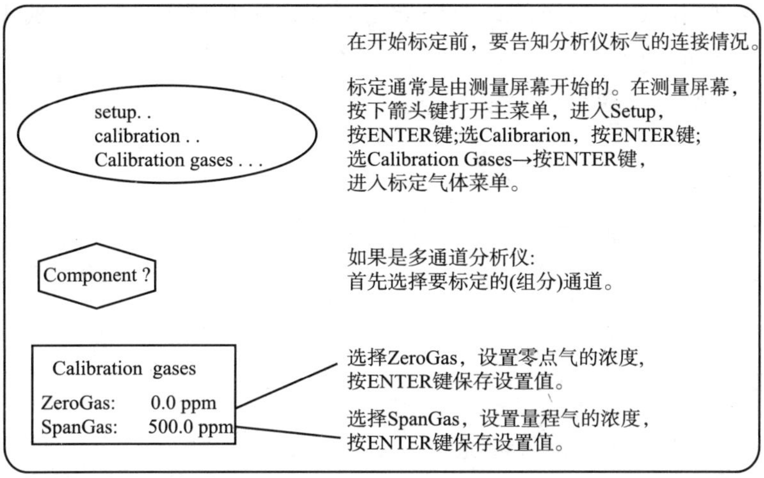

图 1

2）手动标定，按上下左右键的任意一个键，进入Control，按“确认”键，进入Zero Calibration，按“向下”键，选中Start Calibration，按“确认”键，开始标定（此时必须通入N_2），标定结束后，按“向左”键，再按“向下”键，选中Span Calibration，按“确认”键，开始标定（此刻必须通入量程气），标定结束，如图2所示。

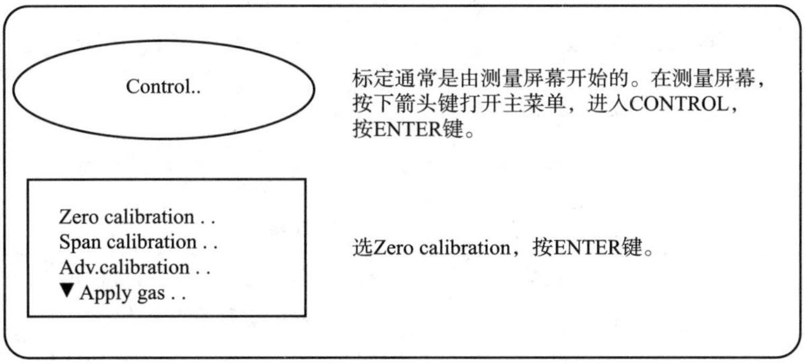

图 2

3.4 使用、维护与故障处理

3.4.1 投运过程

1）现场仪表机柜安装到位后，检查各管路是否连接正确，取样口和排放口是否连接正确并安装有手动阀门可随时切出生产装置。

2）仪表第一次上电之前，要检查电气连接是否已经接好，接地做好。打开表壳，检查仪表进气和出气管路是否干净无水汽或水滴。

3）准备进样品气前，先检查内部测量及旁路流量计是否都已关闭，标定 / 测量切换阀门位于测量管路位置。

4）打开进气阀，通过减压阀调节进样压力大约在 0.05MPa 左右，打开旁路流量计（流量大约为 50～350mL/min）使样品气流通大约 5min 左右。

5）慢慢打开测量流量计，流量调整为大约 250mL/min 左右，使样气进入仪表开始分析。

6）调整旁路流量计的流量大约也在 250mL/min 左右。

7）再次检查机柜内部管路是否仍然存在漏气点。

8）等待约 2h，仪表预热结束后，进行第一次标定，标定结束后开始正常分析。

3.4.2 日常维护

1）每日检查 1 次分析仪运行情况。

2）每周进行 1 次泄漏检查。

3）每 3 个月校验 1 次。

4）每 3 个月清洗 1 次过滤器。

3.4.3 常见故障与处理

EMERSON X-Stream-FD H_2 分析仪常见故障与故障原因见表 1。

表 1 EMERSON X-Stream-FD H_2 分析仪常见故障及故障原因

故障现象	故障原因
无测量输出	电源故障
	负载太大
	热导检测池元件损坏
指示误差较大	校准操作不正确，通入标准气后，未等示值稳定就调整电位器。或校准的重复次数不够
	标准气中背景气的热导率与被测气体背景气的热导率不一致，又未对校准结果进行修正
	样品气中干扰气体组分含量过大
	气路污染、漏气或堵塞
漂移严重	温控系统不正常
	电源不稳，电桥的供电电压漂移
	气路流量不稳
热导检测池不能升温或温度居高不下	加热或温控元件故障
	环境温度太高或太低

3.5 检修及质量要求

3.5.1 检修

1）供电及通信情况检查；

2）检测器检查；

3）样品处理系统检查。

3.5.2 检修质量要求

3.5.2.1 供电及通信情况检查

1）仪表屏幕正常显示。

2）端子接线完好，无脱落、虚接现象。

3）测量数据显示正常，并与控制室显示一致。

4）按键正常。

3.5.2.2 检测器检查

1）仪表屏幕正常显示，能够正常操作。

2）界面内报警值、温度、压力等所需参数与设定值（或现场测量数据相同）。

3）检测室无污染、腐蚀，测量元件完好。

3.5.2.3 样品处理系统检查

1）过滤器无油污、水、杂质，密封完好，无泄漏。

2）管气路接头、阀体无泄漏，管线内无油污、杂质等。

3）压力表指示正常，无油污、杂质，密封完好无泄漏。

4）流量计调节旋钮正常，浮子动作无明显跳动，密封完好，无泄漏。

5）蒸汽伴热管线无泄漏点，蒸汽供给、返回正常。

在线分析仪表维护检修规程
第 4 部分：红外线分析仪

SHS 07006.4—2019

部分代替 SHS 07006—2004

目　次

前 言

本规程 SHS 07006《在线分析仪表维护检修规程》分为以下十六个部分：

——第 1 部分：工业气相色谱仪；

——第 2 部分：氧分析仪；

——第 3 部分：氢分析仪；

——第 4 部分：红外线分析仪；

——第 5 部分：工业 pH 计；

——第 6 部分：电导仪；

——第 7 部分：工业水分仪；

——第 8 部分：在线熔融指数仪；

——第 9 部分：烟气排放连续监测系统；

——第 10 部分：可燃气体报警器；

——第 11 部分：有毒气体报警器；

——第 12 部分：化学需氧量在线自动监测仪；

——第 13 部分：氨氮在线分析仪；

——第 14 部分：VOCs 在线气相色谱分析仪；

——第 15 部分：在线溶解氧分析仪；

——第 16 部分：激光氧分析仪。

本部分为 SHS 07006 的第 4 部分：红外线分析仪。本部分按照 GB/T 1.1—2009《标准化工作导则 第 1 部分：标准的结构和编写》给出的规则起草。

本规程代替 SHS 07006—2004《在线分析仪表》第四节“红外线分析仪”，与 SHS 07002—2004 相比，除编辑性修改外，主要技术变化如下：

增加检修及质量要求。

本部分由中国石油化工集团有限公司、中国石油化工股份有限公司提出。

本部分起草单位：中国石油化工股份有限公司北京燕山分公司。

本部分主要起草人：田江南、张杰、周彬。

本部分所代替规程的历次版本发布情况为：

——SHS 07006—1992、SHS 07006—2004。

在线分析仪表维护检修规程
第 4 部分：红外线分析仪

1 范围

本部分适用于 ABB 公司 Advance Optima Uras 14 型红外线分析仪和仕富梅公司（SERVOMEX）2500 型红外线分析仪，其他同类仪表可参考使用。

2 规范性引用文件

下列文件对本文件的应用是必不可少的。凡是注日期的引用文件，仅注日期的版本适用于本文件。凡是不注日期的引用文件，其最新版本（包括所有的修改单）适用于本文件。

GB/T 25930 红外线气体分析器 试验方法

3 ABB Advance Optima Uras 14 模块式红外线分析仪

3.1 概述

3.1.1 分析仪组成

ABB Advance Optima Uras 14 模块式红外线分析仪由检测器和中央处理单元两部分组成，其系统组成如图 1 所示。

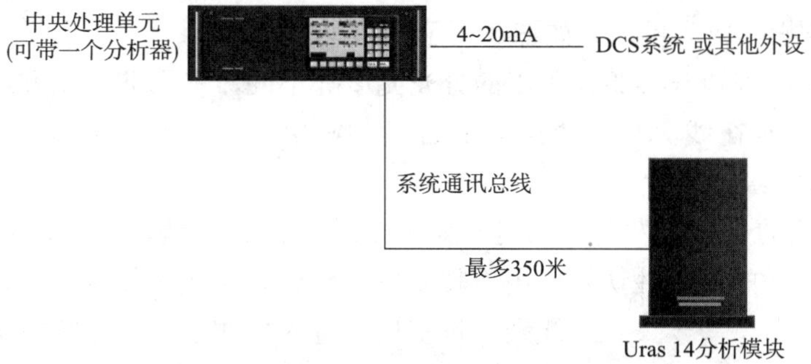

图 1 Uras 14 系统组成示意图

分析模块有单独的供电电源、气路及机械接口。

3.1.2 Uras 14 红外线分析模块

Uras 14 红外线分析模块的结构如图 2 所示，其组成部分主要包括：

1）光源；

2）样品小室；

3）带前置放大器的薄膜电容器。

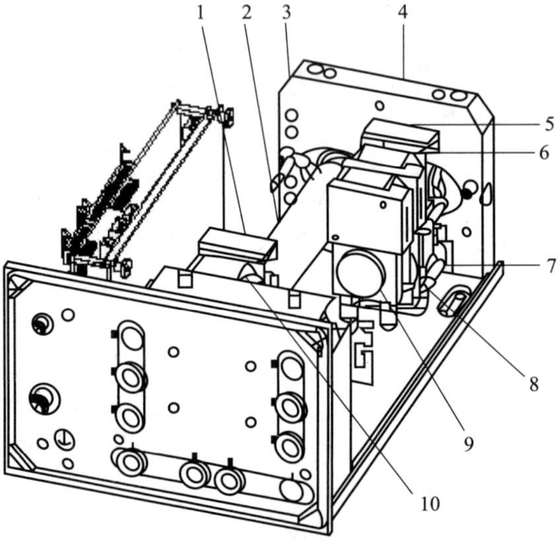

图 2 Uras 14 分析模块结构示意图

1—校验单元；2—第二取样小室；3—主框架；4—调节器；5—校验单元 1；
6—红外线检测器 1；7—第一取样小室；8—红外线检测器 2；
9—发射孔；10—红外线检测器 3

光源由辐射源和由同步电机带动的切光片组成。样品室为长型管状结构，由内部的隔片将其分成测量室和参比室，测量的结果由检测室中的薄膜电容器转换成相应的电信号，再经前置放大器放大输出。

3.1.3 测量原理

Uras 14 分析模块测量原理如图 3 所示。

Uras 14 分析模块与实验室采用的分光光度计不同，采用非分光方法进行组分含量分析，最多可同时在线分析 4 个组分的含量，常用来分析 CO、CO_2、NO、SO_2、N_2O、CH_4、C_2H_4、C_3H_8 等组分含量。

由辐射光源的灯丝 1 发射出具有一定波长范围的红外线，这两束红外线在同步电机带动的切光片 3 的周期性切割作用下就变成了两束脉冲式红外线。一束红外线经过参比室后进入检测室，另一束红外线经测量室后也进入检测室。参比室中密封的是不吸收红外线的气体，例如 N_2，它的作用是保证两束红外线的光学长度相等，以免造成系统误差。经过参比室的红外线，光强和波长范围基本上不变。而另一束红外线通过测量室时，因测量室中的待测气体按照其特征吸收波长吸收相应的红外线，其光强即减弱，所

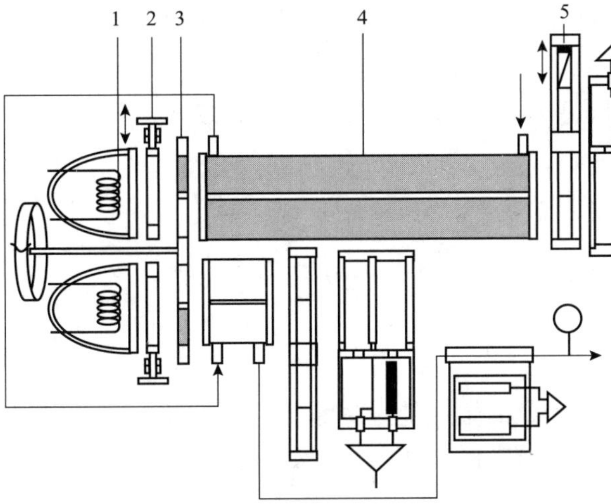

图 3　测量原理

1—光源（灯丝）；2—滤光片；3—同步电机带动的切光片；
4—样品小室；5—调整单元或校验小室；6—检测器

以进入检测室中的光强是不同的（检测室由薄膜隔开成上下两室），而在检测室中封入了待测组分的气体，所以射入检测室的红外线就被选择性的吸收，即对应于待测组分的特征吸收波长的红外线就被吸收，由于通过参比室的红外线没有被待测组分吸收过，故射入检测室左、右气室（或上、下气室）的气体能量不同，气体分子的热运动也不同，产生热膨胀形成压力的变化也不同，从而使薄膜产生位移，进而改变了薄膜电容器的电容量，电容量的变化再变成电压信号经放大后输出。

3.1.4　中央处理单元

中央处理单元由电源模块、CPU 板、输入／输出模块、接口模块、显示与控制模块等部分组成。供电电源为 115V AC 或 220V AC，并输出一路 24V DC 给分析模块供电。一个电源模块只能给一个分析模块供电，如果中央处理单元带有多个检测器（最多 3 个）则其余两个分析模块需专用的外部供电模块进行供电。

3.2　主要技术指标

3.2.1　线性误差：≤±1% FS

3.2.2　重复性：≤0.5% FS

3.2.3　环境温度：5～50℃

3.2.4　电源：检测器　（24V DC±5%）

处理器　115V AC 或 230V AC

3.2.5　预热时间：带温度调节装置：大约 30min

不带温度调节装置：大约 2h

3.2.6　入口样品条件：

温度：在整个样品管线中，样品的露点温度要比环境温度低 5℃。否则需要加装样品冷却器

入口压力：2～500kPa（入口压力较低时需要样品泵，入口压力较高时需用减压阀减压）

入口流量：20～100L/h

3.3 检查与校验

3.3.1 光路平衡调整

光路平衡调整是实现两光束的辐射能量尽量相等，减小测量侧与参比侧之间光路的不对称性，提高分析仪的分析准确性。调整过程如下：

1）打开零点气供气阀。

2）打开分析模块的密封盖。

3）根据菜单路径“菜单→维护 / 测试→分析仪特别调整→光路调整”选择光路调整功能。

4）选择所要测量的样品组分。

5）根据显示器上的读数，用螺丝刀调整光路调整螺丝 1 或 2，尽量减小显示器上的读数。具体调整要求为：

如果显示器读数远远小于 1000，则进行第 10）步；

如果显示器读数大于 1000，则进行下一步。

6）松开两个光源安装螺丝 3。

7）用专用扳手转动图 4 中“5”所示的旋钮，直至显示器中的读数变到最小（这个最小值可能大于 1000）。

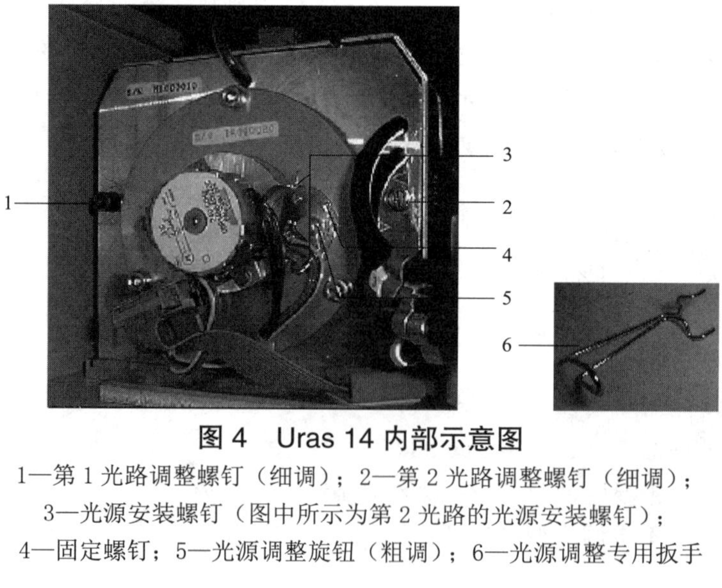

图 4　Uras 14 内部示意图

1—第 1 光路调整螺钉（细调）；2—第 2 光路调整螺钉（细调）；
3—光源安装螺钉（图中所示为第 2 光路的光源安装螺钉）；
4—固定螺钉；5—光源调整旋钮（粗调）；6—光源调整专用扳手

8）拧紧光源安装螺丝3。

9）重复5)～8）直到显示器上的示值变至最小。

10）关上分析仪的密封盖。

11）按如下两种情况分别进行：

a）如果更换了光源，还要完成所有测量组分的相位调整；

b）如果没有更换光源，完成所有测量组分的零点与量程校验。

3.3.2 相位调整

相位调整的要求，是使仪表在通入零气样（一般是通以N_2）的情况下，输出信号最小。相位调整的目的，是使参比及测量两方面的红外光被切光片遮挡及通过的时间相同，也即暴露和遮挡红外光束的面积相等，从而实现相位同步。

3.3.2.1 相位调整注意事项

1）在更换光源的情况下，完成光路平衡调整之后还必须完成相应的相位调整。

2）分析仪内的每一个检测器都必须进行相应的相位调整。

3）相位调整是电气调整，无需打开分析仪外盖。

3.3.2.2 相位调整过程

1）根据菜单路径"菜单→维护/测试→分析仪专项调整→相位调整"选择相位调整功能。

2）选择被测组分。

3）打开零点气。当显示器读数稳定时，启动相位调整功能。

4）根据分析仪具体情况进行相应调整。

5）若分析仪没有配备校验小室，则打开量程气。

6）若分析仪配备校验小室，继续通入零点气。

7）待读数稳定时，再次启动相位调整功能。

8）重复2)～8）步。

9）分析仪所分析的所有组分完成其相应的零点与量程气校验。

3.3.3 零点和量程校验

分析仪的校验有三种方式：自动校验、手动校验、远程控制校验，一般情况下都采用手动校验方式。校验过程如下：

1）菜单路径"Menu → Calibrate → Manual Calibration"。

2）移动光标键，选择所要校验的组分及其相应的测量范围。

3）零点检验过程：

a）移动鼠标，选择"Zero Gas"；

b）通入零点气；

c）如果有必要，按"Enter"键后可改变校验气浓度值；

d）待显示器读数稳定后，按“Enter”键启动零点气校验；

e）按“Enter”键确认校验结果；按“Repeat”键重新进行校验，返回第 d）步；按“Reject”键取消校验结果，返回第 c 点步；按“Meas”键取消校验结果，返回至测量值显示画面。

4）量程校验过程：

a）移动光标，选择“Span Gas”。

b）通入量程气。

c）按“Enter”键后，利用面板上的数字改变量程气浓度值。

d）显示器读数稳定后，按“Enter”键启动量程气校验。

e）按“Enter”键确认校验结果；按“Repeat”键重新进行校验，返回第 d）步；按“Reject”键取消校验结果，返回第 c）步；按“Meas”键取消校验结果，返回至测量值显示画面。

3.4 常见故障与处理

ABB Advance Optima Uras 14 模块式红外线分析仪故障与处理方法见表 1。

表 1 ABB Advance Optima Uras 14 模块式红外线分析仪故障与处理方法

故障现象	原因	处理方法
温度故障	加热块连接错误	检查连线和插头。 检查绝缘座上的密封垫。
	温度传感器故障	检查温度传感器的连线
读数不稳定	仪器振动过大	采取措施尽量减少仪器振动
	样品气泄漏	检查分析仪内部气路和取样管线是否存在泄漏
	灵敏度降低	检查分析仪的指示值，若： 1. 指示值＜75％实际值，则检测器不久后即需更换。 2. 指示值＜50％实际值，马上更换检测器。
	光路不平衡	移去光源，检查同步电机的转动是否平稳。

4 SERVOMEX 2500 型红外分析仪

4.1 概述

2500 分析仪的基本构造包括两个铸造的端组件（带有铰接的可开 / 可拆卸的盖板），通过一个刚性安装梁连接起来。

采样单元（SAMPLE CELL）安装在两个端组件之间，并且可以拆卸，便于清洗。采样单元是一个简单的厚金属结构件（标准的 316 不锈钢），配有允许光束通过的光学窗口（每个窗口厚度为 6mm）。它由短圆柱形支柱支撑在 2500 型分析仪的两个端组件之间。

源端（右侧）包含有红外线光源，这个红外线光源安装在斩波器盒组件上，它包含有安装在旋转斩波器轮上的固态干涉滤波器。这一侧还包括电源控制电路板。

检测器端（左边）包含有热电检测器组件，并且还包含有电子电路板，如：电源板、输出板、传感器接口板及一些可选件等，显示器和控制面板也安装在这一侧的铰接盖板上。

4.2 主要技术指标

4.2.1 测量方式：连续测量

4.2.2 内在误差：小于 ±1% FS

4.2.3 再现性：±0.5% FS

4.2.4 线形误差：一般小于 ±1% FS

4.2.5 响应时间（T_{63}）：用户可调，范围从 1～60s（仅指电子电路，不包括采样）

4.2.6 环境温度：0～55℃

4.2.7 环境湿度：0～95% RH，无冷凝水

4.2.8 预热时间：一般为 2～10h，取决于应用和环境

4.2.9 最大 / 最小采样温度：0～180℃

4.2.10 最大 / 最小采样压力：0～150psig/（0～1）MPa

4.2.11 最大 / 最小样品流量：0.1～1.0L/min

4.2.12 电源：（117/234）V AC，（50/60）Hz

4.3 使用、维护与故障处理

4.3.1 仪器投用前的准备工作

1）在开机前特别是在测量易燃易爆气体的含量时，应该首先检查所有的配管是否有泄漏，不能有丝毫的疏忽大意。

2）采样管线应经过充分的吹扫，以免污染采样单元。

3）所有的保险丝规格应符合仪器的使用要求。

4）仪器的所有配线连接应确认无误。

4.3.2 仪器投用

2500 型分析仪每日连续 24h 运行，并且通常不应关断，被分析的气体或液体样品必须连续地通过分析仪的采样单元。

1）在分析仪加电前应使用 N_2 彻底吹扫样品管线，清除有害气体和杂质。

2）向 2500 型分析仪加电。将蒸汽加到任何已配备的蒸汽加热单元上。

3）2500 型分析仪将显示启动和标识，显示的内容包括：自检、分析仪标识 / 软件版本号、序列号和定货号等。正常测量显示随后将出现，并且 2500 型分析仪将运行。

2500型分析仪需要2～10h才能达到设定点的温度。在加热时可以进行配置设定，如设定输出、报警等。在采样单元和斩波器盒的温度达到要求时，仪器经校验后，就可投入运行。

4.3.3 仪器停用

4.3.3.1 在仪器停用前，应使用零点气或N_2对仪器进行彻底的吹扫，将管道内的样品气体完全排空。然后关闭仪器的入口取样阀和出口阀，切断总电源即可。

4.3.3.2 短期停用，不要切断电源，让其正常工作，将零点气或N_2通入仪器即可。

4.3.4 校准

由SERVOMEX公司提供的2500分析仪，在出厂前已对所需要的测量进行了精确的工厂校准。这种校准包括零点常数、量程常数以及存储在2500型分析仪中且不能被用户擦除或重写的线性化功能。但在安装后和使用过程中都要对仪器进行校准。

4.3.5 手动校准

零点和量程的手动校准是通过进入MAN功能来进行的。标准气必须以手动方式引入2500型分析仪的采样单元中。

1）零点校准：进入手动零点校准程序，输入零点设定点目标浓度（即零点标准气中已知的被测量成分的浓度值，第一次校准时或零点标准气浓度改变时，必须输入零点标准气值）；将零点标准气送入2500分析仪的采样单元中。显示器随后显示输入的目标浓度和由2500分析仪测量的当前浓度。当浓度值稳定后，通过加亮YES和按动ENTER键接受目标浓度作为新的当前浓度。注意：如果调节超出了零点容差，则将给出警告。在按完ENTER键后，则自动增益设置例行程序将出现，并且随后零点校准就由2500分析仪进行调整，以便读出目标浓度值。

2）量程校准：进入量程校准程序，输入量程设定目标浓度（即量程标准气中已知的被测量成分的浓度值，第一次校准时或量程标准气浓度改变时，必须输入量程标准气值）；将量程标准气送入2500型分析仪的采样单元中，显示器随后显示输入的目标浓度和由2500型分析仪测量的当前浓度。当浓度值稳定后，通过加亮YES和按动ENTER键接受目标浓度作为新的当前浓度。注意：如果调节超出了量程容差（量程容差在80% fsd和120% fsd间），则将给出警告。在按完ENTER键后，则自动增益设置例行程序将出现，并且随后量程校准就由2500分析仪进行调整，以便读出目标浓度值。

4.3.6 常见故障与处理

2500型红外分析仪常见故障与处理方法见表2。

表 2　2500 型红外分析仪常见故障与处理方法

故障现象	故障原因	处理方法
故障 LED 指示灯亮，故障显示的信息为：CALIBRATION DATA CORRUPTION（校验数据变坏）	1. 标准气值未输入到仪器中； 2. 标准气未通入仪器	检查标准气和流量是否正确，标准气值是否和仪器的相一致，重新校验
故障 LED 指示灯亮，故障显示的信息为：DETECTOR SIGNAL LOW（检测器信号低）	采样单元受污染	清洗采样单元。（在加电时可能短时出现此信息）
故障 LED 指示灯亮，故障显示的信息为：SOURCE VOLTAGE HIGH（电源电压高）	电源控制板故障	更换电源控制板
故障 LED 指示灯亮，故障显示的信息为：SOURCE VOLTAGE LOW（电源电压低）	电源控制板故障	更换电源控制板
故障 LED 指示灯亮，故障显示的信息为：CELL TEMP HIGH(池温高）	电源控制板故障	更换电源控制板
故障 LED 指示灯亮，故障显示的信息为：CELL TEMP LOW(池温低）	1. 电源控制板故障； 2. 测温元件故障； 3. 加热元件故障	1. 更换电源控制板； 2. 更换测温元件和加热丝
故障 LED 指示灯亮，故障显示的信息为：CHOPPER TEMP LOW（斩波器温度低）	1. 环境温度太低； 2. 加热和过温保护故障； 3. 电源板故障	1. 检查加热和温控系统，更换过温保护； 2. 更换电源板
故障 LED 指示灯亮，故障显示的信息为：SYSTEM ADC INOPERATIVE（系统模数控制无效）	传感器接口板故障	更换传感器接口板
故障 LED 指示灯亮，故障显示的信息为：ZERO OUT OF TOLERANCE(零点超范围）	1. 自动校准失败，零点标准气不好； 2. 采样单元污染	1. 使用手动零点校准和更换零点标准气，重新校准零点； 2. 清洗采样单元
故障 LED 指示灯亮，故障显示的信息为：PASSWORD VIOLATION（密码错误）	密码输入错误	输入正确的密码
故障 LED 指示灯亮，故障显示的信息为：CHOPPER TEMP SENSOR FAILURE（斩波器温度传感器故障）	斩波器传感器故障或超范围	1. 更换斩波器传感器； 2. 检查电源板和其上的保险
故障 LED 指示灯亮，故障显示的信息为：CELLTEMP SENSOR FAILURE（池温度传感器故障）	池传感器故障或测量超范围	检查传感器界面板和电源板
故障 LED 指示灯亮，故障显示的信息为：DETECTOR TEMP SENSOR FAILURE（检测器温度传感器故障）	检测器传感器故障	更换检测器和检查电源板
故障 LED 指示灯亮，故障显示的信息为：DETECTOR SIGNAL HIGH(检测器信号高）	滤波器故障，丢失液体样品	更换滤波器，检查液体样品流量

5 检修及质量要求

5.1 检修

1）定期标定。

2）取样系统检查。

3）气室单元检查。

5.2 检修质量要求

5.2.1 定期标定

每3个月用标准气校验一次。标定时通N_2检查分析仪零点，再通入量程气检查分析仪的范围。如果分析仪的零点或范围与标准气值有较大偏差时，可按相应分析仪的校验中所规定的步骤，校正零点和范围。保证分析数据满足参数要求。

5.2.2 取样系统检查

1）定期清洗或更换过滤器。使得过滤器无油污、水、杂质，密封完好，无泄漏。

2）每天检查样品气的压力、温度，压力表指示正常，无油污、杂质，密封完好，无泄漏。

3）每天检查样品气的流量，流量计调节旋钮正常，浮子动作无明显跳动，密封完好，无泄漏。

4）每天检查样品连接有无泄漏。

5.2.3 气室单元检查

1）采样单元在当基准检测器信号降到它的原始值的50%以下时就应拆下来进行清洗。在浸蚀性样品条件下，信号的丢失可能是由于一般的腐蚀或采样单元窗口的污染所致。在这种情况下，要对采样单元和窗口进行仔细的清洗，若达不到使用要求则要更换采样单元的窗口。

2）采样单元的窗口的清洁应利用脱脂棉、镜头纸、洗涤剂或合适的溶剂（例如异丙醇）来进行。要避免使用腐蚀性的清洗化合物，因为这些物料会损坏光学表面。

3）窗口应保持光学清洁，即无污垢、划痕、灰尘、指纹等。在处理窗口时建议戴上棉手套或指套。

在线分析仪表维护检修规程
第 5 部分：工业 pH 计

SHS 07006.5—2019

部分代替 SHS 07006—2004

目 次

前　言

本规程 SHS 07006《在线分析仪表维护检修规程》分为以下十六个部分：

——第 1 部分：工业气相色谱仪；

——第 2 部分：氧分析仪；

——第 3 部分：氢分析仪；

——第 4 部分：红外线分析仪；

——第 5 部分：工业 pH 计；

——第 6 部分：电导仪；

——第 7 部分：工业水分仪；

——第 8 部分：在线熔融指数仪；

——第 9 部分：烟气排放连续监测系统；

——第 10 部分：可燃气体报警器；

——第 11 部分：有毒气体报警器；

——第 12 部分：化学需氧量在线自动监测仪；

——第 13 部分：氨氮在线分析仪；

——第 14 部分：VOCs 在线气相色谱分析仪；

——第 15 部分：在线溶解氧分析仪；

——第 16 部分：激光氧分析仪。

本部分为 SHS 07006 的第 5 部分：工业 pH 计。本部分按照 GB/T 1.1—2009《标准化工作导则　第 1 部分：标准的结构和编写》给出的规则起草。

本规程代替 SHS 07006—2004《在线分析仪表》第五节”工业 pH 计“，与 SHS 07006—2004 相比，除编辑性修改外，主要技术变化如下：

——新增梅特勒－托利多公司 PH M400/2XH，替代原规程中梅特勒－托利多公司 PH 2100/2X。

——增加了检修及质量要求。

本部分由中国石油化工集团有限公司、中国石油化工股份有限公司提出。

本部分起草单位：中国石油化工股份有限公司北京燕山分公司。

本部分主要起草人：田江南、裴浩然、李玉成、王晨。

本部分所代替规程的历次版本发布情况为：

——SHS 07006—1992、SHS 07006—2004。

在线分析仪表维护检修规程
第5部分：工业pH计

1 范围

本部分适用于石化生产过程中所使用的工业酸度计（pH计）的维护检修规程。

2 规范性引用文件

下列文件对本文件的应用是必不可少的。凡是注日期的引用文件，仅注日期的版本适用于本文件。凡是不注日期的引用文件，其最新版本（包括所有的修改单）适用于本文件。

JB/T 6203 工业pH计

JJG 919 pH计检定仪检定规程

JJF 1547 在线pH计校准规范

3 工业pH计

3.1 概述

工业pH计能测量水溶液中的氢离子浓度，是用来检测溶液酸碱度的常用仪器。pH计由传感器组件（测量电极）、转换器以及专用电缆组成。

3.2 主要技术指标

3.2.1 pH/mV输入范围

pH值：0.00～14.00

mV值：-1500～1500mV

3.2.2 玻璃电极（20℃）

输入阻抗：＞$0.5\times10^{12}\Omega$

输入电流：＜2×10^{-12}A

3.2.3 参比电极（20℃）

输入阻抗：＞$1\times10^{10}\Omega$

输入电流：＜1×10^{10}A

3.2.4 测量误差

pH 值：＜0.02pH

mV 值：＜1mV

3.2.5 电极监测　　SensoCheck®：检测参比和玻璃电极（可关闭）

3.2.6 报警限：在校准时确定

3.2.7 电极校准

1）Calimatic® 自动校准缓冲液：

-01-　Mettler-Toledo

2.00/4.01/7.00/9.21

-02-　Merck/Riedel de haen

2.00/4.00/7.00/9.00/12.00

-03-　Ciba（94）

2.06/4.01/7.00/10.00

-04-　Mettler-Toledo（U.S.A）

4.00/7.00/10.01

-05-　NIST 标准

4.0.6.6.8　65/9.180

-06-　HACH

4.00/7.00/10.18

2）手动输入缓冲液值（MAN）

3）输入预测的数据（DAT）

3.2.8 校准间隔：0～9999h

3.2.9 温度输出范围：Pt100/Pt1000/NTC 30kΩ

NTC　-20.0～130.0℃

Pt　-20.0～150.0℃

3.2.10 温度补偿：自动 Pt100/Pt1000/NTC 30kΩ 或手动

3.2.11 显示：LC 显示屏，报警 LED

3.2.12 电流输出：0～20mA DC/4～20mA DC

浮点 22mA 用于出错信息

3.2.13 量程：pH　2.00～14.00

mV　200～3000mV

3.2.14 电源：20～253V AC/DC，约 2VA

3.2.15 温度：操作环境温度：-20～55℃

运输和储存温度：-20～70℃

3.3 检查与校验

3.3.1 检查

外观无磕碰，设备完好，探头没有漏液，电极全部浸在保护液中。

3.3.2 校验

Calimatic® 自动缓冲液识别、手动缓冲液输入或输入预测的电极数据。

3.3.2.1 用 Calimatic® 自动校准（BUF）

1）用 cal 键启动校验；

2）输入模式代码“1100”；

3）把电极插入第一缓冲液中；缓冲液的顺序与此无关；

4）按 Enter 键开始校验；

5）当所列图标开始闪烁时，电极仍在第一个缓冲液中（先把电极放入缓冲液中，再进行测量就可以降低响应时间。这样能更快地得到稳定读数）；

6）显示缓冲液 pH 值，进行缓冲液识别；

7）显示零电位对应的缓冲液值，随后自动检测稳定性：显示 mV 值（在此过程中按 cal 键可以中断稳定性检测，但是会降低校验精度）；

8）完成电极在第一个缓冲液内的校准后，从第一个缓冲液中取出电极，并冲洗干净；

9）如果只需要进行一点校验，现在就可以用 cal 键结束校验。变送器在副显示屏指示新的不对称电势而在主显示屏上指示一个斜率值；如需要进行两点校验，把电极插入第二个缓冲液中，再用 Enter 键开始校验，校验过程和第一个缓冲液相同；

10）校验结束后显示电极的不对称电位（基于 25℃）。用 Enter 结束校验。变送器仍处于保持状态，重新安装电极并用 Enter 键结束保持状态。20s 后（电极调节用）变送器返回测量模式。

3.3.2.2 手动校准（MAN）

在用人工定义的缓冲液进行校验时，必须输入与仪器使用温度相对应的缓冲液 pH 值。这样就可以使用所需的缓冲液进行校准了。

用 cal 键启动校验：

1）输入模式代码“1100”；

2）把电极插入第一个缓冲液中，缓冲液的顺序与此无关；

3）输入与仪器使用温度相对应的缓冲液 pH 值，用 Enter 键开始校验（先将电极放入缓冲液内再进行测量可以降低响应时间）；

4）仪表开始检测稳定性，并显示测量的 mV 值（此时用 cal 键可以中断稳定性检测，但会降低校验精度）。

3.4 使用、维护与故障处理

3.4.1 使用

pH 计安装完毕后，要在工艺生产正常时投用，非正常工况容易造成 pH 计探头损坏或数据异常。投用前应检查 pH 计各密封点有无介质泄漏，随后对 pH 计进行上电。上电后要进行校准，校准可以使得变送器和电极更加相适配。对该型号变送器可以进行 1 点或 2 点校准。

在 pH 计校准过程中，缓冲液的浓度要与 pH 探头要求的一致，否则会引起测量结果的不准确。

3.4.2 维护

在维护过程中，每天观察取样系统的流量、压力和温度，样品流量要控制在正常范围之内。因为如果流量过小，仪表反应迟缓；流量过大，仪表指示会有波动。在常压系统场合下，应将压力控制在 0.5MPa 以下，在高温场合下，样品温度不得超过 80℃。

1）每 3 个月用标液对仪表校验 1 次。

2）注意冬季检查取样管线和仪表箱内的保温伴热情况。

3）在对电极进行清洗时，注意拆卸方法，小心切勿碰撞。

4）可用潮湿不起毛的布擦除变送器表面的粉尘和脏物。如有必要也可使用各种家用清洗剂。

3.4.3 常见故障与处理

pH 计测量状态故障主要存在于测量过程中的故障，主要根据表 1 进行处理。

表 1 pH 计常见故障与处理方法

故障现象	故障原因	处理方法
	电极	电极损坏
		电极内电解液太少
		电极没有接上
		电极电缆断
		电极接线错误
		测量的 pH 值＜0 或＞14
	氧化还原电极	电极损坏
		电极没有接上
		电极接线错误
		测量的电极电压＜-1500mV 或＞1500mV

表 1　pH 计常见故障与处理方法（续）

故障现象	故障原因	处理方法
	温度电极	温度电极连接或组态不正确
		电极回路开路或短路
		温度测量值小于 -20℃或大于 +150℃
	回路电流	回路电流低于组态下限
	回路电流	回路电流高于组态上限
	玻璃电极	玻璃电极需要清洗或已破裂
		连接电缆或电极帽故障
		连接端子脏
	参比电极	参比电极故障
		连接电缆或电极帽故障
		连接端子脏
		电极超出使用年限
		端子 4、5 间没有跳线
ConF	系统故障	组态或校验数据失效，重新组态和进行标定
		测量值转换错误
		转换器程序错误
FAIL	工厂设置错误	EPROM 或 RAM 故障，厂家设置错误，这种情况下一般将转换器返回厂家处理。

3.5　检修及质量要求

3.5.1　检修

电极在测量时，应先在蒸馏水中（或去离子水中）清洗干净，并用滤纸吸干水分，防止杂质带进被测液中，电极的 1/3 应插入被测溶液中。电极不用时应洗净，插入加有 3.5mol 氯化钾溶液的保护套，或将电极插进加有 3.5mol 氯化钾溶液的容器中。检查接线端子处是否干燥，如有沾污，请用无水酒精擦拭，吹干后使用。 应避免长期浸泡在蒸馏水或蛋白质溶液中，并防止与有机硅油脂接触。使用时间较长的电极，它的玻璃膜可能变成半透明或附有沉积物，此时可用稀盐酸洗涤，并用水冲洗。电极使用时间较长，出现测量误差时，须配合仪表进行标定，进行校正。当用以上方式对电极进行维护和保养时仍不能进行标定和测量时，说明电极已经失效，请更换电极。

pH 计的检修主要是对探头测量数据准确性的校验，可采取 3.3.2 中自动或手动方法进行校验。

3.5.2 检修质量要求

3.5.2.1 pH 计检修后的质量要求一定要满足 pH 计探头的测量误差要求，pH 系列产品 M400/2XH 为例，电极 pH 值测量误差＜0.02。

3.5.2.2 分析小屋内的环境要求：

1）环境温度：0～40℃，温度变化在 ±5℃以内。

2）湿度：相对湿度在 90％以下。

3）大气压：在 86～106kPa 压力下，其变化幅度在 ±5％以内。

4）电压：220V±10％。

5）电源频率：50Hz±1％。

自动分析仪的标牌应符合 GB/T 13306 的规定，永久性地固定在仪器的醒目位置上，至少标明以下内容：

a）名称及型号；

b）测定对象；

c）测定浓度范围；

d）使用温度范围；

e）电源类别及容量；

f）制造商名称；

g）生产日期与生产批号。

在线分析仪表维护检修规程
第 6 部分：电导仪

SHS 07006.6—2019

部分代替 SHS 07006—2004

目　次

前　言

本规程 SHS 07006《在线分析仪表维护检修规程》分为以下十六个部分：

——第 1 部分：工业气相色谱仪；

——第 2 部分：氧分析仪；

——第 3 部分：氢分析仪；

——第 4 部分：红外线分析仪；

——第 5 部分：工业 pH 计；

——第 6 部分：电导仪；

——第 7 部分：工业水分仪；

——第 8 部分：在线熔融指数仪；

——第 9 部分：烟气排放连续监测系统；

——第 10 部分：可燃气体报警器；

——第 11 部分：有毒气体报警器；

——第 12 部分：化学需氧量在线自动监测仪；

——第 13 部分：氨氮在线分析仪；

——第 14 部分：VOCs 在线气相色谱分析仪；

——第 15 部分：在线溶解氧分析仪；

——第 16 部分：激光氧分析仪。

本部分为 SHS 07006 的第 6 部分：电导仪。本部分按照 GB/T 1.1—2009《标准化工作导则　第 1 部分：标准的结构和编写》给出的规则起草。

本规程代替 SHS 07006—2004《在线分析仪表》第六节“工业电导仪”，与 SHS 07006—2004 相比，除编辑性修改外，主要技术变化如下：

——新增梅特勒－托利多公司 M400/2XH 型电导分析仪，替代原规程中梅特勒－托利多公司 Cond 7100/2X 型电导分析仪；

——增加了检修及质量要求。

本部分由中国石油化工集团有限公司、中国石油化工股份有限公司提出。

本部分起草单位：中国石油化工股份有限公司北京燕山分公司。

本部分主要起草人：田江南、裴浩然、李玉成、王晨。

本部分所代替规程的历次版本发布情况为：

——SHS 07006—1992、SHS 07006—2004。

在线分析仪表维护检修规程
第 6 部分：电导仪

1 范围

本部分适用于石化生产过程中所使用的工业电导仪的维护检修。

2 规范性引用文件

下列文件对本文件的应用是必不可少的。凡是注日期的引用文件，仅注日期的版本适用于本文件。凡是不注日期的引用文件，其最新版本（包括所有的修改单）适用于本文件。

HG/T 3802 工业电导仪

3 电导仪

3.1 概述

该仪表基于电解质分子在溶液中离解成正负离子，以及溶液的导电能力与离子的有效浓度成正比的原理进行测量。用电极检测溶液的导电率就可以间接得出溶液的浓度值。

M400/2XH 型电导仪由电极和转换器两部分组成，转换器与电极的连接如图 1 所示。

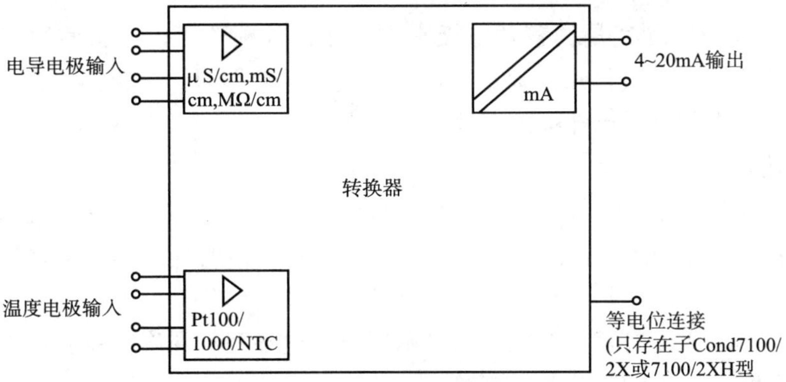

图 1 M400/2XH 型电导仪构成简图

3.2 主要技术指标

3.2.1 电源电压：24V DC

3.2.2 输出信号：4～20mA DC

3.2.3 测量样品温度：0～80℃

3.2.4 测量样品流量：＜20L/min

3.2.5 环境温度（操作温度）：-20～+55℃

3.2.6 测量范围：0.000～9.999μS/cm
00.00～99.99μS/cm
000.0～999.9μS/cm
0.000～9.999mS/cm
00.00～99.99mS/cm
000.0～999.9mS/cm
0.000～9.999MΩ/cm
00.00～99.99MΩ/cm
000.0～999.9MΩ/cm

3.2.7 温度输入范围：Pt100/Pt1000/NTC 30kΩ/NTC 100kΩ
-NTC　-20.0～+130.0℃
-Pt　-20.0～+150.0℃

3.3 检查与校验

3.3.1 检查

主要是检查样品压力、流量和温度是否满足电导仪的要求，同时电导仪设备完好、无损坏。

3.3.2 校验

对电极的校验实际就是调整其电极常数。在校验模式下，电极常数有两种改变方式：如果电极的电极常数已知，则直接输入其电极常数即可；如果其电极常数不知，则在温度允许范围内可以用已知标准溶液进行标定。

3.3.2.1 直接输入电极常数

1）按下“CAL”键激活校验模式，输入代码“1100”后按“Enter”键确认。

2）键输入电极常数，电极常数的下一行即表示当前的电导率。电极常数改变必然会引起电导率的变化。

3）当6s内输入没有发生变化时，显示屏出现电导率和温度交替显示画面。

4）按下“Enter”键确认电极常数。

5）转换器仍处于保持状态，按下“Enter”进行确认，20s后系统将进入测量模式。

6）用标准液进行校验

注意：使用此方法进行标定，必须已知标准液及温度校正表。

7）按下“CAL”键激活校验模式，输入代码“1100”后按“Enter”键确认。

8）将电极插入标准液中。

9）6s后显示屏上会交替出现电导率和温度值，记下标准液在显示温度下的电导率值。

10）键改变电极常数，直到电导的测量值与表中一致。

11）确认在校验过程中温度处于稳定状态。

12）按下“Enter”键确认电极常数 .

13）转换器仍处于保持状态，按下“Enter”进行确认，20s后系统将进入测量模式。

3.4 使用、维护与故障处理

3.4.1 使用

投用前检查、投用步骤、注意事项等内容。

3.4.2 维护

1）每天检查样品压力、流量和温度，使之符合要求。

2）每 3 个月对仪表校验 1 次。

3）冬季时注意样品的保温伴热。

4）对电极进行清洗时，注意拆卸方法，小心切勿碰撞。

3.4.3 常见故障与处理

电导仪常见故障与处理方法见表 1。

表 1 电导仪常见故障与处理方法

故障现象	故障原因	处理方法
1179.	电极	电极常数错误
		电导率＞1000mS/cm
		电缆连接错误
	电极	电极不稳定
	温度电极	温度超出范围
	回路电流	回路电流低于组态下限
		回路电流组态下限错误
	回路电流	回路电流高于组态上限
		回路电流组态上限错误

表 1　常见故障处理（续）

故障现象	故障原因	处理方法
	电极检查	电极常数错误
		电极故障
		电缆连接错误
		连接端子脏污
ConF	系统错误	组态或校验数据失效，重新组态和进行标定。
		测量值转换错误
		转换器程序错误
FAIL	工厂设置错误	EPROM 或 RAM 故障，厂家设置错误，这种情况下一般将转换器返回厂家处理。

3.5　检修及质量要求

3.5.1　检修

3.5.1.1　设备检修要遵循校验和维护原则，在检修过程中要注意拆卸方法，小心磕碰。

3.5.1.2　电导仪电源断掉后，将电导仪探头拔出，检查探头有无损坏，探头上有无脏污和锈迹，如果有关掉样品入口阀，打开排放阀将检测池内介质拍净，更换新的探头，如果有脏污和锈迹将脏污除净，并用 3%稀盐酸浸泡，直到锈迹清洗净后方可。

3.5.1.3　电极的清洗：一般可用洗涤剂清洗电极，洗涤剂的种类要根据受污染的类型来选择。大多数情况是采用铬酸或 1%～2%浓度的盐酸清洗电极。清洗方法：先将电极从外壳内拆下，将电外壳一起浸在清洗液中（注意电极的接线端不能浸入），再用毛刷刷洗电极及外壳内测，净后用蒸馏水或脱盐水多次冲洗至水呈中性，然后将电极装入外壳内固定好。如果是软泥、微粒沉积在电导池通道内，可用柔软干净的毛刷或棉花轻轻擦去电极上的沉积物，注意不要擦伤电极，对电极常数较低的电导池不要使用毛刷。

3.5.2　检修质量要求

3.5.2.1　仪器核心组件应满足电导仪的技术指标要求，保证样品压力、流量，温度满足电导仪使用要求。

3.5.2.2　分析小屋内的环境要求：

1）环境温度：0～40℃，温度变化在 ±5℃以内。

2）湿度：相对湿度在 90%以下。

3）大气压：在 86～106kPa 压力下，其变化幅度在 ±5%以内。

4）电压：220V±10%。

5）电源频率：50Hz±1%。

自动分析仪的标牌应符合GB/T 13306的规定，永久性地固定在仪器的醒目位置上，至少标明以下内容：

a）名称及型号；

b）测定对象；

c）测定浓度范围；

d）使用温度范围；

e）电源类别及容量；

f）制造商名称；

g）生产日期与生产批号。

在线分析仪表维护检修规程
第 7 部分：工业水分仪

SHS 07006.7—2019

部分代替 SHS 07006—2004

目　次

前　言

本规程 SHS 07006《在线分析仪表维护检修规程》分为以下十六个部分：

——第 1 部分：工业气相色谱仪；

——第 2 部分：氧分析仪；

——第 3 部分：氢分析仪；

——第 4 部分：红外线分析仪；

——第 5 部分：工业 pH 计；

——第 6 部分：电导仪；

——第 7 部分：工业水分仪；

——第 8 部分：在线熔融指数仪；

——第 9 部分：烟气排放连续监测系统；

——第 10 部分：可燃气体报警器；

——第 11 部分：有毒气体报警器；

——第 12 部分：化学需氧量在线自动监测仪；

——第 13 部分：氨氮在线分析仪；

——第 14 部分：VOCs 在线气相色谱分析仪；

——第 15 部分：在线溶解氧分析仪；

——第 16 部分：激光氧分析仪。

本部分为 SHS 07006 的第 7 部分：工业水分仪。本部分按照 GB/T 1.1—2009《标准化工作导则　第 1 部分：标准的结构和编写》给出的规则起草。

本规程代替 SHS 07006—2004《在线分析仪表》第七节“工业水分析仪”，与 SHS 07006—2004 相比，主要变化如下：

——增加检修及质量要求。

本部分由中国石油化工集团有限公司、中国石油化工股份有限公司提出。

本部分起草单位：中国石油化工股份有限公司北京燕山分公司。

本部分主要起草人：田江南、张杰、何喜、周彬、王晨。

本部分所代替规程的历次版本发布情况为：

——SHS 07006—1992、SHS 07006—2004。

在线分析仪表维护检修规程
第 7 部分：工业水分仪

1 适用范围

本部分适用于 GE 公司 SERIES Ⅰ型湿度仪，其他同类仪表可参考使用。

2 规范性引用文件

下列文件对本文件的应用是必不可少的。凡是注日期的引用文件，仅注日期的版本适用于本文件。凡是不注日期的引用文件，其最新版本（包括所有的修改单）适用于本文件。

GB/T 25154 电容法 液相 微量水分仪

3 工业水分析仪

3.1 概述

GE 公司生产的 Series 系列多通道水分仪用于气体和不含水液体的湿度测量，同时还可对气体中的氧含量进行测量（本节以湿度测量为主）。完整的 Series Ⅰ湿度分析系统由测量探头、样品处理单元、电缆和显示处理单元组成。

3.1.1 探头

GE Series Ⅰ系列水分仪测量探头均采用氧化铝传感器来进行湿度测量。按具体功能不同，探头主要分为以下三种系列：M 系列、TF 系列和 MIS 系列。

1）M 系列（Moisture Series）——湿度测量和温度测量（可选）。

2）TF 系列（Three Function Series）——湿度测量、温度测量和压力测量（可选）。

3）MIS 系列（Moisture Image Series Probe）——湿度测量、温度测量（可选）和压力测量（可选），同时探头本身带有相应的电子模块，模块内储存了探头的相关校验数据，因此用户在使用时不用输入任何数据，该系列探头电子模块还具有模拟回路补偿功能，可提高测量的稳定性。

各系列探头的结构如图 1～图3 所示。

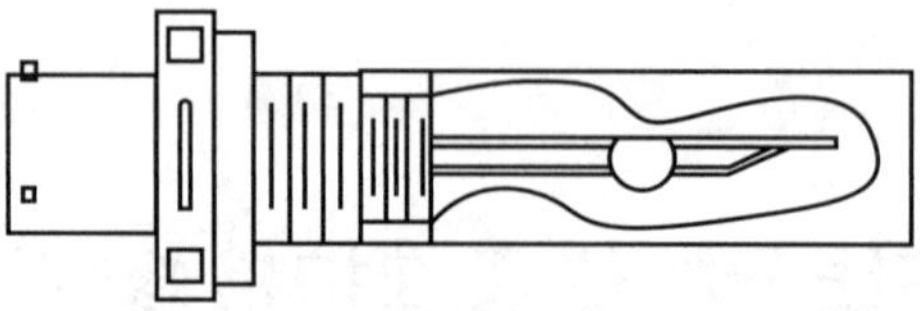

图 1 M 系列探头

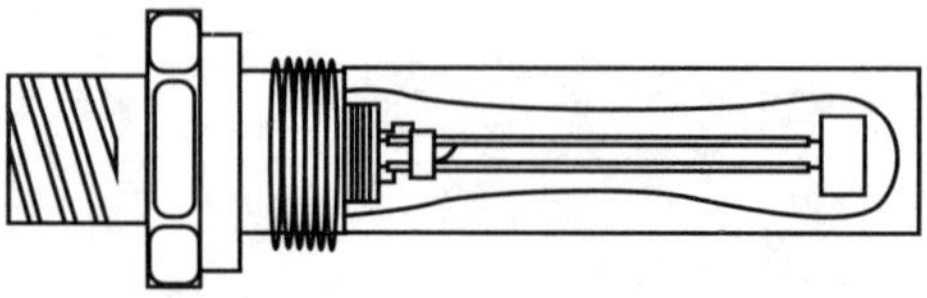

图 2 TF 系列探头

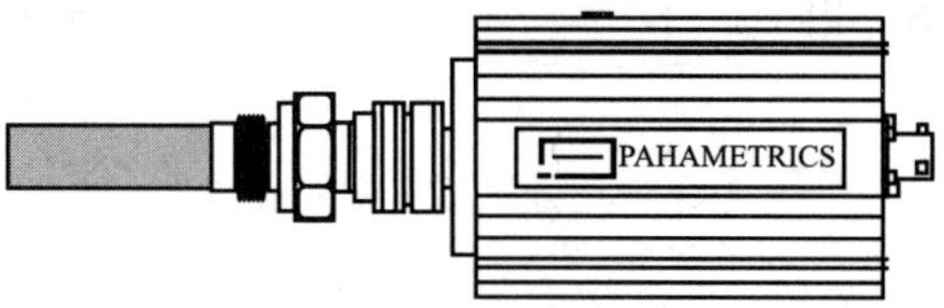

图 3 MIS 系列探头

氧化铝探头测量原理：氧化铝湿度探头采用电容式传感器，以铝和能渗透水的黄金膜为极板，两极板间填以氧化铝微孔介质，多孔性的氧化铝可以从含有水分的气体中吸收水汽，由于吸收水分就使作为电容器两个极板之间的介电常数 ε 发生变化，因而电容量也就随之变化，这个变化与介质的含水量有线性关系，因此可根据此变化对气体的湿度进行测量。

3.1.2 取样小室

样品处理单元主要是根据探头的具体情况，对分析样品的压力进行调节，同时也起保护探头的作用。

3.1.3 信号电缆

3.1.3.1 M 系列和 TF 系列探头

探头和显示处理单元的连接电缆为 GE 公司的专用屏蔽电缆，探头与处理单元的距离不要超过 600m（特殊情况可至 1200m）。采用 TF 系统探头进行压力测量时，电缆长度不要超过 152m。

3.1.3.2 MIS 系列

采用非屏蔽双绞线电缆，探头与处理器间的距离可达 915m。

3.1.4 显示与处理单元

显示处理单元由端子连接模块、LCD 显示屏、键盘、软键和一个 RS232 通信接口组成，如图 4 所示。

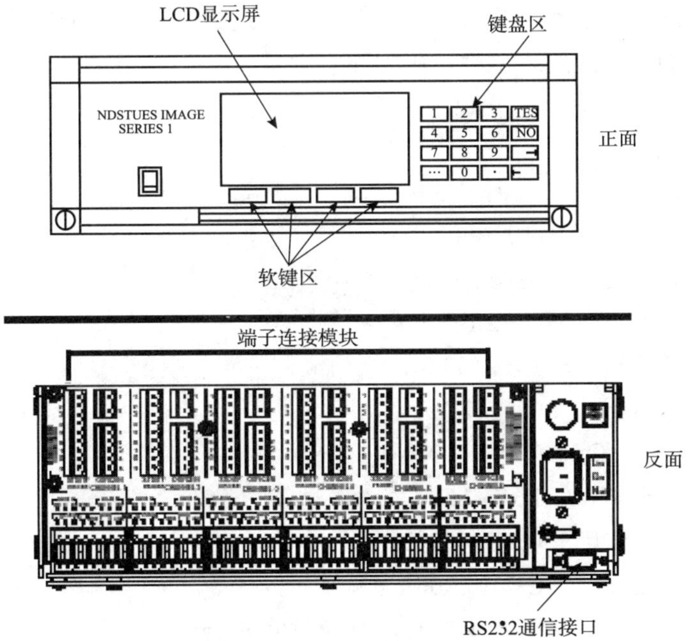

图 4　显示与处理单元

3.1.4.1　端子连接模块

端子连接模块位于显示处理单元的背面，由于 Series Ⅰ湿度仪最多可接收 6 个检测探头信号，因此端子连接模块有 6 个，分别用于输入探头信号，并输出相应的模拟信号及接点信号，所有探头信号的输入连接均为本安连接。

3.1.4.2　LCD 显示屏

LCD 显示屏用于显示分析的相关数据，显示方式有两种：棒图方式和文本方式。

3.1.4.3　键盘和软键

键盘用于输入相关数据并对分析仪进行有关操作。

软键共有 4 个，位于 LCD 显示屏的下方，根据所选菜单不同，各键所对应的功能也不同。

3.1.4.4　RS232 通信接口

通过 RS232 通信接口，分析仪可使用远程打印机。在 PC 机上安装相应的软件后，使用者可通过 PC 机远程对一台或多台分析仪进行相关操作。

3.2　主要技术指标

3.2.1　总貌

3.2.1.1　总貌：带微处理器的 6 通道氧化铝湿度分析仪

3.2.1.2　电源：90～260V AC，50～60Hz

3.2.1.3　防爆等级：NEMA-4　防雨型

NEMA-7　防爆型

3.2.1.4 参数：通过组态和选择合适的探头，每个通道均可对下列参数进行测量：湿度、温度、压力和氧含量

3.2.2 湿度测量

3.2.2.1 检测器类型　氧化铝湿度传感器（以 M 系列探头为例）

3.2.2.2 露点：测量范围 -110～60℃

有效的校验范围：

标准　-80～20℃

低范围　-110～-50℃

高范围　-80～60℃

3.2.2.3 准确性：±2℃（-65～60℃）

±3℃（-110～66℃）

3.2.2.4 重复性：±0.5℃（-65～60℃）

±1.0℃（-110～66℃）

3.2.2.5 响应时间：63%的阶跃变化时，响应时间≤3min

3.2.2.6 探头标定：1 次 / 半年

3.2.2.7 其他参数：分析仪利用湿度、温度或压力输入信号可计算出相关参数，主要有：

1）相对湿度（RH）

2）体积分数（ppmv）（气样）

3）质量分数（ppm）（液样）

3.2.3 温度测量

3.2.3.1 测量范围：-30～70℃

3.2.3.2 准确性：-30℃时误差为 ±0.5℃

3.2.4 显示和处理单元

3.2.4.1 显示方式：棒图 / 文本

3.2.4.2 显示功能：可同时显示 6 通道 / 参数

3.2.4.3 环境温度：0～60℃

3.2.4.4 自动校验时间：送电或使用者自己设定

3.2.4.5 预热时间：≤5min

3.2.5 输出

3.2.5.1 模拟输出：每个通道有 2 个内部隔离的模拟输出通道，具体方式有：

0～2V DC，最小负载电阻为 10kΩ

0～20mA DC，最大负载电阻 400Ω

4～20mA DC，最大负载电阻 400Ω

3.2.5.2 数字输出：RS232 串行通信接口，传输速率可为 300、1200、2400、4800、9600 或 19200 波特

3.2.5.3 接点输出：每个通道可有 2 个可选的接点输出信号

3.3 检查与校验

3.3.1 检查

1）检查电缆连接是否正确，包括电源线、输入信号、输出信号和信号屏蔽线。如果信号电缆没有使用 GE 公司的专用电缆，则开机后必须对分析仪进行重新校验。

2）检查取样管线及样品处理单元是否存在泄漏，样品返回点的压力是否满足要求。若返回点压力过高，样品不能顺利返回，会使分析结果出现误差。

3）利用样品气对取样管线和样品处理单元进行吹扫，将残留在管线中的灰尘、杂质除去，以防探头污染或损坏。

4）对 M 系列和 TF 系列探头，GE 公司已将探头的校验数据预设在相应的通道中，使用者在安装探头时应将其装在对应的通道上。探头的安装位置可从其校验报告中查到。由于校验数据已储存在配套的电子模块之中，所以使用 MIS 探头不需进行任何组态。

3.3.2 校验

分析仪的校验包括探头校验和电气校验。

3.3.2.1 探头校验

厂家完成，一般 1 次 / 半年。

3.3.2.2 电气校验

1）用于对电气漂移进行调整，一般采用自动校验方式。GE 公司推荐的自动校验间隔为 480min，如果现场的温度和气候条件比较恶劣，可以将此时间间隔设置小些。

2）自动校验时间设置：

按路径“SETTINGS”→“SERVICE”→“REFS”进入高低限值输入画面，改变画面中“AutoCal Interval”的数值，即可改变自动校验时间。

3.4 使用、维护与故障处理

3.4.1 使用

3.4.1.1 开机步骤

Series Ⅰ分析仪采用通用电源模块，对 90～260V AC 范围内的电压能够自动调整。使用者检查电源线连接正确后，按下显示处理单元前面板上的“ON”按钮即可启动分析仪系统。

分析仪启动后自动对仪表的只读存储器（ROM）和随机存储器（RAM）进行测试，并对每个使用通道进行校验。若内存测试通过、通道校验正常，则分析仪会以文本方式显示测量结果。若内存测试没通过，其处理方法查看故障处理部分。

3.4.1.2 输入探头校验数据

打开探头组态画面，检查探头是否激活，如图 5 所示。

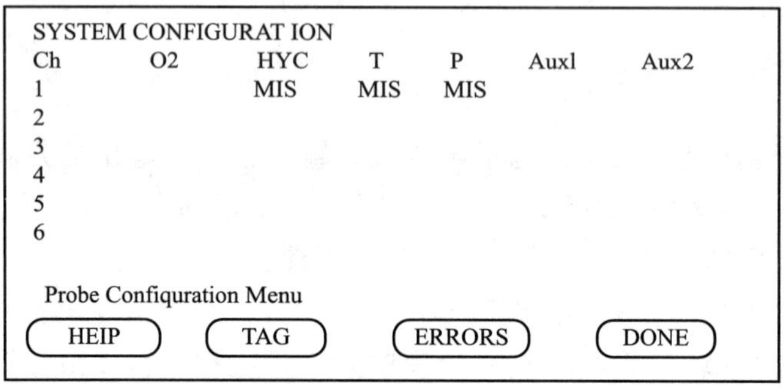

图 5 探头设置画面

打开系统校验数据输入画面，检查所有探头的校验数据是否正确，如图 6 所示。

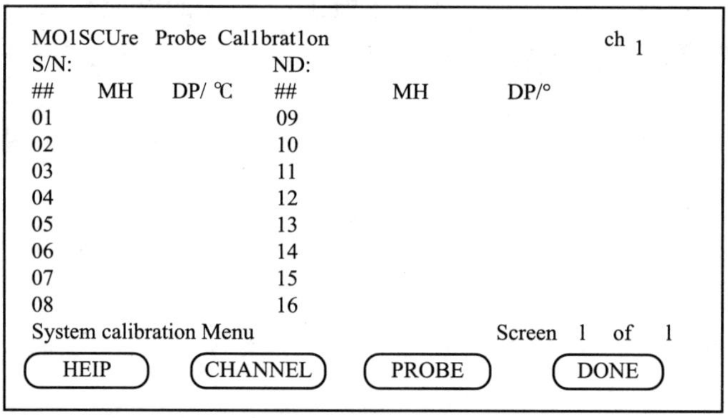

图 6 系统校验画面

利用校验数据输入画面，使用者可以根据具体情况设定每个通道探头的校验数据，输入的内容包括：探头的系列号、校验点的数量、每个校验点所对应的露点值和 *MH* 值。

在 Series Ⅰ 分析仪正确使用之前，必须将探头的校验数据输入至分析仪中。虽然 GE 公司在交货前已将数据输入，但使用者在将整个分析系统投用之前必须对这些数据进行仔细检查和确认。

注意：若使用者更换了探头的安装通道，则必须将该探头的所有校验数据重新输入至新通道当中。

3.4.1.3 打开参数上下限设定画面（图 7），检查各通道的上下限是否设置正确。

注意：Series Ⅰ 分析仪的湿度和压力测量通道需要设定参数上下限，该值由厂家给出，使用者可从分析仪显示处理单元前面板或侧面板的标签上查得。

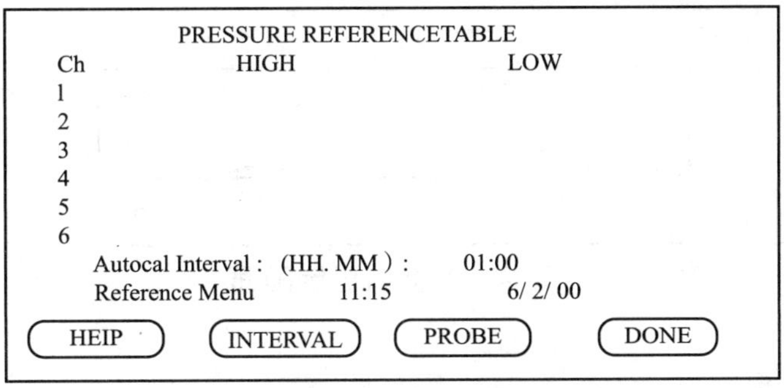

图 7 参数上下限设定画面

3.4.1.4 输入样气压力值

如果样品气的温度和压力等参数比较恒定，Series 1 分析仪允许用户用固定值来代替在线测量值，用户常量设定画面如图 8 所示。

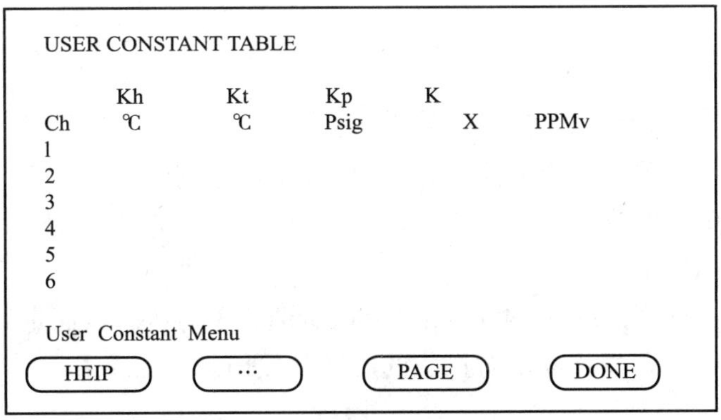

图 8 常量设定画面

注意： *若分析系统只有湿度测量探头，则必须在此输入样品的压力值，否则系统只能显示 MH 值，而没有相应的露点值。*

3.4.1.5 日常操作

完成上述各步骤且一切无误后，分析仪即可投入使用，其显示方式有文本和棒图两种形式，常用的文本显示如图 9 所示。文本显示画面有 6 页，每页都有 6 个矩形框，使用者可以通过用户组态程序对每个矩形框的显示内容进行组态。

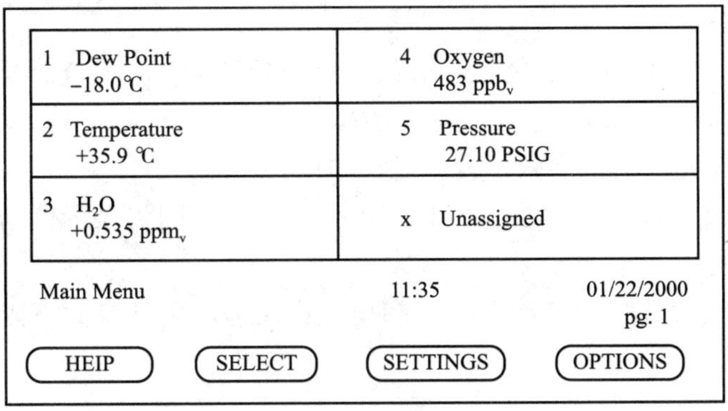

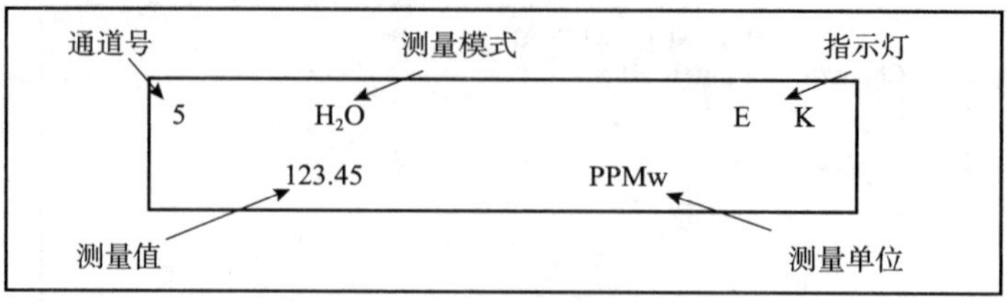

图 9 测量值显示画面

3.4.1.6 停机

1）分析仪断电。

2）关闭取样管线根部阀，关闭样品处理单元进样阀和出样阀，以防空气中大量的水分进入气路系统。如停机时间较长，应将探头从取样小室中取出，用密封管密封好后保存。

3.4.2 维护

3.4.2.1 氧化铝探头使用条件

1）温度范围：-110～+70℃。

2）氧化铝探头的测量结果受流量影响很小，具体要求如下：

a）气体：1000mL/min；

b）液体：100mL/min。

3）工作压力：M2 探头 0～34.6MPa（根据所选的压力传感器而定）。

4）避免诸如强酸之类的物质对探头的腐蚀及损伤。

3.4.2.2 *MH* 校验 / 调整

如果使用的连接电缆不是 GE 公司提供的标准电缆，则必须完成 *MH* 校验 / 调整。对使用 GE 电缆的用户，建议在电缆连接完成后也进行此校验过程。

注意： 此校验过程只适用于 M 系列和 TF 系列探头。

3.4.2.2.1 准备工作

1）分析仪送电。

2）分析仪以文本方式显示每个通道的 *MH* 值。

3）确认分析仪中设定的参数上下限与厂家给定值是否一致。

3.4.2.2.2 校验过程

1）断开探头一侧的电缆连接（分析仪一侧不要断开），检查分析仪指示 *MH* 值应与零参考值相等，误差不要超过 ±0.0003*MH*。

a）如果误差在允许的范围内，校验过程结束。

b）如果分析仪读数小于零参考值且超出允许误差，则将显示值与给定值之间的差值加到参数下限中。

c）如果分析仪读数大于零参考值且超出允许误差，则从参数下限中减去显示值与给定值之间的差值。

2）将校正后的参数下限值重新输入。

3）仍然将探头一侧的电缆断开，检查此时分析仪的读数是否在零点的 ±0.0003*MH* 之内。如果在，则调整完毕。

4）记录下列数据：

湿度测量上限 = 原始值

湿度测量下限 = 新的校正后的值

湿度测量零点 = 原始值

5）将探头一侧电缆重新接上，分析仪即可投用。

3.4.2.3 日常维护

1）检查所有接头是否漏气。

2）检查样品气的清洁状况，必要时可加过滤器，用于过滤油、灰尘等杂质，并根据现场情况，定期清洗过滤器。

3）检查探头表面的清洁情况。探头表面沾上非导电性物质，虽然对测量结果不会造成影响，但会造成系统响应时间加长。探头表面沾上导电性物质，会引起探头阻值的变化，从而产生较大的测量误差。若被测介质或样品管线中出现腐蚀性介质，会对探头造成破坏性影响，严重时必须更换探头。

4）检查样品压力，使其保持恒定。Series Ⅰ水分仪探头是通过水的蒸汽压来进行湿度测量，而样品压力的变化必然会引起水的蒸汽压的变化，所以若分析系统采用 M 系列或 TF 系列探头，应使样品压力尽量保持恒定，以免出现测量误差。

5）气路连接不能采用橡胶或塑料管，以防渗漏引起测量误差。

6）Series Ⅰ水分分析仪的测量结果受环境温度影响较小，但为了保证较好的测量效果，最高温度不要超过 70℃。环境温度过高有可能使空气中的水分通过取样管壁渗入样品气中，所以在天热的时候分析仪测量值可能大些，而天冷的时候测量值可能小，不要将此现象错误地理解为氧化铝探头具有温度系数。

7）Series Ⅰ水分仪探头的测量结果只与流体中水蒸气的分压有关，与流体流速无关。如果流体流速变化会引起分析仪指示变化，则说明取样管线或样品处理单元存在泄漏。

8）在安装或拆卸探头的过程中，尽量避免探头表面与其他物体碰撞。

3.4.3 常见故障与处理

水分仪的常见故障与处理方法见表 1。

表 1 水分仪常见故障与处理方法

故障现象	故障原因	处理方法
湿度探头测量不准确	系统平衡时间不够	改变样品流量，若分析仪漏点指示值发生变化，则说明系统还未平衡或存在泄漏。继续让样品气吹扫探头并检查有无泄漏点

表 1　水分仪常见故障与处理方法（续）

故障现象	故障原因	处理方法
湿度探头测量不准确	样品气的漏点与主管线中不一样	1. 检查取样点的工艺条件与主管线是否一致； 2. 检查样品处理单元和取样管线是否存在泄漏； 3. 检查样品处理系统是否有橡胶或塑料管、纸过滤器等介质，如果有则用不锈钢介质代替
	探头或其防护层被工艺介质污染	按探头维护方法对探头及其防护层进行清洗
	探头被导电介质污染	1. 按探头维护方法对探头及其防护层进行清洗； 2. 加装合适的过滤器（如烧结金属过滤器）
	探头被腐蚀	探头返回厂家进行检查
	传感器温度大于 70℃	探头返回厂家进行检查
	样品气中的杂质造成探头磨损	探头返回厂家进行检查
显示屏幕总显示最高的漏点 / 冰点	探头过于潮湿，探头表面有液态水	按探头维护方法对探头及其防护层进行清洗
	探头短路	用干燥气体吹扫探头表面，如果漏点指示值仍然很高，则探头有可能短路，应返回厂家进行检查
	探头被导电介质污染	按探头维护方法对探头和防护层进行清洗
	电缆连接错误	检查探头和分析仪处的电缆连接
显示屏幕总显示最低的漏点 / 冰点	探头开路	探头返回厂家进行检查
	非导电性介质在探头表面沉积	按探头维护方法对探头及其防护层进行清洗。若指示值仍很低，将探头返回厂家进行
	电缆连接错误	检查探头及分析仪的电缆连接
系统响应缓慢	探头表面被非导电性介质污染	对探头及其防护层进行清洗

3.5　检修及质量要求

3.5.1　检修

1）变送器（二次表）检查。

2）探头检查。

3）样品处理系统检查。

3.5.2　检修质量要求

1）变送器检查：

a）屏幕显示能够正常操作，界面内 *MH* 值、温度、压力等所需参数与设定值（或现场测量数据项）。

b）端子接线完好，无脱落、虚接现象。

c）测量数据显示正常。

d）按键正常。

2）探头检查

a）探头响应正常，无开路现象。

b）探头保护套无油污、物料等物质。

c）探头无污染、腐蚀。

3）样品处理系统检查

a）过滤器无油污、杂质，密封完好，无泄漏。

b）除油罐无油污、杂质，密封完好，无泄漏。

c）压力表指示正常，无油污、杂质，密封完好无泄漏。

d）流量计调节旋钮正常，浮子动作无明显跳动，密封完好，无泄漏。

e）蒸汽伴热管线无泄漏点，蒸汽供给、返回正常；电加热器供电正常，加热效果满足仪表运行要求。

f）管气路接头、阀体无泄漏，管线内无油污、杂质等。

在线分析仪表维护检修规程
第 8 部分：在线熔融指数仪

SHS 07006.8—2019

部分代替 SHS 07006—2004

目　次

前　言

本规程 SHS 07006《在线分析仪表维护检修规程》分为以下十六个部分：

——第 1 部分：工业气相色谱仪；

——第 2 部分：氧分析仪；

——第 3 部分：氢分析仪；

——第 4 部分：红外线分析仪；

——第 5 部分：工业 pH 计；

——第 6 部分：电导仪；

——第 7 部分：工业水分仪；

——第 8 部分：在线熔融指数仪；

——第 9 部分：烟气排放连续监测系统；

——第 10 部分：可燃气体报警器；

——第 11 部分：有毒气体报警器；

——第 12 部分：化学需氧量在线自动监测仪；

——第 13 部分：氨氮在线分析仪；

——第 14 部分：VOCs 在线气相色谱分析仪；

——第 15 部分：在线溶解氧分析仪；

——第 16 部分：激光氧分析仪。

本部分为 SHS 07006 的第 8 部分：在线熔融指数仪。本部分按照 GB/T 1.1—2009《标准化工作导则　第 1 部分：标准的结构和编写》给出的规则起草。

本规程代替 SHS 07006—2004《在线分析仪表》第八节“流变仪（熔融指数分析仪）”，与 SHS 07006—2004 相比，除编辑性修改外，主要技术变化如下：

——增加检修及质量要求。

本部分由中国石油化工集团有限公司、中国石油化工股份有限公司提出。

本部分起草单位：中国石油化工股份有限公司北京燕山分公司。

本部分主要起草人：田江南、张杰、周彬。

本部分所代替规程的历次版本发布情况为：

——SHS 07006—1992、SHS 07006—2004。

在线分析仪表维护检修规程
第 8 部分：在线熔融指数仪

1 范围

本部分适用于美国工业过程控制公司（Rheometric Scientific）生产的 PCR620 流变仪，其他同类仪表可参考使用。

2 规范性引用文件

下列文件对本文件的应用是必不可少的。凡是注日期的引用文件，仅注日期的版本适用于本文件。凡是不注日期的引用文件，其最新版本（包括所有的修改单）适用于本文件。

SH/T 石油化在线分析仪表设计规范

3 在线熔融指数仪

3.1 概述

3.1.1 PCR 的系统构成

PCR 可以测量的物料是任意融化的聚合物。它的基本单元由测试头和控制电子柜组成。操作员接口是由控制计算机、ControlView 软件、过程控制监控应用软件等组成。其系统结构见图 1。

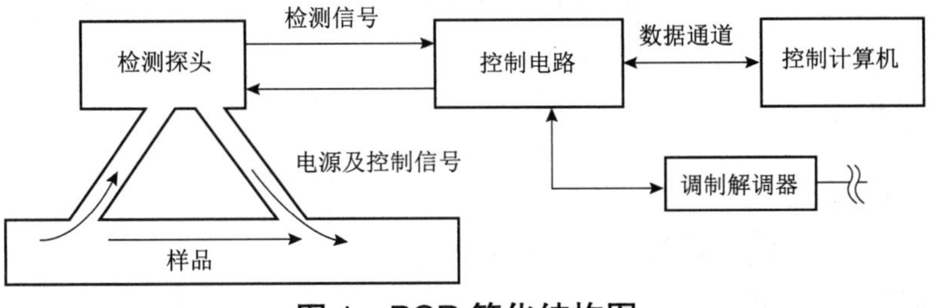

图 1 PCR 简化结构图

系统中测试头从生产线上取样后，将可用物理参数用传感器输出通过现场信号线传送到电子控制箱，然后通过数据总线将数据传送给上位机 PC，同时 PC 机也同时将控制信号传给控制箱并由 PLC 保存并发出控制信号给测试头来控制步进电机的运行 / 停止以及转速等。取样测试后的物料仍通过三通阀送回生产线，防止物料浪费和随意排放造成的污染。

3.1.2 PCR 测试头的原理

PCR 测试头见图 2，由两个齿轮泵（入口和出口泵）、4 个加热器、平板缝模毛细管、压力传感器（p_1、p_2）以及三通阀等所组成。

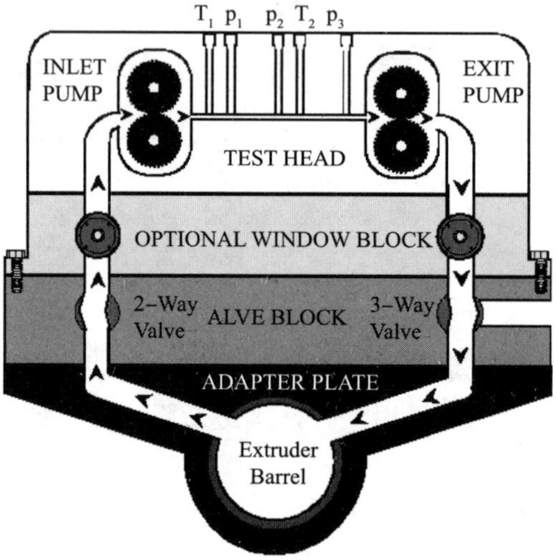

图 2　测试头系统

需进行测试的聚合物从生产物料流（挤出机筒体，进料管等等。）流经适配器板上的平板缝模毛细管，经过阀组中的一台三通阀门，而进入测试机头。一旦有物料进入测试机头，它就由入口泵和出口泵来控制。两台泵均由其自身的步进电机进行传动。步进电机的动力范围和精确度对控制聚合物流动具有很高的精确性，由此对计算物料物性的精确性也较好。特殊的双泵设计保证了平板缝模头中流体静压维持在用户预定的范围内。当物料稳定在合适的剪切应力下时，测试就开始。从两根平行安装的热电偶 T_1 和 T_2 上读取温度平均值。由两个压力变换器 p_1 和 p_2 上测得平板缝模处的压力降。从压力传感器上和电机上收集得到的数据然后送往计算机，计算出所期待的物料参数。

3.2 主要技术指标

3.2.1　最高操作温度：350℃

3.2.2　电源要求：220V AC、30A、50/60Hz 单相

3.2.3　环境温度：5～40℃

3.2.4　最大相对湿度：31℃以下，最大相对湿度为 80%
31～40℃范围内，最大相对湿度为 50%

3.2.5 最低压缩风压：0.4MPa

3.2.6 最低压缩风流量：3.4m^3/h

3.2.7 分析周期：5min

3.3 检查与校验

3.3.1 检查

1）日常需要检查在线融指仪现场测试头部分的电机运转是否正常，检查电机在正常运行过程中是否出现反转的现象。

2）确认工艺的挤压造粒机是否正常投用，通过向工艺人员询问当前生产的牌号来检查在线融指仪系统中调用的参数。

3）检查上位机系统上是否存在报警。

4）检查电控柜总电源以及 PLC 的运行状态。

3.3.2 校验

在线融指仪 PCR620 的校验需要与实验室的离线采样数据进行比对，并且采用点对点的方式，采样的时间点一定要与在线融指仪分析值所对应的时间点一致才能确保数据的可比性。校验步骤：

进入 PC 机打开 RSView32 软件，点击 Operator（操作员）键进入画面，按 Ctrl+L 输入用户名及密码，再选择 View 修改参数菜单画面，点击 VR Calc 调出计算融指参数的表格，然后依次将实验室数值与在线分析的结果代入，再输入阿尔法值重新计算出新的 VR 值输入到 VR Calc 中，直至在线与离线数据比对一致后点击 Download 进行保存。

3.4 使用、维护与故障处理

3.4.1 使用

投用前应检查 PCR 测试头安装位置，测试头应垂直安装于挤压造粒机开孔平台处，并确认阀门组的开关位于开的位置，测试头一定要接上正压吹扫的仪表风，信号电缆按照接线图接好并进行相应的校线，确认电控柜的总电源是否正常，以及电控柜至上位机间的通讯线是否接好，熔融指数的信号线是否接好，上位机软件调试正常。

仪器投用前确保工艺造粒挤压机处于运行状态，仪表电源及通讯电缆处于正常状态，PCR 首次运行时需要对仪器的压力传感器进行校验，仪器投用前需要进行升温加热，当 T_3、T_4 温度稳定在 230℃左右，T_1 和 T_2 温度稳定在 220℃左右时可以启动仪器。

具体的投用步骤是首先打开上位机软件点击 PCR Project 运行，然后点击 Operator 键进入画面，点击 Heaters 键并选择 ON 进行加热，当温度达到设定要求时点击 START 选项，运行仪器并再点击 PCR VIEW 观察仪器运行情况，并调出相应的参数表然后与离线数据进行比对。

仪器在投用时需注意的事项有 PCR 测试头连接仪表风压力不得低于 0.1MPa，以及热电偶 T_1、T_2 的温度不得低于 230℃，上位机软件在投用时不能有报警，如有报警应检查是何种原因造成的并消除报警信息然后再运行仪器。

3.4.2 维护

PCR620 的维护保养和修理通常由厂家技术服务人员来执行，或由经过厂家专门培训的用户来执行。为保证 PCR620 正常运转的条件，必须进行定期的维护保养。其中压力传感器的校准务必由厂家技术人员来执行，建议每 2 年校准一次。

步进电机的维护检查：检查步进电机与端子排上的连接导线是否紧固，电机到齿轮箱的螺栓是否拧紧。

如需要更换步进电机，按以下步骤进行：

将电子控制柜的主电源开关切到“OFF”位置。松开 16 个固定螺钉并拆下检测探头前后盖，断开电机连接导线。松开柔性联轴器底部的紧固螺栓，并拆下齿轮箱到安装板间的 4 个内六角螺栓。卸下电机、齿轮箱和柔性联轴器。拆下 4 个紧固镙钉和垫圈，将电机从齿轮箱中分离出来。松开紧固螺钉，将减速齿轮从电机驱动轴上移开，更换新电机。在安装新电机时，要保证从步进电机机座到减速齿轮底部应有 5.31cm（对于新式减速齿轮）或 2.189cm（对于老式减速齿轮）的距离，拧紧减速齿轮上的紧固螺钉，如图 3 所示。减速齿轮上应有润滑脂。必要时，减速齿轮内部也可加少量润滑脂。装入减速齿轮和电机，固定电机和齿轮箱。将电机配件（电机、齿轮箱和柔性连轴器）装回原位，检查连接情况。原位固定齿轮箱，在柔性连轴器底部拧紧紧固螺钉。恢复电机连线，并安装前后盖。将控制电子柜的主电源开关切换到“ON”位置。

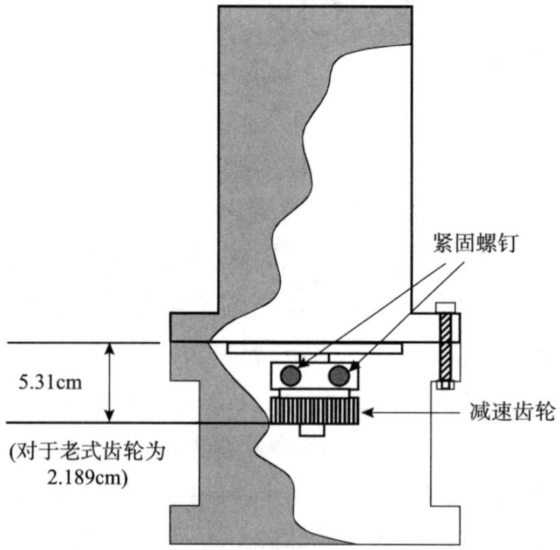

图 3　电机、齿轮箱、柔性连轴器和齿轮泵装配图

3.4.3 常见故障与处理

在线熔融指数仪常见故障与处理方法见表 1。

表 1 在线熔融指数仪常见故障与处理方法

故障现象	故障原因	解决方法
通讯不能启动	1. 数据总线电缆损坏; 2. PLC 端口插错; 3. 处理器损坏; 4. 机柜没送电	1. 更换电缆; 2. 插到正确的端口; 3. 检查 LED 指示灯状态; 4. 打开电源供电
程序不能引导	1. 过程监控软件故障; 2. 计算机故障	1. 重装监控软件; 2. 修理或更换计算机
T_3（加热器 1）不能达到设定点	1. 加热器断开（开路）; 2. 检查 10A 保险丝（TB1-17 和 TB1-16）; 3. 固态继电器 K4 故障; 4. DC 输出模块故障; 5. 热电偶模块故障	1. 检查加热器电阻（正常值应为 48Ω）; 2. 更换坏的保险丝; 3. 测量加热器电压，更换继电器; 4. 更换直流输出模块; 5. 更换热电偶模块
T_4（加热器 2）不能到达设定点	1. 加热器断开（开路）; 2. 检查 10A 保险丝（TB1-15 和 TB1-16）; 3. 固态继电器 K3 故障; 4. DC 输出模块故障; 5. 热电偶模块故障	1. 检查加热器电阻（正常值应为 45Ω）; 2. 更换坏的保险丝; 3. 测量加热器电压，更换继电器; 4. 更换直流输出模块; 5. 更换热电偶模块
步进电机不能启动	1. 电机控制器没有电源; 2. 电机控制器没有信号; 3. 电机故障; 4. 控制器故障; 5. TTL 输出模块故障	1. 检查电源; 2. 检查信号分度卡; 3. 检查电机电阻；更换; 4. 更换控制器; 5. 更换 TTL 输出模块
电机旋转方向错误	电机连线错误	检查连线
步进电机镶齿	1. 材料太黏; 2. 步进电机故障; 3. 泵失灵	1. 增加缝模温度以使材料黏度降低; 2. 更换步进电机; 3. 拆开泵检查轴是否转动：不动则更换
缝模压力持续过大	1. 输出泵失效 2. 输出电机失效	1. 检查泵运转；更换泵; 2. 检查电机运转；更换电机
当速度等于或接近 1/2 最大速度时，没有压力分布显示	1. 挤压机压力不足; 2. 缝模堵塞; 3. 输入电机失速故障; 4. 输入电机控制器故障	1. 增加挤压机压力; 2. 清洗缝模; 3. 停泵，重新启动运行检验：如果情况依旧，低速运行电机; 4. 更换输入电机控制器

表 1　在线熔融指数仪常见故障与处理方法（续）

故障现象	故障原因	解决方法
用过程监测软件不能校正压力传感器	1. 传感器漂移超过软件规定量程； 2. 传感器隔膜损坏； 3. 模拟输入模块错误	1. 重新校正压力传感器零点和量程； 2. 更换仪表板； 3. 更换模拟输入模块
校正时缝模不能保持氮气压力	1. 仪表板密封不严； 2. 缝模需要聚合物进行密封； 3. 聚合物太黏不能密封	1. 检查转矩，必要时拧紧； 2. 启动泵填充聚合物； 3. 联系 RheometricScientific 公司购买铜制标准缝模
不能稳定在指定的压力	1. 压力传感器超过校正范围； 2. 传感器压力呈非线性	1. 检查压力传感器，必要时校正； 2. 对传感器的压力进行线性检查，不能满足则更换
p_3 压力过大（压力超过 10MPa）	1. 输出电机损坏； 2. 输出电机控制器损坏	1. 停泵，重新启动检验，如故障状态重现，可能是电机或泵损坏，更换电机或泵； 2. 更换输出电机控制器
T_1 和 T_2 之间温度波动过大	1. 热电偶损坏； 2. 热电偶模块损坏； 3. 环境条件引起的故障	1. 更换热电偶模块； 2. 使风扇、空调或任何形式的直接气流远离 PCR
电机运转时，温度变化和压力测量不稳定	步进电机电缆和信号电缆相互干扰	检查电机屏蔽是否正确接地

3.5　检修及质量要求

3.5.1　检修

3.5.1.1　对缝膜及仪表板进行拆卸清洁

首先要准备好一个黄铜刮刀，由于仪表板组件上有传感器的触点，所以一定不要使用金属刷子或尖锐工具以免擦伤，可以用黄铜刮刀对仪表板组件和缝模上的聚合物进行清理。

1）将控制电子柜的主电源开关切到“OFF”位置。关闭检测探头进 / 出口阀。拆下探针保护罩和绝缘层（将保护罩滑向一侧）。松开仪表板左、右侧的 4 个内六角螺钉和垫圈，拆下仪表板盖。拆开仪表板上的 8 个 M16 六角螺栓（P/N603-03649）。

2）卸下仪表板组件，根据需要对仪表板、热电偶、压力传感器、缝模进行检查和清洗；松开 16 个固定螺钉并拆下流变仪前后盖；断开热电偶和压力传感器与端子排的连接导线；松开电机安装板下固定仪表板的 4 个内六角螺钉。

3）拉出仪表板使之脱离电机安装板，将其从检测探头上移开；将新仪表板和垫圈插入到电机安装板，拧紧 4 个紧固螺钉；操作时应避免弯曲感应器连线，将传感器和热电偶导线接到端子排上；安装检测探头前后盖并拧紧16个固定螺钉，见图4。

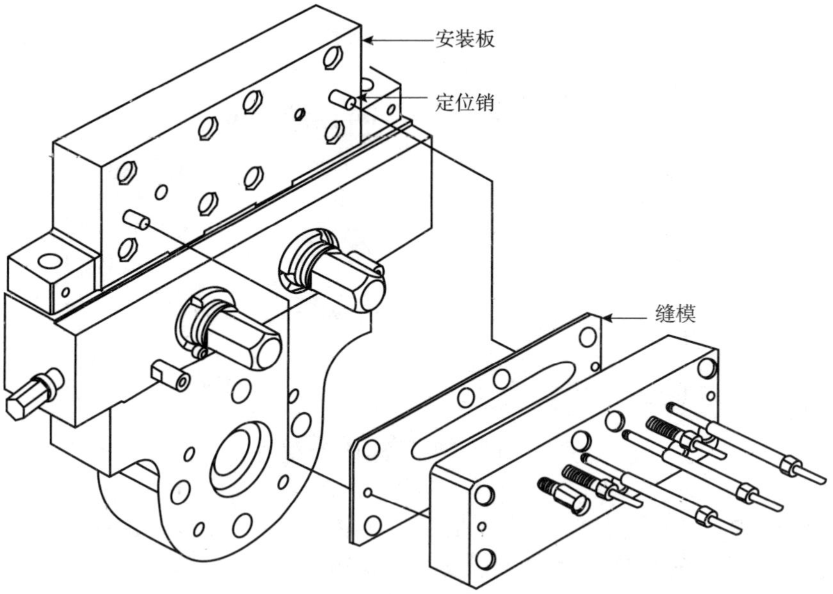

图4 缝模/仪表板装配图

4）在安装仪表板之前，彻底清洗仪表板和缝模的所有啮合面。为了安装仪表板，应对准销钉插孔与安置板上销钉，并把仪表板安放在适当的位置并盖住缝模。用M16螺钉将仪表板固定到安装板上，参见图5螺钉紧固顺序图，按顺序先用力矩值为115N·m后用力矩值为237N·m拧紧每一个螺钉；用仪表板左、右侧的4个内六角螺钉固定仪表板盖，将保护罩滑回原位，安装探针保护罩和绝缘层。

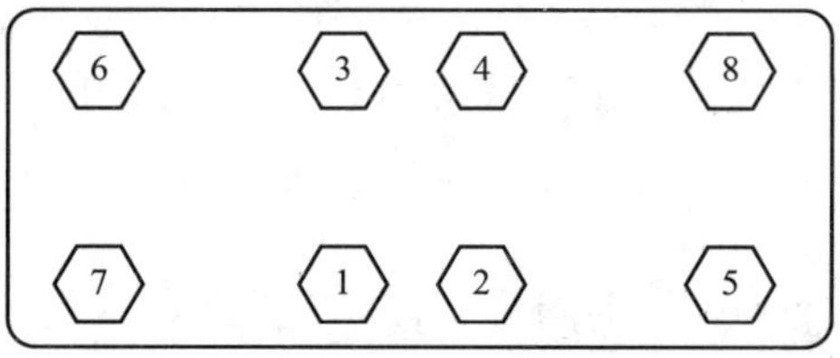

图5 仪表板螺钉紧固顺序图

5）打开检测探头进/出口阀，将电子控制柜的主电源开关切至“ON”位置，当更换的缝模与原有缝模尺寸不同时，应改变过程监控软件中缝模的几何尺寸数据。

3.5.1.2 校准压力传感器

首先在校准压力传感器前需要准备一瓶压力为15MPa的氮气钢瓶，连接好包括校验工具箱在内的校验工具，如图6所示，压力传感器的现场校验必须用PCR620分析仪的专用校验设备，并利用过程监控软件来完成。确保PCR620处在IDLE状态并处于稳态工作温度至少30min。

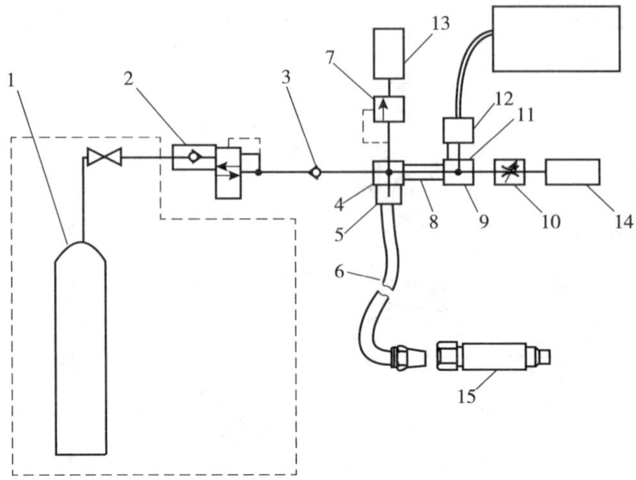

图 6　校验工具连接示意图

1—氮气钢瓶；2—减压阀；3—阀门；4—接头；5—接头；6—高压软管；7—安全阀；
8—接头、减压套管；9—T 形接头；10—微量流量控制阀；11—适配器；12—数字压力显示表；
13—消声器；14—消声器；15—传感器端口吹扫 / 校验软管

1）关闭检测探头进 / 出口阀。拆下探针保护罩和绝缘层（将保护罩滑向一侧），松开仪表板左、右侧的 4 个内六角螺钉和垫圈，拆下仪表板盖。戴上隔热手套，拆下仪表板上最左边插孔的校验插头。在吹扫插头上涂上防黏润滑剂（Loctite76764 或类似物），并插入到空余的插孔，确认压力软管接到插头上。

2）调整减压阀，直到数字压力计指示超过传感器的低点值（对于仪表板 210MPa，低点为 2MPa；对于仪表板 105MPa，低点为 0MPa）。关闭减压阀，使压力负荷与气瓶隔离，利用微量流量控制阀门释放压力，直到数字压力计指示传感器的低点值。

3）在 PC 机的主操作屏上按＜F9＞键，显示 SETUP 和 SERVICE 屏幕，再按＜F2＞键，进入 PRESSURECALIBRATION（压力校验）模式。参考屏幕上的指导信息在每项数据登录区域输入数据。

为每一个压力传感器输入低端校验点，按＜Enter＞或＜arrow＞键选择需要输入的数据。按＜F1＞键，观察实际 p_1、p_2、p_3 的压力指示值。当小数点后第一位数字稳定不变时，认为压力是稳定的。在校正低点压力值稳定后按＜F2＞键。

4）对每个压力传感器输入高端校验值（仪表板 3000psig 为 19.5MPa，仪表板 1500psig 为 9.8MPa）。打开减压阀，直到数字压力计指示超过传感器的高端值。关闭减压阀，从而使压力负荷与气瓶隔离。利用微量计量流量控制阀门释放压力，直到数字压力显示仪指示传感器的高端值，关掉微量计量流量控制阀。

5）在显示器上的压力稳定时按＜F3＞键，当小数点后第一位数字稳定不变时，压力可以认为是稳定的。等待大约 30s，然后按＜F4＞键完成校验。在校验过程中，通过比较屏幕上显示的压力与设定的压力来检查校验情况。如果压力变化大于 ±0.1MPa，重复校验过程，当压力稳定后再接受显示值。在量程范围内用几个不同的压力值调整校正点以观察其精度，检查校验结果是否呈线性。如果校验过程达不到 ±0.5%精度，重复校验过程。如果校验过程完成后 1s 时达不到 ±0.5%精度，则与厂家服务部门联系。按＜F10＞键退出校验屏幕，并返回到先前安全级别。

6）用微量流量控制阀释放压力，直到数字压力计压力显示为零，然后断开校验组件，从仪表板上拆除校验导管，清洗插孔和插销，并将插销安装好。用仪表板左、右侧的 4 个内六角螺钉和垫圈固定仪表板盖。将保护罩滑回原位，安装探针保护罩和绝缘层。打开检测探头进 / 出口阀门。等待 30min 后再进行测试，以便聚合物能达到正常温度。

3.5.2 检修质量要求

对压力传感器校准的精度必须达到仪器规程上要求的标准，在校验过程中，通过比较屏幕上显示的压力与设定的压力来检查校验情况。如果压力变化大于 ±0.1MPa，重复校验过程，当压力稳定后再接受显示值。在量程范围内用几个不同的压力值调整校正点以观察其精度，检查校验结果是否呈线性。如果校验过程达不到 ±0.5%精度，重复校验过程。如果校验过程完成后 1s 时达不到 ±0.5%精度，则与厂家服务部门联系。

在线分析仪表维护检修规程
第 9 部分：烟气排放连续监测系统

SHS 07006.9—2019

目 次

前　言

本规程SHS 07006《在线分析仪表维护检修规程》分为以下十六个部分：

——第1部分：工业气相色谱仪；

——第2部分：氧分析仪；

——第3部分：氢分析仪；

——第4部分：红外线分析仪；

——第5部分：工业pH计；

——第6部分：电导仪；

——第7部分：工业水分仪；

——第8部分：在线熔融指数仪；

——第9部分：烟气排放连续监测系统；

——第10部分：可燃气体报警器；

——第11部分：有毒气体报警器；

——第12部分：化学需氧量在线自动监测仪；

——第13部分：氨氮在线分析仪；

——第14部分：VOCs在线气相色谱分析仪；

——第15部分：在线溶解氧分析仪；

——第16部分：激光氧分析仪。

本部分为SHS 07006的第9部分：烟气排放连续监测系统。本部分按照GB/T 1.1—2009《标准化工作导则　第1部分：标准的结构和编写》给出的规则起草。

本部分由中国石油化工集团有限公司、中国石油化工股份有限公司提出。

本部分起草单位：中国石油化工股份有限公司燕山分公司。

本部分主要起草人：关力、马洪娟。

本部分2019年首次发布。

在线分析仪表维护检修规程
第 9 部分：烟气排放连续监测系统

1 范围

本部分适用于雪迪龙 SCS-900 烟气排放监测系统，其他型号的烟气排放监测系统可参考使用。

2 规范性引用文件

下列文件对本文件的应用是必不可少的。凡是注日期的引用文件，仅注日期的版本适用于本文件。凡是不注日期的引用文件，其最新版本（包括所有的修改单）适用于本文件。

HJ 75 固定污染源烟气（SO_2、NO_x、颗粒物）排放连续监测技术规范

HJ 76 固定污染源烟气（SO_2、NO_x、颗粒物）排放连续监测系统技术要求及检测方法

3 烟气排放连续监测系统

3.1 概述

烟气排放连续监测系统（CEMS）由颗粒物监测子系统、气态污染物监测子系统、烟气参数监测子系统、系统控制和数据采集处理子系统 4 部分组成。系统测量烟气中颗粒物浓度、气态污染物浓度，烟气参数（温度、压力、流速或流量、湿度、含氧量或 CO_2 浓度等），同时计算烟气中污染物排放速率和排放量，显示和打印各种参数、图表，并通过数据、图文等方式传输至管理部门。固定污染源烟气 CEMS 组成如图 1 所示。

3.2 主要技术指标

3.2.1 系统参数

3.2.1.1 测量参数：烟尘、SO_2、NO_x、O_2、温度、压力、流量、湿度

3.2.1.2 使用环境：小屋内设备：-5～45℃；平台设备：-27.4～45℃

3.2.1.3 环境湿度：＜90% RH

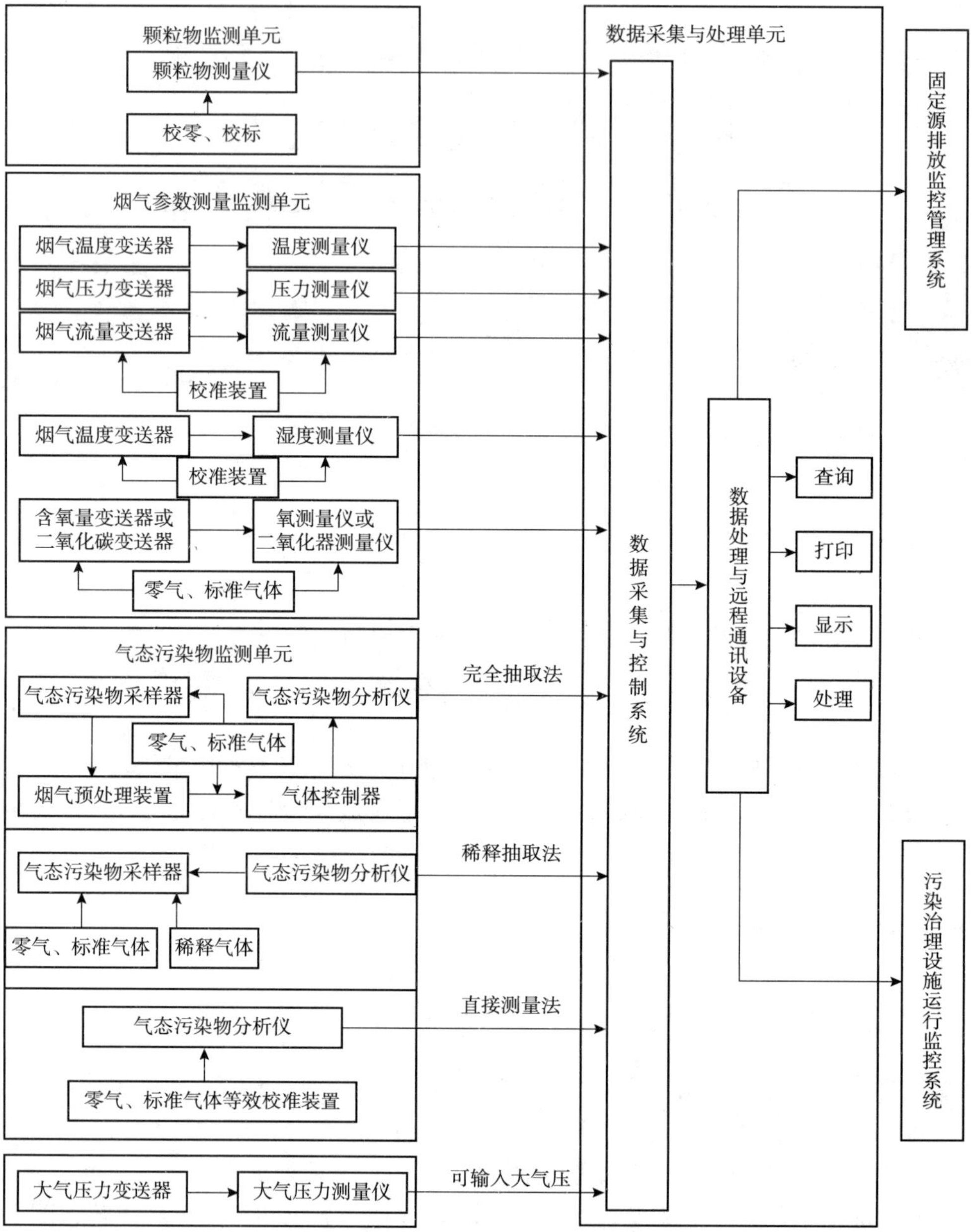

图1　CEMS 系统基本组成示意图

3.2.2　烟尘仪

3.2.2.1　设备型号：2030

3.2.2.2　精确度：≤1%

3.2.2.3　误差：≤1%

3.2.2.4　采样方法：直插式

3.2.2.5　分析方法：激光后散射法

3.2.2.6 用电量：24V DC，5W

3.2.3 气体分析仪

3.2.3.1 型号：ULTRAMAT23
3.2.3.2 测量组分：SO_2、NO、O_2
3.2.3.3 测量原理：NDIR(SO_2、NO)；电化学（O_2）
3.2.3.4 检测下限：≤1% FS
3.2.3.5 线性误差：<±1% FS
3.2.3.6 重复性：<铭牌上最小量程的 ±1%

3.2.4 流量

3.2.4.1 型号：SITRANS P
3.2.4.2 量程（高／低）：0～40m^3/s
3.2.4.3 精确度：≤2.5%
3.2.4.4 采样方法：直插式
3.2.4.5 分析方法：差压法
3.2.4.6 环境温度限制（最低／最高）：-20～+55℃
3.2.4.7 仪用空气要求：0.4～0.7MPa
3.2.4.8 输出信号型式：4～20mA

3.2.5 压力

3.2.5.1 设备型号：SITRANS P
3.2.5.2 量程（高／低）：-1000～1000Pa（量程根据实际工况调整）
3.2.5.3 误差：≤0.1%
3.2.5.4 采样方法：直接法
3.2.5.5 环境温度限制（最低／最高）：-20～+55℃
3.2.5.6 电源：DC 24V 0.5A
3.2.5.7 输出信号型式：4～20mA

3.2.6 温度

3.2.6.1 设备型号：SITRANS T
3.2.6.2 量程（高／低）：0～300℃
3.2.6.3 误差：≤1%
3.2.6.4 采样方法：直插式
3.2.6.5 分析方法：热电阻
3.2.6.6 环境温度：-20～+55℃

3.2.6.7 电源：DC 24V 0.5A

3.2.6.8 输出信号型式：4～20mA

3.2.7 湿度

3.2.7.1 型号：MODEL 2061

3.2.7.2 测量范围：0～40 VOL%

3.2.7.3 精确度：≤2%

3.2.7.4 采样方法：直接抽取法

3.2.7.5 分析方法：阻容法

3.2.7.6 环境温度限制（最低／最高）：-5～+45 ℃

3.2.7.7 用电量：AC220V 25W

3.2.7.8 输出信号型式：4～20mA

3.3 检查与校准

3.3.1 检查

3.3.1.1 对现场采样探头、取样管线和气路进行检查，应无泄漏、堵塞与积水等现象。

3.3.1.2 对采样探头箱加热与过滤元件检查，应加热正常，过滤芯表面无积灰。

3.3.1.3 检查探头采样探杆是否腐蚀。

3.3.1.4 检查数据备份文件存储是否完好无缺。

3.3.1.5 检查参数配置是否正确，包括吹扫时间、自动校验间隔、量程设置、标准气浓度设置等。

3.3.1.6 检查软件配置，检查烟尘、SO_2、氮氧化物实测和折算浓度公式等。

3.3.2 校验

3.3.2.1 标准气体

通常采用与被测气体相同的标准气体，一般零点气采用20.9% O_2（U23用）或是99.99%的高纯 N_2 作为零气，量程气分别采用一定浓度的 O_2、SO_2 和氮氧化物作为标准气体（70%～80%量程为佳）。

3.3.2.2 自动标定

1）从气体分析仪LED进入主菜单，设置“AUTOCAL”有效的循环时间是0～24h。

2）仪器的自标定时间依据现场情况进行设置。

3）如果循环时间被设定成0h，则不能进行循环自标零。

3.3.2.3 校验方法

1）准备好标准气体，连通到分析柜侧面的“标气”接口。

2）把分析柜里的三通球阀打至标定位置。

3）置控制面板上的“运行／维护”按钮于“维护”状态，即“运行／维护”按钮弹起状态。

4）打开钢瓶的主截门（有指针指示压力大小），缓慢调节减压阀手柄，一边缓慢调整，一边注视 U23 流量计，调节气流至 1.0L/min。

5）按下 ENTER 键由测量模式切换到主菜单模式。首先进入主菜单，光标在第一行左边的字符“A”处闪烁。用 ↑ 和 ↓ 键将光标设定在 Calibration 开始处，按 Enter 键输入一级密码进入。

6）选择 Calibr. IR channels 进入，选择标定气体组分，如 SO_2，按 ENTER 键。

7）进入 Set span gas values，将钢瓶的 SO_2 气体浓度值在此输入。

8）将光标移到 Start cal. MR1+2，按 ENTER 键。

9）按照提示，reading：XXXX，后面数值靠近标气值时且基本稳定按 ENTER 键。

10）按 ESC 返回测量模式，按下运行 / 维护按钮，切换阀复位，恢复系统运行。

3.4 使用、维护与故障处理

3.4.1 使用

3.4.1.1 系统投用前打扫现场分析小屋卫生，保证小屋的温湿度、照明良好，保持小屋清洁。

3.4.1.2 检查取样装置、分析仪、PLC 和 DAS 站外观情况良好，检查电源供电情况并分别送电。

3.4.1.3 检查气体分析仪、DAS 站、PLC 系统工作正常。

3.4.2 维护

CEMS 系统维护周期应按照 HJ 75—2017《固定污染源烟气（SO_2、NO_x、颗粒物）排放连续监测技术规范》附录 G 中附表 G.1《完全抽取法 CEMS 日常巡检记录表》要求执行。

3.4.2.1 定期检查样品流量、压力、温度是否满足仪器运行要求，仪器是否报警，现场仪表指示值是否与数采系统指示一致。

3.4.2.2 定期检查气态污染物过滤器、采样探头、管路的积灰和冷凝水情况，及气体冷却部件、转换器、泵膜的工作状态。

3.4.2.3 定期检查一次流速探头的积灰、冷凝水和腐蚀情况，检查反吹泵和管路的工作状态。

3.4.2.4 定期对整个 CEMS（包括颗粒物 CEMS、烟气参数测量子系统、气态污染物 CEMS、数据采集与处理系统）进行保养和维护。

1）清洗一次隔离烟气与光学探头的玻璃视窗，检查一次仪器光路的准直情况。

2）流速探头，反吹系统进行清理和维护。

3）气态污染物的采样探头及采样管路、反吹系统、仪器分析系统进行清洗和维护。

4）对数据存储 / 控制系统工作状态进行一次检查。

5）对气态污染物仪器进行一次零点和量程的手动校准。

6）检查DAS站各种报表数据是否正常。发现报表缺失、无效数据后，及时联系相关单位进行处理。

7）检查钢瓶内标准气是否在有效期范围内。

3.4.3 常见故障与处理

烟气排放连续监测系统常见故障与处理方法见表1。

表1 烟气排放连续监测系统常见故障与处理方法

故障现象	故障原因	处理方法
冰堵	在确定整个气路不漏气、抽气泵工作正常的状况下，机柜前面板上流量计流量为零，双通道冷腔出现结冰	1. 制冷系统断电，让冰自然融化，这样耗时较长； 2. 用压缩空气进行吹扫，把预处理单元机箱后的真空泵出口管和流量计进气口管同时拔下，用压缩空气从外部进行吹扫直至冰融化； 3. 检查双通道冷腔是否完整有无损坏
样气进口的保护过滤器芯发黑或发黄	使用时间较长	更换过滤器芯
分析仪测量显示****** 或屏幕出现F	仪表气室污染或光源老化或传感器老化等	1. 进入分析仪状态菜单，查看故障日志； 2. 一直按Enter键，把之前故障信息消除掉，退出再进入就能看到无法消除的故障，然后根据故障原因，再进行处理； 3. 进入仪表菜单检查仪器诊断值大小，选择V-ADUt菜单，按ENTER键。在系统抽空气测量时，其 R 值显示应在25万以上，如低于此值表明仪表气室污染或光源老化或传感器老化等。必要时（出现故障信息）要返厂修理
SO_2 分析数据比正常时偏低	气路漏气或样气冷凝	1. 观察 O_2 的数据是否正常； 2. 检查气路是否漏气，如发现气路有漏气现象应及时处理好； 3. 从采样探杆到制冷器之前是否有液态水出现，如有请做好加热与保温工作，避免冷凝水带来的 SO_2 溶解损失

3.5 检修及质量要求

3.5.1 检修

3.5.1.1 清洗或更换各级过滤器的滤芯。

3.5.1.2 清洗采样泵，更换接头和气管。

3.5.1.3 清洗电磁阀，更换老化膜片和接头。

3.5.1.4 用干燥的无油压缩气清洁分析仪的气路和检测器。

3.5.1.5 检查系统防雨、防雷和防干扰的各项防护措施是否完好。

3.5.1.6 更换老化分析仪的光源、镜片和检测器。

3.5.1.7 更换老化或故障的烟尘仪、流速、压力传感器、污染物分析检测器等。

3.5.1.8 重新对系统进行校验。

3.5.2 检修质量要求

CEMS设备完好性符合要求，运行稳定，在线测量重复性量好，各项误（偏）差值在相关技术规范允差范围内。

在线分析仪表维护检修规程
第 10 部分：可燃气体报警器

SHS 07006.10—2019

目　次

前　言

本规程 SHS 07006《在线分析仪表维护检修规程》分为以下十六个部分：

——第 1 部分：工业气相色谱仪；

——第 2 部分：氧分析仪；

——第 3 部分：氢分析仪；

——第 4 部分：红外线分析仪；

——第 5 部分：工业 pH 计；

——第 6 部分：电导仪；

——第 7 部分：工业水分仪；

——第 8 部分：在线熔融指数仪；

——第 9 部分：烟气排放连续监测系统；

——第 10 部分：可燃气体报警器；

——第 11 部分：有毒气体报警器；

——第 12 部分：化学需氧量在线自动监测仪；

——第 13 部分：氨氮在线分析仪；

——第 14 部分：VOCs 在线气相色谱分析仪；

——第 15 部分：在线溶解氧分析仪；

——第 16 部分：激光氧分析仪。

本部分为 SHS 07006 的第 10 部分：可燃气体报警器。本部分按照 GB/T 1.1—2009《标准化工作导则　第 1 部分：标准的结构和编写》给出的规则起草。

本规程代替 SHS 07006—2004《在线分析仪表》第十一节“可燃气体检测报警器”，与 SHS 07006—2004 相比，除编辑性修改外，主要技术变化如下：

——修改了标准名称；

——增加了计量性能要求、定期维护内容与周期；

——修订了可燃气体报警器主要技术指标。

本部分由中国石油化工集团有限公司、中国石油化工股份有限公司提出。

本部分起草单位：中国石油化工股份有限公司燕山分公司。

本部分主要起草人：关力、马洪娟。

本部分所代替规程的历次版本发布情况为：

——SHS 07006—1992、SHS 07006—2004。

在线分析仪表维护检修规程
第 10 部分：可燃气体报警器

1　范围

本部分适用于 KS-3 智能型可燃气体检测报警器。其他型号的可燃气体检测报警器亦可参考使用。

2　规范性引用文件

下列文件对本文件的应用是必不可少的。凡是注日期的引用文件，仅注日期的版本适用于本文件。凡是不注日期的引用文件，其最新版本（包括所有的修改单）适用于本文件。

GB/T 20936.2　爆炸性环境用气体探测器　第 2 部分：可燃气体和氧气探测器的选型、安装、使用和维护

JJG 693　可燃气体检测报警器检定规程

3　可燃气体报警器计量性能要求

可燃气体报警器计量性能要求见表 1。

表 1　可燃气体报警器计量性能要求

项目	要求	
示值误差	±5% FS	
重复性	≤ 2%	
响应时间	扩散式	≤ 60s
	吸入式	≤ 30s
漂移	零点漂移	±3% FS
	量程漂移	±2% FS
注：“FS”表示仪器的满量程。		

4 可燃气体报警器

4.1 概述

以 KS-3 可燃气体探测器为例，可燃气体报警器由检测传感器、信号处理电路板、报警系统和显示器等组成，工作原理见图 1。

传感器采用催化燃烧检测原理。传感器内一对匹配的检测元件和补偿元件组成检测桥路的半个桥臂（另外半个桥臂位于信号处理电路板上），当环境空气中有可燃气存在时，检测元件发生催化燃烧反应，伴随着温度变化其电阻值亦发生变化，从而导致桥路失去平衡，产生一个与可燃气浓度成正比关系的差压信号输出。补偿元件用来补偿环境的影响。

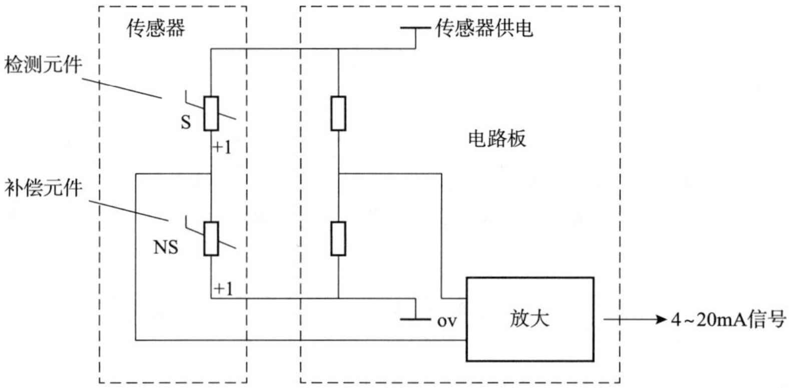

图 1

报警器信号处理电路将传感器输出的电信号进行处理，对应 0%～100% LEL 可燃性气体，转换成 4～20mA 标准信号输出。同时数码管实时数字显示气体浓度，当出现越限报警时（报警点出厂设定 25% LEL，20%～50% LEL 连续可调）输出开关闭合信号，同时另有一组声光报警输出。

4.2 主要技术指标

4.2.1 检测范围：（0～100）% LEL（LEL 为可燃气爆炸下限）

4.2.2 取样方式：自然扩散

4.2.3 显示方式：数码管显示

4.2.4 检测精度：≤ ±3% LEL （在 25℃时）

4.2.5 响应时间：≤ 20s

4.2.6 输出信号：0%～100% LEL 范围内输出 4～20mA 电流信号

4.2.7 报警设定值：一级报警设定值小于或等于 25%爆炸下限；二级报警设定值小于或等于 50%爆炸下限

4.2.8 防爆标志：Exd ib ⅡC T6（带声报警功能）

4.2.9 供电电源：DC24V（DC15V～DC30V 范围内可正常工作）

4.2.10 工作环境：温度（-40～+70）℃，湿度≤ 85% RH，大气压力（86～106）kPa

4.2.11 信号传输距离：1500m

4.3 检查、校验及检定

4.3.1 检查

4.3.1.1 仪表零部件、附件齐全完好。

4.3.1.2 仪表铭牌清晰。

4.3.1.3 仪表连接可靠，各旋钮或按键应能正常操作和控制。

4.3.1.4 防爆现场仪表符合防爆现场等级的要求。

4.3.2 校验

每半年对可燃气体报警器零点、量程校验一次。校验时按图 2 连接好设备。

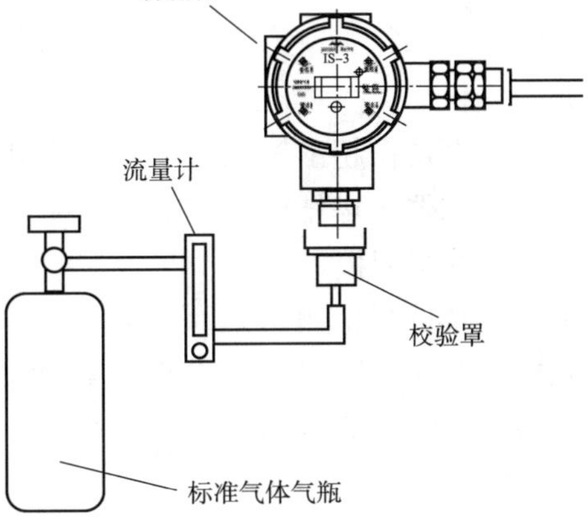

图 2

4.3.2.1 标准气体

通常采用与被测气体相同的标准气体，一般零点气采用清洁空气作为标准气，量程气通常采用与被测气体种类相同且浓度高于报警设定的气体作为标准气体。

4.3.2.2 零点调整

1）利用专用红外遥控器，不必开盖而直接标定。

2）利用调节面板内 4 个按键进行标定。

如果确定环境空气为洁净气体（指不存在可燃性气体）可以视其为零气体，如果无法确定环境空气是否洁净时，则可向传感器通入洁净空气。1min 后，当探测器的数字显示基本稳定后，调节遥控器或面板内零点调整按键，直到显示 0% LEL。

4.3.2.3 量程调整

1）向传感器通入 60% LEL 或其他已知浓度校验气体，当显示基本稳定后，调整遥控器量程键或按动探测器内量程按键，直到显示已知校验气体浓度值。

2）移开校验样气，向传感器通入零气体探测器显示 0% LEL，至此调校工作完成。

4.3.2.4 报警点校准

报警器的报警点出厂时设定为25% LEL。用户可根据自己的需要重新更改报警点（报警点在20%～50% LEL连续可调）。例如：欲将报警点改为30% LEL时报警，首先将探测器零点调整到30% LEL，然后调整电位器K，使继电器吸合到临界状态，然后再将零点调回到零。至此报警点调校完毕。

4.3.2.5 响应时间的测试

以40% LEL的标准气体，测试从通气至仪表示值升至36%的时间，应符合第4.2.5的规定（以连续测试三次的算术平均值为准）。

4.3.3 检定

可燃气体报警器的检定周期一般不超过1年。

对可燃气体报警器测量数据有怀疑、报警器更换主要部件或修理后应重新检定。

4.4 使用、维护与故障处理

4.4.1 使用

4.4.1.1 检测器为隔爆型设备，不得在超出规定的条件下使用。

4.4.1.2 一般情况下请勿乱动检测器隔爆结构的零部件。如需检修时，应先确定周围空气中不存在可燃气后，才能开盖进行调校。

4.4.1.3 在仪表通电情况下，严禁拆卸检测器。

4.4.1.4 探测器在新安装和长时间未使用时或在更换新传感器后，通电运行时需要1～8h的稳定时间（由不同传感器的极化时间而定），仪器稳定后才能进行零点、量程的调校。

4.4.1.5 检测器不得长时间在可燃性气体浓度高于爆炸下限的条件下使用，否则会烧坏检测元件。

4.4.2 日常维护

4.4.2.1 检查指示、报警系统是否正常，若异常，检查确认是报警仪故障还是现场发生泄漏。

4.4.2.2 检查吸入式报警仪的取样装置和预处理系统及其部件工作状态是否正常，调整吸入气气的压力和流量至规定数值。

4.4.2.3 应经常检查检测器防护罩，防止意外进水，检测元件浸水受潮后，需更换检测元件并重新进行检定。

4.4.3 定期维护

4.4.3.1 定期维护周期与内容

定期维护周期与内容见表2。

表 2　定期维护周期与内容

检查与维护项目	建议维护周期		维护内容
	1 个月	6 个月	
零点	√		检查零点漂移是否在允许范围内
校验		√	通标准气校验零点和量程
吸入口	√		检查、清洗
抽吸泵		√	检查、清洗、注油
喷射器		√	检查、清洗
过滤器		√	检查、清洗
转子流量计		√	检查、清洗
电路检查		√	根据有无异常确定维护内容
声报警		√	与校验同步检查
光报警		√	与校验同步检查
显示		√	与校验同步检查

4.4.3.2　检测器的检测元件经长期使用，其灵敏度可能有所下降。在标定量程时，经调整指示，若仍达不到要求，如此时无其他异常情况，则说明检测器需要更换新的检测元件。

4.4.4　常见故障与处理

可燃气体报警器常见故障与处理方法见表 3。

表 3　可燃气体报警器常见故障与处理方法

故障现象	故障原因	处理方法
对气体无反应	传感器故障	更换传感器
	气体不合适	使用正确气体
零点不稳	传感器输出过低，量程调节太高	更换传感器
不能调零	电路板故障或传感器故障	更换电路板或更换传感器
读数太低	量程太低	重新标定
	零点太低	更换传感器或电路板
	传感器失效	更换传感器
读数太高	量程太高	重新标定
	零点太高	更换传感器或电路板
读数不稳	传感器故障	更换传感器
	电路板故障	更换电路板

4.5 检修及质量要求

4.5.1 检修

4.5.1.1 检测器防护罩积尘清除、检测器积尘的清除。

4.5.1.2 吸入式报警器取样装置、预处理系统各部件的拆卸清洗。

4.5.1.3 报警器检测元件性能检查，若达不到要求及时更换。

4.5.1.4 声、光报警及显示单元的检查、确认，故障状态的接插件、部件的修复或更换。更换传感器步骤如下：

1）断开探测器电源，然后打开探测器后盖。

2）拆下连接在接线端子 A、C、R 上的传感器导线。

3）从外壳上拧下需更换的传感器。

4）把新传感器拧在外壳上，拧紧使密封符合防爆要求，拧入扣数≥ 6 扣

5）把导线拧在接线端子上：

端子 A（检测）——黑线；

端子 C（共用）——黄线；

端子 R（参比）——棕线。

6）确认所有连接无误后，接通电源，重新供电。

7）确认传感器工作电压。

8）盖上探测器后盖并拧紧。

9）接通电源，用遥控器或探测器内按键进行零点，量程调节。

更换线路板步骤如下：

a）关闭电源，打开上盖，拔下面板组件。

b）更换下层电路板，拆下所有接线，拧下两个铜支柱，取出电路板，换上新电路板，重新装好，注意电路板下必须加绝缘垫片，通电调整传感器工作电压 VRA。

c）更换上层电路板：首先拆掉面板上螺钉，取下面板，然后再拆下安装柱，换上新电路板，重新装好。

d）把更换后的电路重新安装，恢复供电。

报警仪检测器或线路板更换后应重新进行检定。

4.5.2 检修质量要求

检修后可燃气体检测器设备完好，报警响应及时、准确，计量性能符合要求。

在线分析仪表维护检修规程
第 11 部分：有毒气体报警器

SHS 07006.11—2019

目　次

前　言

本规程SHS 07006《在线分析仪表维护检修规程》分为以下十六个部分：

——第1部分：工业气相色谱仪；

——第2部分：氧分析仪；

——第3部分：氢分析仪；

——第4部分：红外线分析仪；

——第5部分：工业pH计；

——第6部分：电导仪；

——第7部分：工业水分仪；

——第8部分：在线熔融指数仪；

——第9部分：烟气排放连续监测系统；

——第10部分：可燃气体报警器；

——第11部分：有毒气体报警器；

——第12部分：化学需氧量在线自动监测仪；

——第13部分：氨氮在线分析仪；

——第14部分：VOCs在线气相色谱分析仪；

——第15部分：在线溶解氧分析仪；

——第16部分：激光氧分析仪。

本部分为SHS 07006的第11部分：有毒气体报警器。本部分按照GB/T 1.1—2009《标准化工作导则　第1部分：标准的结构和编写》给出的规则起草。

本部分由中国石油化工集团有限公司、中国石油化工股份有限公司提出。

本部分起草单位：中国石油化工股份有限公司燕山分公司。

本部分主要起草人：关力、马洪娟。

本部分2019年首次发布。

在线分析仪表维护检修规程
第 11 部分：有毒气体报警器

1 范围

本部分适用于 DS-100 型有毒有害气体探测器，其他型号的有毒气体检测报警器可参考。

2 规范性引用文件

下列文件对本文件的应用是必不可少的。凡是注日期的引用文件，仅注日期的版本适用于本文件。凡是不注日期的引用文件，其最新版本（包括所有的修改单）适用于本文件。

JJG 695 硫化氢气体检测仪

JJG 551 二氧化硫气体检测仪检定规程

3 有毒气体检测报警器

3.1 概述

以 DS-100 型探测器为例，探测器由检测传感器、信号处理电路板、报警系统和显示器单元等组成。

传感器采用电化学式检测原理。传感器内部有三个电极，即工作电极、参比电极和相对电极，工作电极和参比电极之间的电压使传感器保持工作状态，而被检测的大气通过扩散孔进入到传感器内的电解液中，如存在相应有毒气体，在工作电极上就会发生电化学转化，从而在工作电极和相对电极之间流过一定的电流（图 1）。这个电流与有毒气体浓度成正比，其电化学反应方程式如下（以 CO 为例）：

工作电极上出现的电化学反应：$CO+H_2O = CO_2+2H^++2e^-$

相对电极上出现的电化学反应：$\frac{1}{2}O_2+2H^++2e^- = H_2O$

探测器信号处理电路将传感器输出的电信号进行处理，对应有毒有害气体浓度，转换成 4～20mA 标准信号输出。

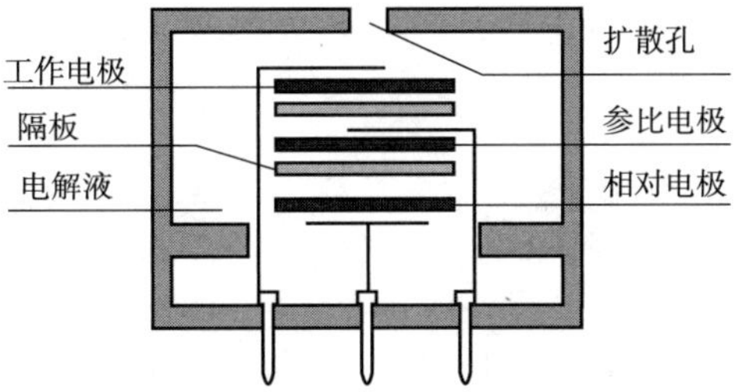

图 1

3.2 主要技术指标

3.2.1 检测原理：电化学

3.2.2 检测范围：见表 1

3.2.3 取样方式：自然扩散

3.2.4 显示方式：数码管显示

3.2.5 检测精度：≤±5% FS(在 25℃时）

3.2.6 响应时间：见表 1

3.2.7 输出信号：4～20mA DC 标准信号

3.2.8 接点输出：当出现越限报警时，输出开关闭合信号，触点容量 0.5A，30V DC。

3.2.9 报警设定值：小于或等于 100%最高允许浓度 / 短时间允许接触浓度（参考 GB 50493—2009）

3.2.10 报警功能：出现越限报警时，红色发光管闪亮。

3.2.11 防爆标志：Exd ib ⅡC T6（带声报警功能）

3.2.12 供电电源：24V DC（15V DC～30V DC 范围内可正常工作）

3.2.13 工作环境：温度 -20～+50℃，湿度≤85% RH，大气压力 86～106kPa

3.2.14 信号传输距离：1000m（传输导线截面积为 2.5mm^2 时）

表 1 各种气体的标准测量范围及反应时间

气体种类	化学符号	标准量程	反应时间（T90）
氧气	O_2	0～25% VOL	20s
一氧化碳	CO	0～1000ppm	40s
硫化氢	H_2S	0～100ppm	60s
二氧化氮	NO_2	0～20ppm	75s
二氧化硫	SO_2	0～100ppm	40s
氯气	Cl_2	0～20ppm	75s
氢气	H_2	0～1000ppm	50s
氨气	NH_3	0～200ppm	110s

注：1ppm=10^{-6}。

3.3 检查、校验及检定

3.3.1 检查

3.3.1.1 仪表零部件、附件齐全完好。

3.3.1.2 仪表铭牌清晰。

3.3.1.3 紧固件无松动、不泄漏，接插件接触良好，可动件调节灵活自如。

3.3.1.4 防爆现场仪表符合防爆现场等级的要求。

3.3.2 校验

每半年对有毒气体报警器零点、量程校验一次。

3.3.2.1 标准气体

通常采用与被测气体相同的标准气体，一般零点气采用清洁空气作为标准气，量程气采用被测毒气作为标准气体，或说明书上规定的标准气体。

3.3.2.2 零点调整

1）利用专用红外遥控器，不必开盖而直接标定。

2）利用调节面板内 4 个按键进行标定。

如果确定环境空气为洁净气体（指不存在被测气体或没有交叉反应的气体）可视其为零气体，此时可直接进行零点校准；如果无法确定环境空气是否洁净时，则需用装有洁净空气的气瓶向传感器通入零气体，流量为 0.3±0.1L/min（连接方式见图 2）。3min 后，调节遥控器或调整面板内零点按键，观察读数，直到显示 0。

3.3.2.3 量程调整

1）零点校准完成后才能进行量程校准。标准样气建议采用标气浓度为满量程 75% 的气体。

2）将校验罩（图 2）套在传感器防护罩上。用软管将装有标准样气的气瓶与流量计、校验罩相连，以（0.3±0.1）L/min 流量通入传感器，观察显示读数，待示值稳定后，调节遥控器或调整面板内量程按键，观察显示读数，直到显示已知标气的浓度值。

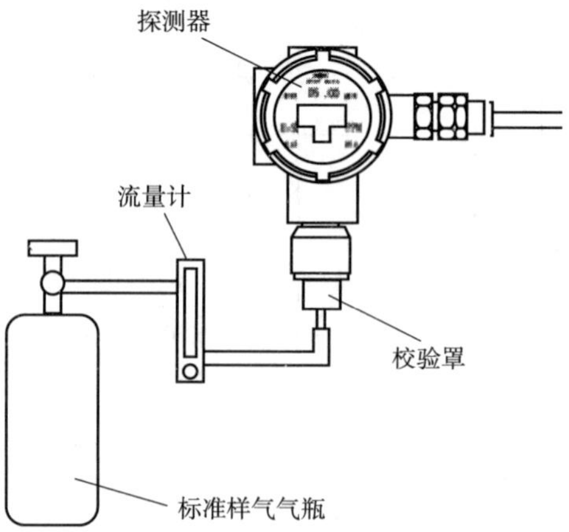

图 2

3）移开校验样气后，传感器暴露在清洁的环境空气中或向传感器通零气体后，显示的稳定读数应恢复为零，至此调校工作完成。如果零点偏差较大，应重新进行上述调零点、调量程的操作，直至达到标准规定的允许值。

3.3.2.4　报警点校准

本探测器应根据最高允许浓度设定，报警值应低于最高允许浓度值。

例如：硫化氢最高允许浓度是 10mg/m^3，欲将报警设定值设为 9mg/m^3，首先将探测器零点调整到 9mg/m^3，然后调整电位器 K，使继电器吸合到临界状态，然后再将零点调回到零。至此报警点调校完毕。

3.3.2.5　响应时间的测试

以一定浓度的标准气体，测试从通气至仪表示值上升到标准气浓度 90% 的时间，应符合第 3.2.6 条的规定（以连续测试 3 次的算术平均值为准）。

3.3.3　检定

1）有毒气体报警器的检定周期一般不超过 1 年。

2）对有毒气体报警器测量数据有怀疑、报警器更换主要部件或修理后应重新检定。

3.4　使用、维护与故障处理

3.4.1　使用

3.4.1.1　检测器为隔爆型设备，不得在超出规定的条件下使用。

3.4.1.2　一般情况下请勿乱动检测器隔爆结构的零部件。如需检修时，应先确定周围空气中不存在可燃气后，才能开盖进行调校。

3.4.1.3　在仪表通电情况下，严禁拆卸检测器。

3.4.1.4　探测器在新安装和长时间未使用时或在更换新传感器后，通电运行时需要 1～8h 稳定时间（由不同传感器的极化时间而定），仪器稳定后才能进行零点、量程的调校。

3.4.1.5　检测器不得长时间在有毒气体浓度高于检测量程的条件下使用，否则会烧坏检测元件。

3.4.2　维护

3.4.2.1　定期检查指示、报警系统是否正常。

3.4.2.2　定期检查一次零点，建议每月一次。

3.4.2.3　定期校验一次量程，并检查声光报警系统是否工作正常，建议周期为 6 个月。

3.4.2.4　应经常检查检测器防雨罩，防止意外进水，检测元件浸水受潮后，需更换检测元件。

3.4.2.5　检测器的检测元件经长期使用，其灵敏度可能有所下降。在标定量程时，经调整指示，若仍达不到要求，如此时无其他异常情况，则说明检测器需要更换新的检测元件。

3.4.3 常见故障与处理

有毒气体报警器常见故障与处理方法见表 2。

表 2 有毒气体报警器常见故障与处理方法

故障现象	故障原因	处理方法
对气体无反应	传感器故障	更换传感器
	气体不合适	使用正确气体
零点不稳	传感器输出过低，量程调节太高	更换传感器
不能调零	电路板故障或传感器故障	更换电路板或更换传感器
读数太低	量程太低	重新标定
	零点太低	更换传感器或电路板
	传感器失效	更换传感器
读数太高	量程太高	重新标定
	零点太高	更换传感器或电路板
读数不稳	传感器故障	更换传感器
	电路板故障	更换电路板

3.5 检修及质量要求

3.5.1 检修

3.5.1.1 检测器透气罩应取下清扫。

3.5.1.2 必要时更换检测器的检测元件。更换传感器步骤如下：

1）断开探测器电源，然后打开探测器后盖。

2）拆下连接在接线端子 R、S、C 上的传感器导线。

3）从外壳上拧下需更换的传感器。

4）把新传感器拧在外壳上，拧紧使密封符合防爆要求。

5）把导线接在接线端子上，见图 3：

R 端（电源正端）红色

S 端（信号端）黄色

C 端（电源负端）黑色

6）确认所有连接无误后，接通电源，重新供电。

7）当探测器更换传感器后应立即标定。

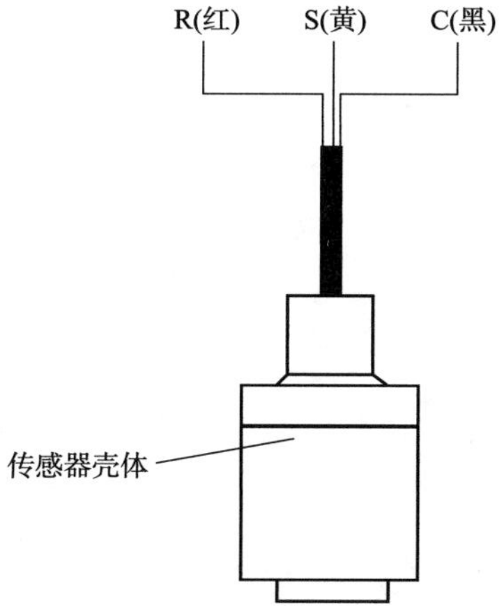

图 3

3.5.1.3 更换线路板：

1）关闭电源；

2）打开探测器上盖；

3）拆下电源线和传感器线；

4）拆下紧固螺钉；

5）更换线路板并重新按顺序安装好；

6）恢复供电，并置于调校状态，对探测器进行调校。

3.5.2 检修质量要求

检修后有毒气体检测器设备完好，报警响应及时、准确。

在线分析仪表维护检修规程
第 12 部分：化学需氧量在线自动监测仪

SHS 07006.12—2019

目　次

前　言

本规程SHS 07006《在线分析仪表维护检修规程》分为以下十六个部分：

——第1部分：工业气相色谱仪；

——第2部分：氧分析仪；

——第3部分：氢分析仪；

——第4部分：红外线分析仪；

——第5部分：工业pH计；

——第6部分：电导仪；

——第7部分：工业水分仪；

——第8部分：在线熔融指数仪；

——第9部分：烟气排放连续监测系统；

——第10部分：可燃气体报警器；

——第11部分：有毒气体报警器；

——第12部分：化学需氧量在线自动监测仪；

——第13部分：氨氮在线分析仪；

——第14部分：VOCs在线气相色谱分析仪；

——第15部分：在线溶解氧分析仪；

——第16部分：激光氧分析仪。

本部分为SHS 07006的第12部分：化学需氧量在线自动监测仪。本部分按照GB/T 1.1—2009《标准化工作导则　第1部分：标准的结构和编写》给出的规则起草。

本部分由中国石油化工集团有限公司、中国石油化工股份有限公司提出。

本部分起草单位：中国石油化工股份有限公司北京燕山分公司。

本部分主要起草人：田江南、裴浩然、李玉成、王晨、宇文晓彤。

本部分2019年首次发布。

在线分析仪表维护检修规程
第 12 部分：化学需氧量在线自动监测仪

1 范围

本部分适用于哈希公司（HACH）CODmax plus sc 型化学需氧量在线自动监测仪的维护检修，其他同类仪表可参考。

2 规范性引用文件

下列文件对本文件的应用是必不可少的。凡是注日期的引用文件，仅注日期的版本适用于本文件。凡是不注日期的引用文件，其最新版本（包括所有的修改单）适用于本文件。

GB 11914—1989 水质 - 化学需氧量测定—重铬酸钾法

HJ/T—377—2007 化学需氧量（COD_{Cr}）水质在线自动监测仪

3 化学需氧量在线自动监测仪

3.1 概述

HACH 公司生产的 CODmax plus sc 型化学需氧量在线自动监测仪如图 1 所示。能对废水中的化学需氧量进行在线测量。适用测量化学需氧量在 10～5000mg/L 范围内的废水。含有悬浮物的水样需均质化以后才能进行测量。适用于氯化物浓度低于 5g/L 氯离子的水样。

3.2 主要技术指标

3.2.1 测量方法：基于 GB 11914—1989《水质 - 化学需氧量测定 - 重铬酸钾法》

3.2.2 测量范围：10～5000mg/L COD

3.2.3 显示方式：通过 HACH sc200 或 sc1000 显示

3.2.4 示值误差（邻苯二甲酸氢钾试验）：±8%

3.2.5 重复性：≤ 3%

3.2.6 零点漂移（24h）：±5mg/L

3.2.7 量程漂移：±10%

3.2.8 示值稳定性（24h 内）：±3%

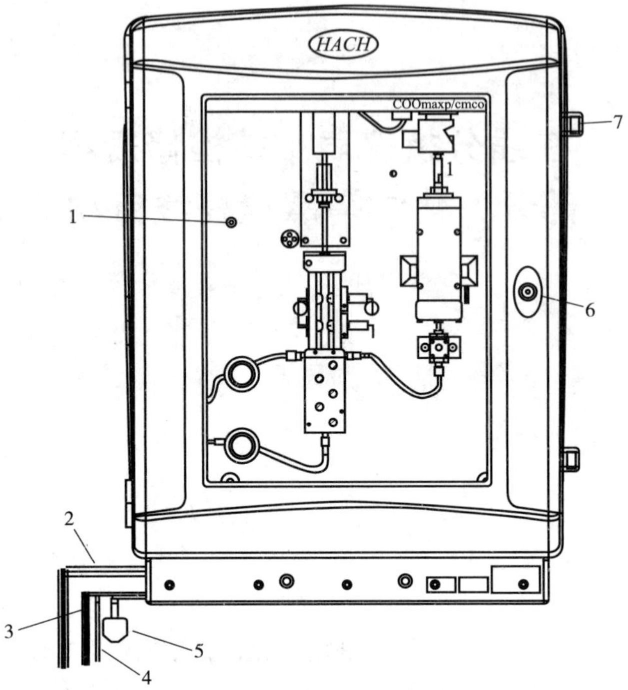

图 1　CODmax plus sc 外观图

1—电源指示灯；2—sc 控制器连接数据线；3—废液排放管；
4—进样管；5—电源插头；6—门锁；7—铰链扣

3.2.9　电源电压变化 ±10%时仪器的示值误差：±10%

3.2.10　消解时间：自动，3min、5min、10min、20min、30min、40min、60min、80min、100min 或 120min 可选

3.2.11　测量间隔时间：连续测量、1～24 小时间隔测量、触发启动测量，自定义间隔

3.2.12　校准：可选择不校准，自动校准或用户自定义校准（最多 5 点）

自动校准的时间间隔可人工选择每隔 1 天到每隔 7 天自动校准一次

3.2.13　用户维护：每月仅需 1h 的维护时间

3.2.14　试剂容量：在连续测量、消解时间为 30min、校正时间间隔为 24h 的情况下，每套试剂可用 1 个月

3.2.15　输出：

2 路电流输出：0/4～20mA，最大负载 500Ω

2 个多功能输出继电器：24V　1A

通过 SD 卡在 sc200 或 sc1000 控制器读取

3.2.16　环境温度：+5～+40℃

3.2.17　电源要求：220V AC±10% /50～60Hz

3.2.18　电耗：大约 100VA

3.2.19　尺寸（宽 × 高 × 深）：535.80mm×711.5mm×376mm

3.2.20　质量：约 38kg（不包括试剂）

3.2.21 其他：自动清洗、自动记录数据

3.3 检查与校验

3.3.1 检查

1）仪器屏幕：检查屏幕数据显示是否正常，有无故障提示。

2）试剂：打开安全面板，观察试剂余量是否充足。

3）废液：检查废液排放管有无堵塞，废液桶中废液量是否过多。

4）管路：检查各管路的磨损情况，溶液是否能充满。

3.3.2 校验

3.3.2.1 推荐的校验溶液

推荐的校验溶液见表1。

表1 推荐的校验溶液

物质	基本原料	CAS No.	数量
A	邻苯二甲酸氢钾	877-24-7	5.0mL
B	硫酸，95%～97% ACS	7664-93-9	0.5mL

1）往250mL的计量烧杯中加入200mL的蒸馏水。

2）用磁力搅拌器进行搅拌期间，往溶液中小心地加入0.31875g的物质A（邻苯二甲酸氢钾）和物质B（硫酸95%～97% ACS）。

3）等邻苯二钾酸氢钾完全溶解后（溶液澄清），加入蒸馏水至250mL。

备注：使用邻苯二甲酸氢钾前，请将其置于烘箱中105℃烘干。

3.3.2.2 启动校准流程

有两种方式可以启动校准，一是设置自动校准时间间隔，到时间会启动校准；二是先执行“服务”命令，然后在“服务”菜单下启动校准。校准完成后，系统会根据相应的测量间隔自动启动测量流程。

3.3.2.3 自动校准

用户可以在仪器“设置菜单”页面下选择“校准”查看历史校准数据、设置校准参数；在“校准模式”里选择自动校准，并进入“校准快慢类型”页面，设置校准时两次空白液测量之间的间隔长短。然后执行服务命令，服务流程结束后，在“服务”页面下选择“执行校准”来启动校准流程。

用户可以选定自动校准的时间间隔，推荐校准时间间隔为3天。校准的消解时间和设置页面的消解设置时间保持一致。

3.3.2.4 校准菜单

校准菜单用来显示各量程校准信息，如空白液、标液的原始信号值、电路放大系数、消解时间、斜率、校准时间等；设置校准参数，如校准间隔、开始时间、校准模

式、以及自定义校准设置等，如表 2 所示。

表 2　校准菜单

校准	校准菜单
校准数据	低中高量程校准参数
自动校准数据	自动校准数据
低量程	低量程自动校准数据
空白液的原始 AD	
测量 AD	0 标对应的测量通道 AD
参比 AD	0 标对应的参比通道 AD
标液的原始 AD	
测量 AD	15.0 标液对应的测量通道 AD
参比 AD	15.0 标液对应的参比通道 AD
消解时间	空白液和标液消解时间
斜率	斜率
电路放大系数	低量程对应的测量通道和参考通道的电路放大系数
校准日期	校准对应的日期
校准时间	校准对应的时间
中量程	中量程校准数据，下拉菜单内容同低量程
高量程	高量程校准数据，下拉菜单内容同低量程
上次校准信息	显示最后一次的自动校准日期，时间
自定义校准数据	用户自定义校准数据，需要密码保护，只有低量程 .
校准点 1 数据	自定义校准点 1
标液 COD 值	COD 值
空白液的原始 AD	
测量 AD	0　标对应的测量通道　AD
参比 AD	0　标对应的参比通道　AD
标液的原始 AD	
测量 AD	当前点数对应的标液对应的测量通道　AD
参比 AD	当前点数对应的标液对应的参比通道　AD
消解时间	空白液和标液消解时间
斜率	基于多点测量结果得到的斜率
电路放大系数	测量、参考电路放大系数
校准日期	校准对应的日期
校准时间	校准对应的时间

表 2 校准菜单（续）

校准	校准菜单
校准点 2 数据	自定义校准点 2，下拉菜单内容同上
校准点 3 数据	自定义校准点 3，下拉菜单内容同上
校准点 4 数据	自定义校准点 4，下拉菜单内容同上
校准点 5 数据	自定义校准点 5，下拉菜单内容同上
校准参数设置	设置校准参数
校准间隔	设置自动校准时间间隔（1 天、2 天、3 天、4 天、5 天、6 天、7 天，关闭）
校准开始时间	设置自动校准开始时间，如 1：00，2：00
校准快慢类型	设置校准速度的快慢，快速情况下，2 次空白液测量之间的时间间隔比较短，慢速情况下比较长
校准模式	设置自动校准或用户自定义校准模式，需要密码保护
输入自定义标液数	输入自定义点数
输入自定义标液值	输入用户自定义校准的标液 COD 值
标液 1 数值输入	校准点 1 的 COD 值输入
标液 2 数值输入	校准点 2 的 COD 值输入
标液 3 数值输入	校准点 3 的 COD 值输入
标液 4 数值输入	校准点 4 的 COD 值输入
标液 5 数值输入	校准点 5 的 COD 值输入

3.4 使用、维护与故障处理

3.4.1 使用

3.4.1.1 安全面板的拆除

连接 sc 控制器和分析仪。建立连接后，在 sc200 面板上点击“设置菜单”，然后选择“传感器设置”，进入下面菜单，选择“服务”实现服务流程。这时，用户可以拆卸安全面板，见图 2。

3.4.1.2 试剂安装

1）打开仪器外门，各试剂管路实际分布位置外观见图 3；

2）挨个旋下试剂瓶的原有瓶盖，将溶液倒入相应的试剂瓶中。先把硫酸溶液倒入 2.5L 的试剂瓶中，再倒其他的试剂；

3）用螺旋盖盖紧试剂瓶，注意不是旋转螺旋盖而是旋转试剂瓶，以避免扭曲螺旋盖上的小软管；

4）打开仪器带有阀门、泵、消解管等零件的内门，将试剂瓶放入 COD 在线分析仪的底壳上，见图 3；

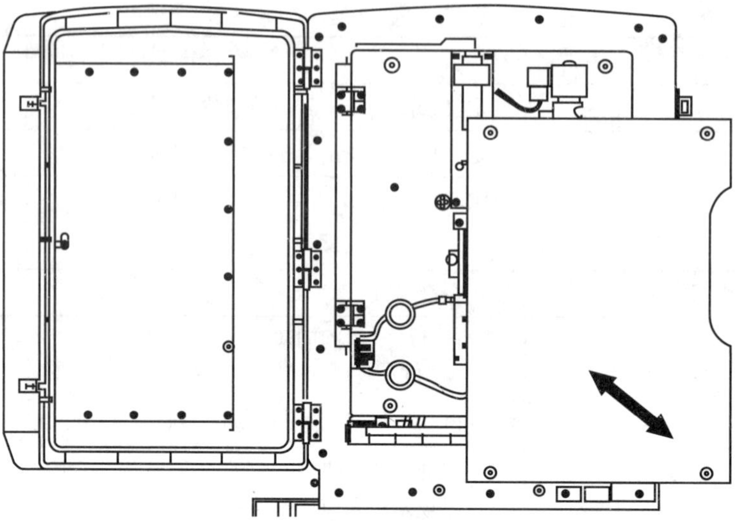

图 2　安全面板

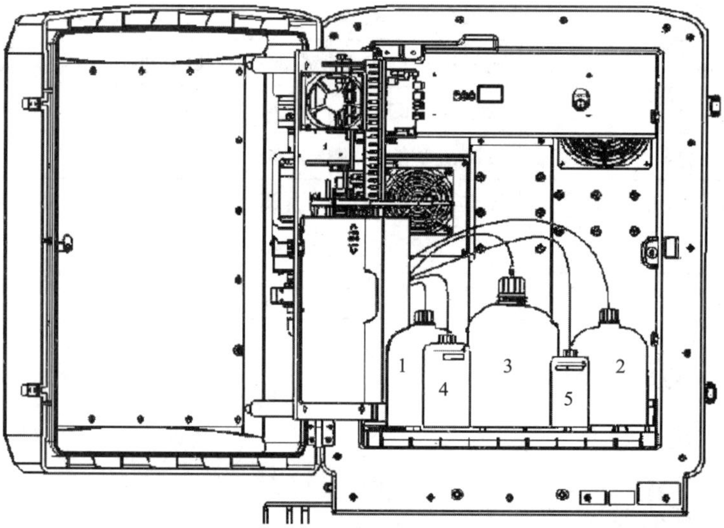

图 3　试剂实际位置分布图

5）然后按照图 4 所示顺序装好每个试剂瓶；

6）确保所有的试剂瓶都是与空气连通的；

7）准备废液槽；

8）关上仪器内门，并重新安装安全门；

9）关上仪器外门；

10）在服务菜单选择“校准”启动校准流程。

a）服务　　　服务菜单

b）执行冲洗　启动自动冲洗

c）执行清洗　启动自动清洗

d）执行校准　启动自动校正

e）校准数据　链接到校准数据菜单

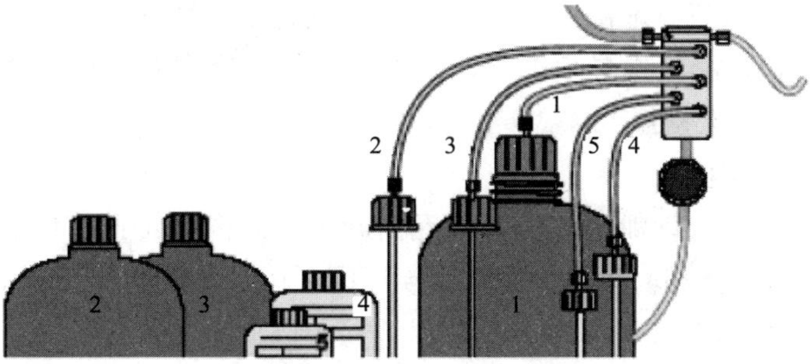

图 4　试剂安装示意图

3.4.1.3　启动测量

1）在“设置”菜单下选择“测量间隔”设置测量间隔。如果要立即启动测量，选择“触发”选项，或者“连续”选项。

2）仪器启动后，如果之前从未进行过校准，系统会先启动校准流程，校准流程成功结束后，自动启动测量流程。

3.4.2　维护

3.4.2.1　一般维护

1）仪器屏幕：检查屏幕数据显示是否正常，有无故障提示。

2）试剂：打开安全面板，观察试剂余量是否充足。

3）管路：检查各管路的磨损情况，溶液是否能充满。

4）废液：检查废液排放管有无堵塞，废液桶中废液量是否过多。

3.4.2.2　自动清洗

仪器配备完善的自清洗功能，用户可以选定自动清洗的时间间隔。样品流经的所有管路都采用热酸液进行清洗。经过一段浸泡的时间之后，清洗溶液通过废液管路排放。

3.4.2.3　手动清洗

1）选择维护模式；

2）当出现维护状态时，拆除安全面板；

3）将样品管浸没到装有 25%浓度氨水的烧杯中；

4）用左手压住样品阀，并保持住；

5）用右手旋转活塞泵上面的转轮，吸取氨水进入计量试管中，直至距计量试管顶端约 0.5cm 的位置为止；

6）等待大约 1min 的时间；

7）重新安装安全面板；

8）进入测量模式。

如果此时的计量试管仍然未洗干净，则必须拆下来进行清洗。

3.4.2.4 湿度传感器

如果在排水盘中有试剂，则需要按照安全指南的要求去操作。

如果仪器内有任何液体泄漏，那么这些液体就会立即被导入湿度传感器中。一旦湿度传感器的两个电极检测出电导率增加，那么出于安全原因，分析仪会自动停止测量。

1）使用软纸擦干排水盘。

2）使用软纸擦干电极。

仪器只有在错误（软管泄漏、消解单元泄漏……）得到纠正、传感器电极重新恢复干燥仪器以及在【系统状态】菜单中确认错误原因之后，才能够重新开始执行测量操作。

3.4.2.5 维护时间表

仪器维护时间表见表3。

表3 维护时间表

建议	每隔4周	每隔6个月	每隔12个月	每隔24个月
更换	试剂、废液软导管	样品管路 废液管路	消解试管O形垫圈 活塞	所有管路 消解试管 计量试管O形垫圈 活塞泵
清洗	消解管 计量管			

3.4.3 故障处理

3.4.3.1 与传感器连接故障排除

sc系列控制器上电后，会花几秒的时间搜索传感器。如果在这几秒时间内，系统还不能稳定启动运行，sc控制器会提示找不到设备。这时，可以进入“测试/维护”界面选择“扫描设备”重新搜索，或者sc控制器断电后重上电。sc控制器一旦和传感器或仪器建立了通信，仪器运行如果出现故障，导致和sc控制器失去联系，sc控制器主界面的显示数据将会变为“*.*****”图样，并不停闪烁。如果仪器恢复正常，sc控制器将自动探测到并重新建立连接，显示数据恢复正常，不再闪烁。在操作sc控制器界面时，如果出现死机，按键无反应情况，应该将sc控制器断电后重上电，重新与仪器建立通信连接。

3.4.3.2 仪器仍然处于运行模式中的故障处理见表4。

表4 仪器仍然处于运行模式中的故障处理

警报	原因	措施
清洗计量管	计量管被污染： <600 位（上液位） <600 位（下液位）	检查，清洗计量管
无微调	不能调节电流输出——零点和量程	

表 4　仪器仍然处于运行模式中的故障处理（续）

警报	原因	措施
测试设置	设置不确定	检查，设置新值
实时时钟故障	硬件实时时钟芯片故障	更换主板
COD 值超低	测量值小于量程下限	检查量程设置和试样
COD 值超高	测量值高于量程上限	检查量程设置和试样

3.4.3.3　仪器将会停止运行的故障处理见表 5。

表 5　仪器将会停止运行的故障处理

<table>
<tr><th>错误</th><th>原因</th><th>应该采取的措施</th></tr>
<tr><td>无安全面板</td><td>没有安装安全面板
安全面板的安装位置不正确</td><td>重新安装安全面板；
检查机械和电子元件</td></tr>
<tr><td>潮湿</td><td>导管、零件、阀和密封装置泄漏（磨损、破裂、不正确装配……）；
消解管泄漏（空气消解阀，消解温度）；
计量管泄漏（磨损、破裂、不正确装配）</td><td>检查，如有必要请进行更换</td></tr>
<tr><td>过程时间限值</td><td>加热器有故障 / 温度控制运行；
消解试管的温度传感器有故障；
风扇有故障或者通道堵塞——冷却过程耗时过长；
环境温度过高——冷却过程耗时过长</td><td>更换试管；
更换试管；
检查 / 更换风扇、检查电路板输出的塞子位置；
改变仪器的位置</td></tr>
<tr><td>无进样</td><td>1h 以后，故障将会被自动重置，分析仪可以启动一次新的测量；
不能从外部系统获取水样，阀、阀组件或样品管路被堵塞或破损；
计量管没有反应 / 信号；
活塞泵被损坏</td><td>如果需要的话，检查、清洗或更换被损坏的部件</td></tr>
<tr><td>无汞</td><td rowspan="5">两次往空的试剂瓶中加试剂都没有成功之后，错误信息将会显示出来；
试剂瓶空了；
阀、阀组件或样品管路被堵塞或破损；
计量管没有反应 / 信号，活塞泵被损坏</td><td rowspan="5">更换试剂；
如果有需要的话，清洗或更换破损部件</td></tr>
<tr><td>无重铬酸钾</td></tr>
<tr><td>无硫酸</td></tr>
<tr><td>无消解液</td></tr>
<tr><td>无标液</td></tr>
<tr><td>斜率限值</td><td>标液不正确；
传输有问题（阻塞、泄漏）</td><td>检查标准溶液</td></tr>
<tr><td>放大测量偏差</td><td>消解管液位误差：
误差＜10dig；
误差＞800dig</td><td></td></tr>
</table>

表 5　仪器将会停止运行的故障处理（续）

错误	原因	应该采取的措施
放大计量偏差	计量管液位误差： 误差＜10dig； 误差＞800dig	
消解温度＞200℃	消解温度太高或消解管中的温度传感器有故障	检查消解温度传感器的连接
消解温度＜-20℃	消解温度太低或消解管中的温度传感器有故障	
无传感器消解温度	温度传感器消解管故障或者连接错误	
室内温＞80℃	室内温度太高或者室内温度传感器有故障	检查室内温度传感器的连接
室内温度＜-20℃	室内温度太低或者室内温度传感器有故障	
无传感器室内温度	室内温度传感器故障或连接错误	
温度：较差的参考值	温度传感器故障或计量光度计电路板故障	
放大测量	消解管中的光强度故障	检查光路系统清洗、更换消解管
放大计量	计量管中的光强度故障	检查光路系统清洗、更换计量管
排空废液	管路、阀门 V4（废液阀）堵塞，空气阀或活塞泵损坏	如果有必要的话，请检查、清洗或更换
填充消解管	管路、阀门 V1（消解入口阀）堵塞，活塞泵损坏	如果有必要的话，请检查、清洗或更换

3.5　检修及质量要求

3.5.1　检修

为了避免仪器管道内的残留物结晶或者其他重的污垢沉淀在管道内阻塞管道，导致下次启动仪器时发生故障。所以，当仪器停止运行超过 48h，必须用蒸馏水冲洗整个系统，见图 5。

1）关掉样品流；

2）在 sc200 上按“Menu”键进入“设置菜单”，再选择“传感器设置”进入分析仪“CODmax plus sc”。选择“维护”下的“服务”；

3）“服务”流程完成后，拆卸安全面板；

4）戴上防护眼镜和手套，把所有试剂的试管小心缓慢往上拔至接近瓶口，使试管接触不到瓶内试剂；

5）在服务菜单界面选择“冲洗”功能，等待本次冲洗流程完成；

6）逐个旋开所有试剂瓶上的螺旋帽，把所有的试剂管线放入一个装有蒸馏水的大玻璃烧杯中，再次执行“冲洗”功能；

7）冲洗过程结束后，把所有的试剂管线从玻璃烧杯中取出；

8）再次执行冲洗流程；

9）最后，从阀门上拆下软管；

10）重新安装上安全面板；

11）拔掉仪器主电源。

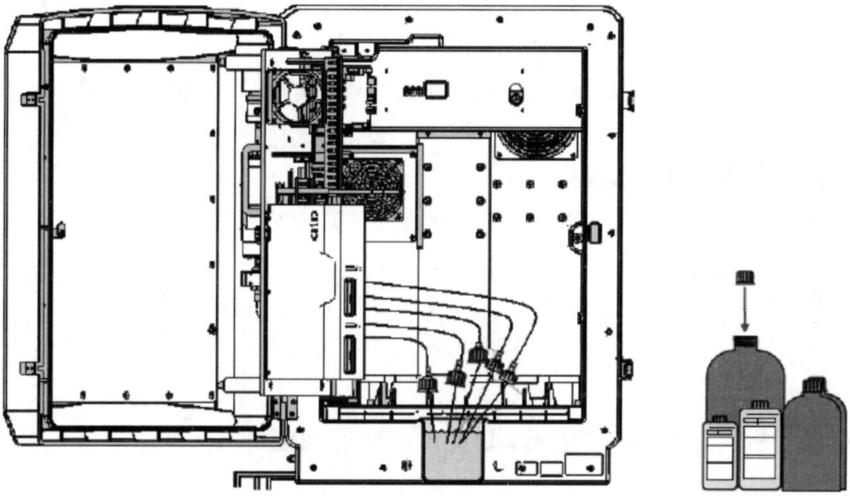

图5　冲洗管路示意图

3.5.2　检修质量要求

化学需氧量在线自动监测仪的性能必须满足表6的要求。

表6　CODmax plus sc 在线自动分析仪的性能指标

项目	性能	试验方法
重现性或精密度	±10%	HJ/T 377—2007之8.4.1
零点漂移	±5mg/L	HJ/T 377—2007之8.4.2
量程漂移	±10%	HJ/T 377—2007之8.4.3
邻苯二甲酸氢钾试验	±10%（测量误差）	HJ/T 377—2007之8.4.4
实际废水样品比对实验	相对误差绝对值的平均值≤15%	HJ/T 377—2007之8.4.5
平均无故障连续运行时间	≥360h/次	HJ/T 377—2007之8.4.6
电压稳定性	±10%（测量误差）	HJ/T 377—2007之8.4.7
绝缘阻抗	20MΩ以上	HJ/T 377—2007之8.4.8
耐电压	无异常现象（电弧和击穿等）	HJ/T 377—2007之8.4.9

仪器核心组件应满足如下要求：

1）终点指示器（或光度计），应具有良好再现反应终点的性能。光度计应具有准确测定Cr（Ⅵ）或Cr（Ⅲ）的性能。

2）计量单元由试样导入管、试剂导入管、试样计量器、试剂计量器等部分构成。

a）试样导入管由不被试样侵蚀的塑料、玻璃、橡胶等材料制成。为了准确地将试样导入计量器，试样导入管应备有泵或试样储槽（罐）。

b）试剂导入管由玻璃或性能优良、耐试剂侵蚀的塑料、橡胶等材料制成。为了准确地将试剂导入计量器，试剂导入管应备有泵。

c）试样计量器由不被试样侵蚀的玻璃、塑料等材料制成。试样计量器应能准确计量试样加入量。

d）试剂计量器由玻璃或性能优良、耐试剂侵蚀的塑料等材料制成。试剂计量器应能准确计量试剂加入量。

3）分析小屋内的环境要求

环境温度：在0～40℃之间，温度变化在±5℃以内。

湿度：相对湿度在90%以下。

大气压：在86～106kPa压力下，其变化幅度在±5%以内。

电压：220V±10%。

电源频率：50Hz±1%。

4）自动分析仪的标牌，应符合GB/T 13306的规定，永久性地固定在仪器的醒目位置上，至少标明以下内容：

a）名称及型号；

b）测定对象；

c）测定浓度范围；

d）使用温度范围；

e）电源类别及容量；

f）制造商名称；

g）生产日期与生产批号。

在线分析仪表维护检修规程
第 13 部分：氨氮在线分析仪

SHS 07006.13—2019

目 次

前　言

本规程 SHS 07006《在线分析仪表维护检修规程》分为以下十六个部分：

——第 1 部分：工业气相色谱仪；

——第 2 部分：氧分析仪；

——第 3 部分：氢分析仪；

——第 4 部分：红外线分析仪；

——第 5 部分：工业 pH 计；

——第 6 部分：电导仪；

——第 7 部分：工业水分仪；

——第 8 部分：在线熔融指数仪；

——第 9 部分：烟气排放连续监测系统；

——第 10 部分：可燃气体报警器；

——第 11 部分：有毒气体报警器；

——第 12 部分：化学需氧量在线自动监测仪；

——第 13 部分：氨氮在线分析仪；

——第 14 部分：VOCs 在线气相色谱分析仪；

——第 15 部分：在线溶解氧分析仪；

——第 16 部分：激光氧分析仪。

本部分为 SHS 07006 的第 13 部分：氨氮在线分析仪。本部分按照 GB/T 1.1—2009《标准化工作导则　第 1 部分：标准的结构和编写》给出的规则起草。

本部分由中国石油化工集团有限公司、中国石油化工股份有限公司提出。

本部分起草单位：中国石油化工股份有限公司北京燕山分公司。

本部分主要起草人：田江南、裴浩然、李玉成、王晨、宇文晓彤。

本部分 2019 年首次发布。

在线分析仪表维护检修规程
第13部分：氨氮在线分析仪

1 范围

本部分是石化生产过程中氨氮在线分析仪维护检修规程。本部分适用于岛津公司生产的NHN4210型氨氮分析仪，其他同类仪表可参考。

2 规范性引用文件

下列文件对本文件的应用是必不可少的。凡是注日期的引用文件，仅注日期的版本适用于本文件。凡是不注日期的引用文件，其最新版本（包括所有的修改单）适用于本文件。

HJ 563—2009 水质氨氮的测定 水杨酸分光光度法

HJ/T 101—2009 氨氮水质在线自动监测仪技术要求及检测方法

3 氨氮在线分析仪

3.1 概述

岛津公司生产的NHN-4210型氨氮分析仪是岛津公司为应对中国水环境特征而最新开发的高性价比在线氨氮分析仪，能实现各种样品水的氨氮在线监测。

3.2 主要技术指标

3.2.1 型号：NHN-4210

3.2.2 测定项目：水中氨氮

3.2.3 测定原理：水杨酸分光光度法

3.2.4 测定量程：0～（5～500）mgN/L（可任意设定，通过画面操作变更量程）

3.2.5 测定周期：可设定0.5h、1～24h

3.2.6 重现性：CV3%以内（温度变化：±5℃以内）

3.2.7 直线型：±10% FS以内

3.2.8 零点稳定性：±3% FS/24h以内（温度变化：±5℃以内）

3.2.9 量程稳定性：±5% FS/24h以内（温度变化：±5℃以内）

3.2.10 计量、输液：使用注射泵

3.2.11 样品稀释：在注射器内稀释，根据测量量程自动决定稀释率

3.2.12 自动校正功能：有根据标准液自动校正（零点校正液使用稀释水作为零点标准液）

3.2.13 试剂储备量：可储备 1 个月的使用量

3.2.14 模拟输出信号：可切换 4～20mA DC 或 0～16mA DC（绝缘 1 输出）

3.2.15 安装选配时：最大可 2 输出

3.2.16 负荷电阻：500Ω 以下

3.2.17 模拟输入信号：作为流量输入信号，4～20mA DC 1 输入

3.2.18 接点输出信号：警报信号：严重故障、设备警报、断电、浓度异常（上限、下限、上上限、下下限）

3.2.19 事件信号：保养中、可远程开始、采样泵控制（接点容量 2A 250V AC，2A 30V DC 无诱导负荷，“断电”除外）

3.2.20 接点输入信号：测量开始、测量停止、远程校正、远程开始（计划）、远程停止（计划）、警报解除（输出侧接点容量：DC24V、10mA 以上

3.2.21 电源：220V AC±10%、50Hz±1%

3.2.22 设置环境：5～40℃、湿度 85% RH 以下（不可结露）

3.2.23 安装方式：室内安装型、自立式

3.2.24 外形尺寸：约（*W*）550mm×（*D*）384mm×（*H*）1527mm（不含突起物）

3.2.25 质量：约 70kg（只包含主机）

3.3 检查与校验

3.3.1 检查

3.3.1.1 开机前检查及准备工作。

1）检查电源线、信号电缆连接是否正确。

2）正确安装仪器（配线、配管）；备好稀释水；准备好测量试剂；备好标准溶液（需要时）。

3）打开仪器右侧面的电源开关。

3.3.1.2 进行初始化。初始化状态中画面显示如图 1 所示。

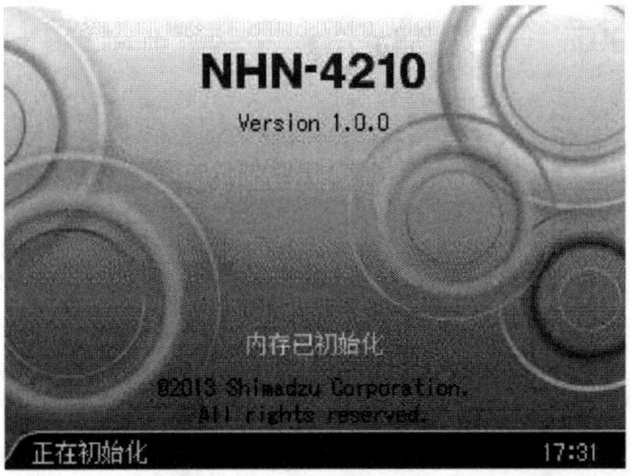

图 1 初始化结束后显示主菜单画面

初始化结束后显示主菜单画面，见图 2、表 1。按相应按键后进入测量条件设置、开始测量、校正和保养等各画面。

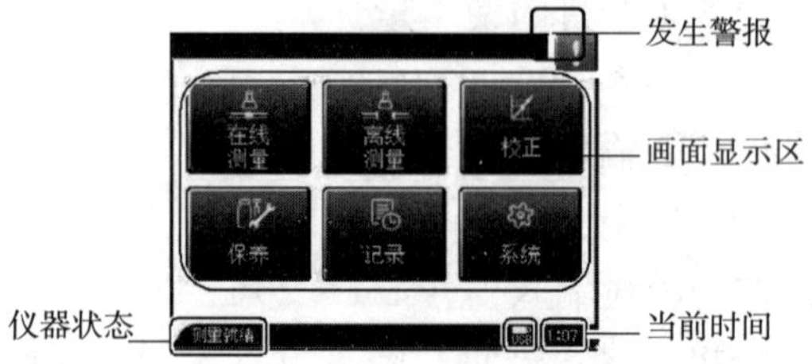

图 2　主菜单相应按键

表 1　按键说明

名称	说明
[在线测量]	设置在线测量条件、启动在线测量
[离线测量]	设置离线测量条件、启动离线测量
[校正]	在线进行绘制、编辑校准曲线
[保养]	进行注射器零点检测、去除流路气泡
[记录]	检查在线测量、校正、故障和警报的记录
[系统]	检查仪器状态、设置接点输入输出和通信条件
执行画面	显示区显示各执行画面
仪器状态	显示仪器状态
当前时间	显示当前时间
(USB　标记)	检测出 USB 存储器连接时显示此标记
(发生警报)	发生警报时显示在画面右上角 •（发生警报）：显示 [警报] 画面

3.3.2　校验

3.3.2.1　标准溶液制备

1）正确量取氯化铵 3.8190g，放入 1L 的烧瓶；

2）放入纯水 500～700mL，使之完全溶解；

3）加入零点水至标线。

该溶液相当于氮浓度 1000mgN/L，作为标准溶液使用。标准溶液不用必须是 1000mgN/L，比如 2000mgN/L 也可以作为标准溶液。

该标准溶液适用于所有测量范围。校准时需要把标准溶液稀释为 5mgN/L、50mgN/L、500mgN/L，适合此分析仪的 5mg/L、50mg/L、500mg/L 3 个量程。

3.3.2.2　标准溶液对分析仪的校验

应每 3 个月检验 1 次。

1）在主菜单选择［校正］，见图3。

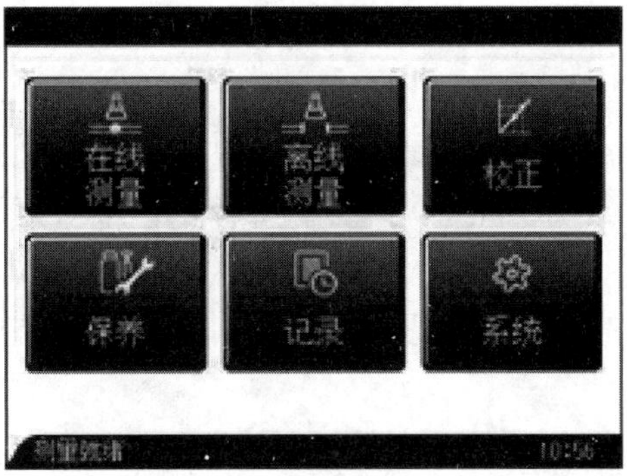

图3

2）［校正］画面选择［绘制/编辑校准曲线］。

3）选择要绘制的校准曲线，点击［绘制/编辑］，见图4。

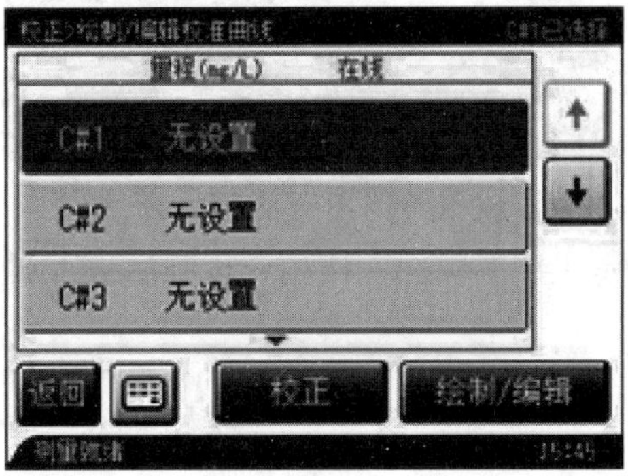

图4

4）设置绘制校准曲线的必要条件：

［标准液浓度］

设置标准液浓度。

设置范围：5～500(mg/L)。

［测量次数］*1

设置测量次数。按设置次数重复进行测量并将平均值作为测量结果输出。

设置范围：0～15（次）。Zero与Span不可同时为0。

［最多次数］*1

设置最多测量次数。当测量结果SD/CV未达到公差时以此处的设置次数为上限追加测量。

设置范围：0～15（次）。Zero与Span不可同时为0。

［SD标准］*2

设置自动追加测量标准。

设置范围：0～10000。

3.4 使用、维护与故障处理

3.4.1 使用

3.4.1.1 检查电源线、信号电缆连接是否正确。

3.4.1.2 正确安装仪器（配线、配管）；备好稀释水；准备好测量试剂；备好标准溶液（需要时）。

3.4.1.3 打开仪器右侧面的电源开关进行初始化。初始化状态中画面显示如图 5 所示。

图 5 初始化结束后显示主菜单画面

3.4.1.4 初始化结束后显示主菜单画面。按相应按键后进入测量条件设置、开始测量、校正和保养等各画面。

3.4.2 维护

3.4.2.1 日常维护内容

1）线缆屏蔽层是否损坏；

2）管路是否漏液；

3）仪器是否发生异常（异常声响或烟雾）；

4）操作画面是否显示故障信息；

5）校正记录中的校正值与前次相比差值是否过大；

6）水样是否流动。

3.4.2.2 定期检查

1）试剂、标准溶液瓶的试剂量：仔细检查各瓶内试剂量是否充足。

2）氨气吸收器的磷酸量：检查氨气吸收器的磷酸量。磷酸量不足时加入磷酸（85%以上）至标线处。

3.4.2.3 简易性能检查

除日常检查外，请按下列步骤再定期进行确认测量，以检查仪器是否存在明显异常。

1）准备以下物品：

a）零水（稀释水）；

b）标准溶液（25mgN/L）；

c）标准溶液（50mgN/L）。

2）在离线测量、测量次数4次，最多5次的条件下对零水进行测量（稳定仪器）。

3）创建50mgN/L校准曲线，将测量次数设为4次，最多设为5次。

4）用步骤3）中设置的校准曲线测量条件对标准溶液50mgN/L进行校正测量。将测量结果的平均浓度作为*A*。确认*CV*值在3%以下（确认重现性）。

5）在离线测量、测量次数4次，最多5次的条件下对标准溶液25mgN/L进行测量。使用步骤3）创建的校准曲线。将测量结果的平均浓度作为B。

6）用测量结果*A*和*B*计算线性。确认计算结果在 ±10%以内。

$$线性=\frac{B-A/2}{A}\times 100\%$$

如果未达到上述步骤所示标准，参考“3.4.3 常见故障与处理”进行处理。

3.4.3 常见故障与处理

氨氮在线分析仪常见故障与处理方法见表2。

表2 氨氮在线分析仪常见故障与处理方法

故障现象	故障原因	处理方法
发生初次校正故障	斜率小于“0”、零点的吸光度在0.2以上	检查标准溶液，重新校准
注射器故障	注射器运行异常	更换注射器
搅拌泵故障	搅拌泵使用期限已到	更换搅拌泵头
标准溶液量不够	—	添加
蒸馏水量不够	—	添加
试剂不够	—	添加
发生八通阀重启故障	在一次测量中间断性发生3次	八通阀运行出现某种异常，需及时进行检查
柱塞头使用期限已到	老化	更换
搅拌泵头使用期限已到	老化	更换
搅拌泵使用期限已到	老化	更换

3.5 检修及质量要求

3.5.1 检修

3.5.1.1 校验用的标准溶液应在有效使用期限内，以确保分析仪的测量精度。

3.5.1.2 分析仪检测点附近不应有强磁场干扰源。

3.5.1.3 检查线缆屏蔽层是否损坏。

3.5.1.4 检查仪器是否发生异常（异常声响或烟雾）。

3.5.1.5 检查操作画面是否显示故障信息。

3.5.1.6 检查水样是否流动，管路是否漏液。

3.5.2 检修质量要求

1）NHN 4210 在线自动分析仪的性能必须满足表 3 的要求。

表 3 NHN 4210 在线自动分析仪的性能指标

项目	性能	试验方法
重现性或精密度	±10%	HJ/T 101—2003 之 8.4.1
零点漂移	±5mg/L	HJ/T 101—2003 之 8.4.2
量程漂移	±10%	HJ/T 101—2003 之 8.4.3
邻苯二甲酸氢钾试验	±10%（测量误差）	HJ/T 101—2003 之 8.4.4
实际废水样品比对实验	相对误差绝对值的平均值≤ 15%	HJ/T 101—2003 之 8.4.5
平均无故障连续运行时间	≥ 360h/ 次	HJ/T 101—2003 之 8.4.6
电压稳定性	±10%（测量误差）	HJ/T 101—2003 之 8.4.7
绝缘阻抗	20MΩ 以上	HJ/T 101—2003 之 8.4.8
耐电压	无异常现象（电弧和击穿等）	HJ/T 101—2003 之 8.4.9

2）仪器核心组件应满足如下要求：

计量单元由试样导入管、试剂导入管、试样计量器、试剂计量器等部分构成。

a）试样导入管由不被试样侵蚀的塑料、玻璃、橡胶等材料制成。为了准确地将试样导入计量器，试样导入管应备有泵或试样储槽（罐）。

b）试剂导入管由玻璃或性能优良、耐试剂侵蚀的塑料、橡胶等材料制成。为了准确地将试剂导入计量器，试剂导入管应备有泵。

c）试样计量器由不被试样侵蚀的玻璃、塑料等材料制成。试样计量器应能准确计量试样加入量。

d）试剂计量器由玻璃或性能优良、耐试剂侵蚀的塑料等材料制成。试剂计量器应能准确计量试剂加入量。

3）分析小屋内的环境要求：

a）环境温度：在 0～40℃之间，温度变化在 ±5℃以内。

b）湿度：相对湿度在 90%以下。

c）大气压：在 86～106kPa 压力下，其变化幅度在 ±5%以内。

d）电压：220V±10%。

e）电源频率：50Hz±1%。

4）自动分析仪的标牌应符合 GB/T 13306 的规定，永久性地固定在仪器的醒目位置上，至少标明以下内容：

a）名称及型号；

b）测定对象；

c）测定浓度范围；

d）使用温度范围；

e）电源类别及容量；

f）制造商名称；

g）生产日期与生产批号。

在线分析仪表维护检修规程
第 14 部分：VOCs 在线气相色谱分析仪

SHS 07006.14—2019

目　次

前 言

本规程SHS 07006《在线分析仪表维护检修规程》分为以下十六个部分：

——第1部分：工业气相色谱仪；

——第2部分：氧分析仪；

——第3部分：氢分析仪；

——第4部分：红外线分析仪；

——第5部分：工业pH计；

——第6部分：电导仪；

——第7部分：工业水分仪；

——第8部分：在线熔融指数仪；

——第9部分：烟气排放连续监测系统；

——第10部分：可燃气体报警器；

——第11部分：有毒气体报警器；

——第12部分：化学需氧量在线自动监测仪；

——第13部分：氨氮在线分析仪；

——第14部分：VOCs在线气相色谱分析仪；

——第15部分：在线溶解氧分析仪；

——第16部分：激光氧分析仪。

本部分为SHS 07006的第14部分：VOCs在线气相色谱分析仪。本部分按照GB/T 1.1—2009《标准化工作导则 第1部分：标准的结构和编写》给出的规则起草。

本规程中VOCs在线气相色谱分析仪为新增仪表种类。

本部分由中国石油化工集团有限公司、中国石油化工股份有限公司提出。

本部分起草单位：中国石油化工股份有限公司北京燕山分公司。

本部分主要起草人：田江南、裴浩然、李玉成、王晨、宇文晓彤。

本部分2019年首次发布。

在线分析仪表维护检修规程
第 14 部分：VOCs 在线气相色谱分析仪

1 范围

本部分适用于石化生产过程中在线气相色谱的维护检修。本部分适用于聚光科技公司 GC-3000 型在线气相色谱仪，其他同类仪表可参考。

2 规范性引用文件

下列文件对本文件的应用是必不可少的。凡是注日期的引用文件，仅注日期的版本适用于本文件。凡是不注日期的引用文件，其最新版本（包括所有的修改单）适用于本文件。

HJ 60—2011 环境空气 总烃的测定 气相色谱法

3 在线气相色谱分析仪

3.1 概述

聚光科技公司生产的 GC-3000 系列在线气相色谱仪适用于对甲烷非甲烷总烃（大气）/甲烷非甲烷总烃（烟气）/苯系物/C_6～C_{12}/C_2～C_5等各类常见VOCs进行在线测量。

3.2 主要技术指标

GC-3000 系列在线气相色谱仪技术规格参数见表 1。

表 1 GC-3000 系列在线气相色谱仪技术规格参数

物理尺寸	19in 标准机箱，高度 5U
电源要求	220V AC，50Hz
工作功率	＜500VA（启动小于 1000VA）
工作温度	5～35℃
工作湿度	20%～90% RH
检测器	高灵敏度 FID 检测器
FID 检出限	甲烷 0.1ppm；非甲烷总烃 0.05ppm（丙烷）

表 1　GC-3000 系列在线气相色谱仪技术规格参数（续）

量程	甲烷：0.1～1000ppm；非甲烷总烃:0.1～100ppm（辛烷）或 1～1000ppm（丙烷）
色谱柱	1m Porapak Q 填充柱
分析周期	≤1.5min
样气温度	室温～150℃
样气流速	不低于 0.5L/min
供气	除烃空气：0.4MPa；氢气：0.2MPa；氮气：0.4MPa；标气：CH_4/C_3H_8
重现性	＜2%（2ppm CH_4/C_3H_8 标气）
附属设备	内置工控机
模拟输入 / 输出	4～20mA
串口	一路 COM 口、一路 VGA 口、一路 RS232 输出，一路 RS485 输出，一路继电器控制端口

3.3　检查与校验

3.3.1　检查

一般情况下，仪器在出厂前色谱柱都是老化完全的，所以在现场仪器启动后不需要再进行色谱柱的老化操作。

仪器安装和预热完成后，最好设置一系列的分析方法来获得一些测试色谱图以保证 GC-3000 色谱仪可以正常运行。这些分析方法在仪器出厂时一般都已经设置完全，包括零气测量、标准气体测量和样气测量 3 种。

3.3.1.1　零气测量

尽管在校验时不需要零气，但是使用除烃零气的测试色谱图却有助于评价仪器的性能。获取零气色谱图的途径是把除烃零气校准两通电磁阀打开，零气校准用除烃零气与 FID 助燃空气为同一气源，打开采样泵，然后运行 5～7 个分析周期即可。确保在采样系统中有一个通风孔或大气压旁路，以此来避免对进气口施加压力。2～3 个分析周期后，甲烷读数会降落到 0.00ppm，色谱图上唯有总烃位置和原甲烷峰位置稍靠前出现一个氧峰的峰响应值。且甲烷峰前氧峰峰响应是总烃位置氧峰峰响应的 10 倍左右，如图 1 所示。但是很多零气源不能完全带走甲烷，因此零气色谱图中在甲烷正常位置上显示小峰值属正常现象。

3.3.1.2　校验气体

GC-3000 色谱仪通过通入 2ppm 甲烷 / 丙烷混合气的校准气体来验证仪器测量的准确性。在 7 个分析周期后，通过计算仪器重复性和检出限，与出厂测试报告进行对比分析。

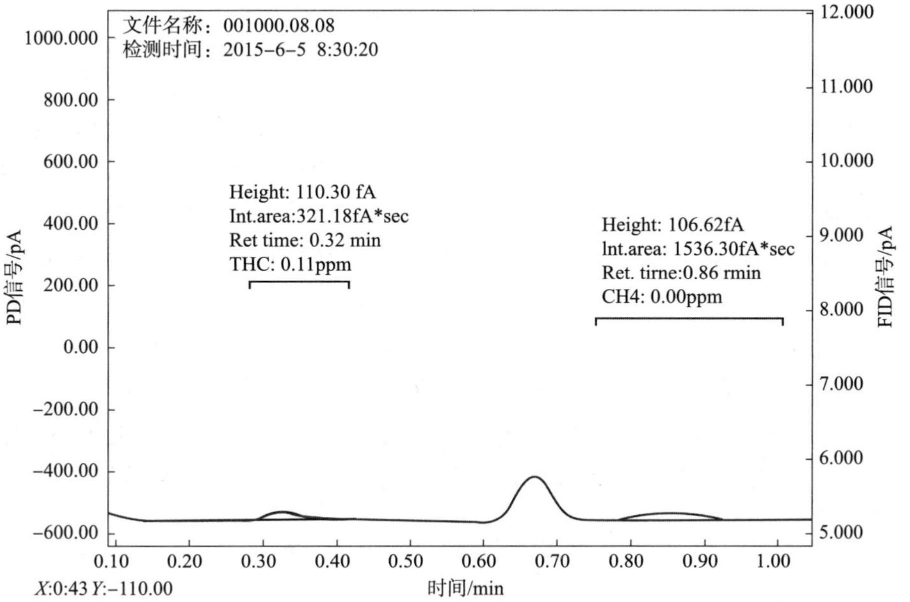

图 1　零级空气色谱图

3.3.1.3　样品气体

在完成零气校准和标准气体校验后，可适当采集几个循环的环境样品气体进行分析。验证当前样品气体的分析方法用于分析当前的应用场景气体是否合适，若不合适可以针对具体工况及时进行调整。

通过这三种气体的验证，基本可以确定 GC-3000 色谱仪是否能够正常工作。除零气测量时甲烷峰消失外，三种气体的色谱图基本相似，如图 2 所示。若出现与这三种测试色谱图不一致的情形，可查看故障诊断或维护手册进行排查。

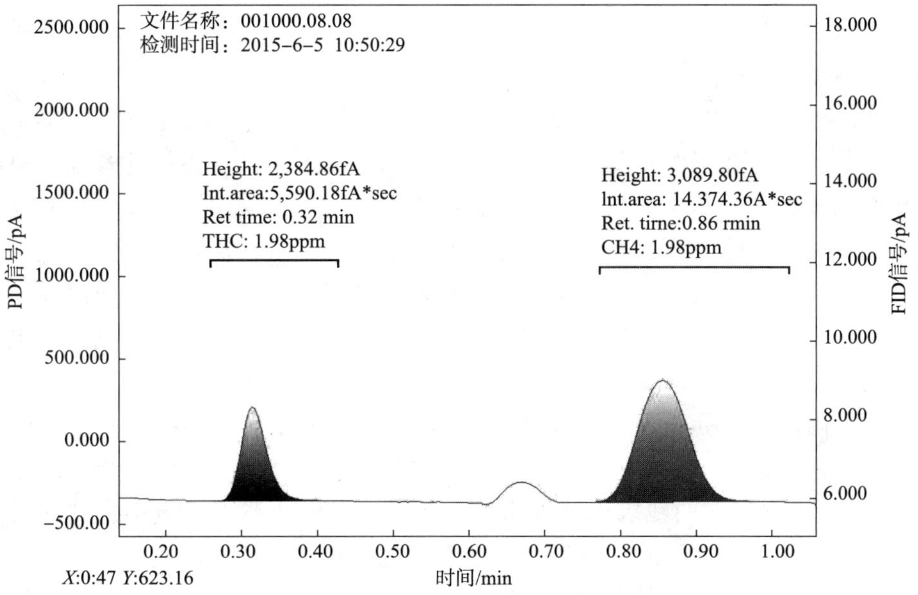

图 2　2ppm CH_4/C_3H_8 典型谱图

3.3.2 校验

3.3.2.1 推荐的校验气体

GC-3000 色谱仪校验气体为包含已知甲烷非甲烷总烃浓度的混合气体。对于多数情况下，非甲烷碳总烃应该是丙烷，气体混合物应该放在 8L 铝合金瓶中。空气中的甲烷和丙烷校验混合气可以很容易从校验气体供应商中获得，且至少保持几个月的稳定。校验气体中的甲烷和丙烷浓度应该为样品中预计浓度的 80% 左右。然而甲烷的浓度应该不少于 2ppm，丙烷的浓度不小于 1ppm。在实践中，要用到不同等级或品质的校验气体，但是需要注意的是，GC-3000 色谱仪测量的准确度几乎等于校验气体的准确度。多数情况下，用准确度为 ±2% 校验气体即可。如果已知被监测的样品中含有不同于甲烷和丙烷的具体碳氢化合物，就可获得含有与这些碳氢化合物成分相同的定制的校验气体。多数情况下，GC-3000 色谱仪使用浓度为 2ppm 甲烷 / 丙烷混合校验气体进行仪器的校验。

3.3.2.2 校验周期：1 次 / 月

3.3.2.3 校验时的注意事项

若使用钢瓶气体直接接到仪器校验气体入口进行校验，校验气体通过 1/8in 不锈钢管、铜管、PTFE 或 Teflon 管，连接到校验气体入口。此端口的气压 150～300kPa，推荐采用 200kPa。当端口压力小于 150kPa 时，仪器校验误差可能较大，当此端口压力大于 300kPa 时，校验气体可能消耗过快。若使用高浓度校验气体通过动态校验仪稀释校验气体进行校验，则将动态校验仪出口的管路（1/8in 不锈钢管、铜管、PTFE 或 Teflon 管）直接连接到仪器样气入口。校验气体的校验建议每周或每月进行一次满度校验。如果这个校验比较稳定，基础校验仅需 3～6 个月校验一次。若无自动日常校验，建议每两个星期进行一次手动满度校验，直到仪器稳定为止，之后可以至少每月校验一次。

3.3.2.4 校验原理

GC-3000 色谱仪可以精确测量 1000ppm 或者 10000ppm 浓度以内的甲烷和非甲烷总烃化合物，其测量精确程度主要视仪器正确校验的程度而定。仪器校验是指在检测器输出信号和要测参数之间建立关系的过程，也称作标准化。在此主要是建立被测物质浓度与检测器响应值之间的关系。当样品气进入 GC-3000 色谱仪检测器时，氢 / 空火焰将电离这些有机气体。电离过程产生的电流在检测器的电极之间流动。这些电流通过电路板转换成电信号被记录下来，信号的强弱与样品气的浓度相关。仪器能探测到的电流最小能到兆分之一安培（pA），相关气体或蒸气浓度用 ppm 或 ppmc 表示，c 表示碳。通过配置一系列不同浓度的标样进行色谱分析，作出浓度对峰面积（或峰高）的工作曲线。然后在相同的色谱条件下，注射相同量或已知量的实际试样进行色谱分析，求出峰面积（或峰高）后，根据工作曲线求出被测组分的含量。工作曲线采用最小二乘法来计算曲线的斜率和截距。由于信号的强度受操作环境变化影响，如燃气流动或检测器温度变化等，不能建立永久校验，仪器必须定期校验。可使用类似于被测样品气的混合气体用于校验，且应在类似于实际操作的环境下检查操作。多点校验是最精确的方法，但在现场操作时由于条件所限操作的可行性不高。GC-3000 色谱仪和多数现场仪器一样，都是使用一个校验气体浓度值强制过原点的单点校验。

3.3.2.5　校验过程

GC-3000 色谱仪已实现自动校验功能。对于少批量样品气分析时中间需插入校准气体校验的，可选择自动校验。此种校验方式只适用于直接使用钢瓶气进行校验的气体校验，对于需要动态校验仪稀释来作校验的校验气体则不适用。

具体操作过程为：在用户软件中选择序列运行方法，分别选择样气测量和标气测量，载入方法后，分别设置样品气测量次数和标气测量次数，并选择是否循环运行，即可达到自动校验的目的。

测量特定浓度标准气体和零气。校验气体和零气测量推荐运行 5 次并采用 3 次运行数据参与校验曲线计算。对于校验气体的测量结果，仪器会自动计算其相对标准偏差（relative standard deviation，RSD），当 RSD 小于 3%时，认为此次校验成功。校验成功之后，导入运行的不同浓度的谱图文件，可计算出每个化合物的校验曲线，如图 3 所示（图中以甲烷的校验曲线为例），之后屏幕和模拟输出的值都以计算后的浓度值给出。原始的校验积分数据仍然被保存下来，可用于以后的数据修正。

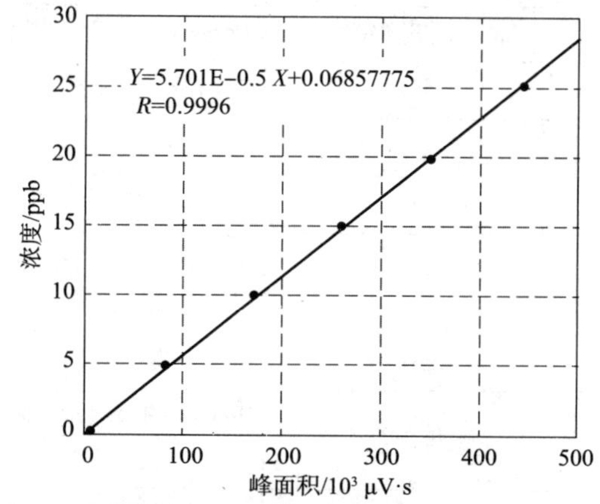

图 3　甲烷校验曲线图

3.4　使用、维护与故障处理

3.4.1　使用

3.4.1.1　打开 GC-3000 色谱仪电源开关，待 Microsoft Windows XP 系统启动后，GC-3000 色谱仪应用程序自动开始运行（也可选择 GC-3000 应用程序手动开启运行）。

3.4.1.2　查看应用程序主界面是否有报警信息，若有报警信息参照报警信息及时处理进行解决。简单的诊断测试后，GC-3000 色谱仪进入预热阶段。仪器需要大约 30min 达到操作温度。

3.4.1.3 仪器预热过程中，从 GC-3000 色谱仪应用程序上读取总压、柱前压 1、柱前压 2、样品气压力等是否达到设定值。总压要求在 400kPa 左右；柱前压 1 和柱前压 2 由分析方法决定；样品气压力为一般为 100kPa 附近。

3.4.1.4 在仪器预热过程中，H_2 和空气压力为零。

3.4.1.5 当仪器温度稳定后，FID 开始点火，如果连续两次点火失败后，GC-3000 色谱仪提示点火失败，手动点火开启，客户可选择手动再次点火。若点火一直不成功，可参考故障诊断排查或维护指导。

3.4.1.6 FID 点火成功后若仪器设置自动循环运行开始则仪器自动跳入循环运行流程，观察首次运行流程是否正常。

3.4.2 维护

3.4.2.1 维护计划

由于使用情况和环境条件差别很大，仪器的器件应经常检查，并需要制定适当的维护计划。表 2 是对连续使用 GC-3000 色谱仪所建议的维护工作频率总览。

表 2 GC-3000 色谱仪维护工作频率总览

内容	周期	所需物质
校准	每 2 星期到每月	标准气体，用于提高校准速度的动态校准仪
样品微灰尘过滤器的更换	2 个月	Teflon 过滤器
从通风器中除去灰尘	2 个月	干抹布
更换气体过滤器	每年	仪器内部过滤器
清洁十通阀 / 六通阀	每年	只能由聚光科技服务人员或经过培训的专业人士完成
更新外部采样管	每年	PTFE 或 Teflon 管
硬件优化	每年	只能由聚光科技服务人员或经过培训的专业人士完成
清洁内部气体管	2 年	VICI 不锈钢管、PTFE 管

3.4.2.2 机壳防尘网检查与清洗

1）使用一字螺丝刀卸下机壳两侧防尘网。

2）视防尘网的污染程度决定是否需要进行防尘网的更换。污染不那么严重的可以进行简单清洗后重新安装使用。具体清洗过程如下：用温水冲洗防尘网，风干（干净，无油空气净化将有助于干燥过程）或轻轻用压缩空气清洁防尘网。

3）重新安装防尘网。

3.4.2.3 检测器维护

GC-3000 色谱仪的检测器为 FID 检测器，见图 4。对 FID 的主要维护是点火丝更换和喷嘴的清洗。FID 被安装在仪器深处，因此需要花较长时间移除此连接并重新安装。

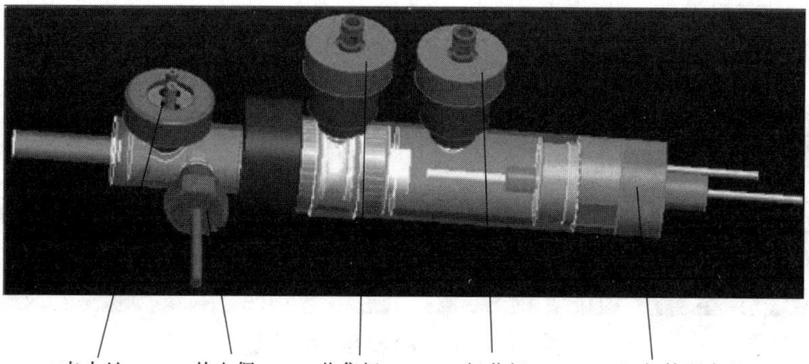

图 4　FID 检测器侧视图

3.4.2.4　FID 检测器拆卸

1）将 FID 氢空气源关闭，一段时间后 FID 火焰熄灭，关闭应用软件后，关闭 GC-3000 色谱仪电源，等待仪器内部降温；

2）打开阀箱上盖板；

3）用 1/4in 扳手小心将 FID 氢气和空气管路连接接头拧松；

4）用十字螺丝刀拧开固定 FID 检测器的两个固定螺丝；

5）取出固定 FID 的压块；

6）小心地将 FID 整体往机箱内部推出到排气管从机箱后面板露出为止，在此过程中注意氢气和空气焊接点不要受力；

7）小心将 FID 从机箱中取出。

3.4.2.5　点火丝的更换

如图 4 所示，FID 点火丝是直接压接在两根细螺柱上的，若点火丝经长期使用后断开失去点火效果，直接进行整个点火丝组件的更换。

1）手拧松图 4 所示的点火丝镀铜螺帽，取出 FID 点火丝；

2）松开点火丝引线与 FID 信号板之间的连接；

3）将点火丝引线从镀铜螺帽中抽出；

4）换上新的带点火丝引线的点火丝组件，套上镀铜螺帽；

5）将镀铜螺帽重新安装回图 4 中位置；

6）使用万用表一端连点火丝引线，另一端接 FID 金属外壳，无蜂鸣声表示点火丝安装时未碰壁，将引线重新接入 FID 信号板若听到清晰的蜂鸣声，需通过转动或调整点火丝长度使点火丝不碰壁。

3.4.2.6　喷嘴的清洗

1）使用固定扳手将 FID 气体混合室和上部圆筒分开露出 FID 喷嘴，如图 5 所示；

2）拧松喷嘴固定螺钉，用力向上拔出喷嘴，拔的过程中注意不要用力过猛将喷嘴下陶瓷管拧断；

3）取出喷嘴固定螺钉下垫片、橡胶卡套、固定螺钉后，将喷嘴放入有机溶剂中超声清洗，清洗用有机溶剂可以是甲醇或丙酮；

4）烘干后将喷嘴按相反顺序安装回去。

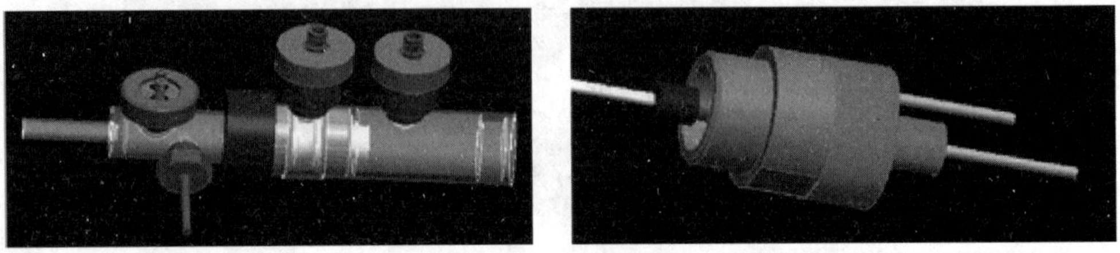

图 5　FID 检测器拆卸图

3.4.2.7　灰尘清理

用刷子轻轻刷极化极、喷嘴，并除去 FID 其他部位的污点。注意不要接触 FID 焊接处、热电偶和点火丝。

3.4.2.8　样品气过滤器的更换

商业用的质量为 5.0 的氮气包含多达 1ppm 的碳氢化合物，质量为 6.0 可能只包括 0.5ppm 的碳氢化合物。

为防止系统受到污染，样品气入口安装有一个精度为 2μm 的过滤器进行样品气中粉尘的过滤。所有粉尘粒径大于此精度值都将被过滤。时间久后过多的粉尘在过滤器堆积，此时需要进行过滤器的更换或清洗。建议 1 年更换 1 次，或者当背景离子化信号很强时进行更换。

更换步骤：

1）关闭总电源，松开上盖板和阀箱螺丝，分别取出仪器上盖板和阀箱隔热盖，让加热器内部组件冷却。

2）使用固定扳手，取出过滤器总成螺帽。注意：此螺母可能是很难扳动。要小心，不要弯曲附着在上面的过滤装置。

3）取下过滤元件的组装底座。如果需要，轻轻地用螺丝刀将底座撬起。

4）使用干净的空气或其他清洁的压缩气体，轻轻地吹走底座上的灰尘。切记不要弄丢底座的铝密封环。

5）使用干净的空气或其他清洁的压缩气体，吹走过滤器原件上的灰尘。

6）将清洗过的过滤器安装到底座。

注意：请务必将过滤器的开口对着底座，这样才能拧平。

7）拧紧螺帽并用扳手拧紧。

8）重新安装阀箱隔热盖和仪器上盖板。

3.4.2.9　色谱柱的维护

使用 Porapak Q 填充柱时，主要是防止填料吸水。当仪器长时间没有运行后，色谱柱会吸附空气中的水分，导致谱图出现异常，严重时可能发生不出峰的现象，此时需对色谱柱进行老化。老化色谱柱只需将柱箱温度升高到在150℃烘烤12h，同时使用20mL/min左右的高纯氮气进行吹扫（只加热不吹扫，没有老化效果同时有损坏色谱柱的风险）。

3.4.2.10　采样泵的维护

若采样泵抽气速下降或进出气口发生同时抽气和排气现象，一般是由于采样泵隔膜较脏或有固体颗粒物进入，这时可对采样泵进行维护。按图6对泵头进行拆卸，检查密封圈或隔膜是否干净，若较脏可用酒精或类似清洁剂清洁，不能使用类似丙酮等溶剂；若损坏，则更换。维护完后重新安装泵头，确保各个零件位置正确，注意泵盖、中间隔板和泵腔的位置。安装完毕后重新测试泵功能。

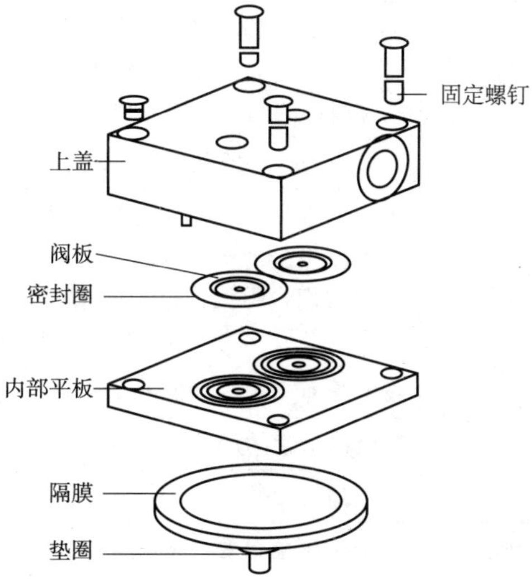

图6　隔膜泵泵头拆卸图

3.4.3　故障处理

GC-3000色谱仪常见故障与处理方法见表3。

表3　GC-3000色谱仪常见故障与处理方法

问题	原因	分析问题/修理细节
仪器不能启动	连接线松散	检查工控机中的连接是否到位，可能在运输过程中连接发生松散。检查时当心系统的静电损坏
	保险丝熔断	在入口处，用备用保险丝代替，检查下一次启动发生的情况
	硬盘故障	检查 PC 在启动时是否和硬盘连接良好，如果没有，联系供应商

表 3　GC-3000 色谱仪常见故障与处理方法（续）

问题	原因	分析问题／修理细节
气体供应出现漏气	载气系统的连接不好	载气系统的连接来源于仪器背面载气连接端口，首先经过过滤器和 EPC，之后到达柱箱。检查阀座：首先用漏气检测皂检查分析模式下的仪器：关闭仪器，检查所有的 ViCi 连接。如果发现漏气，拧紧半圈后再检查
	色谱柱系统漏气	色谱柱漏气：运输后直接出现，或几个小时后出现。色谱柱接头松动引起，请检查所有接头连接，若有漏气请拧紧半圈后再检查
	管道漏气	不锈钢管很坚固，管壁出现漏气的情况比较少见。其他 PTFE 管只有在操作不当情况下才会被破坏。用同样的管代替
	转换部件阀漏气	十／六通阀的漏气通常因螺钉没有拧紧或因安装不当导致。可使用 1/4in 扳手拧紧螺钉来进行检查。若确定是因切阀不到位引起的问题请联系供应商
		如果压力传感器漏气，请联系供应商
	EPC、EFC 模块漏气	压力／流量控制模块或载气过滤器的漏气都可以用漏气检测液检测出来。压力调整器的连接比较困难，需要时间检查并拧紧它们。用扳钳扳紧此箱上直管和弯管：在旋紧一端的同时要拿着另一端，以便拧紧连接的同时不要使管变弯
压力警报	空气减压阀设置过高或过低	设置压力 350～400kPa
		检查供给管的尺寸和长度
		检查漏气
	压力传感器或校验发生故障	每个传感器被独立校验。如果不行，更换电路板上的压力传感器
保留时间不稳定	EPC 压力控制器问题	EPC 故障或气路有漏气
	室内温度每小时偏差大于 5℃	观察变化是否保持在 5℃以下，或者至少将仪器远离空调气流放置，尤其保护好左侧箱
	该类色谱柱质量差或复杂	老化色谱柱或更换新柱
	柱箱中的铂电阻损坏	如果你怀疑可能用了不同的温度传感器，则检查一下温度并且和 GC-3000 屏幕显示的读数进行比较
不能积分	峰面积太小	更改最小峰面积设置
	峰太宽	更改最小峰宽设置
	由于填充柱故障使峰太宽	更换填充柱
	峰分裂为很多小峰	检查峰是否在柱箱窗打开时出现：这种情况下峰在柱中被分裂

表 3 GC-3000 色谱仪常见故障与处理方法（续）

问题	原因	分析问题 / 修理细节
校准非线性	仪器在线性范围外	如果范围较大并且想测所有的，可以使用非线性多点校准
	内部或外部管的吸附效应	清洗或改变外部管。如果不可以，用稀释氨水和蒸馏水清洗内部管和十通阀。彻底干燥并重新安装
	内部或外部管的反应效应	活性炭氢化合物会在金属和聚合物表面反应。它们如何反应取决于化合物
重现性差	采样系统漏气	堵住后面板上样气入口接口，检查泵在运行时样气压力示数，如果此时样气压力高于 60kPa，应该检查系统是否有漏气。请联系供应商
	十 / 六通阀或色谱柱系统漏气	检查十 / 六通阀或色谱柱接头是否有漏气
	采样线路管道脏	这种情况下，校准浓度会上升相当一段时间。更换管
测量不连续	点击了停止运行	点击开始运行
	电脑有问题导致色谱图丢失和蓝屏错误	检查日志文件，寻找自动重启。观察系统，查看突然停止的情况。检查硬盘、电脑主板和处理器
	程序中发生错误信息，但找不到真正原因	GC 电子部件和电脑主板通信不畅产生错误信号
FID 检测器信号基线不稳定	FID 污染严重	清洗 FID 检测器
	氢气中水分含量较高	在使用氢气发生器时此种情况较为常见，表现出在色谱图上显示尖锐的噪声峰。更换氢气发生器中的干燥器，并重新点燃 FID
	空气压力不稳定	在空气供应一路安装稳压阀，保证输入压力的恒定
产生“鬼峰”	载气纯度低，净化器失效，固定相与载气污染物发生反应	更换载气或活化净化器
	气路系统漏气	检漏，尤其进样系统和检测器两处影响较大
峰发生分裂	柱温严重波动	检查柱箱门是否关好或后开门是否正常工作

3.5 检修及质量要求

3.5.1 检修

3.5.1.1 校验用的标准气体应在有效使用期限内，以确保分析仪的测量精度。

3.5.1.2 GC-3000 色谱仪应安装在无磁场干扰、无腐蚀性气体、无强烈或持续振动的场合，且仪器周围无障碍物，房间有一定的排风条件。仪器放置的工作面应坚固、稳定可靠。

3.5.1.3 选择 2～5 个标准大气压的氮气、氢气和空气连接到仪器上。操作人员必须注意高压气体的安全操作。

3.5.1.4 氢气是可燃性气体。泄漏的氢气如果封闭在一个密闭空间，如阀箱或柱箱，可能有燃烧和爆炸的危险。在任何需要使用氢气的场合，在使用仪器以前，要对所有的管线、管线连接处和阀件进行检漏。

3.5.1.5 当进行有毒有害气体的检测或仪器校验时，将泵的排空端口用管路引至室外或通风橱中，避免有毒气体在室内积聚而发生危险。

3.5.1.6 为防腐蚀性介质对检测部件的腐蚀，分析仪最好不要断电。

3.5.1.7 只有把其他所有安装程序完成后才可以接通电源，不正确的操作顺序有可能损坏仪器。

3.5.1.8 使用气体发生器时，一定要对生成气体进行除湿和除烃，否则管路污染后很难清洗。

3.5.1.9 当内部电脑在工作时不要移动仪器，防止硬盘损坏。

3.5.1.10 钢瓶减压阀必须达到气相色谱的要求：必须无尘，不会吸附或排出碳氢化合物。

3.5.1.11 对于载气、氢气和空气，使用镀镍带不锈钢膜的黄铜减压阀。

3.5.1.12 对于仪器校准用标准气体，首选具有高质量不锈钢膜的不锈钢减压阀。

3.5.2 检修质量要求

3.5.2.1 电源要求

标准 220 V AC(210V AC～230V AC)，正常启动最大 1000VA，连续使用为 500VA。通常仪器能在电网电压波动 ±10%之内正常工作，但是为了确保仪器在高性能下工作，最好电网电压波动要小于 ±5%、频率变化小于 ±1Hz 和瞬间波动不超过 ±5V。

3.5.2.2 室内温度

除特别指定外，正常应用情况下，室内温度可在 5～35℃之间。但从保证仪器良好性能考虑和操作安全讲，推荐使用温度 15～28℃为好。

建议不要在温度变化高于 5℃ /h 的室内环境下使用，否则可能得不到稳定的保留时间，进而影响仪器性能。要避免把仪器安装在空调、暖气附近或风扇直吹的地方，避免安装在阳光直射的地方。

3.5.2.3 相对湿度

必须为 20%～90% RH。仪器一般能在相对湿度小于 90% RH 的情况下正常工作，使用时应避免由于湿度和温差太大，在仪器上形成露珠或由于维修不当引起绝缘电阻（强度）减小，致使漏电流增加。为确保仪器安全和正常工作，建议环境相对湿度最好不要超过 60% RH。

3.5.2.4 减压阀

钢瓶减压阀必须达到气相色谱的要求：必须无尘，不会吸附或排出碳氢化合物。

对于载气、氢气和空气，使用镀镍带不锈钢膜的黄铜减压阀。

对于仪器校准用标准气体，首选具有高质量不锈钢膜的不锈钢减压阀。

3.5.2.5 管路和装置

用外径为1/8in的管路和压缩装置把所有GC-3000色谱仪所需气体连接到仪器后面板。为避免使用不同类型卡套和接头导致气体潜在漏气，GC-3000色谱仪统一使用1/8in卡套接头。如果需要额外的装置，选择所推荐的装置和适当的材料。选择气体管线应小心谨慎，因为外部接入的大部分管线是由塑料材料制成的，例如PTFE，但它们即使在常温状态亦会挥发出有机物蒸气，这些蒸气有时会渗透到永久气体中。为了得到更好的测量效果，建议最好使用事先清洁过的GC级铜或不锈钢。如果已经使用其他材料，管线应该尽可能的短。

3.5.2.6 采样过滤

仪器内部管路内径绝大多数为1.0mm或更小，样气中带有较多粉尘颗粒时容易堵塞气体管路或气动转阀，因此采样流路入口需过滤，GC-3000色谱仪在样气入口处已安装有不锈钢过滤器，过滤器中间安装2μm的不锈钢滤芯。

在线分析仪表维护检修规程
第 15 部分：在线溶解氧分析仪

SHS 07006.15—2019

目　次

前　言

本规程 SHS 07006《在线分析仪表维护检修规程》分为以下十六个部分：

——第 1 部分：工业气相色谱仪；

——第 2 部分：氧分析仪；

——第 3 部分：氢分析仪；

——第 4 部分：红外线分析仪；

——第 5 部分：工业 pH 计；

——第 6 部分：电导仪；

——第 7 部分：工业水分仪；

——第 8 部分：在线熔融指数仪；

——第 9 部分：烟气排放连续监测系统；

——第 10 部分：可燃气体报警器；

——第 11 部分：有毒气体报警器；

——第 12 部分：化学需氧量在线自动监测仪；

——第 13 部分：氨氮在线分析仪；

——第 14 部分：VOCs 在线气相色谱分析仪；

——第 15 部分：在线溶解氧分析仪；

——第 16 部分：激光氧分析仪。

本部分为 SHS 07006 的第 15 部分：在线溶解氧分析仪。本部分按照 GB/T 1.1—2009《标准化工作导则　第 1 部分：标准的结构和编写》给出的规则起草。

本部分由中国石油化工集团有限公司、中国石油化工股份有限公司提出。

本部分起草单位：中国石油化工股份有限公司北京燕山分公司。

本部分主要起草人：田江南、裴浩然、李玉成、王晨、宇文晓彤。

本部分 2019 年首次发布。

在线分析仪表维护检修规程
第 15 部分：在线溶解氧分析仪

1 范围

本部分适用于梅特勒－托利多在线光学氧氧探头，6970i 与 6860i 系列在线溶解氧分析仪的维护检修，其他同类仪表可参照。

2 规范性引用文件

下列文件对本文件的应用是必不可少的。凡是注日期的引用文件，仅注日期的版本适用于本文件。凡是不注日期的引用文件，其最新版本（包括所有的修改单）适用于本文件。

SH/T 3174 石油化工在线分析仪系统设计规范

3 在线溶解氧分析仪

3.1 概述

溶氧（DO）是溶解氧（Dissolved Oxygen）的简称，是表征水溶液中氧的浓度的参数。测量原理：溶解氧电极前段荧光帽表面荧光图层，测量介质中的氧分子会聚集到该荧光层表面，此时溶氧电极内电极每隔 10s 会发射一段固定波长的激光照射荧光涂层，因为聚集了氧分子，所以会发生荧光淬灭反应。反应的强度大小和氧分子的浓度有直接关系。而反应强度的大小体现为返回光的强度。通过测量返回光强度来判断氧含量。

3.2 主要技术指标

3.2.1 测量参数：O_2 浓度

3.2.2 测量范围：0ppb 至饱和

3.2.3 准确度：≤±（1% +8ppb）；在 25℃（77 ℉）时的响应时间（空气→ N_2）<70s 内达到最终值的 98%。

3.2.4 温度补偿：自动

3.2.5 测量温度范围：5～60℃（41～140 ℉）

3.2.6 环境温度范围：InPro 6860i ：-20～140℃（-4～284 ℉）

3.2.7 操作压力：0.2～6bar（2.9～87psi，绝对压力）
3.2.8 设计压力：最大 6bar（87psi，绝对压力）

3.3 检查与校验

3.3.1 检查

3.3.1.1 光学氧电极不需要极化，但是在第一次使用前检查光学氧膜片的好坏。
3.3.1.2 检查荧光帽前端膜片，膜片分为不锈钢网和荧光层两部分。检查光学氧膜片是否由原来呈黑色变为透明，如发现，请更换膜。膜片更换周期建议为 400 天。
3.3.1.3 检查不锈钢网是否洁净、是否破损。

3.3.2 校验

任何情况下，当感觉光学氧电极数值不正常或者无法标定时可以先尝试RESET校准数据。

MENU → SYSTEM → RESET → Reset Sensor Cal 回车

在校准前先检查空气中光学氧电极的角度（等同于模拟氧电极的空气电流）（表 1）。

CAL → Verify

表 1　光学氧电极的角度

探头	空气中角度	新	氮气中角度	新
InPro6880i(BT01)	15°～35°	(30°)	50°～65°	(60°)
InPro6870i(BT01)	15°～35°	(30°)	50°～65°	(60°)
InPro6960i(BW01)	18°～38°	(33°)	53°～68°	(63°)
InPro6970i(BR01)	10°～18°	(13°)	65°～85°	(80°)

3.3.2.1 两点校准

如电极更换光学帽或多次过程校准后，应先做 2 点校准（空气校准与 99.995％以上的高纯氮的零点校准），如果感觉校准数据异常可以更换光学帽，并 RESET SENSOR CAL 后重新做校准（图 1）。

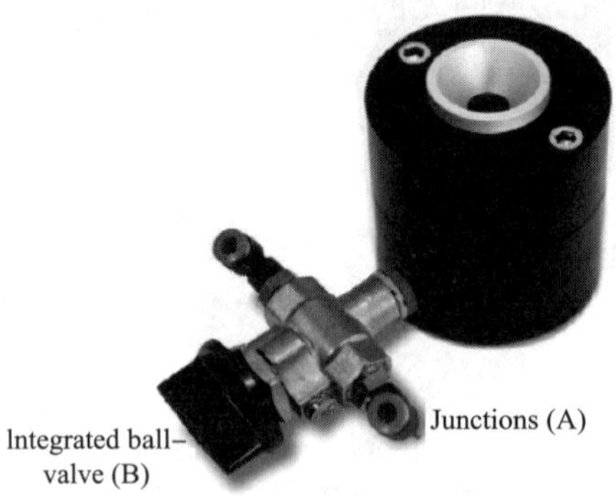

图 1　零点校准流通池

3.3.2.2 过程校准

当发现测量值与实际值有微量偏差，且偏差数值呈对应关系变化并且此时探头出于工艺控制状态无法拆下校准时，推荐用过程校准。

① CAL → O2 OPT → PROCESS →输入对应单位，回车后会回到测量界面，但是并不表示校准结束，仅仅是表示取当前测量值结束。

②此时再按 CAL 键，就会进入输入校准值的模式，输入对应的过程校准值，保存即可。

3.4 使用、维护与故障处理

3.4.1 使用

3.4.1.1 光学氧电极不需要极化，但是在第一次使用前检查光学帽的外观的好坏。

3.4.1.2 检查荧光帽前端膜片，膜片分为玻璃、荧光层、特氟龙涂层三部分。膜片更换周期需根据使用环境判断。

3.4.1.3 检查光学帽特氟龙涂层是否洁净、是否破损。

3.4.2 维护

3.4.2.1 探头不识别，请查看 M400 版本是否有问题，电缆连接是否有问题。6970i 只能与 M800、M400TYPE3 型号的仪表相连。

3.4.2.2 在拆装电极时应特别注意，从护套上拆电极时应只拧 PG13.5 的螺纹，而不是拧动整根电极，见图 2。这样可能会导致损坏电极光学元件。

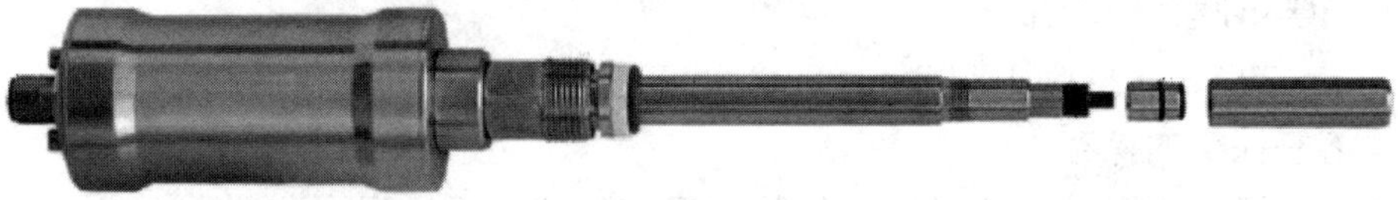

图 2

3.4.2.3 膜更换报警（change spot）消除法：M400 默认 TTM 时间 400DAY，“change spot”，如遇到此报警，可以进入 MENU → CONFIGURE → ISM SETUP → RESET ISM COUNTER/TIMER 内把 CIP，SIP，LIFE TIME IND 这 3 个选项全部从 NO 改为 YES（重置光学帽使用时间）并保存退出。然后再做一次两点校准，即可消除报警。

3.4.2.4 光学氧探头 6970i 可以通过改变 LED 照射频率来加快响应速度，可以在 O2 opt sampling rate 中进行设置，照射时间间隔以秒（s）为单位，LED 照射频率会影响光学氧膜使用寿命。

MENU → CONFIGURE → MEASUREMENT-O2 Opt sampling rate

3.4.3 常见故障与处理

在线溶解氧分析仪常见故障的处理见表 2。

表 2 在线溶解氧分析仪常见故障与处理方法

故障现象	故障原因	处理方法
探头不识别	M400 版本是否有问题	检查版本是否正确
	电缆连接是否有问题	重新连接电缆
Chx Change Spot	光学帽老化	更换 OptoCap
Chx Signal error	信号或温度超出规定	返回厂家维修
Chx Shaft error	温度不正常或偏振光太强（玻璃光纤断裂）或传感器轴杆被拆卸	返回厂家维修
Chx Hardware error	电子器件损坏	返回厂家维修

3.5 检修及质量要求

3.5.1 检修

3.5.1.1 更换膜片以后必须做CIP/SIP计数器的重设，否则会影响DLI(剩余使用寿命）值。

MENU → CONFIGURE → ISM SETUP → Reset ISM Counter/Timer

3.5.1.2 光学氧膜片不适合在高温下工作，作为保护，出厂默认值设置当温度高于40℃时，自动关闭LED灯，以此来保护光学氧膜的使用寿命，如果随意更改LED关闭温度会影响光学氧膜使用寿命。

MENU → CONFIGURE → MEASUREMENT → LED MODE-Toff=40℃

3.5.1.3 溶氧探头的保存

光学氧电极不使用时，放置在原包装中保存即可，无需浸泡溶液。

3.5.2 检修质量要求

设备完好性符合要求，运行稳定，在线测量重复性良好，各项误（偏）差值在允差范围内。

在线分析仪表维护检修规程
第16部分：激光氧分析仪

SHS 07006.16—2019

目　次

前　言

本规程SHS 07006《在线分析仪表维护检修规程》分为以下十六个部分：

——第1部分：工业气相色谱仪；

——第2部分：氧分析仪；

——第3部分：氢分析仪；

——第4部分：红外线分析仪；

——第5部分：工业pH计；

——第6部分：电导仪；

——第7部分：工业水分仪；

——第8部分：在线熔融指数仪；

——第9部分：烟气排放连续监测系统；

——第10部分：可燃气体报警器；

——第11部分：有毒气体报警器；

——第12部分：化学需氧量在线自动监测仪；

——第13部分：氨氮在线分析仪；

——第14部分：VOCs在线气相色谱分析仪；

——第15部分：在线溶解氧分析仪；

——第16部分：激光氧分析仪。

本部分为SHS 07006的第16部分：激光氧分析仪。本部分按照GB/T 1.1—2009《标准化工作导则　第1部分：标准的结构和编写》给出的规则起草。

本部分由中国石油化工集团有限公司、中国石油化工股份有限公司提出。

本部分起草单位：中国石油化工股份有限公司北京燕山分公司。

本部分主要起草人：田江南、裴浩然、李玉成、王晨、宇文晓彤。

本部分2019年首次发布。

在线分析仪表维护检修规程
第 16 部分：激光氧分析仪

1 范围

本部分适用于梅特勒－托利多 GPro™ 500 可调谐半导体激光分析仪的维护检修，其他同类仪表可参照。

2 规范性引用文件

下列文件对本文件的应用是必不可少的。凡是注日期的引用文件，仅注日期的版本适用于本文件。凡是不注日期的引用文件，其最新版本（包括所有的修改单）适用于本文件。

SH/T 3174 石油化工在线分析仪系统设计规范

3 GPro™ 500 可调谐半导体激光分析仪

3.1 概述

3.1.1 测量原理

GPro™ 500 TDL 是一种光学仪器，设计用于对烟囱、管道并且基于可调谐二极管激光吸收光谱（TDLAS）。GPro™ 500 TDL 采用单面安装，无需校准即可测量平均值沿着探针中视线路径的气体浓度。

其测量原理是基于事实的红外单线吸收光谱。每种气体在特定波长有不同的吸收线。仔细选择吸收线以避免来自其他（背景）气体的交叉干扰。使用直接吸收光谱法，获取特定波长范围内的光谱，并可与存储在给定温度和压力范围内的机载数据库配合使用进行在线温压补偿，然后计算浓度。温压补偿可以采用在线实时温压补偿方式；若工艺过程温压非常稳定，温度、压力值也可以设定为手动固定值。任何的参考数据和测量数据之间的不一致将触发警报。

3.1.2 安装及运行环境

3.1.2.1 GPro™ 500 电源：24V DC，60W。

3.1.2.2 M400 电源：110/220V AC。

3.1.2.3 吹扫气体：纯度>99.7%(建议的最小值）无油、无尘、无水洁净管道氮气，0.5～10L/min。

3.1.2.4 工作温度：-20～+55℃(-4～+131 ℉）。

3.1.3 GPro™ 500 原位管道安装应用测量点安装要求

当确定要在工艺流程中安装 GPro™ 500 TDL 时，建议在测量点前预留至少 5 倍直径的直管距离，在测量点后至少预留 3 倍直径的直管距离。这样做可以形成层流状态，有助于测量状态的稳定。

3.1.4 GPro™ 500 原位管道安装应用吹扫

吹扫配置见图 1。

1）仪器端吹扫气体入口（6mm 或 1/4in 管件）。

2）工艺过程端吹扫气体入口（必须配备止回阀）。

3）仪器端吹扫气体出口（6mm 或 1/4in 管件）。

4）过程气流。

5）确定有效光程长度的区域。

警告：

1）进入工艺过程前务必以最大流速吹扫系统。

2）必须始终打开吹扫系统，以避免粉尘在光学表面沉积。

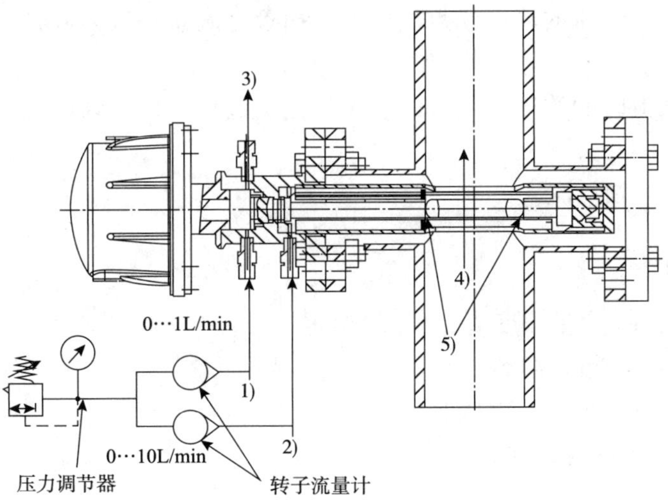

图 1 GPro™ 500 原位管道安装应用吹扫

3.1.5 隔热栅吹扫配置

1）隔热栅的吹扫气体入口（6mm 或 1/4in 管件）。

2）隔热栅的吹扫气体出口（6mm 或 1/4in 管件）。

3）工艺过程端的吹扫气体入口（必须配备止回阀）。

4）必备的止回阀。

警告：过程运行时，隔热栅的吹扫气体系统必须始终打开，以防止传感器头部受到永久性损坏。

3.1.6 GPro™ 500 原位管道安装应用设置正确的工艺过程端吹扫

吹扫气体的流速会影响有效光程长度，并最终影响测量值。因此，应进行以下操作流程。如图 2 所示，开始时以大流速，然后逐渐减小。测量值开始时较小，然后随着吹扫气流的减弱而增大。在某个测量点，测量值会在一段时间内保持恒定，然后再次开始增大。选择恒定区域中间的吹扫气流值，优化吹扫气流流速。

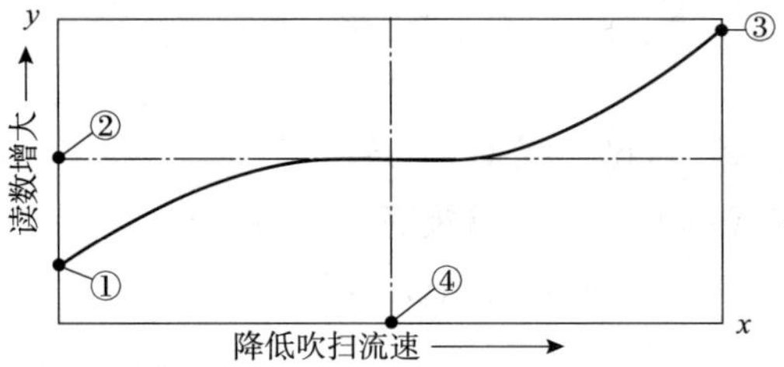

图 2 GPro™ 500 原位管道安装应用设置正确的工艺过程端吹扫

注：x 轴为吹扫气流，y 轴为气体浓度读数

1）高吹扫气流下的浓度读数。由于吹扫管路充满吹扫气体，而且部分吹扫气体流入测量路径，因此光程长度比有效光程长度短。

2）已优化吹扫气流的浓度读数，由于吹扫管充满吹扫气体，光程长度与有效光程长度相等。

3）无吹扫气流时的浓度读数。由于探头充满过程气体，因此光程长度与名义光程长度相等。

4）已优化的吹扫气流。

3.2 主要技术指标

3.2.1 测量参数：O_2 含量浓度值

3.2.2 分析方法：激光光谱吸收

3.2.3 激光级别：Class 1，对眼睛无害

3.2.4 响应时间（T90）：＜2s

3.2.5 线性：优于 1% FS

3.2.6 精度：1m 光程下，读数值的 2%或 100ppm O_2，取较大者

3.2.7 零点漂移：因为使用参比信号，所以可以忽略

3.2.8 量程漂移：＜2% FS/a

3.2.9 重复性：读数值的 ±0.25%或 0.05% O_2，取较大值

3.2.10 模拟输入：1 路 4～20mA(DCS 或测量池压力变送器提供压力补偿信号)

路 4～20mA(DCS 或测量池温度变送器提供温度补偿信号)

3.2.11 供电：DC24V，60W
3.2.12 防爆等级：ATEX Ⅱ 2G Ex de op is ⅡC T6
3.2.13 防护等级：IP65
3.2.14 环境温度：-20～+55℃
3.2.15 环境湿度：相对湿度＜100％

3.3 检查与校验

3.3.1 检查

3.3.1.1 对现场采样探头、取样管线和气路进行检查，应无泄漏、堵塞等现象。
3.3.1.2 对元器件镜片等检查。
3.3.1.3 检查分析仪、DAS 站、PLC 系统工作是否正常。
3.3.1.4 检查数据备份文件存储是否完好无缺。
3.3.1.5 检查参数配置是否正确，包括量程设置、光程长度设置、温度、压力补偿方式及补偿值设置等。
3.3.1.6 检查软件配置。

3.3.2 校验

3.3.2.1 TDL 气体传感器一点校准

1）进入校准模式，气体传感器一点校准始终为斜率（如：空气）校准。一点斜率校准是在已知气体浓度的空气或任何其他校准气体中进行。

2）选择 1 point 作为校准类型。按下 [ENTER]。

3）输入校准时使用的气体的有效温度和压力值。使用校准管进行校准时，需手动输入标定管内实际气体浓度值。

4）针对各个系统调整光学路径长度。

5）将传感器放在校准气体（如空气）中。按下 [ENTER]。

3.2.2.2 TDL 气体传感器过程校准

1）进入校准模式，气体传感器的过程校准始终为斜率校准。

2）选择“Process”作为校准类型。按下 [ENTER]。

3）取样并再次按下 [ENTER] 键，以保存当前的测量值。要连续显示校准过程，A 或 B（具体视通道而定）将在显示屏上闪烁。

4）当确定样气的浓度值之后，请再次按下 c 键，继续进行校准。

5）输入样气的浓度值之后，请再次按下 [ENTER] 键，开始计算校准结果。

6）校准后，显示斜率“S”。

7）当校准成功时，校准值存储于校准历史记录内，并接收（按下按钮“Adjust”），存储在校准历史记录中但不接收（按下按钮“Calibrate”）或放弃（按下按钮“Abort”）。

8）如果选择“Adjust”或“Calibrate”，则显示“Calibration successful”信

息。M400 返回测量模式。

3.2.2.3 为了获得更精确的校准，可使用校准池。进行该校准，必须将 TDL（装置头部）从探头上卸下，然后将其安装在校准池上。开始校准前，必须在 M400 中输入新的路径长度、温度和压力值。然后，校准气体流经校准池，在M400的校准菜单中进行校准。

在使用校准池进行校准过程中，工艺过程仍保持密封，无需采取额外预防措施。

3.4 使用、维护与故障处理

3.4.1 使用

3.4.1.1 对现场采样探头、取样管线和气路进行检查，应无泄漏、堵塞等现象。

3.4.1.2 通过仪表显示透光率数值大小，判断光学视窗的污染程度。透光率数值必须大于 10％以上，推荐通常保持在 30％以上透光率运行。如果仪表透光率过低，需要对光学视窗进行清洁工作。

3.4.1.3 检查分析仪、DAS 站、PLC 系统工作是否正常。

3.4.1.4 检查参数配置是否正确，包括量程设置、光程长度设置、温度、压力补偿方式及补偿值设置等。

3.4.1.5 每周至少打扫一次现场分析柜卫生；

3.4.1.6 每季度对测量数据进行比对。

3.4.1.7 禁止在 DCS 工作站上做与系统无关的事情。

3.4.2 维护

3.4.2.1 每天按照日常巡回检查记录要求检查样品压力、温度、样品流量计流量值大小是否满足仪器运行要求，仪器是否报警，现场仪表指示值是否与数采系统指示一致。

3.4.2.2 每周至少检查一次过滤器、采样探头、镜片、管路的积灰和冷凝水情况，以及气体冷却部件、转换器、泵膜的工作状态。

3.4.2.3 每周至少检查一次反吹情况，检查反吹和管路的工作状态。

3.4.2.4 每月对整个 GPro™ 500 激光氧分析仪进行一次保养和维护。

3.4.3 常见故障与处理

GPro™ 500 激光氧分析仪常见的故障与处理方法见表 1，错误信息见表 2。

表 1 GPro™ 500 激光氧分析仪常见的故障与处理方法

故障现象	故障原因	处理方法
过滤器芯发黑或发黄	过滤器受污染	更换过滤器芯
分析仪出现错误信息报警	检测器故障、激光故障等	可在 M400 中的以下路径下找到 GPro™ 500 错误消息： Menu → Service → Diagnostics → TDL → Messages 并联系梅特勒专业工程师进行处理

表 2 错误信息

信息	注释
No sensor on channel 3	M400 无法检测到可识别的任何 ISM 传感器。如果未找到任何传感器，将显示出消息“NO SENSOR DETECTED”（未检测到传感器）
Signal Processing Failed	线型拟合失败
Laser Source Error	激光波长已漂移。必须重新调整激光温度
Bad Signal Quality	透光率低于 5%阈值
Flashcard Error	校准记录丢失或校准错误，或缺少数据库数据
Pressure Input Error	压力读数超出最大范围：0.6bar(a)$<p<$8bar(a) 4～20mA 输入错误：4mA$>p>$20mA
Temperature Input Error	压力读数超出最大范围：-20℃$<T<$1000℃ 4～20mA 输入错误：4mA$>p>$20mA
Configuration Mode	正使用以太网端口进行诊断或配置
可在 M400 中的以下路径下找到 GPro™ 500 错误消息： Menu → Service → Diagnostics → TDL → Messages	

3.5 检修及质量要求

3.5.1 检修

3.5.1.1 清洗或更换各级过滤器的滤芯。

3.5.1.2 清洗采样泵，更换接头和气管。

3.5.1.3 清洗电磁阀。

3.5.1.4 用干燥的压缩气清洁分析仪的气路和检测器。

3.5.1.5 检查系统防雨、防雷和防干扰的各项防护措施是否完好。

3.5.1.6 清洁激光气体分析仪的光学视窗，确保初始投用透光率在 85%以上。

3.5.1.7 更换老化或故障的温度、压力传感器等。

3.5.1.8 重新对系统进行校验。

3.5.2 检修质量要求

设备完好性符合要求，运行稳定，在线测量重复性良好，各项误（偏）差值在允差范围内。

特殊仪表维护检修规程
第 1 部分：轴振动和轴位移监测仪

SHS 07007.1—2019

部分代替 SHS 07007—2004

目 次

前 言

本规程 SHS 07007—2019《特殊仪表维护检修规程》分为以下三部分：

——第 1 部分：轴振动和轴位移监测仪；

——第 2 部分：转速控制仪表；

——第 3 部分：称重仪表。

本部分为 SHS 07007 的第 1 部分：轴振动和轴位移监测仪。本部分按照 GB/T 1.1—2009《标准化工作导则 第 1 部分：标准的结构和编写》给出的规则起草。

本部分代替 SHS 07007—2004《特殊仪表》第一节“轴振动和轴位移监测仪”，除编辑性修改外，主要技术变化如下：

——修改了规范性引用文件名称；

——主要对电子汽车衡的技术指标、校验等进行了修改。

本部分由中国石油化工集团有限公司、中国石油化工股份有限公司提出。

本部分起草单位：上海高桥石油化工有限公司。

本部分主要起草人：侯平、占细席、朱启松、朱伟健。

本部分所代替规程的历次版本发布情况为：

——SHS 07007—1992、SHS 07007—2004。

特殊仪表维护检修规程
第 1 部分：轴振动和轴位移监测仪

1 范围

本部分适用于本特利公司（Bently-Nevada）3300、3500 系列探头直径为 5mm、8mm、11mm、14mm 非接触趋近电涡流式轴振动和轴位移监测仪表以及 3500 监测系统，其他非接触趋近电涡流式仪表可参照执行。

2 规范性引用文件

下列文件对本文件的应用是必不可少的。凡是注日期的引用文件，仅注日期的版本适用于本文件。凡是不注日期的引用文件，其最新版本（包括所有的修改单）适用于本文件。

API 670 振动、轴向位置和轴承温度监测开关

3 轴系仪表

3.1 概述

3.1.1 3300 系列系统组成

本特利 3300 及 7200 系列仪表是由趋近式探头、延伸电缆、前置器（振荡—解调器）、信号电缆、监测器所组成的系统，见图 1。

3.1.2 3500 系统组成

一个最基本的 3500 系统需由 3500/05 仪表框架、一或两个 3500/15 电源、3500/20 框架接口模块、一个或多个 3500/XX 监测器模块或其他可选项模块、3500 组态软件、计算机组成，见图 2。3500 组态、监测软件等安装在这台主计算机中，通过串行通信或通过网关模块，把 3500 连接到计算机上。3500/40 是一个通用监测器模块，3500/40 模块是一种四通道监测器，接受由非接触式传感器输入信号，并可用此输入驱动报警。

3500/40 可由 3500 框架组态软件组态具有如下功能：径向振动、轴向位移、偏心及差胀。此模块可接受许多种位移传感器输入的信号，其中包括如下本特利内华达公司

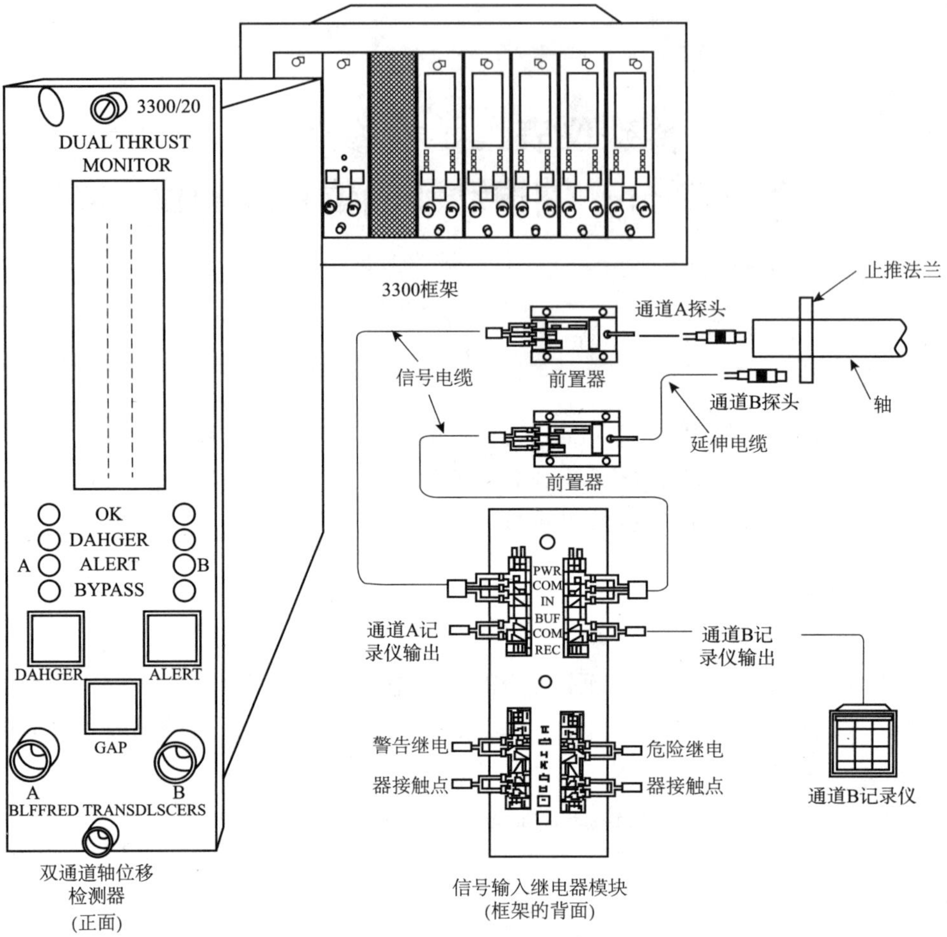

图 1　3300 位移和振动检测系统组成

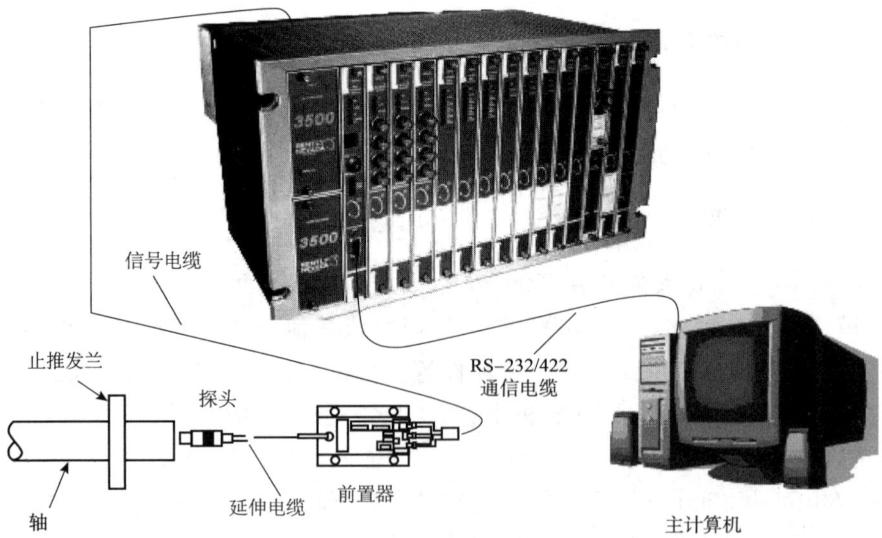

图 2　3500 位移检测系统组成

的非接触式涡流传感器：7200 系列 5mm、8mm、11mm 和 14mm 探头和 3300 系列 8mm 探头。

3.1.3 工作原理

仪表测量采用趋近电涡流原理。探头由通有高频信号的线圈构成，被测轴金属表面与探头相对位置变化时，形成的电涡流大小改变，使探头内高频信号能量损失大小变化，这个变化信号通过前置器转换成与位置变化相对应的电压信号送到监测器显示或报警。

3.2 技术标准

3.2.1 轴振动通道的灵敏度为 7.874V/mm，在 2mm 的工作范围内，误差不大于 ±5%。

3.2.2 轴位移通道的灵敏度为 7.874V/mm，在 2mm 的工作范围内，非线性偏差不大于 25.4μm。

3.2.3 在下列的允许工作温度范围内，温度变化影响的最大附加误差不大于仪表使用范围的 5%。

工作温度范围：

1）探头和延伸电缆 -34～177℃；

2）前置器 -34～66℃；

3）监测器和电源 -29～66℃。

3.3 检查校验

3.3.1 检查项目

3.3.1.1 探头及组成电缆组件完整无损，接头无氧化锈蚀，端部的保护层不应有碰伤或剥落的痕迹，紧固件齐全好用，接线盒无损坏。

3.3.1.2 延伸电缆完整、无短路、无开路、接头无氧化锈蚀，保护层无破损。

3.3.1.3 前置器完整无损，安装盒无脱漆、变形和密封不良现象，前置器与安装盒之间需有良好的绝缘层。

3.3.1.4 信号电缆屏蔽层接地良好，用 500V 兆欧表检查信号线间及对地绝缘电阻应大于 5MΩ。并要求单点接地。

3.3.1.5 监测器部件完好，其电源单元监测指示、报警、复位、试验功能正常、零位准确。

3.3.2 校验用仪器

1）本特利公司的 TK3-2E 校验仪；

2）$4\frac{1}{2}$ 位数字电压表；

3）24V 直流稳压电源；

4）函数发生器。

3.3.3 传感器校验

3.3.3.1 依照图 1，将探头组成电缆与延伸电缆连接；延伸电缆另一端接到前置器上；前置器电源端（-24V DC）、公共端（common）接入 -24V DC 电源；公共端（common）、输出端（output）接入数字电压表。

3.3.3.2 用合适的探头夹把探头固定在探头座上，使探头顶端部接触到校验靶片。

3.3.3.3 将 -24V DC 送到前置放大器的电源端和公共端，调节 TK3-2E 校验仪上的螺旋千分尺，使示值对准 0mm 处，然后将千分尺的示值增加到 0.25mm，记录数字电压表的电压值（此值为前置器输出电压）。以每次 0.25mm 的数值增加间隙，直到示值为 2.5mm 为止，并记录每一次的输出电压值。校验点不少于 10 点。

3.3.3.4 以所记录的数据，依照图 3 所示轴位移轴振动传感器校验曲线的形式，绘制出被校探头传感器系统的间隙 - 电压曲线，它反映了传感器的特性。

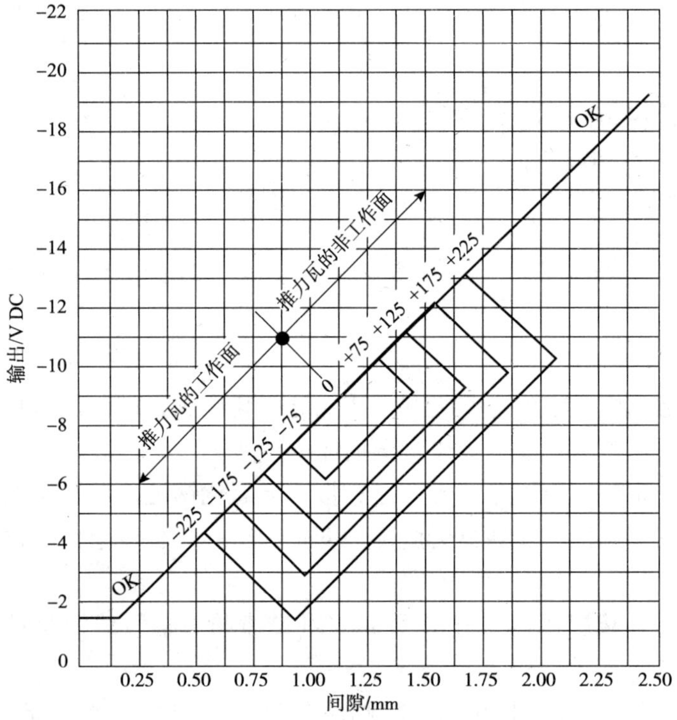

校准间隙/mm	输出/V DC	
		机器号 ________
0.25	−2.0	挥发号 ________
0.50	−4.0	探头系列号 ________
0.75	−6.0	型号 ________ 长度 ________
1.00	−8.0	延伸电缆型号 ________
1.25	−10.0	电阻 ________
1.50	−12.0	驱动器类型系列号 ________
1.75	−14.0	供电电压 ________
2.00	−15.9	止推间隙 ________
2.25	−17.9	推力瓦的工作面直流电压 ________
2.50	−19.6	推力瓦的非工作面直流电压 ________
		零速间隙电压 ________
		日期 ________

(7.874V/mm)

图 3 典型轴位移传感器校验曲线

3.3.3.5 根据所绘制出的间隙－电压曲线，确定出传感器系统的线性范围，应不小于2mm。计算出传感器系统的灵敏度应为7.874V/mm，在线性范围内的非线性偏差不大于20μm。电压增量除以间隙增量为灵敏度。传感器线性范围的中心为轴位移传感器的静态设定点。

3.3.3.6 振动传感器的校验方法与数据记录同轴位移传感器一样，同时也要绘制出传感器系统间隙－电压曲线，并计算出灵敏度，在2mm的线性范围内传感器系统的误差不大于 ±5%。图4所示为典型振动传感器校验曲线。传感器线性范围的中心为振动传感器安装的参考点。

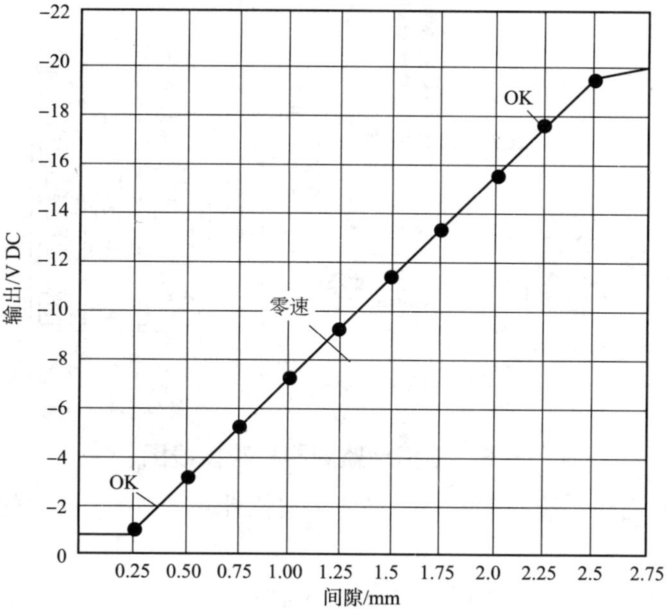

校准间隙/mm	输出/V DC
0.25	-1.0
0.50	-3.1
0.75	-5.2
1.00	-7.3
1.25	-9.4
1.50	-11.4
1.75	-13.4
2.00	-15.5
2.25	-17.6
2.50	-19.4

机器号 ________

探头号 ________

探头系列号 ________

型号 ________ 长度 ________

延伸电缆型号 ________

电阻 ________

驱动器类型系列号 ________

供电电压 ________

冷间隙设置 ________

报警设置 ________

停机设置 ________

检验日期 ________

图4 典型振动传感器校验曲线

3.3.4 轴振动监测器校验（适用于3300/15/16）

3.3.4.1 按图5形式连接，检查并校准监测器零位。

1）打开前面板，将A通道调整开关（AA）置于左边，左侧液晶柱显示的A通道振动信号将开始闪亮，按下并按住前面板上的GAP键。

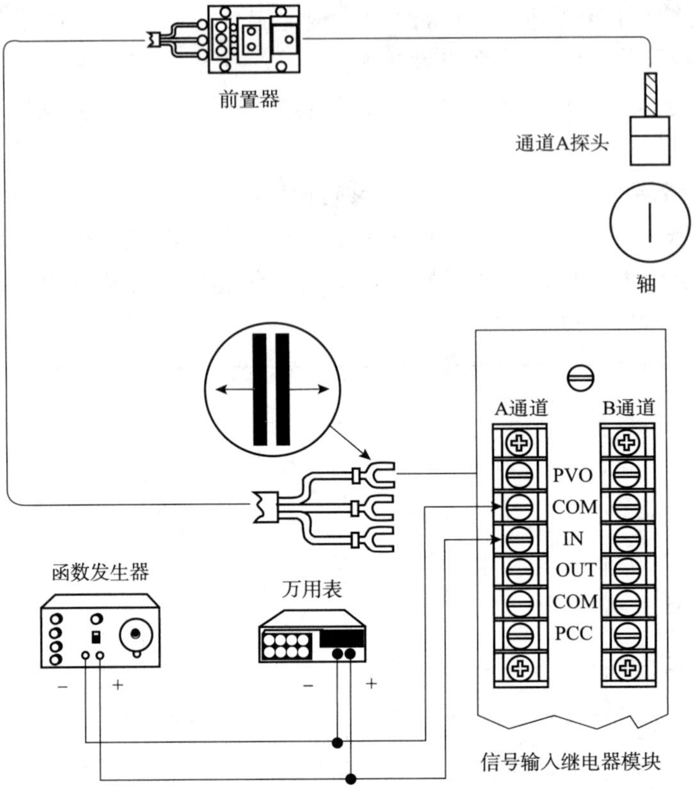

图 5　轴振动监测器校验接线图

2）当间隙键（GAP）被按下时，短接两个自检针头（ST），此时的间隙电压值，则作为新的零位存储下来。

3）重新将 AA 置于右边（OFF），关上前面板。

4）重复以上内容，AB 代替 AA，完成对 B 通道的校验。

3.3.4.2　接通电源，检查电源单元及试验和复位功能应正常。

3.3.4.3　振动监测器通道校验

a）用函数发生器，从监测器 A 通道输入端 COM 和 IN 加入一个具有 -7V DC 偏置电压 100Hz 的正弦波形校验信号，信号幅值用 $4\frac{1}{2}$ 位数字交流电压表测量。

例：探头的灵敏度为 7.874V/mm，表头满量程为 0.125mm，则满量程电压 = 7.874×0.125=0.984 V_{p-p}(峰 - 峰）。

调整函数发生器幅值等于满量程电压。用万用表在 A 通道试验点（TA）上，测量电压是否满足 +5V DC。若电压值不符，调整增益电位计（GA），使达到 +5V DC。

b）重复以上内容，用 TB 代替 TA，GB 代替 GA，完成对 B 通道的校验。

7200 系列和 3300 系列的允许误差为满量程的 ±0.33%，最大允许误差为 ±1%。

c）对每台监测器逐一通道进行校验，并做好原始校验数据记录，保存校验数据。

3.3.5 轴位移监测器校验（适用于 3300/20）

3.3.5.1 按图 6 形式连接，检查并校准监测器零位。

1）从信号输入模块上，A 通道的公共端（COM）及信号输入端（IN）拆下电缆线；

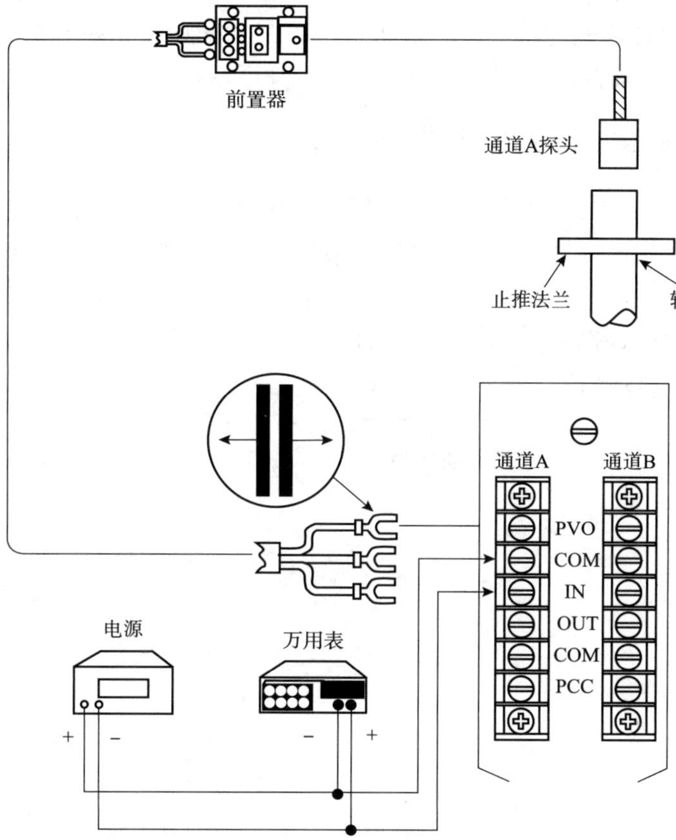

图 6 3300 系列轴位移监测器校验接线图

2）把监视器前面板拉出并往右挪，在通道 A 上的试验点（BPPLA）处，通过调整通道 A 零电位开关（ZA）把电源电压调到 +2.5V DC。测量并记录该电源电压，用作零点电压。3300 的 5mm 和 8mm 传感器系列的零点电压为（-10±0.2）V DC，并确认监视器指示为 0μm（0mm）。

3.3.5.2 检查并校准监测器量程

改变电源电压使其达到满度值（FULL VALUE）。对于正方向——在通道 A 试验点上，调整电位开关（GA）使其为 +5V DC，对于反方向——在通道 A 试验点上，调整电位开关（GA）使其为 0V DC。

例如：探头的灵敏度为 7.874V/mm，表头满量程为 1-0-1mm，则电压变化应为 7.874×1=7.874V DC。

正方向为向着探头，则满值为零点电压减去满量程电压。满值输入为 -10-(-7.874) =-2.126 V DC

正方向为远离探头，则满值为零点电压加上满量程电压。满值输入为 -10+(-7.874) =-17.874 V DC

3.3.5.3 重复以上内容，用 B 通道代替 A 通道，完成对 B 通道的校验。

3.3.5.4 通过调整表体内零位、量程、报警和危险报警调整钮，使位移监测器满足精度要求。3300 系列允许误差为满量程的 ±0.33%，最大允许误差为 ±1%。

3.3.5.5 对每台位移监测器分别进行校验，并做好原始校验数据记录，保存校验数据。

3.3.6 径向振动通道校验、报警测试、OK 灯测试

通过将电源、信号发生器和万用表与 COM 和 SIG 端连模拟传感器信号，函数发生器模拟振动信号和键相位信号，通过变化振动信号（峰 - 峰值和直流偏置电压）来校验、测试计算机校验屏上显示结果。

3.3.6.1 通频值校验、报警测试、OK 灯测试

1）按照图 7 连接测试设备并运行软件。

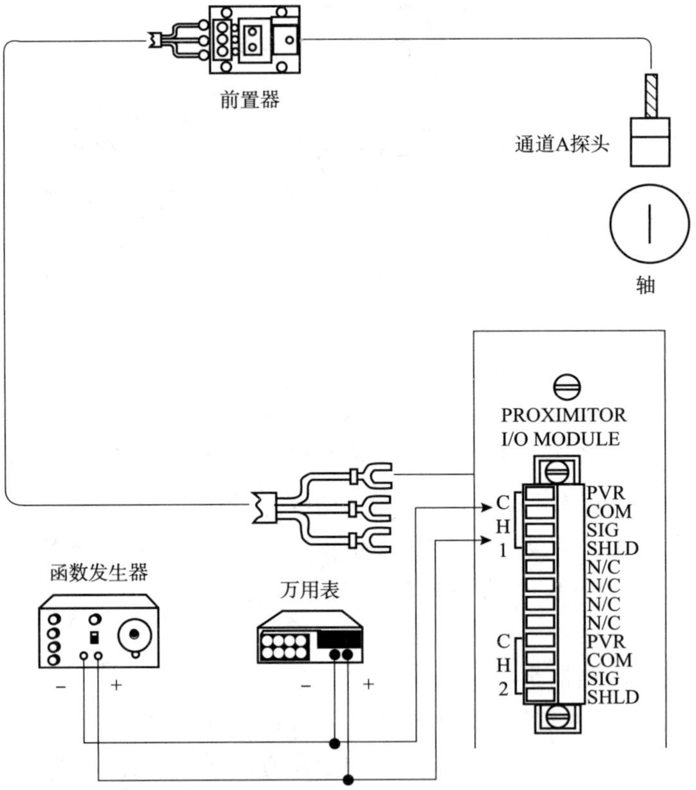

图 7 3500 系列轴振动通道校验接线图

2）按下面的公式，计算满量程电压值。

满量程电压 = 满度值 × 传感器灵敏度

例：

满度值：200μm

传感器的灵敏度：7.874V/mm

满量程电压 =200×0.007874=1.5748 V_{p-p}

对于均方根的输入 =0.707/2×1.5748 正弦波输入

=0.5566 V

3）调节信号函数发生器使其输出一个具有 -7V DC 偏置电压 100Hz 的正弦波，调整幅值使之与所计算的值一致，检验通频值棒图显示，当前框内显示值为满量程电压 ±1%。

4）调节函数发生器的幅值，使得读数低于通频值的报警点。按下 RESET 开关，校验 OK 发光二极管亮，棒图指示为绿色，当前值为非报警指示。

5）调节函数发生器的幅值让它刚巧超过一级报警点，报警延迟约 2～3s 后，观察棒图指示是否由绿色成为黄色，这时当前值为 A 状态（即警告状态）。按框架接口模块上的 RESET 开关，验证棒图指示仍为黄色，当前值状态为 A。

6）调节函数发生器的幅值使信号刚巧超过通频二级报警点，报警延迟约 2～3s 后，观察棒图指示通频值从黄色变为红色，当前值状态成为 D（即危险状态）。按下 RESET 开关，验证棒图指示仍为红色，当前值状态为 D。

7）调节函数发生器使信号低于报警点，观察棒图指示变为绿色，当前值状态为非报警状态。

8）若监测模块不符合技术要求或不能通过测试，则更换卡件，更换后重新进行校验测试。

9）重复步骤 1）～步骤 8）对所组态的通道进行校验，并做好记录。

3.3.6.2 间隙电压校验、报警测试、OK 灯测试

1）按照图 8 连接测试设备并运行软件。

2）调节电源使电压值为 -18.00V DC，观察棒图显示和当前框内值显示为 -18.00V DC±1%。

3）调节电源使电压值等于 -9.00V DC，观察棒图显示和当前框内值读数为 -9.00V DC±1%。

4）调节电源以致产生一个在报警点内的电压。按下框架接口模块上的复位开关，验证 OK 发光二极管发光，棒图指示为绿色，当前值显示正常状态。

5）调节电源电压使信号略超过一级报警值。观察棒图指示颜色由绿变黄，当前值显示状态为 A。按下复位开关，验证间隙的棒图显示保持黄色，当前值显示状为 A。

6）调节电源电压使信号略超过间隙二级报警值，观察棒图指示颜色由黄变为红并且当前值显示状态为 D。按下 RESET 开关、验证棒图指示仍保持为红色并且当前值显示状态为 D。

7）重复步骤 1）～步骤 6）对所组态的通道进行校验，并做好记录。

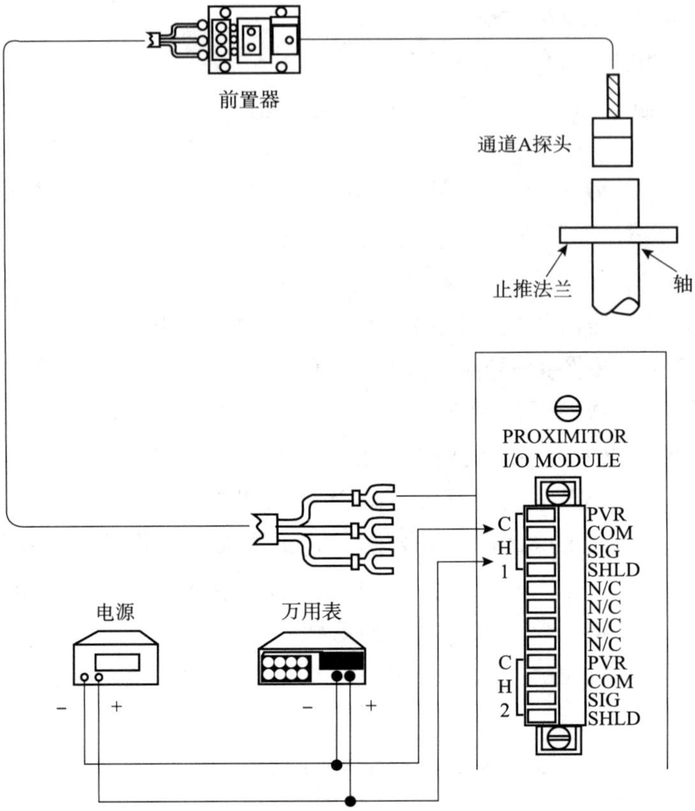

图 8　3500 系列轴位移通道校验接线图

3.3.7　轴向位移校验、报警测试、OK 灯测试

1）按图 8 所示连接测试设备并运行软件。

2）按下面的公式和举例计算满量程电压。

满量程电压 = 零位置电压 ± 传感器灵敏度 × 量程范围

例：

传感器灵敏度：7.874V/mm

标尺范围：1-0-1mm

零位置电压：-10.16 V DC

正向量程电压值 =-10.16+7.874×1

=-2.286V DC

反向量程电压值 =-10.16-7.874×1

=-18.03V DC

3）调节电源电压至零位置电压，通频棒图显示和当前框值应为（0±1）%。

4）调节电源电压至所计算出的正向量程电压值，通频棒图显示和当前框值为正向量程 ±1%。

5）调节电源电压至所计算出的反向量程电压值，通频棒图显示和当前框值为反向量程 ±1%。

6）调节电源电压使信号略超过一级报警点，观察棒图是否由绿色变为黄色，按下复位开关后，仍为黄色。

7）调节电源电压使信号略超过二级报警点，观察棒图是否由黄色变为红色，按下复位开关后，仍为红色。

8）调节电源电压使信号低于报警点，观察检测器 OK 灯亮及通道状态框内的通道 OK 状态为 OK。

9）重复步骤 6）～步骤 8），测试反向一级报警和反向二级报警。

10）若监测模块不符合技术要求或不能通过测试，则更换卡件，更换后重新进行校验测试。

11）重复步骤 1）～步骤 10）对所组态的通道进行校验，并做好记录。

3.4 使用、维护与故障处理

3.4.1 使用注意事项

3.4.1.1 整套仪表的安装应符合设计总成及相应产品规范要求。

3.4.1.2 安装的每一振动、位移通道都应有间隙－电压校验曲线和校验记录。

3.4.1.3 转机轴承的每一监测点应安装两个互成 90° 的振动探头，分别安装在与轴垂直中心线成 45° ±5° 的上方。

3.4.1.4 振动探头应安装在轴承 75mm 以内的位置，并有大于探头半径大小的侧间隙，探头工作轴表面应光洁无划痕，并经消磁处理，探头不应受目标区以外任何金属的影响，总的机械和电的综合偏移振幅不超过 6μm。

3.4.1.5 探头应固定牢固，除非特殊要求，振动探头间隙电压应选在间隙－电压校验曲线线性范围中部，在同一转机上，探头间隙电压的标准应基本一致。

3.4.1.6 轴位移探头应有大于探头半径的侧间隙，工作表面光洁无划痕，并经消磁处理，探头不应受目标区以外任何金属的影响，总的机械和电的综合偏移振幅不超过 13μm。

3.4.1.7 使转机转子处于推力偏移中心时，调整轴位移探头间隙，使位移监测器的指示在中间位置，即零位。

3.4.1.8 振动和位移探头的安装方式应便于检修和维护。

3.4.1.9 仪表送电后，检查各探头间隙电压、报警点、危险报警点的设置应正常。

3.4.1.10 检查监测器电压、试验、复位功能均应正常。

3.4.1.11 检查在危险场所安装的仪表应符合相应防爆要求。

3.4.1.12 转机在正常运转时，严禁调整和拆卸探头。

3.4.1.13 安装在含氨环境中的探头，应对接头加保护层。

3.4.2 维护

3.4.2.1 定时进行巡回检查，及时进行维护，对监测系统的巡检每天不少于2次。
3.4.2.2 保持探头、电缆整洁，应无破损，安装无松动，每个通道“OK”灯均亮。
3.4.2.3 定期检查间隙电压、报警及危险报警设定点、试验、复位功能应正常。
3.4.2.4 采用充气防爆监测系统的应检查充气设施。
3.4.2.5 检查计算机风扇是否正常，若不工作则须更换风扇。
3.4.2.6 发现异常情况应及时处理，并做好记录。

3.4.3 常见故障与处理

轴系仪表常见故障与处理方法见表1。

表1 轴系仪表常见故障与处理方法

序号	故障现象	故障原因	处理方法
1	监测器各通道均失灵，“OK”灯灭	1）仪表供电中断； 2）监测器电源单元损坏	1）查找原因，恢复供电； 2）更换电源单元
2	间隙电压指零	1）延伸电缆短路； 2）信号电缆开路	1）更换延伸电缆； 2）查找更换信号电缆
3	间隙电压负向超限	1）延伸电缆开路； 2）接头接触不良； 3）检查探头电阻，判断探头好坏	1）更换延伸电缆； 2）清洗并紧固接头； 3）更换探头

3.5 检修及质量要求

3.5.1 检修

3.5.1.1 振动和位移监测系统仪表随转机同时检修。
3.5.1.2 探头应在转机解体前拆下。
3.5.1.3 按第3.3条的各项要求进行检查校验。
3.5.1.4 转机检修结束后，按使用要求进行安装调试。
3.5.1.5 盘车检查振动测量总的机械和电的综合偏移振幅不超过3.5μm。
3.5.1.6 检查仪表指示的轴位移量与机械位移量之误差应满足精度要求。

3.5.2 检修质量要求

按3.3及3.4中要求进行检查、校验，各项性能应符合技术指标要求。

特殊仪表维护检修规程
第 2 部分：转速控制仪表

SHS 07007.2—2019

部分代替 SHS 07007—2004

目 次

前 言

本规程SHS 07007—2019《特殊仪表维护检修规程》分为以下三部分：

——第1部分：轴振动和轴位移监测仪；

——第2部分：转速控制仪表；

——第3部分：称重仪表。

本部分为SHS 07007的第2部分：转速控制仪表。本部分按照GB/T 1.1—2009《标准化工作导则　第1部分：标准的结构和编写》给出的规则起草。

本部分代替SHS 07007—2004《特殊仪表》第二节“转速控制仪表”，除了编辑性修改外，主要技术变化如下：

——修改了规范性引用文件名称；

——主要对电子汽车衡的技术指标、校验等进行了修改。

本部分由中国石油化工集团有限公司、中国石油化工股份有限公司提出。

本部分起草单位：上海高桥石油化工有限公司。

本部分主要起草人：侯平、占细席、朱启松、朱伟健。

本部分所代替规程历次版本发布情况为：

——SHS 07007—1992、SHS 07007—2004。

特殊仪表维护检修规程
第 2 部分：转速控制仪表

1 范围

本部分适用于 AIRPAX-TACHTROL3/TACH-PAK3 型转速表、WOODWARD 505 型电子调速器，其他型号的转速控制仪表可参考。

2 规范性引用文件

下列文件对本文件的应用是必不可少的。凡是注日期的引用文件，仅注日期的版本适用于本文件。凡是不注日期的引用文件，其最新版本（包括所有的修改单）适用于本文件。

JJG 105 转速表

3 AIRPAX-TACHTROL3/TACH-PAK3 型转速表

3.1 概述

3.1.1 转速测量系统是由速度传感器（以下简称为探头）与转速表组成，用来测量工业用转动设备（如压缩机或机泵）的转速。

3.1.2 AIRPAX-TACHTROL3 是一种双通道工业用测速仪，AIRPAX-TACH-PAK3 是一种单通道工业用测速仪，采用自适应周期平均法将转速探头输入的频率信号转换成一个模拟输出信号（0～20mA DC 或 4～20mA DC），并可通过设定不同的报警值和报警形式由继电器输出触点信号供其他系统使用。

3.1.3 转速探头采用电磁感应原理工作，转速探头装在测速齿轮齿的对面（或开有槽口的轴面），齿轮转动时，转速探头附近的磁通量变化，感应出电脉冲信号，其频率正比于齿轮转动速率。脉冲信号送到转速表，经过处理后转换成对应转速值的信号输出到其他设备。

3.2 主要技术指标

3.2.1 输入信号

3.2.1.1 输入信号频率范围

1）AIRPAX-TACH-PAK3 转速表（单通道） 低限：0.0625～10Hz（可选）；
高限：30kHz；

2）AIRPAX-TACHTROL3 转速表（双通道） 范围：2～30kHz。

3.2.1.2 信号标准

1）AIRPAX-TACH-PAK3 转速表：无源探头电压范围为 100mV～25V（交流有效值）；有源探头为 TTL 标准电平，30kHz 范围时，最小脉宽为 10μs，1kHz 范围时，最小脉宽为 200μs，探头电源为 12V DC，70mA。

2）AIRPAX-TACHTROL3 转速表：无源探头电压范围为 100mV～25V（交流有效值）；有源探头为 TTL 标准电平，脉冲占空比为 20%～80%，探头电源为 12V DC，100mA。

3.2.2 电源

1）交流：120V AC±10%，50Hz 或 60Hz；
240V AC±10%，50Hz 或 60Hz。

2）直流：24V DC。

3）功耗：最大 15W。

3.2.3 输出信号

1）模拟输出：可选 0～20mA 或 4～20mA

2）继电器触点输出：2 个（AIRPAX-TACHTROL3）或 4 个（AIRPAX-TACH-PAK3）SPDT（单刀双掷继电器）。

3.2.4 测量精度

最大允许误差为满量程的 ±0.05%。

3.3 检查校验

3.3.1 检查项目

3.3.1.1 转速探头完整无损，信号引线无短路、断路现象。

3.3.1.2 转速探头的信号检查，可采用模拟法。

1）对于有源探头，在“POWER”引线与“COM”引线间接入 12V DC 电源，用与被测转速设备材质相同的金属块反复接近、离开探头感应端面，用数字万用表直流电压挡，测量“F.OUT”与“COM”引线间的电平变化，其幅度和响应时间应满足转速表输入信号的要求。

2）对于无源探头，则应在接入的电源中间串入一可调电阻，该电阻值应调整在使探头两线间的电压为探头实际工作电压。检查方法同 1）。

3.3.1.3　信号电缆屏蔽层应接地良好，信号电缆绝缘应满足要求，用 500V 兆欧表测出的信号线间及对地绝缘电阻值应大于 5MΩ。

3.3.1.4　转速表整洁、完好。

3.3.2　检查校验仪器

1）低频信号发生器：输出频率范围为 0～35kHz，正弦输出幅值能在 50～25V（有效值）间可调。

2）数字频率计：测量范围为 0～50kHz，分辨率为 0.1Hz。

3）数字电压表：$4\frac{1}{2}$位。

3.3.3　转速表校验设置

AIRPAX-TACHTROL3 转速表校验按图 1 所示接线。

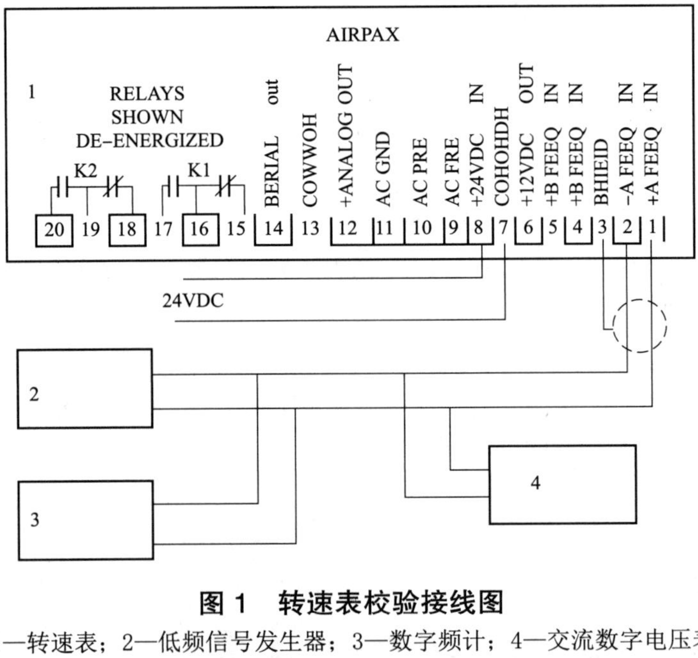

图 1　转速表校验接线图

1—转速表；2—低频信号发生器；3—数字频计；4—交流数字电压表

AIRPAX-TACH-PAK3 转速表校验按图 2 所示接线。

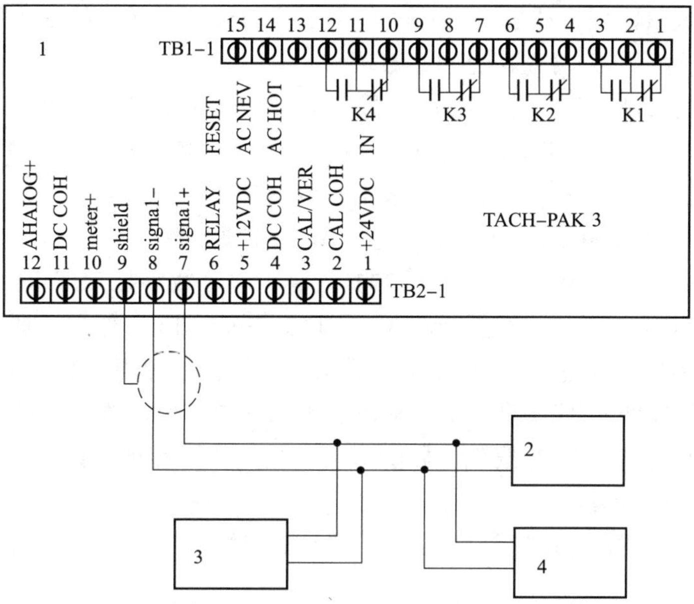

图 2　TACH-PAK3 转速表校验接线

1—转速表；2—低频信号发生器；3—数字频计；4—数字万用表

3.3.3.1　接通转速表电源。

3.3.3.2　转速表参数的检查和修改。

1）转速表零点、量程输入频率，由以下公式确定

$$f=n\times m/60$$

式中　f——频率，Hz；

n——转速，r/min；

m——每转脉冲数（齿轮的齿数）。

2）各报警点输入频率的确定

用上述频率计算公式计算出各超速和低速报警点（S1、S2、S3、S4）所对应的输入频率。

3）按操作手册上的指导检查转速表零点、量程、报警点和报警形式的设置。

3.3.3.3　TACH-PAK3 转速表设置、检查各项参数：

1）TACH-PAK3 转速表中有两个操作按键：向上按键“↑”和向右按键“→”，用于设置转速表的参数，其中向上按键“↑”用于切换各参数项和改变各参数项的数值，向右按键“→”用来右移光标、返回参数项和当显示器显示“STORE”闪烁时，返回到工作方式。

2）按向上键“↑”进入参数键入方式，当显示器显示“FS”并闪烁一个 4 位数值时，按向右键“→”移到第一位显示数值，按向上键“↑”改变其数值；按同样的方法改变其余三位数值，完成满量程频率值的设定。按向右键“→”将光标返回参数项。

3）按“↑”键将参数项移到 AO，按“→”键将光标移到右边第一位数值，按

“↑”键改变其数值，用同样的方法改变其余 3 位数值，完成模拟输出零点频率值的设定。按向右箭头键“→”将光标返回参数项。

4）用同样的方法，按操作手册的指导完成 AF（模拟输出满量程 20mA DC）频率、CF（校准频率）、S1、S2、S3、S4（报警点频率）及 H1、H2、H3、H4（报警及延时形式）的设定。设置完参数用“→”键将转速表切换到测速工作方式。

3.3.3.4 AIRPAX-TACHTROL3 型转速表设置、检查各项参数

1）拨动常数拨盘 CTW，使其置于 CTW1 位置，这时数字显示屏上显示出常数 C1 的数值。继续拨动 CTW，使其分别置于 CTW2、CTW3、……CTW12 位置，通过数字显示屏得到C2、C3、……C12 的数值。C1～C12 各常数值应与设计值相同，不相同时要进行修改。

2）用 DTW 拨盘和 P_b 按钮修改仪表常数。将 CTW 置于要修改项的对应位置上。

3）置 DTW=0 位置，按 P_b 按钮，显示屏上小数点位置移动，直至和该常数项设计的小数点位置相同时为止。

置 DTW=1 位置，按 P_b 按钮，直到显示屏上第一位数字和该常数第一位数字相同时为止。

置 DTW=2 位置，按 P_b 按钮，直到显示屏上第二位数字和该常数第二位数字相同时为止。

置 DTW=3 位置，按 P_b 按钮，改变常数第三位。

置 DTW=4 位置，按 P_b 按钮，改变常数第四位。

置 DTW=5 位置，按 P_b 按钮，改变常数第五位。

4）各常数检查修改正确后，将 CTW 置于 CTWO 位置，将 DTW 置于 DTW=0 位置，按 P_b 钮，转速表存储修改后的常数，并转入测量工作状态。

3.3.4 转速表测量精度校验

3.3.4.1 接通频率信号发生器、数字频率计的电源。

3.3.4.2 对 TACHTROL3 转速表，将 A 通道 DIP 开关置于 OFF 位置，对 TACH-PAK3 无此操作。

3.3.4.3 将万用表置于交流电压挡，将低频信号发生器置正弦信号输出方式，调整输出幅度，使万用表读数在 1～10V 范围内的某一数值上（如 2.5V）。

3.3.4.4 改变低频信号发生器的输出频率，由数字频率计测出频率。

3.3.4.5 分别加入转速表测量范围的 0%、25%、50%、75%、100% 及报警点的标准频率信号进行校验，仪表测量显示值和报警动作值误差应不大于量程的 ±0.05%。

2.3.4.6 将转速表 A 通道 DIP 开关置于“ON”位置。如果是有源探头要将接线端“2”与接线端“7”连接。对 TACH-PAK3，有源探头要将接线端“4”与接线端“8”相连。

2.3.4.7 置低频信号发生器为脉冲输出方式，调整占空比为 50%，调整输出信号为 TTL 型，用数字万用表测量其电压为 2.5V DC。

3.3.4.8 按上述 3.3.3.1～3.3.3.3 节方法校验 A 通道 TTL 电平输入方式的精度，应满足要求。

3.3.4.9 对照图1将校验信号加入B通道，按上述步骤校验B通道的精度，应满足要求。

3.4 使用和维护

3.4.1 转速表使用

3.4.1.1 对TACHTROL3转速表，无源探头配线如图3所示，检查接线正确。通道DIP开关置于”OFF”位置。对TACH-PAK3转速表，无源探头配线按图4所示连接，检查接线正确。

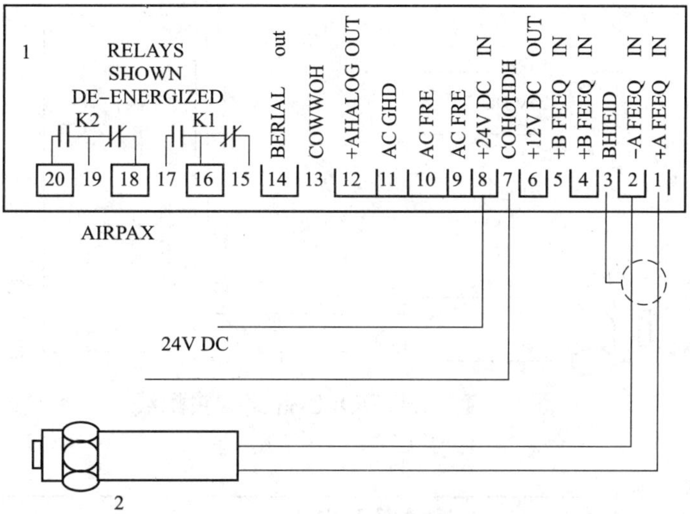

图3 TACHTROL3无源探头配线

1—转速表；2—无源探头

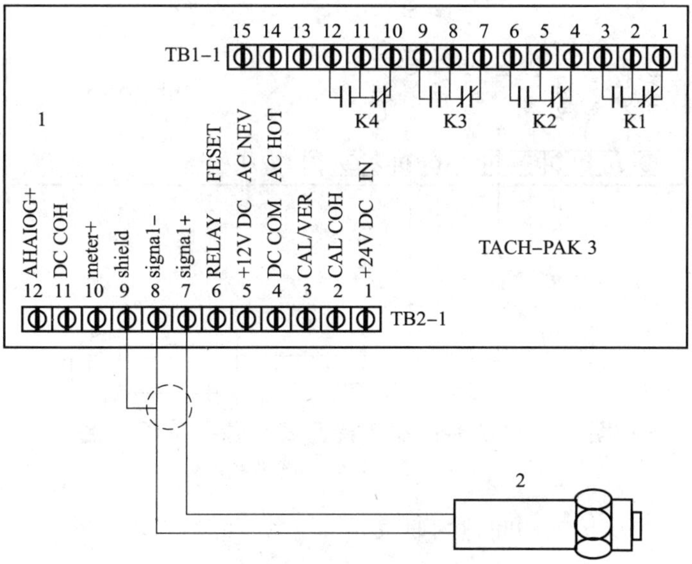

图4 TACH-PAK3转速表无源探头配线图

1—转速表；2—转速探头

3.4.1.2 TACHTROL3 转速表，有源探头配线按图 5 所示，检查接线正确，通道 DIP 开关置于”ON”位置。TACH-PAK3 转速表，有源探头配线按图 6 所示连接，检查接线正确。

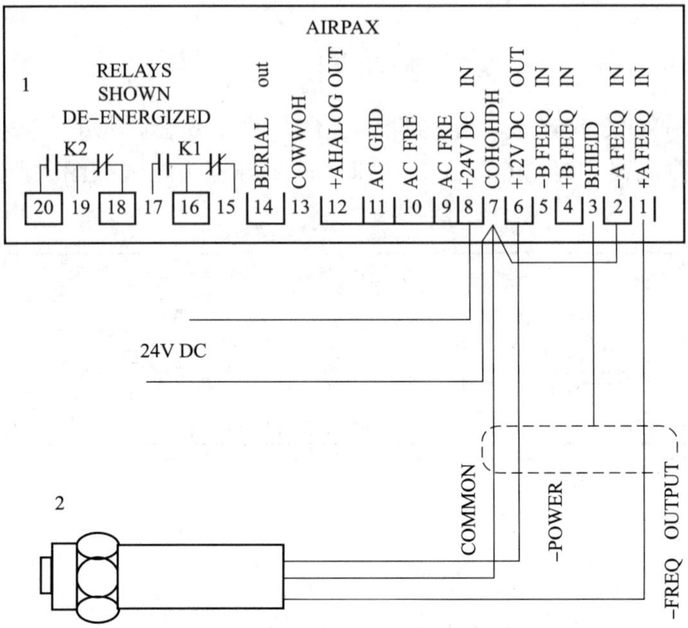

图 5 TACHTROL3 有源探头配线

1—转速表；2—有源探头

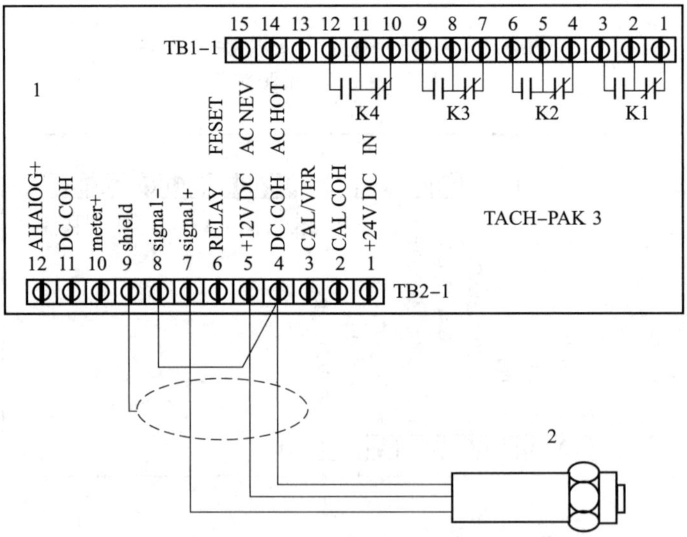

图 6 TACH-PAK3 转速表有源探头配线图

1—转速表；2—转速探头

3.4.1.3 探头安装应满足工作间隙的要求。

1）无源探头：0.125～0.250mm；

2）有源探头：0.250～1.500mm。

3.4.1.4 检查转速表供电应满足要求。
3.4.1.5 机器在运行中，严禁调整和拆卸探头。
3.4.1.6 接通仪表电源，投入运行。

3.4.2 转速表维护

3.4.2.1 定期进行巡回检查，每天不少于 2 次。
3.4.2.2 保持探头、引线、仪表整洁完好，安装牢固。
3.4.2.3 发现问题及时处理，并记录处理过程和处理结果。

3.5 检修及质量要求

3.5.1 转速表随转机设备同时检修

3.5.1.1 对影响转机设备正常解体检修的探头应提前拆下保护好。
3.5.1.2 按转速表检查校验要求进行检查校验。
3.5.1.3 按转速表使用要求进行安装投用。
3.5.1.4 检查校验结果，记录校验、安装数据，校验、安装数据记录保存好。

3.5.2 检修质量要求

3.5.2.1 按 3.3 节检查与校验要求执行。检修后的仪表，必须校验合格，各项性能应符合技术指标要求。
3.5.2.2 检修记录：检修结束后，对被检修的仪表填写检修记录并作为仪表检修资料存档。

4 WOODWARD 505 型电子调速器

4.1 概述

505 型电子调速器（以下简称 505）是一个带微处理器的控制设备，根据不同的版本可以控制一个单执行器或双执行器蒸汽透平转速的特殊仪表。由于微处理器具有组态灵活，可以根据用户实际需要进行相应的组态，所以能方便灵活地实现对设备的自动控制。

505 有编程和运行两种操作模式，编程模式主要用于组态开发和参数修改。正常情况下 505 处于运行模式，此时可通过面板上的操作按钮和显示屏对透平进行相应的控制。

505 的控制功能是通过功能模块的组态实现，它共有 17 个程序模块，可以对不同的系统结构进行组态，以满足各种控制的要求。它还可以通过 RS232 通信 /RS485 接口与其他设备通信，从而实现系统组态和控制的远程操作功能。

4.2 主要技术指标

4.2.1 输入信号

1）4 个 4～20mA DC 模拟量：辅助输入、串级输入、遥控输入、功率输入。

2）16 个开关量：外部跳闸、外部清除、发电机断路、UTILITY TIE 断路、升速控制、降速控制 6 个硬接点信号和 10 个可组态的远程输入。外部触点必须闭合至少 14ms 才能有效。

3）输入信号：最多输入两个速度信号，信号电压最小值为 1.5V_{rms}（均方根值），最高频率为 12kHz。

4.2.2 输出信号

1）两个控制输出：4～20mA DC，最大负载 600Ω 或 20～160mA DC，最大负载 45Ω。可通过组态选择。

2）4 个显示输出：4～20mA DC，可通过组态选择其功能。

3）8 个继电器输出：其中 3 个专用继电器为报警继电器、电子超速继电器和紧急停车继电器，其他 5 个可通过程序进行组态选择其功能。

4.2.3 RS-232/RS485 通信

505 的控制程序可通过 RS-232/RS485 与计算机通信。

4.2.4 电源电压：

1）直流：18～32V DC，最大功率：100W

90～150V DC，最大功率：100W

2）交流：88～132V AC/47～63Hz，最大功率：100W

4.3 环境指标

1）运行环境要求：0～60℃；

2）相对湿度：5%～95%。

4.4 检查校验

4.4.1 检查项目

4.4.1.1 日常检查：设备外表完好无损，显示字符清晰。

4.4.1.2 内部检查：指在检修或设备停运时对内部的检查。

1）电路板干净无尘，电子器件无明显变色或变形现象。

2）内部连接线牢固无松脱现象。

3）端子接线牢固，所有屏蔽接地应在控制器一侧。

4.4.2 校验工具和仪器

1）2301 回路仿真测试仪（2301/EGM SPEED LOOP TEST SET）

2）万用表

3）频率计

4）24V DC 稳压电源

4.4.3 校验

4.4.3.1 校验测试接线如图 7 所示。

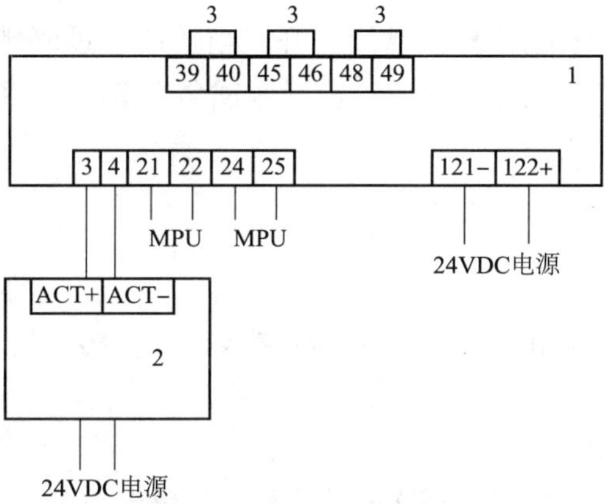

图 7 505 校验接线图

1—505 调速器；2—2301 测试仪；3—短接线

注：ACT 的信号接 505 的 3、4 端子或 6、7 端子可通过组态设置。

4.4.3.2 检查接线无误，接通 505 工作电源及测试仪电源。

4.4.3.3 测试步骤

1）测试前必须先结合被控透平的操作规程进行相关的程序组态设置，具体设置方法和步骤参照 505 的操作手册。

测试前参照 2301 测试仪操作说明，设置好测试仪。

2）分别将 2031/EGM 上的 LEVEL/NULL（程度 / 零信号）旋钮设定在 5.5 刻度位置；

RANGE（量程）旋钮设定在 10.0 刻度位置；BIAS VOLTS（偏置电压）旋钮设定在 0.0 刻度位置。

3）分别将 2031/EGM 上的 LOAD ON/LOAD OFF（加载 / 停加载）开关置于 LOAD ON（加载）位置；ACCELERATION（加速度）开关置于 50% /SEC 位置；SPEAKER（喇叭）开关置于 ON 位置；2301/2301A 开关置于“2301”位置；REV/NORM（反 / 正）开关置于 NORM 位置；EGM/2301 开关置于“2301”位置；SW1、SW2 开关置于向上位置；L.S.T 开关置于 1 位置。

4）复位 505 使 505 处于准备启动状态，将 2031/EGM 上的 POWER（电源）开关置于 ON 位置后，将“LOAD ADJ”（负载调整）旋钮调整到 6.0 刻度位置，按 2301/EGM 上的

START 开关启动整个调试系统。

5）调整 2301/EGM 上的 LOAD ADJ（负载调整）旋钮，模拟改变系统负载（注意：调整幅度不要过快，以免瞬间超速），然后比较 2301/EGM 中 MAGNETIC PICKUP FREQUENCY（磁性探头频率）显示窗的显示与 505 系统中转速显示是否对应。注意：MAGNETIC PICKUP FREQUENCY 显示与 505 系统的转速显示是倍数关系。

6）按上述方式测试完各项参数后，将“LOAD ADJ”（负载调整）调整到 6.0 左右后，按正常操作方式启动 505 系统并按 505 系统的各项指标逐项进行测试。

7）当转速达到可调范围最大值时，超速测试允许灯会闪，此时转速无法继续上升。若想继续试验，必须先按住“OVERSPEED TEST ENABLE”（超速测试允许）键后，再按“ADJ UP”（上调）才能使转速继续上升。当转速超过联锁转速值时，超速联锁灯就会再次闪光，表示联锁已动作，此时若放开测试允许键，505 系统即会立即联锁停车。

4.4 使用、维护与故障处理

4.4.1 使用

仪表启用前，做好检查准备工作，查看仪表示值是否为零。

4.4.2 维护

4.4.2.1 定期检查系统运行情况，每次必须检查系统供电是否正常，有否出现报警现象。

4.4.2.2 保持系统设备整洁，卫生良好，安装、接线牢固。

4.4.3 常见故障与处理

WOODWARD 505 型电子调速器常见故障与处理方法见表 1。

表 1 WOODWARD 505 型电子调速器常见故障与处理方法

序号	故障现象	故障原因	处理方法
1	报警灯闪烁	有报警信号产生	按 3/CONT 键查看事件原因，然后对应消除即可
2	报警信号已恢复但 LCD 仍显示	报警恢复后没有清除	按 CLR 清除即可
3	紧急停车后系统无法进入 RUN 或 PROGRAM 状态	CPU 故障 看门狗时间错误 系统供电失灵	关闭系统电源，全面测试系统及组态程序，无误后重新上电，一般能恢复
4	紧急停车后无法正常启动	紧急停车继电器处于保持状态，没有复位	按 CLR 键复位继电器即可
5	在运行模式下，无法动态调整转速	CAS 和 RMT 键功能被禁止	修改 CAS 和 RMT 键的功能，调整前先按该键
6	实际转速小于参考设定值	信号衰减	检查信号回路

表 1　WOODWARD 505 型电子调速器常见故障与处理方法（续）

序号	故障现象	故障原因	处理方法
7	输入输出信号与 LCD 显示不一致	回路接线不对 接触不良或屏蔽不完善 LCD 故障	检查回路接线 检查线路屏蔽 重新复位 LCD 电源
8	透平无法运行	运行模式下，STOP、RUN 或 PRG 键失灵	按 3/CONT 键查看事件原因

4.5　检修及质量要求

4.5.1　检修

4.5.1.1　每次拆装、检修前必须先切断系统电源，必须全面清洁设备内外。

4.5.1.2　检查系统的工作环境及供电是否符合技术指标，否则进行相应处理。

4.5.1.3　检修时应检查所有电缆是否有损伤，发现问题及时处理。

4.5.2　检修质量要求

4.5.2.1　按 4.4 节检查与校验要求执行。检修后的仪表，必须校验合格，各项性能应符合技术指标要求。

4.5.2.2　检修结束后，对被检修的仪表填写检修记录并作为仪表检修资料存档。

特殊仪表维护检修规程
第 3 部分：称重仪表

SHS 07007.3—2019

部分代替 SHS 07007—2004

目 次

前 言

本规程 SHS 07007—2019《特殊仪表维护检修规程》分为以下三部分：

——第 1 部分：轴振动和轴位移监测仪；

——第 2 部分：转速控制仪表；

——第 3 部分：称重仪表。

本部分为 SHS 07007 的第 3 部分：称重仪表。本部分按照 GB/T 1.1—2009《标准化工作导则 第 1 部分：标准的结构和编写》给出的规则起草。

本部分代替 SHS 07007—2004《特殊仪表》第三节“称重仪表”，除了编辑性修改外，主要技术变化如下：

——修改了规范性引用文件名称；

——主要对电子汽车衡的技术指标、校验等进行了修改。

本部分由中国石油化工集团有限公司、中国石油化工股份有限公司提出。

本部分起草单位：上海高桥石油化工有限公司。

本部分主要起草人：侯平、占细席、朱启松、朱伟健。

本部分所代替规程的历次版本发布情况为:

——SHS 07007—1992、SHS 07007—2004。

特殊仪表维护检修规程
第 3 部分：称重仪表

1 范围

本部分规定了 K10SU 控制器的计量进料系统和电子汽车衡的称重台面与称重显示仪的维护检修要求。

本部分适用于 K10SU 控制器的计量进料系统和梅特勒－托利多（Mettler-Toledo）SCS（VTS）系列全电子汽车衡和 IND780/IND880 称重显示仪的调试、检修及运行维护，其他同类仪表可参考执行。

2 规范性引用文件

下列文件对本文件的应用是必不可少的。凡是注日期的引用文件，仅注日期的版本适用于本文件。凡是不注日期的引用文件，其最新版本（包括所有的修改单）适用于本文件。

JJG 539 数字指示秤检定规程

3 K10SU 计量进料器

3.1 概述

3.1.1 K10SU 控制器的计量进料系统用于固体物料的流量控制，由单机控制器 K10SU 接受现场的质量和转速信号，通过计算输出马达控制信号，控制现场螺杆转速，以达到控制进料流量的计量目的。装有四联机软件的 K10SU 可控制 4 个进料器。

3.1.2 系统主要有 K10SU 单机控制器，用于处理数据并发出控制信号；负荷传感器 3 个，用于测量物料质量；测速探头，用于测量电机转速；马达控制器、电机、螺杆，用于执行进料控制；下料阀门，用于补料控制。

3.1.3 LWF（失重进料）工作模式，该模式允许使用一个失重进料器连续进料，根据重力原理工作，在补料期间自动转换为体积模式。控制器有两种工作级别，分别为操作级别和编程级别。

3.2 技术指标

3.2.1 工作温度范围：10～50℃

3.2.2 工作湿度范围：0～65%

3.2.3 控制器电源：24V DC

3.2.4 马达控制器电源：220V AC±10%

3.2.5 称重能力：0～180kg/h

3.2.6 下料能力：低速挡0～200kg/h，高速挡0～1000kg/h

3.2.7 称重精度：0.25% FS

3.3 检查与校验

3.3.1 检查

3.3.1.1 仪表盘面检查

1）检查面板显示是否正常，有无报警信息。

2）仪表盘面各指示灯、操作按钮必须完好。

3）仪表盘面上各种标记必须清晰。

3.3.1.2 电路板检查

系统上的发光二极管提供了便于查找故障的信息。

1）ALV 软件和处理器正常时闪亮。

2）RST 仅当硬件或软件故障引起处理器复位时才亮。

3）TXD 传送发亮二极管指示出显示器正通过内部通道传送要显示的数据。

4）RXD 接收发光二极管指示出显示器正接收从K10SU电路板传来的要显示的数据。

5）ERR 当电池电压不足时闪烁。当电路板出故障时灯亮。

注：当与KDU或K-CAD显示单元连接时，RXD和TXD才有效。

3.3.1.3 仪表箱内接线检查

1）仪表箱内确保干净无灰尘。

2）接线牢固不松动。

3）各接线端子的标识必须清楚齐全。

3.3.1.4 补料阀门的检查

1）各气动接头无泄漏点。

2）电磁阀切换正常。

3）阀门动作畅顺。

4）阀位回讯正确。

3.3.2 校验

熟悉K10SU计量进料控制器操作，给系统通电，仪表预热15min。

3.3.2.1 自动启动 / 停止校验（即联锁启动 / 停止校验）

将面板上的联锁旁路开关打在“联锁”位置，短接输入端子排 X2 的 1、2 号端子，控制器将启动运行；断开接线控制器将自动停止。

3.3.2.2 报警功能校验

将面板上的报警控制开关打在“正常”位置，当系统出现报警时，端子排 X2 的 3、4 号端子将闭合，驱动相应的报警回路。

3.3.2.3 称的皮重测定

进料器首次进料投用前，要测定进料系统的皮重，然后校准称的量程和设置启动进料因素。为防止测定皮重期间的以外补料，在测定皮重前，需在新原料菜单（NEW MATERIAL MENU）中设置补料禁止。

1）完全放空料斗。

2）在称菜单（SCALE MENU）中，选择自动测定皮重（AUTO TARE），按“ENTER”键启动自动测定皮重过程。

3）进料器皮重现在已被测定，当前的皮重值在自动测定皮重（AUTO TARE）参数内被显示。

4）记下皮重值，输入到称菜单的“TARE”参数中。

5）检查净重值，显示的净重值必须是“0”，如果不是，再次执行测定皮重过程。

3.3.2.4 量程校准

用标准砝码或不大于秤的最大误差三分之一的替代物校准量程。

1）在称上放上已知质量值的标准质量（标准砝码或替代物）。

2）记下操作级别中显示的净重值（NET WT）。

3）记下在称菜单（SCALE MENU）中量程（SPAN）参数内所显示的量程修正因素。

4）使用下面公式计算新的量程修正因数：

新因数 = 显示因数 × 标准质量 / 所记下的净重值

5）在量程（SPAN）参数处输入新的量程修正因数，并按“ENTER”键确认。

6）用“HOME”键返回操作级别，现在显示的净重值和标准值应相同。否则，重复校准称的量程直到一致为止。

3.3.2.5 校准流量

1）设定流量控制值。

2）启动计量进料器。

3）记下操作级别中显示的流量值。

4）用容器接住下的物料。

5）计算单位时间的下料量（即实际流量）。

6）使用下面的公式计算新的量程修正因数：

新因数 = 显示因数 × 标准流量 / 所记下的流量显示值

7）在量程（SPAN）参数处输入新的量程修正因数，并按“ENTER”键确认。

8）重复进行，直到显示流量与实际流量相差不大于0.25%。

3.3.2.6 校准起始进料因数

在校准期间控制器自动计算起始进料因数。

警告：在校准起始进料因数期间要避免以外的补料和振动，否则，校准设置将出错。

1）将原料装入料斗，并保证在校准期间不补料，不受振动，可设置补料禁止。

2）在新原料菜单（NEW MATERIAL MENU）的起始进料因素（FD.FACT INIT）参数一栏，输入一个4倍于设定值的数值。

3）在FEED FACTOR参数中，将校准驱动命令设定为10%，校准时间为60s。

4）按“RUN”键启动进料器，让进料器运行大约30s，直到进料原料已将螺杆填满。

5）按“STOP”键停止进料器。

6）在新原料菜单（NEW MATERIAL MENU）中选“AUTO F.F.CALIB”，按“ENTER”键2次，启动校准过程。

7）进料器自动运行60s，在此期间自动计算出起始进料因素。

8）检查起始进料因素（FD.FACT.INIT）值，假如为“0”，说明校准不成功，须重新校准。

3.4 使用、维护与故障处理

3.4.1 使用

给系统通电，仪表预热15min，检查仪表盘面无报警、指示灯正常。

3.4.2 维护

3.4.2.1 用湿布或日常清洁剂清洁机箱外表面的灰尘与污垢。

3.4.2.2 不要使用任何腐蚀性溶剂。

3.4.2.3 每日巡检，及时处理气源漏点。

3.4.2.4 保证电磁阀正常切换，阀门动作顺畅。

3.4.2.5 防止对称重系统的撞击及超重。

3.4.2.6 每日清除负荷传感器上的粉尘。

3.4.2.7 及时更换烧坏的指示灯。

3.4.3 常见故障与处理

3.4.3.1 系统报警信号与故障处理方法见表1。

表1 系统报警信号与故障处理方法

故障信号	故障原因	处理方法
INT.COMMUNIC. 内部通信	1）从控制卡到所选卡之间的传送故障； 2）所选卡的开关设置不对或卡有问题	1）检查控制卡与所选卡之间的连接； 2）修正所选卡的开关设置，更换所选卡

表 1　系统报警信号与故障处理方法（续）

故障信号	故障原因	处理方法
当数据被传送时控制卡上的 RXD 和 TXD 发光二极管不闪烁	K- 命令器或计算机没有发出数据	检查 K10SU 与计算机或 K- 命令器之间的连接
RXD 发光二极管闪烁	数据正在接收，但不能处理	1）检查控制器卡的 DIP 开关 S1 上所设置的通信波特率和地址； 2）检查数据传输电缆的连接是怎样安排的
RXD 和 TXD 发光二极管闪烁	在传输电缆或控制卡上的故障	用短路、切断方法检查传输电缆如有必要，更换控制卡
RST 发光二极管闪烁	控制卡有问题	更换控制卡
EXT COMMUNIC 外部通信	K- 命令器对 K10SU 传输故障	1）如果 K- 命令器没使用，控制器卡的 DIP 开关 S1 必须被设置为“ON”； 2）检查 K- 命令器与控制器卡之间的连接，可能 DPI 开关设置不正确，否则不是 K- 命令器的 I/O 卡有问题就是控制卡有问题； 3）当使用数台控制器时，也要检查控制器与控制器之间的连接
“M-SENSOR ERROR” 测量传感器故障	测量传感器故障，一个或多个测量传感器信号频率超过允许的范围（硬件问题）	1）检查称和控制器之间的连线； 2）用示波器检查称端子盒内线性驱动器前后的频率信号，如有必要，更换传感器或线性驱动器； 3）如果到控制器的信号正确，更换控制器卡的上的线性化电可擦除只读存储器（EEPROM），或更换控制器卡
OUT OF RANG 超出范围	超过最大允许输入值	输入控制范围内的允许值
FEEDER ON 进料器系统不能启动，无报警	1）当进料器在运行时，不能执行命令； 2）启动条件不满足	1）检查设定值输入，如有必要，再次输入设定值 2）启动清除功能没有在第 9 针赋予 K10SU 控制器，或者 JU6 连接不正确
设备仅能运行在体积方式	质量操作方式的条件不满足	控制器上的清除功能在第 5 针无效，或者 JU4 的连接不正确

3.4.3.2　LWF（失重进料）报警信号和故障处理方法见表 2。

表2　LWF（失重进料）报警信号和故障处理方法

故障信号	故障原因	处理方法
MASS FLOW LOW	1）当前质量流量低于在报警菜单中输入的质量流量正偏差(MASS FLOW ERR+）允许偏差限值 2）在补料时： a）由于料斗内的空气旋涡，导致流化原料的流量低； b）来自补料机构的连续缓慢泄漏； c）如果补料不及时停止（几秒内）质量将受到不利的影响； d）料斗补料溢出，原料接触入口导致摩擦	1）故障持续发生： 参看驱动器命令输出低（DRIVE CMD LOW） 2）在每次补料后发生： a）参看补料（REFILL MIN），实际流量值波动部分； b）增加启动延时时间或质量流量允许偏差限值； c）在编程的新原料菜单中补料低限值（REFILL MIN）参数项，增加补料的低料位值，如有必要，降低补料速度； d）在使用气动滑阀时，要确保滑阀已严密关闭在处理流体原料的场合，补料阀必须直接安装在料斗的上方； e）编程的补料菜单，补料延时（REFILL RELAY）参数项中，增加操作方式切换延时时间； f）在编程的新原料菜单，补料上限（REFILL MAX）参数项中，减少补料上限料位值，降低补料速度
MASSFLOW HIGH 质量流量高	1）当前质量流量高于在报警菜单中输入的质量流量负偏差(MASS FLOW ERR-）允许偏差限值； 2）在补料期间： a）原料流过螺杆进料器的填充度或原料的平滑度增加； b）料斗内的压力增加，在补料完成后的运行期间压力的减小影响到进料质量	1）故障持续发生： 参看驱动器命令输出高（DRIVE CMD HIGH） 2）在每次补料后发生： a）参看补料（REFILL），实际流量值波动部分； b）增加启动延时时间或质量流量允许偏差限值； c）在编程的新原料菜单中补料低限值（REFILL MIN）参数项，增加补料的低料位值： 降低补料速度；或如有必要，调整进料器螺杆的配合； d)保证料斗内的空气能顺利的排出，如有必要，更换料斗空气过滤器
GENERAL ACTUAL VALUE FLUCTUATIONS 总的实际流量值波动	1）震荡	1）改善称的安装位置 a）如果必要，在编程调整菜单的采样时间（SAMPLE TIME）参数项中增加测量周期； b）在编程调整菜单中的质量流量标准偏差参数项中减少DSD(质量流量标准偏差)值(质量，质量流量偏差）； c）在编程调整菜单中，增加质量流量的过滤器时间长度； d）在编程报警菜单中的质量流量正／负偏差限参数中，增加允许偏差限值

表2 LWF（失重进料）报警信号和故障处理方法（续）

故障信号	故障原因	处理方法
GENERAL ACTUAL VALUE FLUCTUATIONS 总的实际流量值波动	2）不规则的螺杆排料； 3）不规则的马达转速； 4）称的摩擦（用静态质量测试来查实） 5）由于通风设备，负压或通风不足，导致进料器漏斗内压力波动	2）当螺杆进料器使用低转速进料操作时，安装不同的进料螺杆； 3）在编程新原料菜单中的起始进料因数参数项中，重新输入新的起始进料因数，并在体积操作方式下，检查转速是否恒定： a）如果恒定，再校准新的起始进料因数，必要时，在编程调整菜单中的马达增益参数中，减小马达放大因数； b）如果不恒定，则检查马达在PM19和采样方面的设置；可能进料器排料螺杆被粘住 c）检查对称的所有机械连接，这些连接必须是软性的：称不能与任何东西相接触；或更换称； d）改善排气管的通风，在有负压的情况下，在通风管连接处安装压力补偿器
DRIVE CMD HIGH 驱动命令输出高	不适当的排料特性，导致驱动命令输出超过在编程报警菜单（ALARM MENU）中输入的驱动命令输出的报警上限值	1）马达在转动： a）检查：流量设定值是否设定得太高； b）在编程报警菜单中，输入的驱动命令输出报警上限值是否正确（最大驱动命令输出=100%）； c）在进料器料斗内是否有任何原料； d）是否原料在料内搭桥。 2）马达不转动： a）检查PM19的自动保护熔丝是否被烧断，如果没烧断，检查过载发光二极管是否亮（马达控制器上的红灯）；如果灯没亮，检查驱动命令输出和控制清除命令是否由K10SU赋给到马达控制器，如果已赋予，更换马达控制器并重新复位；如果命令没有输出，则更换K10SU控制卡 超载灯亮（马达控制器上的红灯）： b）断开自动保险丝一会儿后再接通去复位过载指示灯；如果现在马达以全速运行，而且大约20s后过载灯再亮，参考本页处理栏内的“全速”项； c）如果马达不运转，检查马达电缆和马达；重新设置马达电流；如果马达失灵，则发生了机械故障，例如进料螺杆、皮带或泵被粘住，或齿轮和马达有问题； 全速，转速显示正确： d）如果马达命令输出大于100%，重新输入起始进料因数，否则检查马达控制设置 全速，无转速反馈信号，无运行信号： e）检查转速传感器（在齿轮箱内），线性驱动器（在称端子盒内）K10SU和PM19之间的连接电缆，如有必要，使用示波器检查； 重新设置或更换转速传感器； f）更换线性驱动器、马达控制器或K10SU控制器卡（取决于哪个外部信号是正确的）

表 2 LWF（失重进料）报警信号和故障处理方法（续）

故障信号	故障原因	处理方法
DRIVE CMD LOW 驱动器命令输出低	异常的排料特性导致驱动器命令输出低于编程报警菜单中输入的驱动器命令输出下限值	1）检查流量设定值是否选择太低 2）检查编程中输入的驱动命令输出报警下限值是否合适（参见上一处理栏的“全速”项）
UNDERLOAD 欠载	称上的质量低于零点 机械问题	检查称：在称上放更多的质量或重新测定皮重
OVERLOAD 过载	称上的质量大于称允许的毛重称重能力 机械问题	检查补料、补料上下限和测定皮重
WEIGHT＜2% 净质量小于称重能力的 2%	净质量已小于称的称重能力的 2%，料斗在短时间内将排空；在称排空时也发生这种报警	检查补料和测定皮重
REFILL TIME 补料时间长	编程的补料时间（在编程补料菜单中输入的最大补料时间）已超过而补料不停止	检查补料机构，增加在编程补料菜单中输入的最大补料时间参数，或在必要时加快补料速度

3.5 检修及质量要求

3.5.1 检修

清洁机箱外表面、负荷传感器，气源无泄漏，检查连接线牢固，校验。

3.5.2 检修质量要求

按 3.3.2 进行校验，校验后应仪表性能符合技术规格要求。

4 电子汽车衡

4.1 概述

汽车衡属于国家规定的强制检定器具，每次检修或调试完毕，须经法定计量检定机构检定合格方准予使用。

4.1.1 系统组成

SCS（VTS）系列电子汽车衡通常由秤台、称重传感器、连接件、限位装置、接线盒（如有）、称重显示仪表等零部件组成，根据使用要求可以选配打印机、大屏幕显示器、计算机和稳压电源等外部设备。

4.1.2 工作原理

被称重物或载重汽车置于秤台上，在重力作用下，秤台将重力传递至承重支承头，使称重传感器弹性体产生形变，贴附于弹性体应变梁上的应变计桥路失去平衡，输出与质量数值成正比例的电信号，经线性放大器将信号放大。再经 A/D 转换为数字信号，由仪表的微处理器（CPU）对信号进行处理后直接显示质量数据，并经打印机打印记录称重数据，如果配置计算机，可将计量数据输入计算机管理系统进行综合管理。

4.2 主要技术指标

4.2.1 汽车衡主要技术指标见表 3。

表 3 汽车衡技术指标表

参数	SCS-10	SCS-20	SCS-30	SCS-50	SCS-60	SCS-80	SCS-150
最大称重 /t	10	20	30	50	60	80	150
分度数	2000	2000	3000	2500	3000	4000	3000
分度值 /kg	5	10	10	20	20	20/50	20/50
传感器容量（t）/ 数量	5/4	10/4	20/4	30/6	30/8	50/8	50/8
精确度等级	OIML Ⅲ						
仪表工作环境	温度 1～40℃，相对湿度＜95％						
电源	220V AC（+10％，-15％）50Hz±2％						

4.2.2 传感器主要技术指标见表 4。

表 4 传感器主要技术指标

技术参数名称	单位	技术指标
额定容量	mV/V	5，10，20，30，50
使用温度范围	℃	-1～+55
输入阻抗	Ω	392±1
输出阻抗	Ω	350±1
推荐激励电压	V	6～15（DC/AC）
最大激励电压	V	20（DC/AC）
绝缘电阻	MΩ	≥ 5000
安全过载	％ FS	150
极限超载	％ FS	400
安全侧载	％ FS	100
侧载抑制比		500：1

4.2.3 称重显示仪主要技术指标

1）显示分度数：1000～50000d（可选）

2）检定分度值：0.001～50（可选）

3）可驱动8只350Ω的传感器，激励电压：15V DC

4）零点输入范围：0～27mV

5）量程输入范围：3～30mV

4.3 检查与校验

4.3.1 检查

4.3.1.1 传感器及延伸电缆完整无损，接头无氧化锈蚀。

4.3.1.2 中心接线盒完整无损，无变形和密封不良现象。

4.3.1.3 信号电缆屏蔽层接地良好，信号线间对地绝缘电阻须大于5MΩ。

4.3.1.4 称重显示仪外观完好，接线正确、无松动。

4.3.1.5 汽车衡称重台面无变形。

4.3.2 校验前准备工作

4.3.2.1 校验用砝码和起吊设备到现场。

4.3.2.2 熟悉称重显示仪操作说明。

4.3.2.3 给系统通电，仪表预热15min。

4.3.3 校验顺序

汽车衡出厂时所有参数均已设定好，并进行过标准校正，到了用户现场首先需要零基准调整，其次根据需要进行量程调节，一般不需要重新设定和校正。一旦更换传感器、中心板和称重显示仪等元件则需重新设定和校正。

4.3.3.1 偏载调整

仪表进入称重状态后即可进行偏载调整，用一定质量的砝码（一般用五分之一最大称量），顺序压角，使各角的显示值误差不超过允许误差，如超差可以通过仪表内对应的偏载参数调整，偏载参数越大该角的质量显示越大，偏载参数越小该角的质量显示越小。

4.3.3.2 零基准调整

汽车衡现场首次安装或检修后，必须重新确定零基准。调整步骤如下：

1）空秤台。

2）按设置软键进入参数设定菜单。

3）进入菜单树Scale\Scale1\Calibration，进入标定窗口。

标定窗口可以设置GEO值，秤台序列号，标定单位，非线性调整以及模拟增益调整。

在标定窗口下方有5个软键用来进行标定，见图1。

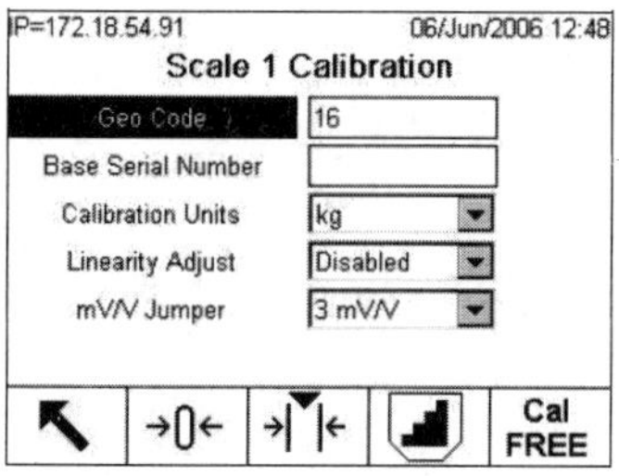

· 零点标定	→0←
· 量程标定	→|▼|←
· 逐步标定	
· CalFREE免砝码标定	Cal FREE
· 服务模式(接IDNet秤时出现)	Service Mode

图 1

4）零点标定：

按零点标定软键→0←开始进行零点标定。仪表提示用户首先将秤台空载，然后按启动软键，仪表开始捕获零点过程，成功后按返回软键↖返回至标定界面。

如果在捕获零点过程中检测到动态，屏幕显示信息询问是否接受或拒绝捕获的零点值。按 OK 软键 OK 接受，或按软键 Esc 拒绝并返回标定界面。

4.3.3.3　量程标定

量程微调实际上是调整线性斜率，如图 2 所示，如果实际输入显示值如虚线所示，可以通过仪表的量程调节功能，使输出线性符合理想状态（图中实线）。

量程微调步骤如下：

1）在采用量程调整功能前，必须先进行标准校正的设定，虽然测试砝码的最小值不必大于满量程 10%，但在实际中用的砝码，应尽可能多。

2）按量程标定软键→|▼|←进入量程标定界面。

3）在加载点 1 输入框里输入加载质量，如果是多点线性校正，则在其他加载点也输入相应的拟加载质量，见图 3。输入加载质量后按确认键，屏幕出现启动软键。按启动软键开始加载标定过程，在此过程中请按提示进行砝码加载操作。

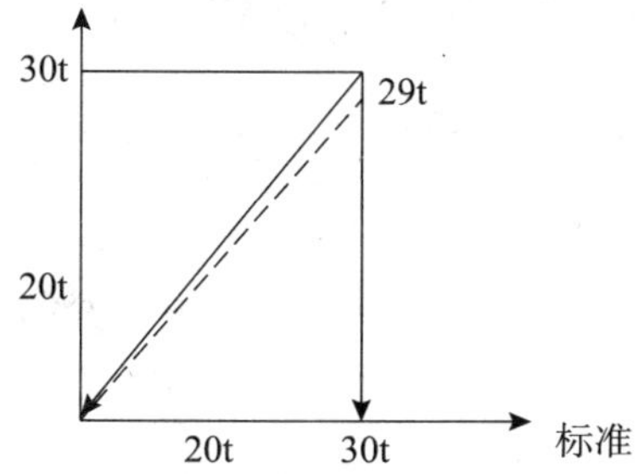

图 2　线性分析图

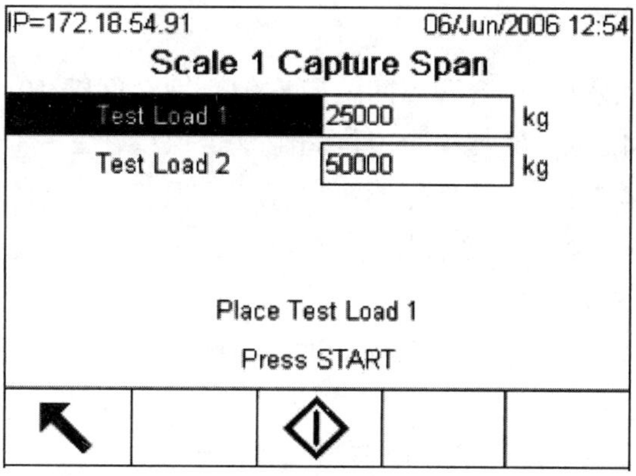

图 3

4）将需要测试的砝码放置在汽车衡秤台上。

5）按启动软键◇屏幕显示正在进行标定。标定完成仪表显示完成信息。

6）量程标定成功后仪表显示“Capture Span OK”。

7）结束后按返回软键，返回至标定窗口。

8）此时显示窗应显示正确的质量值。

4.3.3.4　重新设定和校正

可按照 4.3.3.2 和 4.3.3.3，分零点校准和量程校准两步重新对汽车衡进行设定和校准。

4.4　使用、维护与故障处理

4.4.1　使用

4.4.1.1　仪表开机预热一般为 15min 左右，下班停机必须切断电源，严禁秤台有负荷时接通仪表电源。

4.4.1.2　要保持接线盒内干燥清洁，盒内干燥剂要定期更换，一旦接线盒内有湿空气和水滴进入可用电吹风吹干。

4.4.1.3　过衡车辆的最大载荷不允许超过秤的最大称量。

4.4.1.4　汽车衡允许过衡车辆轴载按表 5 选择。

表 5　车辆轴载表

型号规格	SCS-10	SCS-20	SCS-30	SCS-50 SCS-60	SCS-80 SCS-100	SCS-120 SCS-150
允许轴载 /t	7	12	20	25	30	40

4.4.1.5　汽车衡允许过衡轴载与传感器容量、传感器支点距离等因素有关，一般汽车衡禁止接近最大称量的铲车之类和短轴距车辆过衡。

4.4.1.6　车辆驶入秤台时，车速应低于 5km/h 直线驶入秤台，然后缓缓刹车，车停稳后计量，并尽可能停留在秤台中心位置。

4.4.2　维护

4.4.2.1　秤台四周间隙应均匀合理（间隙 10～15mm）不得卡有石子、煤块等异物。

4.4.2.2　经常检查限位间隙是否保持在 2～3mm，限位螺栓与秤体不应碰撞接触。

4.4.2.3　连接件每半年进行一次保养，支承头涂上黄油。

4.4.2.4　经常清扫秤台台面，保持清洁，表面油漆应定期重新刷涂（建议每年进行一次）。

4.4.2.5　禁止在秤台上进行电弧焊作业，若必须在称台上进行电弧焊作业，请注意如下几点：

1）断开信号电缆与仪表的连接。

2）电弧焊的地线必须设置在被焊部位附近，并牢固接触在秤体上。

3）切不可以使传感器成为电弧回路的一部分。

4.4.2.6　传感器更换

一旦发现有传感器损坏，请按下列步骤进行更换。

1）打开传感器（损坏）的盖板，用千斤顶顶起秤台，取下连接件，如有限位支座，则拆下限位支座。

2）取出数字式传感器，检查传感器上下连接件。

3）更换传感器，如下连接件六角有磨损则同时更换。

4.4.2.7 仪表 PCB 板更换

对于使用比较频繁的汽车衡，一旦仪表损坏，一时又难找到故障，为不影响汽车衡使用，可以迅速更换仪表 PCB 主板。更换 PCB 主板步骤如下：

1）切断仪表电源。

2）打开仪表，断开 PCB 板上所有接插件，并记录下接插件的位置。

3）卸掉固定 PCB 板的螺钉，取下 PCB 板。

4）将新的 PCB 板安装上，（同时将屏蔽层安置在固定位置），并用螺钉固紧。

5）按位置插上接插件。

6）换上新的 PCB 板后必须重新设定和校正，详细见 4.3.3.4 节。

4.4.3 常见故障与处理

4.4.3.1 查找故障位置

汽车衡发生故障不能工作，首先要找出故障发生在哪个部位，最简单的方法是查看仪表报错信息，数字式传感器损坏会在仪表端出现该传感器的报错信息，步骤如下：

1）如单个传感器报错，则该报错信息的传感器最有可能损坏。

2）如报错“传感器无响应 1-4”或“传感器无响应 5-8”，这可能是接线板损坏。

3）如报错“传感器无响应 1-8”，则可能是仪表秤台接口板损坏。

4.4.3.2 秤台故障分析

1）首先检查接线盒，有无水汽侵入，如有水汽，用酒精擦洗，然后用电吹风吹清洁内部。

2）查找接线有无短路，在接线盒里，用万用表测量屏蔽线（sh，黄色）与其他各线和秤台电阻，有无泄漏，同时检查各导线与地线或信号线电缆外层不锈钢屏蔽线有无泄漏和短路，如发现有短路现象，则需更换电缆，无故障则检查传感器。

4.4.3.3 传感器故障分析

1）在接线盒用万用表检查正激励（+EX）和负激励（-EX）间电阻值（在接线盒内通向仪表的信号电缆线柱上测），其阻值大约 400Ω/传感器数，用万用表测量总输出端的正输出（+Si）和负输出（-Si）之间电阻，其阻值大约 2500Ω/截面数，如果发现阻值不对，按下一步继续查找。

2）用上述 1）的方法逐次断开传感器，测量正负激励端或正负输出端之间阻抗值，查出损坏的传感器，如果这步检查没有问题，则按下步继续查找。

3）将砝码依次放在秤台各个截面上，如果发现那个截面的示值不正确，则将砝码放在这个截面传感器的角上（压角），查出坏传感器，再按 4.4.2.6 节更换传感器。或者脱开某传感受器的 +Si-Si 端在不通电情况下测电阻值，应在 350Ω 左右，在通电情况下，测两端的直流电压，设传感器容量为K，它实际受到的压力为F，如果使用IND780/IND880仪表，则电压值就为

$$U=12.5\times F/K\ (\text{mV})$$

4.4.4　常见故障与处理

电子汽车衡常见故障与处理方法见表6。

表6　电子汽车衡常见故障与处理方法

常见故障	故障原因	排除方法
开机仪表无显示	1）电源不通； 2）仪表损坏	1）检查电源插头是否插牢或断线； 2）检查稳压电源； 3）检查保险丝； 4）检查仪表电源部分； 5）更换仪表
显示数字不稳定漂移	1）导线接触不良； 2）稳压电源输出不良； 3）接线盒内受潮； 4）传感器有故障； 5）仪表故障	1）检查各导线连接头； 2）用万用表检查稳压电源输出； 3）用电吹风吹干； 4）见4.4.6.2节
显示称量数据突然超差很多	1）秤台不灵活有异物卡住； 2）限位装置失效； 3）传感器有故障	1）检查秤台四周间隙，排除异物； 2）调整限位间隙； 3）见4.4.6.2节

4.5　检修及质量要求

4.5.1　检修

电子汽车衡检定周期为1年，检定前须按本部分内容对汽车衡进行检修和调试。

4.5.2　检修质量要求

按3.3进行检查、校验，各项性能应符合技术指标要求。

过程控制系统维护检修规程
第 1 部分：可编程序控制器（PLC）

SHS 07008.1—2019

代替 SHS 07008—2004

目 次

前 言

本规程 SHS 07008《过程控制系统维护检修规程》分为以下四个部分：

——第 1 部分：可编程序控制器（PLC）；

——第 2 部分：集散控制系统（DCS）；

——第 3 部分：可燃气体和有毒气体检测系统（GDS）；

——第 4 部分：面向监控与数据采集（SCADA）系统。

本部分为 SHS 07008 的第 1 部分：可编程序控制器（PLC）。本部分按照 GB/T 1.1—2009《标准化工作导则　第 1 部分：标准的结构和编写》给出的规则起草。

本部分代替 SHS 07008—2004《过程控制系统》第七节“AB-PLC5/40 可编程控制器”等，与 SHS 07008—2004 相比，除编辑性修改外，主要技术变化如下：

——修改了维护内容、故障案例、检修质量要求；

——增加了故障判断图例。

本部分由中国石油化工集团有限公司、中国石油化工股份有限公司提出。

本部分起草单位：中国石化镇海炼油化工股份有限公司。

本部分主要起草人：章雷。

本部分所代替规程的历次版本发布情况为：

——SHS 07008—1992、SHS 07008—2004。

过程控制系统维护检修规程
第 1 部分：可编程序控制器

1 范围

本部分规定了可编程控制器（PLC）技术标准、日常维护、故障处理以及检修内容与质量标准等内容。本部分以 SIEMENS 公司 S7-400 系统为例，介绍可编程控制器（不包括现场仪表部分）的维护、维修方法，适用于为确保生产装置安全运行、减少事故、避免发生人身伤亡事故和设备损坏事故而设置的可编程控制器。本部分也适用于石化企业生产装置中实现设备的正常开、停、运转的可编程控制器。

2 规范性引用文件

下列文件对本文件的应用是必不可少的。凡是注日期的引用文件，仅注日期的版本适用于本文件。凡是不注日期的引用文件，其最新版本（包括所有的修改单）适用于本文件。

SH/T 3521 石油化工仪表工程施工技术规程

GB 50093 自动化仪表工程施工及验收规范

GB/T 50770 石油化工安全仪表系统设计规范

SH/T 3006 石油化工控制室设计规范

3 系统概述

可编程序控制器（PLC），采用一类可编程的存储器，用于其内部存储程序，执行逻辑、运算、顺序控制、定时、计数与算术操作等面向用户的指令，并通过数字或模拟式输入 / 输出控制各种类型的机械或生产过程。采用模块化设计，不同模块可灵活组合，扩展容易，以开关量控制为其特长；也能进行连续过程的 PID 回路控制，并能与上位机构成复杂的控制系统，实现生产过程的综合自动化。

PLC 使用方便，编程简单，采用简明的梯形图、逻辑图或语句表等编程语言，一般采用顺序控制设计法来设计，软件功能取代了继电器控制系统中大量的中间继电器、时间继电器、计数器等器件，使控制柜的设计、安装、接线工作量大大减少。PLC 硬件结构如图 1 所示。

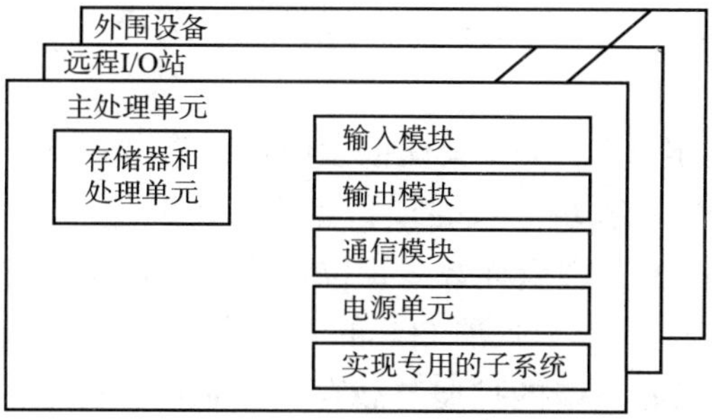

图 1　PLC 硬件模型

PLC 系统是 PLC 及其相关外围设备组成的自动化系统，如图 2 所示。

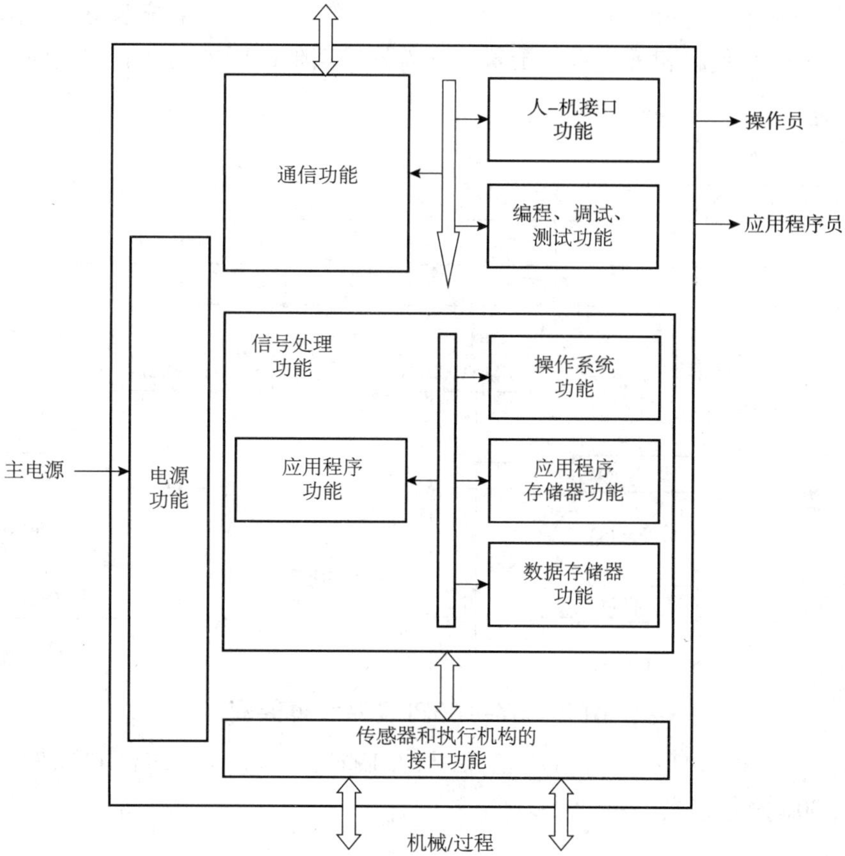

图 2　PLC 系统的基本功能结构

3.1　系统结构

一个 PLC 系统可包括：

1）机架（UR）：用于安装卡件，包括电源卡、CPU 卡、以太网通信卡等。

2）电源模件（PS）：连接到 120/230V AC 或 24V DC 电源上。

3）中央处理单元（CPU）：有多种 CPU 可供用户选择，有些带有内置的 PROFIBUS-DP 接口。

4）数字量输入和输出（DI/DO）及模拟量输入和输出（AI/AO）的信号模件（SM）。

5）通信处理器（CP）：实现总线连接和点到点连接。

6）功能模件（FM）：专门用于计数、定位、凸轮等控制任务。

7）存储卡（FEPROM）：用于扩展 CPU 的装载存储区，更重要的作用是可以作为程序备份。插入CPU后，FEPROM卡的扩展装载存储区和内置的装载存储区是各自独立的。在没有后备电池时 PLC 掉电，在 PLC 每次上电后都会自动从 FEPROM 卡中拷贝程序到 CPU 的工作存储器中。

8）通信能力包括以太网（ETHERNET）总线、PROFIBUS 总线、MPI 总线、AS-i 总线。本部分是基于 S7-400（CPU 412-2）（以下简称 S7-400）系统编写的。由于系统的硬件、软件不断地更新和各个系统配置情况差异，其他的版本与之有冲突的地方可参考有关资料。

系统框架图如图 3 所示。

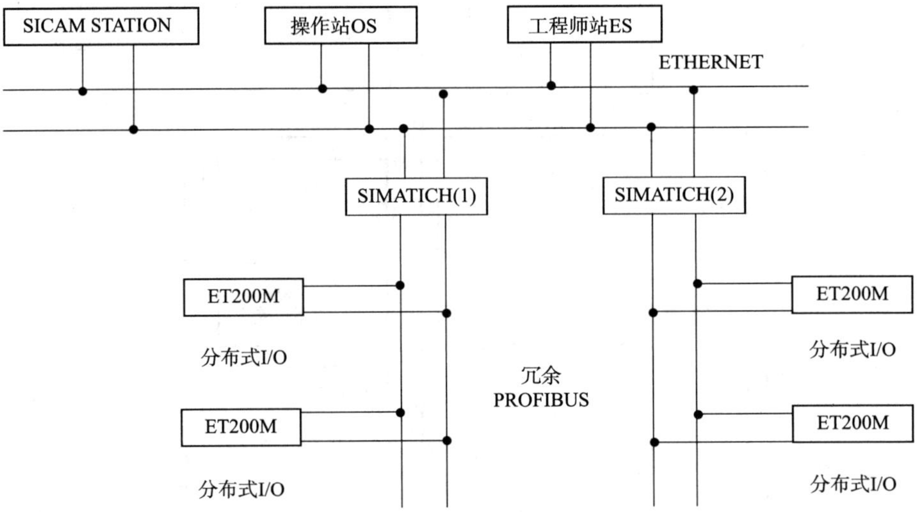

图 3　S7-400PLC 系统框架图

说明：SICAM STATION 为 SOE 记录站；SIMATICH（1）、SIMATICH（2）为 S7-400 PLC；ET 200M 为分布式 I/O。

3.2 环境技术指标

3.2.1 系统供电要求

1）标称电压：120/230V AC，允许范围 85～132V AC/170～264V AC

2）标称频率：50/60Hz，允许范围 47～63Hz

3.2.2 系统接地要求

1）主参考地接地电阻：＜5Ω

2）本安系统接地：＜10Ω

3）AC 安全接地：＜100Ω

4）主参考接地要求单点接地；各个接地棒之间的距离要求大于 3m；接地线径要求大于 5.2mm

3.2.3 环境条件

1）SP-400 系统模板对脉冲状干扰的 EMC 响应见表 1。

表 1 SP-400 系统模板对脉冲状干扰的 EMC 响应

序号	脉冲状干扰	试验电压	相当于严重性等级
1	按 IEC 1000-4-2 的静电放电	对空气放电：±8kV；接触放电：±6kV	3
2	脉冲串（按 IEC 1000-4-4 的快速瞬时干扰	2kV（电源线）；2kV（信号线＞3m）；1kV（信号线＜3m）	3
3	按 IEC 1000-4-5 的高能信号脉冲（浪涌） 1）不对称耦合 2）对称耦合	1）2kV（供电线）直流电压有保护元件；2kV（信号线 / 数据线）仅＞3m，可能有保护元件； 2）31kV（供电线）直流电压有保护元件；1kV（信号线）仅＞3m，可能有保护元件	3

2）S7-400 系统模板对正弦干扰的响应见表 2。

表 2 S7-400 系统模板对正弦干扰的响应

序号	正弦干扰	试验电压	相当于严重性等级
1	1）按 ENV 50140 的高频率干扰（电磁场）； 2）按 ENV 50240	1）10V/m，有在 80～100MHz 范围的 80％幅值调节； 2）10V/m，有 900MHz 的 50％脉冲调制	3
2	按 ENV 50141，在电缆和电缆屏蔽上的高频率干扰	试验电压 10V，有在 8～9MHz 范围内的 80％脉冲调制	3

3）运行环境的气候条件见表 3。

表 3 S7-400 模板的运行环境气候条件

序号	内容	允许范围	备注
1	温度	0～60℃	
2	温度变化	最大 10℃ /h	
3	相对湿度	最大 95％ RH，25℃	无凝结

4 维护与故障处理

4.1 日常巡检

4.1.1 系统安置场所的温度和湿度等运行环境条件是否在规定的技术指标范围内。

4.1.2 检查报警记录是否有系统报警，如发现有系统报警，要及时做相应处理。

4.1.3 检查操作员站、工程师站

1）画面调用是否正常；

2）数据显示是否正常；

3）历史记录定期清理，一般为半年一次；

4）检查计算机的风扇运转是否正常，灰尘较多的环境下应定期清扫。

4.1.4 机柜内部设备

1）检查各模件工作是否正常（主要根据指示灯进行判断），见表 4。

表 4 S7-400 系统状态灯释义

<table>
<tr><td colspan="5">CPU 主处理器模件（CPU412-2）LED 状态灯 1</td></tr>
<tr><td>序号</td><td>状态名称</td><td>正常状态</td><td>故障状态</td><td>灯点亮的有关说明</td></tr>
<tr><td>1</td><td>INTF</td><td>灭</td><td>红色</td><td>内部错误（程序或参数设置错误）</td></tr>
<tr><td>2</td><td>EXTF</td><td>灭</td><td>红色</td><td>外部错误（不是由 CPU 模块引起的错误）</td></tr>
<tr><td>3</td><td>FRCE</td><td>灭</td><td>黄色</td><td>在此 CPU 的程序中有地址被强制</td></tr>
<tr><td>4</td><td>REDF</td><td>灭</td><td>红色</td><td>CPU 有冗余错误</td></tr>
<tr><td>5</td><td>MSTR</td><td>黄色</td><td>黄色</td><td>该 CPU 卡为主卡</td></tr>
<tr><td>6</td><td>RACK0</td><td>绿色</td><td></td><td>该 CPU 卡的底板地址为 0</td></tr>
<tr><td colspan="5">CPU 主处理器模件（CPU412-2）LED 状态灯 2</td></tr>
<tr><td colspan="2">指示灯</td><td colspan="3" rowspan="2">RUN/STOP LED 状态灯的含义</td></tr>
<tr><td>RUN</td><td>STOP</td></tr>
<tr><td>亮</td><td>灭</td><td colspan="3">CPU 处于运行状态</td></tr>
<tr><td>灭</td><td>亮</td><td colspan="3">CPU 处于停止状态。如由于故障引起 CPU 停止，内部或外部错误指示灯亮</td></tr>
<tr><td>闪烁 2Hz</td><td>闪烁 2Hz</td><td colspan="3">CPU 处于问题状态。内部、外部错误或强制指示灯闪亮</td></tr>
<tr><td>闪烁</td><td>亮</td><td colspan="3">CPU 处于保持状态，或 CPU 在重新启动</td></tr>
<tr><td>X</td><td>闪烁</td><td colspan="3">清除内存</td></tr>
</table>

表 4　S7-400 系统状态灯释义（续）

CPU 主处理器模件（CPU412-2）LED 状态灯 3		
指示灯		BUS1F/BUS2F LED 状态灯的含义
BUS1F	BUS2F	
亮	灭	在 MPI 或 Profibus-DP1 上发生故障
灭	亮	在 Profibus-DP2 上发生故障
闪烁	灭	一个或多个设备在 Profibus-DP1 上无响应
灭	闪烁	一个或多个设备在 Profibus-DP2 上无响应

供电模件（PS407 等）LED 状态灯				
序号	状态名称	正常状态	故障状态	灯点亮的有关说明
1	INTF	灭	红色	POWER 模件有内部故障
2	EXTF	灭	红色	POWER 模件有外部故障
3	BAF	灭	黄色	电池发生故障
4	BATT1F	灭	黄色	电池 1 发生故障
5	BATT2F	灭	黄色	电池 2 发生故障
接口模件（IM153）LED 状态灯				
序号	状态名称	正常状态	故障状态	灯点亮的有关说明
1	SF	灭	红色	模件出现系统故障
2	BF	绿色	灭	Profibus-DP 总线故障
3	ACT	主卡：黄色 副卡：灭	灭	在冗余卡中为主卡
4	ON	绿色	灭	模件处于运行状态
I/O 模件及通信模件（CP341）的 LED 状态灯				
序号	状态名称	正常状态	故障状态	灯点亮的有关说明
1	SF	灭	红色	模件出现系统故障
2	SAFE	绿色	灭	模件在安全运行
3	TXD/RXD	绿色交替闪烁		表示 RS232/RS485 SI 通讯收发正常
			TXD 灭，RXD 亮	表示主站信息有发送，但得不到响应
			TXD 灭，RXD 灭	通讯未建立
4	CHANNEL	绿色 / 灭		接通 / 断开

2）检查 CPU 模件的电池电压和切换开关位置是否正确。

CPU 上两个电池均处在监视状态，在电池未装或者电池电压低（电量不足）的情况下，备用电池故障灯亮。CPU 模件的功能切换开关，其切换状态分别是“RUN”：正常运行时开关位置；“RUN/PROGRAM”：在 PLC 正常运行时进行组态的并关位置；“STOP”：PLC 停止时的开关位置。“MRES”：清除内存并重新启动 CPU。

3）检查机柜风扇运转是否正常。

4.2 在线诊断测试及诊断检查内容

在系统运行状态中，PLC 的有关状态将被监视。S7-400 系统电源故障、DP 网络故障、具备自检能力的 AI 模板的故障等将被记录和报警。通过 PCS7 或 Step7 软件的在线检测功能，可以查询 S7-400 控制站硬件的状态和诊断信息。

4.2.1 在线诊断的方法

1）打开 PCS7 的 SIMATIC 管理器，或 Step7 的 SIMATIC 管理器。

2）通过 SIMATIC 管理器打开本系统的项目组态文件。

3）在 SIMATIC 管理器的 VIEW 菜单中选择组件视图，然后用鼠标选中 SIMATIC H 站→CPU（如 CPU412-2），CPU 的右键菜单选中 PLC → module information，在弹出的对话框中选中 diagnose buff，从中可查询 CPU 的诊断记录。当出错时则可查找出错点及原因，也可得到相应的解决方法。操作界面见图 4。

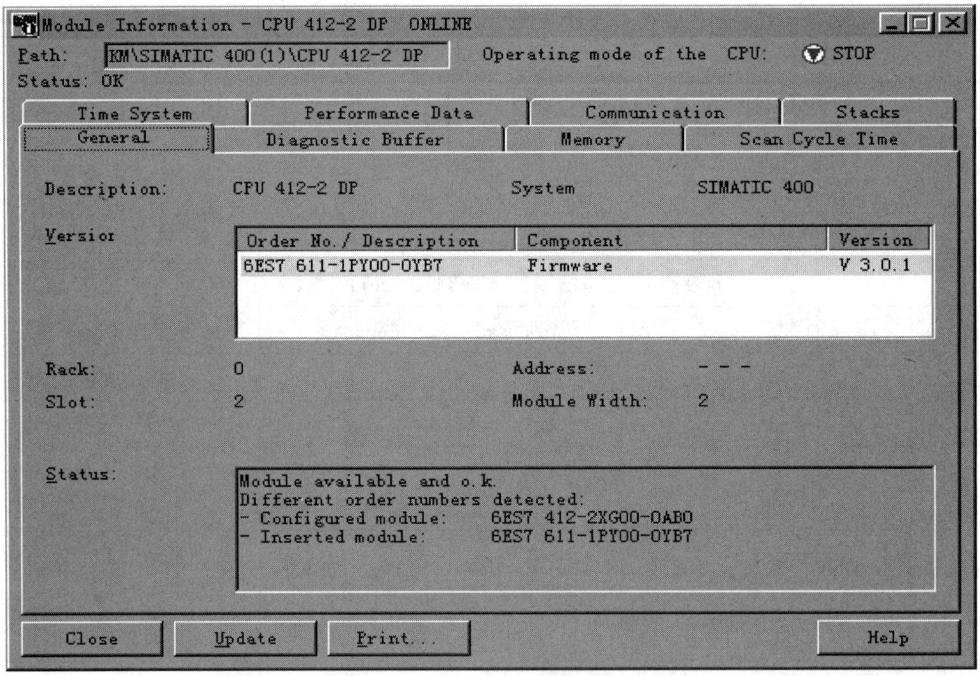

图 4 S7-400 系统 CPU 诊断操作步骤示意

4）在上述 PLC 菜单中还可以诊断硬件，切换操作模式，清除内存，监视或强制参数等功能，详细释义见表 5。

表 5　S7-400 系统功能选型释义

功能选项	信息	应用
General 综合信息	显示所选模块的数据。例如：订货号、版本号、状态、槽号	所插入模块的在线信息可与模块所组态的信息相比较
Diagnostic Buffer 诊断缓冲区	诊断缓冲区为事件发生记录的总貌和所选事件的详细信息	发现引起 CPU 停止的原因和估计所选模块事件发生的原因。使用诊断缓冲区在事后仍可分析系统错误或查寻及区分单个的诊断
Diagnostic Interrupt 诊断中断	显示所选模块的诊断信息	估计模块故障原因
DP Slave Diagnostic DP 从站诊断	显示所选 DP 从站的诊断信息	估计 DP 从站故障原因
Memory 内存信息	显示内存容量。显示 CPU 工作存储器和装载存储器实际使用情况	在新添和扩展程序块或数据块前，检查装载存储器是否有足够的空间。如不够，压缩内存
Scan CycleTime 循环扫描时间	显示 CPU 最长、最短和最近一次循环扫描时间	用于检查 CPU 最长、最短和最近一次循环扫描时间
Time System 系统时间	显示目前日期和时间，有关同步时钟的信息	用于显示和设置 CPU 的日期和时间，检查同步时间
Performance Data 运行数据	显示地址区和 CPU 所能运行的块	检查 CPU 是否可以满足用户程序运行的要求
Communication 通信	显示通信速率，通信连接总貌和通信负载	用于获取通信网络数据
Stacks 堆栈信息	只有 CPU 在停止或保持状态时，才能用此功能。显示所选模块的块堆栈、中断堆栈和暂存堆栈	决定 CPU 停止的原因，并更正用户程序

4.2.2　在线检查内容

1）检查在线程序系统运行状况。

CPU、服务器、客户机、网络交换机负荷分析；针对 CPU、CP、ET200 等带有诊断功能的模件，可以将系统诊断缓存区数据导出，进行整理分析。

2）检查通信模块工作状态（CP）。

对于 PROFIBUS 模块需要诊断三种信息：

a）查询当前模块的工作模式以及网络连接情况（停止或者运行以及是否含有断线等故障），通过模块状态和STEP7软件的硬件组态工具进行在线观察；

b）查询模块的事件消息和记录（通过NCM S7工具，查询诊断缓冲区）；

c）查询通信连接的状态并进行检测（通过 NetPro、NCM S7工具）。

3）检查通信网络的状况。

使用西门子专用的设备和软件，检测Profibus报文从物理层到数据层的工作情况，见图5。

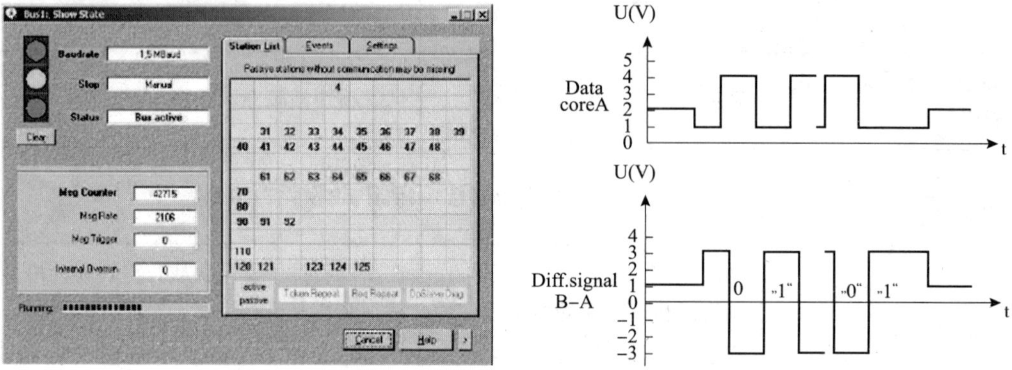

图5　Profibus 报文工作情况示意

4.3　常见故障与处理

4.3.1　常见硬件设备故障与处理

常见硬件设备故障与处理方法见表6。

表6　常见硬件设备故障与处理方法

故障现象	故障原因	处理方法
PS 电源模件故障灯亮	1）输入电压超限 2）输出短路 3）电源模件损坏	按可能故障原因进行排查：检查输入输出回路，如须更换电源模件，先关闭故障模板的电源开关。更换模件后再恢复供电
PLC 处在 STOP 状态，红灯亮	相当数量的卡件掉电，CPU 运行时间长期被硬件中断占用，超出 CPU 中设定的 WatchDog 时间	调整 CPU 的内存扫描时间
	系统程序不完善（程序中可能没包含热插拔的程序段），无法实施卡件的热插拔，PLC 被有关的 OB 块所中断	完善程序
PLC 处在 STOP 状态，所有状态灯闪烁	通信模件的接口有松动	检查卡件接口。重新启动 CPU，如不行，清内存并重新下载硬件、软件组态，并重新启动 CPU

表 6　常见故障案例及处理方法（续）

故障现象	故障原因	处理方法
PLC 无法进入冗余状态，同步模块故障灯亮，REDF 红灯亮，S7-400H 处在单机运行状态	1）未安装同步模件； 2）用于连接的同步模件的光缆未接或断线； 3）光缆连接有问题； 4)同步模件的前盖板没有紧固，同步模件未工作； 5）S7-400 系统中的某一子系统故障或掉电	按可能故障原因进行排查，如须更换同步模件，按以下步骤： 1）先去除同步模件上的光缆； 2）将 Standby 的 CPU 切至 RUN； 3）从 Standby 的 CPU 上拔出同步模件； 4）再插入新的同步模件； 5）启动 Standby 的 CPU； 6）若在上步中 Standby 的 CPU 处在 STOP 状态，则拔除 Master 上的同步模件； 7）将新的同步模件插入 Master； 8）启动 Standby 的 CPU
初始状态：S7-400 系统处于单机运行状态，试图将另一子系统切至 RUN 并进入冗余模式。在将钥匙开关切至 RUN 时，REDF 的指示灯未闪烁。数秒后，系统未进入冗余模式	ES 站（工程师站）正处在在线监视或修改状态，如 Modify and monitor 被打开并处于在线连接状态	ES 站退出在线连接状态，重新尝试切换 PLC 系统运行模式
CPU 的 DP 总线故障红灯常亮或闪烁，相关 ET200 的 DP 故障灯亮，CPU 无法进入 RUN 模式	1）总线连接头上的终端电阻未接上； 2）ET200 地址被改动，与硬件组态不同	按上述可能原因进行排查，并做相应处理
WinCC 无法取到数据	1）通信中断； 2）CP5412 损坏	检测 CP5412，在 SET PG/PC interface 中的 CP 属性中测试 CP 工作状态。若 CP 完好，在 CP 诊断中检测网路状况
WinCC 运行出错 WinCC 无法打开项目文件	1）Profibus 电缆连接头的终端电阻被接上； 2）相关 OLM 掉电； 3）光缆断线	按上述可能原因进行排查，并做相应处理

4.3.2　在线更换

4.3.2.1　更换 S7-300 的输入输出信号模板

1）确保用户程序允许模板可以在线更换，否则要把 CPU 切换到 STOP 状态；

2）切断负载供电电源；

3）松开并取下前连接器；

4）松开模板上的紧固螺丝后取下模板；

5）确认新模板上的设置与旧模块一致；

6）把新模板插入，并固定在导轨上；

7）将前连接器插入模板并放到正常工作位置；

8）重新接通负载电源。

4.3.2.2　更换 S7-400 的后备电池

1）打开电源盖；

2）用带子把电池拉出电池盒；

3）插入新电池，并注意电池极性；

4）设定 BATTINDIC 开关监视电池；

a）BAT 位置：用于单宽度电源；

b）1BAT 位置：用于双或三宽度电源和一个电池；

c）2BAT 位置：用于双或三宽度电源和两个电池；

5）用 FMR 确认按钮取消错误信息；

6）关上电源盖。

4.3.3　CPU 停止运行故障检查

打开“module information”诊断窗口，在“Diagnostic Buffer”窗口中会显示引起 CPU 停止的原因。

1）如果原因是程序错误，将会看到下列信息：

“STOP because programming error OB not to load”表示CPU已发现程序错误，试图启动一个不存在的 OB 并准备处理程序错误。在下面错误信息中，可查到具体的出错程序，并选中这个程序和点击“Open Block”按钮即打开该程序。详见图 6。

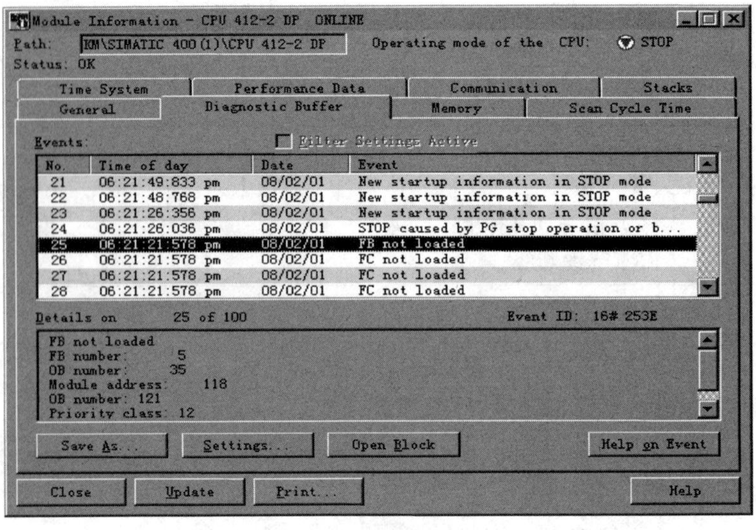

图 6　CPU 程序报错示意

2）“Stacks”窗口显示堆栈内容，将会看到下列信息：

块堆栈（B STACK）显示在CPU停止前所有被调用的块程序和那些没有被完全执行的块程序，用图解方式表明了程序调用的层次，即在中断时刻被调用块的顺序和嵌套情况。块堆栈中包含了所有的过程中断OB和错误处理OB以及打开的数据块，在最后显示的块中可以查找停机的原因。在块堆栈的清单中选中要打开的块，然后单击“Open Block”按钮，可以在线打开并编辑这个块，光标将停在包含错误的指令之后（下一条指令的开头处）。

中断堆栈（I STACK）显示在程序中断时，寄存器中的有效数据和状态。例如累加器和地址寄存器的内容、哪些数据块被打开、状态字的内容、程序执行的级别（例如OB 1或OB 10）、发生中断的块及具体的段和指令位置、将要执行的下一个块等。打开中断堆栈之前，必须选中块堆栈中相关的组织块。见图7。

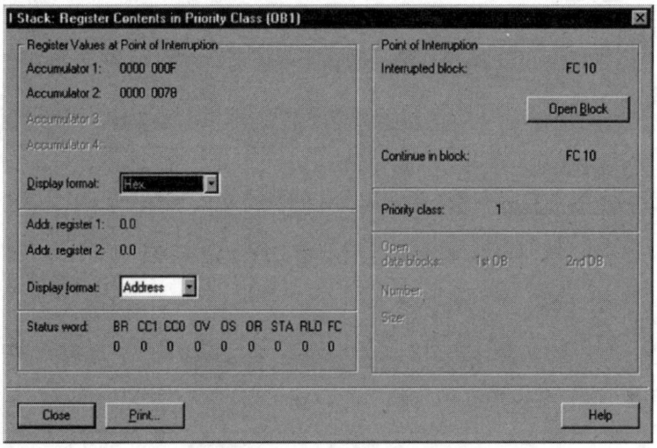

图7　中断堆栈寄存器数据状态示意

局部堆栈（L Stack）中包含了块的临时变量的值。对于在B STACK中每个块，可以选择某个块并点击“L Stack”按钮，将显示在程序中断时，用户程序运行块的暂存数据值，见图8。

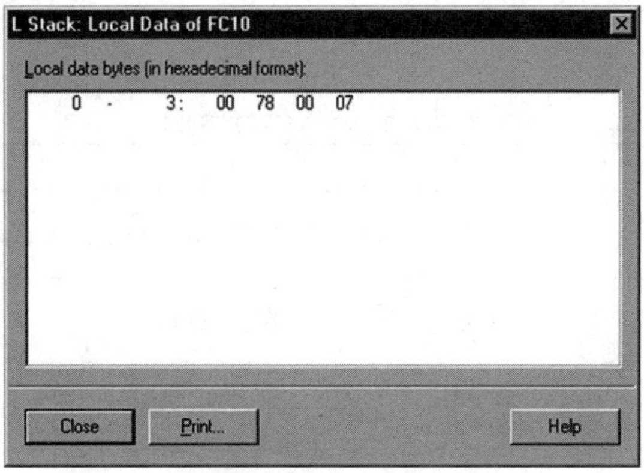

图8　程序中断运行块暂存数据示意

3）通过模块出错状态符号确认故障。

选择出错的模块所在的控制站，在右边栏中点击“Hardware”一项，就会显示该控制站硬件组态，点击工具栏中，使工程师站与控制站在线连接并弹出窗口，整个系统各个模块的状态均以符号表示，选择出错的模块并点击，按“Diagnostic Interrupt”按钮，将显示模块的报错信息，见图9。

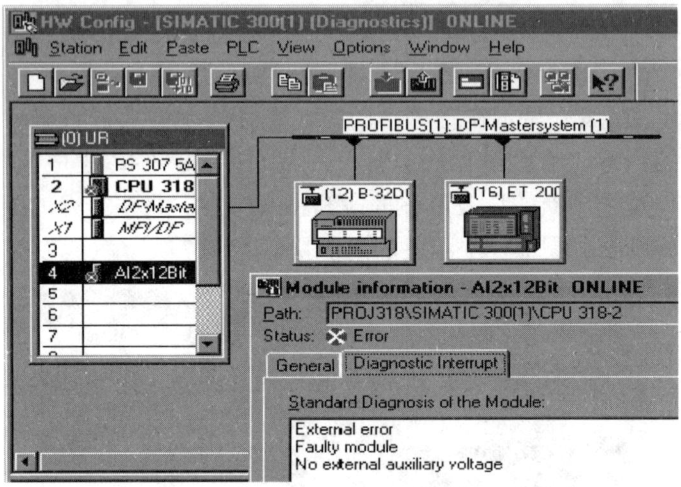

图9 出错模块报错信息示意

CPU状态符号表见表7。

表7 CPU状态符号表

符号表	状态	符号表	状态
	正在启动		保持状态
	停止		强制状态
	运行		

模块状态符号表见表8。

表8 模块状态符号表

符号表	状态
	模块不能使用或组态的模块型号与实际的模块型号不符
	模块有错误
	不可进行诊断，由于无法建立在线连接或CPU不支持该模块的诊断信息

4.3.4 常见软件程序故障处理

1）程序中缺少诊断中断的组织块，导致CPU在电源故障、程序编辑错误、通道故障时自动停机，需要修改程序，增加 OB81、OB82、OB84、OB85 和 OB86 等系统组织块，避免故障后的意外停机。

2）ES 工程师站对 OS 操作站进行下载后，OS 站无法同步更新 ES 站上的变化，故障原因是没有在工厂视图中将区域的单元分配到具体的 OS 站点，分配方法见图 10。

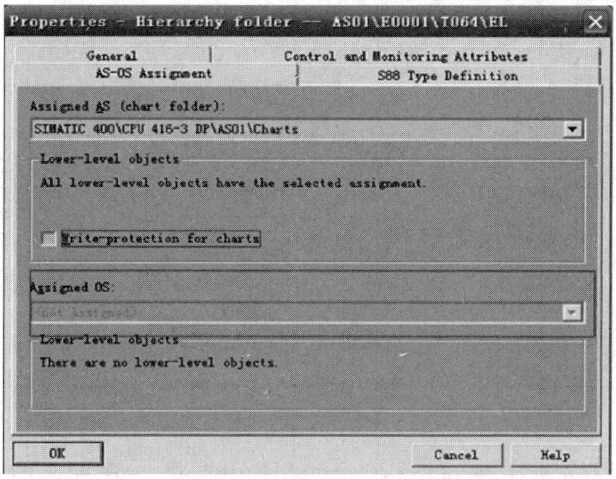

图 10　区域单元分配到 OS 站示意

3）西门子 PCS 7 系统项目 CFC 逻辑块无法在线（即 ES 工程师站上的程序与 CPU 中运行的程序不一致），原因是 ES 工程师站上的程序逻辑改动后没有下载，检查和处理流程如下：

a）利用 CFC 交叉参考中的统计功能，对比两个时间戳：

修改时间 Last download-relevant change

下载时间 Compilation of the loaded program

b）如果检查发现不一致，根据 Compilation of the loaded program 的下载时间，将与这一时间接近或者一致的备份项目解压缩，检查该项目两项时间戳是否一致，见图 11。

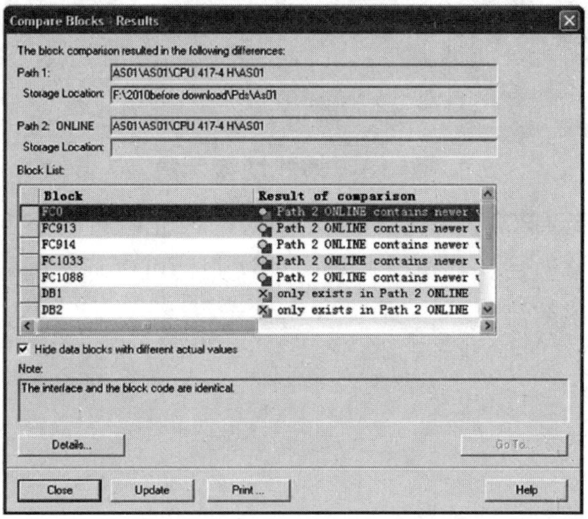

图 11　CFC 逻辑块时间戳示意

c）确定版本的基础上，首先从 CPU 中 Readback 回读程序，对比目前使用的程序和原先备份程序，找出在下载时间之后修改的逻辑，在目前使用的版本上修改成一致，然后重新编译下载，见图 12。

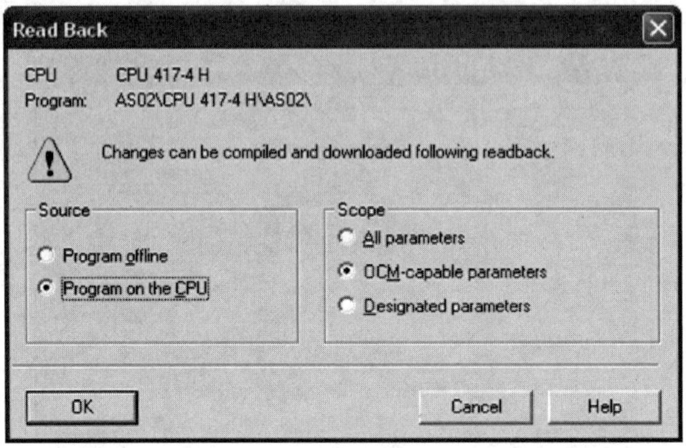

图 12　CPU 中 Readback 回读程序示意

d）为避免上述程序无法在线情况，现场维护人员打开程序时，应立即将程序由编辑模式切换到测试模式，避免在编辑环境下误修改，造成程序无法在线，见图 13。

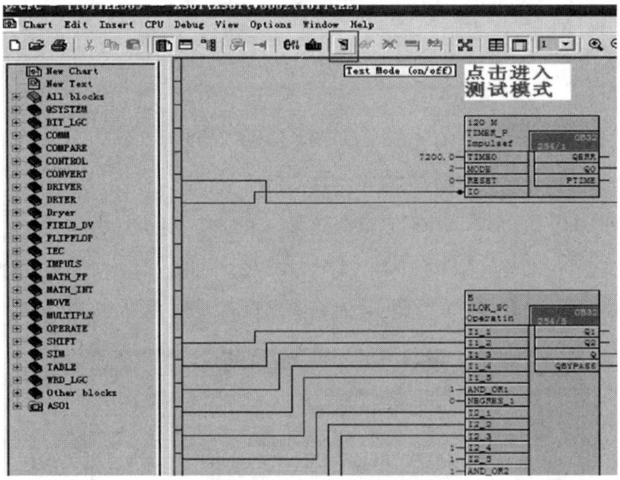

图 13　模式切换示意

e）维护人员在修改 PCS　7 系统程序逻辑时，应先检查程序能否在线，并归档修改前的在线程序，完成修改后还要再次归档，两次归档可以降低因程序修改后没有及时下载，引起程序无法在线的情况。

4.4　检修及质量要求

4.4.1　检修

4.4.1.1　各个控制机柜的清扫及检查，清扫或更换机柜内外以及冷却风扇和空气过滤网

（柜内），清扫卡件上的污损。并检查电子产品和回路配线有无腐蚀和结露。

1）关闭 PLC 系统电源。

2）使用防静电刷子先刷掉 PLC 及柜内电器的积灰。

3）使用防静电吸尘器清理积灰。

4）使用防静电抹布清理柜体及柜内电器的灰尘。

4.4.1.2　清扫操作员站等计算机：操作员机柜清洁、机箱清洁、内部元件清洁。

4.4.1.3　使用专用测试设备针对 Profibus 通信网络进行诊断，检测通信的稳定性和通信报文的准确性，保证网络冗余功能。

4.4.1.4　环网功能测试和冗余检测，彻底排查环网的故障隐患，保证交换机所有状态等正常。对维护人员做网络维护培训。

4.4.1.5　系统电源、接地检查。采用专用接地电阻测试仪进行接地电阻测试记录。

4.4.1.6　根据电池使用年限更换后备电池。

4.4.1.7　系统停车前软、硬件配置与状态登记。

4.4.1.8　操作员站、工程师站、服务器等计算机系统病毒检查，操作系统漏洞检查及补丁安装，检查计算机加固情况，包括弱口令、默认用户、软件最小化安装、封闭 USB 和光驱等外设、关闭不需要的高危网络端口等。

4.4.1.9　系统停车前应进行数据和工程文件备份。检修完成系统恢复后，所有工控计算机硬盘镜像文件和工程数据再次备份，备份采用移动存储器，并带有时间戳的标签。对于加密系统无法进行备份的控制器应做好含数据和工程文件的移动存储器备件或 CPU 备件。

4.4.1.10　集中处理日常运行过程中暴露但无法处理的问题。

4.4.1.11　数字量和模拟量模件进行通道和精度的检测，判断测量误差是否满足精度要求，冗余模件进行切换测试。

4.4.1.12　接线端子 2 遍确认，将连接器的紧固螺丝使用调节好的力矩螺丝刀进行紧固，每个端子连接器由 2 人分别紧固 1 次，扭矩螺丝刀扭矩范围（0.1～1.2N·m）。

4.4.1.13　检测过程结束后要求出具有双方认可的检测报告，以作为设备后续维护和升级改造的相关参考资料。

4.4.1.14　修点检完成后需要进行应急处理预案的培训，并提供应急预案。

4.4.2　检修质量要求

4.4.2.1　技术交底制度

技术交底的目的是使施工管理和作业人员了解掌握施工方案、工程内容、技术标准、施工程序、质量标准、工期要求、安全措施等，做到心中有数，施工有据。

1）开工前公司有关人员确认岗位职责、工作程序、工作制度汇编文件，向管理人员进行工程内容交底；

2）施工阶段由技术人员对分项、技术标准交底；

3）现场交底由各施工小组组长向项目组成员交底；

4）施工技术交底，以书面交底为主，包括结构图、表和文字说明；

5）交底资料必须详细、直观、符合施工规范细则要求，并经第2人复核确认无误后，方可交付使用，交底资料应妥善保存备查。

4.4.2.2 严格执行系统检修制度

项目施工严格遵循相关技术标准和注意事项，尤其注意检修过程中的防静电等措施，严格执行标准作业流程，杜绝事故发生。

4.4.2.3 建立技术人员质量管理体系

1）严格按照要求组织、策划、成立项目部，项目经理部主要施工人员和管理人员均参加过多项重点工程的建设，具有丰富的施工管理经验；

2）基层施工人员配备熟练的技术工程师，选择有丰富施工经验及一定管理组织才能的人员担任施工员及班组长；

3）对关键及特殊工序制定详细的施工方法、操作细则及注意事项，明确技术要求和质量标准，并具体落实到各位负责人，使各工序都有具体的人员负责；

4）定期、定时地对技术管理人员和工人进行各项技术培训，提高整体质量水平。

4.4.2.4 施工技术文件、资料管理

1）施工过程中由管理人员负责资料随产生及时收集、整理；

2）分阶段对资料整理、装订，分阶段完成项目资料的整理工作，在工程竣工交验前将施工资料整理汇总完毕交建设单位验收；

3）随时组织对各组工程资料进行检查和审核，促进各组资料的管理工作同步进行。

过程控制系统维护检修规程
第 2 部分：集散控制系统（DCS）

SHS 07008.2—2019

部分代替 SHS 07008—2004

目 次

前　言

本规程 SHS 07008《过程控制系统维护检修规程》分为以下四个部分：

——第 1 部分：可编程序控制器（PLC）；

——第 2 部分：集散控制系统（DCS）；

——第 3 部分：可燃气体和有毒气体检测系统（GDS）；

——第 4 部分：面向监控与数据采集（SCADA）系统。

本部分为 SHS 07008 的第 2 部分：集散控制系统（DCS）。本部分按照 GB/T 1.1—2009《标准化工作导则　第 1 部分：标准的结构和编写》给出的规则起草。

本部分代替 SHS 07008—2004《过程控制系统》第二节、第三节、第四节、第五节、第六节等，与 SHS 07008—2004 相比，除编辑性修改外，主要技术变化如下：

——增加了规范性引用文件；

——修改了维护内容、检修质量要求等内容。

本部分由中国石油化工集团有限公司、中国石油化工股份有限公司提出。

本部分起草单位：浙江中控技术股份有限公司。

本部分主要起草人：曾逢春。

本部分所代替规程的历次版本发布情况为：

——SHS 07008—1992、SHS 07008—2004。

过程控制系统维护检修规程
第 2 部分：集散控制系统

1 总则

1.1 主题内容

本部分规定了集散控制系统的日常维护、故障处理、检修内容和质量标准的内容。

1.2 适用范围

本部分规定适用于石化行业使用的集散控制系统。

2 规范性引用文件

下列文件对本文件的应用是必不可少的。凡是注日期的引用文件，仅注日期的版本适用于本文件。凡是不注日期的引用文件，其最新版本（包括所有的修改单）适用于本文件。

GB/T 33009.4 工业自动化和控制系统网络安全集散控制系统（DCS）第 4 部分：风险与脆弱性检测要求

精细化工反应安全风险评估导则（试行）

GB/T 50484 石油化工建设工程施工安全技术标准

SH/T 3081 石油化工仪表接地设计规范

SH/T 3006 石油化工控制室设计规范

GB/T 7826 系统可靠性分析技术—失效模式和影响分析（FMEA）程序

3 概述

集散控制系统（Distributed Control System，简称 DCS），又称为分布式控制系统，是集计算机技术、控制技术、网络通信技术和显示技术等为一体的综合性高技术产品。DCS 通过操作站对整个工艺过程进行集中监视、操作和管理，通过控制站对工艺过程各部分进行自动控制。

DCS 按照可靠性原则进行设计，充分保证系统安全可靠，系统所有部件都支持冗余，在任何单一部件故障情况下系统仍能正常工作。控制系统具备故障安全功能，输出模块在网络故障情况下，进入预设的安全状态，保证人员、工艺系统或设备的安全。系统具备完善的工程管理功能，包括多工程师协同工作、组态完整性管理、在线单点组态下载、组态和操作权限管理等，并提供相关操作记录的历史追溯。系统支持PROFIBUS、MODBUS、FF、HART 等国际标准现场总线的接入和多种异构系统的综合集成。

3.1 系统结构

DCS 主要由控制节点（包括控制站及过程控制网上与异构系统连接的通信接口等）、操作节点（包括工程师站、操作员站、组态服务器、数据服务器、时钟同步服务器等连接在过程信息网和过程控制网上的人机会话接口站点）及系统网络（包括 I/O 总线 / 现场总线、过程控制网等）三大部分构成。DCS 结构如图 1 所示。

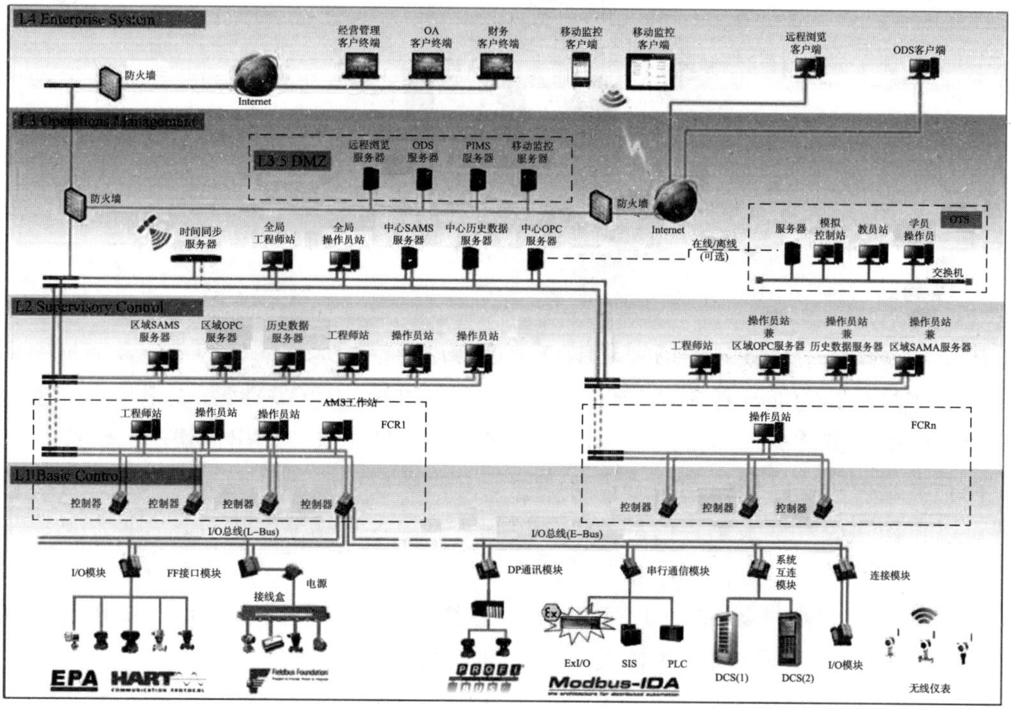

图 1　系统结构示意图

过程控制网连接工程师站、操作员站、组态服务器、数据服务器等操作节点和控制站，在操作节点和控制站间传输实时数据和各种操作指令。

I/O 总线为控制站内部通信网络，连接控制器和各类通信接口模块，及连接控制器和 I/O 模块。I/O 总线均冗余配置。

DCS 可以灵活方便地组建大规模系统以及实行全厂级的分域管理。根据实际仪控系统的规模和结构，可以将控制系统划分为一个或多个控制域及操作域，每个操作域可以同时监控多个控制域，并对这些控制域进行联合监控。多个控制域挂接在同一个过程控制网上，一个操作域可同时监控多个控制域的运行情况。各操作域内设置有一对互为冗余的数据服务器，管理指定控制域内的历史数据和报警信息，见图 2。操作域内的操作节点通过过程信息网传输历史数据和报警信息，通过过程控制网传输实时数据和下发操作命令。

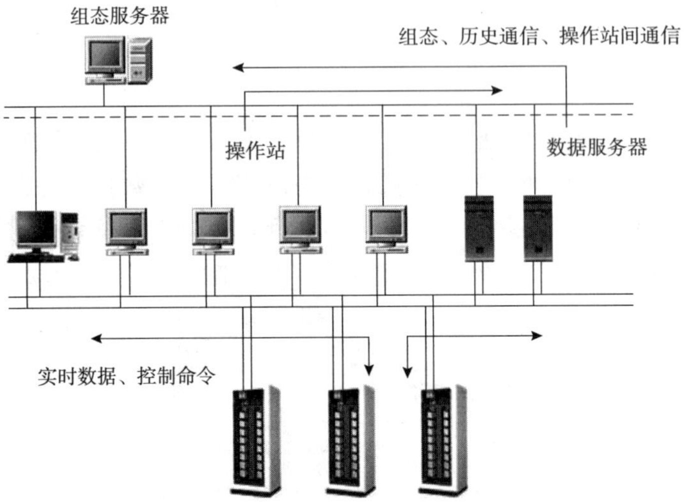

图 2　控制系统数据流图

3.1.1　控制站

控制站是系统中直接从现场采样 I/O 数据、进行控制运算的核心单元，完成整个工业过程的实时控制功能。控制站硬件主要由机柜、机架、I/O 总线、供电单元、基座和各类功能模块（包括控制器模块、通信模块和各种信号输入／输出模块等）组成。

控制器是控制站软硬件的核心，协调控制站内软硬件关系，完成各项控制任务。控制器可以自动完成数据采集、信息处理、控制运算等各项功能，通过过程控制网络与数据服务器、操作员站、工程师站相连，接收上层的管理信息，并向上传递工艺装置的特性数据和采集到的实时数据；向下通过 I/O 总线与 I/O 模块直接相连，实现与 I/O 模块的信息交换，完成现场信号的输入采样和输出控制。

3.1.2　操作站

操作员站控制系统的实时监控软件，支持高分辨率显示，支持一机多屏，提供控制分组、操作面板、诊断信息、趋势、报警信息以及系统状态信息等的监控界面。通过操作员站，可以获取工艺过程信息和事件报警，对现场设备进行实时控制。操作员站直接从控制站获得实时数据，并向控制站发送操作命令。

工程师站安装相应的组态平台和系统维护工具。通过系统组态平台可构建适合于生产工艺要求的应用系统，而使用系统的维护工具软件可实现过程控制网络调试、故障诊断、信号调校等。工程师站可创建、编辑和下载控制所需的各种软硬件组态信息。工程师站同时具备操作员站的监控功能。

3.1.3 系统组态软件

系统组态软件通常包括系统结构组态软件、组态管理软件、硬件组态软件、位号组态软件、控制方案组态软件、监控组态软件。

1）系统结构组态软件：用于完成整个控制系统结构框架的搭建，包括控制域、操作域的划分及功能分配，以及各工程师组态权限分配等；

2）组态管理软件：作为组态的平台软件关联和管理硬件组态软件、位号组态软件、控制方案组态软件和监控组态软件，维护组态数据库，支持用户程序调度设置、在线联机调试、组态上载以及单点组态下载等功能；

3）硬件组态软件：控制站内硬件组态软件，支持控制站硬件参数设置、硬件组态扫描上载以及硬件调试等功能；

4）位号组态软件：控制站内位号组态软件，支持位号参数设置、EXCEL 导入导出、位号自动生成、位号参数检查以及位号调试等功能；

5）控制方案组态软件：用于完成控制系统控制方案的组态，提供功能块图、梯形图、ST 语言等编程语言，提供丰富的功能块库，支持用户程序在线调试、位号智能输入、执行顺序调整以及图形缩放等功能；

6）监控组态软件：用于完成控制系统监控管理的组态，包括操作域组态和操作小组组态。操作域组态主要包括操作域内的操作员权限分配、域变量组态以及整个操作域的报警颜色设置、历史趋势位号组态、自定义报警分组等；操作小组组态指对各操作小组的监控界面进行组态，主要包括总貌画面、一览画面、分组画面、趋势画面、流程图、报表、调度、自定义键、可报警分区组态等。每个操作员可以关联 1 个或多个操作小组。

3.2 系统技术指标

3.2.1 系统环境指标

DCS 系统环境指标见表 1。

表 1 系统环境指标

项目	分项	指标	备注
工作环境	工作温度	-20～70℃	
	温度变化率	＜10℃ /h	
	存放温度	-40～85℃	
	工作湿度	10%～90% RH，无凝露	
	湿度变化率	＜6% /h	
	存放湿度	5%～95% RH，无凝露	
	大气压力	62～108kPa	
电源性能	控制站供电	220V AC±10%，50Hz±5%	冗余供电
	操作节点供电	220V AC±10%，50Hz±5%	冗余供电
	波型失真率	＜5%	
抗干扰性能	电磁兼容性	工业Ⅲ级	

粉尘：工作环境不含有易燃、易爆、有毒、水雾的介质，工作环境的含尘量应满足：≤0.3mg/m^3。

腐蚀气体等级：DCS具有一定的防环境腐蚀的能力，符合ANSI/ISA S71.04标准定义的环境污染等级G3标准。

3.2.2 接地要求

控制系统的接地有保护地（PE）和工作地（E）两种，工作地又包括信号地、本安地和屏蔽地等。采用分类汇总的方法连至接地系统。

3.2.2.1 接地方式

1）当企业已把建筑物（或装置）的金属结构、基础钢筋、金属设备、管道、进线配电箱的PE（保护接地线）母排、接闪器引下线等形成等电位连接时，控制系统的各类接地应分类汇总并单点连接到接地网，实现等电位连接。但在接地网上的接入点应和防雷地、高电压或强电流设备的接地点保持不小于5m的距离。

2）当企业尚未形成等电位连接，控制系统可以采用单独接地，但其接地体与电气专业接地体须相距5m以上，和单独的防雷接地体须相距20m以上。在采用单独接地时，仍须采用分类汇总单点接地的连接方式。

3.2.2.2 连接电阻和接地电阻

1）从控制系统的接地端子到总接地板之间导体及连接点电阻的总和称为连接电阻。控制系统的接地连接电阻不应大于1Ω。

2）接地体对地电阻和总接地板、接地总干线及接地总干线两端的连接点电阻之和称为接地电阻。控制系统的接地电阻不应大于4Ω。

3.2.2.3 绝缘电阻

在温度为32～38℃、相对湿度为90%～95%的环境条件下，每一个对地绝缘的输入和输出电路的绝缘电阻不小于20MΩ。

4 维护与故障处理

以ECS-700系统为例，说明DCS维护、检测和故障处理应遵守的操作规程。

4.1 日常维护

4.1.1 系统维护人员职责

DCS应配备专业维护人员并承担以下职责：

1）负责DCS的软、硬件维护工作，确保DCS可靠运行，保障生产过程的安全、稳定；

2）制定DCS的维护及管理规定；

3）负责DCS的日常/定期的巡检和维护工作；

4）负责DCS的问题反馈、检修方案制定和点检申报；

5）负责 DCS 的启动和停止工作；

6）负责 DCS 用户角色调整、密码更新、权限增减；

7）指导操作人员进行系统操作，解决操作人员操作中的问题；

8）根据工艺生产要求，健全完善 DCS 的控制及管理功能；

9）负责系统运行参数修改、信息备份工作，避免出现任何数据损坏或丢失事件；

10）系统建设过程中，参与系统的组态、控制方案的实现，以及系统的安装调试工作；

11）系统运行过程中，沟通 DCS 厂商，及时更新 DCS 相关知识，协调处理维护时遇到的疑难问题。

4.1.2 系统运行环境维护管理

1）应制定 DCS 机柜室、操作室管理规程。机柜室、操作室应保持良好的卫生环境。应制定进出人员管理、操作员操作管理、维护人员维护管理的详细规程。

2）机柜间 / 控制室温（湿）度宜保持为：冬季 20℃±2℃，夏季 26℃ ±2℃，温度变化率小于 5℃ /h，相对湿度宜保持在 40%～ 60% RH，湿度变化率小于 6% /h。

3）机柜间 / 控制室除维持适当的温度和湿度外，还应做好防水、防尘、防腐蚀、防干扰、防鼠防虫、避免机械振动等工作。

4）应避免在机柜间/控制室内使用无线电或移动通信设备，避免系统受电磁干扰。

5）机柜间 / 控制室应满足国家环境 VOC 要求。

6）应保障控制系统设备维护通道 / 空间的畅通。

4.1.3 维护注意事项

1）清洁时宜用防静电毛刷，不可使用酒精等有机溶液或清洁剂清洗板卡。

2）维护时应避免拉动或碰伤供电、接地、通信及 I/O 信号线缆。

3）应锁好系统柜、仪表柜及操作台等柜门，避免非系统维护人员打开。

4）维护过程中产生的电子废弃物处理方式如下：

a）废弃产品时，作为工业废品来处理。

b）若产品中含有电池，按照各地区规范对电池进行单独处理。

c）应采用环保的方式或由有资质的回收厂家处理用过的电子电器产品，包括再次使用零部件或整个产品，以及回收利用产品、组件等。

4.1.4 计算机（操作站、工程师站、服务器站）维护管理

1）操作人员应文明操作，爱护设备，应保持设备的清洁和防水防尘。

2）计算机应远离热源，保证通风口不被他物遮挡。

3）应避免电磁场对计算机的干扰，避免移动运行中的计算机、显示器等，避免拉动或碰伤连接好的各类电缆。

4）若硬盘、主板、内存条、显卡、声卡等硬件故障，更换硬件时应首先关断主机

电源；严禁带电搬运主机设备和拆装计算机硬件。

5）严禁使用非正版的操作系统软件和其他盗版软件；未经许可和评估禁止安装防火墙和杀毒软件；严禁强制性关闭计算机电源。

6）操作员站、工程师站、服务器等计算机设备如果需重新安装软件，必须按照规程要求开展。注意重装前需完成对重要数据、文件的备份。

7）禁止操作人员退出实时监控；禁止在实时监控操作平台进行不必要的多任务操作和运行非必要的软件。

8）禁止操作人员增加、删除、修改或移动计算机内任何文件或系统配置；未经许可和评估禁止操作人员使用外来存储设备或光盘。

9）注意计算机的防病毒工作，做到：不使用未经有效杀毒的可移动存储设备（如移动硬盘、U 盘等）；不在控制系统网络上连接其他未经有效杀毒的计算机；不将控制网络联入其他未经有效技术防范处理的网络等；不使用、不安装非控制系统允许的软件。

10）系统维护人员对系统参数作出修改后，应及时做好记录工作。

11）由于组态服务器故障可能引起组态、控制参数等工程文件数据丢失，应在系统维护专用的外部存储设备上做好这些工程文件数据的备份。

12）正常运行时，应关闭计算机站（操作站、工程师站、服务器站）柜门。

4.1.5 控制站维护管理

1）严禁擅自改造、拆装控制站内任何部件。

2）按技术文档的要求对需更换的模块、基座、端子板实施插拔、拆装操作，避免损坏模块外壳、基座或端子板的卡簧。

3）正常运行时，关闭控制柜、辅助柜的柜门。

4.1.6 日常巡检

应每日巡检系统，实时掌握系统的运行情况。巡检内容包括：

1）向操作人员了解 DCS 运行情况，及时解决操作人员的疑难问题。

2）查看系统状态诊断画面，检查是否有软硬件故障及通信故障等提示，查阅 DCS 故障诊断记录。

3）检查操作室与机柜室的环境及空调设备的运行情况。安装温湿度计，检查控制室温湿度。

4）打开系统柜、仪表柜、操作台等柜门检查系统硬件指示灯及通信指示灯有无异常。

5）检查有无小动物 / 生物入侵等活动痕迹。

6）检查控制室是否密闭、是否有漏水、渗水、门窗未密闭、凝露、腐蚀性气体或液体进入等。

7）做好每日的巡检维护记录。

8）若有组态修改或控制参数调整时，应在改动前后分别进行数据备份，并将备份数据妥善保管。

4.1.7 定期巡检

DCS 投运正常后，应每季度进行一次定期巡检，并做好定期巡检记录，以确保整个系统能够长期正常工作。定期巡检可使用专门的“DCS 定期巡检记录表”，作为 DCS 的维护与使用的主要记录。巡检人员应拥有 DCS 厂家颁发的系统高级培训证书，具备 DCS 维护资质。

4.1.7.1 控制室环境检查

1）检查照明情况、抗干扰情况、振动情况、温度与湿度情况、空调设备的运行情况，应特别注意检查控制机柜内部各类模块、板卡等电子设备及各类线缆上有无出现水珠或者凝露。

2）检查有无腐蚀性气体或液体腐蚀设备，系统部件的腐蚀程度。

3）检查系统部件的粉尘情况，有无明显粉尘堆积现象。

4.1.7.2 控制站（CS）巡检

1）检查系统电源、卡件模块、交换机、外配电源等部件的故障报警指示灯是否正常。

2）打开系统柜、仪表柜、操作台等检查系统有无硬件故障（FAIL 灯亮）及其他异常情况。

3）检查各机柜电源是否工作正常，电源指示灯是否正常。检查系统双路供电是否正常。

4）检查机柜风扇是否工作正常。

5）检查控制器负荷。

6）检查系统接地（包括操作站、控制站等）、防雷接地装置是否符合标准要求。

7）检查机柜柜门是否能正常关闭和开启。

8）检查信号备用通道余量。

9）检查和维护控制器掉电保护电池：当电池接近其寿命期限时需及时更换，支持在线更换。控制器具备对掉电保护电池的实时监测功能（低于 2.8V 报警），一旦出现控制站电池电压低的系统报警，应立即更换电池。

4.1.7.3 操作站（OS）巡检

1）检查前应及时备份或清理历史趋势和报表等运行历史文件。

2）检查计算机、显示器、鼠标、键盘等硬件是否完好。

3）检查系统实时监控工作是否正常，包括数据刷新、各功能画面的操作是否正常。

4）检查故障诊断（或状态诊断）画面，查看是否有故障提示。

5）检查服务器、操作站硬盘剩余空间是否充足，清理计算机中的无效资源。

6）检查操作站系统和软件运行是否稳定，历史趋势、报警、操作记录是否可以查询。

7）检查计算机时钟是否准确，时钟同步是否正常。

8）检查异构通信数据是否正常。

9）检查软件狗运行是否正常。

10）备份组态、控制参数等数据。并将数据备份一份到专用存储介质保存。

4.1.7.4 DCS 网络检查

1）检查各操作站网卡指示灯状态是否正常。

2）检查所有控制器、交换机 / 集线器、通信模块的通信指示灯是否正常。

3）检查各通信接头连接是否可靠正常。

4）检查监控软件的“故障诊断（或状态诊断）”画面中是否有提示通信故障，“诊断信息”中是否有通信故障的记录。

5）检查各个网段和站点是否都能 ping 通。

6）检查系统控制网网络流量（通信负荷），应低于 10%带宽。

7）DCS 网络的检查可使用“故障诊断”软件。

4.1.7.5 外配设备巡检

1）向操作人员了解 DCS 运行及工艺生产情况，为控制方案优化提供依据。

2）检查设备、空开、线缆标识情况是否清楚。

3）检查外配电源、安全栅、浪涌保护器等外配设备是否正常工作。

4）检查 DCS 系统备件余量，确保应急备件的日常储备。

5）检查 UPS 工作指示是否正常。

4.1.8 网络安全及信息安全常规维护

DCS 投运正常后，宜每季度进行一次网络安全及信息安全的常规维护，并做好记录。对工控网络安全的常规维护工作应包括：基础设施维护、网络安全设备维护、操作系统维护、应用系统维护、用户权限管理、信息备份管理、机房及制度管理。

4.1.8.1 基础设施维护

1）检查控制系统控制器、通信模块、交换机、网络拓扑等确保网络通信传输畅通；

2）检查网络布线、接口的情况，确保网线的可靠连接；

3）检查主干设备的配置情况及配置参数变更情况，记录各个设备的配置文档；

4）对运行关键业务网络的主干设备（控制器、防火墙、上位机等）进行备份；

5）检查控制网络中资产的变化，掌控用户端设备接入控制网络的情况，做好文档记录；

6）采取技术措施，对网络内经常出现的用户需求变更位置和部门的情况进行管理；

7）检查外部网络的连接配置，监督网络通信状况，发现问题后和有关部门及时联系。

4.1.8.2 网络安全设备维护

1）检查上位机防护软件的配置，对其日志记录进行筛查，检查是否有异常记录；

2）检查防火墙、隔离网关等运行状态，并对其策略配置进行检查，若修改，则备份并记录；

3）检查入侵检测、网络审计类产品的运行情况，掌握网络中流量是否存在异常。

4.1.8.3 操作系统维护

1）利用操作系统提供的各种管理工具软件监督系统的运转情况，包括端口、进程、应用历史记录、服务、CPU利用率、内存占用等，及时发现故障征兆并进行处理；

2）检查主机网卡配置情况，网络间的Ping测试，确保上位机冗余网络的正常通信；

4.1.8.4 应用系统维护

1）检查各种网络应用服务运行的不间断性和工作性能的良好性；

2）对关键型网络应用系统如组态软件、监控软件、数据库等应用进行例行检查，包括控制系统网络诊断；

3）检查用户访问频率高、系统负荷重的网络应用服务，确保无风险存在；

4）检查主机防病毒应用的运行情况，若安装了杀毒应用，定期完成控制系统供应方提供的病毒特征库。

4.1.8.5 用户权限管理

1）检查计算机的用户设置、权限及账号密码，做好相关记录；

2）检查应用控制系统组态监控等的用户权限，进行最小权限评估，做好相关记录；

3）检查防火墙、主机防护软件等网安产品访问和修改权限，做好相关记录。

4.1.8.6 信息存储备份管理

1）对于实时工作级别需要不高的系统和数据，进行手工操作备份；

2）对于关键业务服务系统和实时性需要高的数据和信息，建立存储备份系统，进行集中式的自动化备份管理，并检查备份的情况；

3）将网络审计类的日志备份和数据备份统一保存在安全地点存档。

4.1.8.7 机房及制度管理

1）掌控机房数据通信电缆布线情况，在增减设备时确保布线合理，管理维护方便；

2）掌管机房设备供电线路安排，在增减设备时注意负载的合理配置；

3）管理网络机房的温度、湿度和通风状况，提供适合的工作环境；

4）确保网络机房内各种设备的正常运转；

5）确保网络机房符合防火安全需要，火警监测系统工作正常，灭火措施有效；

6）检查应急运行机制的情况，确保在外部供电意外中断和恢复时，实现在无人值守情况下确保网络设备安全运行；

7）保持机房整洁有序，按时记录网络机房运行日志，根据现场具体情况定期维护网络机房管理制度并监督执行。

8）定期开展网络安全应急预案的演练。

4.1.9 日常清扫与整理工作

1）每天一次清洁室内卫生。

2）每月清洁一次操作台、显示器、打印机、操作站过滤网、键盘、鼠标等。

3）每月一次清除控制室／机房、机柜间、CCR、操作站外表、内部积累的灰尘，以保持干净、整洁。但当DCS系统在线运行时，不得插拔系统部件或线缆除尘，以免影响DCS系统的正常运行。可采用防静电毛刷或干燥的毛巾进行系统外围的除尘，不得采用可能影响系统部件正常运行的设备或方式除尘。系统除尘前需释放人体静电。

4）每月一次清理散热风扇的滤网。整理放置不规范的信号、通信线缆。整理系统线缆、空开和操作站的标识。

5）每6个月对主机机箱内部进行一次灰尘吹扫、清洁。

6）当操作站运行6个月后，应检查操作站磁盘空间余量。必要时，用操作系统提供的磁盘整理程序整理硬盘 C：\ 和D：\，磁盘整理程序的启动路径为：开始 / 程序 / 附件 / 系统工具 / 磁盘碎片整理程序。

7）每月一次整理、更新、保存DCS系统资料（组态、图纸、档案、变更记录、重要历史数据、控制参数等）和系统维护记录。

4.2 在线检测和维护

在装置生产开车状态下或现场需要进行DCS操作情况下对系统进行维护均属于在线维护范畴。在线维护包括：在线组态修改、下载，在线更换DCS部件，在线故障排查处理，在线参数调整，系统在线配置变更等。在线维护应确认维护条件是否具备，进行风险识别和分析，确认影响范围和方案，按规定开具作业票。

4.2.1 备份管理

应在维护操作前对系统当前组态运行数据在本计算机硬盘上进行备份，同时要求在U 盘、光盘或其他计算机上进行备份，备份前需做好更新记录或更新说明。

1）应对控制参数（报警限值、PID 参数、调节器正反作用等）、控制变量、工艺参数等数据进行上载备份。

2）应对组态文件及资源文件（资源文件包括在安装目录\Media路径下的用户定义报警声音文件、位于自定义目录下流程图位图文件等）进行备份。

3）系统组态文件存放于组态服务器计算机的D:\SUPCON_PROJECT（组态服务器文件夹）；组态备份宜存放于E:\组态备份。修改组态后请及时备份到E:\组态备份路径下，或可移动备份设备上。

4）应使用“系统结构组态软件”进行组态备份，不可手动拷贝组态服务器文件夹或组态服务器文件夹内的组态文件。

5）在用系统结构组态软件组态备份前，应确保在组态管理软件中已经将所有控制域、操作域组态保存到组态服务器且未锁定。

6）如有异构系统的通信，应对通信协议、通信方案、通信地址等数据及有关文件进行备份及存档。

7）应对接线图纸、安装图纸等设计资料及交工资料等工程资料进行存档保管。

8）计算机需要安装的各种软件应在本地计算机的硬盘上进行备份，如操作系统软件、DCS 系统软件、驱动软件等，做好版本标识并编写安装说明。

9）应了解系统的记录周期，并根据工艺生产的要求对操作记录、报警记录、历史趋势等生产运行记录进行定期备份，刻制光盘后做好标识并交有关人员保管。

10）应做好备品备件的保管工作，需要保证系统软件、硬件备品备件的及时性、有效性（保证在实际运用时能及时到位，并且性能良好）。

11）控制及报警参数设置完成后，或者正常投运后，或者大修停车前，应对各个控制站进行参数上载和保存操作，可选择备份上载参数保存到文件，或者更新组态以直接保存到组态文件中。

12）更换组态服务器后若使用非最新组态进行“组态还原”，将造成控制器离线下载，需谨慎操作。

13）若需离线下载，需现场装置全部停车且处于安全状态的前提下方可进行；投运或部分投运期间禁止对控制器进行离线下载，禁止进行全域全体发布。

4.2.2 常见故障与处理

DCS 系统常见故障与处理方法见表 2。

表 2 DCS 系统常见故障与处理方法

故障现象	故障原因	处理方法
控制器重新上电后组态丢失	1）控制器电池未启用； 2）控制器电池失效	1）检查掉电保护电池是否启用； 2）测量电池电压，若电压接近 2.5V 则需更换新的电池
下载时提示冗余控制器版本不一致	冗余控制器版本不一致	查看系统诊断软件回读的两个控制器各自的固件版本，若确实版本不同，可升级固件或更换控制器
控制器超负荷报警	1）程序相位负荷不平衡； 2）超规格应用； 3）用户程序存在计算溢出或死循环	1）通过在用户程序属性窗口改变用户程序的执行相位，使得各个相位的实时负荷趋于相近； 2）控制站的 I/O 数量和控制程序超规模，调整位号数量或增大运行周期； 3）检查被屏蔽的用户程序以及此用户程序中包含的用户功能块
诊断报警两个 I/O 模块地址冲突	模块或基座安装不到位，接触不好	模块地址冲突仅发生在模块刚上电期间，通常地址冲突的模块在同一个机架内或相邻的机架中，是由于安装不到位或接触不好导致地址检测错误
AO 模块频繁冗余切换	回路线路接触不良，负载阻抗过大	检查回路线路有无腐蚀或接触不良的情况，导致接触电阻增加；查看现场仪表的参数，特征阻抗是否和 AO 模块匹配（≤750Ω）
AI 模块频繁报警通道故障	信号突变被识别为采样无效	排查回路中是否存在瞬间的严重干扰；若信号本就具备突变的特性，也可考虑在硬件配置－模块通道设置中关闭有效性检测的功能

表 2　故障排查与分析案例（续）

故障现象	故障原因	处理方法
操作站计算机 CPU 占用率高	1）计算机硬盘问题； 2）未开启多核多线程； 3）感染病毒	1）借助硬盘检测工具，将故障计算机和正常计算机的硬盘读写速度等性能作对比分析，如有读写速度有较大差异，说明硬盘性能有问题； 2）进入计算机任务管理器或设备管理器或 BIOS 中开启多核； 3）脱网杀毒后重新安装 VF 软件
无法删除功能块位号	1）此功能块位号被引用； 2）引用记录未更新	1）删除引用关系后再执行剪切删除操作； 2）进行位号搜索，若实际并无被引用，则打开 FBD 程序页，点击保存，关闭后再打开，再执行剪切删除操作
打不开流程图组态软件	安装了不兼容的防病毒软件	卸载防病毒软件后重新安装 VF 软件
流程图上动态数据显示不完整	预设显示位数不够	动态数据可显示的位数，在自动缩放模式时受预设的显示位数限制，在非自动缩放模式时受其拉伸宽度的影响，须检查和调整
总是提示“报表未编译”	缺少授权	报表组态的编译功能需要授权的支持，请安装或更换带报表授权（VF013）的软件狗后再进行报表的组态和编译
无法对控制站执行下载	冗余槽位控制器版本不一致	在系统诊断界面中查看控制器版本是否一致
组态被锁定，无法备份	有资源文件被锁定	检查是否有资源文件被锁定，如流程图、流程图背景模板、调度、点组文件，在锁定的站将资源文件保存到组态服务器
操作站监控界面报警“ENTRY.DAT 故障，请删除”	ENTRY.DAT 文件被异常损坏	ENTRY.DAT 是用户权限配置文件，在 ECSRUN…\HMI\OA*\Security 路径下，删除此文件，点击桌面右下角的“组态下载”更新一下组态，再启动监控即可恢复正常
监控画面上动态数据显示	1）与控制器通信中断； 2）数据包被卡巴斯基网卡驱动过滤； 3）操作系统启用了防火墙； 4）监控软件开了内部仿真	1）在操作站上使用 PING 命令检查与控制器的通信连接； 2）查看网卡属性，如果有卡巴斯基数据过滤，则去掉过滤； 3）查看操作系统防火墙设置，是否未按装机规范的要求关闭系统的防火墙，参照装机规范核对系统相关设置项； 4）打开系统全局工程查看”仿真运行监控软件”选项是否勾着

4.2.3 在线诊断（系统状态诊断）

通过系统状态诊断软件监测系统实时状态，监测内容包括系统网络及节点故障，见图3。

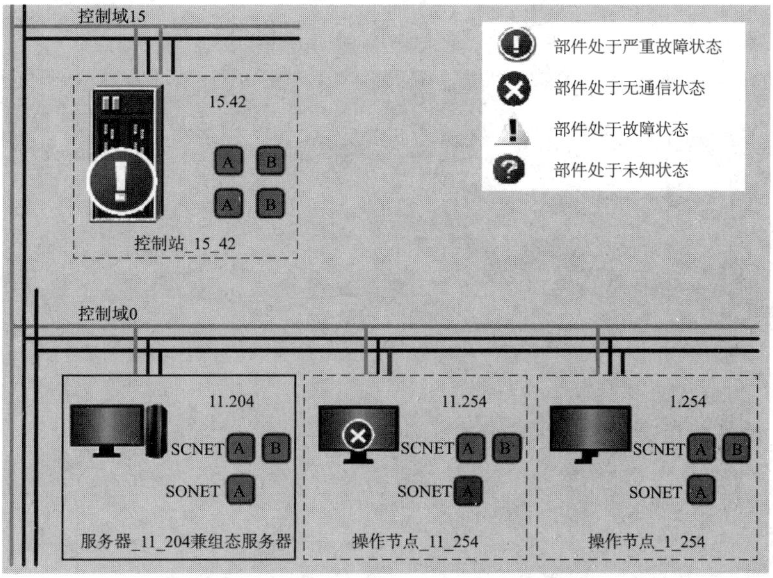

图 3　系统网络及节点故障监测

1）检测控制器故障。检测内容包括：运行状态、I/O 位号状态、统计信息、详细组态状态等，见图 4。

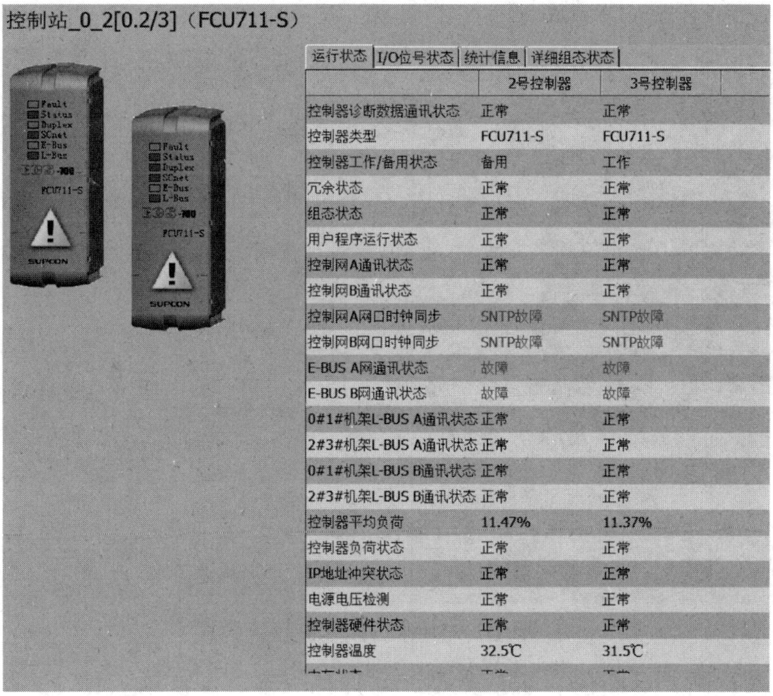

	2号控制器	3号控制器
控制器诊断数据通讯状态	正常	正常
控制器类型	FCU711-S	FCU711-S
控制器工作/备用状态	备用	工作
冗余状态	正常	正常
组态状态	正常	正常
用户程序运行状态	正常	正常
控制网A通讯状态	正常	正常
控制网B通讯状态	正常	正常
控制网A网口时钟同步	SNTP故障	SNTP故障
控制网B网口时钟同步	SNTP故障	SNTP故障
E-BUS A网通讯状态	故障	故障
E-BUS B网通讯状态	故障	故障
0#1#机架L-BUS A通讯状态	正常	正常
2#3#机架L-BUS A通讯状态	正常	正常
0#1#机架L-BUS B通讯状态	正常	正常
2#3#机架L-BUS B通讯状态	正常	正常
控制器平均负荷	11.47%	11.37%
控制器负荷状态	正常	正常
IP地址冲突状态	正常	正常
电源电压检测	正常	正常
控制器硬件状态	正常	正常
控制器温度	32.5℃	31.5℃

图 4　检测控制器状态

2）检测通信模块状态。检测内容包括：设备类型、工作状态、24Va 状态、24Vb 状态、0#1# 机架 L-BUS A 通信状态、2#3# 机架 L-BUS A 通信状态、0#1# 机架 L-BUS B 通信状态、2#3# 机架 L-BUS B 通信状态、E-BUSA 通信状态、E-BUS B 通信状态、冗余状态、地址冲突、请求通信、组态状态、启动状态，见图 5。

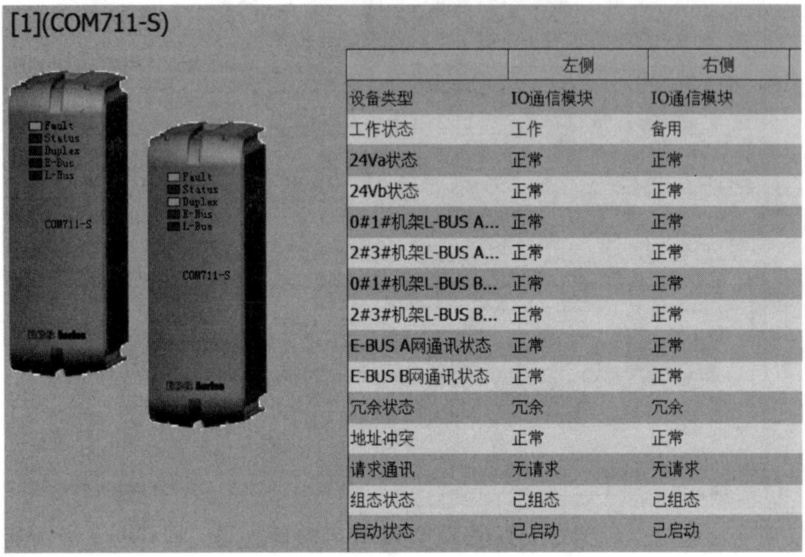

图 5 检测通信模块状态

3）检测 I/O 模块状态。检测内容包括：模块故障等级、模块连接状态、模块地址冲突、模块通道状态等，见图 6。

图 6 检测 I/O 模块状态

4）操作站诊断。诊断内容包括类型、软件包版本、操作域名称、主机名、操作小组名称、用户名、当前组态 ID、操作系统、组态磁盘剩余空间（M）、CPU 使用率、全部物理内存（M）、使用物理内存（M）、上下位机时间同步、与组态服务器组态一致性、与下位机组态一致性、操作域主服务器 IP、操作域从服务器 IP、时钟同步服务器有效性、控制 A 网通信、控制 B 网通信、信息 A 网通信，见图 7。

服务器_13_196兼组态服务器

类型	服务器，组态服务器
软件包版本	VisualField V3.20.00.00
操作域名称	[OA0]操作域0
主机名	TESTVF1
操作小组名称	Team0001
用户名	Admin
当前组态ID	876D195898AD901F8561D922809E3A97
操作系统	Windows 7 SP1(32-bit)
组态磁盘剩余空间(M)	204090M
CPU使用率	10%
全部物理内存(M)	1955M
使用物理内存(M)	1087M
上下位机时间同步	同步
与组态服务器组态一致性	一致
与下位机组态一致性	与主控制器0.2不一致
操作域主服务器IP	172.30.13.196
操作域从服务器IP	未组态
时钟同步服务器有效性	正常
控制A网通讯	正常
控制B网通讯	正常
信息A网通讯	正常

图 7　检测操作站状态

详细操作说明参见厂商说明书。

4.2.4　控制站卡件更换

当 DCS 卡件（模块）出现故障时，如在系统中有卡件模块故障报警、卡件通道故障指示或因卡件故障原因显示数据不准时，为了让系统能够尽早地恢复正常工作，可用备用卡件进行更换，以实现原有功能。按如下步骤更换：

1）分析更换该卡件的影响范围，是否涉及联锁等。确认现场是否具备更换条件，并按规定办理作业票；

2）将需要更换卡件涉及的各个信号点通知工艺操作人员，如带有控制，应将控制临时打为手动，如更换的为输出卡需要将阀打到就地操作；

3）准备工具：能够正常工作的型号一致的卡件、螺丝刀等；

4）更换人员触摸防静电桩，释放身体上的静电；

5）更换人员打开机柜，戴、接好防静电腕带；

6）用螺丝刀拆下故障的卡件。然后在对应位置上更换上新卡件；

7）关上机柜门，到系统画面检查确认卡件是否工作正常。如卡件工作正常，通知工艺操作人员将原卡件的几个点恢复正常控制使用，并关闭作业票。

4.2.5 组态修改与下载

组态修改与下载操作通过组态管理软件完成。操作应满足以下要求。

4.2.5.1 组态修改基本原则

1）组态文件修改之前必须对当前组态文件进行备份，以备紧急恢复使用。

2）组态文件的修改必须在工程师站进行。

3）从组态服务器打开（检出）并锁定后方可进行组态修改，组态修改完成后应将所有已打开的控制站、操作域保存到组态服务器（检入），且保证所有控制站、操作域，及流程图等资源文件不再处于锁定状态。

4）宜采用导入/导出操作进行组态文件的转移，禁止手动复制、剪切组态文件。

4.2.5.2 生产过程中的组态修改

1）对下位机（控制站）的组态变更需要通过下载后方才有效，对上位机（监控界面）的组态变更需要通过组态发布后方才有效。

2）仅对操作小组内部的组态进行修改，如增加或修改总貌（或流程图、报表、趋势页、控制分组、数据一览、用户权限、域变量、语音报警、操作小组、自定义键）等操作，在完成上述操作后，一般只需要进行增量发布即可。

3）若增删或者修改操作小组，或更改系统结构组态，或更改域组态，如增加或修改趋势服务器设置（或报警颜色、域变量、监控用户授权、面板权限）等，则需要进行全体发布。初次发布亦需全体发布。

4）系统组态管理软件会自动提示选择进行增量发布还是全体发布；若需要全体发布，应该对各个操作站依次进行，禁止使用全域全体发布。

5）修改硬件配置、位号表、或用户程序等控制站组态，则需要进行在线下载操作，下载完后亦还需及时进行发布组态操作，以保证各操作站、工程师站的组态更新一致。

6）组态文件修改下载前及下载后，均应对修改的内容进行相应的验证，确保其正确性。

7）组态下载和发布完成后，应及时为新修改增加的方案设定控制参数初值，并联系工艺操作人员对新修改增加的方案进行测试。

8）对某控制站增加或减少机架，必须在工艺装置处于停车状态下进行。

9）除初次上电，或控制器断电且掉电保护电池失效时需进行离线下载之外，正常组态修改均应采用在线下载，生产过程中严禁进行离线下载。

4.2.5.3 非生产状态下的更改与下载

1）如组态更改较多，不符合在线下载的规定时，可以在工艺停车时修改下载。

2）下载后必须立即对程序进行调试，检查确认各程序、参数是否正常，检查确认无误后方可再次开车。

3）非生产过程中的组态更改亦是采用在线下载方式，不可进行离线下载操作（离线下载会导致系统进行初始化复位）。

4.2.6 系统软件升级

4.2.6.1 系统软件包升级步骤

系统软件包升级步骤见表3。

表3 系统软件包升级步骤

步骤	备注
1）向用户负责人说明升级影响，获得升级许可	影响包括但不限于：升级过程及域服务器关闭期间查不到历史趋势与历史报警
2）上载位号参数和功能块参数，保存回组态	
3）将所有组态保存到组态服务器，确保没有任何组态（控制站、操作域和资源文件）处于锁定状态，确保没有下载与发布内容，并在组态服务器上进行组态备份	注意资源文件被锁定时操作域节点上不会出现锁定标记，此时也应该对操作域节点进行“保存到组态服务器”操作
4）记录软件未升级前系统状态	记录内容应包括：升级前系统报警、过程报警、状态表、故障诊断、报警条数及主控版本等
5）关闭主工程师站、扩展工程师站、域服务器和部分操作员站的监控软件（建议关闭约一半的操作站为宜，剩下的一半可以继续观察控制站数据），升级软件但不启动监控。确认各操作域是否存在域别名，若不存在需手动编辑，完成后需保存。升级顺序是主工程师站、扩展工程师站、操作站、域服务器	详见“单操作站软件升级步骤”
6）在主工程师站或扩展工程师站上升级组态	详见“组态升级步骤”
7）对各控制站进行 “在线下载”	在线下载时须通知现场工人到位进行安全防范工作
8）对软件已升级的各操作站和域服务器分别进行“全体发布”，禁止启动监控软件	禁止进行“全域全体发布”
9）退出尚未升级的各操作站的监控软件，确保现场没有老版本的监控软件运行，然后再启动已升级的各操作站的监控软件	禁止新老版本的监控软件同时在互通的网络环境内运行
10）对未升级软件的操作站升级软件，并全体发布，启动监控	详见“单操作站软件升级步骤”
11）启动各域服务器的监控软件	
12）备份升级之后的组态	
13）老版本历史报警数据导入（可选）	详见“老版本历史报警导入步骤”
14）老版本操作日志数据导入（可选）	详见“操作日志升级方案”

4.2.6.2　单操作站软件升级步骤

1）关闭监控软件。

2）记录“系统全局选项”中各页配置设置。

3）卸载并重启计算机。

4）用资源管理器打开原安装目录，保留 UserSettings 目录，删除其他内容。

5）把新版软件的光盘放入光驱，安装软件，完成后重启计算机。

6）进入“系统全局选项”中将各页配置设置成与原来的配置一致。

4.2.6.3　组态升级步骤

1）打开系统结构组态软件，进行保存以升级配置文件。检查“全局默认配置”中时钟同步服务器是否与现场原来的配置一致，如不一致则进行调整并保存。确认所有操作域存在且有唯一的域别名。进行修复全局位号表操作。关闭系统结构组态软件。

2）打开组态管理软件，升级每个控制站的组态（参见“单控制站组态升级步骤”）。

3）打开组态管理软件，升级每个操作域的组态（参见“单操作域组态升级步骤”）。

4.2.6.4　单控制站组态升级步骤

1）在组态管理软件中，右键点击单个控制站，点击菜单项“从组态服务器打开”。

2）再次右键点击该控制站，点击菜单项“编译”，系统会自动弹出是否更新的提示，点“是”进行组态更新。

3）自动更新完成后，系统会提示是否继续编译，点“是”继续编译（若出现用户功能块编译错误，处理方法参考“用户功能块编译错误处理步骤”；若出现用户程序编译错误，处理方法参考“用户程序编译错误处理步骤”）。

4）打开每幅程序后保存。

5）把控制站组态保存回组态服务器。

4.2.6.5　单操作域组态升级步骤

1）打开组态管理软件，右击单个操作域节点，点击“从组态服务器打开”菜单项。

2）打开历史趋势组态软件，再保存（注意此操作需要全体发布）。

3）把操作域组态保存回组态服务器。

4.2.6.6　用户功能块编译错误处理步骤

1）打开出现错误的用户功能块。

2）在 VFSTModule 软件的参数类型窗口中双击各引用变量，弹出“编辑变量引用”对话框，在对话框中点击“确定”。

3）保存用户功能块。

4）重新编译控制站组态。

4.2.6.7　用户程序编译错误处理步骤

1）打开出现错误的用户程序。

2）在 VFFBDBuilder 软件中编译，逐个双击输出框中的错误提示进行定位，重新分配出错小块、别名功能块等。

3）保存用户程序。

4）重新编译控制站组态。

4.2.6.8　老版本历史报警导入步骤

1）打开历史报警离线查看软件，点击菜单栏“数据库管理”/“老版历史报警导入”。

2）在弹出的历史报警导入对话框中，点击“目录选择”，选择需要导入的历史报警数据所在的文件夹，一般是 ECSRUN 目录下工程目录的..\HMI\操作域\Run\Alm\SvrDBData 目录（每个操作域需要单独导入到对应的历史报警库中）。

3）点击开始进行历史报警导入。

4.2.6.9　升级注意事项

1）升级过程中，会出现操作站无法查询历史趋势、历史报警、操作记录不匹配等情况，升级完毕后，恢复正常。

2）升级后，操作域中的报警颜色需要重新配置。

3）升级后应检查原 OPC 站 DCOM 配置。

4.2.7　系统硬件升级

由于电子产品技术的不断进步和用户需求的变化，在系统使用过程中可能存在硬件升级需要。系统硬件升级包括了对系统硬件的功能性升级和性能性升级等，系统硬件升级步骤见表 4。

表 4　系统硬件升级步骤

步骤	备注
1）确定升级需求，获得升级许可	
2）制定硬件升级方案，获得批准	需注意升级条件，如在线或离线条件等。需由专业人员进行
3）开具硬件升级实施作业票，按规范要求实施升级	
4）硬件升级后的检查，包括新增功能或性能的使用检查等	
5）确认升级结果，关闭实施作业票	

4.2.8　操作站主机操作系统更新

DCS 系统的操作站大多数采用的是微软 WINDOWS 操作系统，计算机硬件也大多伴随操作系统的更新在不断更新。随着 WINDOWS 操作系统的不断更新换代，为保障维护和使用需求，DCS 的操作系统也需按厂家提供的规范安装要求同步进行更新。

4.3 DCS 系统风险识别与故障处理

4.3.1 DCS 系统风险分析

“典型”情况下 DCS 系统风险分析见表 5。

表 5 “典型”情况下的 DCS 系统风险分析

产品 / 功能		潜在失效影响		严酷度 *S*	发生度 *O*	已有的设计控制检测方法	可探测度 *D*	风险优先导数 *RPN*	推荐措施
子系统组件	元部件	失效模式	最终影响						
DCS 主控卡	电池	电池耗尽	主控卡失电后丢失组态	6	3	电池电压检测	2	36	定期巡检，定期更换
DCS 主控卡	主控卡	失电	失去全部控制功能并最终导致停车	10	1	诊断软件，LED 指示灯，全部失电时须人为观察	3	30	定期巡检、定期功能检测
DCS 主控卡	主控卡	通信故障	无法操作、监视并最终导致停车	10	1	诊断软件，LED 指示灯	2	20	定期巡检、定期功能检测
DCS 主控卡	主控卡	控制功能故障	无法操作、监视并最终导致停车	9	1	诊断软件，LED 指示灯	1	9	定期巡检、定期功能检测
DCS 主控卡	主控卡	硬件故障	失去全部控制功能并最终导致停车	10	1	诊断软件，LED 指示灯	1	10	定期巡检
DCS 主控卡	主控卡	组态 / 配置错误	失去控制功能并最终导致停车	7	3	诊断软件	3	63	定期巡检
DCS 主控卡	主控卡	冗余故障	失去控制功能并最终导致停车	7	1	诊断软件，LED 指示灯	2	14	定期巡检，定期功能检测
模块	I/O 模块	失电	部分控制功能丢失，部分数据无法监视	6	2	诊断软件，LED 指示灯	1	12	定期巡检，定期功能检测
模块	I/O 模块	硬件故障	部分控制功能丢失，部分数据无法监视	6	2	诊断软件，LED 指示灯	2	24	定期巡检，定期功能检测
模块	I/O 模块	通信故障	部分控制功能丢失，部分数据无法监视	6	2	诊断软件，LED 指示灯	2	24	定期巡检，定期功能检测
模块	I/O 模块	DB 电缆故障	部分控制功能丢失，部分数据无法监视	6	2	诊断软件，LED 指示灯	2	24	定期巡检，定期功能检测
模块	I/O 模块	冗余故障	部分控制功能丢失，部分数据无法监视	6	2	诊断软件，LED 指示灯	2	24	定期巡检，定期功能检测
模块	I/O 模块	组态错误	部分控制功能丢失，部分数据无法监视	6	3	诊断软件	3	54	定期巡检，定期功能检测

表5 “典型”情况下DCS系统风险分析（续）

产品／功能		潜在失效影响		严酷度 S	发生度 O	已有的设计控制检测方法	可探测度 D	风险优先导数 RPN	推荐措施
子系统组件	元部件	失效模式	最终影响						
模块	I/O模块	通道故障	部分控制功能丢失，部分数据无法监视	5	2	诊断软件	2	20	定期巡检，定期功能检测
模块	I/O模块	通道精度超出范围	部分控制功能不满足要求，部分数据显示不正常	5	2	专门诊断软件	5	50	定期功能检测
模块	通信模块	失电	部分控制功能不满足要求，部分数据显示不正常	5	2	诊断软件，LED指示灯	2	20	定期巡检，定期功能检测
模块	通信模块	硬件故障	部分控制功能不满足要求，部分数据显示不正常	5	2	诊断软件，LED指示灯	2	20	定期巡检，定期功能检测
模块	通信模块	组态错误	部分控制功能不满足要求，部分数据显示不正常	5	2	诊断软件，LED指示灯	3	30	定期巡检，定期功能检测
模块	通信模块	通信接口故障	部分控制功能不满足要求，部分数据显示不正常	5	2	诊断软件，LED指示灯	2	20	定期巡检，定期功能检测
模块	通信模块	通信介质（电缆）故障	部分控制功能不满足要求，部分数据显示不正常	5	2	诊断软件，LED指示灯	2	20	定期巡检，定期功能检测
模块	端子板	硬件故障	部分控制功能不满足要求，部分数据显示不正常	5	2	专用检测工具	3	30	定期巡检，定期功能检测
模块	端子板	继电器故障	部分控制功能不满足要求，部分数据显示不正常	5	3	指示灯	2	30	定期巡检，定期功能检测
模块	端子板	接线端子松动	部分控制功能不满足要求，部分数据显示不正常	5	3	指示灯	2	30	定期巡检，定期功能检测
外配	配电电源	硬件故障	大部分控制模块及控制功能故障并将导致停车	5	3	指示灯，万用表	2	30	定期巡检，定期功能检测
外配	配电电源	冗余模块故障	电源故障的情况下，将发生失电	5	3	指示灯，专用检测工具	2	30	定期巡检，定期功能检测
外配	配电电源	输出超出指标要求	不能满足控制系统工作指标，部分控制功能不满足要求，部分数据显示不正常	5	2	专用检测工具	3	30	定期巡检，定期功能检测
外配	以太网交换机	硬件故障	过程控制网故障，部分控制功能不满足要求，全部数据显示异常	5	2	诊断软件，LED指示灯	2	20	定期巡检，定期功能检测

表 5 “典型”情况下 DCS 系统风险分析（续）

产品／功能		潜在失效影响		严酷度 S	发生度 O	已有的设计控制检测方法	可探测度 D	风险优先导数 RPN	推荐措施
子系统组件	元部件	失效模式	最终影响						
外配	以太网交换机	端口故障	过程控制网故障，部分控制功能不满足要求，部分数据显示异常	5	2	诊断软件，LED 指示灯	2	20	定期巡检，定期功能检测
外配	五类双绞线	介质故障	过程控制网故障，部分控制功能不满足要求，部分数据显示异常	5	2	诊断软件，LED 指示灯，专用检测工具	3	30	定期巡检，定期功能检测
外配	LBUS 总线电缆	介质故障	过程控制网故障，部分控制功能不满足要求，部分数据显示异常	5	2	诊断软件，LED 指示灯，专用检测工具	3	30	定期巡检，定期功能检测
外配	机柜	散热风扇故障	不能满足控制系统工作指标，部分控制功能不满足要求，部分数据显示不正常	5	2	无	3	30	定期巡检，定期功能检测
外配	机柜	机柜门故障	不能满足控制系统工作指标，部分控制功能不满足要求，部分数据显示不正常	5	2	无	3	30	定期巡检，定期功能检测
外配	机柜	漏水	不能满足控制系统工作指标，部分控制功能不满足要求，部分数据显示不正常	5	2	无	3	30	定期巡检，定期功能检测
外配	机柜	鼠患	不能满足控制系统工作指标，部分控制功能不满足要求，部分数据显示不正常	5	2	无	3	30	定期巡检，定期功能检测
计算机	计算机	硬盘故障	计算机无法正常工作。数据记录与监视功能部分丢失	5	2	诊断软件	3	30	定期巡检，定期功能检测
计算机	计算机	CPU/内存／主板故障	计算机无法正常工作。数据记录与监视功能部分丢失	5	2	诊断软件	3	30	定期巡检，定期功能检测
计算机	计算机	网络故障	计算机无法正常工作。数据记录与监视功能部分丢失	5	2	诊断软件	3	30	定期巡检，定期功能检测

表 5 “典型”情况下 DCS 系统风险分析（续）

产品 / 功能		潜在失效影响		严酷度 S	发生度 O	已有的设计控制检测方法	可探测度 D	风险优先导数 RPN	推荐措施
子系统组件	元部件	失效模式	最终影响						
计算机	计算机	鼠标键盘故障	计算机无法正常工作。监视功能部分丢失	5	2	无	3	30	定期巡检，定期功能检测
计算机	计算机	显示器故障	计算机无法正常工作。监视功能部分丢失	5	2	无	3	30	定期巡检，定期功能检测
过程控制网	计算机	网络入侵	计算机无法正常工作。网络被劫持，最终导致控制系统失去全部控制功能	9	3	入侵检测系统，网络安全管理系统	3	81	定期巡检。配置专用网络安全设施
过程控制网	计算机	恶意代码	计算机无法正常工作。网络被劫持，最终导致控制系统失去全部控制功能	9	3	入侵检测系统，网络安全管理系统	3	81	定期巡检。配置专用网络安全设施
过程控制网	交换机	网络入侵	计算机无法正常工作。网络被劫持，最终导致控制系统失去全部控制功能	9	3	入侵检测系统，网络安全管理系统	3	81	定期巡检。配置专用网络安全设施
过程控制网	防火墙	网络入侵	计算机无法正常工作。网络被劫持，最终导致控制系统失去全部控制功能	9	3	入侵检测系统，网络安全管理系统	3	81	定期巡检。配置专用网络安全设施
过程控制网	计算机	信息泄露	工艺及生产信息泄露	5	2	入侵检测系统，网络安全管理系统	5	50	定期巡检。配置专用网络安全设施
过程控制网	主控卡	信息泄露	工艺及生产信息泄露	5	2	入侵检测系统，网络安全管理系统	5	50	定期巡检。配置专用网络安全设施
过程控制网	主控卡	网络入侵	网络被劫持，最终导致控制系统失去全部控制功能	5	2	入侵检测系统，网络安全管理系统	5	5	定期巡检。配置专用网络安全设施

注：1）严酷度 S：表示一种失效对系统或用户的影响严重程度有多大，评定准则参见表 4。

2）发生度 O：一种失效模式在预先确定或规定的时间段内发生的频度，评定准则参见表 5。

3）可探测度 D：即在系统或用户受影响前识别和消除失效的估计概率，值越高，可探测度越小。

4）风险优先数 RPN：用于确定减缓和消除失效模式的优先次序，值越大，优先级越高。$RPN=S\times O\times D$

4.3.2 风险识别与评估的一般要求

风险评估采用 *RPN* 分析方法，其相关的评估依据见表 6～表 8。

表 6 后果严酷度 *S* 评定准则

后果	判定准则：后果的严重度	严重度 *S*
无警告的严重危害	可能危害机器或装配操作者。潜在实现模式严重影响车辆安全运行和／或包含不符合政府法规项，严重程度很高。失效发生时无警告	10
有警告的严重危害	可能危害机器或装配操作者。潜在实现模式严重影响车辆安全运行和／或包含不符合政府法规项，严重程度很高。失效发生时有警告	9
很高	生产线严重破坏，可能 100%产品报废，系统无法运行，丧失基本功能，顾客非常不满	8
高	生产线破坏不严重，产品需筛选，部分（低于 100%）产品报废，系统能运行，但性能下降，顾客不满意	7
中等	生产线破坏不严重，产品需筛选，部分（低于 100%）产品报废，车辆／系统能运行，但舒适性或方便性项目失效，顾客感觉不舒适	6
低	生产线破坏不严重，产品需要 100%返工，车辆／系统能运行，但有些舒适性或方便性项目性能下降，顾客有些不满意	5
很低	生产线破坏不严重，产品需筛选，部分（低于 100%）产品需要返工，多数顾客发现有缺陷	4
轻微	生产线破坏较轻，部分（低于 100%）产品需要在生产线上其他工位返工。有一半顾客发现有缺陷	3
很轻微	生产线破坏轻微，部分（低于 100%）产品需要在生产线上原工位返工。很少顾客发现有缺陷	2
无	没有影响	1

表 7 发生度 *O* 评定准则

失效发生的可能性	可能的失效率	发生度 *O*
很高：失效几乎是不可避免的	≥1/2	10
	1/3	9
高：一般与以前经常发生失效的过程相似的过程有关	1/8	8
	1/20	7
中等：一般与以前时有失效发生，但不占主要比例的过程相类似的过程有关	1/80	6
	1/400	5
	1/2000	4
低：很少几次与相似过程有关的失效	1/15000	3
很低：很少几次与几乎完全相同的过程有关的失效	1/150000	2
极低：失效不大可能发生。几乎完全相同的过程也未有过失效	≤1/1500000	1

表 8　可探测度 *D* 评价准则

探测性	评价准则：在下一个或后续过程前，利用过程控制方法找出缺陷存在的可能性	可探测度 *D*
几乎不可能	没有已知的控制方法能找出失效模式	10
很微小	现行控制方法找出失效模式的可能性很微小	9
微小	现行控制方法找出失效模式的可能性微小	8
很小	现行控制方法找出失效模式的可能性很小	7
小	现行控制方法找出失效模式的可能性小	6
中等	现行控制方法找出失效模式的可能性中等	5
中上	现行控制方法找出失效模式的可能性中等偏上	4
高	现行控制方法找出失效模式的可能性高	3
很高	现行控制方法找出失效模式的可能性很高	2
几乎肯定	现行控制方法几乎肯定能找出失效模式，已知相似过程的可靠的探测控制方法	1

4.3.3　操作站故障处理

1）实时监控中，过快地翻页或开启其他窗口，可能引发 Windows 系统保护性关闭运行程序，从而退出实时监控。维护人员应首先关闭其他应用程序，然后双击桌面实时监控图标，重新进入实时监控。

2）显示器故障与显卡故障要区分开，若显示器显示不正常，通过更换显示器可以判断是否为故障，即：若更换显示器后显示正常，则可以确认为显示器故障，否则可能为显卡故障或主机其他部件故障。

3）硬盘、主板、内存条、显卡、声卡等硬件故障，一般必须从供应商处获取备件更换后才能解决，更换硬件时应首先关断主机电源。

4）Windows 操作系统、相关硬件驱动程序、DCS 系统软件等软件故障，由于所有的软件在主机硬盘、光盘上都有备份，经过培训的维护工程师应根据具体故障原因进行维护。

5）由于组态服务器故障可能引起组态、程序、控制参数等工程文件数据丢失，故应在外部存储设备上做好这些工程文件数据的备份。

6）操作站故障时，可通过检查操作站的外部设备（如电源、显示器、打印机、键盘等）接线情况是否良好。可以尝试通过正常断电—上电方式来重启操作站。平时储备操作站备机，需要时及时进行更换。

可通过故障诊断软件检查操作站通信故障，见图 8。

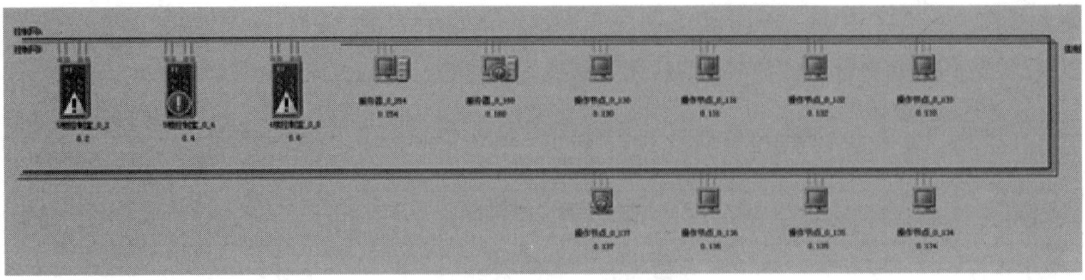

图 8 故障诊断画面

4.3.4 控制站故障处理

4.3.4.1 控制系统模块故障

通过观察模块指示灯和查看故障诊断画面（图 9），可确认控制器和 I/O 连接模块等系统模块故障。进入系统状态监控界面，监控系统运行状态和“故障诊断”画面，根据运行状态故障提示，排查相关硬件问题。若显示硬件故障，则需要核实该硬件连接的信号测点和影响范围。根据故障程度对该硬件进行重新插拔或更换备件等操作，涉及风险操作应按管理要求事先办理作业票。若涉及硬件地址和跳线设置，需根据硬件说明书要求进行硬件检查，正确设置。模块经维修或更换后，需记录其版本属性。

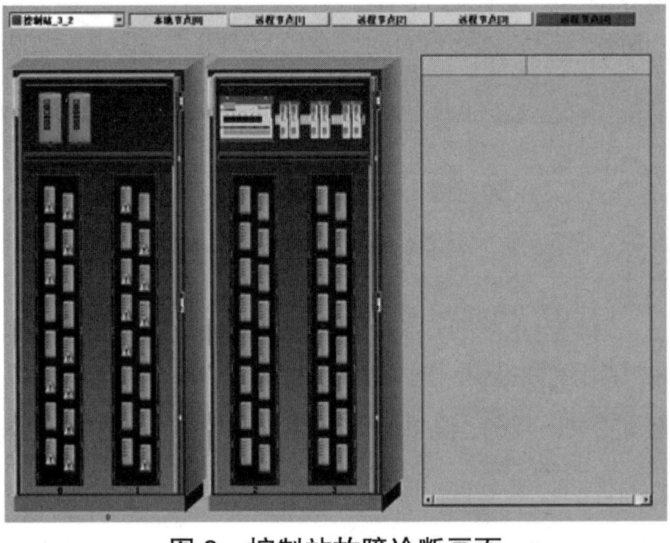

图 9 控制站故障诊断画面

4.3.4.2 控制站 I/O 模块故障

确认模块出现故障后要及时换上备用模块，并及时与供应商取得联系。维护中如果接触到系统组成部件上的端口或元器件，极有可能产生静电损害，静电损害包括模块损坏、性能变差和使用寿命缩短等。为了避免操作过程中由于静电引入而造成损害，应遵守：

1）所有拔下的或备用的 I/O 模块应包装在防静电袋中，严禁随意堆放。

2）插拔模块之前，需作好防静电措施，如戴上接地良好的防静电手环，或进行适当的人体放电。避免碰到模块上的端口插针、元器件或焊接点等。

4.3.4.3 控制站电源故障

控制站电源故障包括 24V 指示灯显示不正常、电源输出电压不正常等，应采用更换电源部件、返修的措施解决。经系统培训的维护工程师可以在不影响系统工作的前提下带电维修电源组件，但强烈建议在系统停车检修期间停电维修。

4.3.5 通信网络故障处理

由于控制器、I/O 连接模块、通信模块的基座有地址拨号，在更换此类基座时要确保地址拨号与原来设置一致，控制器、I/O 连接模块、通信模块的安装位置不能变动。通信线破损应及时予以更换。合理绑扎通信线，避免由于通信线缆重量垂挂引起接触不良。通信接头接触不良会引起通信故障，确认为此类故障后，可以利用专用工具重做接头。

4.3.5.1 由系统交换机引起的故障

当 DCS 控制室中的大部分操作站流程图画面显示数据长时间未发生变化或数据颜色变为红色、无法进行操作时，表示系统交换机可能发生故障，应紧急通知调度，各生产单元安排人员到现场进行临时就地操作。检查系统交换机的各个指示灯是否正常。如有指示灯亮起红灯，可尝试重新插接光纤或网线其他网口。如指示灯依旧亮起红灯，可用激光笔检查光纤是否通信正常，如光纤损坏则应更换新的光纤，若网线损坏则应更换网线。如以上处理无效，立即更换交换机或临时单路网络运行。如指示灯灭，表示已经掉电，可排查掉电原因后对其重新上电。指示灯重新上电后指示灯灭，则应立即更换交换机。

4.3.5.2 由总线问题引起的故障

检查 E-BUS 交换机的各个指示灯是否正常，检查主控卡 FCU711（或 712）、I/O 连接模块 COM711、串行通信模块 COM741 的 E-BUS 指示灯是否正常。指示灯正常，检查接线情况是否良好，可重新插拔数据线更换 DB9 针线或重启故障网段 E-BUS 交换机。E-BUS 指示灯都灭或报故障，则更换 E-BUS 交换机。检查机架与主控卡接线情况是否良好。如果发现有异常，可尝试更换 L-BUS\S-BUS 总线或终端电阻。

4.3.6 现场设备故障处理

检修现场控制设备之前必须征得中控室操作人员的允许；检修结束后，要及时通知中控室操作和维护人员，并进行检验。操作人员应将自控回路切为手动，阀门维修时，应启用旁路阀。

5 检修及质量标准

DCS 平时为连续运行，运行一段时间后应根据装置停车检修计划同步进行设备停运检修和点检维护。

5.1 检修目的

DCS 采用了包括冗余技术在内的多种可靠性技术来保证系统的可靠性，避免在单个部件故障发生时影响整个系统的稳定运行，同时也留出了问题处理的必要时间和条件。

虽然 DCS 的设计寿命（包括存储寿命和使用寿命）在预定的预防性维护条件下是比较长的，但系统部件在工业现场实际使用过程中往往会受现场环境的影响（包括粉尘、腐蚀、温湿度、电磁环境、电流浪涌冲击、鼠害、振动等），这种影响可能是临时的也可能是不断累积的。所以系统的使用寿命和可靠性是建立在有效的预防性维护为基础的条件之上的。

DCS 的系统检修就是利用装置停车大修的机会把长期积聚在 DCS 系统内部的隐患和问题通过专业的诊断方法和检测技术全面排查找出来，及时发现，及时得到有效处理和改进，属于系统预防性维护的重要举措。

5.2 检修原则

DCS 检修应在停车状态下进行。DCS 系统的检修周期与装置重要程度、安全性要求相关，与系统运行环境、年限和日常维护水平等密切相关。DCS 系统的检修通常应与装置的停车检修计划同步进行。反应工艺危险度 3 级及以上或涉及重点监管危险化工工艺、危险化学品重大危险源（一级、二级）的装置，DCS 系统点检周期为 1 个大修周期。反应工艺危险度 2 级及以下或其他装置，DCS 系统点检周期或 2 个大修周期。对于系统平时故障率较高或使用年限较长的（如 10 年以上）应增加检修频率，保障系统稳定可靠运行。

反应工艺危险度指的是工艺反应本身的危险程度，危险度越大的反应，反应失控后造成事故的严重程度就越大。反应工艺危险度等级评估如表 9 所示。

表 9 反应工艺危险度等级评估

等级	温度	后果
1	$T_p < MTSR < MTT < TD_{24}$	反应危险性较低
2	$T_p < MTSR < TD_{24} < MTT$	潜在分解风险
3	$T_p \leqslant MTT < MTSR < TD_{24}$	存在冲料和分解风险
4	$T_p \leqslant MTT < TD_{24} < MTSR$	冲料和分解风险较高，潜在爆炸风险
5	$T_p < TD_{24} < MTSR < MTT$	爆炸风险较高

——T_p：工艺操作温度。

——MTT：技术最高温度。

——TD_{24}：失控体系最大反应速率到达时间 *TMRad* 为 24h 对应的温度。

——$MTSR$：失控体系可能达到的最高温度。

5.3 检修期间的工作

5.3.1 检修期间的工作内容

1）系统停电检修，包括彻底清理灰尘，改接线等内容。

2）对于在日常巡检、定期巡检中发现而不能及时处理的问题进行集中处理，如系统升级、离线下载等。

3）进行冗余系统切换检查。

4）与相关人员一起对所有报警和联锁回路进行检查确认。

5）上机测试备品备件性能并做好标记。

6）系统在停电检修前应进行控制器掉电保护电池维护，确保电池能正常工作；应对各个控制站进行参数上载和备份，对系统组态文件进行备份。

7）在检修期间更改组态、控制及联锁程序，必须组织工艺、设备、电气和仪表相关负责人共同参与控制及联锁调试，并形成调试记录。

8）利用大修条件定期对 DCS 进行深度点检。

9）对于DCS系统供电、接地、布线、安装存在隐患的，应利用大修条件进行整改。

10）利用大修条件进行控制系统软硬件的升级、扩容。

11）做好大修期间 DCS 维护记录。

5.3.2 系统断电和上电步序

现场如需要对 DCS 断电检修维护，或者外围电气设备检修等可能对 DCS 产生影响时，可断电检修维护，否则不建议系统断电。断电检修维护步骤如下：

1）检查校对备份。上载和备份所有控制站参数，备份组态文件、参数和其他重要数据，检查所有组态文件已经保存到组态服务器和专用维护存储介质（如维护专用移动硬盘等）。

2）按规定办理相关作业票。

3）按如下顺序切断电源：

a）每个操作站依次退出实时监控及操作系统后，关闭操作站工控机及显示器电源。

b）逐个关闭机柜电源开关。

c）关闭各个支路电源开关。

d）关闭不间断电源（UPS）开关。

e）关闭总电源开关。

4）进行 DCS 停电维护或点检。

5）现场以及 DCS 的各项维护工作完成后，检查确认以下各项重新上电条件是否满足：

a）首先应联系工艺、电气、设备、仪表等专业共同确认是否满足 DCS 系统的上电条件。

b）确认电气提供的总电源符合要求后，合上供电总断路器，并分别检查输出电压。

c）合上配电柜内的各支路断路器，分别检查输出电压。

d）若配有 UPS 或稳压电源，检查 UPS 或稳压电源输出电压是否正常。

6）系统上电及测试。

a）启动工程师站、服务器站、操作站，同时将系统各机柜依次上电检查。

b）检查各电源箱是否工作正常，电源风扇是否工作，24V 指示灯是否正常。

c）检查各计算机的系统软件及应用软件的文件夹和文件是否正确；硬盘剩余空间无较大变化，并通过磁盘表面测试。

d）将修改后的组态进行编译下载、发布。

e）从每个操作站实时监控的故障诊断中观察是否存在故障。

f）打开控制站柜门，观察模块是否工作正常，有无故障显示（FAIL 灯亮）。

g）供电冗余测试：分别开通冗余交流～220V AC 总进线的一路，其他交流供电回路失电，但系统应仍然可以正常工作；分别开通冗余直流电源一路，关闭其他直流电源，测量每一机架母板电源端子上 24V 的电压。

h）通信冗余测试：分别接通各冗余通信线的其中一路通信线（其他通信线脱开），通过下载操作测试单网是否正常，或查看监控画面中实时数据是否正常显示。

i）模块冗余测试：通过带电插拔互为冗余的模块，检查冗余是否正常。（注意：如果拔出冗余的控制器模块的其中一块并插回后，应等数据拷贝完成后才可拔另一块，否则会造成严重后果。）

7）控制、工艺参数检查：

a）校对各个已经成功运行过的控制、工艺参数（因组态修改下载，部分参数可能出现混乱现象，应重新输入）。

b）对现场仪表（变送器、调节阀等）更换过的控制回路、新增加的控制回路（程序），其参数需要重新整定及进行调试。

5.4 点检

点检是指控制系统在连续运行一段时间后，需利用停车检修条件对其进行的一次全面、深度、专业的系统性检修维护。其目的是排查系统故障隐患、处理系统存在的问题和深度维护，以确保在系统下一个运行周期的稳定良好运行。

5.4.1 点检计划

停车检修前应根据各装置检修计划和停开车计划编制 DCS 的停车检修计划。明确 DCS 的可交出检修作业起止时间。

DCS 点检作业前实施人员须根据点检规模、作业范围、作业内容、时间要求、作业条件等制订具体的点检作业进度计划。进度计划应注明作业活动内容、各时间节点、制订详细计划进度表等，并在实施过程中按计划进行实施和监控。如现场实施过程中有进度计划调整须确认并更新进度计划。

5.4.2 HSE 管理

DCS 点检应严格执行国家规定、行业规定和各单位装置现场环境的 HSE(Health、

Safety、Environment）管理要求。包括：根据单位管理和检修要求制定 HSE 管理方案和应急预案；明确项目 HSE 目标、机构体系；强化全体参与人员的 HSE 教育培训，提高自我保护技能；进行施工现场 HSE 环境调查，危险源识别，及时有效地发现和消除隐患；发放和佩戴劳保用品；控制不发生火灾事故，不损坏环境，不损害人员的健康；做到不发生重大事故、不发生事故死亡现象、不发生重大环境污染现象。单位须及时对检修人员进行 HSE 交底、培训和考试。检修作业应严格按管理要求签署作业票，按要求办理施工作业手续；进行项目实施过程 HSE 检查监督。并严格执行如下有关 HSE 管理的文件：

a）国家和地方政府颁布的 HSE 管理法律法规、标准和文件；

b）各单位、车间有关安全生产、环境保护的规定文件。

5.4.3 工器具及设备

DCS 点检用工器具及设备见表 10。

表 10 DCS 点检用工器具及设备

设备名称	检测功能
I/O 通道检测仪	I/O 卡件各通道通信、冗余、自检、诊断、补偿等功能检测，及模拟量通道精度检测
电能质量分析仪	检测诊断系统供电电压、谐波、频率、波形等系统供电质量因素
网络测试仪和诊断软件	网络通信硬件检测；网络负荷、丢包率、通信质量检测。总线健康检测
接地测试仪	检测系统接地质量
电磁场检测仪	检测系统运行环境工频电磁场强度
控制器、通信卡诊断软件	检测诊断控制器、通信类卡件健康状况
故障诊断软件	诊断系统软硬件故障报警信息
升级软件	系统软硬件升级使用
仪表工具包	部件拆装
吹风机和吸尘器	设备除尘
防静电设备（毛刷、手套、防静电布、防静电袋、工作服）	系统部件防静电维护、安装、除尘、放置

5.4.4 人员和能力要求

控制系统点检是对系统的一次深度专业维护，对检修人员的技术和专业性有较高要求，需要专业人员进行。检修人员应具备：

1）通过 DCS 厂商认证培训，熟悉系统软硬件知识。

2）熟悉控制系统维护和点检作业程序、方法和要求。有控制系统维护经验和检修经验。

3）身体健康，体检满足从业要求。

4）通过系统检维修 HSE 培训，熟悉现场 HSE 环境和管理要求。

5）点检外委进行时，应按中石化规定和要求选择评定具备相应实施能力的服务商。

5.4.5 点检内容

DCS 点检内容见表 11。

表 11 DCS 点检主要内容

序号	检测项	主要内容
1	数据备份	备份最新组态、控制参数、重要系统和历史数据文件
2	易耗品更换	更换控制器电池、故障的网线、破损的键盘膜、故障的机柜风扇等
3	控制器检测	通过专用软件诊断控制器内存数据、各功能状态，分析控制器工作状态。读取控制器版本、历史故障诊断信息、诊断组态运行状态、主要运行参数。控制器负荷诊断、控制器故障信息诊断。冗余测试、检测电池电压，生成诊断报告
4	I/O 卡件检测	检测模拟量卡件功能、故障情况和通道精度； 检测开关量卡件功能、故障情况和通道通断
5	通信模块检测	通过专用软件读取和分析通信模块通信状态和故障信息，诊断分析 I/O 总线网络通信状态，检查通信模块与控制器通信状态
6	网络检测	检查交换机故障情况、检查网络连接情况、网线情况； 测试控制站及通信模块通信、网络连接、分析网络的数据包流量、网络负荷、网络冗余测试、生成诊断报告等
7	操作站和软件检测	检查操作站计算机年限、功能、配置是否满足使用要求。检查操作站硬件（CPU、硬盘、鼠标、键盘、主板）运行情况。检查操作站软件系统信息、软件狗信息、控制系统软件信息、安装软件列表和启动项列表信息，系统清理或重装； 检查组态监控软件运行情况：数据刷新、故障诊断、网络冗余、历史数据查询、软件设置、报警功能等
8	病毒检测	病毒检测、查杀
9	供电检测	检查供电模式。系统交直流供电电压、频率、波形、谐波检测； 系统电源模块状态诊断、冗余测试、生成诊断报告
10	环境检测	腐蚀检测：腐蚀性气体源、控制室密闭性、正压通风、裸露铜条腐蚀、卡件 PCB 腐蚀检查； 系统布线、控制室位置、温度 / 湿度检测、电磁场强度测试
11	系统除尘	操作站除尘、控制柜除尘、卡件除尘、外配柜除尘和外配部件除尘
12	接地检测	检查接地形式、外壳绝缘措施、接地线、多点接地、零地电压、接地电阻等
13	软硬件升级	根据系统制造商产品软硬件升级要求和规范进行必要的软硬件升级
14	系统问题处理	处理须在系统停车点检条件下才能具备条件处理的各类 DCS 问题

5.4.6 点检报告

点检过程中应记录各类检测数据、检查结果、系统问题、处理结果、遗留问题和方案建议。记录点检的实施情况。点检结束后应整理各类点检数据、检查结果、系统资料、作业票据、过程记录，图纸等，形成点检报告。并按单位管理要求妥善保管点检报告和系统资料。

5.4.7 点检质量标准

DCS 点检质量标准见表 12。

表 12 DCS 点检质量标准

序号	检测项	参照标准
1	模拟量 I/O 通道	通道无故障，精度达到产品说明要求（其中 4～20mA 信号为：±0.02mA），卡件功能正常
2	开关量 I/O 通道	通道无故障，卡件功能正常
3	DCS 供电质量	220V 供电质量正常（220V AC±10%，50 Hz±5%，波型失真率小于 5%）
4	系统电源	电源无故障报警，功能正常。24V 输出电压正常（24V DC±5%）
5	控制器	卡件无故障，功能正常，供电电压（24V DC±5%），CPU 负荷 <60%
6	通信类卡件	卡件无故障，功能正常
7	通信网络	控制网、操作网通信正常，冗余功能正常。 以太网的负荷率不超过 10%。 通信介质（网线等）和设备（交换机、网卡等）正常，无明显老化、破损，接触良好。 网络无病毒
8	粉尘	点检后系统部件肉眼观察无明显灰尘堆积。工作环境的含尘量应满足：≤0.3mg/m^3
9	腐蚀	系统部件无明显腐蚀痕迹。符合 ANSI/ISA S71.04 标准定义的环境污染等级 G3 标准
10	冗余	控制系统的电源、通信总线、主控制器、通信模块、模拟量输入/输出模块、数字量输入/输出模块等能实现 1∶1 冗余热备。一旦工作模块发生故障，能自动切换到备用模块工作
11	接地	1. 等电位接地时：在接地网上的接入点应和防雷地、高电压或强电流设备的接地点保持不小于 5m 的距离。 2. 单独接地时：接地体与电气专业接地体须相距 5m 以上，和单独的防雷接地体须相距 20m 以上。 3. 控制系统的接地连接电阻不应大于 1Ω。 4. 控制系统的接地电阻在普通场合不应大于 4Ω，在大型用电场合不应大于 1Ω
12	温度	工作温度 -20～70℃，温度变化率＜10℃ /h
13	湿度	工作湿度 10%～90%无凝露，＜6% /h
14	振动	振动频率范围为 10～150Hz，低于 9Hz 时的峰值位移 <3.5mm；高于 9Hz 时的峰值加速度≤1g

5.4.8 停车检修/点检后的交出条件

5.4.8.1 点检条件

DCS点检须在生产装置停车，设备停用条件下进行。若DCS交出点检维护时还有部分数据要监控或操作需临时切就地进行（监控和操作），应确保DCS检修和设备调试时不对现场产生任何影响。确认满足检修条件后，签署DCS点检作业票，交付设备点检维护作业。

5.4.8.2 交出条件

DCS点检作业结束后，需进行系统调试和设备联调。主要内容包括：确认系统组态正常、控制参数正常、系统软硬件工作指示正常、检测的各项功能和数据指标满足正常要求、监控画面（流程图、趋势图、报警、故障诊断等）显示和操作正常、系统输出调试（阀门动作等）正常、主要联锁动作正常等。然后交付DCS试车和开车准备。

过程控制系统维护检修规程
第3部分：可燃气体和有毒气体检测系统（GDS）

SHS 07008.3—2019

目　次

前　言

本规程 SHS 07008《过程控制系统维护检修规程》分为以下四个部分：

——第 1 部分：可编程序控制器（PLC）；

——第 2 部分：集散控制系统（DCS）；

——第 3 部分：可燃气体和有毒气体检测系统（GDS）；

——第 4 部分：面向监控与数据采集（SCADA）系统。

本部分为 SHS 07008 的第 3 部分：可燃气体和有毒气体检测系统（GDS）。本部分按照 GB/T 1.1—2009《标准化工作导则　第 1 部分：标准的结构和编写》给出的规则起草。

本部分由中国石油化工集团有限公司、中国石油化工股份有限公司提出。

本部分起草单位：中国石油化工股份有限公司扬子石化公司。

本部分主要起草人：李红星、金立新。

本部分 2019 年首次发布。

过程控制系统维护检修规程
第3部分：可燃气体和有毒气体检测系统

1 范围

本部分规定了和利时 HiaGuard GDS 系统（可燃气体和有毒气体检测系统）的日常维护和检修内容，适用于石化企业和利时 HiaGuard GDS 系统的日常维护、检修。

若 GDS 采用 DCS 或 PLC 系统，其维护检修参照 DCS 或 PLC 系统检修规程进行。

探测器和区域报警器的维护参照相应的检维修规程执行。

2 规范性引用文件

下列文件对本文件的应用是必不可少的。凡是注日期的引用文件，仅注日期的版本适用于本文件。凡是不注日期的引用文件，其最新版本（包括所有的修改单）适用于本文件。

HG/T 20511 信号报警及联锁系统设计规范

GB/T 50493—2019 石油化工可燃气体和有毒气体检测报警设计标准

3 概述

可燃气体和有毒气体检测系统（GDS）是监测生产过程及储运设施中泄漏的可燃气体或有毒气体超过标准时，及时发出报警、联锁，防止人员中毒、火灾事故发生的控制系统。和利时 HiaGuard GDS 系统是一种现代化的可编程逻辑控制器，提供了高水平的系统容错能力，系统模块均支持热插拔，可作为石化生产装置的可燃气体和有毒气体检测系统（GDS），实现可燃气体或有毒气体泄漏的报警、联锁停车。

3.1 GDS 系统结构

HiaGuard GDS 系统由控制站、工程师站、操作员站、系统历史站、通信控制器及网络等组成，用以实现一个或多个安全功能的系统，确保装置或独立单元具有一定的安全度。每一采集站内的各 I/O 模块和主控模块通过控制网络连接起来进行通信，各控制站、通信模块、历史站、操作员站和工程师站等通过系统网络连接起来，构成整个计算机安全系统。即一个控制站最多支持 1 个主机笼、3 个扩展机笼（1184 点数字量或 592

个模拟量），单域支持最多64个站，最大规模15个域。

GDS系统结构图如图1所示。

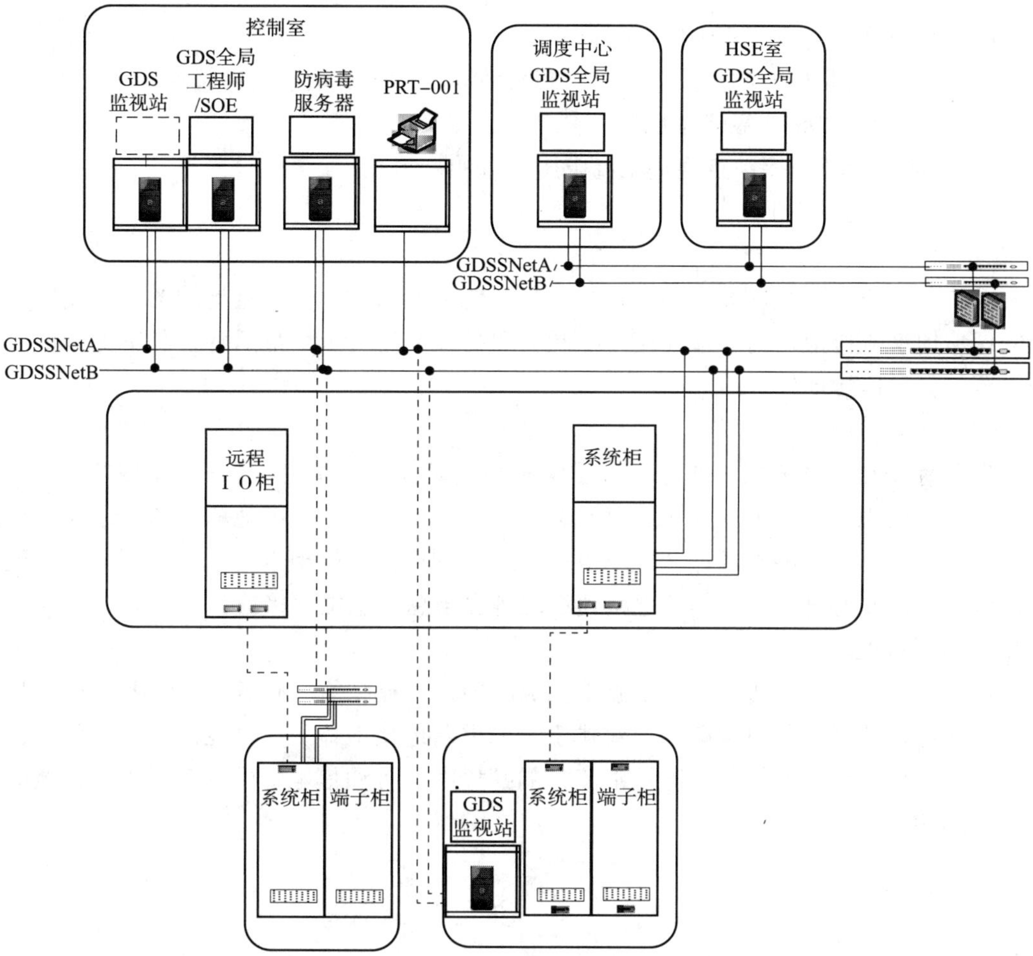

图1　GDS系统结构图

HiaGuard GDS系统编程软件Safe-AutoThink（简称AT）运行于工程师站，提供功能图（FBD）和梯形图（LD）两种编程语言，符合IEC 61131—3标准要求。支持在线仿真功能，方便工程验证逻辑的正确性，减少现场调试工作量。

3.2　技术条件

3.2.1　对系统供电的要求

3.2.1.1　电压：单相220V AC+10%～220V AC-15%

3.2.1.2　频率：50±2Hz

3.2.1.3　波形失真率：小于3%

3.2.2 对系统接地的要求

3.2.2.1 一般接地准则

以下准则适用于所有 GDS 机柜配置：

1）不应通过非 GDS 设备接地，可以和其他 DCS 系统的接地连接起来；

2）不应将非 GDS 设备接地到机柜中；

3）不应将机柜的接地点连接至高电压设备的接地点；

4）接地电阻应小于 4Ω。

3.2.2.2 保护地

系统所有的 I/O 控制站机柜、历史站柜等均应接保护地。将接地线的一端连接至机柜的保护地汇流排上，另一端连接至控制室保护地汇流排上，最后将控制室保护地汇流排引至总保护地接地体上。

3.2.2.3 等电位地

也可称作 GDS 系统的工作地，为了保护系统硬件并提供可靠和准确的参考点。GDS 系统内部分为系统地（非通道侧）和现场地（通道侧），且系统地和现场地之间隔离。将机柜内机笼的系统侧电源地和现场侧电源地分别连接至机柜内的系统地汇流排和现场地汇流排上，并通过控制室的等电位地汇流排引至总等电位地接地体上。

3.2.2.4 屏蔽地

可以把信号传输时所受到的电磁干扰屏蔽掉，以提高信号质量。系统中 I/O 信号应做屏蔽接地，并从控制室屏蔽地汇流排引至总屏蔽地接地体上。需注意的是，现场信号线缆的屏蔽层要求单端接到屏蔽地汇流排的螺栓上，且通信电缆的屏蔽层也要接至屏蔽地汇流排的螺栓上。

3.3.3 环境条件

3.3.3.1 工作温度：10～28℃

3.3.3.2 相对湿度：20%～80% RH，无凝结

3.3.3.3 对空气要求：不要让机架和模件暴露在金属碎屑、能导电的颗粒或由钻削和锉削产生的灰尘中，否则会引起短路

4 日常维护与故障处理

为保证系统的长期、安全稳定运行，及时发现和消除运行设备的异常和缺陷，应当定期巡检，确保系统各项正常工作。

4.1 日常检查

4.1.1 检查机柜间及工程师站的温度和相对湿度应在规定的技术指标范围内，机柜无凝霜、腐蚀现象。

4.1.2 检查系统所需供电应符合技术要求，详见3.2.1。

4.1.3 检查系统柜冷却风扇运行应正常，如发现风扇转动异常或损坏，应立即采取措施，予以更换。

4.1.4 检查工程师站、操作站、服务器等工作站运行正常。

1）系统软件连续稳定运行。

2）通过在线诊断界面检查系统软、硬件运行情况，系统柜各机架中的模件状态指示灯指示应正常，网络连接应正常。

3）工作站PC机禁止非专用光盘和软盘等的使用，以防电脑病毒的入侵。

4）开发系统可设定多级用户及使用权限，禁止随意进入管理员权限进行删除和改写控制程序等操作，密码要由专人负责管理。

5）判断SOE中的记录有无异常。

4.1.5 日常禁止的系统操作：

1）严禁擅自改装和拆装系统部件；

2）不随意从机柜上进行接线，如接地线、供电线及通信线缆，应严格按照《HiaGuard 硬件使用手册》进行操作；

3）严禁在已上电情况下进行拆除或移动操作员站主机；

4）禁止对已启动运行的系统电源进行任何操作；

5）在系统运行过程中，禁止拔出状态为主的模块。

4.1.6 日常的清洁

1）定期使用中性洗涤剂，清洗系统机柜冷却风扇及空气过滤网和过滤海绵。

2）定期对工作站PC机的显示器屏幕、软盘驱动器、光盘驱动器、鼠标和键盘进行清洁，确保其洁净、使用灵活、准确。

3）对打印机每月要清洁一次。

4.1.7 做好防范小动物工作，以免造成短路和断路故障。

4.1.8 检查工程师站、操作站、服务器等应运行正常。

4.1.9 定期更改工程师站、操作站和服务器的登录密码。

4.2 HiaGuard 系统上电操作

系统一次上电、故障停电、检修停电或重新上电时，需要参照以下步骤进行。

4.2.1 HiaGuard 系统上电前准备检查

1）现场控制站机柜内各电源单元、控制器及I/O模块应安装牢固；

2）现场控制站机柜内各连接电缆应连接完好；

3）各站间通信电缆应连接完好；

4）供电电源线应连接好，电源供电应正常，电压符合要求；各空开处于断开位置，输出端无短路现象。

5）所有地线应连接好，接地电阻应符合要求；

6）现场信号线应接好、无短路，对地电阻、电压应符合要求，屏蔽线应接好；

7）操作员站（包括专用键盘、鼠标等）、打印机及其他设备应安装连接完好。

4.2.2 HiaGuard 系统上电操作步骤

1）合上 HiaGuard 系统总电源开关，检查输出电压应正常；

2）合上现场控制站电源分线开关，检查输出电压应正常；

3）合上现场控制柜前、后面两路分电源开关，检查各输出电压应正常；

4）启动工程师站、操作员站和历史站，应运行正常。

上电过程中如出现异常，应停止送电，排除故障，方可继续操作。

4.3 常见故障与处理

系统维护人员可通过操作员在线系统监控 GDS 系统中的所有硬件设备状态（如操作站、控制站、I/O 模块等），同时也可通过 Safe-AutoThink 组态软件查看 I/O 模块的工作状态（如主备状态、设备级故障报警、通道级故障报警等），以便了解现场的各种工况，并对发生的故障或其他情况及时做出响应和处理。

当系统发生故障时，通常可以通过系统状态图、系统报警或 Safe-AutoThink 扩展诊断等观察到相关信息，如设备指示灯异常、模块工作状态异常、网络通信异常等，填写 HiaGuard 现场问题记录单。对系统模块更换和处理时注意做好防静电措施，如戴防静电腕带和触摸防静电桩等。

4.3.1 网络故障与处理

发现数据显示不正常时，首先查看系统状态图上监控网段网线、系统网段网线状态，绿色正常，红色故障。网络故障与处理方法见表 1。

表 1　网络故障与处理方法

故障现象	故障原因	处理方法
数据显示不正常，监控网段网线、系统网段网线变红	网络故障	单击计算机上的［开始］\［运行］命令，在弹出的“运行”对话框内写入“cmd”，使用“ping”命令查看网络是否通畅。在网络不通的情况下，查找是否网线连接问题，检查网线、交换机。 首先，查看标识为红色的网线是属于哪台操作站、历史站或控制站，检查网线是否连接在所述机器上，如果连接无误，那么查看该网线连接的交换机是否正确、是否出现交叉现象，换到其他网口是否恢复正常，交换机是否供电正常。同时如果交换机连有其他系统，切断此网线，再次检查网络是否正常

4.3.2 通信模块故障及处理

通信模块实现控制器与上位机之间的数据交换，每个控制器上有 2 个 RJ45 以太网接口（分别为 128 网和 129 网）。通信模块通常采用冗余配置，互为冗余的通信模块物理分开，二者之间通过机笼背板上的冗余总线连接。通信模块常见故障与处理方法见表2。

表2　通信模块常见故障与处理方法

故障现象	故障原因	处理方法
模块指示灯状态无变化	通信单元A/B机R网——设备故障	1）如果组态了两个通信模块，但机笼中只有一个通信模块，则非在线槽位会出现该报警，此种情况不影响系统安全性，用户可不关心此报警，但建议在冗余槽位上也插入另一块通信模块； 2）如果只组态了一个通信模块，或组态并配置了两个通信模块，当出现此报警时，说明确实发生了故障，请更换故障模块
模块SNETA灯或SNETB灯灭	通信单元A/B网——设备故障	1）如果组态了两个通信模块，但机笼中只有一个通信模块，则非在线槽位会出现该报警，此种情况不影响系统安全性，用户可不关心此报警，但建议在冗余槽位上也插入另一块通信模块； 2）如果只组态了一个通信模块，或组态并配置了两个通信模块，当出现此报警时，说明确实发生了故障，请检查故障模块128或129网连接是否正常（可更换网线进行验证）或更换故障模块
模块复位或模块ERROR灯亮	通信单元A/B机——设备故障	1）如果组态了两个通信模块，但机笼中只有一个通信模块，则非在线槽位会出现该报警，此种情况不影响系统安全性，用户可不关心此报警，但建议在冗余槽位上也插入另一块通信模块； 2）如果只组态了一个通信模块，或组态并配置了两个通信模块，当出现此报警时，说明确实发生了故障，请更换故障模块

4.3.3　控制器故障与处理

控制器是现场控制站的核心，实现各种运算、与I/O模块通信、控制任务，并将过程数据反馈给操作员站。控制器模块的常见故障与处理方法见表3。

表3　控制器模块的常见故障与处理方法

故障现象	故障原因	处理方法
模块复位或模块ERROR灯亮	控制器A/B/C的状态——设备故障	1）检查机笼24V DC电源是否正常； 2）更换故障模块
模块的指示灯状态无变化	控制器A/B/C的电池状态——设备故障	1）检查主机笼中的两块电池是否均安装良好； 2）检查主机笼中的两块电池电压是否正常（更换电池时，应避免电池同时取下的情况，即在同一时间内应至少保证一个电池在电池盒中）； 3）更换故障模块
	控制器A/B/C的电源状态——设备故障	1）检查24V DC电源是否正常； 2）更换故障模块
	控制器版本不一致	1）检查三系主控之间的RTS版本是否一致； 2）更换控制器模块
模块RUN灯亮、ERROR灯闪	控制器A/B/C的调度状态——设备故障	检查组态逻辑中是否有除零操作或数据溢出等其他IEC运算错误

4.3.4 I/O 模块设备级故障及处理

系统中的 I/O 模块（包含 AI、AO、DI、DO 四种）具有丰富的自诊断功能，不仅可以诊断模块内部的关键电路和器件的功能是否正常（如 MCU 故障，FPGA 时钟故障，电源故障，CPLD 故障等，统称为设备级故障），还可以诊断通道电路以及通道外部接线是否正常（如短路、断线、空载、过载等，统称为通道级故障）。无论是诊断到设备级故障还是通道级故障，均可通过系统报警或模块面板上的指示灯进行指示。

I/O 模块常见的设备级故障报警信息及其表现、处理措施如表 4 所示。

表 4 I/O 模块常见设备级故障及处理

故障现象	故障原因	处理方法
模块指示灯状态无变化	电源故障（0x0012）、（0x0013）、（0x0014）、（0x0015）	检查机笼 24V DC 电源是否正常； 检查机笼系统侧和现场侧 24V DC 电源输入端子接线是否正常； 更换模块
	模块故障（0x0002）	更换故障模块（只适用于 AI 和 AO）
模块 ERROR 灯亮	模块故障（0x0001）	检查故障通道的接线是否存在短路、开路，从端子模块上拆除故障通道的现场接线，确定故障范围，查看故障是否解除，如果依然存在，则分别更换 I/O 模块、端子模块、DB78 针电缆进行逐一排除； 检查故障模块是否插稳，或将故障模块和其他槽位的正常模块交换位置排查
模块 TIMING 灯灭	模块故障（0x0006）	检查通信模块是否双网冗余（即 128 网和 129 网是否连接正常）（只适用于 DI）

详见厂家技术资料。

4.3.5 更换模块操作

4.3.5.1 更换通信模块

4.3.5.1.1 冗余配置

通信模块冗余配置时，如果只有主模块发生故障，通常情况下系统会自动完成主备切换，故障模块自动降备（STDBY 灯变为常亮状态），原备模块成为主模块并单主运行（STDBY 灯变为闪烁状态）。更换故障模块的步骤如下：

1）在 Safe-AutoThink 和操作员站中确认通信模块工作状态以及系统输入、输出数据是否符合预期，并观察通信模块面板上的指示灯运行状态是否符合预期（故障模块 STDBY 灯常亮，正常模块 STDBY 灯闪烁）。如果和预期一致，则执行下一步骤；

2）和工艺及其他相关人员沟通，确认可以更换故障模块，必要时让相关人员做好应急准备；

3）等待现场满足要求后，记录故障模块的网线连接顺序，拆卸故障模块，并记录故障模块的条形码以备返厂维修；

4）记录备用的新通信模块的条形码，安装新模块，并依照原次序连接网线，等待新插入的通信模块正常运行；

5）在 Safe-AutoThink 和操作员站中确认通信模块工作状态以及系统输入、输出数据是否正常，并观察通信模块面板上的指示灯运行状态符合预期（主模块 STDBY 灯状态由闪变灭，新插入的通信模块 STDBY 灯常亮）。如果现象和预期一致，则更换过程完毕，通知工艺和其他相关人员。

如果只有备模块发生故障，则系统自动退出冗余运行状态，即主模块变为单主运行状态（STDBY 灯由灭变闪），故障模块保持为备用（STDBY 灯为常亮状态）。更换故障模块的步骤见 4.3.5.1.1。

如果两个通信模块均发生故障（该情况概率很小），请检查系统供电或网线连接是否正常。

4.3.5.1.2　非冗余配置

通信模块非冗余配置时，更换步骤如下：

1）在 Safe-AutoThink 和操作员站中确认通信模块工作状态以及系统输入、输出数据是否符合预期，并观察通信模块面板上的 STDBY 灯是否为闪烁状态。如果和预期一致，则执行下一步骤；

2）和工艺及其他相关人员沟通，确认是否可以更换故障模块，必要时让相关人员做好应急准备；

3）等待现场满足要求后，记录备用的新通信模块的条形码，在故障模块的冗余槽位上安装新模块，并将原故障模块上的其中一根网线更换到新插入的通信模块上，等待新插入的通信模块正常运行（STDBY 灯变为闪烁状态）；

4）在 Safe-AutoThink 和操作员站中确认通信模块工作状态以及系统输入、输出数据是否正常，并观察通信模块面板上的指示灯运行状态是否符合预期（新插入的通信模块 STDBY 灯闪烁，原故障通信模块 STDBY 灯常亮）。如果现象和预期一致，则将原故障模块的另一根网线更换到新插入的通信模块上，拆卸故障模块，同时记录故障模块的条形码以备返厂维修；

5）拔出故障模块后，再次在 Safe-AutoThink 中确认通信模块工作状态以及系统输入、输出数据是否正常，并观察通信模块面板上的指示灯运行状态是否正常，如果正常则更换过程完毕，通知工艺和其他相关人员。

4.3.5.2　更换控制器模块

控制器模块为三系冗余配置，当有两系及以上控制器发生故障时，系统停车；当有一系控制器发生故障时，需尽快更换控制器模块，更换步骤如下：

1）在 Safe-AutoThink 和操作员站中确认剩余两系控制器的工作状态以及系统输入、输出数据是否符合预期，并观察剩余两系控制器面板上的指示灯状态，确认其运行正常并同步（SYNC 灯亮）。如果和预期一致，则执行下一步骤；

2）检查逻辑联锁是否符合组态规范，检查控制器是否运行在调试模式下或变量是否被强制；

3）和工艺及其他相关人员沟通，确认是否可以更换故障模块，必要时让相关人员做好应急准备；

4）等待现场满足要求后，拆卸故障模块，并记录故障模块的条形码以备返厂维修；

5）记录备用的新控制器的条形码，安装新模块，等待新插入的控制器同步并正常运行（RUN灯亮，ERROR灯灭，SYNC灯亮，IOBUS灯闪）；

6）如果更换前存在强制变量，请确认更换后是否需要重新强制该变量；

7）在Safe-AutoThink和操作员站中确认三系控制器工作状态以及系统输入、输出数据是否正常，并观察三系控制器面板上的指示灯运行状态是否符合预期（RUN灯亮，ERROR灯灭，SYNC灯亮，IOBUS灯闪）。如果现象和预期一致，则更换过程完毕，通知工艺和其他相关人员。

4.3.5.3 更换I/O模块

I/O模块均支持在线更换。

4.3.5.3.1 冗余配置

如果只有主模块发生故障，通常情况下系统会自动完成主备切换，故障模块自动降备（STDBY灯变为常亮状态），原备模块成为主模块并单主运行（STDBY灯变为闪烁状态）。更换故障模块的步骤如下：

1）在Safe-AutoThink中确认模块工作状态以及系统输入、输出数据是否符合预期，并观察模块面板上的指示灯运行状态是否符合预期（故障模块STDBY灯常亮，正常模块STDBY灯闪烁）。如果和预期一致，则执行下一步骤；

2）和工艺及其他相关人员沟通，确认是否可以更换故障模块，必要时让相关人员做好应急准备；

3）等待现场满足要求后，拆卸故障模块，并记录故障模块的条形码以备返厂维修；

4）记录备用的新模块的条形码，安装新模块，并在Safe-AutoThink中点击profisafe确认，等待模块正常运行；

5）在Safe-AutoThink中确认冗余模块的工作状态以及系统输入、输出数据是否正常，并观察模块面板上的指示灯运行状态是否符合预期（主模块STDBY灯状态由闪变灭，新插入的通信模块STDBY灯常亮）。如果现象和预期一致，则更换过程完毕，通知工艺和其他相关人员。

6）如果只有备模块发生故障，则系统自动退出冗余运行状态，即主模块变为单主运行状态（STDBY灯由灭变闪），故障模块保持为备（STDBY灯为常亮状态）。更换故障模块的步骤同前。

4.3.5.3.2 非冗余配置

1）在Safe-AutoThink中确认模块工作状态以及系统输入、输出数据是否符合预期，并观察模块面板上的指示灯运行状态是否符合预期（故障模块STDBY灯闪烁）。如果和预期一致，则执行下一步骤；

2）检查模块各个通道有无参与组态运算；和工艺及其他相关人员沟通，是否允许解除参与组态运算的通道，确认是否可以更换故障模块，必要时让相关人员做好应急准备；

3）等待现场满足要求后，记录备用的新模块的条形码，在故障模块的冗余槽位上安装新模块，并在Safe-AutoThink中点击profisafe确认，观察模块主从状态以及系统输入、输出数据是否正常，并观察模块面板上的指示灯运行状态是否符合预期（原故障模块STDBY灯状态由闪变亮，新插入的模块STDBY灯闪烁）。如果现象和预期一致，则执行下一步骤；

4）拆卸故障模块，并记录故障模块的条形码以备返厂维修；

5）在Safe-AutoThink中确认模块工作状态以及系统输入、输出数据是否正常，并观察模块面板上的指示灯运行状态是否符合预期（模块STDBY灯闪烁）。如果现象和预期一致，则更换过程完毕，通知工艺和其他相关人员。

5 检修及质量要求

5.1 检修

GDS系统随装置停车进行检修，由于可燃气体和有毒气体报警仪还在投用，一定要和相关部门沟通好，在最短的时间内完成系统检修和点检。

5.1.1 做好检修前期准备工作，整理以往故障记录，制定停车检修方案。

5.1.2 停车前对系统进行诊断和程序备份，包括有关参数设定值等。

5.1.3 确认交出检修，系统停运。

5.1.4 系统清洁。

经过长时间的运行后，需要对机柜间、工程师站、各机柜和工作站进行彻底的清洁工作。

5.1.4.1 机柜的空气过滤网和冷却风扇拆下清洗，并对故障部件或根据使用年限进行更换。

5.1.4.2 控制站解体清灰。

5.1.4.2.1 对所有系统需要解体的部件进行标识，包括控制卡、I/O卡、各种电缆及电源部件；

5.1.4.2.2 按序拆下I/O卡、控制卡、电源部件、风扇部件和I/O组件箱，拆下的卡部件应置于干燥、清洁的场所；

5.1.4.2.3 用吸尘器清扫控制机柜，必要时用绸布醮中性清洁剂擦洗；

5.1.4.2.4 用吹风机吹扫解体的部件，对卡件类部件接插处用绸布醮中性清洁剂擦洗；

5.1.4.2.5 按序安装解体的部件，并检查安装位置与标识是否相符；连接电缆。

5.1.4.3 操作站、工程师站、数据服务器等解体清洗。

5.1.4.3.1 检查并确认连接电缆标识正确。

5.1.4.3.2 将操作站、工程师站、数据服务器等被清洗设备搬到室外，用吹风机或吸尘器吹扫。

5.1.4.3.3 检查清洗后主机箱内的接插件是否松动，如有松动应拧紧螺钉，必要时应拆下接插件，在接插面用绸布醮中性清洁剂擦洗。

5.1.4.3.4 用吹风机吹扫显示器内部电子线路板。

5.1.4.3.5 恢复显示器和主机盖板。

5.1.4.3.6 操作台内部用吸尘器清扫。

5.1.4.3.7 主机、显示器安装恢复，连接相关的电缆。

5.1.5 系统接地检查

检查接地电阻以及系统安全地和仪表的工作接地之间的电阻。系统安全地和仪表的工作接地之间的电阻取决于整个工厂接地的设计，如果整个工厂采用等电位设计，那么其互相之间的电阻应该小于 4Ω，而如果采用的是单独设计，则之间的电阻为无限大。如果测得接地电阻大于技术要求的阻值，就要更换接地或采取其他的降阻措施。

5.1.6 系统供电检查

1）用示波器检测电源的波形，检查电源工作电压，保证电源工作正常。

2）供电后，检查并保证外部的交、直流供电电压在技术要求范围内波动。

5.1.7 系统诊断及检修

5.1.7.1 系统上电，严格按照下列步骤进行：

1）主电源上电，测量电压正常；

2）按照先给辅助设备如各机柜灯、风扇上电，正常后，再给主要设备上电的原则完成上电；

3）送电时要逐一进行送电，如不正常时，马上停电检查，确认原因并消除故障后重新送电。

4）24V DC直流电源PSU1、PSU2送电无异常，输出电压正常，工作指示继电器正常；

5）上电后要做切换电源试验，确保单电源供电时系统运行稳定。

5.1.7.2 检查电源模块

1）在正常情况下，两个互为冗余的电源模块均分机架的电力负载；在非正常情况时，一个模块必须能承担整个机架的电力负载；检查时将其中某一模块的供电关断几分钟以验证剩下模块的稳定性。在恢复正常供电后，再重复对另一个模块的试验。

2）24V DC 二极管及其冗余状况检查 2-1 方式正常工作，24V DC 指示继电器工作及报警状态是否正常。

5.1.8 检查系统柜各模块

对于系统的硬件运行状况可由模块的指示灯或工作站上的在线诊断界面进行检查，若有故障，应更换。

5.1.9 系统机柜附件检查

1）空开等控制开关检查对应连接及控制正常，接线端子连接检查均牢固可靠，中间继电器连接及使用检查均工作正常。

2）检查各机架与相应端子板之间电缆连接应正确、紧固可靠。

3）检查网络交换机连接、运行正常。

4）温控器及风扇的检查，调整温控器的温度设定点，检查风扇是否按照相对应的温度工作或者停止。

5.2 操作软件及控制程序的检查与维护

检查工程师站以及操作员站的运行情况，如有必要，重新安装操作系统以及相关的应用软件。记录下列内容：

1）各备份程序路径；

2）开机密码；

3）各级别的用户名及密码。

通过工作站上的在线控制界面，对控制程序（包括 SOE 功能）、HMI 进行检查，控制程序要符合所有控制要求；对于模件、程序及逻辑功能块的删除和修改等需要完全下装的任务，此时可以进行；尽量将在线改造的操作安排在停车检修期间进行。

5.3 电源、热备模件性能测试

在线冗余测试主要指电源、CPU 卡、通信卡及网络、服务器等。检查热备用部件应完好。

5.4 I/O 模件精确度调试及系统联试

1）进行精度调试时，对不同类型的 I/O 模件，要求使用的仪器精度要高于被测模块的标称转换精度。

2）对于模拟量的输入通道调试，依次送入量程的 0%、50%、100%对应的信号，从操作画面中读取被测通道对应的转换数据，并填好调试记录。最大误差应满足精度要求。

3）对于开关量的输入通道调试，用一根导线直接短接该通道对应的接点，从操作画面中读取被测通道对应的接点信号状态，检查是否与输入状态对应。

4）如果某一 I/O 模件的某一通道出现故障或达不到准确度要求，需更换到备用通道，并修改组态或更换 I/O 模件，并做好记录。

5.5 备品备件上机测试

备品备件的检查，主要检查备用的各种功能模块是否完好，步骤如下：

1）从机柜中拔出相应的模块；

2）按 I/O 模块在底座上的安装方法将备用模块安装到底座上；

3）模块进行上电自诊断，诊断正常后，RDY、COM 灯均亮；

4）进入系统状态图环境，检查该模块标识号状态是否正常；

5）进一步检查，如果没有问题，则表示备件完全正常，请做好标记待用；

6）恢复原来的模块；

7）运行状态检查，恢复正常。

5.6 软件备份

如果在检修期间对系统配置组态数据和控制程序进行了修改，必须进行重新备份，在备份盘上要标明备份日期、版本信息，以备后用。系统配置组态数据和控制程序的最终装载版本，至少要备份两份，异地存放。

5.7 检修质量要求

5.7.1 系统软件和用户程序备份做到双备份，异地保存。

5.7.2 机柜、卡件等硬件清灰，做到清洁，功能完好，易损件按要求更换。

5.7.3 接地电阻检查要求小于 4Ω。

5.7.4 电源：

交流：220V AC±10%、频率 50Hz±2%；

直流 24V DC±5%（测量前应排除干扰源的存在）。

5.7.5 系统机柜模件及附件检查，保证各部件完好，运行状态正常。

5.7.6 操作软件及控制程序的检查，各程序需满足控制要求，密码合理设置并妥善保存。

5.7.7 100%测试 I/O 模件通道，精确度应满足出厂要求。

5.7.8 系统运行状态检查要求：

1）操作站、工程师站、数据服务器等上电启动，网络连接正常；

2）运行组态软件，能正确连接；

3）控制器上电运行及状态正常。

4）辅操台按钮、报警喇叭及指示信号状态检查正常；

5）系统与操作站及第三方通信状态检查正常；

6）操作站、SOE、DDE、HMI 上位工作状态检查正常。

5.7.9 检修结束后，其检修记录、资料必须归档。

过程控制系统维护检修规程
第4部分：面向监控与数据采集系统（SCADA）

SHS 07008.4—2019

目　次

前　言

本规程 SHS 07008《过程控制系统维护检修规程》分为以下四个部分：

——第 1 部分：可编程序控制器（PLC）；

——第 2 部分：集散控制系统（DCS）；

——第 3 部分：可燃气体和有毒气体检测系统（GDS）；

——第 4 部分：面向监控与数据采集（SCADA）系统。

本部分为 SHS 07008 的第 4 部分：SHS 07008.4—2019 过程控制系统维护检修规程之 SCADA 系统维护及检维修规程。

本部分按照 GB/T 1.1—2009《标准化工作导则　第 1 部分：标准的结构和编写》给出的规则起草。

本部分由中国石油化工集团有限公司、中国石油化工股份有限公司提出。

本部分起草单位：中国石油化工股份有限公司管道储运有限公司。

本部分主要起草人：陈海彬、温建、刘亭、史瑶华、李晓鹏、冷鑫宁、刘佳男、陆新星、李素杰。

本规程为首次发布。

过程控制系统维护检修规程
第 4 部分：面向监控与数据采集系统（SCADA）

1 范围

本部分规定了 SCADA 系统日常运行、维护和大检修的内容和技术要求。

本部分适用于石油化工行业使用的输油管道及油库 SCADA 系统，部分内容适用于法国施耐德 Quantum 系列 PLC、美国罗克韦尔公司 AB ControlLogix 5000 系列 PLC 和 SLC500 系列、瑞典 ABB 公司 AC800F/AC900F 系列 PLC、美国 OPTO 公司的 OPTO22 系统 PLC 以及 Foxboro（福克斯波罗）的 IA SCADA 和 HMI、瑞典 ABB 公司的 SPIDER 和 WS400 以及法国西技莱克公司的 viewstar ics scada 系统等中控系统软件。

石化企业生产过程其他控制系统，如加热炉（群）控制系统、锅炉控制系统、原油罐区消防自控系统等，可参照本部分中有关内容进行维护检修。

本部分仅适用于以电信号为主体的 SCADA 系统（不包括现场仪表部分，案例中涉及的现场仪表仅为为保持案例内容的完整而进行的叙述，具体维护过程请按照规程对应的章节内容进行）。

2 规范性引用文件

下列文件对本文件的应用是必不可少的。凡是注日期的引用文件，仅注日期的版本适用于本文件。凡是不注日期的引用文件，其最新版本（包括所有的修改单）适用于本文件。

SH/T 3521 石油化工仪表工程施工技术规程

GB 50093 自动化仪表工程施工及验收规范

GB/T 50770 石油化工安全仪表系统设计规范

HG/T 205011 信号报警、安全联锁系统设计规定

SH/T 3006 石油化工控制室设计规范

SH/T 3184 石油化工罐区自动化系统设计规范

SH/T 3081 石油化工仪表接地设计规范

GB/T 50892 油气田及管道工程仪表控制系统设计规范

SH/T 3082 石油化工仪表供电设计规范

3 系统概述

SCADA(Supervisory Control And Data Acquisition) 系统，即数据采集与监视控制系统，是基于计算机、控制、通信网络等技术，完成对测控点分散的过程或设备的数据采集、控制、测量、调节、报警等功能，实现本地或远程的自动控制功能，同时也可以为生产调度、安全管理、系统优化和故障诊断提供必要的数据支持。由于 SCADA 系统具有技术先进性、运行可靠性和架构灵活性等优点，在保障长输油气管道的安全、高效运行方面发挥着重要作用，目前已成为油气管道建设的标准配置。

3.1 系统结构

石油化工行业中的长输管线或原油罐区典型的 SCADA 系统分为调控中心系统、站控系统（含 RTU 系统）、通信系统、检测和执行设备四部分，见图 1。

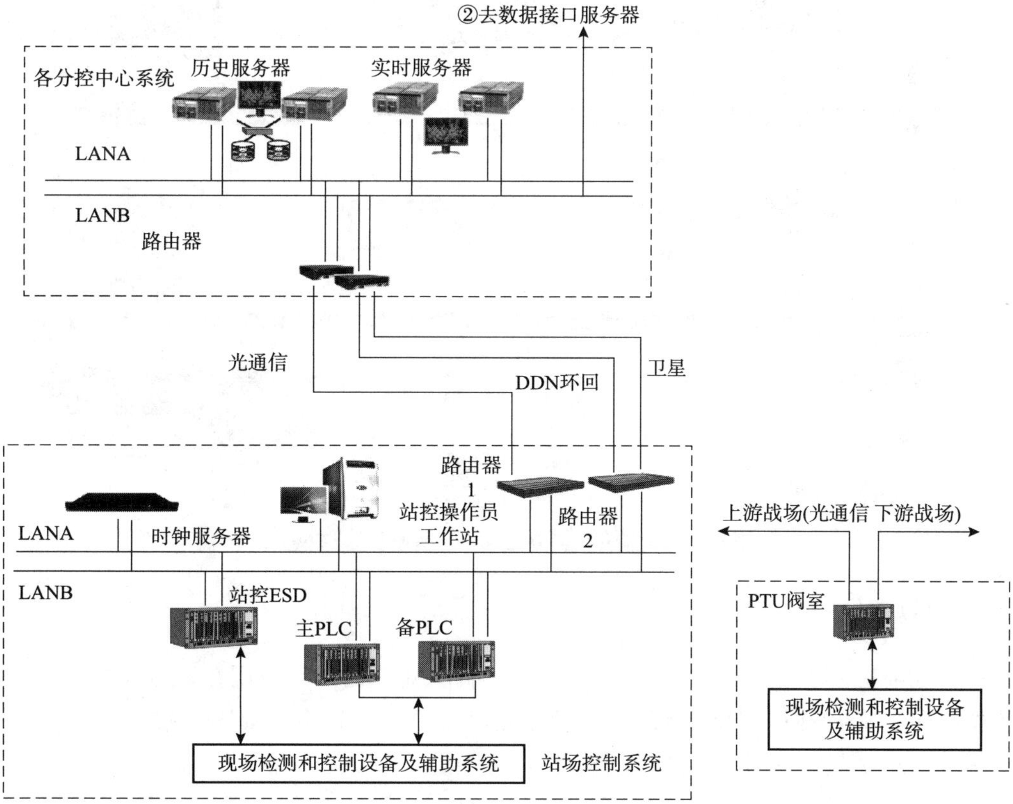

图 1 典型的管线 SCADA 系统架构图

3.1.1 调控中心系统

一套完整 SCADA 系统调控中心系统一般含有一套主调控中心，一个或多个备用调控中心，以及多个站控系统，每个站控系统完成一定范围内的设备监控。调控中心与每个站控系统通过通信系统实现对整个现场设备及生产过程的监控和管理。

3.1.2 站控系统控制结构

站控系统由下位机、上位机和连接上下位机的通信网络组成，见图 2。下位机是指处于测控现场的数据采集与控制终端的设备（PLC），上位机（HMI）是指位于控制室的集中监视、管理和远程监控的计算机。PLC 一端与现场仪表和远控设备连接，另一端与上位机通信，实现对本地设备的监控。当处于调控中心控制权限时，站控系统首先接受调控中心的远控命令。

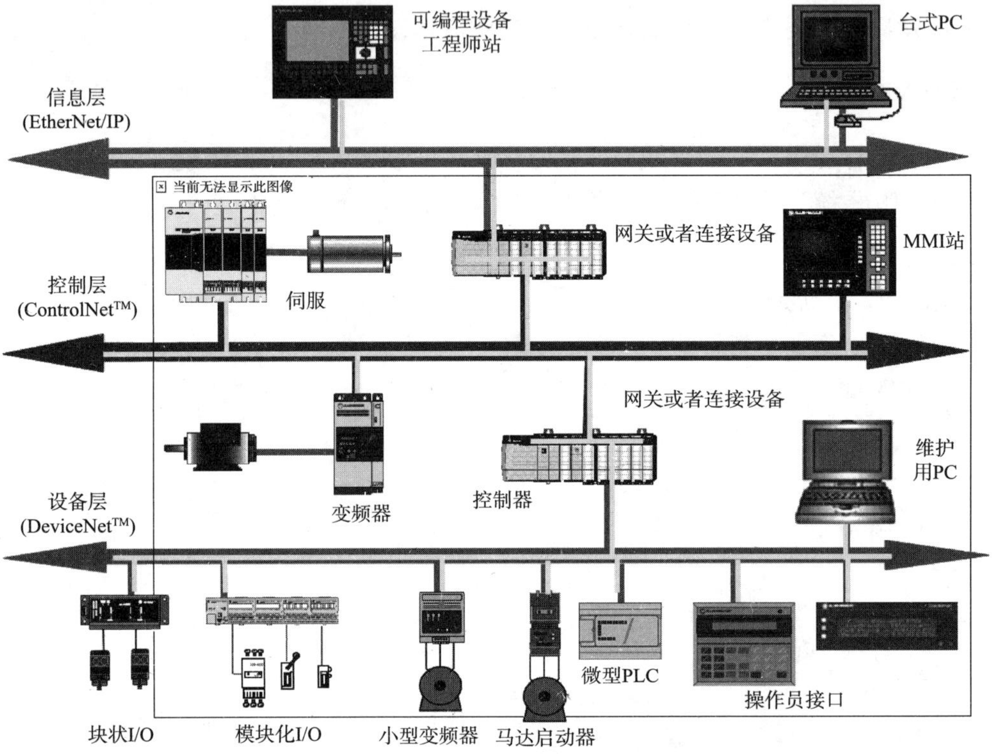

图 2 典型的 SCADA 站控系统拓扑图

3.1.3 RTU 系统

RTU（Remote Terminal Unit）即远程终端控制单元，常应用在数据采集量少、控制功能简单、运行环境较恶劣的特殊场所如远控阀室。RTU 远控阀室站点一般为无人值守，不具备数据管理和本地监控功能，RTU 可通过光纤或其他通信方式实现与站控 PLC 的通信连接，将过程参数和设备状态数据上传至站控系统并在站控上位机显示，执行机构接收并执行站控系统发来的相应控制指令。

通信系统、检测和执行设备不是本部分的范围。

3.1.4 SCADA 系统软件

SCADA 系统一般分为站控组态软件和中控组态软件。目前石化管道及原油罐区的中控系统软件主要有：瑞典ABB公司的SPIDER 和WS400、Foxboro公司IA SCADA、法国西技莱克公司View star等，它们都是基于UNIX 系统的系统软件；站控组态软件（HMI）为法国施耐德公司的Intouch 和Citect、瑞典ABB公司Freelance digivis、美国OPTO公司SNAP PAC等，都是基于Windows系统。

3.1.5 系统工程师站和操作站

系统工程师站和操作站通常设置基于UNIX操作系统的中控工程师站、中控操作站和基于WINDOWS 操作系统的站控工程师站、站控操作员站；其中工程师站用于系统诊断和维护、事件记录、软件组态修改等控制系统维护工作，操作员站用于设备参数状态监控、联锁保护设置／摘除和复位等常规操作；工程师站应同时具备操作员站的功能。

3.1.6 可编程控制器PLC

目前石化管道常用的PLC分别为美国AB公司的Controllogix5000系列、法国施耐德公司的Quantum系列、瑞典ABB公司AC800F/AC900F系列和美国OPTO公司的OPTO22系列；可编程控制器PLC通常包含：主控制器（CPU模块）、功能模块（包括通信模块、各种信号输入／输出模块、电源模块）、机架、总线等。是系统中从现场采样I/O数据、进行运算的核心部分。其中PLC主控制单元采用冗余热备配置（双电源、双CPU+4网络模块）。控制器可以自动完成数据采集、信息处理、控制运算等各项功能，通过控制网络与数据服务器、操作员站、工程师站相连，并向下通过I/O总线与I/O模块直接相连，实现与I/O模块的信息交换，完成现场信号的输入和输出。

3.2 SCADA系统的功能

目前，SCADA系统具备的主要功能包括：数据采集和处理、控制和调节、报警处理、系统时间同步、安全管理、历史数据和报表处理、设备管理及监视等功能。

3.2.1 数据采集处理及控制调节。数据采集处理及控制调节功能主要是对生产现场的实时数据、相关设备的参数进行的采集和处理，为满足生产需要而对设备进行的相应控制及调节。常用的数据类型包括模拟量、数字量、脉冲计数量等。

3.2.2 报警处理。报警是对测量值的范围、变化速度的预警。系统发出报警后，操作员可以通过上位机对报警进行“确认”。所有的报警信号可按其产生原因或性质进行分类，并按其对生产影响的重要程度进行分级。对于各级报警，系统可以利用不同的音响、语音及显示来提示操作员。

另外，SCADA系统可以提供报警总表，按时间顺序记录报警信息，包括报警点名称、报警内容、确认状态等。系统还允许在线定义和改变报警状态、在线修改报警限值、在线改变报警优先级别。

3.2.3 系统时钟同步。SCADA系统可由GPS（全球定位系统）时钟提供标准时间，同时向主站系统的各个节点机器、RTU等发送对时命令，确保系统中所有重要设备的时钟保持同步，为生产运行优化、事故分析追溯提供可靠保障。此外，SCADA系统也可实现与网络上其他系统的对时服务，支持人工设置时间功能。

3.2.4 安全管理。SCADA 系统对每一个用户都有操作权限的定义，对每一个重要操作均可形成操作记录，同时通过完备的安全管理制度，以保证系统运行和生产操作的安全。

3.2.5 历史数据和报表处理。生产过程的重要工艺数据都应进行长期保存，SCADA 系统可对实时数据进行存储形成历史数据，从而为优化生产和事故分析提供依据。为了节省存储介质空间，可以对需要保存的数据进行压缩保存。

3.2.6 设备管理及监视功能。SCADA 系统能够以图形或文字的方式显示全系统的运行情况，包括对测控设备实时运行状态、网络运行、数据传输、系统各节点的进程、故障自动切换情况等的实时监视等。

3.3 SCADA 系统环境技术指标

3.3.1 系统供电要求

输入电压 220V AC（-15%～20%），输入频率 47～63Hz。

3.3.2 系统接地的要求

1）AC 安全接地。将各个主机架和扩展机架用低阻抗电缆连接到 AC 保护地，其供电电源的接地必须符合相关规定。

2）仪表信号接地。信号地允许相对于安全地浮动，每个电源模件都有一个内部的 RC 网用以限制信号地和安全地之间的电位差。

3）屏蔽接地。对于模拟信号，必须将连接现场电缆的屏蔽层单端接地，系统外部模拟终端板上备有屏蔽接线端子，当使用该端子时，应该利用外部的屏蔽总接线排给出一个靠近外部模拟终端板的连接点。

接地详细要求见 SH/T 3081《石油化工仪表接地设计规范》和 SH/T 3082《石油化工仪表供电设计规范》。

4 SCADA 系统维护作业安全等级规定

4.1 风险等级

根据 SCADA 系统维护作业内容对输油生产和作业人员的安全风险分析，按照安全风险危害程度，从高到低将 SCADA 系统维护作业安全等级划分为Ⅰ级、Ⅱ级、Ⅲ级。

1）作业过程中存在的安全风险，可能严重影响管道全线安全运行或对作业人员造成严重伤害，需将本站运行设备联锁保护临时解除、输油工艺运行流程上的远控阀门、设备全部切换到就地的维护作业，规定为Ⅰ级。

2）作业过程中存在的安全风险，可能影响全线运行或对作业人员造成一般伤害，需要将部分运行设备联锁保护临时解除或输油工艺流程上的部分远控阀门、设备切到就地的维护作业，规定为Ⅱ级。

作业过程中存在的安全风险，可能影响单站运行或对作业人员造成轻微伤害，以及需要加强运行人员巡检的维护作业，规定为III级。

4.2 Ⅰ级维护作业

4.2.1 Ⅰ级维护作业内容

1）管线压力顺序停泵保护相关的压力变送器、AI 通道、DO 通道的校验及其防雷浪涌保护器的测试，以及相关回路故障的排查；

2）管线压力硬线停泵保护相关的压力开关、DI 通道、DO 通道的校验及其防雷浪涌保护器的测试，以及相关回路故障的排查；

3）进出站压力保护和外输流量控制的调节阀、配比控制的调节阀维护，相关的远传压力、流量仪表、AI 通道、AO 通道的校验及其防雷浪涌保护器的测试，以及相关回路故障的排查；

4）站内工艺运行流程上的阀门远控测试，相关 DI、DO 通道的校验及其防雷浪涌保护器的测试，以及相关回路故障的排查；

5）管线远控阀室阀门远控测试及仪表和通道校验、防雷浪涌保护器的测试及相关回路故障的排查；

6）作业介质工作压力高于 10MPa 的高压管线上的仪表校验；

7）系统冗余切换测试；

8）阀门控制器冗余通信测试；

9）仪表电源可靠性测试和 UPS 电源维护；

10）储油罐液位联锁功能测试，液位计、液位开关及其 AI、DI 通道的校验；

11）PLC 程序的上传、下载及修改作业。

4.2.2 Ⅰ级维护作业风险

1）输油站硬线全跳泵、顺序停泵或 ESD 等造成本站多台设备联锁动作、产生水击或上下游站联锁动作，严重影响全线运行；

2）输油干线远控阀室阀门关动作，造成输油干线憋压漏油，上下游站联锁动作，严重影响全线运行；

3）输油站（油库）工艺运行流程上的阀门关动作，造成输油干线、站内管线憋压漏油，上下游站联锁动作，严重影响全线运行；

4）储油罐液位联锁功能测试不当，造成进库管线憋压或外输管线停输；

5）作业介质工作压力高于 10MPa 的高压管线上的仪表作业，作业过程中可能对作业人员造成严重伤害。

4.2.3 Ⅰ级维护作业安全措施

4.2.3.1 工艺安全措施

1）HSSE 各项措施已明确、落实；

2）运行操作人员在作业期间不得变更操作方案；

3）作业时输油站（油库）的工艺技术员必须在现场监护；

4）运行操作人员应注意观察相关参数，保证平稳操作；

5）如果操作涉及的介质有毒，执行有关安全措施；

6）工艺相关操作按有关工艺操作规定执行。

7）将与作业有关的控制回路切为手动操作；

8）有旁路开关的联锁保护系统，办理《仪表联锁工作票》后将旁路开关置于旁路状态；

9）作业时需打开调节阀旁通阀，调节阀改为旁通运行；

10）作业时调节阀需切为现场就地操作；

11）作业时工艺运行流程上的阀门执行机构、运行的输油设备全部切到就地位置；

12）确认相关联锁回路已摘除后，关闭仪表一次阀门，确认关断介质、完成泄压并达到拆卸仪表条件。

4.2.3.2 仪表安全措施

1）明确作业的工作危害和风险，HSSE 各项措施已明确、落实；

2）仪表作业人员明确作业地点、作业内容及作业方案；

3）待更换的备件性能完好，所需工具备齐全；

4）确认相关联锁回路已摘除后，关闭仪表一次阀门，确认关断介质并完成泄压后，关断仪表回路电源，确认达到拆卸仪表条件；

5）特殊仪表作业按特定的作业方案执行；

6）PLC 的系统组态修改、系统维护，须持有批准的调试工作票和现场作业票；

7）仪表作业人员进行组态修改等作业，在作业完成后，应向工艺交底，并做好作业前后的备份和记录；

8）作业时需要摘除的联锁回路软保护，已办理《仪表联锁工作票》，操作站上联锁保护的旁路开关已处于旁路状态；

9）作业时需要摘除的联锁回路硬保护，已办理《仪表联锁工作票》，PLC 机柜去变电所正常停泵和紧急停泵的信号已全部摘除。

4.3 Ⅱ级维护作业

4.3.1 Ⅱ级维护作业内容

1）运行状态下的输油泵、加热炉单体联锁保护相关的温度、压力远传仪表及相关 AI、RTD、DO 通道的校验；

2）罐区进出罐相关的阀门远控测试及其 DI、DO 通道的校验；

3）收发球区阀门、热力越站阀、压力越站阀、冷热油掺和阀的远控测试及其 DI、DO 通道的校验；

4）输油泵（给油泵）单体远控手动和逻辑启停测试及其相关的 DI、DO 通道的校验；

5）加热炉单体远控手动和逻辑启停测试及其相关的 DI、DO 通道的校验；

6）调控中心 SCADA 系统服务器维护、生产网通信设备维护、通信冗余测试；

7）罐区库存管理系统冗余通信测试；

8）作业介质运行温度高于 80℃的仪表校验；

9）作业介质运行压力高于 1.6MPa、低于 10MPa 的中压管线上的仪表校验；

10）与加热炉（锅炉）控制系统的冗余通信测试；

11）加热炉（锅炉）上的控制回路相关的仪表、AI、AO 通道的校验；

12）输油泵单体联锁测试；

13）加热炉（锅炉）单体联锁测试。

4.3.2 Ⅱ级维护作业风险

1）单台运行设备联锁动作，影响全线运行；

2）输油站（油库）与运行工艺流程相连的非运行流程上的阀门动作对工艺运行产生影响，或油库（罐区）非运行流程上阀门动作造成不同油品油罐串油，影响全线运行；

3）作业介质工作压力高于 1.6MPa、低于 10MPa 的中高压管线上的仪表作业，可能对作业人员造成一般伤害；

4）工作温度高于 80℃的仪表作业，可能对作业人员造成一般伤害；

5）调控中心直接运行指挥的管线全线数据中断，中控不能正常更新和显示，严重影响全线运行。

4.3.3 Ⅱ级维护作业安全措施

仪表维护人员对安全仪表系统的常规在线操作，主要包括在应用软件中对 I/O 点实施查找，对 I/O 点进行强制，以及配合工艺完成旁路操作等。

4.3.3.1 工艺安全措施

1）HSSE 各项措施已明确、落实；

2）运行操作人员在作业期间不得变更操作方案；

3）作业时输油站（油库）的工艺技术员必须在现场监护；

4）运行操作人员应注意观察相关参数，保证平稳操作；

5）如果操作涉及的介质有毒，执行公司有关安全措施；

6）工艺相关操作按公司有关工艺操作规定执行。

7）将与作业有关的控制回路切为手动操作；

8）作业时备用输油泵电机已切到模拟试验位置；

9）作业时需要摘除的联锁回路软保护，已办理《仪表联锁工作票》，操作站上联锁保护的旁路开关已处于旁路状态；

10）作业时需打开调节阀旁通阀，调节阀改为旁通运行。

4.3.3.2　仪表安全措施

1）仪表作业人员明确作业地点、作业内容及作业方案，明确作业的工作危害和风险；

2）已办理《仪表联锁工作票》，操作站上联锁保护的旁路开关已处于旁路状态。

3）待更换的备件性能完好，所需工具备齐全；

4）确认相关联锁回路已摘除后，关闭仪表一次阀门，确认关断介质并完成泄压后，关断仪表回路电源，确认达到拆卸仪表条件；

5）特殊仪表作业按特定的作业方案执行。

4.4　Ⅲ级维护作业

4.4.1　Ⅲ级维护作业内容

Ⅰ级、Ⅱ级维护作业外的只报警不联锁的工艺运行参数的远传仪表及其通道的校验，主要有以下参数（但不限于此）：

1）调节阀气源压力，作业介质压力低于 1.6MPa 压力管线上的仪表校验；

2）输油泵（给油泵）机组振动；

3）输油泵（给油泵）机械密封泄漏；

4）单机配置的操作员工作站维护，冗余操作员工作站维护；

5）污油系统联锁测试及其 AI、DI、DO 通道校验；

6）燃料油（气）系统测试及其 AI、DI、DO 通道校验；

7）泄放系统联锁测试及其 AI、DI、DO 通道校验；

8）与运行流程无关的阀门远控测试及其 DI、DO 通道的校验。

9）压力以外的非报警联锁参数仪表及其通道的校验；

11）SCADA 系统接地电阻测试；

12）变电所继保系统、流量计算机、超声波流量计的通信测试；

13）停输状态下的 SCADA 系统维护；

14）辅助生产区的仪表及其通道校验；

15）辅助生产区的阀门远控测试。

4.4.2　Ⅲ级维护作业风险

1）运行参数报警或影响报警参数正常显示；

2）输油站（油库）站控的所有运行参数不能显示；

3）辅助生产系统联锁动作；

4）作业介质工作压力低于 1.6MPa 的低压管线上的仪表作业，作业过程中可能对作业人员造成轻微伤害。

4.4.3 Ⅲ级维护作业安全措施

Ⅲ级维护作业应根据作业内容，分别按 4.2.3、4.3.3 选择对应的安全措施执行。

5 站控系统的运行与维护要求

5.1 运行要求

5.1.1 站控操作站的画面刷新时间应小于 2s。

5.1.2 站控系统机房的环境要求：

1）温度：18～28℃，温度变化率小于 5℃ /h。

2）相对湿度：35%～75% RH，湿度变化率小于 6% /h，不得结露。

3）防尘：颗粒小于 10μm 的灰尘浓度小于 0.2mg/m^3。

4）接地电阻：检查各机柜和工作站的接地情况，如果检测测得的接地电阻大于系统要求的接地电阻小于 4Ω 的技术要求，就要进行更换接地或采取其他的降阻措施。

5）照明：机柜间应有良好的照明条件，理想的照度为 8001～12001x，至少不能低于 3001x。

6）清洁清灰：定期对机柜间的机柜、工作站进行彻底的清洁工作；定期清洗 / 更换机柜里的过滤网、冷却风扇；模块在热插拔、除尘等过程中不能损坏，触摸到电子线路板时，必须佩戴防静电手环和使用防静电毛刷，以免静电损坏元器件或影响其性能；机架中的母槽及其底座也要进行清洗。

5.1.3 操作站、PLC 模块、现场仪表、通信设备等应有备品备件。

5.1.4 站控操作站的维护：

1）站控操作站不同级别的报警声音应正常开启。

2）站控操作站、PLC 等设备的时钟应一致，并且应通过时钟服务器自动同步。

3）操作站不应安装运行与 SCADA 系统无关的应用软件。

4）操作站必须禁用光驱、USB 接口，操作员不应使用操作站进行与生产无关的操作。

5.2 权限管理

SCADA 系统账户应按照操作权限配置。用户应使用自己的账户登录，执行授权范围内的操作内容。严禁擅自使用他人账户登陆 SCADA 系统。站控权限应按以下五级设置：

1）浏览：浏览流程图、参数表、趋势图、事件记录、报警记录。

2）操作员：指本站调度或运行操作人员。具有浏览、设备操作、报警处理等权限。

3）操作班长：指本站调度班长或运行班长。除具有操作员的所有权限外，还具有摘除或投用联锁保护的权限。

4）技术员：指本站仪表或工艺技术员。具有浏览、报警处理、摘除 / 投用联锁保护的权限，不具有设备操作权限。

5）维护管理员：指二级单位仪表管理人员或抢维修中心（队）维护工程师。具有账户配置、系统维护、浏览、报警处理、摘除 / 投用联锁保护、修改联锁保护值的权限，不具有设备操作权限。

5.3 日常巡检的内容和要求

5.3.1 站控值班员

5.3.1.1 站控值班员在岗巡查时，应进行仪表设备和站控系统巡检。

5.3.1.2 现场巡检内容和要求：

1）安装在管线或设备上的温度、压力、流量等取源部件无渗漏；

2）重点检查进出站、泵出入口汇管、加热炉的温度和压力参数，运行罐（罐旁显示仪）的液位参数；比对就地指示表、远传仪表现场显示值、站控操作站的显示值应一致。

5.3.1.3 站控室巡检内容和要求：

1）操作站的流程图、运行参数、趋势曲线显示正常，事件记录、报警功能正常；

2）管线泄漏监测工作站数据通信正常；

3）库存管理工作站运行正常。

5.3.1.4 调节阀巡检内容和要求：

1）阀位调节应稳定，无振荡现象；

2）气源压力应在 0.6～0.8MPa；

3）气源干燥设备运行正常；

4）调节阀与管道连接处无渗漏；

5）阀腔压力泄放阀无渗漏。

5.3.1.5 泄压阀巡检内容和要求：

1）泄压阀前后管线及连接件无渗漏；

2）操作站上无泄压阀的相关报警。

5.3.2 站场技术员

每天应进行 1 次巡检，发现问题及时处理和上报，认真填写巡检记录，巡检内容和要求如下：

5.3.2.1 现场仪表

1）仪表零部件、铭牌、位号牌是否完整，卫生情况，有无严重腐蚀，结露、漏液现象；

2）仪表校验合格标签清晰、完整、有效；

3）仪表的接地线牢固，仪表电缆的防爆密封情况良好。

5.3.2.2 调节阀

1）排放调节阀供气管路的冷凝水；

2）通过调节阀前后差压判断调节阀有无堵塞情况。

5.3.2.3 泄压阀

1）氮气控制柜内管线有无泄漏，氮气瓶手轮或扳手等附件是否齐全；

2）氮气瓶压力是否正常，压力不足时及时更换氮气瓶；

3）泄压阀阀腔压力表示值与泄放压力设定值是否相符。

5.3.2.4 站控值班室

询问站控值班人员，了解有关仪表运行情况，并处理值班人员反映的问题。

5.3.2.5 站控系统机房及 PLC 机柜

1）机房内温度、湿度是否符合要求；

2）机房内防静电、防鼠设施是否符合要求；

3）机房和机柜内有无异味；

4）机柜内 220V AC、24V DC 供电电源工作状态；

5）柜内 PLC 的热备运行状态；

6）PLC、RTU 及其 I/O 模块有无故障指示；

7）机柜内的生产网交换机、第三方通信设备的通信接口指示灯状态；

8）机柜内风扇、照明工作是否正常；

9）机柜内接地线是否牢固。

5.3.2.6 UPS 电源

检查 UPS 运行状态，有无故障报警。

5.3.2.7 远控阀室

站场技术员按照巡检周期的规定，负责定期对所管辖远控阀室的仪表、RTU 进行现场巡检，认真填写巡检记录。

1）安装在管线上的压力取源部件有无渗漏；

2）仪表零部件、铭牌、位号牌是否完整，卫生情况，有无严重腐蚀、结露、漏液现象；

3）仪表校验合格标签是否清晰、完整、有效；

4）仪表的接地线是否牢固，仪表电缆的防爆密封情况；

5）比对压力表、压力变送器现场显示值、SCADA 系统中控显示值是否一致；

6）阀室 RTU 机柜间的温度、湿度是否符合要求；

7）RTU 机柜内电源工作状态；

8）RTU 及其 I/O 模块有无故障指示；

9）生产网交换机的通信接口指示灯状态；

10）RTU 机柜内有无异味；RTU 机柜内接地线是否牢固。

5.4 定期维护

5.4.1 一般要求

1）站控系统维护周期为 1 年；

2）现场仪表设备的维护依据《自动化仪表运行维护技术手册》执行；

3）维护前应编制方案，方案应报相关主管部门审批；

4）系统在线维护的全过程，应依据相关管理规定、履行相应安全措施。

5.4.2 站控系统的维护内容

1）压力、温度仪表现场校验；

2）PLC 通道测试；

3）报警和联锁测试；

4）系统冗余功能测试；

5）工作站维护；调节阀、泄压阀维护与测试；

6）输（给）油泵、电动阀、加热炉炉等输油设备的控制功能测试；

7）第三方通信检查和测试，包括阀门控制器、流量计、变电控制系统、液位计系统等；

8）液位、流量等参数的现场比对；

9）接地系统维护。

5.4.3 定期系统更新

受到操作系统、PLC 固件升级等因素，在不影响输油运行的前提下，需要及时对站控 Windows 操作系统、组态软件、PLC 软件、PLC 固件等进行更新、升级。系统或升级需要做好变更申请，其方式根据管线 SCADA 系统运行的实际情况而定，通常包括部分更新和整体更新两种方式。第一种方式，通过对系统主要部件（主处理器及关键卡件）进行部分更新，可以实现系统稳定运行寿命的延长。第二种方式，对系统实施整体更新，及整体更新为一套新的系统，整体更新流程包括分析评估、授权、实施和再验证。

5.5 资料管理

5.5.1 维护单位完成维护工作后应及时出具维护测试记录和校验证书，及时将维护工作总结和测试记录上报相关单位和主管部门。

5.5.2 对各操作站的驱动程序、安装软件等进行原盘存档，并另行备份。

5.5.3 利用移动硬盘，对操作站历史数据、报警事件记录、应用程序进行双份备份，标明备份时间，并由相关部门、单位分别保管。

5.5.4 所有维护测试记录表格均应如实填写，归档保存。

6 中控系统的运行与维护要求

6.1 运行要求

6.1.1 操作站的画面刷新时间应小于 2s。

6.1.2 SCADA 中控服务器和工作站机房的环境要求：

1）温度：18～28℃，温度变化率小于 5℃ /h。

2）相对湿度：35%～75% RH，湿度变化率小于 6% /h；不得结露。

3）防尘：颗粒小于 10μm 的灰尘浓度小于 0.2mg/m^3。

4）清洁清灰：定期对服务器间的服务器机柜、服务器、工作站等进行彻底的清洁工作；机柜里的空气过滤网和冷却风扇要定期清洗、定期更换；触摸到电子线路板时，必须佩戴防静电手环和防静电毛刷，以免静电损坏元器件或影响其性能。

6.1.3 中控操作站的维护

1）不同级别报警声音应正常开启。

2）中控服务器、工作站等设备的时钟应一致，并且通过时钟服务器同步。

3）操作站不应安装运行与 SCADA 系统无关的应用软件。

4）操作站必须禁用光驱、USB 接口，操作员不应使用操作站进行与生产无关的其他操作。

6.2 权限管理

SCADA 系统账户应按照操作权限配置。用户应使用自己的账户登录，执行授权范围内的操作内容。严禁擅自使用他人账户登陆 SCADA 系统。中控权限应按以下四级设置：

1）浏览：浏览流程图、参数表、趋势图、事件记录、报警记录。

2）调度员：指中心调度。具有浏览、设备操作、报警处理的权限。

3）调度值班长：指中心调度值班长。除具有调度员的所有权限外，还具有摘除或投用联锁保护的权限。

4）维护管理员：指运销处仪表管理人员或抢维修中心维护工程师。具有账户配置、系统维护、浏览、报警处理、摘除 / 投用联锁保护、修改联锁保护值的权限，不具有设备操作权限。

6.3 日常巡检

中控维护人员负责每天上午、下午对调控中心 SCADA 系统进行 1 次巡检，认真填写巡检记录，并履行相关签字报告手续，巡检内容包括：

1）检查各站场（油库）远控阀室通信状况；

2）检查各服务器、工作站、交换机双网运行状态；

3）检查各站场（油库）工艺参数及趋势曲线是否异常；

4）检查各管线泄漏检测系统工作站的运行情况；

5）检查异常报警和异常事件记录；

6）处理调度反映或记录的相关问题。

巡检人员发现问题应记录故障现象、分析原因并及时处理，不能解决的问题及时上报。

6.4 定期维护

6.4.1 一般要求

1）维护人员应有很强的责任心和安全意识，应熟悉 SCADA 系统，了解服务器和工作站软硬件运行，具备一定的处理问题能力；

2）中控维护人员和系统维护人员要持证上岗，人员要基本固定；

3）维护人员进入调控中心，应进行登记；

4）维护单位应配备专用的移动存储设备，确保无病毒，维护人员使用移动存储设备前应取得主管人员的许可；

5）维护过程中所有输油设备由运行人员操作，严禁维护人员擅自操作；

6）进行服务器保洁时，应在服务器停机后进行，并采取消除静电措施，停机前应做好应用程序和数据库备份；

7）每年组织 2 次事故演练和讲评，提高系统维护水平。

6.4.2 服务器维护

6.4.2.1 服务器检查要求

1）定期检查服务器存储空间发现问题及时处理。

2）定期检查服务器备份盘。

3）定期将各管网 SCADA 系统服务器历史数据归档文件备份至服务器硬盘，定期将服务器的归档文件下载并保存至两套专用存储硬盘，异地存放。数据保存期为 1 年半及以上。

4）每季度更改服务器登录密码。

6.4.2.2 事件和报警记录归档要求

1）将事件和报警记录的存档文件备份；

2）定期将备份的存档保存至专用硬盘，保存期为 5 年。

6.4.2.3 应用程序和数据库备份要求

1）定期对各台服务器的主要应用程序和数据库进行 1 次备份；

2）对服务器应用程序和数据库进行维护时，维护前后均应做好备份工作；

3）服务器切换各管线 SCADA 主备服务器，定期手动进行 1 次主备切换；

4）服务器保洁。定期对各线 SCADA 服务器进行 1 次外部和内部清洁。两台热备的服务器交替清洁，保证调控中心 SCADA 系统运行正常；

5）服务器硬件性能检查和测试。定期对服务器进行 1 次全面的硬件检查和测试，保证服务器硬件运行正常。

6.4.3 工作站维护

1）工作站运行时禁用 USB 端口功能；使用维护专用移动硬盘对工作站的下列文件进行备份，备份完毕禁用 USB 端口功能；

2）定期检查工作站软件、硬件均正常运行；检查时钟同步软件是否安装运行，与生产网 GPS 服务器是否连接正常，确认工作站的时间应与 GPS 服务器同步；

3）定期检查各台工作站防病毒软件的运行情况和扫描结果，确认定期查杀功能正常开启，检查历史查杀记录，确认工作站杀毒软件与生产网病毒服务器连接正常，确保病毒库是系统厂家确认的最新版本。防病毒安全检查发现病毒后按照《仪表设备管理制度》的规定执行；

4）定期监察硬盘存储空间是否充足，如果空间不足应对磁盘上的旧文件、垃圾进行文件清理，清理前应做好必要的备份；

5）定期对工作站的主要应用程序进行 1 次备份；修改工作站程序前后均应做备份工作；工作站均应做操作系统备份，备份系统时工作站应运行正常、无病毒；

6）每季度更改工作站登录密码。

6.4.4 功能测试

6.4.4.1 控制功能测试

1）定期对各管线 SCADA 系统中控的控制功能进行 1 次测试，包括调节阀、加热炉等设备的控制和调节、输油设备的启停控制；

2）定期对各管线远控阀室的截断阀进行至少 1 次开关测试，并建立远控阀室测试及更换备件台账，有更新则及时上报运行部门；

3）中控测试宜与站控维护相结合；

4）对测试中发现的 SCADA 系统问题及时处理解决；

5）测试完成后及时提交管线的测试报告。测试报告应包括工作量完成情况、测试中发现的问题及处理情况、未测试内容原因说明、未测试内容计划安排。

6.4.4.2 参数显示和报警功能检查

1）定期对各管线 SCADA 系统中控和各站控的运行参数进行 1 次核对，确保一致；

2）定期结合站控进行的通道和报警测试，对中控的参数报警值和报警记录进行检查。

6.4.4.3 参数设定和修改测试

1）定期对所有中控可设定的参数进行参数设定测试；

2）事件和操作记录检查；

3）定期在中控和站控测试时对设备操作的事件和操作记录进行检查。

6.4.4.4 通信线路切换测试

1）定期对调度中心至各站控生产网通信线路进行主备线路切换测试，保证调度中心至各站控的主备线路通信冗余；

2）中控系统维护人员检查线路切换过程中 SCADA 系统服务器运行和数据通信情况并记录，及时将测试中存在的通信问题反馈给通信维护部门。

6.4.4.5 系统时间同步检查

1）定期检查 GPS 的运行情况；

2）定期检查调控中心操作站和各服务器的时间同步软件的运行情况，确保所有操作站的时间与 GPS 时钟一致。

6.4.4.6 VNC 远程访问软件的使用

1）调控中心工作站安装 VNC viewer，站控工作站安装 VNC server。

2）使用 VNC 前应向运销处申请，并征得输油站运行人员同意。并限制远程访问的时间，有效监控远程访问的操作。

3）每季度更改 VNC 密码，由维护和主管人员保存。

6.4.5 资料管理

1）对各服务器、工作站的系统光盘、驱动程序、安装软件进行原盘存档，并另行备份。

2）利用移动硬盘，对服务器归档数据、报警事件记录、应用程序以及工作站程序进行双份备份，分别由运销处、抢维修中心保管，存档文件应标明备份时间。

3）所有的巡检和维护测试记录表格均应如实填写，归档保存。

4）所有资料按管线进行分类管理，所有数据及程序备份异地存储。

7 检修测试与质量标准

7.1 系统维护人员准备

7.1.1 维护人员包括仪表维护人员和系统维护人员。仪表维护人员应具备相关的专业知识和能力，具备有效的仪表检定资格；系统维护人员应具备相关的专业知识和持有 SCADA 系统集成商颁发的培训证书。

7.1.2 维护人员应根据维护内容配置相应的维护设备、工具及完善合规的防护设备。主要维护设备（信号源、万用表、钳形表等）的性能、精度等级和数量应满足现场开展 SCADA 系统维护工作的要求；维护设备中的计量标准仪器应按规定期限送检，不应超期使用；系统专用工具，包括测试专用软件、测试程序、测试专用设备等保证好用。

7.1.3 所有维护人员应熟知仪表及 SCADA 系统的相关规程、规范、标准、制度及安全规定。

7.1.4 每项维护作业应至少有两名作业人员，作业时应一人操作，一人监护；站场 SCADA 系统维护小组应配置专（兼）职 HSSE 人员和质量检查人员，对作业全过程的 HSSE 措施和质量控制点进行检查确认。

7.1.5 维护作业防护设备应保证在其安全有效期内使用。

7.2 维护流程及注意事项

7.2.1 维护单位应按照规定的维护周期，在每年年初制定各条管线的维护计划，并上报主管部门审批。

7.2.2 针对每条管线的维护，维护单位应分别编制详细、规范的中控系统维护方案和站控系统维护方案。方案中应包括 HSSE 和维护质量控制关键点的相关内容，站控系统维护方案应包括每个输油站的系统维护内容。

7.2.3 各站具体的维护工作时间安排，维护单位应至少提前一周上报调控中心备案。

7.2.4 规范维护方案和调试工作票的办理，认真分析各项作业的风险，逐项制订合理的安全措施，严禁在不必要的情况下将联锁保护全部解除。

7.2.5 《仪表现场作业票》由二级单位负责办理和审批，但现场作业前应通过调度电话向调控中心汇报，并将《仪表现场作业票》传真给公司调控中心备案。二级单位应按要求对《仪表现场作业票》各办理环节把关：作业人员负责填写作业内容、涉及的设备和安全措施，二级单位和基层站队的运行、工艺、仪表人员负责审核安全措施及落实情况，并认真履行作业过程的监管职责。

7.2.6 临时摘除或恢复联锁保护前，必须办理《仪表联锁工作票》。临时摘除的联锁保护在仪表作业完成后必须当天及时恢复。

7.2.7 维护过程中，应严格按照维护方案和维护作业指导书的要求进行，应严格执行工作票制度和相关的检测、校验规程。

7.2.8 维护过程中，所有运行管线的流程切换、工艺阀门、输油设备操作等作业，全部由调度人员操作，严禁维护人员擅自操作。

7.2.9 维护作业完成后，应及时对每个站点、每条管线的维护情况进行总结，并及时完成相关维护资料的交接、归档和上报。

7.3 PLC 通道测试

7.3.1 AI 通道测试

1）切断回路电源，在现场或机柜内解除该通道对应的接线，连接好测试设备后恢复回路供电。

2）将 0～100%量程均分 3 点，使用标准信号源给定标准电流信号，观察并记录上位机数据。测量的实际误差值在通道标称精度允许范围内的，该通道判定为正常。若误差值超限，则需更换该通道对应的模块，并重新测试直至正常。

3）测试完成后，切断回路电源，在现场或机柜内恢复该通道对应的接线，撤除测试设备、确认接线正确后恢复回路供电。

质量控制点：通道保险完好、接线紧固、接线箱密封良好。

7.3.2 RTD 通道测试

1）在现场解除通道对应的接线，并按照 A、B、C 做标识，连接好测试设备；

2）将 0～100%量程均分 3 点，给定标准电阻信号，观察并记录上位机数据。测量的实际误差值在通道标称精度允许范围内的，该通道判定为正常。若误差值超限，则需更换该通道对应的模块，并重新测试直至正常；

3）测试完成后，在现场或机柜内恢复该通道对应的接线，撤除测试设备、确认接线正确后恢复回路供电。

质量控制点：接线紧固、线序标识清晰、接线箱密封良好。

7.3.3 AO 通道测试

1）切断回路电源，在现场或机柜内解除该通道对应的接线，连接好测试设备后恢复回路供电；

2）由操作人员在上位机将 0～100%量程均分 3 点，发送调节或设定命令，测试人员在现场或机柜内使用检测设备测量并记录回路数值。测量的实际误差值在通道标称精度允许范围内的，该通道判定为正常。若误差值超限，则需更换该通道对应的模块，并重新测试直至正常；

3）测试完成后，切断回路电源，在现场或机柜内恢复该通道对应的接线，撤除测试设备、确认接线正确后恢复回路供电。

质量控制点：通道保险完好、接线紧固、接线箱密封良好。

7.3.4 DI 通道测试

1）在现场或机柜内解除通道接线，用导线短接该通道对应的端子，观察并记录上位机显示及事件记录。若显示正常，则该通道判定为正常。若显示不正常，确认为通道故障的，可更换该通道对应的模块，并重新测试直至正常；

2）测试完成后，在现场或机柜内恢复该通道对应的接线并确认正确。

质量控制点：通道保险完好、接线紧固、接线箱密封良好。

7.3.5 DO 通道测试

1）由操作人员在上位机发送该通道对应的控制命令，同时观察并记录上位机事件记录，测试人员在现场观察控制设备的动作情况，如响应正常，则该通道判定为正常。若不正常，确认为通道故障的，可更换该通道对应的模块，并重新测试直至正常；

2）测试完成后，在现场或机柜内恢复该通道对应的接线并确认正确。

质量控制点：继电器完好、接线紧固。

7.3.6 PI 通道测试

1）切断回路电源，在现场或机柜内解除该通道对应的接线，连接好测试设备后恢复回路供电；

2）按照 0～100%量程均分 3 点给定标准脉冲信号，观察并记录上位机数据。测量的实际误差值在通道标称精度允许范围内的，该通道判定为正常。若误差值超限，则需更换该通道对应的模块，并重新测试直至正常。

质量控制点：通道保险完好、接线紧固、接线箱密封良好。

7.3.7 输油泵、给油泵控制功能测试

1）由运行人员确认现场工艺流程满足测试要求，确认待测泵及其进出口阀门处于远控状态，现场紧急停车按钮处于弹出状态。由变电所操作人员将该泵的高压开关置于远控试验位置；

2）手动控制测试：运行人员在上位机分别发出手动启动、停止和紧急停泵指令，现场及站控的测试人员在各指令发出后，分别检查和记录现场设备的响应情况，包括泵的状态变化、现场和上位机显示的一致性、上位机事件记录等；

3）逻辑控制测试：运行人员在上位机分别发出逻辑启动、停止和紧急停泵指令，现场及站控的测试人员在各指令发出后，分别检查和记录设备的响应情况，包括进出口阀门的动作、泵的状态变化、现场和上位机显示的一致性、上位机事件记录等；

4）如果测试正常，检查并确认设备状态及参数显示无误，由运行人员恢复原流程，由变电所操作人员将该泵的高压开关柜恢复至原来位置。该泵逻辑启停功能测试完成；

5）若测试中存在问题，应分析原因，排除故障后重新按上述步骤测试。

质量控制点：电气远控试验位确认、原有工艺流程恢复。

7.3.8 加热炉逻辑控制功能测试

1）由运行人员确认现场工艺流程满足测试要求。确认待测加热炉参数显示无异常，燃料油系统切断、进出口阀门处于远控全开状态、现场紧急停炉按钮处于弹出状态。

2）修改出炉温度设定值，使其高于当前实际出炉温度。

3）启、停炉测试：运行人员在上位机分别发出加热炉启动、停止指令，现场及站控的测试人员在各指令发出后，分别检查和记录设备的响应情况，包括炉前控制柜上的指示灯状态、现场和站控的状态一致性和上位机事件记录等。

4）紧急停炉测试：运行人员在上位机发出加热炉紧急停炉指令，现场及站控的测试人员在各指令发出后，分别检查和记录设备的响应情况，包括炉前控制柜上的指示灯状态、进出炉阀门状态、紧急放空阀门状态、热力越站阀门状态、冷热油掺和阀状态、现场和站控的状态一致性和上位机事件记录等。

5）测试人员需在现场收到启炉指令后及时短接运行指示信号，在现场接收到停炉指令后及时撤除运行指示信号。

6）如果测试正常，检查并确认设备状态及参数显示无误，由运行人员恢复原流程。该炉控制功能测试完成。

7）若测试中存在问题，应分析原因，排除故障后重新按上述步骤测试。

质量控制点：紧急放空阀、进出口阀、冷热油掺和阀状态确认，原有工艺流程恢复。

7.4 系统冗余功能测试

由运行人员确认现场工艺流程满足测试要求，将所有运行的设备切换在就地状态，

并由技术员摘除运行泵的停泵保护输出，防止CPU切换时冗余功能不正常造成设备误动作；检查确认机柜内PLC系统的主从CPU、以太网模块及远程I/O工作正常、上位机显示的各项参数正常；调节阀置于就地控制。

7.4.1 CPU冗余测试

1）检查确认当前PLC系统的主从CPU是否处于正常工作状态，即主CPU工作，从CPU备用并实时扫描主CPU的工作状态；

2）断开主CPU 电源，观察并记录从CPU是否能从备用状态无扰动切换至工作状态。如能正常切换，则合上原主CPU 电源，观察并记录该CPU是否能切换至备用状态。如能正常切换，则断开原从CPU 电源，观察并记录原主CPU是否能从备用状态无扰切换至工作状态。如能正常切换，则合上原从CPU 电源，观察并记录该CPU是否能切换至备用状态；

3）断开主CPU机架上的两个网卡网线，观察并记录CPU是否能无扰切换；

4）断开主CPU机架上远程I/O模块的两根同轴电缆，观察并记录CPU是否能无扰切换；如测试结果正常，则完成CPU的冗余功能测试。如CPU工作状态不正常，则分析并处理故障后按上述步骤继续完成测试。

7.4.2 PLC机架电源模块冗余测试

1）测试主备机架上电源模块冗余功能：切断其中一个模块的供电，观察并记录另一个模块能否正常供电。如正常，则恢复供电后断开另一个模块的供电，观察远程机架及CPU等是否工作正常，如正常，则说明电源模块冗余正常；

2）测试远程机架电源模块，断开远程机架一块电源模块的供电，观察远程机架是否正常工作。如正常，则恢复接线后断开远程机架另一块电源模块接线，观察远程模块是否正常工作，如正常，则说明双220V电源模块冗余正常；

3）如上述测试结果均正常，则完成电源模块的冗余功能测试。如结果不正常，则分析并处理故障后按上述步骤继续完成测试。

7.4.3 远程I/O A、B网双电缆冗余测试

1）断开远程I/O机架上通信模块A网电缆，观察上位机各参数是否正常，如正常，则恢复A网电缆，后再断开B网电缆，观察上位机各参数是否正常；

2）如上述测试结果均正常，则完成A、B网双电缆冗余测试。如结果不正常，则分析并处理故障后按上述步骤继续完成测试。

7.4.4 I/O A、B网双电缆冗余测试

主机架PLC配置A、B网网卡2块（A1、B1），备机架PLC配置A、B网网卡2块（A2、B2），进行以下测试：

1）拔出 A1 网线，观察数据是否正常，恢复 A1 网线；

2）拔出 A2 网线，观察数据是否正常，恢复 A2 网线；

3）拔出 B1 网线，观察数据是否正常；恢复 B1 网线；

4）拔出 B2 网线，观察数据是否正常，恢复 B2 网线；

5）如以上测试正常，拔出 A1、B1 网线，观察主备 CPU 是否切换；

6）如上述测试结果均正常，则完成 PLC 以太网冗余测试。如结果不正常，则分析并处理故障后按上述步骤继续完成测试。

7.4.5 调控中心通信冗余测试

在征得输油站、输油处、调控中心同意后，由测试人员在站场和调控中心同时开展测试；

1）主备 DNP 网关冗余测试流程：

2）确认站场 RTU 或 DNP 设备工作正常；

3）断开 PLC 与调控中心通信的主 RTU 或 DNP 设备，确认中心显示参数正常后，恢复主 RTU 或 DNP 设备通信；

4）断开 PLC 与调控中心通信的从 RTU 或 DNP 设备，如确认中心显示参数正常，则证明 DNP 网关冗余功能正常。

7.4.6 主备交换机冗余测试流程

1）确认站场主备交换机设备工作正常；

2）断开主交换机连接路由器的网线，确认中心显示参数正常后，恢复主交换机通信；

3）断开备交换机连接路由器的网线，如确认中心显示参数正常，则证明交换机冗余功能正常。

7.4.7 主备路由器冗余测试流程

1）确认站场通信机柜中主备路由器设备工作正常；

2）断开 PLC 与调控中心通信的主路由器通信，确认中心显示参数正常后，恢复主路由器通信；

3）断开 PLC 与调控中心通信的备路由器通信，如确认中心显示参数正常，则证明 PLC 与中心通信路由器冗余功能正常；

4）如上述测试结果均正常，则完成调控中心通信冗余测试。如结果不正常，则分析并处理故障后按上述步骤继续完成测试。

5）恢复工作。上述测试全部完成后，检查确认所有被测设备的状态及参数均正常后，由各级调度操作人员恢复原有生产流程。系统冗余功能测试作业全部完成。

7.4.8 电动阀测试

现场电动阀一般分为总线型和I/O形，虽然二者控制方式不同，但测试方法及流程相同。电动阀一般采用联校方式。电动阀测试流程为：

1）记录电动阀当前控制方式及开关状态；

2）进行就地、远控状态切换测试，并与上位机显示比对；

3）在远控状态下，运行人员在上位机分别控制电动阀全开、全关和停止，现场记录全关至全开电动阀动作所需的时间。同时与上位机的状态显示进行对比，并检查事件记录是否对应；

4）完成一个电动阀的测试后，恢复该阀门的原有工作状态并确认工作正常，检查上位机显示，确认阀门状态显示正常；

5）完成一个站点所有电动阀的测试及恢复工作、检查设备状态正常后，由站方操作人员恢复相应流程和现场设备的初始状态。

7.4.9 泵机组报警和联锁测试

1）确认输油泵（给油泵）处于停运状态，进出口电动阀置于远控状态，同时由变电所操作人员将泵试验（空投）位置；

2）现场模拟给定待测回路一个正常数值，确保站控调度人员能够将该泵置于模拟运行状态；

3）模拟给定该回路的参数值至设定的报警值，检查确认上位机的报警显示和事件记录。报警值测试宜结合PLC AI通道测试同步进行；

4）模拟给定该回路的参数值至设定的联锁值，检查确认上位机的报警显示、事件记录以及泵的运行状态变化；

5）由变电所操作人员复位该泵的报警信息；

一个回路的联锁停泵功能正常后，保持变电所该泵的高压开关柜的试验位置不变，断开去变电所的联锁停泵（即单泵的紧急停泵）通道接线，以确保其他回路的联锁测试不再和变电所联动，并将该泵重新置于模拟运行状态；

逐一模拟给定所有其他报警联锁回路数值，重复进行3）、4）项测试，此时通过直接观测联锁停泵继电器上的信号，来确认泵的运行状态变化；

6）所有回路测试完成后，变电所恢复该泵的高压开关柜至原来位置或调度指定的位置，恢复仪表回路的接线。该泵的报警联锁功能测试完毕。

7.4.10 加热炉报警和联锁测试

1）确认加热炉处于停运状态，切断燃料供应系统；

2）设定出炉温度高于当前实际出炉温度，模拟该炉运行状态；

3）模拟给定联锁回路的参数值至设定的报警值，检查确认上位机的报警显示和事件记录；

4）模拟给定该回路的参数值至设定的联锁值，检查DO模块、继电器停炉信号的状态变化，以及炉前控制柜内停炉信号灯的状态变化，检查上位机报警和事件记录；

5）参数联锁停炉应执行正常停炉逻辑，进出炉阀门、紧急放空阀、热力越站阀均不应联动；

6）一个回路的联锁停炉功能正常后，将该炉重新置于模拟运行状态；

7）逐一模拟给定所有其他报警联锁回路数值，重复进行3）、4）项测试；

8）所有回路测试完成后，恢复加热炉原有状态及工艺流程，恢复仪表回路的接线。该炉的报警联锁功能测试完毕。

7.4.11 管线压力联锁测试

1）管线压力联锁顺序停泵及全跳泵测试，宜在该站输油泵全部停运时进行；

2）所有输油泵单泵参数超限报警联锁测试已完成，且功能正常；

3）断开所有运行泵去变电所的联锁停泵（即单泵的紧急停泵）通道接线；

4）确认将所有输油泵置于试验位置，并置于模拟运行状态；

5）出站调节阀置于手动状态；

逐一模拟输入压力值（进站压力、泵入口、出口汇管压力、出站压力）至报警和联锁值，逐一模拟管线压力开关动作，直接测量DO模块和继电器上各输油泵联锁停泵信号状态的顺序变化情况；检查报警和事件记录；

测试完恢复相关的通道及仪表接线，变电所恢复高压开关柜至原来位置或调度指定位置。检查确认设备状态及参数显示无误，由调度恢复原有的工艺流程。

7.4.12 第三方设备（阀门控制器通信）通信检查

1）检查阀门控制器主备机的冗余运行指示灯均正常；

2）检查阀门控制器阀门环路指示灯正常，闪烁应无明显停顿；

3）在阀门控制器面板上检查是否连接所有环路上的阀门；

4）在站控界面检查阀门环路通信状态图上无异常报警。

对于流量计、变电所控制系统、液位计系统等第三方通信设备，应首先检查通信设备的运行状态，通信线路的连接状态和通信数据显示状态，如一切正常，则无需做其他测试工作。若发现问题，可以使用通信测试软件逐环节进行测试，查找故障原因并予以解决。

7.4.13 加热炉（锅炉）PLC通信测试

1）检查确认当前加热炉（锅炉）PLC的主备控制器是否处于正常冗余工作状态；

2）断开加热炉（锅炉）PLC主控制器网线，观察并记录备控制器是否能从备用状态无扰切换至工作状态、站控界面是否仍正常显示，如正常则恢复主控制器网线；

3）对于加热炉（锅炉）PLC与站控PLC采用MB+网通信的，测试方法与上述以太网通信方式类似，断开同轴电缆即可。

7.4.14 接地线路检查

1）确认各仪表柜工作地汇总排和保护地汇总排分别连接到总接地排上；

2）柜内所用工作接地线缆和保护接地电缆都分别连接到对应汇总排；

3）用万用表分别测量保护地汇总排到总接地排、工作地汇总排到总结地排的连接电阻，电阻值应小于 1Ω ；

4）用接地电阻测试仪测试总接地极接地电阻，电阻值小于 4Ω。

质量控制点：工作地与保护地分离，连接稳固，电阻值合格。

8 SCADA 系统常见故障

8.1 中控与站控系统通信中断

8.1.1 故障现象：站控数据显示正常，中控数据无法显示或不刷新。

8.1.2 工具配置：笔记本电脑、故障站点软件备份、网线、同轴电缆制作及测试工具、万用表等。

8.1.3 初期故障分析处理方法：

1）先诊断从中心服务器到站控网关的网络连接是否中断，若中断则找信息中心人员进行处理；

2）查 PLC 机柜内与中心通信的 RTU 是否正常，RTU 数据交换指示灯是否正常，如果数据交换指示异常，进行 RTU 重启复位；

3）检查 PLC 机柜内通信以太网模块是否显示正常，中心服务器到站控以太网模块 IP 是否良好，若中断则检查站控 PLC 机柜内一切与中心通信的设备；

4）检查连接的交换机指示灯信息是否正常；

5）定位故障网络设备和故障部件，停止故障设备的运行，更换故障部件；

6）恢复网络设备配置，进行故障设备测试，直至故障消除。

8.2 PLC(RTU) 故障或功能异常

8.2.1 故障现象：站控数据无法显示或不刷新，PLC 系统显示状态异常。

8.2.2 工具配置：笔记本电脑、故障站点软件程序备份、万用表、网线、同轴电缆制作及测试工具、常用仪表工具和防静电腕带等。其他要求：中控运行人员、故障站点运行及专业技术人员配合。

8.2.3 初期故障分析处理流程、初期故障分析处理方法：

1）先诊断从中心服务器到站控网关的网络连接是否中断，若中断则找信息中心人员进行处理；

2）解除相关联锁保护，将调节阀、变频器等远控调节设备切换至就地操作模式；

3）进行主－备冗余单元切换，观察系统是否可在非冗余模式下正常运行；

4）重新对 PLC 上电（CPU 单元），观察 PLC 指示灯是否显示正常，并将指示灯情况拍照后反馈给抢修人员；

5）若怀疑为 PLC 模块故障，采用备件替换测试的方法，逐一测试，判定故障模块并更换；

6）待 PLC 运行正常，方可投用联锁保护、恢复远程控制功能。

8.3 PLC 系统异常

8.3.1 故障现象：CPU 故障报警，冗余 CPU 不同步，CPU 与 I/O 通信异常，I/O 模块报警。

8.3.2 工具配置：笔记本电脑、万用表、常用仪表工具。备品备件要求：PLC 的 I/O 模块与通信模块备件、网线和防静电腕带等。其他要求：中控运行人员、故障站点运行及专业技术人员配合。

8.3.3 初期故障分析处理流程、分析处理方法：

1）首先根据 HMI 显示的报警信息与 CPU 模块的液晶屏显示信息判断是哪种类型的故障。

2）根据故障信息检查对应设备的指示灯状态。

3）若电池缺电，需要在 CPU 不停电的情况下更换同型号的电池。

4）若通信故障，首先检查通信线是否有松动现象，用万用表检查通信是否有中断，若排除通信线的问题后需利用备件进行替换测试，对故障模块进行维修或更换。

5）若 CUP 故障，需要用笔记本电脑或者站控电脑用编程软件连接 CPU，查看具体的故障信息，根据故障描述作相应的处理。试用 CUP 的故障清除功能。

6）若冗余不同步，对主模块不做处理，对备模块进行重新上电或者执行同步操作。

8.4 站控系统上下位机通信中断

8.4.1 故障现象：站控上位机运行正常，但数据无法显示或不刷新，PLC 系统显示状态正常。

8.4.2 工具配置：笔记本电脑、故障站点软件程序备份、万用表、网线、同轴电缆制作及测试工具、常用仪表工具和防静电腕带等。其他要求：中控运行人员、故障站点运行及专业技术人员配合。

8.4.3 初期故障分析处理流程、初期故障分析处理方法：

1）按规范Ⅰ、Ⅱ、Ⅲ级分类要求做好相应应急处置；

2）检查 A 网、B 网交换机、电脑以太网卡、PLC 以太网卡工作状态、数据交换指示灯是否正常；

3）从站控主机测试到 PLC 以太网卡 A、B 链接是否正常（ping 指令），如果不正常，检测网络物理链接和硬件工作状态；

4）检查主机网络配置参数是否正常，如 IP 配置信息、PLC 访问配置信息；

5）定位故障网络设备和故障部件，停止故障设备的运行，更换故障部件；

6）恢复网络设备配置，进行故障设备测试，直至故障消除。

8.5 站控系统上位机瘫痪

8.5.1 故障现象：站控系统上位机无法正常运行、操作系统无法进入、应用软件无法正常工作或计算机死机、出现蓝屏或黑屏等现象。

8.5.2 工具配置：笔记本电脑、故障站点软件程序备份、万用表、网线制作及测试工具、常用仪表工具。其他要求：故障站点专业技术人员配合。

8.5.3 初期故障分析处理方法：

1）首先根据故障现象，判定故障类型为硬件故障还是软件故障。对于硬件故障，确定故障点，如内存、硬盘、主板、CPU 等故障，利用备件进行替换测试，对硬件故障进行维修或更换。故障排除后，进行系统和数据恢复、测试，直至系统运行正常。对于软件故障，按照以下方法进行处理，按规范Ⅰ、Ⅱ、Ⅲ级分类要求做好相应应急处置；

2）操作系统无法启动：查找故障点，进行修复，如无法修复，恢复最新备份 GHOST 系统镜像，如果无 GHOST 系统镜像备份，则备份相关的系统文件和数据重新安装操作系统，安装完成后进行测试，直至系统运行正常；

3）HMI 软件无法运行：退出 HMI 软件运行界面，查找故障进行修复，重新运行后进行系统测试，直至正常运行；

4）数据库系统异常：退出 HMI 软件运行，将备份的数据库系统按照要求修复，将最新的备份数据恢复到数据库中，重新运行后进行系统测试，直至正常运行；

5）计算机病毒感染：采用杀毒软件对系统进行病毒扫描和查杀，病毒查杀完毕后进行系统测试，直至正常运行，如果病毒查杀完成后影响 HMI 运行或无法彻底清除，则重新安装操作系统后重新配置 HMI 软件；

6）待系统运行恢复正常，方可恢复远程控制功能。

8.6 电动阀门动作异常

8.6.1 故障现象：站控上位机操作阀门不动作或状态指示异常。

8.6.2 工具配置：万用表、常用仪表工具。备品备件要求：PLCDI、DO 模块备件、阀门控制器组件。其他要求：中控运行人员、故障站点运行及专业技术人员配合。

8.6.3 初期故障分析处理流程、分析处理方法：

8.6.3.1 直连类阀门：

1）检查电装指示信息、是否存在故障信息、做好相应处置；

2）检查 DI、DO 模块工作状态以及对应回路 24V 供电，做好相应处置；

3）使用模拟信号方式测试 PLC、HMI 是否完好；

4）确认故障处置完毕后，按要求恢复至相应工作状态。

8.6.3.2 总线类阀门：

1）检查电装指示信息、是否存在故障信息、做好相应处置；

2）检查阀门控制器工作状态与故障信息、做好相应处置；

3）如果出现信号延迟较大不正常，按环路物理连接方向逐一排除信号干扰源与故障点；

4）确认故障处置完毕后，按要求恢复至相应工作状态。

8.7 调节阀动作异常

8.7.1 故障现象：调节阀 HMI 状态与现场不一致或动作异常。

8.7.2 工具配置：万用表、常用仪表工具。备品备件要求：PLC 的 AI、AO 模块备件、调节阀相关组件。其他要求：中控运行人员、故障站点运行及专业技术人员配合。

8.7.3 初期故障分析处理流程、分析处理方法：

8.7.3.1 调节阀 HMI 状态与现场不一致：

1）检测回路 24V 供电电源是否正常，做好相应处置；

2）检测信号源是否与现场一致、做好相应处置；

3）检测 PLC 模块输入输出是否与现场一致、做好相应处置；

4）检测现场阀门定位器以及回路元件是否工作正常、做好相应处置；

5）确认故障处置完毕后，按要求恢复至相应工作状态。

8.7.3.2 调节阀动作异常：

1）检查现场；检测现场控制信号和反馈信号是否正常、做好相应处置；

2）检测现场电磁阀供电是否在正常工作范围，做好相应处置；

3）检查现场气源压力、泄压过滤器压力是否正常、做好相应处理与调节；

4）确认故障处置完毕后，按要求恢复至相应工作状态。

8.8 调节阀动作异常

8.8.1 故障现象：调节阀 HMI 状态与现场不一致或动作异常。

8.8.2 工具配置：万用表、常用仪表工具。备品备件要求：PLC 的 AI、AO 模块备件、调节阀相关组件。其他要求：中控运行人员、故障站点运行及专业技术人员配合。

8.8.3 初期故障分析处理流程、分析处理方法：

8.8.3.1 调节阀 HMI 状态与现场不一致：

1）检测回路 24V 供电电源是否正常，做好相应处置；

2）检测信号源是否与现场一致，做好相应处置；

3）检测 PLC 模块输入输出是否与现场一致，做好相应处置；

4）检测现场阀门定位器以及回路元件是否工作正常，做好相应处置；

5）确认故障处置完毕后，按要求恢复至相应工作状态。

8.8.3.2 调节阀动作异常：

1）检查现场；检测现场控制信号和反馈信号是否正常，做好相应处置；

2）检测现场电磁阀供电是否在正常工作范围，做好相应处置；

3）检查现场气源压力、泄压过滤器压力是否正常，做好相应处理与调节；

4）确认故障处置完毕后，按要求恢复至相应工作状态。

8.9 压力数据异常

8.9.1 故障现象：数据为负值／零／最大值，压力数据与现场表数据不一致。

8.9.2 工具配置：万用表、常用仪表工具。备品备件要求：PLC的AI模块备件，保险管。

8.9.3 初期故障分析处理流程、分析处理方法：

1）检测回路24V供电电源是否正常，做好相应处置；

2）检测信号电缆是否有接地或松动现象、做好相应处置；

3）检测电流输入信号是否正常；

4）利用备件更换AI模块进行替换测试，对故障模块进行维修或更换；

5）更换现场压力变送器。

8.10 温度数据异常

8.10.1 故障现象：数据为零／最大值，温度数据与实际不符。

8.10.2 工具配置：万用表、常用仪表工具。备品备件要求：AI/RTD模块备件，保险管。

8.10.3 初期故障分析处理流程、分析处理方法：

8.10.3.1 温度表为温度变送器的情况：

1）检测回路24V供电电源是否正常，做好相应处置；

2）检测信号电缆是否有接地或松动现象，做好相应处置；

3）检测电流输入信号是否正常；

4）利用备件更换AI模块进行替换测试，对故障模块进行维修或更换；

5）更换现场温度变送器。

8.10.3.2 温度表为热电阻的情况：

1）检测信号电缆是否有接地或松动现象、做好相应处置；

2）检测电阻输入信号是否正常；

3）利用备件更换RTD模块进行替换测试，对故障模块进行维修或更换；

4）更换现场温度表。

附　录　A
（资料性附录）
站控维护测试记录表格

表 A.1　站控 PLC 系统 RTD 通道测试记录

记录编号：××-××××-RTD-××××××

<table>
<tr><td colspan="5">测试地点：</td><td colspan="2">模块型号：</td><td colspan="3">测试依据：</td></tr>
<tr><td colspan="5">系统 PLC 类型：</td><td>机架号：</td><td colspan="2">安装槽号：</td><td colspan="2">模块编号：</td></tr>
<tr><td rowspan="2">序号</td><td rowspan="2">仪表位号</td><td rowspan="2">测量范围</td><td rowspan="2">测量参数</td><td rowspan="2">端子号</td><td rowspan="2">通道号</td><td>给定 0℃</td><td>给定 50℃</td><td>给定 100℃</td><td>趋势</td></tr>
<tr><td>上位机示值</td><td>上位机示值</td><td>上位机示值</td><td></td></tr>
<tr><td>1</td><td></td><td></td><td></td><td></td><td>CH1</td><td></td><td></td><td></td><td></td></tr>
<tr><td>2</td><td></td><td></td><td></td><td></td><td>CH2</td><td></td><td></td><td></td><td></td></tr>
<tr><td>3</td><td></td><td></td><td></td><td></td><td>CH3</td><td></td><td></td><td></td><td></td></tr>
<tr><td>4</td><td></td><td></td><td></td><td></td><td>CH4</td><td></td><td></td><td></td><td></td></tr>
<tr><td>5</td><td></td><td></td><td></td><td></td><td>CH5</td><td></td><td></td><td></td><td></td></tr>
<tr><td>6</td><td></td><td></td><td></td><td></td><td>CH6</td><td></td><td></td><td></td><td></td></tr>
<tr><td>7</td><td></td><td></td><td></td><td></td><td>CH7</td><td></td><td></td><td></td><td></td></tr>
<tr><td>8</td><td></td><td></td><td></td><td></td><td>CH8</td><td></td><td></td><td></td><td></td></tr>
<tr><td colspan="2">问题说明</td><td colspan="8"></td></tr>
<tr><td colspan="5">测试员：
核验员：</td><td colspan="5">测试单位：
年　月　日</td></tr>
</table>

表 A.2 站控 PLC 系统 AI 通道测试记录

记录编号：××-××××-AI-××××××

<table>
<tr><td colspan="5">测试地点：</td><td colspan="2">模块型号：</td><td colspan="3">测试依据：</td></tr>
<tr><td colspan="5">系统 PLC 类型：</td><td>机架号：</td><td colspan="2">安装槽号：</td><td colspan="2">模块编号：</td></tr>
<tr><td rowspan="2">序号</td><td rowspan="2">仪表位号</td><td rowspan="2">测量范围</td><td rowspan="2">测量参数</td><td rowspan="2">端子号</td><td rowspan="2">通道号</td><td>给定 4mA</td><td>给定 12mA</td><td>给定 20mA</td><td>趋势</td></tr>
<tr><td>上位机示值</td><td>上位机示值</td><td>上位机示值</td><td></td></tr>
<tr><td>1</td><td></td><td></td><td></td><td></td><td>CH1</td><td></td><td></td><td></td><td></td></tr>
<tr><td>2</td><td></td><td></td><td></td><td></td><td>CH2</td><td></td><td></td><td></td><td></td></tr>
<tr><td>3</td><td></td><td></td><td></td><td></td><td>CH3</td><td></td><td></td><td></td><td></td></tr>
<tr><td>4</td><td></td><td></td><td></td><td></td><td>CH4</td><td></td><td></td><td></td><td></td></tr>
<tr><td>5</td><td></td><td></td><td></td><td></td><td>CH5</td><td></td><td></td><td></td><td></td></tr>
<tr><td>6</td><td></td><td></td><td></td><td></td><td>CH6</td><td></td><td></td><td></td><td></td></tr>
<tr><td>7</td><td></td><td></td><td></td><td></td><td>CH7</td><td></td><td></td><td></td><td></td></tr>
<tr><td>8</td><td></td><td></td><td></td><td></td><td>CH8</td><td></td><td></td><td></td><td></td></tr>
<tr><td colspan="2">问题说明</td><td colspan="8"></td></tr>
<tr><td colspan="5">测试员：
核验员：</td><td colspan="5">测试单位：
年 月 日</td></tr>
</table>

表 A.3　站控 PLC 系统 AO 通道测试记录

记录编号：××-××××-AO-××××××

<table>
<tr><td colspan="5">测试地点：</td><td colspan="2">模块型号：</td><td colspan="2">测试依据：</td></tr>
<tr><td colspan="5">系统 PLC 类型：</td><td>机架号：</td><td colspan="2">安装槽号：</td><td>模块编号：</td></tr>
<tr><td rowspan="2">序号</td><td rowspan="2">仪表
位号</td><td rowspan="2">测量
范围</td><td rowspan="2">测量参数</td><td rowspan="2">端子号</td><td rowspan="2">通道号</td><td>给定 0%</td><td>给定 50%</td><td>给定 100%</td></tr>
<tr><td>上位机示值</td><td>上位机示值</td><td>上位机示值</td></tr>
<tr><td>1</td><td></td><td></td><td></td><td></td><td>CH1</td><td></td><td></td><td></td></tr>
<tr><td>2</td><td></td><td></td><td></td><td></td><td>CH2</td><td></td><td></td><td></td></tr>
<tr><td>3</td><td></td><td></td><td></td><td></td><td>CH3</td><td></td><td></td><td></td></tr>
<tr><td>4</td><td></td><td></td><td></td><td></td><td>CH4</td><td></td><td></td><td></td></tr>
<tr><td></td><td></td><td></td><td></td><td></td><td></td><td></td><td></td><td></td></tr>
<tr><td></td><td></td><td></td><td></td><td></td><td></td><td></td><td></td><td></td></tr>
<tr><td></td><td></td><td></td><td></td><td></td><td></td><td></td><td></td><td></td></tr>
<tr><td></td><td></td><td></td><td></td><td></td><td></td><td></td><td></td><td></td></tr>
<tr><td>问题说明</td><td colspan="8"></td></tr>
<tr><td colspan="5">测试员：
核验员：</td><td colspan="4">测试单位：
年　月　日</td></tr>
</table>

表 A.4 站控 PLC 系统 DI 通道测试记录

记录编号：××-××××-DI-××××××

<table>
<tr><td colspan="3">测试地点：</td><td colspan="2">模块型号：</td><td colspan="4">测试依据：</td></tr>
<tr><td colspan="3">系统 PLC 类型：</td><td colspan="2">机架号：</td><td colspan="2">安装槽号：</td><td colspan="2">模块编号：</td></tr>
<tr><td rowspan="2">序号</td><td rowspan="2">仪表位号</td><td rowspan="2">测量参数</td><td rowspan="2">端子号</td><td rowspan="2">通道号</td><td>给定开关量 0</td><td>给定开关量 1</td><td rowspan="2">报警记录</td><td rowspan="2">事件记录</td></tr>
<tr><td>通道指示灯状态</td><td>通道指示灯状态</td></tr>
<tr><td>1</td><td></td><td></td><td></td><td></td><td></td><td></td><td></td><td></td></tr>
<tr><td>2</td><td></td><td></td><td></td><td></td><td></td><td></td><td></td><td></td></tr>
<tr><td>3</td><td></td><td></td><td></td><td></td><td></td><td></td><td></td><td></td></tr>
<tr><td>4</td><td></td><td></td><td></td><td></td><td></td><td></td><td></td><td></td></tr>
<tr><td>5</td><td></td><td></td><td></td><td></td><td></td><td></td><td></td><td></td></tr>
<tr><td>6</td><td></td><td></td><td></td><td></td><td></td><td></td><td></td><td></td></tr>
<tr><td>7</td><td></td><td></td><td></td><td></td><td></td><td></td><td></td><td></td></tr>
<tr><td>8</td><td></td><td></td><td></td><td></td><td></td><td></td><td></td><td></td></tr>
<tr><td colspan="2">问题说明</td><td colspan="7"></td></tr>
<tr><td colspan="4">测试员：
核验员：</td><td colspan="5">测试单位：
年 月 日</td></tr>
</table>

表 A.5　站控 PLC 系统 DO 通道测试记录

记录编号：××-××××-DO-××××××

<table>
<tr><td colspan="3">测试地点：</td><td colspan="3">模块型号：</td><td colspan="2">测试依据：</td></tr>
<tr><td colspan="3">系统 PLC 类型：</td><td colspan="2">机架号：</td><td colspan="2">安装槽号：</td><td>模块编号：</td></tr>
<tr><td rowspan="2">序号</td><td rowspan="2">仪表位号</td><td rowspan="2">控制参数</td><td rowspan="2">对应继电器编号</td><td rowspan="2">通道号</td><td>上位机输出开关量 0</td><td>上位机输出开关量 1</td><td rowspan="2">事件记录</td></tr>
<tr><td>对应继电器状态</td><td>对应继电器状态</td></tr>
<tr><td>1</td><td></td><td></td><td></td><td></td><td></td><td></td><td></td></tr>
<tr><td>2</td><td></td><td></td><td></td><td></td><td></td><td></td><td></td></tr>
<tr><td>3</td><td></td><td></td><td></td><td></td><td></td><td></td><td></td></tr>
<tr><td>4</td><td></td><td></td><td></td><td></td><td></td><td></td><td></td></tr>
<tr><td>5</td><td></td><td></td><td></td><td></td><td></td><td></td><td></td></tr>
<tr><td>6</td><td></td><td></td><td></td><td></td><td></td><td></td><td></td></tr>
<tr><td>7</td><td></td><td></td><td></td><td></td><td></td><td></td><td></td></tr>
<tr><td>8</td><td></td><td></td><td></td><td></td><td></td><td></td><td></td></tr>
<tr><td colspan="2">问题说明</td><td colspan="6"></td></tr>
<tr><td colspan="4">测试员：
核验员：</td><td colspan="4">测试单位：
年　月　日</td></tr>
</table>

表 A.6 PLC 系统报警联锁保护测试记录

记录编号：××-××××-LSBJ-××××××

<table>
<tr><td colspan="5">测试地点：</td><td colspan="5">测试依据：</td></tr>
<tr><td colspan="3">报警联锁设备：</td><td colspan="7">联锁 I/O 所在模块类型：□ AI □ RTD □ DI</td></tr>
<tr><td rowspan="2">序号</td><td rowspan="2">参数位号</td><td rowspan="2">测量参数</td><td rowspan="2">量程</td><td colspan="2">报警试验</td><td colspan="2">安全联锁</td><td rowspan="2">事件记录</td><td rowspan="2">报警记录</td></tr>
<tr><td>报警设定值</td><td>报警实际值</td><td>联锁设定值</td><td>联锁实际值</td></tr>
<tr><td>1</td><td></td><td></td><td></td><td></td><td></td><td></td><td></td><td></td><td></td></tr>
<tr><td>2</td><td></td><td></td><td></td><td></td><td></td><td></td><td></td><td></td><td></td></tr>
<tr><td>3</td><td></td><td></td><td></td><td></td><td></td><td></td><td></td><td></td><td></td></tr>
<tr><td>4</td><td></td><td></td><td></td><td></td><td></td><td></td><td></td><td></td><td></td></tr>
<tr><td>5</td><td></td><td></td><td></td><td></td><td></td><td></td><td></td><td></td><td></td></tr>
<tr><td>6</td><td></td><td></td><td></td><td></td><td></td><td></td><td></td><td></td><td></td></tr>
<tr><td>7</td><td></td><td></td><td></td><td></td><td></td><td></td><td></td><td></td><td></td></tr>
<tr><td>8</td><td></td><td></td><td></td><td></td><td></td><td></td><td></td><td></td><td></td></tr>
<tr><td>9</td><td></td><td></td><td></td><td></td><td></td><td></td><td></td><td></td><td></td></tr>
<tr><td>10</td><td></td><td></td><td></td><td></td><td></td><td></td><td></td><td></td><td></td></tr>
<tr><td colspan="2">问题说明</td><td colspan="8"></td></tr>
<tr><td colspan="5">记录人：
核验人：</td><td colspan="5">测试单位：
年 月 日</td></tr>
</table>

表 A.7 电动阀测试记录

记录编号：××-××××-DDF-××××××

序号	阀位号	安装位置	生产厂家电动装置型号	状态显示				动作执行			开行程时间	关行程时间
				全开位	中间位	全关位	远控位	开	停	关		
1												
2												
3												
4												
5												
6												
7												
8												
9												
10												
问题说明												
测试员： 核验员：							测试单位： 年 月 日					

表 A.8　总接地极接地电阻测试记录

被测站点：

标准仪表：接地电阻测试仪　　　　　精度等级：　级　　型号：

生产厂商：　　　　　　　　　　　　出厂编号：

<table>
<tr><td>测试单位</td><td colspan="2">SCADA 系统维护中心</td><td>规定阻值</td><td colspan="2">4 Ω</td></tr>
<tr><td>测试次数</td><td>实测阻值 / Ω</td><td>平均阻值 / Ω</td><td>实测日期</td><td>测定前三天内气象情况</td><td>测试结果</td></tr>
<tr><td>1</td><td></td><td rowspan="9"></td><td></td><td></td><td></td></tr>
<tr><td>2</td><td></td><td></td><td></td><td></td></tr>
<tr><td>3</td><td></td><td></td><td></td><td></td></tr>
<tr><td></td><td></td><td></td><td></td><td></td></tr>
<tr><td></td><td></td><td></td><td></td><td></td></tr>
<tr><td></td><td></td><td></td><td></td><td></td></tr>
<tr><td></td><td></td><td></td><td></td><td></td></tr>
<tr><td></td><td></td><td></td><td></td><td></td></tr>
<tr><td></td><td></td><td></td><td></td><td></td></tr>
<tr><td>测试结论：</td><td colspan="5"></td></tr>
<tr><td colspan="3">测试员：

核验员：

测试单位：</td><td colspan="3">测试日期：　　　年　　月　　日</td></tr>
</table>

表 A.9 工作站检查维护记录

被检站点　　　　　　　　　　　工作站数量　　　　　　　记录编号　××-××××-GZZ-××××

制造厂家　　　　　　　　　　　型　　　号

检查维护内容：

内部及外部清洁	完成情况：　□是　　□否
工作站功能检查	□画面　□参数　□趋势图　□报警　□事件记录
时钟同步检查	完成情况：　□是　　□否
硬盘检查	完成情况：　□是　　□否
垃圾文件清理	完成情况：　□是　　□否　清理个
系统病毒扫描	完成情况：　□是　　□否　病毒数个　清除数个
文件备份	□报警和事件记录　□趋势数据　□ HMI 程序　□操作系统
端口禁用	□ USB 端口　□光驱
检查结论：	

检查人： 核验人： 测试单位：	检查日期：　　年　　月　　日

表 A.10 PLC 系统 CPU 冗余功能测试记录

被测站点　　　　　　　　　　　　　　　　　　　　记录编号　××-××××-RY-××××

测试内容：PLC 系统 CPU 冗余测试

机柜号		机架号	
序号	测试步骤		测试结果确认
1	检查当前 PLC 系统的主从 CPU 是否处于正常工作状态		□正常　□异常
2	断开主 CPU 电源，观察并记录从 CPU 是否能从备用状态无扰动切换至工作状态。如能正常切换，则合上原主 CPU 电源，观察并记录该 CPU 是否能切换至备用状态。如能正常切换，则断开原从 CPU 电源，观察并记录原主 CPU 是否能从备用状态无扰切换至工作状态。如能正常切换，则合上原从 CPU 电源，观察并记录该 CPU 是否能切换至备用状态		□正常　□异常
3	断开主 CPU 机架上的两个网卡网线，观察并记录 CPU 是否能无扰切换		□正常　□异常
4	断开主 CPU 机架上远程 I/O 模块的两根同轴电缆，观察并记录 CPU 是否能无扰切换		□正常　□异常
检查结论：			
测试员： 核验员： 测试单位：		测试日期：　　年　　月　　日	

表 A.11　远程 I/O 机架 AB 网通信冗余功能测试记录

被测站点　　　　　　　　　　　　　　　　记录编号　××-××××-RY-××××

测试内容：远程 I/O 机架 AB 网通信冗余

机柜号		机架号	
序号	测试步骤		测试结果确认
1	断开远程 I/O 机架上通信模块 A 网电缆，观察上位机各参数是否正常		□正常　□异常
2	恢复 A 网电缆，后再断开 B 网电缆，观察上位机各参数是否正常		□正常　□异常
检查结论：			
测试员： 核验员： 测试单位：		测试日期：　　年　月　日	

表 A.12 PLC 机架电源模块冗余功能测试记录

被测站点　　　　　　　　　　　　　　　　　　　记录编号　××-××××-RY-××××

测试内容：PLC 机架电源模块冗余测试

<table>
<tr><td>机柜号</td><td></td><td>机架号</td><td></td></tr>
<tr><td>序号</td><td colspan="3">测试步骤</td></tr>
<tr><td>1</td><td colspan="2">测试主备机架上电源模块冗余功能：切断其中一个模块的供电，观察并记录另一个模块能否正常供电，如正常，则恢复供电后断开另一个模块的供电，观察远程机架及 CPU 等是否工作正常</td><td>□正常　□异常</td></tr>
<tr><td>2</td><td colspan="2">测试远程机架电源模块，断开远程机架一块电源模块的供电，观察远程机架是否正常工作，如正常，则恢复接线后断开远程机架另一块电源模块接线，观察远程模块是否正常工作</td><td>□正常　□异常</td></tr>
<tr><td>检查结论：</td><td colspan="3"></td></tr>
<tr><td colspan="2">测试员：
核验员：
测试单位：</td><td colspan="2">测试日期：　　　年　　月　　日</td></tr>
</table>

表 A.13 PLC 以太网冗余功能测试记录

被测站点　　　　　　　　　　　　　　　　　　　　　记录编号 ××-××××-RY-××××

测试内容：PLC 以太网冗余测试

机柜号		机架号	
序号	测试步骤		测试结果确认
1	主机架 PLC 配置 A、B 网网卡 2 块（A1、B1），备机架 PLC 配置 A、B 网网卡 2 块（A2、B2），确认主备 CPU 显示运行正常		□正常 □异常
2	拔出 A1 网线，观察数据是否正常，恢复 A1 网线		□正常 □异常
3	拔出 A2 网线，观察数据是否正常，恢复 A2 网线		□正常 □异常
4	拔出 B1 网线，观察数据是否正常；恢复 B1 网线		□正常 □异常
5	拔出 B2 网线，观察数据是否正常，恢复 B2 网线		□正常 □异常
6	拔出 A1、B1 网线，观察主备 CPU 是否切换		□正常 □异常
检查结论：			
测试员： 核验员： 测试单位：		测试日期：　　年　月　日	

表 A.14 中控与站控通信冗余功能测试记录

被测站点　　　　　　　　　　　　　　　　　　　记录编号　××-××××-RY-××××

测试内容：中控与站控通信冗余

机柜号		机架号	
序号	测试步骤		测试结果确认
1	断开 PLC 与调控中心通信的主 RTU 或 DNP 设备，检查中心显示参数是否正常（确认正常后恢复接线）		□正常　□异常
2	断开 PLC 与调控中心通信的从 RTU 或 DNP 设备，检查中心显示参数是否正常（确认正常后恢复接线）		□正常　□异常
3	断开主交换机连接路由器的网线，检查中心显示参数是否正常（确认正常后恢复接线）		□正常　□异常
4	断开备交换机连接路由器的网线，检查中心显示参数是否正常（确认正常后恢复接线）		□正常　□异常
5	断开 PLC 与调控中心通信的主路由器通信，检查中心显示参数是否正常（确认正常后恢复接线）		□正常　□异常
6	断开 PLC 与调控中心通信的备路由器通信，检查中心显示参数是否正常（确认正常后恢复接线）		□正常　□异常
检查结论：			
测试员： 核验员： 测试单位：		测试日期：　　年　　月　　日	

表 A.15　通信设备及线路检查维护记录

被检站点　　　　　　　　　　　　　　　　　　　　记录编号 ××-××××-TX-××××

路由器型号　　　　　　　　　　数　量

交换机型号　　　　　　　　　　数　量

检查维护内容：

通信设备清洁	完成情况：　□是　□否
路由器工作状态	工作状态：　□正常　□异常
交换机工作状态	工作状态：　□正常　□异常
通信设备冗余功能状态	工作状态：　□正常　□异常
通信线路、网络连接状态	工作状态：　□正常　□异常
检查结论：	
测试员： 核验员： 测试单位：	测试日期：　年　月　日

表 A.16 PLC 与第三方通信检查维护记录

被检站点　　　　　　　　　　　　　　　　　　　　　　记录编号 ××-××××-DSF-××××
信号来源：
检查维护内容：

通信设备状态	工作状态：	□正常	□异常
通信线路	状态：	□正常	□异常
监控软件信号显示	状态：	□正常	□异常
检查结论			
备注			
检查人： 核验人： 测试单位：	检查日期：　　年　　月　　日		

附　录　B
（资料性附录）
中控维护测试记录表格

表 B.1 ________线______站中控模拟量测试

参数名称	与站控数据对照			报警检查		备注
	0%	50%	100%	报警值	记录	

表 B.2 ______线_____站电动阀中控测试

序号	电动阀位号	操作指令			阀状态显示	事件记录	备注
		开	关	停			
1							
2							
3							
4							
5							
6							
7							
8							
9							
10							
11							
12							
13							
14							
15							
16							
17							
18							
19							

表 B.3 中控 SCADA 服务器历史数据归档记录表

填表人： 填表时间：

<table>
<tr><td>归档时间</td><td colspan="3">年 月 日时 分至 时 分</td></tr>
<tr><td>归档人</td><td></td><td>审批人</td><td></td></tr>
<tr><td>归档服务器名称</td><td colspan="3"></td></tr>
<tr><td rowspan="3">归档周期</td><td colspan="3">□每周 □每月 □每季度 □每年</td></tr>
<tr><td>上次归档时间</td><td colspan="2">年 月 日</td></tr>
<tr><td>下次应归档时间</td><td colspan="2">年 月 日</td></tr>
<tr><td colspan="2">归档操作</td><td colspan="2">处理文件的时间段</td></tr>
<tr><td colspan="2">将历史数据由数据库备份至服务器硬盘 □</td><td colspan="2"></td></tr>
<tr><td colspan="2">确认备份完成后，擦除数据库中的数据 □</td><td colspan="2"></td></tr>
<tr><td colspan="2">压缩服务器硬盘上的存档文件 □</td><td colspan="2"></td></tr>
<tr><td colspan="2">将服务器存档文件下载至本地工作站 □</td><td colspan="2"></td></tr>
<tr><td colspan="2">确认下载完成后，删除服务器存档文件 □</td><td colspan="2"></td></tr>
<tr><td colspan="2">将本地工作站上的存档文件刻录成光盘 □</td><td colspan="2"></td></tr>
<tr><td>其他操作</td><td colspan="3"></td></tr>
<tr><td>备注</td><td colspan="3"></td></tr>
<tr><td>完成情况确认</td><td colspan="3">××处：</td></tr>
</table>

系统维护检修规程
第 1 部分：防爆仪表及其系统

SHS 07009.1—2019

部分代替 SHS 07009—2004

目　次

前　言

本规程SHS 07009《系统维护检修规程》分为以下四个部分：

——第1部分：防爆仪表及其系统；

——第2部分：仪表供电系统；

——第3部分：仪表供气系统；

——第4部分：仪表系统联校。

本部分为SHS 07009的第1部分：防爆仪表及其系统。本规程按照GB/T 1.1—2009《标准化工作导则　第1部分：标准的结构和编写》给出的规则起草。

本规程代替SHS 07009—2004《系统维护》第一节“防爆仪表及其补充”，与SHS 07009—2004相比，除编辑性修改外，主要技术变化如下：

——修改了标准名称；

——增加了防爆仪表外壳引入装置、隔爆外壳的开孔封堵等内容；

——修订了新规范涉及的内容。

本部分由中国石油化工集团有限公司、中国石油化工股份有限公司提出。

本部分起草单位：中国石油化工股份有限公司齐鲁分公司。

本部分主要起草人：王涛、王虎军、徐强、王相伟。

本部分所代替规程的历次版本发布情况为：

——SHS 07009—1992、SHS 07009—2004。

系统维护检修规程
第 1 部分：防爆仪表及其系统

1 范围

本部分适用于中国石化企业爆炸危险环境中进行防爆仪表及其系统防爆性能方面的维护检修。

2 规范性引用文件

下列文件对本文件的应用是必不可少的。凡是注日期的引用文件，仅注日期的版本适用于本文件。凡是不注日期的引用文件，其最新版本（包括所有的修改单）适用于本文件。

GB 50058 爆炸危险环境电力装置设计规范

GB 3836.1 爆炸性环境 第 1 部分：设备通用要求

GB 3836.2 爆炸性环境 第 2 部分：由隔爆外壳“d”保护的设备

GB 3836.3 爆炸性环境 第 3 部分：由增安型“e”保护的设备

GB 3836.4 爆炸性环境 第 4 部分：由本质安全型“i”保护的设备

GB/T 3836.5 爆炸性环境 第 5 部分：由正压外壳型“p”保护的设备

GB 3836.13 爆炸性环境 第 13 部分：设备的修理、检修、修复和改造

GB/T 3836.15 爆炸性环境 第 15 部分：电气装置的设计、选型和安装

GB/T 3836.16 爆炸性环境 第 16 部分：电气装置的检查与维护

GB/T 3836.18 爆炸性环境 第 18 部分：本质安全电气系统

GB 50093 自动化仪表工程施工及质量验收规范

GB 50779 石油化工控制室抗爆设计规范

SH/T 3521 石油化工仪表工程施工技术规程

SH/T 3006 石油化工控制室设计规范

3 防爆仪表及其系统检修技术要求

3.1 隔爆型仪表

3.1.1 隔爆型仪表外壳受到损坏影响其防爆性能的，应予以更换，避免其防爆性能降

低或失效。没有防爆合格证文件依据不得对隔爆外壳进行改造。

3.1.2 隔爆外壳上设置的开孔不使用时（例如电缆引入装置和导管密封装置），应用封堵件将其封堵，使外壳保持防爆性能。隔爆外壳的引入装置，修理或检修后应符合设备标准或防爆合格证文件的详细规定。

3.1.3 隔爆结合面（包括螺纹）应进行防锈处理并检查有无损伤，注意保持原有的光洁程度。结合面不允许涂漆或喷塑，证明涂敷材料和其涂敷工艺对接合面的隔爆性能不会产生不利影响时除外。应特别注意维修或检修后隔爆外壳的正确安装，确保隔爆结合面符合标准和防爆合格证文件的要求。

3.1.4 螺纹的最小啮合扣数，最小拧入深度应符合表1的规定。

表1 螺纹的最小啮合扣数表

外壳净容积 /L	最小拧入深度 /mm	最小啮合扣数（不包括Ⅰ类）	
		ⅡA ⅡB	ⅡC
≤0.1	5.0	6	≥6
0.1<～≤2.0	9.0		
>2.0	12.5		

注：表中ⅡA、ⅡB、ⅡC的含义，见GB 3836.1—2010。

3.1.5 隔爆型仪表的密封衬垫不得随意更换。其替换件应与原件的材料、尺寸相同，符合防爆要求。如果隔爆结合面上未设衬垫，制造商的文件也未说明结合面的保护，则应用符合GB 3836.15规定的润滑脂、非凝结性密封复合物或在外部使用其他保护方法加以保护。

3.1.6 隔爆型仪表外壳紧固件不得随意更换，不允许使用塑料材质或轻合金紧固件。

3.1.7 隔爆型仪表的电缆引入装置应满足下列条件之一：

1）电缆引入装置满足GB 3836.2的要求，并满足该设备使用的电缆具体型号要求。

2）致密和圆形的热塑性、热固性或弹性电缆具有挤压成的衬层和不吸水填料，可以使用隔爆型引入装置并选择合适的密封圈与之结合。

3）有塑料外套或无塑料外套矿物绝缘电缆应具有相应的隔爆型电缆引入装置。

4）隔爆型密封装置应有密封填料或其他允许填充在芯线周围的相应密封。密封装置应配置在电缆引入设备的位置。

3.1.8 隔爆型仪表技术要求

1）爆炸危险环境的仪表配线不准明敷绝缘导线，而应采用钢管配线或电缆配线。

2）在钢管配线时，钢管、附件和仪表之间用螺纹连接，螺纹的有效啮合扣数不少于6扣，螺纹连接处应涂不干性防锈油，但不得使用四氟密封带、麻丝等非导电性材料。

3）控制电缆不应有中间接头，除需要延长使用中的电缆或消除使用中的电缆故障时，应加接线盒或接线箱。

4）配线进入仪表或穿过建筑物时需要设置隔离密封盒，盒内需充填非燃性密封填料。爆炸危险环境之间和爆炸危险环境与非爆炸危险环境之间的电缆沟、电缆槽以及钢管在线路敷设时均应有孔洞，以便采用充砂，填阻火堵料等措施，隔断危险介质的流动。

5）不同电压等级的电缆不应敷设在同一汇线槽内，不可避免时应以金属板隔离。

3.2 本安型仪表

3.2.1 本安型仪表要求在正常运行和故障状态下，将设备内部和暴露于潜在爆炸性环境的连接导线可能产生的电火花或热效应能量限制在不会引燃爆炸性混合物。

3.2.2 安装在爆炸危险环境的本安型仪表应通过安全栅等本安关联设备，与非防爆型仪表及有关的附件连接构成本安回路。

3.2.3 本安回路中的本安关联设备、电源必须安装在非爆炸危险环境中。

3.2.4 本质安全电路仅应采用绝缘能够承受至少500V交流或750V直流电压的耐压试验的绝缘电缆。危险场所中单根导线或多股导线每股导线直径应不小于0.1mm，每一芯线绝缘层的厚度至少为0.2mm。本质安全电路应完全浮地或者仅在一点等电位连接在与危险场所相联系的基准电位上。

3.2.5 本安型仪表中的元件在检修时，应保证不降低防爆合格证规定的要求。

3.2.6 本安型仪表的配线除按3.1.8 4）规定外还应遵守下列规定：

1）本安与非本安线路不应共用一根电缆或穿同一根保护管。

2）当采用芯线无分别屏蔽的电缆或无屏蔽的导线时，两个及以上不同回路的本安线路，不应共用同一根电缆或穿同一根保护管。

3）本安线路应有耐久性的蓝色标志。

4）本安线路与非本安线路在同一电缆槽或电缆沟内敷设时，应用接地的金属隔板隔开或绝缘板隔离，其间距应大于50mm，并分别固定牢固。

5）本安线路的分支，接头应设在增安型接线箱内。

6）仪表盘柜内的本安线路，与关联线路或其他线路的接线端子之间，间距不能满足要求时，应采用高于端子的绝缘板隔离。

7）采用屏蔽电缆时，屏蔽层不应接到安全栅的接地端子上。

8）本安线路内的接地线和屏蔽连接线应有绝缘层。

3.3 正压防爆仪表

3.3.1 用正压保护的防爆型式细分为3种形式（px、py和pz），依据外部爆炸性气体环境要求的设备保护级别（Mb、Gb、Gc）、是否有内释放源，以及正压外壳内设备是否有点燃能力进行划分，见表2。

表 2 确定防爆型式

内置系统的可燃性物质	外部爆炸性气体环境要求的设备保护级别	外壳内含有点燃能力的设备	外壳内不含有点燃能力的设备
无内置系统	Gb 或 Mb	px 型	py 型
无内置系统	Gc	pz 型	不要求正压保护
气体 / 蒸汽	Gb 或 Mb	px 型（并且有点燃能力的设备不在稀释区域内）	py 型
气体 / 蒸汽	Gc	px 型	py 型
液体	Gb	px 型（惰性的）	py 型
液体	Gc	pz 型（惰性的）	不要求正压保护

注：如果可燃性物质是液体则正常释放是绝不允许的。

3.3.2 正压防爆设备的门和盖，在正压防爆设备内压力高时可能会使门和盖猛烈打开，应采用下列方法避免操作和维护人员受到伤害：采用多个紧固件，以便在松开所有紧固件之前外壳安全的排气；或使用双位紧固件，使外壳打开时能安全排放压力；或限制最大内部压力不大于 2.5kPa。

3.3.3 保护气体应是非可燃性的。保护气体不应由于本身的化学特性或因其他可能所含的杂质降低防爆型式“p”的保护效果，或严重影响正常运行和内装设备的完整性。达到标准仪器精度的空气、氮和其他非可燃气体可以作为保护气体。当使用惰性气体时，有窒息的危险，应对外壳附加适当的警告。

3.3.4 正压防爆仪表的盘（柜、箱）内最低正压值 px 型或 py 型为 50Pa，pz 型为 25Pa，并设有压力低自动报警信号。

3.3.5 采用正压仪表盘（柜、箱）作为整套或多台仪表的防爆措施时，应有醒目的标志和开关门报警。

3.3.6 正压防爆仪表的盘（柜、箱）内不得有通风死角，以防止可燃性气体集积。

3.4 增安型仪表

3.4.1 外壳的防护等级：外壳内有裸露带电元件的防护等级应不低于 IP54，仅含有绝缘带电元件的应不低于 IP44。

3.4.2 电缆引入装置与电缆相适应，使电缆与增安型设备有效连接，应能保持防爆型式并与密封元件一起使端子盒外壳达到 IP54。在电缆引入装置和外壳间应采取密封措施（例如加密封垫圈或螺纹密封胶）。螺纹电缆引入装置与电缆引线板或外壳的接合为 6mm 厚以上时，可以不在电缆引入装置和引线板或外壳间增加密封措施，但电缆引入装置的中心轴线须与引线板或外壳表面垂直。

3.4.3 如果外壳内装有符合 GB 3836.4 的本质安全型“i”的电路或系统，或本质安全电路或系统的部件，则：

1）在允许接触带电的非本质安全电路的外壳盖上应设置符合 GB 3836.3 要求的警告牌。

2）当设备外壳打开时，所有非本质安全的电路的带电部件应设隔离内盖，其防护等级至少为 IP30。另外，内盖上应设置符合 GB 3836.3 要求的警告牌，或在电气设备外壳盖上设置 GB 3836.1 规定的其他措辞。设备外壳的盖上应设置符合 GB 3836.3 要求的警告牌。

4 防爆仪表及其系统维护检修与质量要求

4.1 一般规定

4.1.1 确认仪表及其配线的防爆结构是否符合爆炸危险环境防爆等级要求。

4.1.2 确认进入爆炸性环境工作时所携带的仪表（或检测工具）是否满足防爆要求。

4.1.3 安装在爆炸性环境的两线制隔爆仪表，不允许开盖检查，如确实需要，必须停电或按用火制度执行。

4.1.4 安装在爆炸性环境的本安仪表可以在通电的情况下打开壳盖进行检查调整。但作业前必须确认本安回路工作正常，符合防爆要求。

4.1.5 维修非爆炸性环境的本安关联设备时，除目测检查外，必须切断连接爆炸危险环境的本安回路配线。但停车检修或经测爆确认对应的爆炸危险环境内不存在危险介质（或爆炸极限以下）时，不受本条限制。

4.1.6 内装电池的本安仪表其电池必须在非爆炸危险环境进行更换或充电。

4.1.7 在本安回路上不准有任何临时性接线。

4.2 日常维护

4.2.1 仪表维修人员在对生产装置进行日常巡回检查时，应特别注意检查防爆仪表及其系统是否存在异常现象，发现异常现象应及时处理。

4.2.2 对防爆仪表及回路的故障和处理情况均应记录存档。

4.2.3 保持防爆仪表外壳清洁，及时清除其周围有碍安全运行的杂物和易燃性物品。

4.2.4 检查防爆仪表外壳应符合防爆合格证规定的要求。

4.2.5 检查防爆仪表外壳各部位的紧固件、密封件齐全，无松动情况。

4.2.6 检查防爆仪表外壳应无破损或有损防爆性能的机械变形和腐蚀现象。

4.2.7 检查防爆仪表的结合面部分不得有锈蚀现象或其他缺陷。

4.2.8 检查防爆仪表导线的引入装置密封必须良好，挠性连接管、密封接头等必须完好。

4.2.9 检查防爆仪表的防爆标志应清晰可见。

4.2.10 检查正压型防爆仪表及设备的气源压力是否正常。报警系统工作是否正常。

4.2.11 检查抗爆控制室的可燃、有毒气体检测报警系统及其联动工作是否正常。

4.2.12 隔爆仪表及回路电缆的检查内容按本部分 3.1 隔爆型仪表部分规定进行。

4.2.13 本安仪表及本安关联设备和回路的检查内容按本部分 3.2 本安型仪表部分规定

进行。

4.2.14 检查危险场所中仪表设备的接地和等电位连接处于良好状态。

4.2.15 维护中如果将仪表设备从装置上拆除，应将裸露的导线正确端接到适当外壳内的端子上，或与所有供电电源断开并使其绝缘或接地。如果仪表设备被永久拆除，与之相关的所有供电电源的导线均应被断开、拆除，或者正确端接到适当外壳内的端子上。

4.2.16 在爆炸危险环境更换仪表设备，应符合本区域要求的防爆等级。

4.3 检修及质量要求

4.3.1 对防爆性能进行检查，检查项目如下：

1）检查防爆仪表外壳、接线盒的密封和完好情况，消除缺陷或更换失效部件。

2）清理隔爆型仪表的结合面，除锈，涂敷薄层防锈油。油脂应采用导电性防锈油。如磷化膏，二硫化钼等油脂。切不可涂漆或其他非导电性油脂。

3）隔爆型仪表的隔爆结合面如有明显的损伤和腐蚀应予更换。

4）更换或修理易损件和紧固件。隔爆型仪表如需更换外壳须按本部分 3.1.1 条规定进行。

5）检查防爆仪表接线端子有无松动、腐蚀，用螺栓固定的接线端子（包括接地端子），应在检修期间松开后再重新紧固，以防松动或虚接。对腐蚀、生锈的螺栓（钉）端子应进行除锈或更换。

6）对本安回路中的关联设备，如果是齐纳安全栅，其接地连接电阻在停工检修期间应进行检查测试。

7）对螺纹隔爆结构类的仪表在重新紧固螺纹时应按本部分 3.1.4 条规定处理。

8）对正压防爆的设备应检查外壳内部保护气体压力保持情况，并检查压力联动工作是否正常。

9）大修期间应调试和检修正压防爆仪表及设备的报警联动装置。

10）检查防爆仪表的挠性连接管和密封接头的完好状况，更换或修复其失效部件。停工检修期间应对电源线、信号线的完好状况进行检查，发现问题及时处理。

11）对现场环境发生变化的区域，检查该区域内的仪表是否符合防爆要求。对不符合要求的仪表设备及时更换。

12）可燃液体储罐的温度、液位等仪表应采用铠装电缆或钢管配线，检查电缆铠装层或配线钢管与罐体电气连接是否可靠。

4.3.2 防爆仪表检修时不应对设备进行改动，防爆合格证文件允许的除外。

4.3.3 防爆仪表设备如果更换螺栓，应使用相同的型号、相同直径、相同螺距和长度的螺栓，其抗拉强度与原设备规定的相同。螺栓头下面的衬垫、平垫或锁销不应更换，原防爆合格证文件中或防爆形式专用标准中有规定时除外。

4.3.4 爆炸危险环境使用的仪表必须符合国家强制标准规定的防爆及防护类型等级要求，并具有相应等级的防爆合格证。

4.3.5 爆炸危险环境仪表的安装必须符合国家强制标准规定的防爆及防护类型等级要求。

4.3.6 安装在爆炸危险环境的仪表，其外部应无损伤和裂纹。

4.3.7 防爆仪表外壳的引入装置及封堵件应符合相应防爆形式的要求，不能引起设备防爆性能的失效，封堵件只能用工具才能拆除。

4.3.8 防爆仪表的选型、安装应防止外部影响（例如：化学作用、机械作用和热、电气、潮湿、尘埃等）对防爆性能产生不利的影响。

4.3.9 防爆仪表设备接入电缆时，应采用防爆终端接头或Y形防爆密封配件加填料进行封固，外壳上多余的孔应做防爆密封，弹性密封圈的每孔应密封单根电缆。

4.3.10 当仪表管道引入安装在爆炸危险环境的仪表盘、柜、箱时，其管道引入孔处应密封。

4.3.11 控制室宜采用架空进线方式，电缆穿墙处应采用专用密封隔离配件与室外隔离，并满足抗爆要求。

4.3.12 当受条件限制或需要时，可采用电缆沟进线方式，并符合以下规定：

1）电缆穿墙入口处洞底标高应高于室外沟底标高0.3m以上，应采取防水密封措施，室外沟底应有排水设施。

2）电缆穿墙入口处的室外地面区域应设置保护围堰。

4.3.13 防爆仪表及其辅助设备、管件、连接件、封堵件等均应有符合国家强制标准规定的防爆合格证，防爆系统的设计、选型应符合国家及行业强制标准的规定。

4.3.14 防爆仪表设备上的防爆标志内容应符合国家强制标准规定的内容。

4.3.15 检修完成，做好防爆仪表及其系统的检修记录并存档。

系统维护检修规程
第 2 部分：仪表供电系统

SHS 07009.2—2019

部分代替 SHS 07009—2004

目　次

前　言

本规程 SHS 07009《系统维护检修规程》分为以下四个部分：

——第 1 部分：防爆仪表及其系统；

——第 2 部分：仪表供电系统；

——第 3 部分：仪表供气系统；

——第 4 部分：仪表系统联校。

本部分为 SHS 07009 的第 2 部分：仪表供电系统。本规程按照 GB/T 1.1—2009《标准化工作导则　第 1 部分：标准的结构和编写》给出的规则起草。

本规程代替 SHS 07009—2004《系统维护》第三节"仪表供电补充"，与 SHS 07009—2004 相比，除编辑性修改外，主要技术变化如下：

——修改了标准名称；

——增加了直流电源配置、故障处理等内容；

——修订了新规范涉及的内容。

本部分由中国石油化工集团有限公司、中国石油化工股份有限公司提出。

本部分起草单位：中国石油化工股份有限公司齐鲁分公司。

本部分主要修订人：陈波、周佐、刘方贤、郎海。

本部分所代替规程的历次版本发布情况为：

——SHS 07009—1992、SHS 07009—2004。

系统维护检修规程
第 2 部分：仪表供电系统

1 范围

本部分适用于石化企业过程控制仪表供电系统的维护检修。

仪表及控制系统供电，宜包括基本过程控制系统（DCS、PLC、FCS、SCADA 等）、安全仪表系统（SIS）、压缩机控制系统（CCS）、机组监测系统（MMS）、可燃气体和有毒气体检测报警系统（GDS）、在线分析仪系统（PAS）、机柜室和控制室安装的电子类仪表、现场检测、报警仪表及执行元件的供电。

仪表辅助设施供电，宜包括仪表盘（柜）内的照明、通风设备的供电，仪表维护及检修用的电源插座等；在线分析仪表间的照明、通风、动力配电、采样管缆 / 预处理系统 / 样品回收系统的电伴热供电；现场仪表及测量管道的电伴热。

2 规范性引用文件

下列文件对本文件的应用是必不可少的。凡是注日期的引用文件，仅注日期的版本适用于本文件。凡是不注日期的引用文件，其最新版本（包括所有的修改单）适用于本文件。

SH/T 3082 石油化工仪表供电设计规范

SH/T 3081 石油化工仪表接地设计规范

HG/T 20509 仪表供电设计规范

3 仪表供电系统技术要求

3.1 概述

仪表供电系统的稳定运行是保证过程控制设备稳定运行的重要环节。

3.1.1 仪表及控制系统供电应采用不间断电源（UPS）供电；仪表辅助设施供电宜采用普通电源（GPS）供电。

3.1.2 仪表系统的供电，应按电源种类分别独立配电，不得混用电源箱或开关箱。

3.1.3 仪表电源系统应按规范要求设置保护和接地措施，接地应符合规范要求。

3.1.4 电源柜（箱）应安装在环境条件良好的室内。如必须安装在室外时，应避开环境恶劣的场所，并应采用适合安装场所环境条件的配电柜（箱）。

3.2 仪表电源的配置

3.2.1 对电源的一般要求：

1）仪表UPS容量应按仪表及控制系统额定负荷总和的0.8～1.2倍确定；仪表GPS的容量应按仪表辅助设施额定负荷总和的1.2～1.5 倍确定。

2）当两种电源同时采用时，不能将两种电源并联运行。

3.2.2 对于具有双重化电源要求的DCS、SIS和FCS等系统，其双重化的交流电源的电源柜（箱）宜分别独立设置，空气开关、端子排等应分开布置。

3.2.3 采用380V AC供电的现场仪表，供电电源应由电气提供。

3.3 仪表电源质量

3.3.1 普通交流电源质量指标

1）输出电压：220V±22V，单相；

2）输出频率：50Hz±1Hz；

3）输出瞬时电压降：小于20%。

3.3.2 交流不间断电源质量指标

1）输出电压：220V±11V，单相；

2）输出频率：50Hz±0.5Hz；

3）波形失真率：小于5%；

4）输出瞬时电压降：小于10%；

5）电源瞬断时间：不大于5ms；

6）蓄电池：全密封免维护；

7）后备供电时间：不小于30min；

8）具有故障报警和故障保护，带报警输出节点；

9）具有过载保护功能和故障维护旁路功能。

3.3.3 直流稳压电源质量指标

1）输入参数

电压：220V AC±11V，单相；

频率50Hz±1Hz。

2）输出参数

电压：24V DC(24～28V可调)；

纹波电压：小于0.2%；

瞬时电压降：小于10%。

3）具有故障报警功能；

4）具有短时输出过电流功能或负载短路自动保护功能，当负载恢复正常后，能快速恢复。

5）能构成冗余供电系统，具有输出隔离和电流负载平衡功能。

3.3.4 用于安全仪表系统场所的直流稳压电源，除了应采用并联运行方式构成1∶1冗余供电系统外，还应根据安全仪表系统的功能安全要求，满足安全仪表回路的安全完整性等级要求。

3.3.5 采用双输入的直流稳压电源，其输入电源应来自不同供电回路。

3.3.6 电源的报警信号应接入DCS。

4 仪表供电系统日常维护

4.1 对供电系统的各部位每日进行巡回检查，检查电源箱、电源分配器、各开关、断路器、熔断器等部件运行情况；各开关、断路器、熔断器的温度应每月进行检测，做好相应记录，发现问题及时分析处理。

4.2 以强制风冷方式冷却的电源柜（箱），每日巡回检查时应注意风扇是否正常运转，有无噪音，发现风扇运转异常及时处理。

4.3 对电源柜（箱）进行检查，在线检查其运行情况。

4.4 开车前应对并联使用的直流电源箱，调整电流负荷情况，确保并联使用的输出电流一致。

4.5 供电系统中的开关、断路器、熔断器、电源分配器、供电端子排的标识必须准确、齐全、清晰。

4.6 检查防止小动物进入的措施是否完好。

4.7 对散热孔位于电源设备上表面的电源设备，定期检查是否有异物落入。

4.8 检查是否有从仪表电源向非仪表负载供电的情况。

4.9 更换熔断器时，要严格按照原熔断器的容量、规格更换，不得擅自变更熔断器的容量。

4.10 仪表供电系统所用的开关、熔断器、指示灯、端子排等元器件应有一定的余量或备件。

5 仪表供电系统检修与质量要求

装置停工检修时需对仪表供电电源柜（箱）及供电系统中各回路、部件进行检修。供电系统检修的主要工作内容是除尘、性能测试和调整、熔断器等易损件的检查和更换。

5.1 必须由有经验的仪表专业人员对供电系统进行检修。

5.2 对电源进行清灰、除尘。采用吹扫、清扫、清洗等措施，清除电源内部的积灰。

5.3 按照电源出厂的技术指标进行测试，检测输入电压范围、空载满载时电压输出值，若超出允许范围则进行相应的调整。

5.4　对断路器外观检查，检查接线螺丝处颜色有无变化，进出端导通状态是否良好，并对分合闸动作测试。

5.5　对配电线路绝缘情况及接地电阻进行检查。应用直流 500V 兆欧表测量绝缘电阻，100V 以下的线路采用直流 250V 兆欧表测量绝缘电阻，其电阻值不应小于 5MΩ。

5.6　测试供电系统的接地电阻，使用接地电阻测试仪进行测量，接地应符合规范的要求。

5.7　出现接地电阻值超出系统的要求时，应当找出原因，并进行相应的处理（如：补焊、增加降阻剂、增加接地极数量等）。

5.8　熔断器检修：

5.8.1　重要回路中仪表本体上的熔断器和为该回路供电的端子排熔断器每个检修周期应当强制更换；

5.8.2　更换熔断器时，要严格按照原熔断器的容量、规格更换，不得擅自变更熔断器的容量。

5.9　回路检修：

5.9.1　对供电系统所有接线螺钉、接线片、接线柱，应进行全面检查。检查其氧化、锈蚀、腐蚀情况；检查接线有无松动现象，对有问题的部位进行处理或更换；

5.9.2　检查电源线的氧化程度。对处于腐蚀性较强环境中的电源线（尤其是多股铜导线），因氧化、硫化、受潮等原因造成电源线发黑、变绿、部分线丝断开应予以处理，并采取措施。

5.10　检修动改项目的新增仪表供电回路过多时，应当对电源的容量、熔断器容量及供电线路进行核算，满足供电负荷。

5.11　检修动改项目的新增仪表供电回路，其导线线径的选用应当符合规范的要求。

5.12　检修期间新增仪表供电回路（墙壁配电箱、电源柜、电源箱、各供电开关）交工时应在供电回路的各个设备上做出明确的标识。

5.13　检修更换、新增供电电器的额定电压和额定频率应符合所在系统的额定电压和额定频率；供电电器的额定电流应符合设计规范要求；保护电器应满足设计要求的电路保护特性。

5.14　所有供电回路的设备、部件、端子等都应设置明显的标识。

5.15　检修施工过程中，对实际走线与设计图纸不相符处，应在存档图纸上按照实际接线标明。

5.16　供电系统检修完成，做好检修记录，动改的内容要在原图纸上进行修改，图纸、检修记录及时存档。

6　仪表供电系统故障处理

供电系统故障分一般故障和紧急故障。一般性故障指不影响系统安全的故障；紧急故障指影响系统安全的故障，包括交流输入与控制损坏而导致交流停电、直流采样和控制电路损坏而导致直流负载掉电等。

6.1 交流配电单元的故障处理

交流部分包括交流欠压、交流过压、交流电缺相（针对 380V AC 供电的设备）、断路器跳闸和熔断丝熔断等，见表 1。

表 1 交流配电常见故障与处理方法

故障现象	故障原因	处理方法
交流电欠压、交流电过压	电气供电故障，供电线路电压偏低	万用表测量交流供电输入端电压
	负载过大，电压偏低	用钳形电流表检测电流，检查负载大的原因
	线路接触不良、绝缘不好短路、线路阻值变大、导线线径小	检查接线端子是否压紧，线路是否破损、接地等，检查线路阻值，根据负荷核定线径
	电气供电故障，供电线路电压偏高	万用表测量交流供电输入端电压
交流电缺相（AC380V）	电气供电故障，用电设备本身发生某相或相间短路、断路、接地	用万用表测量电压，用钳流表测电流；处理故障部位
交流电压不正常	断路器的触点氧化、打火、接触不良、断路器部分脱口	断路器输入端电压正常，输出端无电压或电压不正常，断开交流输入，用万用表进行检查
断路器跳闸或熔断器熔断	负载过载或短路	查明故障原因，处理故障点确认无误后方可送电
	断路器故障脱口	断路器检查、性能测试
	熔断器质量原因	供电回路检查，熔断器检查
电源监视单元报警	电压检测单元故障	万用表测量电压，检查报警模块触点接触情况、检测模块检查等
	电压偏高或偏低超出报警值	检查电压是否正常，输出电压不正常超出监控的检测电压值报警输出
	UPS 报警点故障或线路故障	检查 UPS 报警输出点，线路检查

6.2 直流配电单元的故障处理

直流供电单元包括电气直流屏供的 24V DC 和仪表 24V DC 直流电源柜内直流开关电源，本节以 24V DC 直流开关电源为主。直流配电常见故障与处理方法见表 2。

表 2 直流配电常见故障与处理方法

故障现象	故障原因	处理方法
直流电源面板指示灯不亮，直流电源无输出	无交流供电至电源输入端	检查供电
	直流电源输入保险熔断	直流电源输入保险是否熔断
	电源模块发生故障	更换电源模块

表 2　直流配电常见故障与处理方法（续）

故障现象	故障原因	处理方法
直流电源过热保护无输出	风扇受阻或严重老化	开关电源内部主散热器上温度超过 85℃时，模块会停止输出，检查更换风扇
	电源内部整流器电路接触不良	电源模块进行维修
	负载过大引起保护无输出	检查引起负载过大原因
直流电源交流供电正常，无直流输出	直流断路器故障	断开直流断路器的输入、输出端供电，用万用表检查其通断情况
	电源出现击穿、断保险或烧毁器件	查明原因并排除故障后才能重新启动
	负载过大，过流保护；短路保护无输出	开关电源的整流器具有过流保护功能。若是短路，则模块回缩保护，大部分开关电源电压低于 20V 时整流器关机，故障排除会自动恢复工作
	接线端子接触不良无供电	检查接线端子压接情况
直流开关电源监控单元报警	监控单元故障	监控电源检测模块的报警输出点接触不良，检测模块故障等
	输出电压不正常	检查输出端电压是否正常，输出电压不正常超出监控的检测电压会报警输出
输出电压低	电源模块故障，带载能力差	断开直流电源输出端开关，检测输出端电压，如果正常，并联灯泡，电压降低，灯泡发暗，说明直流电源带载能力差，此种情况需更换故障电源
	负载偏大	检查引起负载大原因
	电源功率偏小	重新核定负荷，检测电流值，更换模块
	开关电源的整流与滤波电路中有器件损坏，电源不在稳压区域	电源模块进行维修
	电网电压过低，电源不工作	检查电源供电端电压
输出电压高	电源模块稳压控制电路故障	电源模块进行维修

系统维护检修规程
第 3 部分：仪表供气系统

SHS 07009.3—2019

部分代替 SHS 07009—2004

目　次

前 言

本规程 SHS 07009《系统维护检修规程》分为以下四个部分：

——第 1 部分：防爆仪表及其系统；

——第 2 部分：仪表供电系统；

——第 3 部分：仪表供气系统；

——第 4 部分：仪表系统联校。

本部分为 SHS 07009 的第 3 部分：仪表供气系统。本规程按照 GB/T 1.1—2009《标准化工作导则　第 1 部分：标准的结构和编写》给出的规则起草。

本规程代替 SHS 07009—2004《系统维护》第四节“仪表供气补充”，与 SHS 07009—2004 相比，除编辑性修改外，主要技术变化如下：

——修改了标准名称；

——增加了供气干管、支管的配管及改动气源系统、不锈钢管线要求等内容；

——修订了新规范涉及的内容。

本部分由中国石油化工集团有限公司、中国石油化工股份有限公司提出。

本部分起草单位：中国石油化工股份有限公司齐鲁分公司。

本部分主要起草人：王长胜、慕晓红、王昌德、迟永泉。

本部分所代替规程的历次版本发布情况为：

——SHS 07009—1992、SHS 07009—2004。

系统维护检修规程
第3部分：仪表供气系统

1 范围

本部分适用于石化企业过程控制仪表供气系统的维护检修，不适用于工艺用非净化供气系统。

2 规范性引用文件

下列文件对本文件的应用是必不可少的。凡是注日期的引用文件，仅注日期的版本适用于本文件。凡是不注日期的引用文件，其最新版本（包括所有的修改单）适用于本文件。

GB 50093 自动化仪表工程施工及质量验收规范

SH/T 3020 石油化工仪表供气设计规范

SH/T 3521 石油化工仪表工程施工技术规程

3 仪表供气系统技术要求

在石油化工生产企业中，仪表净化压缩空气的用途十分广泛，既是气动执行机构的动力源，也是气动仪表、电气转换器、阀门定位器、电磁阀的信号传递介质。此外，在吹气测量、充气防爆、仪表吹扫、仪表校验等方面都要使用到净化压缩空气（仪表气源）。

3.1 气源质量标准

3.1.1 仪表气源在气源装置出口处，其含尘颗粒直径不应大于3μm，含尘量应小于1mg/m^3。

3.1.2 净化后的气体中，油分含量应小于10mg/m^3。

3.1.3 净化后的气体中不应含有易燃、易爆、有毒、有害及腐蚀性气体（或蒸汽）。

3.1.4 在操作压力下的气源露点，应比工作环境或历史上当地年极端最低温度至少低10℃。

3.2 供气方式及配置

3.2.1 供气方式可分为单线式、支干式、环形供气方式。

3.2.1.1 单线式供气方式适用于分散布置或耗气量较大的供气点。对气源接口不小于1/2in的用气点，宜采用单线式供气，应在气源总管或干管上取气。

3.2.1.2 支干式供气方式适用于多台仪表或布置密集度较大的场合。

3.2.1.3 对供气压力的稳定性有较高要求的仪表供气场合宜采用环形供气方式。环形供气方式有供气总管环形和干管环形两种形式。

3.2.2 当供气系统需要在供气总管或干管引出气源时，取源部位应设在水平管道的上方，在取源部位接管处应安装气源切断阀。

3.2.3 供气管路宜架空敷设，不宜在地面或地下敷设。供气管路应避开高温、易受机械损伤、腐蚀、强烈振动及工艺管线或设备物料排放口等不安全环境。

3.2.4 供气点配管

3.2.4.1 仪表空气引入供气点前，应设置气源球阀，并经空气过滤器减压阀净化稳压处理。

3.2.4.2 单独供气过滤减压时，气源球阀应安装在空气过滤器减压阀的上游侧，空气过滤器减压阀宜靠近供气点。

3.2.4.3 气源球阀下游、空气过滤器减压阀上游侧的配管宜采用ϕ8mm×1mm、ϕ10mm×1mm或ϕ12mm×1.5mm。

3.2.4.4 空气过滤器减压阀下游侧的配管宜采用ϕ6mm×1mm、ϕ8mm×1mm、ϕ10mm× 1mm或ϕ12mm×1.5mm。

3.2.4.5 对开关时间、耗气量等有特殊要求的供气设备，气源球阀上、下游侧的管径应按实际要求选择。

3.2.5 气源管道的配管应整齐美观，其末端和集液处应安装排污阀，排污管口应远离仪表、电气设备及接线端子。排污阀与地面之间应留有操作空间。供气系统应设置排污点，并应在干管最低点和末端设排污阀，排污阀宜选用球阀。

3.2.6 控制室内应设供气系统压力的监视与报警。

3.2.7 仪表输入端的气源压力应满足仪表供气压力的要求，进各界区的气源压力宜达到600kPa。

4 仪表供气系统维护与故障处理

4.1 定期对供气系统（风罐、阀门、管线、过滤器、减压阀、压力表等）巡回检查。记录装置供气总管压力值和集中过滤减压后的压力值。仪表供气补充常见故障与处理方法见表1。

4.2 集中过滤减压的供气系统

4.2.1 当集中过滤减压后供气压力值低于规定值［通常为0.14MPa］时，应当及时查明原因。根据不同情况采取不同措施，保证仪表的正常供气。

4.2.2 定期对在用的过滤器进行排空（视仪表供气品质及安装地点可适当增加放空次数）。

4.2.3 定期进行切换。根据集中过滤减压系统安装地点和该地点仪表供气的品质，安排定期切换过滤器。对切换下来的过滤器滤芯进行检查、清洗、干燥后回装，进行接头试漏合格后，达到完好备用状态。

4.2.4 集中过滤减压系统中的阀门每年至少润滑2次，确保阀门开关灵活。

4.2.5 要确保集中过滤减压系统各个部件的完整，手轮旋转灵活，压力表指示值准确。

4.3 总供风罐下部放空阀每月至少排空1次，并根据供气品质的变化情况适当增加排放次数。

4.4 定期对装置最低点处的排污阀进行排空。

4.4.1 春、夏、秋季至少每季排空一次。

4.4.2 冬季在防冻防凝期来临前应完成仪表气源管道的集中排凝。防冻防凝期间根据仪表风露点检测情况，及时调整供风系统工艺操作并对仪表气源管道末端进行排放。冬季为防止供气当中有凝液产生，每月至少排空一次。供气当中确有凝液产生时，应及时查找原因，并增加排空次数。

4.5 当单独供气过滤减压后供气压力值低于规定值时，应当及时从空气过滤减压阀开始，逐级向上查明原因，并根据故障原因采取措施，保证仪表的正常供气。

4.6 供气系统的各静、动密封点应确保不泄漏，出现泄漏应及时处理。暂时无法处理的泄漏点要有缺陷记录并挂牌，采取临时措施确保安全生产，待条件许可时再处理。

4.7 确保供气系统的压力表清洁、完好、指示准确。

4.8 分散供气用的小型过滤器减压阀应当先固定再配供气管线。严禁用供气管线支撑过滤器减压阀。

4.9 定期检查工作在振动环境中的供气系统的部件，检查接头、管线的松动和泄漏情况，发现问题及时处理。

4.10 对过长（超过1.5m）的细径（ϕ6mm×1mm、ϕ8mm×1mm）供气管线应加以支撑或保护。

4.11 对工作在振动环境并且有接触摩擦的供气管线应加以改造，确实无法避免接触摩擦的地方应当采取措施，加强日常巡检，防止供气管线磨损泄漏。

4.12 加强对供气总管、分管锈蚀严重部位的监视，及时发现隐患，采取预防措施。

4.13 更换小型过滤器减压阀上下游管线时，原则上不允许以细径管线代替粗径管线。

表1　仪表供气系统常见故障与处理方法

故障现象	故障原因	处理方法
供气压力值低于规定值	过滤器减压阀堵塞或损坏	定期对在用的过滤器减压阀进行排空，更换过滤器减压阀
		集中过滤减压系统定期切换，维修滤芯
	过滤器减压阀、气源阀、管件接头松动，振动磨损	紧固接头，消除泄漏，供气管线应加以支撑或保护
	未进行吹扫，气源管道堵塞	清除堵塞物，规范吹扫。连接气源管道的螺纹，缠绕密封带或涂抹密封胶时，不应使其进入管内
	随意以细径管线代替粗径管线，管线变形	恢复为符合要求的管径
	供气管线被腐蚀泄漏	选用耐腐蚀材质的管线，治理腐蚀环境

5　仪表供气系统检修与质量要求

5.1　仪表供气系统按照装置的检修周期安排检修。

5.2　检修时应对过滤器或过滤器减压阀的过滤部件进行检查、清洗、干燥。

5.3　对检修后的过滤器减压阀性能（流量、定压值）仍旧达不到规定的技术指标时应当更换。

5.4　对集中拆到室内进行检修的过滤器减压阀，在拆卸之前应当编号，以便于回装。

5.5　更换总过滤器中的填料（羊毛、毛毡、甘油、氯化钙、丝网等）。

5.6　对设置有总供气缓冲罐的过滤材料应进行检查更换。

5.7　更换供气系统中已经损坏的、转动不灵活的、无法修复的阀门、接头、压力表、小型过滤器减压阀等部件。气源管路上的阀门材质应高于或等同于管路材质。

5.8　更换锈蚀严重的供气总管和分支管线；更换锈蚀、变形严重的为负载直接供气（风）的细径（紫铜管、不锈钢）管线。

5.9　现场供气管道更换时宜选用不锈钢管或镀锌钢管。采用不锈钢管时，应用法兰式连接或焊接连接，焊接时焊渣不得落入管内；采用镀锌钢管时，应用螺纹连接，拐弯处应采用弯头，且连接处应密封。缠绕密封带或涂抹密封胶时，不应使其进入管内。连接管件应与管道材质一致。

5.10　气源球阀上游侧供气系统配管，最小管径宜采用 *DN*15。

5.11　气源球阀后及空气过滤器减压阀下游侧配管，宜选用不锈钢管或带 PVC 护套的紫铜管，对有防火要求的场合或其工作环境的腐蚀性较强，仪表供气管路应选用不锈钢。

5.12　使用管子割刀切割后的供气管线有缩径现象，安装前应对其内径进行修复。

5.13　使用钢锯切割的供气管线有金属屑存留在管内，安装前应当先清除。

5.14　采用卡套式连接件进行细径管（ϕ6mm×1mm、ϕ8mm×1mm、ϕ10mm×1mm）连接时，

卡套密封件接触的紫铜管（不锈钢管）线的外表面严禁使用钳子、钢锉等工具进行修整。

5.15 气源管道的螺纹加工应采用无油套丝设备进行，并应及时清除螺纹处的污物；连接气源管道的螺纹，缠绕密封带或涂抹密封胶时，不应使其进入管内。

5.16 气源管道应采用管卡固定在支架上，固定应牢固。不锈钢管固定时，不应与碳钢材料直接接触，不锈钢管与支架、固定卡子之间宜加设隔离垫板。

5.17 检修增加或改动的气源系统，安装完毕后应进行吹扫，并应符合下列规定：

1）吹扫前，应将供气总管入口、分支供气总入口和接至各仪表供气入口处的过滤减压阀断开并敞口，先吹总管，然后依次吹各支管及接至各仪表的管道；

2）吹扫气应使用符合仪表空气质量标准、压力为0.5～0.7MPa的仪表空气；

3）排出的吹扫气应用白布或涂白漆的靶板检验，1min内靶板上无铁锈、尘土、水分及其他杂物时，即为吹扫合格。

5.18 检修后的供气系统在投用之前，必须对焊口、接头密封点进行气密性试验。并按设计文件规定整定气源压力值。

5.19 检修完成，做好仪表供气系统的检修记录并存档。

系统维护检修规程
第 4 部分：仪表系统联校

SHS 07009.4—2019

部分代替 SHS 07009—2004

目 次

前　言

本规程SHS 07009《系统维护检修规程》分为以下四个部分：

——第1部分：防爆仪表及其系统；

——第2部分：仪表供电系统；

——第3部分：仪表供气系统；

——第4部分：仪表系统联校。

本部分为SHS 07009的第4部分：仪表系统联校。本规程按照GB/T 1.1—2009《标准化工作导则　第1部分：标准的结构和编写》给出的规则起草。

本规程代替SHS 07009—2004《系统维护》第五节“仪表系统联校”，与SHS 07009—2004相比，除编辑性修改外，主要技术变化如下：

——增加了引用标准及智能仪表联校等内容；

——修订了新规范涉及的内容。

本部分由中国石油化工集团有限公司、中国石油化工股份有限公司提出。

本部分起草单位：中国石油化工股份有限公司齐鲁分公司。

本部分主要起草人：李建、慕晓红、宗计富、刘洪波。

本部分所代替规程的历次版本发布情况为：

——SHS 07009—1992、SHS 07009—2004。

系统维护检修规程
第 4 部分：仪表系统联校

1 范围

本部分适用于石化企业中常规电动仪表和由 DCS、SIS、PLC 等构成的控制系统的联校。

对于在线分析仪表、安全仪表（有毒有害气体报警器、可燃气体报警器）等特殊仪表的联校，可参考本部分相应部分的内容，并结合系统的实际特点和要求，制定具体的实施细则分步骤进行。

2 规范性引用文件

下列文件对本文件的应用是必不可少的。凡是注日期的引用文件，仅注日期的版本适用于本文件。凡是不注日期的引用文件，其最新版本（包括所有的修改单）适用于本文件。

GB 50093 自动化仪表工程施工及质量验收规范

SH/T 3551 石油化工仪表工程施工质量验收规范

3 概述

3.1 仪表联校是仪表回路在投入运行前的一个十分重要的环节，通过联校工作对仪表回路的现状作全面检查，确保投用后回路能够稳定、可靠运行。

3.2 仪表系统的联校就是检验仪表回路的构成是否完整合理，能否可靠运行，信号传递能否满足实际生产要求，并对存在的问题进行处理，对回路进行调整和校正的过程。

3.3 仪表系统联校范畴

3.3.1 装置大修后，对联锁、控制、关键报警及与产品质量相关的测量等回路进行联校。

3.3.2 仪表回路中，重要设备经过维修或变更后，仪表回路在投入使用前必须进行联校。

3.3.3 长期停用后准备重新投用的仪表回路必须进行联校。

3.3.4 新增仪表回路在投用前必须进行联校。

4 仪表系统联校准备

4.1 联校回路当中的仪表必须是单体检验或鉴定合格，并具有有效的校验单或鉴定合格证书的仪表。

4.2 根据有效的图纸、资料对所需联校的回路系统进行核对、检查。

4.2.1 检查、核对机柜间内仪表及系统的连接情况。

4.2.1.1 联校前应当具备完整、准确、有效的图纸资料。

4.2.1.2 检查、核对所需联校的仪表回路位号、组成回路的仪表及其附件的种类、型号、规格，仪表在机柜内安装位置正确。

4.2.1.3 检查、核对所需联校的回路仪表导线连接符合要求，敷设情况符合规范。

4.2.1.4 检查、核对电源参数及配置符合要求；总开关，各分支开关和保险丝容量符合要求。

4.2.1.5 检查、核对接地系统完好，接地电阻符合规定。

4.2.1.6 检查、核对各室内电缆、开关、端子等仪表标识清晰、准确。

4.2.2 核实仪表回路的系统参数和仪表自身参数。

4.2.2.1 核对所需联校回路在生产过程中的位置、检测或调节对象、测量范围、介质工况工程值与信号值对应关系、报警值与联锁值等与设计文件一致。

4.2.2.2 核对所需联校仪表的输入、输出的信号类型、阻抗匹配、信号传递、转换关系、量程范围、负载能力。

4.2.2.3 检查、核对仪表供气质量、压力、过滤器减压阀能力、仪表使用环境条件满足要求。

4.2.2.4 检查、核对所需联校仪表及其连接管路、阀门的材质、压力等级等能够满足工艺过程的需要。

4.2.2.5 检查、核对各类阀门的正反作用、气开、气闭作用方式、安装流向正确。

4.2.2.6 检查、核对调节阀、定位器及其他附件输入信号与输出信号之间的关系满足要求。

4.2.2.7 检查、核对各供气点处的风压值满足要求。

4.2.2.8 检查、核对控制系统组态与设计文件一致。

4.3 按照仪表联校需要，准备精度、量程和防爆等级适合的标准仪器、信号发生器和其他设备、工具、材料、校验记录。

4.4 联校人员应熟练掌握仪表工作原理，并具有相关资质。

5 仪表联校过程及要领

5.1 对仪表回路进行的联校，首先要按照各企业的规定办理相应的作业手续，做好风险辨识。

5.2 对处于正在运行的生产装置中的仪表回路进行的联校，要确保联校作业不会影响其他仪表回路的正常运行。

5.3 对处于正在运行的生产装置中的联锁保护回路进行的联校，应当按照各企业制定的联锁保护管理规定的具体条款要求，在办理相关手续、摘除联锁后方可进行。

5.4 测量回路的联校。

5.4.1 确认仪表联校准备工作完成后，分别为室内、室外仪表供电。

首先确认全部电源开关均处在断开状态，然后按照从总开关到分开关的顺序逐级供电。每处开关闭合前、后用万用表对供电电压进行确认，并确认仪表运行情况正常。

5.4.2 供电开关的闭合操作必须在下级回路检查确认无误后，方可进行。同级或上下级开关的闭合操作必须保持一定的时间间隔。

5.4.3 检查确认全部所需联校仪表已运行正常。

5.4.4 在检测元件处模拟过程量的实际信号，观察测量仪表的输出信号和现场一次表处的测量指示值是否一致。如果超差，应查明原因，对超差部件进行调整。同时核对控制室内的显示仪表（单元）的示值的误差、灵敏度是否在允许范围之内，信号的传递流程是否完整。

5.4.5 每台检测仪表宜按照量程的0%、25%、50%、75%、100%，分别进行上行、下行检查。校验点不得少于0%、50%、100%三点。

5.4.6 对于有报警、联锁的回路，应在报警、联锁值的附近用渐近法在上行、下行时把精确的报警、联锁值记录下来。对于有故障状态要求的回路，应检查仪表的故障状态设置。

5.4.7 在有防爆要求的场所进行联校时，联校所用的标准仪器和信号源应满足防爆要求，否则在作业前应办理动火施工作业手续。

5.4.8 可燃气体报警器、有毒有害气体报警器的联校方法：直接在探头处施加不同浓度的标准样气。记录室内人机界面或显示仪表的响应时间、显示数据、报警设定值，查看声光报警是否正常。

5.4.9 对于确实无条件模拟实际工况的检测信号，可以利用精度符合要求的标准信号源，采用接入环节后移的等效替代法来实现对回路的联校。

5.4.9.1 热电偶测量的接入环节在热电偶接线盒处的补偿导线端。利用毫伏信号发生器等效热电势。应当注意：这个等效热电势与补偿导线连接处的温度补偿效应。

5.4.9.2 热电阻测量的接入环节在热电阻接线盒处的外接导线端。利用标准电阻箱等效热电阻的电阻值。应当注意：三线制或四线制的连接方法。

5.4.9.3 压力式温度测量的接入环节后移到变送器的输出端，采用等效的电信号代替。

5.4.9.4 差压变送器的接入环节后移到差压变送器的正压侧。利用压力信号发生器等效差压值。应当注意：三阀组应当处于关闭状态，负压侧应当放空。测量液位的差压变送器，联校时应先去掉负迁移，联校完成后，按照实际进行迁移。

5.4.9.5 对于容积式、面积式、速度式流量计和质量流量计，接入环节后移到信号输出端，用接入相应的标准信号的方法进行联校。

5.4.9.6 电容式液位计的接入环节后移到变送器的输出端，采用相应的标准信号作为信号源。

5.4.9.7 浮筒液位计

1）内浮筒液位计的接入环节后移在挂浮筒处或变送器输出端。在工艺条件允许的情况下，采用等效砝码重力作为信号源进行联校。在工艺条件不允许的情况下，则将接入环节后移在变送器输出端。

2）外浮筒液位计可采用同等浮力法进行联校。首先选定校准液（通常为水），计算出被校点应当灌注液体的高度，从浮筒上放空口向浮筒内充灌校准液。

5.4.9.8 法兰式变送器采用等效电流作为信号源进行联校。具体做法是：将可变电阻箱和标准电流表串接到测量回路中以代替变送器，调整电阻箱即可在回路当中得到不同的电流值。或采用外供电式信号源直接向回路当中加入信号。

5.4.9.9 各种开关量输出的仪表，接入环节后移到信号输出端。采用短路、断路信号线的方式对回路进行联校。

5.4.10 联校完成后，将仪表及配线、配管恢复正常，有正、负迁移的仪表在灌好隔离液的基础上调整好迁移量，确认仪表处于待投用状态。

5.4.11 联校结果达不到技术指标的回路，应单独调校系统内各单元仪表、线路或管路，查出问题所在，处理后重新进行联校。

5.4.12 对于采用等效替代法联校的检测回路，在该回路投入运行后，必须密切观察仪表指示值与过程量的变化是否相一致。

5.4.13 上述未提及的类型的仪表，其测量回路的联校可以参照上述类似条款执行。

5.4.14 现场智能仪表，如无特殊规定，亦可采用智能通讯设备，如HART手操器等，按照量程的0%、25%、50%、75%、100%，实施上行和下行仿真的方式联校。

5.4.14.1 智能压力，差压变送器，使用智能通讯设备进行回路仿真，观察控制系统中人机界面处的指示与仿真值相一致。

5.4.14.2 智能差压式流量计，使用智能通讯设备对差压值进行仿真，并依据开方计算的结果，在人机界面处对流量值进行比对。

5.4.14.3 智能质量、电磁、涡街、转子流量计，联校前应对照仪表铭牌或其他相关数据表，检查仪表各项参数设置正确，仪表零点指示正确。然后通过操作仪表面板或者智能通讯设备，对信号进行仿真，并观察控制系统人机界面处的指示与仿真一致。

5.4.14.4 智能超声波流量计，应首先检查超声波探头安装位置准确，并检查各项参数设置正确，探头工作正常，然后通过操作仪表面板或者智能通讯器，对信号进行仿真校验，并观测控制系统人机界面处的指示与仿真一致。

5.4.14.5 智能温度变送器，使用智能通讯设备进行回路仿真，观察控制系统中人机界面处的指示与仿真值相一致。

5.4.14.6 智能差压式液位计，应先依照实际安装位置对仪表进行零点迁移，再使用智能通讯设备进行回路仿真，观察控制系统人机界面处的指示与仪表量程的百分比相一致。

5.4.14.7 智能雷达或导波雷达液位计，应首先检查参数设置正确，并在空罐的情况下，使用智能通讯设备、专用软件或仪表面板查看回波曲线，确保回波曲线正常后，对回路进行仿真，观察控制系统人机界面处指示与仿真值相一致。

5.4.14.8 对于其他类型的智能仪表，应根据相关仪表手册，通过智能通讯设备、专用软件或仪表面板，确认参数设置正确，并对回路进行仿真测试，观察控制系统人机界面处指示与仿真一致。

5.4.14.9 对于有故障后仪表输出高低有要求的回路，具备条件的应进行仿真，并在控制系统人机界面上进行检查，对于无故障仿真选项菜单的，应检查跳线、开关或软件设置。

5.5 控制回路的联校

控制回路的联校是指：在一个自动化回路中，对动作、执行部分的仪表设备进行联动的试验。通过控制器或操作站的输出为标准信号，检查电／气转换器、阀门定位器输入信号和输出信号之间的转换精度、灵敏度；调节阀的行程、灵敏度、全行程动作时间是否符合控制要求。

5.5.1 确认仪表联校准备工作已完成，所需联校仪表已处在运行状态，没有异常现象，若在运行装置中对控制回路进行联校，调节阀应当处于切除状态，阀体内的工艺介质应当充分排空，不得有憋压现象。

5.5.2 联校时对每个回路进行五点（量程的 0%、25%、50%、75%、100%）上行、下行检查，不得少于三点（量程的 0%、50%、100%）检查。通过控制器或操作站的输出向执行器发生控制信号，检查执行器的全行程动作方向和位置符合要求。

5.5.3 对于气开式调节阀，启动风压应当略高于定位器（转换器）的零点输出值；对于气关式调节阀，全关风压应当略低于定位器（转换器）的量程输出值。

5.5.4 调节阀的行程偏差、死区应当符合技术文件的规定。

5.5.5 调节阀灵敏度实验：将调节阀阀位分别停留在 25%、50%、75%处，增加或降低执行机构的输入信号压力，测定阀杆开始移动的压力变化值，不得超过信号范围的 1.5%。带有阀门定位器的调节阀压力变化值不得超过信号范围的 0.3%。

5.5.6 事故切断阀和在设计时对调节阀的全行程时间提有明确要求的调节阀，必须进行全行程时间试验。在调节阀处于全开或全关状态下，操作输出或电磁阀，使调节阀趋向于全关或全开，用秒表测定从输出信号发出或电磁阀开始动作到调节阀走完全行程的时间，该时间不得超过设计值。

5.5.7 对于保持器、储气罐、继动器、联锁电磁阀、回讯器等附件应当在联校过程中一并检查。

5.5.8 对联校结果达不到技术指标的回路，应查出问题所在，处理后重新进行联校。

5.5.9 联校完成后，拆除因联校而接入的标准仪器，回路恢复正常，检查确认回路恢复后各处的示值、位置是否与现场一致。

5.6 对于串级调节回路，在副回路校验完成后，应投入串级，确认动作方向符合设计文件。

5.7 联校时应同时检查人机界面流程图、弹出面板、趋势组等显示、组态是否正确，仪表量程、描述等组态是否正确，报警显示、设定值、描述和分级及相应的报警灯光、音响等是否准确。

5.8 其他未涉及回路的联校方法可参照上述方法进行。

5.9 联校完成整理联校记录，按仪表位号存档。记录应包括：联校准备中的检查记录；联校过程中仪表回路校验的各点信号值记录；仪表系统的信号传递、灵敏度、精度的测试检查记录及结论；联校中进行的调整、校正情况等内容。

6 质量要求

系统联校和系统试验质量应符合表1规定。

表1 仪表联校质量验收标准

序号	检验项目	检验内容	检验方法
1	主控项目	在检测回路的信号输入端输入模拟被测变量的标准信号，回路的显示仪表部分的示值误差，不应超过回路内各单台仪表允许基本误差平方和的平方根。	检查回路试验记录
2		温度检测回路可在检测元件的输出端向回路输入电阻值或毫伏值模拟信号	
3		控制回路通过控制器或操作站的输出向执行器发送控制信号，检查执行器执行机构的全行程动作方向和位置应正确	
4		控制回路执行器带有定位器时应同时试验	
5		控制回路当控制器或操作站上有执行器的开度和起点、终点信号显示时，应同时检查试验开度和起点、终点信号的正确性	
6		报警系统中有报警信号的仪表设备，检测报警开关，仪表的报警输出点，应根据设计文件规定的设定值进行整定	检查系统试验记录
7		在报警回路的信号发生端模拟输入信号，检查报警灯光、音响和屏幕显示应正确	
8		报警的消音、复位和记录功能应正确	
9		程序控制系统和联锁系统有关装置的硬件和软件功能试验应已完成，系统相关的回路试验应已完成	
10	主控项目	程序控制系统和联锁系统中的各有关仪表和部件的动作设定值，应根据设计文件规定进行整定	检查系统试验记录
11		程序控制系统的试验应按程序设计的步骤逐步检查试验，其条件判断、逻辑关系、动作时间和输出状态等应符合设计文件的规定	
12		联锁控制系统的联锁条件和输入输出功能应符合设计文件的规定	

表 1　仪表联校质量验收标准（续）

序号	检验项目	检验内容	检验方法
13	一般项目	回路中仪表设备、装置的安装应牢固、正确	检查 安装记录
14		组成回路的各仪表的单台试验和校准已经完成，应符合设计文件的规定	检查 试验记录
15		仪表线路和仪表管路经检查应正确完整，配件附件齐全	检查 安装记录
16		回路的电源、气源和液压源应能正常供给并符合仪表运行的要求	

安全仪表逻辑控制器检修规程

SHS 07010—2019

目 次

前　言

本规程按照 GB/T 1.1—2009《标准化工作导则　第 1 部分：标准的结构和编写》给出的规则起草。

本规程由中国石油化工集团有限公司、中国石油化工股份有限公司提出。

本规程起草单位：北京康吉森自动化技术股份有限公司。

本规程主要起草人：王海。

本规程 2019 年首次发布。

安全仪表逻辑控制器检修规程

1 总则

1.1 主题内容

本规程规定了安全仪表逻辑控制器日常维护和大修的主要内容。

1.2 适用范围

1.2.1 本规程适用于石油化工行业使用的安全仪表系统，主要内容和要求适用于TRICONEX的TRICON、康吉森的TSXPLUS、浙江中控的TCS900、HIMA的H51Q、ICS的TRUSTED、Honeywell的SM、和利时HIAGUARD等系统。

1.2.2 石油化工行业使用的信号报警和联锁系统，可参照本规程中有关内容进行维护检修。

2 规范性引用文件

下列文件对本文件的应用是必不可少的。凡是注日期的引用文件，仅注日期的版本适用于本文件。凡是不注日期的引用文件，其最新版本（包括所有的修改单）适用于本文件。

GB/T 50770—2013 石油化工安全仪表系统设计规范

HG/T 205011—2016 信号报警、安全联锁系统设计规定

GB/T 21109—2007 过程工业领域安全仪表系统的功能安全

SH/T 3018—2018 石油化工安全仪表系统设计规范

3 系统概述

SIS系统是实现一个或多个安全仪表功能（SIF）的仪表系统，是安全生产的关键控制系统，由检测单元、执行单元和逻辑运算器三部分组成。SIS系统的特点有：（1）以IEC61508作为基础标准，符合国际安全协会规定的仪表的安全标准规定。（2）自诊断功能覆盖面广、安全性高，能检测并预防潜在的危险。（3）多重冗余容错结构提高系统的硬件故障裕度，单一故障不会导致系统安全功能丧失。（4）响应速度快，从输入变化到输出变化的响应时间通常在10～50ms左右。（5）可实现从检测单元到执行结构所组成的整个回路的安全性设计，具有I/O短路、断线监测功能等。

3.1 系统结构

SIS 系统逻辑控制器的结构主要有三重模块冗余（TMR）和四取二带诊断（2oo4D）两种类型。TMR 结构将三路隔离、并行的控制和诊断集成在一个系统中，用“三取二”表决提供高度完善、无差错和不中断的控制。2oo4D 结构由 2 套独立并行运行的冗余系统组成，通信模块负责同步运行。当系统自诊断发现一个模块出现故障时，CPU 将强制其失效以保证输出正确性。同时，安全输出模块能够在 2 套系统同时故障或电源故障时，确保系统输出一个故障安全信号。

SIS 系统逻辑控制器通常为机笼式结构，系统可通过总线进行本地和远程扩展，并通过通信模块连接工程师站和操作站形成控制网络。SIS 系统典型网络结构如图 1 所示。

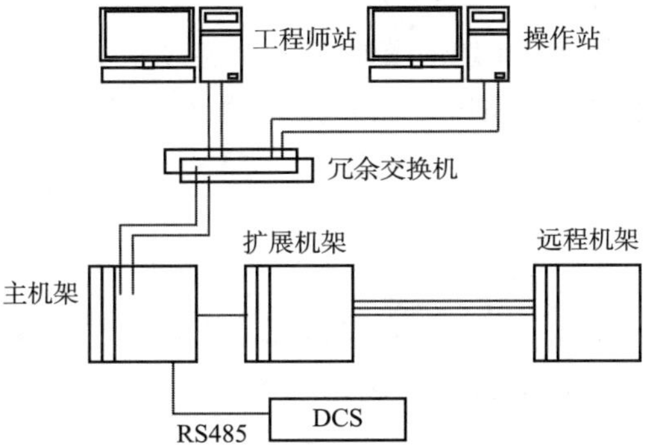

图 1　SIS 系统典型网络结构图

3.1.1 SIS 系统逻辑运算器

SIS 系统逻辑运算器主要包括主机柜、扩展机架、控制器、I/O 模块、系统总线、电源模块和通信模块，其中冗余的控制器是系统的核心，控制器可以自动完成数据采集、信息处理、控制运算等各项功能，并通过系统冗余总线与 I/O 模块相连，实现与 I/O 模块的信息交换和输出控制。同时通过网络与工程师站、操作站相连，形成完整的监控系统。

3.1.2 SIS 系统工程师站和操作站

SIS 系统设置工程师站和操作站，其中工程师站用于系统软件组态、诊断和维护、事件记录等工作。操作站用于状态监视、联锁逻辑查看、报警显示及旁路和复位等操作。工程师站同时具备操作站的功能。

3.1.3 SIS 系统软件

SIS 系统软件包括组态、诊断、事件顺序记录（SOE）、人机界面（HMI）等软件，实现系统硬件配置、位号组态、联锁逻辑组态、系统故障诊断、事件记录查看、联锁逻辑查看、报警和趋势查看等功能。

3.2 环境技术指标和接地

3.2.1 系统供电要求

两路交流输入（至少一路 UPS），输入电压（220±22）V AC，频率 (50±1)Hz。

3.2.2 系统接地的要求

1）SIS 系统的接地连接电阻应不大于 1Ω。

2）SIS 系统的接地装置总电阻应不大于 4Ω。

3）将主机架、扩展机架和直流电源等外壳保护接地连接到保护地汇流排上。交流电源的接地应符合电气安全保护的相关规范。

4）信号地、屏蔽地等工作接地应单端接地，连接到系统的工作接地汇流排上。

5）有防雷工程设计的 SIS 系统应做防雷接地连接，并通过防雷接地汇流排连接到保护接地极上。

3.2.3 环境条件

1）环境温度：冬季 20℃ ±2℃，夏季 26℃ ±2℃，温度变化率小于 5℃ /h。

2）相对湿度：40%～60% RH，湿度变化率小于 6% /h。

3）空气要求：

颗粒小于 10μm 的灰尘浓度小于 0.2mg/m^3；

H_2S 浓度小于 0.01mg/m^3；

SO_2 浓度小于 0.1mg/m^3；

Cl_2 浓度小于 0.01mg/m^3。

3.3 SIS 系统总体要求和功能

3.3.1 SIS 系统原则上应独立设置，包括：检测单元、执行单元和逻辑运算器。

3.3.2 应根据过程危害分析（HAZOP）和保护层分析（LOPA）结果，配置相应的安全仪表功能（SIF）。

3.3.3 在 SIS 系统中实现不同安全完整性等级（SIL）的安全仪表功能（SIF）时，共享或共用的硬件和软件应符合较高 SIL 等级的要求。

3.3.4 关键工艺参数的检测单元按“三取二”方案配置。原则上不配置“二取二”方案，如果配置“二取二”方案，应设置失谐报警。

3.3.5 重要的执行单元应具有安全措施，一旦能源中断，执行单元趋向并进入的最终（或所处）位置能确保人员和设备处于安全状态。

3.3.6 SIS 系统动作时，同时伴有声光报警。重要的工艺参数，应在联锁设定值前设置预报警点。

3.3.7 SIS 系统应按规范设置旁路开关和手动停车开关（按钮），并设有明显标志显示其状态，系统应有相应开关（按钮）动作报警和操作记录。处于旁路位置时，SIS 系统则失去相应的保护功能。

3.3.8 SIS 系统的供电与同一区域的仪表共用电源系统时，应分别设置供电过流保护。SIS 系统的供气与同一区域的仪表共用供气系统时，重要用气处宜设置压力报警。

3.3.9 在爆炸危险场所的 SIS 系统应按防爆要求采取正压、隔爆或本安等防爆措施，包括检测单元、执行单元、相关附件和接线箱等。

4 SIS 系统的管理、维护与故障处理要求

4.1 管理要求

4.1.1 SIS 系统应做到图纸和资料齐全、准确。包括施工原始资料、产品说明书、作业指导书、变更资料和组态资料等。

4.1.2 临时停用、长期停用和投用 SIF 时，应执行相关的管理审批流程，经批准后实施。实施前进行风险评估，办好相应工作票。投用前要做好安全确认。

1）停用SIF前，必须跟工艺人员取得联系，检查（确认）旁路状态，然后停用联锁。

2）核对停用 SIF 的旁路开关与所需要停用的回路相符合，有两人及以上对照图纸确认无误，方可进行该回路的所属仪表的处理工作。

3）在投用 SIF 前，需仪表与工艺人员共同确认。必须有两人及以上核实确认 SIF 运行正常；对于有保持记忆功能的回路，必须进行复位，使联锁接点输出符合当前正常状况；对于带顺序控制的联锁或特殊联锁回路，必须严格按该回路的联锁原理，对照图纸进行必要的检查、确认，达到投用条件方可进行下一步工作。

4.1.3 SIS 的任何变更（包括接线、检测单元、增删、程序或功能改变、设定值或报警值变更等）应经过管理审批流程，在批准后才能实施，并做好变更实施记录，及时修改相关资料和存档。

4.1.4 新上装置或改造项目增加或变更的安全仪表功能应有设计图纸，在项目建设或改造时同步实施。

4.2 维护要求

4.2.1 定期检查、清扫 SIS 系统的机柜间、机柜（或箱）的滤尘等，确保 SIS 系统运行环境符合要求。

4.2.2 SIS系统的供电、供气按“系统维护检修规程”对应部分的要求进行日常维护检查。

4.2.3 检测单元、执行单元按相应单台仪表设备自身的维护要求进行维护。逻辑控制器定期进行点检或功能验证测试。

4.2.4 防爆检测单元、防爆执行单元的防爆性能则按“系统维护检修规程”对应部分的维护要求进行维护。

4.2.5 定期检查、试验指示灯、声响及消声（确认）按钮是否正常；查看 SIS 系统各

模块的状态有无异常；检查开关、端子、电缆线、指示灯等标识是否清晰；检查检测单元以及取样连接、接线盒、穿线管、执行单元及其附件的完好情况；检查相关的仪表引压管线的伴热保温、电磁阀外壳温度和防水等情况是否正常。

4.2.6 定期检查SIS系统报警信息、工艺参数值及其趋势是否与工艺过程相符，分析判断SIS系统是否响应及时合理、程序运行是否正常。

4.2.7 对检查发现的问题应及时处理，对于较为严重和会引起联锁误动的隐患，应先通知有关人员，做好风险评估和处理方案，办理相关审批手续后进行维护检修。

4.2.8 SIS系统应备齐有效图纸、台账、联锁设定值一览表、联锁变更表等有关资料和一定的备品备件。

4.2.9 SIS系统应有检查、维护记录，作为故障分析和计划检修的依据，并存档妥善保管。

5 维护与故障处理

5.1 日常维护

5.1.1 定期清洁SIS系统机柜间、操作台、显示器、工程师站和操作站、打印机、键盘、鼠标和机柜滤网等，保证机柜间和操作环境整洁，符合系统运行环境要求。

5.1.2 定期巡检应至少包括以下内容：

1）检查机柜间的温度、相对湿度等是否在规定的技术指标范围内。

2）检查系统所需供电是否符合技术要求。

3）检查逻辑控制器各模块运行状态、系统运行日志、报警记录和SOE记录等，排查可能存在的问题。

4）定期修改工程师站登录密码；做好应用程序备份、标识并异地存放。

5）记录巡检情况，确保巡检工作的可追溯性。

5.1.3 定期收集、整理SIS系统的补丁、版本更新、病毒防护等最新信息；检查白名单运行情况，及时修改防护策略。

5.1.4 修改设定值和强制操作时，应经过审批流程同意后才能实施。修改和强制后应做好维护记录。在条件允许后适时取消强制。

5.1.5 因生产或维护需要修改和下装程序时，应经过审批流程同意后才能实施。采用先测试、后部分下装的方法。程序修改前和修改后都应进行程序备份。

5.2 故障处理

5.2.1 在处理SIS系统的回路故障前，应首先解除相应的SIF，做好施工方案和审批手续后实施，确保处理过程不会引发次生事故。

5.2.2 检测单元及执行单元的故障处理见本规程相应章节的故障处理内容。输出回路故障处理时应确保执行机构不发生动作。

5.2.3 输入或输出回路故障处理时应同时检查接线端子紧固、线路电阻、接线箱等各环节状况。

5.2.4 逻辑控制器各模块的故障更换，应确保型号、版本、设置等参数的一致性，更换时严格按照产品说明书、技术资料和作业指导内容进行处理。

5.2.5 检测单元回路的直流电源更换应严格做好隔离后处理，更换完成后要检查、调整输出电压，确保直流电源正常工作。

5.2.6 工程师站和操作站重装或更换时，应使用与原系统一致的软件版本和应用程序。同时检查各种通信端口的设置正确。

5.2.7 收集系统诊断文件和SOE文件，记录更换模块的产品系列号、故障现象等信息，并做好维护记录。

6 检修和质量标准

6.1 总体要求

6.1.1 SIS系统检修后，不得降低SIF回路安全完整性等级要求。

6.1.2 检测单元仪表按本规程中相应单台仪表、设备自身的检修要求进行检修。各种仪表设备必须经过校验或检验之后方可使用。

6.1.3 执行单元仪表按本规程中相应单台切断阀、电磁阀及附件自身的检修要求进行检修。

6.1.4 回路校验时，必须确认工程值与信号值的对应关系，确认导线绝缘、回路连接线路电压降、负载阻抗、工作电压在允许范围内；确认回路间互不影响；确认控制电缆屏蔽线单点接地；确认校准联锁动作值的回差、重复性和对输入信号的响应时间、灵敏度保证在规定限内；试验确认各种报警值设置正确。

6.1.5 回路校验时，按联锁原理图和工艺过程对联锁的要求，检查联锁逻辑关系；对同一参数“三取二”、“二取二”等表决模式的实际效应进行验证；检查SIS系统的延时、缓冲时间、记忆、保持能力、选择、触发效果以及第一原因识别能力是否符合要求。还应对旁路开关及其他各类开关、按钮的作用进行检查，对安全仪表系统的操作、事件信息存贮及事故打印等功能进行检查。

6.1.6 对于设有能源后备措施的回路，还应检查供电、供风中断时，执行单元能否最终趋向或保持在确保工艺过程安全所要求的位置上。

6.1.7 按装置投产或设备投运的过程检查指示灯所显示的运行状态与投运步骤是否吻合。

6.1.8 对于SIS系统中非仪表专业的执行单元，除了检查输出给执行单元的接点状态、电信号、气信号、电磁铁等状态是否正常外，还应协助进行执行单元联锁动作联校。

6.1.9 检查输入/输出继电器的触点接触电阻、接点表面电弧痕迹、动作响应时间等，更换不合格或超过使用寿命的继电器。

6.1.10 SIS系统投用前，必须进行逐回路安全确认，安全确认应该由工艺专业组织，仪表、设备/电气等专业共同参加，试验确认、签字。

6.1.11 SIS系统的检修情况和结果都应有详细记录并存档。

6.2 系统点检

6.2.1 SIS 系统应在大修期间进行系统点检。点检前应做好系统备份。

6.2.2 清洁 SIS 系统机柜，检查滤网、风扇、照明和检测系统接地等。

6.2.3 拆卸并清洁逻辑控制器各种模块、工程师站和操作站，拆装时应做好防止静电措施。

6.2.4 对保险丝、电池、继电器等进行检查并定期更换。

6.2.5 检查模块的固件版本，同类模块的固件版本应一致。

6.2.6 对 I/O 模块通道进行校准，更换性能达不到要求的模块。

6.2.7 点检完成后应上电测试，确保点检后系统运行正常，并完成点检、测试报告。

6.2.8 点检质量标准

SIS 系统点检验收质量标准如表 1 所示。

表 1　SIS 系统点检验收质量标准

序号	检测项	参照标准
1	模拟量 I/O	通道无故障，精度达到产品说明要求，件功能正常
2	数字量 I/O	通道无故障，模块功能正常
3	供电质量	220V 供电质量正常（220V AC±10%，50Hz±5%，波型失真率小于 5%）
4	系统电源	电源无故障报警，功能正常。24V 输出电压正常（24V DC±5%）
5	控制器	模块无故障，功能正常
6	通信模块	模块无故障，功能正常
7	通信网络	控制网、操作网通信正常，冗余功能正常； 通信介质（网线等）和设备（交换机、网卡等）正常，无明显老化、破损，接触良好； 网络无病毒
8	粉尘	点检后系统部件肉眼观察无明显灰尘堆积
9	腐蚀	系统部件无明显腐蚀痕迹。符合 ANSI/ISA S71.04 标准定义的环境污染等级 G3 标准
10	冗余	控制系统的电源、通信总线、主控制器、通信模块、模拟量输入/输出模块、数字量输入/输出模块等能实现冗余热备
11	接地	1. 在接地网上的接入点应和防雷地、高电压或强电流设备的接地点保持不小于 5m 的距离； 2. 仪表接地极与电气专业接地极相距应大于 5m； 3. 系统的接地连接电阻应不大于 1Ω； 4. 系统接地装置电阻应不大于 4Ω
12	软件	系统组态软件、诊断软件、SOE、人机界面软件工作正常，参数设置与系统断电前保持一致
13	备份	系统资料、软件均有备份

6.3 SIS 系统在线检测和维护案例（以 TRICON 系统为例）

6.3.1 在线诊断

TRICON 系统的诊断软件可实现监控和诊断系统运行状态和查看系统故障报警等。

6.3.1.1 运行系统诊断软件 Enhance Diagnostic Monitor

1）诊断软件的总貌图如图 2 所示。左侧窗口为系统总貌树，右侧为系统总貌图。机架的运行状态用两种颜色标识：

——绿色表示工作正常。

——红色表示该机架内有报警发生。

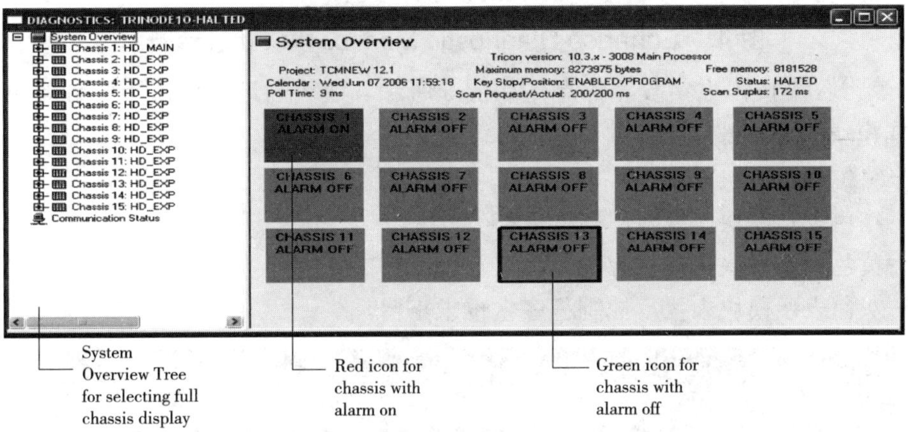

图 2　Enhance Diagnostic Monitor 系统总貌

2）点击机架，弹出相应机架的组态和模块的状态，如图 3 所示。模块的安装状态用四种颜色的标识：

——白色表示该逻辑槽路已被组态且对应的两个物理槽位都已插入模块。

——红色表示模块逻辑槽位已经组态过，但物理槽位中未插入模块。

——黄色表示模块逻辑槽位未组态过，但物理槽位中已插入了模块。

——蓝色表示模块逻辑槽位已经组态过，但两个物理槽位中只插入了一个模块。

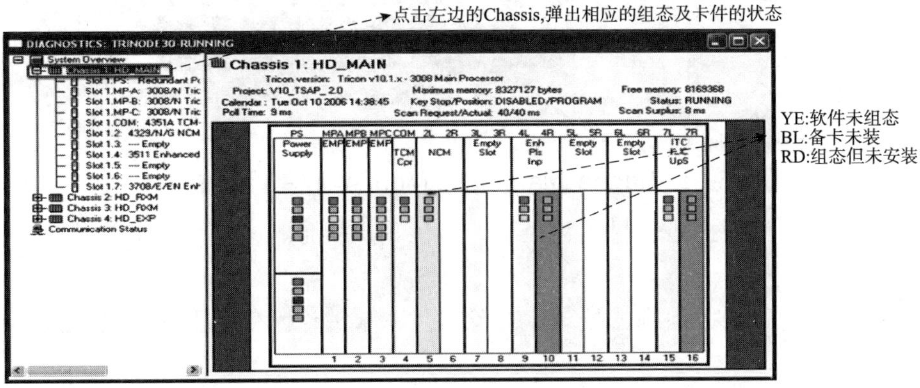

图 3　Enhance Diagnostic Monitor 模块运行状态

3）点击模块，显示模块诊断状态，可分别点击选项卡查看诊断信息。如图4所示。

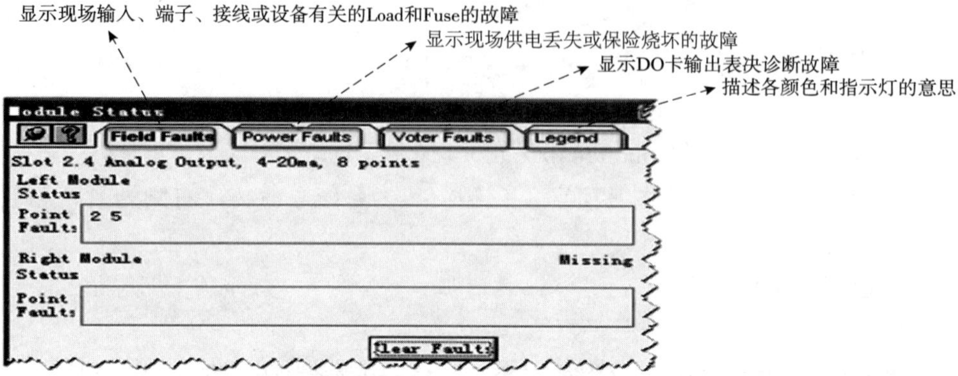

图4　Enhance Diagnostic Monitor 模块状态诊断

4）点击收集按钮收集故障信息，如图5所示。模块的运行状态用4种颜色的小方块标识在模块的上半部：

——绿色表示模块工作正常。

——红色表示模块有故障，需要更换。

——黄色表示模块正在执行控制程序。

——灰色表示模块未执行控制程序但也未出错。

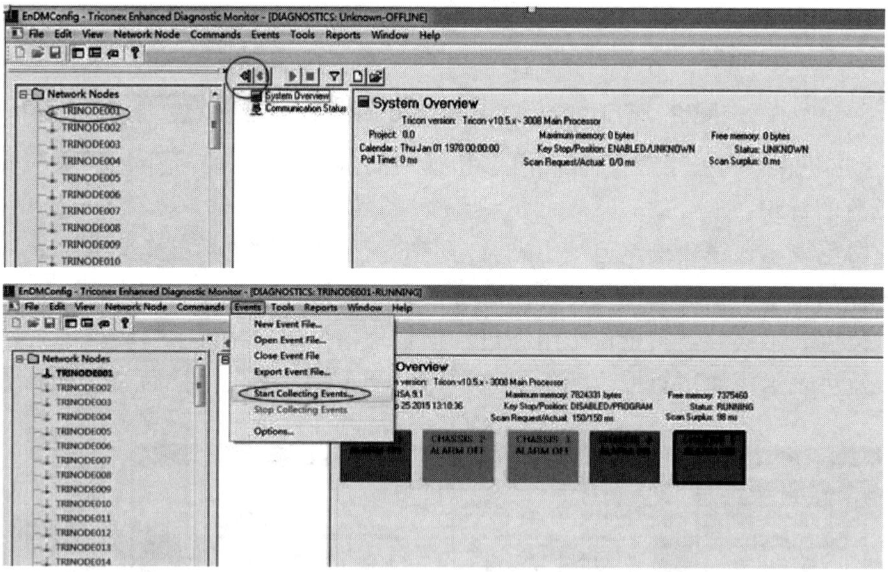

图5　Enhance Diagnostic Monitor 收集诊断信息

若出现故障，可根据显示目录路径快速定位其机架号、模块号和通道号，并显示故障信息。

可根据提示进行相关问题的处理，排除故障；事故诊断信息及事故处理过程必须详细记录。

在AC电压数字输出模块上要禁用输出表决诊断（OVD），否则会出现误报警现象。

6.3.1.2 主机架状态指示

主机架有一组用于警示用途的接线端子，可将机架报警以常开或常闭方式发出接点信号，接线时允许接两路电源构成双重冗余的配置，主机架接点报警的同时还会同步反映到该机架电源模块 LED 指示灯上。当下列情况发生时，主机架报警被触发：

1）系统的硬件与配置组态的数据不一致。

2）DO 模块中有回路出错。

3）主机架中有一个主处理器或 I/O 模块失效。

4）扩展机架中的某个 I/O 模块与主处理器失去联系。

5）主处理器发现有系统故障。

6）机架之间的 I/O 总线电缆安装不正确。

7）主机架电源失效。

8）工作温度大于 60℃或备用电池功率不够。

6.3.1.3 扩展机架状态指示

扩展机架也有警示接点，该机架接点报警的同时还会同步反映到本机架的电源模块 LED 指示灯上。当发生下列情况时报警被触发：

1）扩展机架上有 I/O 模块失效。

2）扩展机架电源失效。

3）电源模块有一温度过高的警示（工作温度大于 60℃）。

6.3.1.4 电源模块状态指示

电源模块面板上有 5 个 LED 状态指示灯，不仅反映本模块的状态，还反映本机架的状态情况，如表 2 所示。

表 2 电源模块状态指示灯一览表

PASS（绿色）	FAULT（红色）	ALARM（红色）	BAT LOW（黄色）	TEMP（黄色）	说明及措施
ON	OFF	OFF	OFF	OFF	模块工作正常，不需要采取措施
ON	OFF	ON	OFF	ON	模块工作正常但工作温度对于 TRICON 系统来说太高（大于 60℃）。改正环境温度，否则 TRICON 系统会永久性失效
ON	OFF	ON	ON	OFF	模块正常工作，但其备用电池的功率不够，在停止供电时，会导致 RAM 内的控制程序丢失，应更换备用电池
OFF	ON	ON	任意	任意	模块失效或供电停止。如果模块失效，应更换模块。若供电问题，应恢复供电
OFF	OFF	任意	任意	任意	指示灯或信号电路工作不正常，应更换模块

表 2　电源模块状态指示灯一览表（续）

PASS（绿色）	FAULT（红色）	ALARM（红色）	BAT LOW（黄色）	TEMP（黄色）	说明及措施
ON	OFF	ON	OFF	OFF	本模块工作正常，但在机架或系统内存在故障模块，进一步检查机架和系统内其他模块的 PASS 和 FAULT 灯或通过 TriStation1131 程序的在线诊断界面确定故障模块，更换掉故障模块

6.3.1.5　主处理器模块状态指示

主机架上有三个各自独立工作的主处理器模块，瞬态的故障会被硬件“三取二”表决电路记录和掩蔽，持久性的故障受到诊断后会发出警报，出错的模块可被热插拔更换或以容错状态继续工作，直到完成更换为止。主处理器诊断功能进行的工作如下：

1）检验固定程序存储。

2）检验 RAM 的静态口。

3）试验所有的基本处理器指令和操作状态。

4）试验所有的基本浮点处理器指令。

5）检验与各个 I/O 通信处理器和通信支路共用的存储器接口。

6）检验 CPU 和各个 I/O 通信处理器和通信支路之间的交换信号与中断信号。

7）检查各个 I/O 通信处理器和通信支路微处理器、ROM、共用存储器的存取，以及 RS-485 收发信号的环回。

主处理器 MP 有 5 个状态 LED 指示灯如表 3 所示。

表 3　主处理器模块状态指示灯一览表

PASS（绿色）	FAULT（红色）	ACTIVE（黄色）	MAINT1（红色）	MAINT2（红色）	说明及措施
ON	OFF	闪烁	任意	任意	模块工作正常。ACTIVE 灯在执行控制程序时，每扫描一次闪烁一次。不需要措施
ON	OFF	OFF	任意	任意	主处理器没有装载控制程序或控制程序已装入但未被启动。此种状态也存在于更换其中一个主处理器模块时，正在与其他主处理器同步过程中，如果在 6 分钟内 ACTIVE 灯不点亮，该模块有故障，应更换
OFF	ON	OFF	闪烁	OFF	主处理器在重新同步过程中，PASS 灯在 6 分钟后点亮，然后 ACTIVE 灯亮，否则模块有故障，应更换
OFF	ON	任意	ON	任意	模块已失效，更换新模块

表 3　主处理器模块状态指示灯一览表（续）

PASS（绿色）	FAULT（红色）	ACTIVE（黄色）	MAINT1（红色）	MAINT2（红色）	说明及措施
OFF	OFF	任意	任意	任意	模块上的指示灯或信号电路误动作，更换新模块
ON	OFF	任意	OFF	ON	主处理器软件错误次数很高，再出错就会使模块失效了

主处理器还有 4 个黄色的通信状态 LED 指示灯，分别表示：

1）当 COM TX 灯连续闪亮表示模块通过 COMM 总线发送数据。

2）当 COM RX 灯连续闪亮表示模块通过 COMM 总线接收数据。

3）当 I/O TX 灯连续闪亮表示模块通过 I/O 总线发送数据。

4）当 I/O RX 灯连续闪亮表示模块通过 I/O 总线接收数据。

6.3.1.6　模拟输入模块状态指示

AI 模块有 3 个 LED 指示灯：当“PASS”灯亮表示正常；“FAULT”灯亮说明模块有故障，应更换；“ACTIVE”灯亮表示模块正在执行控制程序。

6.3.1.7　数字输入模块状态指示

DI 模块的 LED 指示灯有：“PASS”灯、“FAULT”灯、“ACTIVE”灯和对应通道状态指示灯，当“PASS”灯亮表示正常；“FAULT”灯亮说明模块有故障，应更换模块；“ACTIVE”灯亮表示模块正在执行控制程序。当输入为高电平时对应通道状态指示灯亮，否则灯灭。

6.3.1.8　数字输出模块状态指示

DO 模块的 LED 指示灯有：“PASS”灯、“FAULT”灯、“ACTIVE”灯、“LOAD/FUSE”灯和对应通道指示灯。当输出为高电平时对应通道状态指示灯亮，否则灯灭。模块内部的电压反馈回路可检查输出电压是否符合要求，若不符合，则面板上的“LOAD/FUSE”指示灯亮。

6.3.1.9　模拟输出模块状态指示

AO 模块的 LED 指示灯有：“PASS”灯、“FAULT”灯、“ACTIVE”灯、“LOAD”灯、“PWR1”和“PWR2”指示灯。每个输出点的电源需要外部供给，如果回路电源存在，“PWR1”和“PWR2”指示灯亮，若检测到一个或几个输出点上有开环，则“LOAD”指示灯亮。

6.3.1.10　脉冲输入模块状态指示

PI 模块的 LED 指示灯有：“PASS”灯、“FAULT”灯、“ACTIVE”灯和对应通道状态指示灯，对应通道状态指示灯随脉冲闪亮一次，没有脉冲信号时灯灭。

6.3.1.11　热电偶输入模块状态指示

模块的 LED 指示灯有：“PASS”灯、“FAULT”灯、“ACTIVE”灯和“CJ”指示灯。当冷端传感器失效时，“CJ”灯亮，应更换模块。

6.3.1.12 继电器输出模块状态指示

模块的 LED 指示灯有："PASS" 灯、"FAULT" 灯、"ACTIVE" 灯和对应通道状态指示灯。当输出为高电平时对应通道状态指示灯亮，否则灯灭。

6.3.1.13 通信模块状态指示

该通信模块可带电更换，它可实现点对点（Peer-to-Peer）和以太网的通信功能。它有 3 个 LED 指示灯：

——当绿色的"PASS"灯亮表示模块工作正常；

——当红色的"FAULT"灯亮表示模块有故障，应更换；

——当黄色的"ACTIVE"灯亮表示模块正在执行控制程序。

此外，它的每个通信接口都有 4 个 LED 指示灯：TX 和 RX，当模块与外部设备通信时，它们连续闪亮，当通信被切断时，对应的指示灯会熄灭。

6.3.1.14 外部终端板状态指示

外部终端板作用是使 I/O 模块与现场隔离，其中的数字输入板和数字输出板的每个通道都使用熔丝组件，即一个保险管和一个 LED；当保险管内的熔丝烧断时，对应的 LED 会亮。

6.3.2 事件顺序记录软件 Triconex SOE Recorder

1）TRICON 系统的事件顺序记录（SOE）顺序记录系统或事件，记录分辨率达 1ms。要在事故事件发生后的 4 小时之内收集 SOE 文件，以免时间太长被后面的信息覆盖，影响对发生事件原因的分析和判断。

2）要把联锁逻辑关系图的所有的现场输入输出信号、所有的上位 HMI 中的联锁逻辑图的可操作软按钮的信号、所有辅操台的开关按钮、蜂鸣器和指示灯状态的信号、所有的 CPU 或控制器、网络、机架、电源模块、I/O 模块的报警状态点和与电气专业相关的继电器触点状态信号，组态进 SOE 记录。

3）除了启动辅助油泵信号、急停按钮信号和旁路信号外，为了提高抗干扰能力，提高系统的可靠性，减少非计划停工，其他联锁的输入信号应设置滤波功能，滤波具体时间参数由各单位根据自己的实际情况按相关规定要求执行。

4）运行 Triconex SOE Recorder 软件

a）点击桌面 Start（开始）→ All Programs（所有程序）→ Triconex → Triconex Sequence of Event Recorder。

b）点击 Triconex Sequence of Event Recorder 窗口的顶部菜单栏的 File → New…；

c）创建一个新的 SOE 文件（格式 Sed，建议文件名：装置名称 + 日期）；

d）选中 xx.SOE 文件，由 N 变为 Y，同时显示 √；

e）再点击绿色的运行按钮（Begin Event Retrieve）开始收集 SOE 记录；

f）将收集好的 SOE 记录保存，按顶部菜单栏的 File → Save，分别如图 6 和图 7 所示。

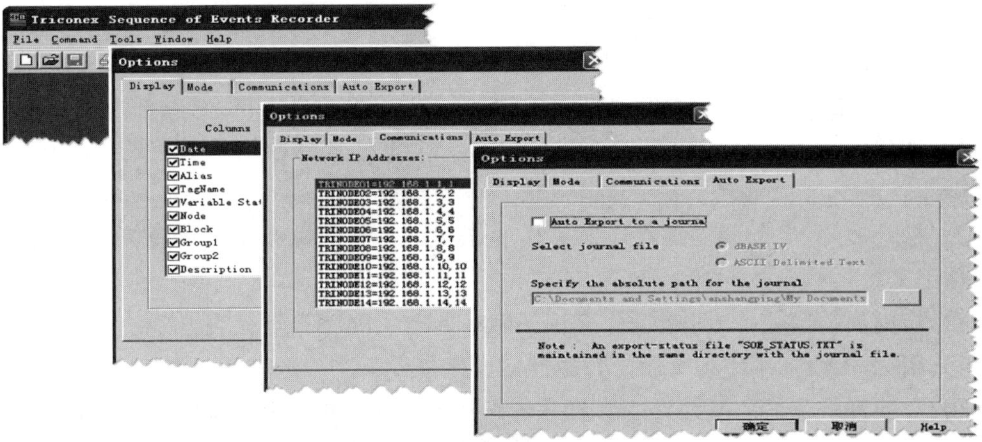

图 6 SOE Recorder 组态

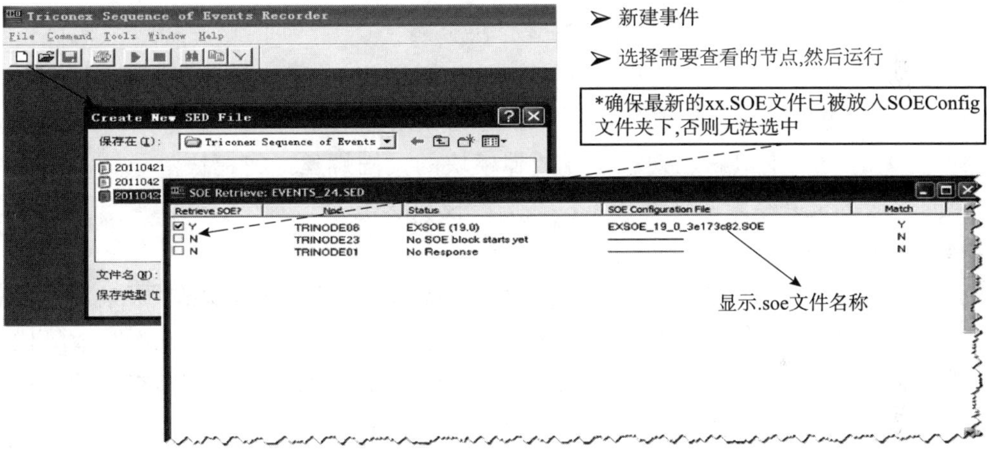

图 7 SOE Recorder 收集 SOE 数据

6.3.3 在线更换模块

SIS 系统常见故障为模块故障报警，发生故障报警的模块，经过诊断分析后，确认需要更换的，需要及时予以更换。更换模块应经过流程审批后才能实施。

6.3.3.1 模块更换原则

1）模块更换前应检查版本、模块类型、模块插针等。

2）如果系统框架中主处理器和其他型号都存在故障，先更换主处理器模块。

3）不能同时安装两块以上的模块，应在安装完一个模块后等“ACTIVE”指示灯亮了以后，然后再进行另一模块的安装。

4）如果一个 I/O 模块兼有模块故障和现场外围故障，要先解决现场的故障。在 TriStation 1131 或者在诊断软件中尝试清除故障。如果不能恢复到“PASS”状态或者不能停留在“PASS”状态，那么更换掉这个模块。

5）更换应安装到位，拧紧紧固螺丝。宜使用 1.13～1.58N · m（10～14eb · in）力矩进行螺丝拧紧。

6）换下来的故障模块，记录好型号和系列号，并向厂家报备。

6.3.3.2 更换主处理器MP模块

1）如果装置在运行，应首先确认至少有一个主处理器模块的黄色的“ACTIVE”等在闪烁。

2）松开故障MP的紧固螺丝，然后用手捏紧这个紧固螺丝将这个模块慢慢地从槽位上滑抽出来。

3）将更换的模块插入并插紧，在1～10min内“PASS”灯会亮。

4）用1.13N·m（10eb·in）力矩拧紧固定螺丝。

5）更换模块上的“ACTIVE”灯在1～10min内会与原正常模块指示灯一样的频率闪烁。

6.3.3.3 更换系统电源模块

1）电源模块“FAULT”指示灯亮时应尽快更换。

2）拆除电源模块前先要切断该路供电，并确认另外一路电源在正常工作。

3）电源模块拆除后，必须在60s后才能重新安装。

4）更换时使用平口螺丝刀，松开故障模块的紧固螺丝，将模块沿导轨滑抽出来。将更换的模块推进并将紧固螺丝拧紧，然后给模块送电。

6.3.3.4 更换I/O模块

1）I/O模块出现故障指示时应先检查和诊断现场故障，确认模块故障后再进行更换。

2）对于安装有热备模块的，并且热备模块的“ACTIVE”灯亮了，松开故障模块的紧固螺丝用手将故障模块取出，然后插上同样的好模块；对于没有安装热备模块的，先将同样的模块插到热备插槽中紧固好，在新换上模块的“PASS”和“ACTIVE”灯正常后取出故障模块。

6.3.3.5 更换RXM远程通信模块

1）标识好与该模块的接口相连接的通信电缆。

2）断开故障模块上所有的通信线缆。

3）松开故障模块的紧固螺丝，取出故障模块。

4）将型号和版本完全相同的模块插入，拧紧固定螺丝。

5）重新按照原来的标记将通信电缆连接好。

6.3.3.6 更换TCM通信模块

1）拆下故障模块的连接通信电缆。

2）松开紧固螺丝，取出故障模块。

3）插入更换的模块并拧紧，连接通信电缆。

6.3.3.7 更换备用电池

1）主机架备用电池在正常运行时的使用寿命为5年，累计断电6个月后会失效报警，应定期更换。

2）更换时用手捏住电池盖的左侧，卸下电池盖。

3）取下电池，10min 后把新电池按原极性方向插入，固定到位。

4）合上电池盖。

6.3.4 功能测试和检查

系统功能测试和检查主要核查包括安全仪表系统的可用性和可靠性，通常包括系统冗余测试、供电冗余测试、系统通信功能测试、网络测试、I/O 模块在线切换测试等。

1）网络冗余功能测试；

a）拔一块通信模块，检查确认工作站的通信是否正常；然后插回去待其恢复正常工作后，再重复拔另外一块通信模块操作；

b）停一路交换机的电源，检查确认工作站的通信是否正常；然后恢复其电源待交换机正常工作后，再重复停另一台交换机的电源操作；

c）拔掉工作站的一条网线，检查确认工作站的通信是否正常；然后插回去待其恢复正常工作后，再重复拔另外一网线操作。

2）Peer to Peer 通信测试（如有）；

3）串行通信检查（与 DCS）；

随机抽查几个不同类型的 I/O 信号，通过改变 SIS 系统的变量的数值，检查确认在其他系统的显示及其变化是否一致。

4）系统控制器（CPU）功能测试

MP-A、MP-B、MP-C 在插拔时，状态如表 4 所示。测试时需注意：

a）MP 不能同时插入 2 块，必须在插入的前一块 MP 恢复正常（“PASS”和“ACTIVE”灯亮）后，才能再插入另外一块 MP。

b）拔MP时，须注意必须至少有一块MP处于正常运行状态，以保证系统的安全运行。

表 4　MP 状态表

步骤	工作的控制器	拔出的控制器	工作方式	程序情况	系统状态
1	MP-A\MP-B\MP-C	无	TMR	Normal	Normal
2	MP-B\MP-C	MP-A	Duplex	Normal	Alarm
3	MP-C	MP-A\MP-B	Single	Normal	Alarm
4	MP-A\MP-C	MP-B	Duplex	Normal	Alarm
5	MP-A	MP-B\MP-C	Single	Normal	Alarm
6	MP-A\MP-B	MP-C	Duplex	Normal	Alarm
7	MP-B	MP-A\MP-C	Single	Normal	Alarm
8	MP-A\MP-B	MP-C	Duplex	Normal	Alarm
9	MP-A\MP-B\MP-C	无	TMR	Normal	Normal

5）I/O 模块在线切换功能测试：

模块切换需注意以下几点：

a）模块切换前，须确保被换模块应处于运行状态，且紧固螺丝处于紧固状态，以免切换过程中出现晃动影响模块的正常工作，然后，卸下盲板，插入备用模块。

b）备用模块插入后，须等待备用模块正常激活后，紧固备用模块的固定螺丝，然后，才能拔出被换模块，盖上盲板，切换完成。

c）在线切换模块宜避开系统整点时间。

6）供电冗余测试：

在正常情况下，两个互为冗余的电源模块均分机架的电力负载；在非正常情况时，一个模块必须能承担整个机架的电力负载。检查时将其中某一模块的供电关断几分钟以验证剩下模块的稳定性。在恢复正常供电后，再重复对另一个模块的试验。

7）软件性能检查：

检查软件的版本与硬件版本的兼容性、软件的版本与操作平台的兼容性。

根据使用操作习惯，检查下位编程软件和 HMI 软件的各权限和密码设置，在装置运行期间屏蔽操作员退出 HMI 软件功能。

6.3.5 通道测试

6.3.5.1 模拟量输入模块检测

1）在 I/O 端子表的基础上，通过电流发生器测试经过端子柜的每个点。对所有使用的 AI 点执行一个三点检查（即 0%、50%和 100%）。验证 TriStation 1131 控制面板监视屏幕上的原始值的显示结果（12 位 AD 对应转换范围从 819、2457 到 4095）；

2）将结果记录在 I/O 模块测试表上：

3）所有模拟输入模块精度为满量程的 +/-0.15% 或 +/-6 个数（原始值）。

6.3.5.2 数字输入检测

按照端子接线图在端子柜端子上短接来进行测试。在 I/O 模块（LED 灯）和 TriStation 1131 软件上观察和读出点的状态，当短接拆除时，查看点的灯熄灭。对所有的点重复以上步骤并记录。

6.3.5.3 数字输出检测

用 I/O 端子表作为参考，用 TriStation 1131 强制每个使用的数字输入点，查看数字输出模块上相应的 LED 灯对应状态，数字输出模块相应的 LED 灯应点亮，继电器动作，当强制取消时，LED 灯熄灭。对所有的点重复以上步骤并记录。

6.3.5.4 模拟量输出检测

在 I/O 端子表的基础上，通过万用表测试经过端子柜的每个点。对所有使用的 AO 点执行一个三点检查（即 0%、50%和 100%）。在 TriStation 1131 控制面板监视屏上强制值（范围从 819 到 4095）。

6.3.6 系统联校

仪表专业与工艺专业配合，对 SIS 系统相关的所有 SIF 回路进行联校。

6.3.7 系统恢复

6.3.7.1 将最新的逻辑程序进行下装

打开 TriStation 1131 软件，选中 Project 菜单下的 Change State to Download All，把程序的状态修改为 Download All 状态，然后，进入 Control Panel，连接控制器进行 Download All，如图 8 所示。

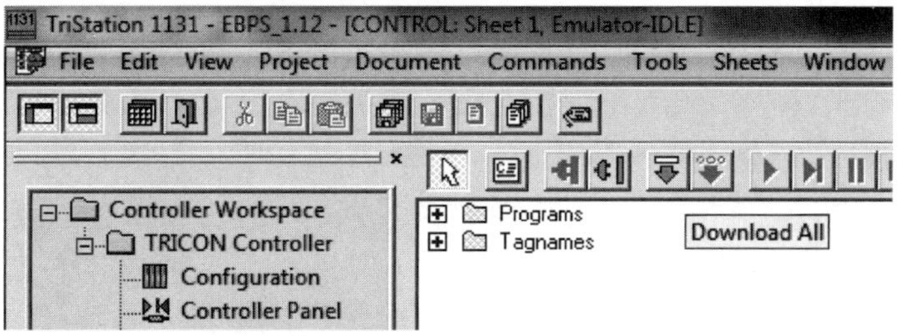

图 8 TRICON 系统全部下装（Download All）

6.3.7.2 恢复运行数据（SOE 恢复、强制点、Intouch 历史趋势）

1）SOE 恢复：将 Download All 之后产生的 **.SOE 文件拷贝到“C：\Program Files\Triconex\TcxSoe\SoeConfig”文件夹下；

2）强制点恢复：参考前期数据备份的强制点截屏，将截屏中的强制点恢复成截屏时的状态；

3）Intouch 历史趋势恢复：将备份的 Intouch 历史趋势拷贝到历史趋势文件夹下，如图 9 所示。

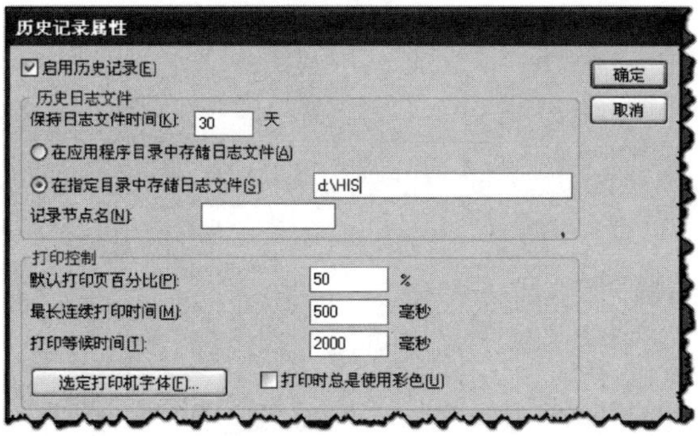

图 9 HMI（INTOUCH）历史记录保存的文件夹

6.3.7.3 收集系统信息

1）Diagnostic 诊断面板 Triconex 系统信息；

2）Firmware 收集；

3）Trilog 收集。

6.3.7.4 程序备份

TriStation 1131的*.pt2、*.bt2、*.dwld、*.soe等上位、下位程序的文件备份。在备份盘上要标明备份日期、以备后用。同时将这些系统配置组态数据和控制程序的最终装载版本进行光盘刻录，至少备两份（光盘上要写明装置名、程序名和备份时间），异地存放。

6.3.7.5 资料归档

检修结束30天内更新检修设备主数据，并上传相应文档。